Marcel Minnaert

Licht und Farbe in der Natur

Aus dem Niederländischen von Regina Erbel-Zappe

Birkhäuser Verlag
Basel · Boston · Berlin

4

Die Originalausgabe erschien 1974 unter dem Titel «De natuurkunde van't vrije veld.
I. Licht en kleur in het landschap», B.V.W. J. Thieme & Cie, Zutphen, Nederland.

© 1974 by B.V.W. J. Thieme & Cie, Zutphen

Die Deutsche Bibliothek – CIP-Einheitsaufnahme

Minnaert, Marcel:
Licht und Farbe in der Natur / Marcel Minnaert. Aus dem Niederländ. von
Regina Erbel-Zappe. – Basel; Boston; Berlin: Birkhäuser, 1992
Einheitssacht.: Licht en kleur in het landschap ‹dt.›
ISBN 3-7643-2496-1

© 1992 der deutschsprachigen Ausgabe: Birkhäuser Verlag Basel
Layout: Albert Gomm, Susan Linsig
Umschlaggestaltung: Zembsch' Werkstatt, München
Printed in Germany
ISBN 3-7643-2496-1

Inhaltsverzeichnis

Vorwort zur deutschen Ausgabe

Licht und Farbe in der Natur von dem niederländischen Astronomen Marcel Minnaert (1893–1970) zählt zu den Klassikern unter den niederländischen Physikbüchern. Eine große Zahl von Licht- und Farbphänomenen in der freien Natur wird physikalisch erklärt, und es werden Parallelen zu verwandten Erscheinungen gezogen. Das Buch richtet sich an alle, die durch Wald und Feld wandern, aber viele der untersuchten Phänomene sind auch in der Stadt zu beobachten.

Die Erstausgabe dieses Buches erschien 1937, 1940 lagen bereits zwei weitere Bände, nämlich *Geluid, warmte, electriciteit* (Schall, Wärme, Elektrizität) und *Rust en beweging* (Ruhe und Bewegung), vor. Die Reihe trägt den Titel *De Natuurkunde van 't vrije veld I–III* (Die Physik der freien Natur, Teil 1–3). Die englische Übersetzung des ersten Bandes, *The Nature of Light and Colour in the Open Air*, erschien 1954 (Dover). Immer wieder korrigierte und ergänzte Minnaert sein Buch. Die fünfte und letzte Auflage erschien 1968. Die vorliegende deutsche Fassung folgt dem unveränderten Nachdruck (1974) dieser letzten von Minnaert durchgesehenen Ausgabe von 1968. Verweise im Text beziehen sich auf frühere niederländische Ausgaben. Für die deutsche Ausgabe wurden jedoch eine Reihe von Änderungen vorgenommen:

– Der Paragraph über Halos wurde unter Verwendung neuerer Literatur aktualisiert; dabei wurden Halobeobachtungen in Finnland berücksichtigt. Der Paragraph 170 wurde durch neue Texte von Marko Pekkola ersetzt: In einigen anderen Paragraphen wurden kleinere Passagen eingefügt, vor allem solche, in denen es Varianten in der Benennung gibt, sowie solche, in denen neuere Erkenntnisse über die Art der Entstehung von Halos vorliegen: §§ 158 (Greenler), 163 (alternative Erklärung), 166 (schiefe Bogen durch die Sonne), 168 (Greenler). Wertvolle Informationen zu Halos und anderen Erscheinungen lieferte Veikko Mäkelä.

– Der Anhang A über das Fotografieren von Naturerscheinungen wurde von Pekka Parviainen vollständig neu geschrieben und ersetzt.

– Alle Stellen, an denen von Finnland die Rede ist, sind geänderte oder ergänzte Textpassagen, die aus der finnischen Ausgabe von 1987 übernommen wurden.

– In der Originalausgabe waren ausschließlich Schwarzweißfotografien enthalten. Die meisten von ihnen wurden durch neueres Material ersetzt. Ein Farbteil schien uns unter heutigen Umständen unabdingbar. Er wurde ebenfalls aus der finnischen Ausgabe übernommen.

– Zitate sind, wo immer dies möglich war, in anerkannten deutschen Übersetzungen wiedergegeben. Wo eine Quellenangabe fehlt, existiert keine beschaffbare deutsche Übersetzung, und die Übersetzerin hat das Zitat selbst übertragen.

Die Übersetzerin

Marcel Minnaert (1893–1970)

Marcel Gilles Jozef Minnaert war Wissenschaftler, und sein Spezialgebiet war die Sonnenforschung. Über vier Jahrzehnte lang stand er in Verbindung mit der Sternwarte von Utrecht in den Niederlanden. Doch Minnaert war nicht nur ein berühmter Astronom. Er war ein geistiger Erbe des Zeitalters der Aufklärung, der mit seinen Überzeugungen nicht hinter dem Berg hielt.

Marcel Minnaert wurde am 12. Februar 1893 in Brügge, im flämischen Teil Belgiens, geboren. Seine Eltern waren Lehrer. Einen prägenden Einfluß in seiner Jugend hatte sein Onkel Gerard D. Minnaert auf ihn, der eine wichtige Stellung in der flämischen Bewegung zur Anerkennung des Flämischen (belgisches Niederländisch) als offizielle Landessprache neben dem Französischen einnahm.

Nach dem Tod des Vaters zog seine Mutter 1902 mit ihm nach Ghent. Dort nahm Minnaert einige Zeit später sein Studium auf. Er studierte Botanik und schloß 1914 mit einer Arbeit über die Wirkung von Licht auf Pflanzen ab *(Contributions à la Photo-Biologie Quantitative)*. Minnaert wollte jedoch mehr über die physikalischen Grundlagen seiner Arbeit wissen und ging deshalb 1915 an die Universität Leiden, wo er Physik studierte und lehrte. Im darauffolgenden Jahr kehrte er als Physikdozent an die Universität Ghent zurück, an der unterdessen das Flämische als ausschließliche Unterrichtssprache eingeführt worden war.

Während des Ersten Weltkriegs war ein Großteil Belgiens von den Deutschen besetzt. Als gegen Ende des Krieges bekannt wurde, daß die belgische Regierung die Aktivisten der flämischen Bewegung an der Ghenter Universität für Kollaborateure der Deutschen hielt, flohen viele der führenden Köpfe dieser Bewegung in die Niederlande, um einer Verurteilung zu entgehen. Auch Minnaert floh nach Utrecht, wo er 1918 seine Arbeit an der Solarspektroskopie im physikalischen Labor unter der Leitung von Prof. Julius aufnahm. Im Jahre 1925 reichte er eine zweite Dissertation ein, diesmal über anomale Dispersion.

In seinen Forschungsarbeiten trug Minnaert wesentlich zur Deutung der Spektrallinien der Sonne sowie der Sterne bei. Darüber hinaus war er ein erstklassiger Beobachter. Während der Sonnenfinsternis von 1927 erhielt er zusammen mit A. Pannekoek in Gällivare die ersten für die quantitative Fotometrie brauchbaren flash-Spektren.

1927 wurde Minnaert als Nachfolger Direktor Nijlands an die Utrechter Universität berufen. Ein groß angelegtes Sonnenforschungsprojekt gipfelte 1940 in der Veröffentlichung eines monumentalen Werks, dem Utrechter Fotometrie-Atlas des Sonnenspektrums (Minnaert, Mulders und Houtgast).

Nach Ausbruch des Zweiten Weltkriegs machte Minnaert aus seiner Opposition gegenüber dem Faschismus kein Hehl und wurde im Mai 1942 von den Nazis verhaftet. Er blieb bis April 1944 inhaftiert.

Nach dem Krieg arbeitete Minnaert außer im Bereich der Sonnenforschung auf vielen anderen Forschungsgebieten, so z. B. auf dem der Kometen, der Fotometrie der Venus, des Orionnebels. Ferner veröffentlichte er eine Arbeit über astronomische Methoden auf der Grundlage praktischer Übungen, die er entwickelt hatte (*Practical Work in Elementary Astronomy*, 1969).

Minnaerts Einfluß reicht weit über die Grenzen seiner eigentlichen Forschung hinaus. Vielen Laien ist er am besten durch die dreibändige Reihe *De natuurkunde van 't vrije veld* bekannt, die 1937–1940 erstmals erschien und auf hervorragende Weise die Physik der freien Natur beschreibt.

Minnaert war ein großer Musikliebhaber und perfekter Klavierspieler. Zu Hause hatte er eine Sammlung exotischer Musikinstrumente, die er nach seiner Emeritierung der Universität Utrecht vermachte. Seine Lieblingsbeschäftigung aber war das Reisen – je einfacher die Mittel, desto besser. Auf diesen Reisen entstanden viele seiner Gemälde.

In seinem Buch *De sterrenkunde en de mensheid* (1946) reflektiert Minnaert über die Beziehung zwischen der Astronomie und den Menschen. Astronomie und Dichtung vereinigen sich in der von Minnaert zusammengestellten mehrsprachigen Anthologie *Dichters over sterren* (1949). Dieses Buch ist kennzeichnend für Minnaerts Interesse an Sprachen. Er war begeisterter Esperantist und verstand an die zwanzig Sprachen.

Minnaert erhielt viele internationale Auszeichnungen. 1963 verließ er die Utrechter Sternwarte und ließ sich in den Ruhestand versetzen. Doch auch nach seiner Pensionierung blieb er aktiv als Vorsitzender vieler Komitees der International Astronomical Union (IAU). Minnaert starb am Vormittag des 26. Oktober 1970 in Utrecht. Seinem Wunsch entsprechend wurde er nicht beigesetzt, sondern sein Körper der Forschung übergeben. Es gibt keinen Grabstein, doch sein Werk lebt fort. Einen Teil davon haben Sie vor sich.

Pekka Kröger

Vorwort von Marcel Minnaert

Wer die Natur liebt, der braucht das Beobachten ihrer Erscheinungen wie die Luft zum Atmen: Es ist ihm ein tiefes, angeborenes Bedürfnis. Sonnenschein und Regen, Wärme und Kälte sind ihm willkommene Gelegenheiten, hinzusehen – es macht ihm Spaß, ob es nun in der Stadt oder im Wald ist, am Strand oder auf dem Meer. Immer wieder ist er beeindruckt von neuen, interessanten Geschehnissen. Mit beschwingtem Schritt streift er durch das weite Land, mit offenen Augen und Ohren, bereit, die Eindrücke, die von allen Seiten auf ihn einstürmen, aufzunehmen. Er atmet tief den Geruch der Luft ein, fühlt jeden Temperaturunterschied, streicht ab und zu sanft mit der Hand über einen Strauch am Wegesrand, um in engerer Berührung mit den Dingen der Erde zu sein. So fühlt er sich als ein Mensch inmitten der Fülle des Lebens.

Glauben Sie nur nicht, die unendlich verschiedenen Stimmungen der Natur verlören für den wissenschaftlichen Beobachter etwas von ihrer Poesie. Nein! Indem uns das Beobachten zur Gewohnheit geworden ist, ist unser Gespür für Schönheit geschärft und der Stimmungshintergrund, vor dem sich die einzelnen Gegebenheiten zeigen, farbenfroher. Der Zusammenhang zwischen den Ereignissen, zwischen Ursache und Folge in den verschiedenen Teilen der Landschaft, bildet ein harmonisches Ganzes, was ansonsten nichts als eine bloße Aneinanderreihung loser Bilder wäre.

Was hier beschrieben wird, sind einesteils Erscheinungen, die Sie täglich sehen, und es ist reizvoll, die physikalischen Hintergründe aufzudekken; anderenteils sind es aber auch Phänomene, die Sie nicht kennen und die dennoch ständig sichtbar sind. Alles, was Sie tun müssen, ist, Ihre Augen mit dem Zauberstab zu berühren, der da heißt: «Wissen, worauf ich achten muß»! Schließlich gibt es noch die seltenen, beachtenswerten Naturwunder, die selbst für den geschulten Beobachter etwas ganz Besonderes sind, auf die er jahrelang wartet und deren Beobachtung uns mit dem Bewußtsein des Außergewöhnlichen und mit einem tiefen Glücksgefühl erfüllt. So merkwürdig es uns auch erscheinen mag, Tatsache ist, daß man kaum etwas anderes wahrnimmt als das, was man bereits kennt; es ist sehr schwierig, etwas Neues zu entdecken, auch wenn es sich direkt vor unseren Augen abspielt. In der Antike und im Mittelalter beobachtete man unzählige Sonnenfinsternisse, und dennoch dauerte es bis zum Jahr 1842, bis man die Korona der Sonne gebührend beachtete, welche wir heute für das auffallendste Phänomen einer Sonnenfinsternis halten. Jeder kann sie mit bloßem Auge sehen. Was im Laufe der Zeit von vielen herausragenden Naturkennern niedergeschrieben wurde, habe ich versucht, in diesem Buch zusammenzutragen, um Sie darauf aufmerksam zu machen. Es besteht kein Zweifel, daß es in der Natur noch viel, viel mehr zu sehen gibt;

jedes Jahr erscheinen mehrere neue Abhandlungen über bis dahin nicht
beachtete Phänomene. Es mutet sonderbar an, daß wir so vielen Dingen
gegenüber taub und blind sind, die uns doch allenthalben begegnen und
die kommende Generationen sehr wohl bemerken werden.

Unter «Naturbeobachtung» versteht man für gewöhnlich das Studium der Pflanzen und Tiere; als ob zur Natur nicht auch Dinge gehörten
wie das Schauspiel von Wind und Wetter und Wolken, die unzähligen
Klänge, die den Raum erfüllen, die Wellen des Wassers, die Sonnenstrahlen, das Dröhnen der Erde!

So wie die Biologen ihre Flora- und Faunaführer haben, müßten die
Physiker ein Wander- und Beobachtungsbuch besitzen, in dem alles, was
auf ihrem Gebiet in der «unbelebten» Natur zu sehen ist, nachzulesen ist.
Wir geraten unvermeidlich auf das Gebiet der Meteorologie, aber auch
auf Grenzgebiete der Astronomie, Geographie, Biologie, der Technik;
dennoch hoffe ich, zu einer gewissen Einheitlichkeit gefunden zu haben,
die den Zusammenhang aller behandelten Themen erkennen läßt.

Da es uns um eine einfache, unmittelbare Naturbeobachtung geht,
lassen wir systematisch aus:
1. alles, was nur mit Instrumenten zu sehen ist (dagegen wurde unseren
   Sinnesorganen einige Beachtung geschenkt, die unsere wichtigsten
   Hilfsmittel sein werden und deren Eigenschaften wir daher kennen
   müssen);
2. alles, was aus langen statistischen Beobachtungsreihen hergeleitet
   wird;
3. theoretische Betrachtungen, sofern sie in keinem direkten Zusammenhang stehen mit dem, was visuell wahrgenommen wird. Wo unsere Erklärungen mitunter zu knapp ausgefallen sein mögen, raten wir dem
   Leser, sich die grundlegenden physikalischen Begriffe mittels eines elementaren Lehrbuchs erneut zu vergegenwärtigen.
Es wird sich zeigen, daß noch eine erstaunlich große Zahl von Beobachtungen übrigbleiben; ja, es gibt kaum einen Zweig der Physik, der nicht in
der freien Natur seine Anwendung fände, oftmals auf eine Art, die an
Großartigkeit all unsere Laborversuche übertrifft. Denken Sie also immer
daran, daß alles, was in diesem Buch beschrieben wird, für Sie zugänglich
und beobachtbar ist! Hinter allem steckt die Absicht, daß Sie es sehen und
daß Sie es nachvollziehen!

Die Bedeutung der Beobachtungen in der freien Natur für den Phy-
sikunterricht ist noch nicht genügend anerkannt. Diese Beobachtungen
helfen uns in dem wachsenden Bestreben, eine Verbindung zwischen
Schulunterricht und dem Leben herzustellen: Sie bringen uns auf natürliche Weise dazu, Tausende von Fragen zu stellen, und bewirken, daß wir
das in der Schule Gelernte später immer und immer wieder auch außerhalb der Schulmauern antreffen. So wird die Gültigkeit der Naturgesetze
stets aufs neue als erstaunliche und eindrucksvolle Realität empfunden.

Darüber hinaus richtet sich unser Buch an alle, die die Natur lieben; an die junge Generation, die durch die weite Welt zieht und am Lagerfeuer beieinandersitzt; an den Maler, der Licht und Farben in der Natur bewundert, aber nicht erklären kann; an denjenigen, der auf dem Land lebt, wie an den, der das Reisen liebt; und ebenso an den Städter, weil im Getöse und Gedränge der grauen Straßen doch immer noch ein Stück Natur übrigbleibt. Wir hoffen, daß unser Buch selbst für den geschulten Physiker noch etwas Neues bringen wird, denn das behandelte Gebiet ist außerordentlich umfassend und liegt oftmals außerhalb der üblichen Forschungsrichtung. So wird begreiflich, weshalb sehr einfache neben sehr viel schwierigeren Beobachtungen in das Buch aufgenommen wurden, eingeteilt nach Zusammengehörigkeit der Erscheinungen in der Natur.

Der hier unternommene Versuch ist wahrscheinlich der einzige seiner Art und dementsprechend lückenhaft. Mehr und mehr bin ich von der Schönheit und Fülle des Stoffes sowie von dem Bewußtsein überwältigt, daß ich nicht imstande bin, ihn auf eine Weise darzulegen, die seiner würdig wäre. Zwanzig Jahre lang führte ich systematisch Naturbeobachtungen durch; einige tausend Abhandlungen aus allen möglichen Zeitschriften wurden hier zusammengetragen. Allerdings wurden davon nur diejenigen zitiert, die einen zusammenfassenden Überblick geben, oder solche, die ein sehr spezielles Problem näher erläutern. Dennoch weiß ich sehr gut, wie unvollständig diese Sammlung noch ist. Vieles, was schon bekannt war, konnte ich nicht beobachten, vieles ist auch für den Experten noch ein Rätsel. Um so dankbarer werde ich all jenen sein, die mir mit eigenen Beobachtungen oder Literaturverweisen helfen, Fehler zu verbessern und Lücken zu schließen.

Ich beabsichtige, diesem Buch schnell ein zweites und drittes folgen zu lassen, in denen die restlichen Bereiche der Physik behandelt werden. Das Manuskript des Ganzen ist fertig, und es wird nur vom Interesse der Leserschaft abhängen, ob eine Herausgabe möglich ist.

1937.

Die Sonne wirft Lichtflecken durch ein Blätterdach auf einen Weg
(Foto: Lauri Anttila).

Aus: Gesang von der Landstraße

Zu Fuß und leichten Herzens schlag ich die offene Straße ein,
Gesund, frei, vor mir die Welt,
Vor mir der lange, braune Weg, der mich führt, wohin ich nur will.

Hinfort frage ich nicht nach Glück, ich bin das Glück.
Hinfort wimmere ich nicht mehr, verschiebe nicht mehr, ich brauche nichts.
Vorbei mit grämlicher Stubenhockerei, mit Bücherwälzen und nörgelnder Kritik,
Stark und zufrieden zieh ich den offenen Weg.

Ich glaube, alle Heldentaten wurden im Freien erdacht und alle freien Gedichte auch,
Ich glaube, ich selber könnte hier auf der Stelle Wunder vollbringen,
Ich glaube, was immer ich treffen werde hier unterwegs, das werd ich mögen, und wer
immer mich sehen wird, wird mich mögen,
Ich glaube, wen immer ich sehe, muß glücklich sein.

Ich atme Raum in großen Zügen ein,
Osten und Westen sind mein und Norden und Süden sind mein –

Ich bin größer, besser als ich gedacht,
Ich wußte nicht, daß ich soviel Gutes enthielt.

Jetzt sehe ich das Geheimnis, die besten Menschen zu schaffen,
Es heißt: wachs auf in freier Luft und iß und schlaf mit der Erde.

Allons! wer immer du seist, komm, reise mit mir!
Reise mit mir, so findest du, was nie ermüdet.

Die Erde ermüdet nie,
Die Erde ist rauh, schweigsam, unverständlich zuerst, Natur ist rauh und
unverständlich zuerst,
Verliere den Mut nicht, halt aus, göttliche Dinge gibt es wohlverborgen,
Ich schwöre dir, göttliche Dinge gibt es, schöner als Worte zu sagen vermögen.

Camerado, ich gebe dir die Hand!
Ich gebe dir meine Liebe, kostbarer als Geld.
Ich gebe dir mich selbst, vor Predigt und Gesetz,
Willst auch du dich mir geben? willst du kommen und wandern mit mir?
Wollen wir zusammenhalten auf Lebenszeit?

Walt Whitman: *Leaves of Grass*
(Nachdichtung von Hans Reisiger: *Grashalme.* Zürich 1985)

Die Sonne strahlt durch ein Blätterdach
(Foto: Matti Martikainen).

Kapitel I
Licht und Schatten

1. Sonnenbilder

O Sonne! Wenn du gleitest durch das Laub der hohen Linden,
Dann wirfst du helle Flecken auf den Grund,
So schön, daß ich nicht darauf zu treten wage.

E. Rostand

Im Schatten einer Gruppe von Bäumen sehen wir zahlreiche Lichtflecken auf dem Boden, unregelmäßig verstreut, manche klein, manche groß, aber alle schön gleichförmig elliptisch. Halten wir vor einen von ihnen ein Einfallslot, so zeigt die Verbindungslinie Lot–Schatten an, woher die Lichtstrahlen kommen, die den Lichtfleck auf dem Boden entstehen lassen: Natürlich ist es das Sonnenlicht, das durch die Ritzen der Baumkrone dringt; die zwischen den Blättern einfallenden Strahlen sind blendend hell.

Das Überraschende ist nun, daß alle diese Bilder die gleiche Form besitzen; es ist doch nicht möglich, daß all die Ritzen und Spalten zufällig so schön gleichförmig rund sind! Fangen Sie ein Bild auf einem Blatt Papier ein, das Sie senkrecht zu den Strahlen halten: Nun ist das Bild nicht mehr elliptisch, sondern kreisrund. Halten Sie das Blatt Papier immer höher – der Fleck wird zunehmend kleiner. Daraus können wir ableiten, daß das Lichtbündel, das einen solchen Lichtfleck entstehen läßt, die Form eines

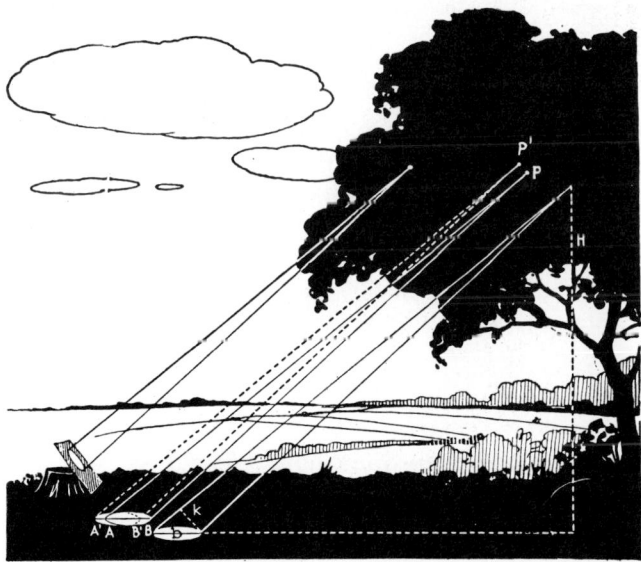

Abb. 1
Sonnenstrahlen
dringen durch das
dichte Laubwerk
eines Baumes.

Kegels besitzt; die Flecken sind nur deshalb elliptisch, weil der Kegel vom Erdboden schräg geschnitten wird.

Vermutung: Die Ursache des Phänomens liegt darin, daß die Sonne nicht punktförmig ist. Jede winzig kleine Öffnung P (Abb. 1) ergibt ein scharfes «Sonnenbild» AB, eine Öffnung P′ ergibt ein leicht versetztes scharfes Bild A′B′ (gestrichelte Linie!); eine weitere Öffnung, die sowohl P als auch P′ umfaßt, ergibt ein weniger scharfes, dafür aber helleres Sonnenbild A′B. Tatsächlich sehen wir Lichtflecken unterschiedlichen Helligkeitsgrades; von zwei gleich großen ist das hellere auch das weniger scharfe.

Bestätigung: Ziehen Wolken vor die Sonne, sieht man, wie diese sich über die einzelnen Sonnenbilder schieben, allerdings in entgegengesetzter Richtung; bei einer partiellen Sonnenfinsternis erscheinen die Sonnenbilder sichelförmig. Kommt einmal ein großer Sonnenfleck vor, ist dieser auf den schärferen Sonnenbildern zu erkennen. Ein sehr deutliches Sonnenbild können Sie erzeugen, indem Sie in dünne Pappe ein kleines rundes Loch schneiden. Interessant ist auch, eine rechteckige Öffnung hineinzuschneiden und das Sonnenbild bei verschiedenen Abständen zu beobachten.

Der Winkel, unter dem wir die Sonne sehen, muß also gleich dem Scheitelwinkel APB des Kegels sein, der ein Sonnenbild erzeugt. Derartige kleine Winkel mißt man häufig in «Radiant». Man spricht von einem «Winkel von $\frac{1}{108}$ rad», was bedeutet, daß die Sonne bei einem Abstand von 108 cm 1 cm groß erscheint, bei einem Abstand von 1080 cm 10 cm (Abb. 2). Ebenso muß der Durchmesser eines scharfen Sonnenbildes $\frac{1}{108}$

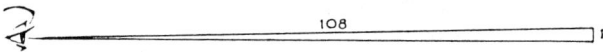

Abb. 2
Man sieht die Sonnenscheibe unter einem Winkel von 1/108 rad.

seines Abstandes zur Öffnung betragen; bei einem unscharfen Bild kommt noch die Größe der Öffnung im Blattwerk des Baumes hinzu. – Fangen Sie schwache, scharfe Sonnenbilder auf einem Blatt Papier auf, das Sie senkrecht zu den Lichtstrahlen halten. Messen Sie nun den Durchmesser k des Lichtflecks, und bestimmen Sie mit Hilfe einer Schnur den Abstand L des Blatts zur Öffnung im Laubwerk. Stimmt es, daß in etwa

$$k = \frac{L}{108}$$

ist?

Bei elliptischen Sonnenbildern, wie sie sich auf einer horizontalen Ebene abzeichnen, messen wir die kleine Achse k und die große Achse b; sie verhalten sich zueinander wie die Höhe H des Baumes zum Abstand L. Hieraus folgt:

$$H = \frac{k}{b} L = 108\,k \cdot \frac{k}{b}.$$

So hatte z.B. ein auffallend großes Sonnenbild unter einer Buche die Achsenlängen 53 cm und 33 cm; die Ritze im Laub befand sich also in

$$108 \cdot 33 \cdot \frac{33}{53} = 2200 \text{ cm}$$

oder 22 m Höhe. Beachten Sie, daß die Sonnenbilder morgens und abends länglicher sind, mittags dagegen eher rund.

Schöne Sonnenbilder findet man unter Buchen, Linden, Ahorn, seltener unter Pappeln, Ulmen oder Platanen.

Achten Sie auch auf die Sonnenbilder von Bäumen am Rande von seichten Gewässern, denn sie zeichnen sich sehr schön auf dem Grund ab!

Die Sonne wirft durch ein Blätterdach Lichtflecken auf die Straße
(Foto: Veikko Mäkelä).

2. Schatten

Betrachten Sie Ihren Schatten am Boden: Der Schatten der Füße ist scharf, der des Kopfes dagegen unscharf. – Der Schatten des unteren Teils eines Baumstammes oder Pfahls ist scharf, der der oberen Teile erscheint zunehmend verschwommen.

Halten Sie die Hand mit gespreizten Fingern vor ein Blatt Papier: Der Schatten ist scharf umrissen. Halten Sie die Hand weiter weg: Der *Kern-*

schatten jedes Fingers wird kleiner – die *Halbschatten* jedoch werden breiter und fließen ineinander.[1]

Diese Besonderheiten sind wiederum eine Folge der Nicht-Punktförmigkeit der Sonne und entsprechen dem, was bereits bei den Sonnenbildern aufgefallen war. Der Schatten eines Vogels oder eines Schmetterlings – wie wenig sind wir doch gewohnt, solche Dinge zu beachten! – zeichnet sich als annähernd runder Fleck ab: Es ist ein «Sonnen-Schattenbild».

Merkwürdig sieht bei niedrigem Sonnenstand der Schatten eines Drahtzauns mit rechteckigen Maschen aus: Man sieht lediglich den Schatten der vertikalen Drähte, nicht aber den der horizontalen! Hält man ein Blatt Papier mit einem kleinen Loch in die Strahlen, so stellt man fest, daß jeder Punkt einen ellipsenförmigen Lichtfleck auf den Boden wirft; der Schatten eines Drahtes besteht offenbar aus einer Reihe solcher nebeneinanderliegender, in diesem Fall jedoch dunkler Ellipsen: Er wird

Abb. 3
Schatten eines Drahtes bei niedrigem
Sonnenstand.

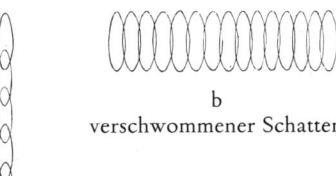

b
verschwommener Schatten

scharfer Schatten   a

daher ziemlich scharf, wenn der Draht in Richtung der Längsachse verläuft, unscharf hingegen, wenn er in Richtung der Querachse verläuft (Abb. 3).

Halten Sie ein Blatt Papier horizontal, direkt hinter die Maschen, dann immer weiter weg, so daß Sie das allmähliche Entstehen der merkwürdigen Schatten verfolgen können. Beobachten Sie dies auch bei unterschiedlich schrägem Lichteinfall, kippen Sie den Schirm in verschiedene Richtungen.

Dem Schatten wurde im Volksglauben schon immer große Bedeutung beigemessen. Es war schlimm, wenn jemand mit dem Verlust seines Schattens bestraft wurde; und wenn jemand einen Schatten hatte, bei dem der Kopf fehlte, so sollte er binnen eines Jahres sterben! Solche Geschichten, die es bei allen Völkern und zu allen Zeiten gegeben hat, sind auch für uns interessant, denn sie zeigen, wie vorsichtig man mit den Behauptungen ungeschulter Beobachter sein muß, auch wenn es viele übereinstimmende Aussagen gibt.

1 Goethe: *Farbenlehre* I, 1, 394 u. 395.

3. Sonnenbilder und Schatten bei Sonnenfinsternis und Sonnenuntergang

Während einer Sonnenfinsternis schiebt sich der dunkle Mond vor die Sonne und läßt bald nur noch eine Sichel frei. In diesem Augenblick lohnt es sich, darauf zu achten, daß die Sonnenbilder unter einem Baum alle wie gleichgerichtete Sicheln aussehen, klein oder groß, hell oder lichtschwach.

Dem entspricht wiederum die Form der Schatten. Die Schatten von Fingern beispielsweise sind merkwürdig klauenförmig gekrümmt. Jeder kleine dunkle Gegenstand würde jetzt einen sichelförmigen Schatten werfen; der Schatten eines Stabes setzt sich aus mehreren solcher kleinen Sicheln zusammen, wobei an den Enden die Krümmung erkennbar ist.

Ein gutes Beispiel für ein einzelnes dunkles Objekt ist ein Freiluftballon. Man hat tatsächlich festgestellt, daß bei einer Sonnenfinsternis sowohl der Schatten des Ballons als auch der des Korbes sichelförmig ist.[2] Auch ein Flugzeug, vorausgesetzt es fliegt in genügend großer Höhe, wirft einen gekrümmten Schatten.[3]

Eine Sonnenfinsternis, selbst eine partielle, ist ein seltenes Ereignis. Deshalb ist es interessant zu wissen, daß solche Verformungen des Schattens auch dann zu beobachten sind, wenn man am Strand steht und die Sonne am freien Horizont untergehen sieht oder wenn man den Schatten von Münzen und kleinen Scheiben verschiedener Größen untersucht, die man auf eine Glasscheibe geklebt oder an einem dünnen Draht aufgehängt hat. Form und Lichtverteilung ändern sich entsprechend der Größe der Münzen und in dem Maße, wie die Sonne am Horizont verschwindet.

4. Doppelte Schatten

Wenn die Bäume kahl sind, sieht man manchmal Stellen, an denen die Schatten zweier parallel liegender Zweige einander überlagern. Einer davon ist scharf und schwarz: Dieser Zweig hängt weiter unten. Der andere ist unscharf und grau: Jener Zweig befindet sich weiter oben. Das Eigenartige dabei ist nun, daß dort, wo sie einander genau überdecken, ein heller Streifen im schmaleren Schatten entsteht, so daß dieser scheinbar verdoppelt ist (Abb. 4). Wie ist das möglich?

Konzentriert man sich nacheinander auf A, B, C, D und E, sieht man jedesmal die Sonne mit den beiden Zweigen davor, wie es in den 5 Abbildungen auf S. 22 dargestellt ist. Um sie voneinander zu unterscheiden, nehmen wir an, daß beispielsweise der weiter entfernte Zweig etwas brei-

2 Wigand, A., und Everling, E.: Verh. d.d. phys. Ges. *14*, 748, 1912. – Deutsche Luftfahrer Ztg. *16*, 298, 1912.
3 Science, um 1930.

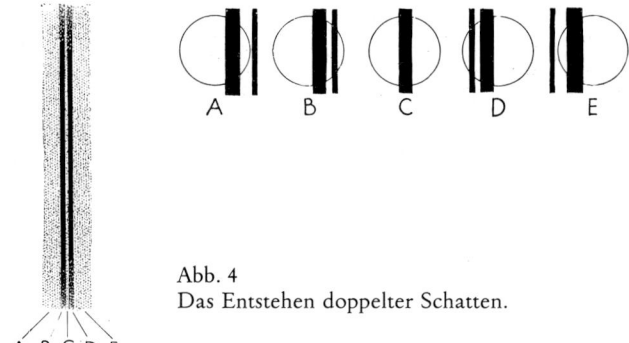

Abb. 4
Das Entstehen doppelter Schatten.

ter erscheint als der andere. Nun wird man bei B und D die Sonne an zwei Stellen bedeckt sehen, bei C jedoch nur an einer einzigen Stelle, weil sich die Zweige dann hintereinander verbergen. Somit hat man eine einfache Erklärung für das Entstehen des helleren Mittelstreifens.

Offenbar entsteht das Phänomen immer dann, wenn beide Zweige unter einem kleineren Winkel als die Sonne gesehen werden. Das gleiche kann man beobachten, wenn die Schatten von zwei Telegrafen- oder Telefonleitungen einander überlagern. – In den Sonnenlichtflecken, die sich unter einem hohen Baum am Boden finden, sind die Schatten überall auf typische Weise verändert. Halten Sie ein Buch so, daß sein Schatten sich im schwachen Licht eines sehr großen Lichtflecks abzeichnet: Der Schatten des Buches ist viel schärfer als sonst. Suchen Sie Stellen, an denen hoch oben wachsende, dünne Zweige einen verschwommenen Schatten werfen, und halten Sie darüber ein Lot: Sie erhalten doppelte oder gar mehrfache Schatten, von denen ein Teil manchmal stärker, manchmal schwächer ist als der andere; an denselben Stellen wirft das Buch einen Schatten mit merkwürdigen, sich scharf abzeichnenden halbschattigen Rändern. All diese typischen Besonderheiten sind einfach zu erklären.

Ich ging früher schon einmal diesen Strand entlang, genauso wie jetzt. Es war an einem Abend, spät im Monat März. Die Sonne ging im Westen im Meer unter, der Mond schien hell im Osten. Lange Zeit war es der Sonnenuntergang, der meinen Schatten bestimmte, so daß er gen Osten fiel – dann aber kam eine Zeit, in der ich gar keinen Schatten hatte, bis die Helligkeit des Mondes stärker wurde als das Abendrot und mein Schatten nach Westen fiel.

Aus dem isländischen Prosagedicht *Hel* von S. Nordal (1919)

Ist diese Beobachtung richtig?

5. Der Schatten eines Kondensstreifens

Bei bestimmten Wetterlagen kann man sehen, wie Flugzeuge filigrane Spuren über den blauen Himmel ziehen, die langsam breiter werden.

Der Kondensstreifen eines
Flugzeugs und sein
Schatten auf einer Wolken-
schicht (Foto: Pekka
Parviainen).

Manchmal hat man Gelegenheit, den Schatten dieser Spuren auf einer tiefer gelegenen, mehr oder weniger gleichmäßigen Wolkenschicht zu sehen. Der Abstand zwischen Kondensstreifen und Schatten verändert sich
allmählich.

6. Der wachsende Schatten

Es ist Nacht. Wir kommen an einer Straßenlaterne vorbei und sehen, wie unser Schatten immer schneller immer länger wird, je weiter wir uns entfernen. Immer schneller? Nein! Die Geschwindigkeit, mit der der Schatten wächst, ist konstant (Abb. 5)! Zu Schatten vgl. §§ 59, 111, 115, 208, 247, 251, 261.

Abb. 5
Das Längerwerden unseres Schattens, wenn wir an
einer Straßenlaterne vorbeigehen.

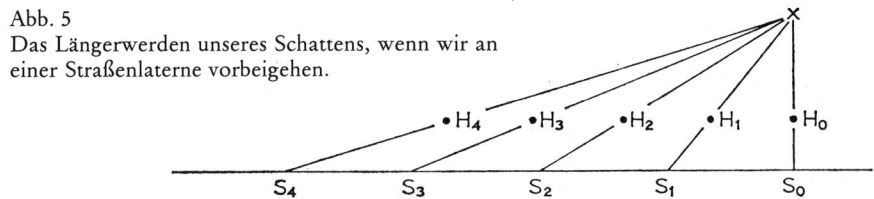

Kapitel II
Die Reflexion des Lichts[1]

7. Das Reflexionsgesetz

Suchen Sie eine völlig ruhige Wasseroberfläche, auf der sich der Mond spiegelt. Vergleichen Sie nun den Winkel des Mondes zum Horizont mit dem des Spiegelbildes zum Horizont. Kalkuliert man geringe Beobachtungsfehler mit ein, sind beide gleich. Steht der Mond nicht sehr hoch, können Sie beispielsweise einen Stock mit ausgestrecktem Arm senkrecht vor sich halten, so daß sie seine Spitze direkt vor dem Mond sehen, während Sie den Daumen vor die Horizontlinie halten. Dann drehen Sie den Stock von unten nach oben um den Arm als Achse, bis die Stockspitze das Spiegelbild des Mondes berührt.

Wolken spiegeln sich im Wasser
(Foto: Pekka Parviainen).

Solche Messungen, mit dem Fernglas an klaren Sternbildern durchgeführt, ergeben die genaueste Probe auf das Reflexionsgesetz.

Ein nach innen versetztes Fenster wird von der nicht allzu hoch stehenden Sonne schräg beschienen (Abb. 6). Die Richtung des einfallenden Lichtbündels erkennt man am Schatten AB; das reflektierte Licht fällt als heller Lichtfleck in die Richtung BC. Man sieht nun, daß die zwei Richtungen im Verhältnis zur Normalen BN symmetrisch sind, daß also

1 Vgl. zu diesem Kapitel: Pollock, M.: *Light and Water*. London 1903.

Abb. 6
Sonnenlicht, das durch ein
zurückversetztes Fenster reflektiert
wird.

∢ ABN = ∢ CBN ist. Dies ist nicht dasselbe wie das Reflexionsgesetz, aber es folgt daraus – was Sie beweisen können!

Weshalb reflektieren die Fenster weit entfernter Häuser nur die auf- oder untergehende Sonne?

8. Reflexion an Drähten

Ein Bündel Telegrafenleitungen blinkt in der Sonne. Geht man parallel zu den Drähten, wandert der Lichtfleck mit der gleichen Geschwindigkeit wie der Beobachter. Ebenso sehen wir abends, wie das Licht einer Straßenlaterne eine helle Linie auf die Oberleitung der Straßenbahn wirft. Wie wird der genaue Ort dieser Lichtreflexe bestimmt? Wir konstruieren in Gedanken das Ellipsoid, dessen Brennpunkte unser Auge und die

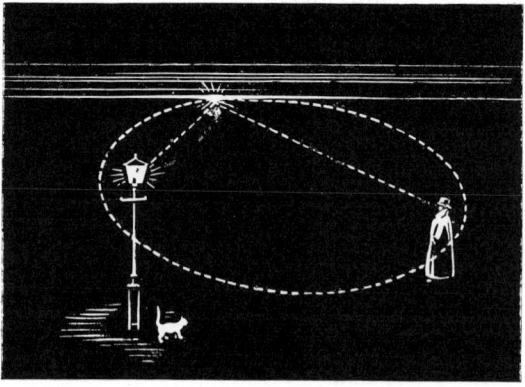

Abb. 7
Die gedankliche Konstruktion
eines nächtlichen
Spaziergängers: Eine
Straßenlaterne spiegelt sich auf
Telegrafenleitungen.

Lichtquelle sind und das den Draht berührt (Abb. 7). Der Berührungs-
punkt ist dann der hell erscheinende Fleck. Es ist eine bekannte Eigenschaft von Ellipsoiden, daß in jedem Punkt die Verbindungslinien zu den
Brennpunkten gleiche Winkel mit der Tangentialebene bilden.

9. Unterschiede zwischen Gegenstand und Spiegelbild

Viele glauben, das Spiegelbild einer Landschaft auf einer ruhigen Wasseroberfläche sehe genau wie die Landschaft selbst, nur umgekehrt, aus. Das
stimmt keineswegs! – Am Abend sollten Sie einmal darauf achten, wie
sich eine Reihe von Straßenlaternen spiegelt (Abb. 8). – Das Spiegelbild
eines Deiches, der zum Wasser hin abfällt, erscheint verkürzt und ver-

Abb. 8
Die Verkürzung des Spiegelbildes
eines Hangs.

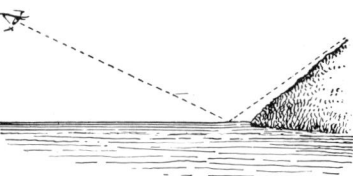

Abb. 9
Die Verkürzung des Spiegelbildes
eines Hangs.

schwindet sogar, wenn man hoch genug über der Wasseroberfläche steht
(Abb. 9). Wenn sich auf einem Gemälde das Spiegelbild des Ufers, das
dem Betrachter gegenüberliegt, zu einem schmalen, dunklen Saum reduziert, hat man unweigerlich den Eindruck, als blicke man steil nach unten.
– Die Spitze eines Steins, der im Wasser liegt, sieht man niemals im Spiegelbild reflektiert. – *Je näher beim Betrachter die Gegenstände liegen, desto
steiler fallen ihre Spiegelbilder im Vergleich zu denjenigen des Hintergrundes
ab.*
Weitere Beispiele für dieses allgemeine Gesetz sind in Abb. 10 dargestellt: Abb. 10a zeigt, weshalb der Betrachter den Mond über den
Kirchtürmen scheinen sieht, während im Spiegelbild der Mond vom
Turm verdeckt ist. Der Effekt ist aus Abb. 10b ersichtlich: Im Gegensatz
zu dem weit entfernten Mond spiegelt sich der Turm im Wasser; gleichzeitig erscheint der nahe am Ufer stehende Baum in der Spiegelung, verglichen mit dem Turm, kürzer. Vergleichen wir dazu in Abb. 10c den

Abb. 10
Unterschiede zwischen der Landschaft und ihrem Spiegelbild.

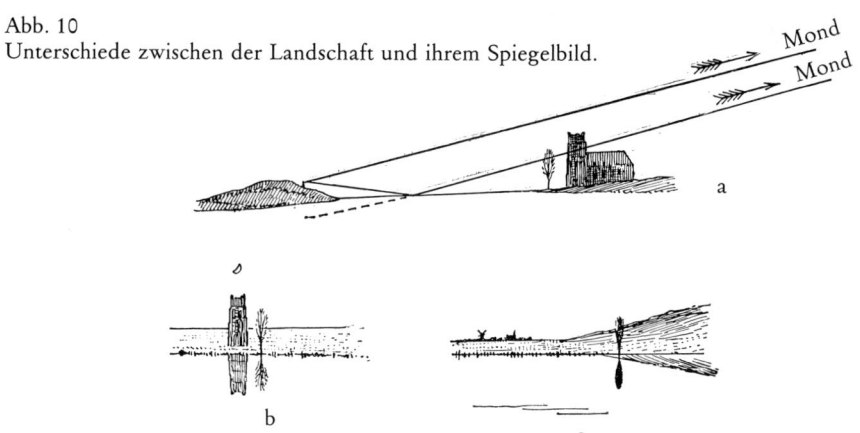

Baum mit der Hügelkette in der Ferne: Der Effekt ist hier besonders überzeugend, und wir erinnern uns sofort an viele solcher Szenen, die wir nur
noch nie bewußt wahrgenommen haben.

All diese Phänomene sind ganz normal, wenn man bedenkt, daß das
Spiegelbild mit dem Gegenstand selbst zwar übereinstimmt, perspektivisch aber anders aussieht, da es verschoben ist. Wir sehen es so, *als ob wir*
die Landschaft selbst von einem Punkt unter der Wasseroberfläche aus sehen
würden, vom Spiegelbild unseres Auges aus. Die Unterschiede werden um
so geringer, je näher man sich am Wasserspiegel befindet und je weiter
die Gegenstände entfernt sind (vgl. § 152).

Jedoch scheint noch etwas anderes eine Rolle zu spielen! Die Spiegelbilder von Bäumen und Sträuchern in kleinen Teichen und in Pfützen entlang des Weges weisen manchmal eine Reinheit, Schärfe und Klarheit der
Farben auf, die sicherlich eindrucksvoller sind als die der Gegenstände
selbst. Wolken sehen niemals so schön aus wie in einem Spiegel. Eine
Straße, die sich in einem Schaufenster mit einem dunklem Vorhang dahinter spiegelt, ist erstaunlich scharf.[2] Der Grund für diese Unterschiede
ist eher psychologischer als physikalischer Natur. Er ist darin zu suchen,
daß die reflektierte Szene stets als Bild empfunden wird, das in einer
Ebene liegt (*physikalisch* gesehen liegen Spiegelbilder natürlich genauso in
mehreren Ebenen wie die Objekte selbst). Eine andere Theorie besagt,
durch die Einrahmung werde man unsicher hinsichtlich der Lage des Gegenstandes im Raum, wodurch stärkere Reliefeindrücke entstünden.[3]
Wichtiger noch scheint mir, daß das Auge vor übermäßiger Blendung
durch den großen, hellen Bereich des Himmels um die Szenerie herum
geschützt ist: ein Effekt also ähnlich dem, als würde man durch ein Rohr

2 Mill, H.R.: Geogr. Journ. *56,* 526, 1926. – Vaughan Cornish: ibid., S. 518.
3 J.O.S.A. *10,* 141, 1925.

schauen (§ 197). Die geringe Helligkeit des Spiegelbildes ist auch an sich schon günstig für das Betrachten des Himmels und der Wolken, die ansonsten zu grell sind für unser Auge. Außerdem wirkt die Reflexion polarisierend, wodurch das Glänzen mancher Gegenstände abgeschwächt wird und die Farben satter erscheinen.

Das Spiegelbild der
Wolken im Wasser ist
deutlicher als die Wolken
am Himmel selbst
(Foto: Arja Kyröläinen).

Ich ging eines Tages an den Ufern der Aisne entlang, und eine Qual ohne Maß und ohne Grund hatte mich gepackt. Mir schien, als könnte ich nie wieder fröhlich werden. Das Bild einer Brücke im Wasser gab mir plötzlich Vertrauen zu mir selbst und führte zur Freude zurück. Es war doch eigentlich nur ein Reflex im Wasser, aber glaubt niemals denen, die euch sagen werden, daß es nur ein Reflex war.

Georges Duhamel: *Besitz der Welt.* Zürich 1922, S. 168. Übers. v. N. Collin

10. Von Gräben und Kanälen reflektierte Lichtbündel[4] (Abb. 11)

Bei sonnigem Wetter reflektiert jede ruhige Wasseroberfläche ein Bündel Sonnenstrahlen, und all diese Bündel steigen über der Landschaft wie der Lichtschein riesiger Suchscheinwerfer auf. Doch nur selten bemerken wir

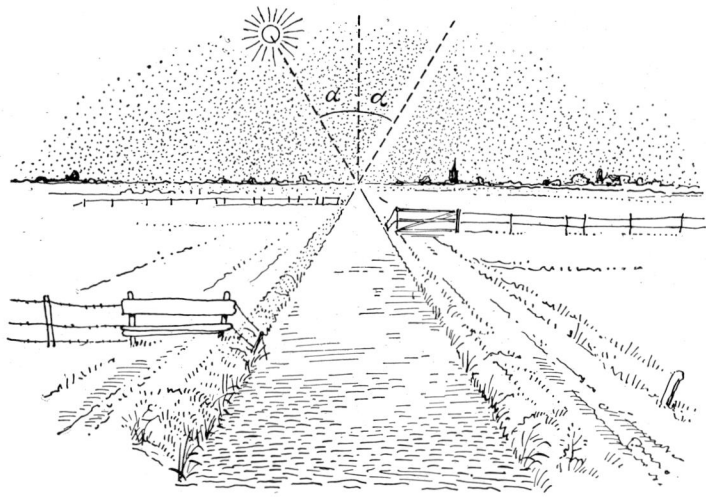

Abb. 11
Bündel reflektierten Sonnenlichts zeichnen sich in diesiger Luft ab.

etwas davon – offenbar müssen mehrere günstige Umstände zusammentreffen. Am größten ist die Wahrscheinlichkeit morgens und abends, wenn die Sonne tief steht und das reflektierte Licht stärker ist (vgl. § 63). Die Luft muß diesig sein, damit sich das Bündel darin abzeichnen kann; neblig darf es allerdings nicht sein, denn sonst würden die Strahlen zu sehr abgeschwächt, ein Lichtschleier würde sich über das ganze Bild ausbreiten und alle feinen Helligkeitsunterschiede verwischen. Der Graben oder Kanal muß mehr oder weniger genau in Richtung Sonne verlaufen, und man muß in diese Richtung blicken, nicht in die entgegengesetzte, denn der Dunst streut das Licht in Richtung Sonne stärker (§ 208). Die Wasseroberfläche darf sich nicht kräuseln; der Wind muß also möglichst schwach sein und quer zum Kanal wehen. Erhöhte Uferbefestigungen sind günstig, vorausgesetzt, sie schirmen das einfallende und reflektierte Licht nicht allzu sehr ab. Der aufsteigende Lichtstreifen wird um so besser zu sehen sein, je länger und geradliniger der Kanal ist, weil dann der sich aufhellende Dunststreifen unter größerer Schichtdicke gesehen wird. Der linke Rand des aufsteigenden Lichtbündels wird daher schärfer sein als der rechte, wenn man sich am linken Ufer des Kanals befindet, und umgekehrt. Unter günstigen Umständen bekommt man dieses interessante

4 Diesen Hinweis verdanke ich G.J.F. Becker und R.J. van der Linde.

Schauspiel manchmal zu sehen, wenn mehrere Gräben parallel nebeneinander liegen (was in den Niederlanden mit ihren zahlreichen Poldern sehr
häufig vorkommt), aber immer nur dann, wenn man nahe an den Gräben
steht.

11. Reflektiertes Licht auf einer Wolkenschicht

Gelegentlich kann auf einer Wolkenschicht ein Lichtfleck beobachtet
werden, der sich nicht bewegt, während die Wolken selbst weiterziehen.
Dieser wird nachweislich von dem Licht erzeugt, das von einem nahegele-
genen See reflektiert wird und das wie das Lichtbündel eines Scheinwerfers auf die Wolkenschicht trifft. Das Phänomen ist nur bei Windstille
(glatte Wasseroberfläche!) und bei relativ niedrigem Sonnenstand, etwa
7° (starke Reflexion!) beobachtbar. Der See muß mindestens 1 km
Durchmesser haben.[5]

12. Spielerische Reflexionen

Eine Häuserreihe wirft einen dunklen Schattenstreifen über die Straße. In
der Mitte jedoch sieht man hier und dort unerwartete Lichtflecken (Abb.
12). Wie kommt das Licht dorthin? Um herauszufinden, aus welcher
Richtung die Strahlen einfallen, hält man die Hand vor den Lichtfleck

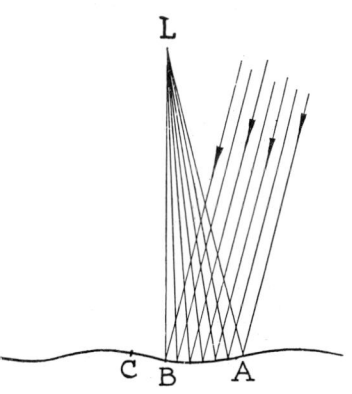

Abb. 12
Lichtflecken auf einer im Schatten liegenden
Straße.

Abb. 13
Helle Linien entstehen durch
Reflexion an schwachen Wellen.

5 Zamorski, Izvj. Vsesoj: Geograf. Obsjtsjestwo *86*, 104, 1954.

und schließt aus dem Ort des Schattens, woher sie kommen: Sie werden von den Fenstern der gegenüberliegenden Häuser reflektiert.

Die Lichtflecken, die durch normales Fensterglas entstehen, sind unregelmäßig gefleckt, diejenigen, die durch Spiegelglas entstehen, viel gleichmäßiger. Je weiter entfernt, je kleiner und ebener die Scheiben, um so mehr nähert sich die Form des Lichtflecks einem verschwommenen Kreis (oder einer Ellipse; s. § 1). Auf ähnliche Weise sieht man auch Lichtflecken auf der Oberfläche eines Kanals glitzern, der selbst im Schatten liegt: Die Häuser gegenüber werfen das Licht zurück.

Am Rand eines Kanals steht eine Reihe Häuser, deren Giebel ganz im Schatten liegen. Dennoch tanzt Licht darauf: ein Lichtschein mit regelmäßigen, mehr oder weniger parallelen Streifen, die sich bewegen. Es sind Lichtreflexe der Wellen auf dem Wasser (Abb. 13). Der Abschnitt AB der Wellen wirkt wie ein Hohlspiegel, die Brennstrahlen treffen sich im Punkt L, der Abschnitt BC der Welle ist viel weniger stark gekrümmt und vereinigt die Strahlen in einem weiter entfernt liegenden Punkt. So gibt es für jeden Abstand von der Mauer stets einen Abschnitt der Wasseroberfläche, der einen scharfen Lichtstreifen darauf wirft, während die anderen Abschnitte den generellen Lichtschein ergeben.

Solche Lichtspiele findet man auch entlang von Kais und auf der Unterseite von Brückengewölben. Im Grunde haben wir hier ein Modell vom Funkeln der Sterne (vgl. § 51).

Das Glitzern des Sonnenlichts auf einem Kanal oder Fluß, wo sich durch eine frische Brise das Wasser zu kleinen Wellen kräuselt, ist ein

Diffuse Reflexionen auf einer Mauer von den Fenstern des gegenüberliegenden Hauses (Foto: Veikko Mäkelä).

überaus schönes Schauspiel. Tausende heller Funken flackern rhythmisch auf, etwa 5mal pro Sekunde, und das nahezu gleichzeitig auf allen Wellen. Jemand hat mir berichtet, ihm schiene das Funkeln schneller zu sein, wenn das Auge stärker akkommodiert. Die wissenschaftliche Erklärung ist recht kompliziert. Es wurde nachgewiesen, daß für den Beobachter die funkelnden Flecken um so schneller aufeinander folgen, je weiter er sich über der Wasseroberfläche befindet.[6]

13. Schießen auf ein Spiegelbild

In der Nähe von Salzburg liegt der Königssee, der von hohen Bergen umschlossen und daher sehr ruhig ist. Dort werden Wettschießen veranstaltet, bei denen die Schützen auf das Spiegelbild der Zielscheibe zielen. Die Kugel «prallt» an der Wasseroberfläche ab und trifft das Ziel. Die Treffsicherheit scheint zumindest genauso groß zu sein wie bei einem direkten Schuß.

Das Eigenartige ist, daß die Kugel nicht an der Oberfläche abprallt, sondern ins Wasser eindringt. Einem hydrodynamischen Gesetz zufolge sind die Strömungsverhältnisse im Wasser dann so, daß die Kugel von der Wasseroberfläche «angesogen» wird; sie nähert sich ihr immer mehr und tritt schließlich unter dem gleichen Winkel wieder aus, unter dem sie auf das Wasser aufgetroffen war. Mit Hilfe von Unterwasserfotografien konnte man die Bahn der Kugel verfolgen.[7]

14. Das Heliotrop von Gauß

Reflektieren Sie Sonnenlicht mit einem kleinen Spiegel: In kurzer Entfernung hat der Lichtfleck die Form des Spiegels, etwas weiter weg verschwimmen seine Umrisse, noch weiter weg wird er rund, und in großer Entfernung wird er zu einem echten Sonnenbild. Decken Sie dann einen Teil des Spiegels ab: Der Lichtfleck bleibt rund, wird aber lichtschwächer. Weiter als 50 m kann man den Lichtfleck kaum verfolgen; wer dort steht, sieht den Spiegel jedoch noch blendend hell in der Sonne blitzen.

Befestigen Sie den Spiegel auf einem Stativ, oder klemmen Sie ihn an einer beliebigen Stelle, von der Sie freie Sicht haben, zwischen Steine, und zwar so, daß der reflektierte Sonnenstrahl möglichst waagerecht verläuft. Gehen Sie nun so weit zurück, wie Sie das Licht gerade noch sehen können. Es kostet einige Mühe, in dem Lichtbündel zu bleiben – zum Glück wird sein Durchmesser größer, je weiter man geht. Indem man sich quer zu dem Bündel stellt, kann man feststellen, innerhalb welcher Grenzen es noch zu sehen ist. In 100 m Entfernung ist es bereits 1 m breit. Ferner muß

6 Longuet-Higgins: J.O.S.A. *50*, 851, 1960.
7 Ramsauer: Ann. d. Phys. *84*, 730, 1927.

bedacht werden, daß die Sonne wandert; es ist daher ratsam, den Versuch um die Mittagszeit durchzuführen, dann bleibt das reflektierte Lichtbündel zumindest so genau auf der horizontalen Ebene, daß man nicht viel nachkorrigieren muß.

Es ist erstaunlich, auf welche Entfernung solch ein Lichtpunkt noch zu sehen ist! Thackeray sah, wie die Sonne sich in einem 50 km entfernten Turmfenster spiegelte. Ein kleiner Spiegel von 5 cm × 5 cm ist noch auf eine Entfernung von 13 km zu sehen, ein Handspiegel auf 30 km Entfernung. Deshalb wird in Amerika jeder Seenotausrüstung ein Spiegel beigefügt.[8] Abb. 14 zeigt die einfachste Art, ein Lichtbündel auszurichten: In

Abb. 14
Morsen mit einem Spiegel.

der Mitte eines kleinen Spiegels kratzt man den Silberbelag ab und peilt durch das Loch und über den Rand eines in einiger Entfernung aufgestellten Bretts hinweg ein Ziel an. Nun kippt man den Spiegel, bis das reflektierte Sonnenlichtbündel einen Lichtfleck auf das Brett wirft, der genau an der oberen Kante des Bretts halbiert wird. – Gauß erzeugte auf diese Weise bei Winkelmessungen sehr deutliche Lichtquellen, die durch die Objektive der Meßinstrumente bis zu 100 km weit gesehen werden konnten. Ein solches «Heliotrop» besitzt besondere Visiervorrichtungen zur genauen Ausrichtung des Lichtstrahls auf einen beliebigen Punkt. Indem man das Licht abdeckt und wieder durchläßt, kann man auch Morsezeichen senden.

8 J.O.S.A. *36*, 110, 1946.

15. Reflexionen an einem Kugelspiegel

Die sphärischen Spiegel, die man aus der Schule kennt, sind immer klein und wenig gekrümmt; sie entsprechen beispielsweise dem Abschnitt AB auf einem Kugelspiegel, der direkt vor dem Auge des Betrachters liegt und in dem er sein eigenes Spiegelbild sehen kann (Abb. 15).

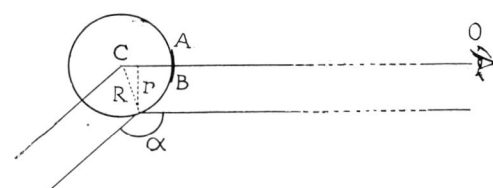

Abb. 15
Wie ein kleiner Kugelspiegel den
ganzen Umkreis widerspiegelt.

Die Kugel als Ganzes jedoch ist viel interessanter! Das Merkwürdige daran ist, daß wir die gesamte Fläche des Himmelskreises (genauer: Himmel und Erde) auf engem Raum zusammengedrängt sehen: Der Kugelspiegel fungiert als optisches Gerät mit ideal großem Öffnungswinkel! Natürlich ist dies nur dadurch möglich, daß die Bilder verzerrt werden: Sie werden in der Richtung des Strahls zusammengedrückt, und zwar um so stärker, je näher sie an der Oberfläche der Kugel liegen (Abb. 15). Nimmt man der Einfachheit halber an, daß sowohl Gegenstand als auch Betrachter weit von der Kugel entfernt sind (d. h. weit im Vergleich zum Radius R), dann wird der Gegenstand im Winkel α zur Strecke CO in einem Abstand

$$r = R \cdot \sin\frac{\alpha}{2}$$

von der Mitte der Kugel abgebildet werden. Man sieht, daß r sich R nähert, wenn α annähernd 180° ist, und daß tatsächlich der gesamte Raum auf der Kugel abgebildet wird. Es geht nur das kleine Stück verloren, das genau hinter der Kugel liegt und das um so kleiner wird, je weiter man von der Kugel entfernt ist.

Helmholtz sagte einmal, eine Landschaft, die durch einen Kugelspiegel verzerrt wird, würde wieder normal aussehen, wenn der Maßstab, mit dem man das Bild ausmißt, auf die gleiche Weise verzerrt wäre. Diese Aussage ist eng mit den Prinzipien der Relativitätstheorie verwandt.

Ein Kugelspiegel kann für sehr interessante Beobachtungen auf dem Gebiet der meteorologischen Optik herangezogen werden, gerade weil er eine so gute Übersicht über einen weiten Himmelsausschnitt bietet.[9] Wenn man ein paar Meter von der Kugel entfernt steht und das Spiegelbild der Sonne dabei mit dem Kopf verdeckt, sieht man u.a. besonders deutlich:

a) Ringe, Kränze, irisierende Wolken, den Ring von Bishop, die

9 Hoffmann, A.: *Das Wetter* 34, 133, 1917. – Volz, Fr.: *Handbuch d. Geophys.* VIII, 878–882, Abb. 278–280.

Dämmerungsfarben, die Helligkeitsverteilung am Himmel;

b) Haidingersche Büschel und die Polarisation des Himmelslichts.

Durch die Verkleinerung des Bildes werden die langsam ineinander übergehenden Schattierungen viel stärker gegeneinander abgesetzt, so daß Unterschiede in Helligkeit und Farbe mehr ins Auge fallen. Auf der glänzenden Oberfläche meiner Fahrradglocke habe ich oft ganz schwache Wolken gesehen, die ich bei direktem Hinsehen nicht wahrgenommen hatte.

Versilberte Christbaumkugeln sind ein guter Ersatz für einen Kugelspiegel.

16. Reflexionen an Seifenblasen[10]

Der Physiker Boys, der so viele interessante Versuche mit Seifenlamellen machte, schlägt vor, doch auch einmal Seifenblasen in die Luft zu pusten. Man sollte sich an einem windstillen Tag an einen gut geschützten Platz setzen – dann kann man die Reflexionen auf der zarten Kugel am schönsten sehen. Die uns zugewandte Hälfte wirkt wie ein *Wölb*spiegel und zeigt genau wie ein Kugelspiegel aufrecht stehende Bilder, die um so stärker gekrümmt und zusammengedrückt sind, je näher an den Rändern sie entstehen. Gleichzeitig aber können wir durch diese Vorderseite der Seifenblase hindurch auf die Rückseite sehen, die wie ein *Hohl*spiegel wirkt und die Bilder auf den Kopf stellt. Das aufrecht stehende und das umgekehrte Bild sind nahezu gleich groß; sie überdecken sich, und man würde sie durcheinanderbringen, läge nicht das erste näher beim Betrachter als das zweite. Das aufrecht stehende befindet sich ja $r/2$ vor dem Mittelpunkt der Seifenblase, das umgekehrte $r/2$ dahinter (jedenfalls gilt dies für die zentralen Teile des Bildes).

Achten Sie vor allem auf die doppelte Spiegelung des hellen Himmels, auch auf die Silhouette Ihres Kopfes, der sich dunkel gegen den hellen Hintergrund abhebt, und auf die merkwürdig verzerrte Linie von Häuserfirsten. Achten Sie ferner auf das stark vergrößerte Bild Ihrer Hand, in der Sie das Röhrchen mit der daranhängenden Seifenblase halten (am deutlichsten ist es in der hohlen Hälfte), auf die Spiegelung des Punktes, an dem die Seifenblase hängt (natürlich nur in der hohlen Hälfte), und auf die besonders große Deutlichkeit der am Himmel so verschwommenen Masse ineinanderfließender Wolken.

Vor allem sollten Sie auch die wunderschönen Farbenspiele mit den hellen irisierenden Teilen genießen, die wechselnden Farben, die satter und satter werden ... bis die Seifenblase platzt. Diese Farben entstehen durch Interferenz: Es sind die berühmten Newtonschen Ringe (§ 177).

Fotografieren Sie die Seifenblasen und ihre Reflexe!

---

10 Boys, C.: *Seifenblasen und die Kräfte, die sie formen.* München 1959, S. 94.

17. Unebenheiten einer Wasseroberfläche

Eine glatte Pfütze zwischen Dünen; es herrscht Windstille. Hier und dort ragt ein Grashalm oder eine Binse aus dem Wasser. Es ist hübsch anzusehen, wie jeder Halm von glitzerndem Sonnenlicht umgeben ist, dort wo er aus dem Wasser hervorschaut: Der winzige Wasserhügel, der kapillar an solch einem Halm hängt, wird so schon von weitem sichtbar. Spiegelt sich auf einem Teil der Pfütze die dunkle Schräge der Düne, auf einem anderen der helle Himmel, erkennt man nahe der Scheidelinie, wie all die kleinen Wasserhügel hell werden oder sich dunkel abheben, je nachdem aus welcher Richtung man daraufsieht.

Auf dieselbe Weise können wir Wasserwirbel überall dort ausfindig machen, wo ein Fluß eine nennenswerte Strömung besitzt. In den Wirbeln ist der Druck etwas geringer, und die Oberfläche ist leicht hohl (Größenordnung der hohlen Fläche: 4 cm im Durchmesser und einige mm tief). Nahe der Grenze zwischen Hell und Dunkel kann man selbst die schwächsten Wirbel noch deutlich erkennen. Es ist eine sehr diffizile «Schlierenmethode», die hier in der freien Natur vorkommt.

Es hat geregnet. In den Straßenbahnschienen steht Wasser, und nun sieht man eine quer verlaufende, waagerechte Linie sich darin spiegeln, etwa den Aufhängungsdraht der Oberleitung. Betrachten wir die Schiene im Querschnitt, dann verstehen wir, warum das reflektierte Bild symmetrisch verformt ist (Abb. 16a): Die Wasseroberfläche ist gekrümmt und bildet an den Rändern einen kapillaren Meniskus. Befinden wir uns links von der Schiene, dann verformt sich das Bild wie in Abb. 16b, rechts davon wie in Abb. 16c. Weshalb weist das Spiegelbild wohl gerade diese Form auf?

Abb. 16
Regenwasser in der Rille einer
Straßenbahnschiene wirkt wie ein
Wölbspiegel.

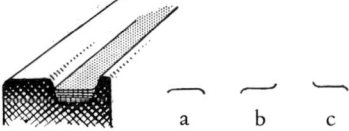

a   b   c

Die Bilder, die auf einer gekrümmten Wasseroberfläche entstehen, können Sie sehr schön von einem Dampfschiff aus studieren, weil Sie immer von demselben Standpunkt und derselben Richtung aus auf die Wellen blicken, die mit dem Schiff einherlaufen. Achten Sie vor allem darauf, wie die Spiegelbilder sich schon vom ersten Wellenschlag an verformen, der durch den Bug erzeugt wird.[11] Die Spiegelbilder sind stark zusammengedrückt; sie stehen aufrecht oder auf dem Kopf, je nachdem, ob sie in einem nach oben oder nach unten gewölbten Teil der Wasseroberfläche entstehen.

11 Forel, F.A.: *Le Léman* II. Lausanne 1895.

18. Fensterglas und Spiegelglas

An den Reflexionen an Häuserfenstern kann man sofort erkennen, ob diese aus Spiegelglas oder aus einfachem Fensterglas sind. Im ersteren Fall sind die Bilder ziemlich klar, im letzteren so unregelmäßig, daß die Unebenheiten der Scheibe sofort auffallen.

Wie unterschiedlich doch die wohlhabenden und die bescheideneren Gegenden einer Stadt auch unter diesem Gesichtspunkt aussehen! Inmitten einer vornehmen Häuserreihe mit Spiegelglasscheiben kann man sofort ein einzelnes Haus mit Fensterglas erkennen. Bei zwei nebeneinanderliegenden Spiegelglasscheiben merkt man sofort, wenn sie sich nicht exakt in einer Ebene befinden, denn die Spiegelbilder eines Dachfirstes etwa sind dann etwas gegeneinander verschoben. Ins Auge fällt auch, wenn eine gute Spiegelglasscheibe einen ungünstigen Winkel hat oder insgesamt schwach gekrümmt ist.

19. Der schlechte Verkehrsspiegel

An gefährlichen Straßeneinmündungen sind oft Spiegel angebracht. Fast immer erschrickt man über die schlechte Qualität eines solchen Spiegels. Abends sieht man, wie Spiegelbilder von Straßenlaternen verschoben, verdoppelt und verzerrt sind. Das Erstaunliche ist nun, daß derselbe Spiegel von nahem betrachtet gar nicht so schlecht ist. Es lohnt sich, ihn einmal abwechselnd von nahem und von weitem zu begutachten. Man sieht näm-

Abb. 17
Verzerrung der
Bilder durch einen
schlechten Spiegel.

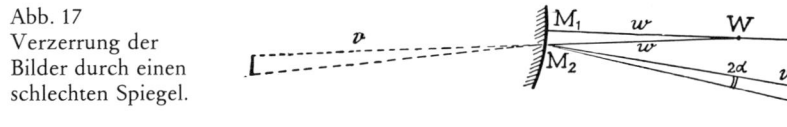

lich einen Gegenstand in einem kleinen Ausschnitt des Spiegels reflektiert, wenn man nahe davor steht, in einem großen Ausschnitt, wenn man ein Stück weiter weg steht. Im großen Ausschnitt werden Abweichungen von der ebenen Fläche immer stärker. Eine kurze Rechnung verschafft uns mehr Klarheit (Abb. 17):

Der Betrachter W im Abstand w vom Spiegel sieht den Gegenstand L_1 im Abstand v vom Spiegel, reflektiert an der Oberfläche M_1. Ein Gegenstand L_2 daneben wird an M_2 reflektiert. Ist die Spiegeloberfläche in einem Winkel α geneigt, wird der Lichtstrahl in einem Winkel von 2α reflektiert, der Gegenstand erscheint um $L_2 L_2' = 2\alpha v$ verschoben. Der Betrachter jedoch sieht diesen gespiegelten Gegenstand in einer Entfernung v hinter dem Spiegel, um v + w von sich entfernt: Er sieht die Verschiebung als eine Winkelverschiebung

$$2\,\alpha\,\frac{v}{v+w}$$

Man muß schließlich noch bedenken, daß α mehr oder weniger proportional zunimmt mit der Entfernung

$$M_lM_2 = L_lL_2 \cdot \frac{w}{v+w}.$$

Die Verzerrung ist proportional zu

$$L_lL_2 \cdot \frac{vw}{(v+w)^2}.$$

Die *relative Verzerrung* ist die Dehnung, geteilt durch den Winkel $v + w$, unter dem wir den *nicht verzerrten* Gegenstand sehen, also proportional zu

$$\frac{vw}{v+w}.$$

Wir hatten offenbar recht. Von nahem sind die Verzerrungen gering. Auf größere Entfernung erreicht die Verzerrung ein Maximum bei $v = w$, während die relative Verzerrung weiterhin zunimmt.

20. Diffuse Reflexion an einer schwach gewellten Oberfläche[12]

Für mich gehören die langgezogenen Lichtstreifen sich spiegelnder Laternen untrennbar zu einer ruhigen Abendstimmung. Der Mond spiegelt sich auf dem Meer und läßt einen breiten Lichtstrom darüberfließen. Oder ich denke an die Häuser und kleinen Türme im alten Brügge, die sich in den glatten Kanälen spiegeln: Jeder helle Fleck, jede Farbe ist zu einer senkrechten Linie gedehnt – Linien, einmal länger, einmal kürzer, mit unzähligen Lichtwechseln und flüchtigen Schimmern. Ein Schornstein, ein dünner Mast werden deutlich reflektiert, aber die kräftige Linie der Häuserfirste ist verschwunden: *Lediglich die senkrechten Linien erscheinen im Spiegelbild.* Senkrechte Baumstämme sind klar zu erkennen, leicht schiefe Stämme dagegen sind schon sehr viel weniger deutlich, und schräge Äste fehlen in der Spiegelung gänzlich. Der schlanke Hals eines Schwans wird als heller Lichtstrich reflektiert, aber das Bild seines Körpers geht in dem unruhigen Wasser verloren.

Beim Betrachten einer Straßenlaterne am Abend erschließt sich uns das zugrundeliegende Phänomen. Eine Landschaft bei Tag kann man sich als aus einer großen Anzahl jener Lichtpunkte zusammengesetzt vorstellen, die im Spiegelbild zu einer kleinen vertikalen Bahn gedehnt sind. Bei einer senkrechten Linie legen sich diese Bahnen genau übereinander und verstärken sich gegenseitig, bei einer waagerechten Linie liegen sie neben-

---

12 S. v.a.: Piccard, J.: Arch. sc. phys. et nat. *21*, 481, 1889. – Ferner: Spooner, J.: Correspondance Astronomique, 1 Mai 1822, S. 331. – Galle, G.: Ann. d. Phys. *49*, 255, 1840. – Schoute, C.: Hemel en Dampkring *7*, 1, 1909. – Wigand, A., und Everling, E.: Verh. d. d. phys. Ges. *15*, 237 und 1117, 1913; Phys. Zs. *14*, 1156, 1913; Met. Zs. *31*, 150, 1914. – Stuchtey, K.: Ann. d. Phys. *59*, 33, 1919. – Shoulejkin, W., Nat. *114*, 498, 1924. – Hulburt, E.O.: J.O.S.A. *24*, 35, 1934. – Van Wieringen: Proc. Acad. Amsterdam *50*, 952, 1947. – Le Grand, Y.: Bull. Instit. Océanogr. Monaco *1002*, 1952. – Die verschiedenen Autoren kannten keinen ihrer Vorgänger!

einander und verbreitern die Linie zu einer verschwommenen Fläche (vgl. Abb. 3).

Was dem Ganzen also zugrunde liegt und was wir erklären müssen, ist, weshalb ein *Lichtpunkt zu einer Bahn gedehnt wird*, die auf den Betrachter gerichtet ist, obwohl doch die Wellen ganz unregelmäßig sind und nach allen Richtungen laufen. Am Mond oder an einer Laterne, die sich nachts in sanft wogendem Wasser ganz nahe bei uns spiegeln, erkennen wir, daß eigentlich auf jeder der Wellen ein Lichtbild für sich entsteht. *Die Gesamtheit* aller beleuchteten Wellen ist *im Durchschnitt* ein langgestreckter Fleck, dessen größte Achse in der vertikalen Ebene Auge–Lichtquelle liegt.

Um uns die Entstehung der Lichtbahn zu verdeutlichen, beginnen wir mit einem einfachen Versuch (Abb. 18): Legen Sie einen kleinen Spiegel auf einen Tisch, und verschieben Sie ihn so, daß die Lichtstrahlen der Lampe L in Ihr Auge W fallen. Nehmen wir an, daß sich der Spiegel hierzu am Punkt M befinden muß. Schieben Sie nun unter den Spiegel ein Stück Pappe, und zwar so, daß er leicht *auf Sie zu* gekippt ist: *In ihm spiegeln sich jetzt Gegenstände, die höher als die Lampe liegen.* Sollen nun die Strahlen von L in unser Auge fallen, müssen wir den Spiegel bis zum Punkt N verschieben. Legen wir jedoch die Pappe unter das andere Ende des Spiegels, so daß er von uns weg gekippt ist, müssen wir ihn nach N′ schieben. In seinen zwei Schräglagen stellt der Spiegel die stärksten Neigungen der Wellen dar. Der Abstand zwischen N und N′ ist die Länge der Lichtbahn. An jedem Punkt zwischen N und N′ wird es immer wieder kleine Flächen mit geringerer Neigung geben, welche nicht schräg genug liegen, um die Strahlen zum Betrachter zurückzuwerfen; je zahlreicher diese Flächen an einer Stelle sind, um so heller ist dort die Lichtbahn.

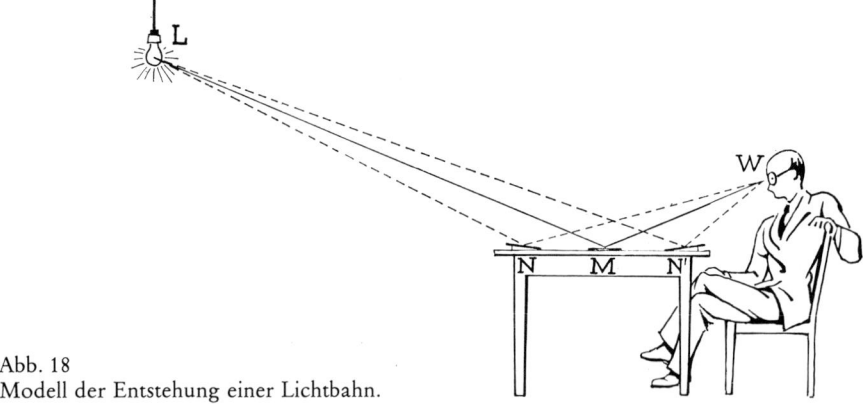

Abb. 18
Modell der Entstehung einer Lichtbahn.

Im Grunde ist die durchschnittliche Verteilung der Lichtstärke über der Lichtbahn zufällig und müßte nach den Gesetzen der Wahrscheinlichkeit berechnet werden. Wenn nun die Bahn in der Mitte heller ist als an den Enden, bedeutet dies, daß geringe Neigungen der Wellen häufiger vorkommen als starke. Die Theorie dazu ist kompliziert![13] Der Einfachheit halber nehmen wir deshalb an, daß sich die Wellen um nicht mehr als einen bestimmten Winkel α neigen, und fragen lediglich nach den *Grenzen* der so entstehenden Lichtbahn. Anders ausgedrückt: Wenn es an jeder Stelle sehr viele kleine spiegelnde Wellen gibt, die sich alle im Winkel α, jedoch nach verschiedenen Richtungen neigen, wo ist dann der geometrische Ort der kleinen Wellen, die hell erscheinen? Selbst wenn man von dieser Fragestellung ausgeht, wird das Ganze noch kompliziert genug!

1. *Der einfachste Fall: h = h'*. Betrachter und Lichtquelle befinden sich auf gleicher Höhe über dem Wasserspiegel (Abb. 19).

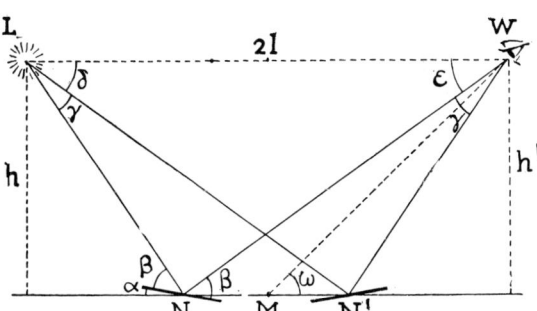

Abb. 19
Berechnung der Längsachse
einer Lichtbahn.

Ein waagerechter Spiegel wirft Licht ins Auge des Betrachters W, wenn er sich genau in der Mitte am Punkt M befindet, dem Ort der gerichteten Reflexion. Ein Spiegel, der sich im Winkel α neigt, muß etwas von der Mitte weg verschoben werden, wenn er Licht zum Betrachter reflektieren soll. Wie weit muß man den Spiegel verschieben?

Zunächst kippen wir die Normale des Spiegels in der vertikalen Ebene durch Auge und Lichtquelle erst auf uns zu, dann von uns weg und berechnen die jeweils günstigsten Positionen, die wir mit N und N' bezeichnen.

Aus Gründen der Symmetrie ist MN = MN'. Betrachten wir die Winkel:

$$\beta + \alpha = \gamma + \delta \text{ und}$$
$$\beta \quad \alpha = \varepsilon - \delta,$$

dann ist $\gamma = \alpha + \beta - (\beta - \alpha) = 2\alpha$.

Dies ist ein wichtiges Ergebnis! *Der Winkel, unter dem wir die längste Achse der Lichtbahn sehen, ist gleich dem Winkel zwischen den zwei größten Neigungen der Wellen* (Abb 20a).

Nun neigen wir die Normale des Spiegels um den Winkel α in einer senkrecht zur Verbindungslinie Auge–Lichtquelle stehenden Ebene durch M; um optimale Reflexion zu erreichen, ist jetzt eine Verschiebung in eben dieser Ebene bis zu den Punkten PP' erforderlich (Abb. 20b). Eindeutig ist MP = MP' = h tg α. Die Breite der Lichtbahn ist also

13 Cox und Munk: J.O.S.A. *44*, 838, 1954; Scripps Institute for Oceanography, Nr. 731 und *737*.

2b = 2h tg α, und wir sehen diese Querachse unter einem Winkel

$$\frac{\overline{PP'}}{\overline{WM}} = \frac{2h\,tg\,\alpha}{\sqrt{l^2+h^2}}$$

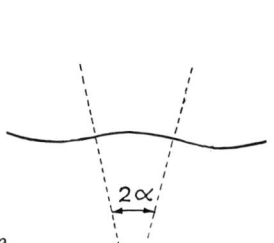

Abb. 20a

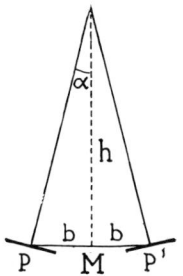

Abb. 20b
Berechnung der
Querachse einer
Lichtbahn.

Die scheinbaren Achsen der Lichtbahn verhalten sich also zueinander wie

$$\frac{h\,tg\,\alpha}{\alpha\,\sqrt{h^2+l^2}}$$

oder ungefähr wie

$$\frac{h}{\sqrt{h^2+l^2}} = \boxed{sin\,\omega}\,,$$

wenn die Lichtbahn nicht zu groß ist; der Winkel ω ist also der Winkel zwischen Gesichts-
linie und Wasseroberfläche bei M, dem Ort der gerichteten Reflexion.

Schaut man von einem Hügel aus aufs Wasser hinunter, dann ist die Lichtbahn nicht
sehr lang (ω ist groß, sin ω annähernd 1). *Je schräger man auf das Wasser blickt, desto länger ist
die Bahn.* Bei tangentialer Blickrichtung wird sie unendlich schmal.

Man muß stets unterscheiden zwischen dem «primären Oval», einer Kurve, die man
sich auf dem wellenbewegten Wasser vorzustellen hat und die die Grenze der Lichtbahn angibt, und dem «sekundären Oval», das aus dem ersteren durch Projektion auf die zu unserer
Blickrichtung senkrechten Ebene entsteht. Für das primäre Oval kann man zwar die Achsen
recht einfach berechnen, aber die ganze Figur ist eine Kurve 6. Grades, symmetrisch zu M.
Das sekundäre Oval ist ein wenig asymmetrisch, die breiteste Stelle liegt eigentlich etwas näher beim Betrachter als der Punkt M, an dem wir die Querachse berechnet haben. Die
Asymmetrie ist vor allem dann deutlich, wenn man sehr schräg auf die Wasseroberfläche
blickt.

2. *Der allgemeine Fall: h ≠ h'* (Abb. 21).

Durch den obigen Beweisgang zeigt man zwei grundlegende Eigenschaften auf:

u + v' = 2α
u' + v = 2α
u + v + u' + v' = γ + γ' = 4α.

Die weitere Berechnung beweist, daß der Umriß einer Lichtbahn ungefähr elliptisch
bleibt – die Ergebnisse allerdings sind kompliziert und unübersichtlich. *In der Praxis wirkt
sich der Höhenunterschied zwischen h und h' lediglich auf die Maße der Lichtbahn aus, nicht
jedoch auf deren Verhältnis zueinander;* annähernd ist natürlich

$$\frac{\gamma}{\gamma'} = \frac{h'}{h},$$

also

$$\boxed{\gamma = 4\alpha \cdot \frac{h'}{h+h'}.}$$

Abb. 21
Wie man eine Lichtbahn sieht, wenn man sich nicht auf gleicher
Höhe mit der Lichtquelle befindet.

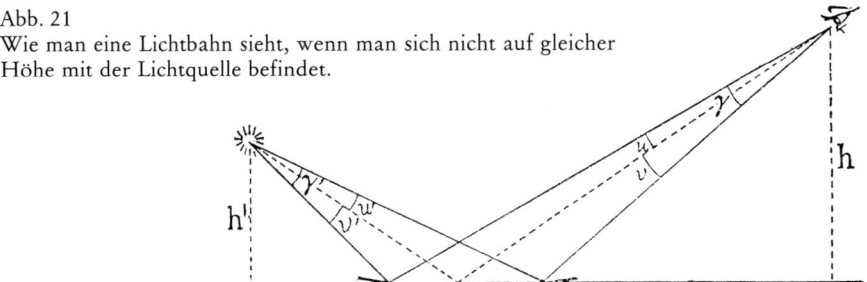

3. *Der spezielle Fall: $h' = \infty$*. Dies trifft für die Sonne, den Mond und sehr hohe Laternen zu.

Die Formeln lauten nun:

$$\gamma = 4\alpha; \quad PP' = 2h \, \mathrm{tg} \, 2\alpha$$

(wie man beweisen kann). Wir sehen also die Achsen des Ovals unter Winkeln von ungefähr
4α und $4\alpha \sin \omega$. Das Verhältnis der scheinbaren Länge zur scheinbaren Breite der Lichtbahn ist demnach $\sin \omega$, genau wie in Fall 1, nur daß *sich alle Maße verdoppelt haben*.

Fassen wir das Ergebnis unserer Berechnungen von der Warte des
praktischen Beobachters aus zusammen:

Nehmen wir zunächst an, wir befänden uns genauso hoch über der
Wasseroberfläche wie die Lichtquelle. Dann ist der Winkel, unter dem
wir den längsten Strahl der Lichtbahn sehen, gleich dem Winkel 2α zwischen den zwei größten Neigungen der Wellen (Abb. 19). Im Verhältnis
dazu wird die Querachse der Bahn um so kleiner, je schräger wir auf die
Wasseroberfläche schauen.

Wenn sich die Lichtquelle höher über dem Wasser befindet als unser
Auge, werden alle Maße der Lichtbahn größer (in Winkelmaß); sie werden annähernd doppelt so groß wie ursprünglich, wenn die Lichtquelle
unendlich weit entfernt ist; das Verhältnis von Quer- zu Längsachse
bleibt jedoch nahezu gleich.

Vergleichen Sie die Lichtbahn des Mondes und einer Laterne, die sich
in ungefähr derselben Richtung spiegeln. Es ist ein besonders schöner Anblick, wie die beiden Farben sich überlagern und sich dabei doch nicht
vermischen! Nun stellen Sie auch fest, daß die Länge der Bahnen zunimmt, je weiter die Lichtquelle entfernt ist. Gegenstände, die nahe am
Wasser liegen, ergeben ein fast punktförmiges, nicht gedehntes Bild. Vergleichen Sie die Lichtbahnen, die Sie unter verschiedenen Winkeln zur
Wasseroberfläche sehen.

Bestimmen Sie den Winkel 2α aus der Länge der Lichtbahnen (in
Winkelmaß) bei verschiedenen Windstärken.

Im folgenden soll eine Übersicht über die Lichtverteilung bei diesen Spiegelungen ohne
Berechnungen gegeben werden (Abb. 22). Stellen Sie sich die spiegelnden Flächen sehr klein
vor, nahe dem Mittelpunkt einer großen Kugel. Die Normale auf der völlig ruhigen Wasser-

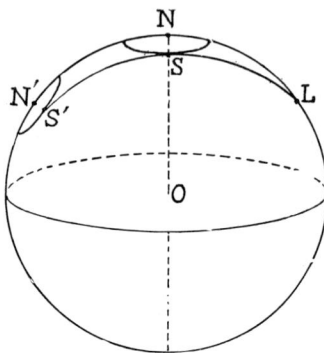

Abb. 22
Das Entstehen von Lichtbahnen, anhand einer
Konstruktion auf einer Kugel veranschaulicht.

oberfläche endet in N, die Normalen der schrägen Wellenflächen enden also auf dem Kreisbogen im Winkelabstand α von N. L zeigt die unendlich weit entfernte Lichtquelle auf der
Kugel; sie wird im Punkt N′ so reflektiert, daß LN = NN′. Um nun herauszufinden, wie
beispielsweise die Fläche mit der Normalen OS die Strahlen reflektiert, genügt es, einen großen Kreis von L nach S zu ziehen und ihn bis S′ zu verlängern, so daß SS′ = SL. Man sieht
auf diese Weise sofort, daß die von allen Wellen reflektierten Strahlen einen Kegel mit lang-
gezogener Schnittfläche bilden, die um so länglicher wird, je schräger man auf die Wasseroberfläche schaut. Es leuchtet ein, daß der Kegel, den man sich zwischen dem Auge des
Beobachters und den Randstrahlen der Lichtbahn vorstellen kann, genau dieselbe Form
besitzt.

Vergleichen Sie die Lichtbahn der Sonne mit der des Mondes bei ansonsten gleichen äußeren Bedingungen: Die Bahn der Sonne erscheint
länger und breiter, weil die Lichtstärke sehr viel größer ist und einige wenige, außerordentlich große Schrägen dann schon ausreichen, um die
Grenze optisch weiter nach außen rücken zu lassen.

Achten sie einmal darauf, wie herrlich lang, regelmäßig und schön
vertikal die Lichtbahnen werden, wenn es regnet: Die Wellen sind zwar
klein, haben aber eine starke Neigung.

Bei diesen Lichtbahnen gibt es noch eine perspektivische Besonderheit. Lichtbahnen liegen stets in der vertikalen Ebene durch das Auge des
Betrachters und die Lichtquelle (Ausnahmen siehe § 22). Wenn ich etwas
zeichne oder male, projiziere ich alles auf eine senkrecht vor mir stehende
Fläche – also müssen alle Lichtbahnen vertikal verlaufen, auch wenn sie
sich nicht in der Mitte des Bildes befinden. Prüfen Sie dies nach, indem
Sie durch ein Fenster auf das Meer blicken, wenn Sonne oder Mond eine
lange Lichtbahn auf das ruhig wogende Wasser zeichnen: Wenn Sie auf
der Fensterscheibe diese Lichtbahn nachfahren, sehen Sie, daß es eine vertikale Linie ist. – Auf einem Gemälde von Claudes in den Uffizien befindet sich die Sonne nahe am seitlichen Rand des Bildes, und die von der
Sonne ausgehende Lichtbahn verläuft schräg nach vorn zur Mitte hin.
Dies entspricht keineswegs der Realität![14]

14 Ruskin: *Modern Painters,* III, 511.

Richten Sie einen Fotoapparat auf das von der Sonne beschienene Meer, und betrachten Sie auf dem Mattglas die Verteilung des Lichts, das sich auf den Wellen spiegelt. Hieraus sind die Schräge der Wellen und eventuelle Vorzugsrichtungen ableitbar. Der gesamte Zustand der Wasseroberfläche kann überblickt und fotografisch festgehalten werden.[15]

21. Genauere Betrachtung von Lichtbahnen

Es lohnt sich, die Formen der Lichtreflexe auf jeder einzelnen Welle zu untersuchen. Jede Welle ergibt einen waagerechten, länglichen Lichtfleck, der immer schmäler wird, je tiefer die Sonne sinkt. All diese Linien zusammen ergeben die vertikale Bahn (Abb. 23a). An dem zum Betrachter hin liegenden Ende ist gut zu sehen, daß die Lichtbahn einmal länger, dann wieder kürzer wird, je nach Wellengang. Am anderen, entfernten Ende hingegen fließen die Lichtflecken stärker ineinander.

Abb. 23a
Eine Lichtbahn auf sanft
wogendem Wasser.

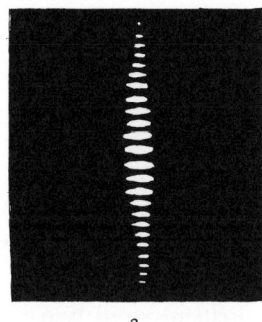

Abb. 23b
Die Spiegelung von
Leuchtreklamen als geschlossene
Schlangenlinien.

a   b

Merkwürdig sind die geschlossenen Schlangenlinien (Abb. 23b), die entstehen, wenn das Wasser leicht wogt, die Wellenkämme kurz sind und die Lichtquelle sich ziemlich hoch oben befindet (etwa Leuchtreklameschilder mit Neonröhren). Man blickt dann so steil auf das Wasser, daß man jede Lichtquelle L an zwei verschiedenen Punkten jeder Welle reflektiert sieht, beispielsweise auf dem Kamm und im Wellental oder allgemein ausgedrückt: an den zwei Punkten S_1 und S_2, wo die Tangenten genau die richtige Schräge besitzen (Abb. 24). Dazwischen, angenommen bei S', ist die Neigung der Wellen stärker, so daß man die Reflexion eines tiefergelegenen, nicht beleuchteten Punktes L' sieht.

Die beiden zueinander gehörenden Lichtreflexe S_1 und S_2 liegen natürlich stets auf derselben Seite der Wellen. Blickt man etwas mehr nach rechts oder links, wandern die beiden Reflexe aufeinander zu und verschmelzen zu einer geschlossenen Kurve, so daß ein «Ring» entsteht. Die

15 Shoulejkin, W., a.a.O. – Schöne Beispiele bei Le Grand, Y., bei Cox und Munk, a.a.O. – Scripps Instit. of Oceanography, New Series, No. 731.

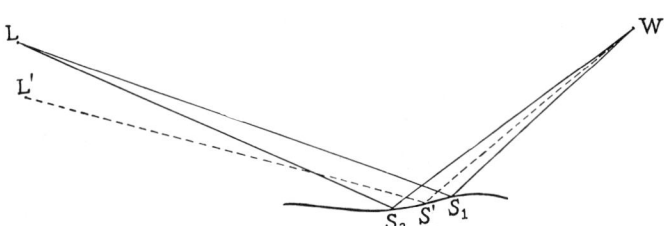

Abb. 24
Das Entstehen geschlossener Schlangenlinien bei der Spiegelung eines Lichtpunktes.

Wellen haben ja nicht nur eine bestimmte «Wellenlänge», sondern auch eine begrenzte «Kammlänge»; dort, wo zwei Kämme ineinander übergehen, ist die Tangentialebene horizontal. Bevor die Abweichung von der Einfallsebene so groß wird, muß also der letzte Punkt erreicht sein, an dem die Schräge gerade noch steil genug ist, um die Lichtquelle zum Betrachter zu reflektieren; dort fallen S_1 und S_2 zusammen.

Umgekehrt kann auch ein schmaler Gegenstand, der sich dunkel gegen den Himmel abhebt, in Form geschlängelter, dunkler Ringe widergespiegelt werden – etwa das Bugspriet eines Schiffes oder eine dunkle Hügelreihe in der Ferne.

In den Wellen, die dem Betrachter am nächsten liegen, ist das Spiegelbild völlig verformt und verdreht und tanzt seltsam hin und her. Masten, Pfähle, die schweren vertikalen Linien eines Schiffrumpfes verwandeln sich in phantastische Schlangenlinien, Schleifen und Windungen.

22. Reflexion an einer gekräuselten Wasseroberfläche mit Vorzugsrichtung

Oft weisen Lichtbahnen eine deutliche Asymmetrie auf: Sobald man schräg zur Kanalrichtung blickt, liegen sie *nicht mehr in der vertikalen*

Abb. 25 a
Ein befremdlicher Anblick: Die Lichtbahn liegt nicht in der vertikalen Ebene Auge–Lichtquelle!

Lichtkreise auf einer wogenden Wasseroberfläche
(Foto: Pekka Parviainen).

Ebene durch die Lichtquelle und das Auge des Betrachters, sondern verlaufen dann eher in Richtung des Kanals selbst (Abb. 25 a). Blickt man schräg über den Kanal in die andere Richtung, weichen die Lichtbahnen wieder von der Vertikalen ab, diesmal jedoch neigen sie sich zur anderen Seite, sie nähern sich also wieder der Richtung des Kanals.

Dennoch war unsere Theorie nicht falsch, denn wenn die Wellen bei Windstille vom Regen erzeugt werden, sind die Lichtbahnen genau senkrecht, gleichgültig, in welche Richtung man sieht. Der Grund für die Abweichungen ist der Wind, der die Wellen in der Regel quer zur Kanalrichtung verlaufen läßt, so daß wir nicht mehr von einem ideal unregelmäßigen Wellengang ausgehen können. Als Beweis seien folgende Beobachtungen angeführt:

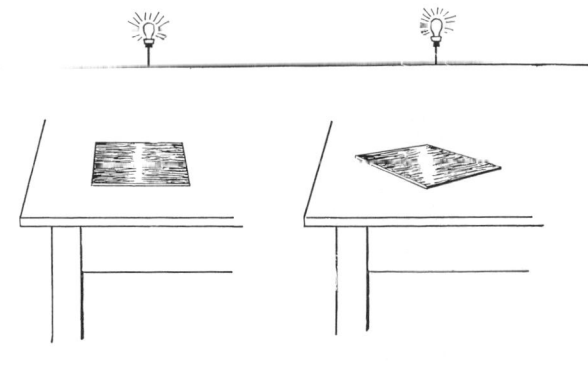

Abb. 25 b und c
Modell der Entstehung
schräg stehender
Lichtbahnen.   b   c

Wenn die Sonne tiefer
sinkt, wird die Lichtbahn
schmaler. Die Aufnahmen
auf S. 48 und 49
zeigen auch, daß sich die
Lichtbahn durch eine
leichte Brise entlang der
Uferlinie schräg ausrichtet
(Fotos: Arja Kyröläinen).

a) Auf *sehr* breiten Flüssen ist die Abweichung viel weniger systematisch; die Wellen haben dort keine eindeutige Vorzugsrichtung senkrecht zum Ufer.

b) Ist das Wasser mit einer dünnen Eisschicht bedeckt, dann scheint diese viele kleine Unebenheiten zu haben: Darauf entsteht eine deutlich ausgeprägte senkrechte Lichtbahn.

c) Auf einer asphaltierten Straße, die nach einem Regenschauer naß ist, sind dieselben Abweichungen zu erkennen wie auf einem Kanal bei Wind, sowohl durch die Lichtreflexe von Straßenlaternen als auch durch Auto- und Fahrradlichter. Und tatsächlich: In der Asphaltschicht entstehen durch den Verkehr Unebenheiten (was an sich schon ein interessantes Phänomen ist; vgl. III, S. 225). Betrachtet man die Straßenoberfläche, sieht man sofort die Unebenheiten, die wie Wellen mit quer zur Straße verlaufenden Kämmen aussehen.

Bilden Sie das Phänomen mit einer Glasplatte nach, die Sie zunächst

mit etwas Butter oder Fettcreme gleichmäßig bestreichen und dann vor sich auf den Tisch legen. Das Licht einer nicht sehr hoch über dem Tisch hängenden Lampe wird als Lichtbahn reflektiert (Abb. 25b), die man um einen Winkel p in Schräglage bringen kann, indem man die Glasplatte in derselben Ebene um einen Winkel q dreht (Abb. 25c). Wird die Platte beispielsweise um q = 45° gedreht, neigt sich die Lichtbahn noch sehr wenig, um nur etwa 10°; erst bei noch stärkerer Drehung steht die Lichtbahn senkrecht zu den Rillen.

Für unsere Berechnungen nehmen wir an, daß alle Wellen die gleiche Ausrichtung q haben und leicht geneigt sind. Anhand der Abb. 26 läßt sich nun einfach zeigen, daß annähernd

$$\tan p = \tan q \cdot \sin \omega$$

gilt, wobei ω wiederum der Winkel zwischen Sehlinie und Wasseroberfläche ist.

Mit Hilfe der Kugelprojektion können wir uns einen groben Überblick verschaffen, zumindest für den Fall einer unendlich weit entfernten Lichtquelle L (Abb. 26). Liegen die

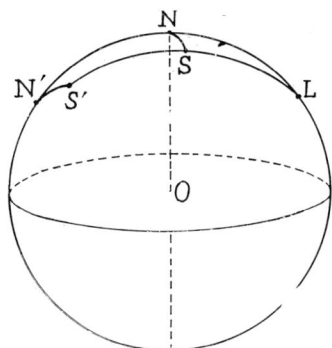

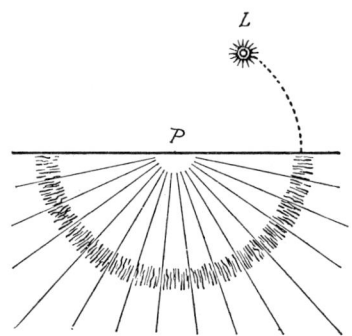

Abb. 26a
Das Entstehen schiefer
Lichtbahnen, wenn die Wellen
eine Vorzugsrichtung haben.

Abb. 26b
Lichtbahnen auf ausgerichteten
Wellen.

Normalen auf dem Bogen NS, dann sind die reflektierten Strahlen auf die entsprechenden
Punkte von N'S' gerichtet. Die Achse der Bahn liegt also nicht mehr in der Ebene LNN',
sondern weicht schräg davon ab.[16]
     Diese Berechnung ergibt auch, daß die Lichtbahn um so kürzer wird, je weiter sie ge-
dreht ist.

Eine besondere Art von Reflexionen auf einer gewellten Oberfläche
kann man abends auf heruntergelassenen Schaufensterjalousien beobachten. Das schräg einfallende Licht einer Straßenlaterne wird als großer
Lichtbogen, einem Parabol in der Ebene der Jalousien reflektiert, was als
Kreisbogen wahrgenommen wird.
     Dieser Fall soll im folgenden geometrisch erklärt werden.[17] Alle
Strahlen, die von einer bestimmten Welle reflektiert werden, bilden zusammen einen Kegelmantel, dessen Achse der Kamm der Welle ist. Andererseits sieht man, wenn man den weiten Bereich der parallel verlaufenden Wellen überblickt, alle diejenigen Punkte aufleuchten, die auf dem
Mantel eines Kegels liegen, dessen Achse die horizontale Linie durch unser Auge ist: also parallel zu den Wellenkämmen, die auf den Punkt P am
Horizont ausgerichtet sind, auf den hin sie zu konvergieren scheinen
(Abb. 26b). Stellt man sich den Lichtbogen zu einem Kreis ergänzt vor,
dann liegt auch die Lichtquelle selbst darauf. Wir sehen an jedem Punkt
die Lichtbahn senkrecht zu den Wellen (beide senkrecht auf die Beobachtungsrichtung projiziert).
     Dieses einfache Ergebnis erklärt sowohl die Lichtbahnen auf den
gleich ausgerichteten Wellen als auch diejenigen auf den Jalousien.

16 Minnaert: Physica 9, 925, 1942. – Van Wieringen: Proc. Acad. Amsterdam 50, 952,
     1947.
17 Persönliche Mitteilung von E. W. M. Blokhuis.

23. Reflexionen auf sehr großen, gewellten Wasseroberflächen[18]

Bei Spiegelungen auf dem sanft wogenden Meer tritt ein Phänomen auf,
das wir als *die Verschiebung von Spiegelbildern zum Horizont* bezeichnen
(Abb. 27). Die Grenzfläche AB zwischen Wolke und blauem Himmel

Abb. 27
Spiegelung auf dem
Meer: Das
Spiegelbild der
Wolke ist zum
Horizont hin
«verschoben».

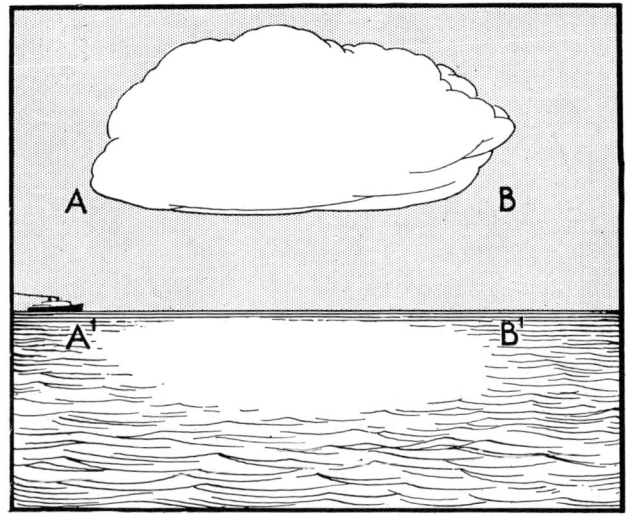

liegt weiter vom Horizont entfernt als ihr Spiegelbild A'B' im Wasser. Die
ersten 25° bis 35° des Himmels über dem Horizont tauchen im Spiegelbild kaum jemals auf! Natürlich sind alle Bilder unregelmäßig verzerrt,
aber der Effekt ist dennoch deutlich und so auffallend, daß er die gesamte
Lichtverteilung auf dem Meer dominiert. Daher sieht man Bäume entlang

Abb. 28
Sonnenlicht auf dem
Meer.

18 Hulburt, E.O.: J.O.S.A. *24*, 35, 1934. – Shoulejkin: *Fizika Morja*. Moskau 1941.

der Küste, auf Dünen usw. niemals im Wasser gespiegelt: Sie befinden
sich nicht in genügend großer Höhe. Auch Schiffe sind kaum einmal in
den diffusen Reflexionen wiederzufinden, denn der dunkle Fleck, den sie
ergeben müßten, wird durch diesen Effekt bis dicht ans Schiff selbst zu-
rückgedrängt.

Das Spiegelbild der Sonne auf den Wellen ist ein blendend heller
Fleck, der bei tief stehender Sonne annähernd dreieckig ist, der also ebenfalls zum Horizont hin verschoben ist (Abb. 28).

Abb. 29
Erklärung für die verschobenen
Spiegelbilder: Der Lichtstrahl fällt
steil ein, wird aber relativ flach
reflektiert.

Die Erklärung dieser Phänomene ist einfach: Auf große Entfernung
sehen wir lediglich die uns zugewandten Schrägen der Wellen – es ist so,
als ob wir alles am Himmel in einem auf uns zu gekippten Spiegel reflektiert sähen (Abb. 29). Dies bedingt die Verschiebung der Spiegelbilder
zum Horizont. Aus dem Verschwinden der ersten 30° in der Spiegelung
können wir folgern, daß die Wellen durchschnittliche Neigungen von ungefähr 15° in jeder Richtung haben (bei weder besonders ruhiger noch bei
sehr stürmischer See).

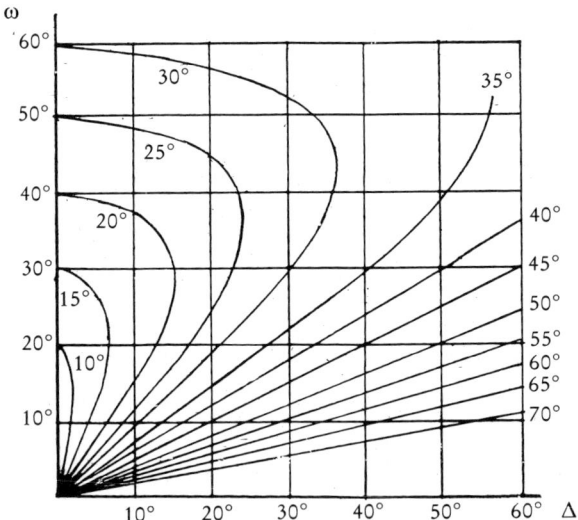

Abb. 30
Bestimmung der Schrägen α der Wellen aus der Breite Δ der Lichtbahn am Horizont.
Jedem beobachteten Wert für ω und Δ entspricht ein Punkt. Schätzen Sie dessen Lage
hinsichtlich der Kurven, die jeweils mit einem bestimmten Wert für α übereinstimmen.
(Nach E. O. Hulburt: J. O. S. A. *24*, 35, 1934.)

Weshalb fiel uns dieser Effekt nicht bei unserer Betrachtung in § 20 auf? Weil wir nicht den Fall untersuchten, bei dem $\omega < 2\alpha$ ist, bei dem man also sehr schräg auf die Wasseroberfläche blickt; dieser Fall, bei dem unsere Rechnung nicht mehr aufgeht, tritt immer dann ein, wenn die Wasserfläche sehr groß ist, insbesondere auf dem Meer. Je ruhiger die Wasseroberfläche, desto schräger muß man darauf blicken, wenn man besagten Effekt wahrnehmen will.

Ob jene Bedingung erfüllt ist, merkt man sofort, wenn man das sonnenbeschienene Meer betrachtet: *Die Lichtbahn reicht dann bis zum Horizont.* Jetzt können wir die Schräge der Wellen nicht mehr aus der Länge der Lichtbahn bestimmen, sondern müssen anders vorgehen: Werden die Wellen steiler, dann überzieht sich ein immer breiter werdender Teil des Horizonts mit glitzerndem Licht. Messen Sie diesen Winkel Δ, d.h. die Breite der Lichtbahn am Horizont; messen Sie auch die Höhe der Sonne ω, und bestimmen Sie hieraus die Schräge α der Wellen mit Hilfe der Graphik in Abb. 30. Eine andere Möglichkeit ist die Formel von Spooner, vereinfacht für Sonnenhöhen von weniger als 15°:

$$\alpha = \frac{\Delta}{2\omega} \text{ rad } (1 \text{ rad} \cong 57°).$$

Die auf- und untergehende Sonne weist auf sehr ruhiger See ein fast linienförmiges Spiegelbild auf, welches mit der glühenden Sonnenscheibe selbst verschmilzt und die Form eines Ω hat (Abb. 31). Bei ausgesprochen glatter See konnte zwar schon ein elliptisches Spiegelbild beobachtet werden, bis die Sonne bereits gut 1° über dem Horizont stand, meistens jedoch stellt sich sehr bald der Übergang zu dem oben beschriebenen dreieckigen Lichtfleck ein. In solchen Fällen beginnt auch die Krümmung der Erdoberfläche schon eine Rolle zu spielen. Wenn überhaupt keine Wellen vorhanden wären, könnte man meinen, man hätte hier die Krümmung der Erde unmittelbar vor Augen! Jedoch ist bei dem günstigsten bislang untersuchten Fall die beobachtete Verschiebung zum Horizont gut doppelt so groß, wie die Krümmung der Erde erwarten ließe.[19]

Abb. 31
Kann man am
Spiegelbild der
aufgehenden Sonne
auf äußerst ruhiger
See die Krümmung
der Erde erkennen?

19 Ricco, A., Cerulli, V., Venturi, A.: Mem. Spett. Ital. *17*, 203, 1888; *18*, 23, 45 und 57, 1889. – Vgl. auch Spooner, a.a.O., S. 337.

24. Sichtbarkeit sehr schwacher Wellen

Sehr schwache Wellen sieht man besser, wenn man senkrecht auf die Wellenkämme blickt, als wenn man parallel daraufsähe. Man muß also im allgemeinen entlang der Kanalrichtung blicken, um zu sehen, wie das Wasser vom Wind gekräuselt wird. Daher sieht man die schönen Querwellen hinter einem Schiff (III, § 99) auch nur von einer Brücke aus, vom Ufer dagegen so gut wie gar nicht! Aus genau dem gleichen Grund wird auch das Spiegelbild einer Laterne zu einer Lichtbahn gedehnt. Blickt man im rechten Winkel auf die Wellen, dann sieht man die Längsachse der Lichtbahn; schaut man parallel dazu, sieht man die Querachse. Es läuft stets darauf hinaus, daß eine Welle in der senkrechten Ebene zu ihrer Kammrichtung einen größeren «Effekt» hat als in der Kammrichtung selbst.

25. Lichtbahnen auf schmutzigem Wasser

Bei vollkommen ebener, spiegelglatter Wasseroberfläche sieht man abends oft Lichtbahnen um die Spiegelbilder von Straßenlaternen. Diese Lichtbüschel weisen nicht das unruhige Flackern wie die Lichtbahnen auf den Wellen auf, sondern stehen vollkommen ruhig und unbeweglich. Sie entstehen überall dort, wo die Wasseroberfläche nicht einwandfrei sauber ist: Offenbar bilden die Staubteilchen im Wasser zahlreiche winzige Hügelchen auf der Oberfläche, die optisch wie Wellen wirken. Man würde erwarten, daß diese Lichtbahnen um so schmaler sind, je schräger man auf das Wasser blickt: Dies ist auch tatsächlich der Fall.

Bei annähernd senkrechtem Lichteinfall sieht man die Lichtbahnen kaum, bei fast tangentialem Lichteinfall sind sie unübersehbar und stellen ein untrügliches Kriterium dafür dar, wie rein das Wasser ist. Die unterschiedliche Intensität ist so auffallend, daß es sich wohl um etwas Besonderes handeln muß: Die Staubpartikel sind nämlich so klein, daß man bereits von einer *Streuung* des Lichts sprechen muß; in ungefähr der Richtung des einfallenden Lichtbündels ist die Streuung durch solche Staubteilchen weitaus am stärksten (§ 194). Daher werden die Lichtstreuung und die gesamte Lichtbahn naturgemäß immer stärker, je schräger man daraufsieht.

26. Lichtbahnen auf Schnee

Manchmal ist Schnee mit einer Schicht schöner Eisplättchen und -sternchen bedeckt, die alle mehr oder weniger horizontal liegen. Sucht man bei niedrigem Sonnenstand das Spiegelbild der Sonne auf der Schneeschicht, so sieht man eine lange Lichtbahn, die durch kleinste, unregelmäßige Abweichungen der Plättchen von der Horizontalen zustandekommt. Die

Sonne muß tief stehen, weil sich die Lichtbahn dann in der Querrichtung zusammenzieht und deutlich zutage tritt.

Die Lichtbahnen sind noch frappanter am Abend, wenn die Straßenlaternen brennen und alle Lichter sich im frischen Schnee spiegeln.

27. Lichtbahnen auf Straßen

Die gleichen Lichtbahnen, die wir auf den Wellen des Wassers sehen, finden sich auch auf Straßen, und zwar am eindrucksvollsten, wenn es geregnet hat und alles in der Nässe glitzert; man sieht sie wunderschön auf Asphalt, aber auch auf gepflasterten Straßen, ja selbst auf Kieswegen. Auch ohne daß es geregnet hat, reflektieren Straßen und Wege meistens so gut, daß Lichtbahnen entstehen, *vorausgesetzt, man blickt schräg genug darauf* (weniger in Richtung der Normalen, sondern eher in Richtung Horizont). Vgl. dazu auch § 22.

28. Lichtreflexe auf Regenpfützen

Betrachten Sie das Spiegelbild einer Straßenlaterne in einer Pfütze, abends, wenn es regnet. Es ist von vielen Lichtfünkchen umgeben, die überall dort entstehen, wo gerade ein Regentropfen hinfällt, und die aussehen wie *Lichtlinien, die vom Spiegelbild ausstrahlen* (Abb. 32). Forel bemerkte ein ähnliches Phänomen, als er durch dunkles Glas das Spiegelbild der Sonne auf ruhigem Wasser betrachtete, aus dem da und dort Luftblasen aufstiegen.[20]

Zur Erklärung stellen wir uns die Wasserfläche aus Flächen paralleler Kräuselungen, welche in verschiedene Richtungen laufen, zusammengesetzt vor. Auf jedem Teil der Wasserfläche wird es daher hier und da eine gekräuselte Teilfläche geben, deren Wellen genau so verlaufen, daß die Lichtquelle gespiegelt wird und eine Lichtbahn entsteht. Stellen wir uns diese Wellen nun bis zum Spiegelbild selbst fortgesetzt vor, so wird deutlich, daß dieses ebenfalls zur Lichtbahn gehört: Alle Lichtbahnen sind von dem Punkt, an dem der Tropfen aufgeprallt ist, zum Spiegelbild hin gerichtet. Berechnungen belegen, daß jede Lichtbahn im Grunde die Form einer Hyperbel besitzt; sie erscheint uns nur deshalb gerade, weil wir nur einen kleinen Ausschnitt davon sehen.[21]

Ein einfaches Beispiel ist in Abb. 33 dargestellt, wo die Lichtquelle L und das Auge O sich in gleicher Höhe über der Wasserfläche befinden und der Tropfen D von beiden gleich weit entfernt niederfällt. Die Punkte D_1 und D_2 liegen auf der Linie MD. Wenn die Welle sich konzentrisch um D ausbreitet, beschreibt der Lichtreflex ein Stück der Strecke DM, und zwar so schnell, daß man eine Lichtlinie sieht.

20 Forel, F.A.: *Le Léman* II. Lausanne 1895, S. 507.
21 Minnaert: Physica *9*, 1942.

Abb. 32
Regentropfen zeichnen leuchtende Fünkchen
um das Spiegelbild einer Laterne.

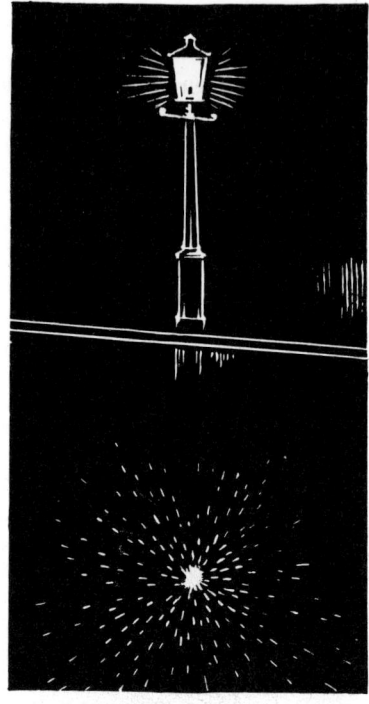

    Dieses Phänomen kann man selbst nachbilden, indem man eine
Lampe so aufstellt, daß sie sich auf einer horizontalen Glasplatte spiegelt,
und dann über diese Platte einen Gegenstand mit konzentrischen Furchen
(z.B. den Deckel einer Zuckerdose, eine gedrechselte Platte, eine Lang-
spielplatte etc.) schiebt.

Abb. 33
Wie man sich die Fünkchen
um das Spiegelbild erklärt.

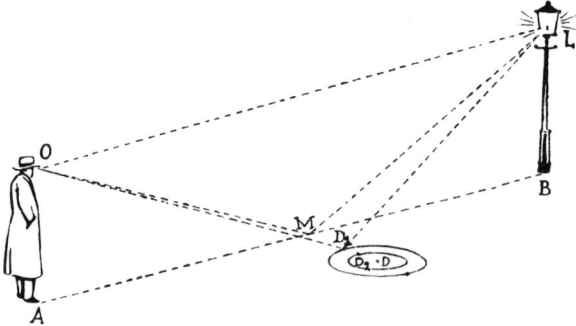

29. Lichtkreise in Baumkronen[22]

Wenn ein kahler Baum dicht vor einer Laterne steht, sieht man am Abend, wie die Äste und Zweige das Licht an verschiedenen Stellen reflektieren; die glänzenden Stellen sind kürzere oder längere Lichtlinien, und all diese Linien sind in konzentrischen Kreisen um die Lichtquelle herum angeordnet! Man sieht das Phänomen am besten, wenn man selbst im Schatten des Baumstammes steht und die Laterne sich nahe am Baum befindet. Doch auch bei Sonnenschein ist es zu beobachten, vor allem, wenn die Äste vom Regen feucht sind oder wenn sich das feine Linienspiel glänzender Birken- oder Buchenzweige gegen einen dunklen Hintergrund abzeichnet. Die Sonne sollte am besten durch eine Mauer oder durch einen Ast verdeckt sein, damit sie nicht blendet. Außergewöhnlich schön ist der Effekt, wenn die Zweige mit Rauhreif überzogen sind!

Eine Straßenlaterne hinter einem Baum läßt auf den Zweigen um die Lampe Lichtkreise entstehen (Foto: Veikko Mäkelä).

Um uns dies zu veranschaulichen, betrachten wir eine Fläche V, die das Licht der Laterne L zu uns reflektiert (Abb. 34). Alle Zweige, die sich in dieser Ebene befinden, glänzen. Zweige in Richtung AB sind perspektivisch stark verkürzt, die Zweige in Richtung CD hingegen sehen wir in voller Länge. Zweige außerhalb der Fläche V, etwa solche senkrecht zu AB und CD, sind an keiner Stelle horizontal und können daher die Strahlen der Lichtquelle nicht zu uns reflektieren. Dort, wo sehr viele Zweige in verschiedenen Richtungen vorkommen, werden wir also hauptsächlich

22 Fokker: Physica 2, 238, 1922. – Neuberger: Met. Zs. 55, 68, 1938.

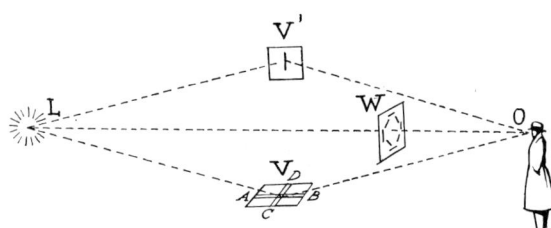

Abb. 34
Wie die Lichtkreise in
Baumkronen entstehen. Die
Ebene OLV ist vertikal.

die Lichtlinien CD senkrecht zur Ebene OLV sehen. Ähnliches gilt auch für andere Ebenen wie etwa V′, die sich oberhalb, rechts oder links der Lichtquelle befinden. Auf diese Weise bekommen wir den Eindruck konzentrischer Kreise. – Man erkennt gut, daß die Vorzugsrichtung um so ausgeprägter ist, je kleiner der Winkel zwischen Auge und der Linie OL ist, und daß diese Vorzugsrichtung noch eindeutiger bei unendlich weit entfernten Lichtquellen – etwa der Sonne – ist.

Ein derartiges Phänomen kann man außerdem beobachten, wenn die tiefstehende Sonne auf ein Kornfeld scheint, oder bei Nebel, wenn Spinnweben mit winzigen Wassertröpfchen benetzt sind und man durch ein solches Netz hindurch eine brennende Straßenlaterne sieht. Außerdem beobachtet man dies an Lametta, hinter dem Christbaumkerzen brennen. In all diesen Fällen leuchten hauptsächlich die zur Einfallsebene senkrecht stehenden Linien, und man sieht konzentrische Kreise um die Lichtquelle herum.

Die Lichtbahnen auf wogendem Wasser sind ein einfacheres Beispiel hierfür (Abb. 35). Man kann es sich so vorstellen, daß das, was hier den Zweigen entsprechen würde, nicht überall im Raum und nicht in allen Richtungen vorkommt, sondern daß sich alle «Zweige» in der horizontalen Ebene V (der Wasseroberfläche) befinden. Die Zweige in Richtung CD erscheinen in diesem Fall hell (s.o.), was den Lichtlinien auf den einzelnen Wellen entspricht (Abb. 34). In der Ebene V werden auf ähnliche Weise alle diejenigen Zweige hell erscheinen, die parallel zu CD verlaufen; zusammen bilden sie eine Bahn in dieser Ebene. Das ist genau analog zu dem, was auf den Wasserwellen zu sehen ist.

Ein weiteres einfaches Beispiel sind Fensterscheiben mit feinen Kratzern, die ebenfalls schön in Kreisen um das Licht einer Laterne herum leuchten (§ 182). Hier liegen alle Kratzer in einer zu OL senkrechten Ebene, die Kratzer in Richtung CD reflektieren Licht; diejenigen, die senkrecht zu AB und CD stehen, sind unsichtbar; Kratzer wie AB, die Licht reflektieren, aber kürzer sind, kommen überhaupt nicht vor. Das Phänomen ist dadurch noch eindrucksvoller.

Abb. 35
Vergleichen Sie die
Lichtkreise in Baumkronen
mit den Lichtbahnen auf
wogendem Wasser.

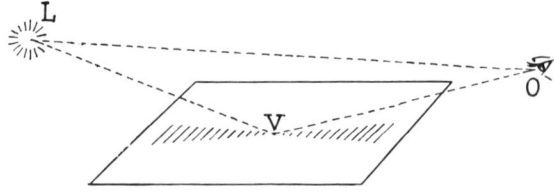

Kapitel III
Die Lichtbrechung

30. Lichtbrechung beim Übergang von Luft in Wasser

Die Stake, mit der der Fährmann seinen Kahn vorwärtsschiebt, erscheint an der Stelle gebrochen, an der sie die Wasseroberfläche durchstößt. Dieser Eindruck entsteht durch die Brechung der Lichtstrahlen beim Übergang von Luft in Wasser (oder umgekehrt). Die «gebrochene Stange» entspricht allerdings keineswegs dem gebrochenen Lichtstrahl! Dieser ist nämlich genau andersherum «geknickt» – der Zusammenhang ist aus Abb. 36 ersichtlich.

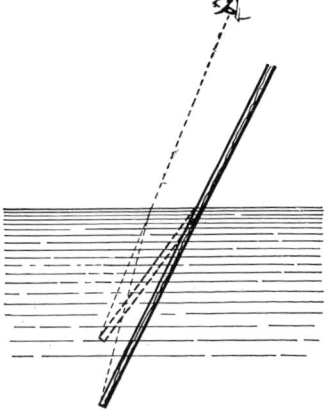

Abb. 36
Die Brechung der Lichtstrahlen bewirkt scheinbar einen Knick in der Stake.

Achten Sie auf einen Pfahl in klarem Wasser: Bringen Sie eine Markierung so an, daß der aus dem Wasser ragende Teil genauso lang aussieht wie der Teil unter Wasser. Mißt man nach, so stellt sich heraus, daß die beiden Längen in Wirklichkeit sehr unterschiedlich sind.

Schätzen Sie, wie weit unter Wasser ein Gegenstand liegt, und versuchen Sie, schnell nach ihm zu greifen: Meistens verfehlt man ihn, denn durch die Brechung der Lichtstrahlen scheint der Gegenstand höher zu liegen (vgl. Abb. 36). Dennoch ist dieses Phänomen nicht einfach dadurch zu erklären, daß die Lichtbrechung den Gegenstand durch ein höher liegendes Bild «ersetzen» würde. Wenn man an einem klaren Wassergraben vorbeigeht oder langsam daran vorbeifährt, wundert man sich, weshalb die Wasserpflanzen in der Tiefe ihre Position ändern: Das weitergewanderte Bild verschiebt sich ständig *und liegt um so höher, je schräger man daraufsieht.*[1]

1 Forel, F. A.: *Le Léman II*. Lausanne 1895, S. 456.

Durch das klare Wasser eines flachen Teiches hindurch oder dicht am Ufer eines Flusses wirft die Sonne tänzelnde Lichtschlieren auf den Grund; die Wölbungen der Wellen wirken wie Linsen und sammeln die Lichtstrahlen zu *Brennstrahlen*, die geschmeidig mit den Wellen einherlaufen (Abb. 37).[2]

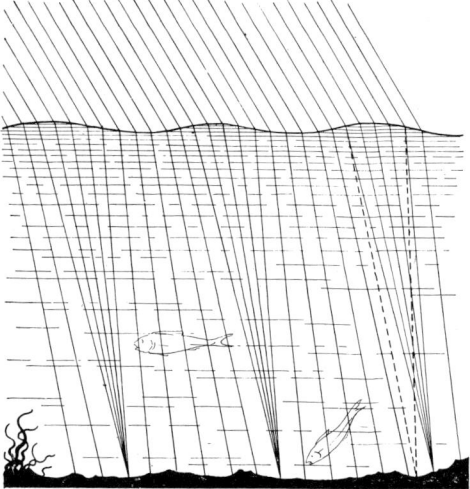

Abb. 37
Sonnenstrahlen dringen in das Wasser ein und werden durch die Brechung an den Wellen zu Lichtlinien vereinigt. Die (gestrichelten) blauen Strahlen werden stärker gebrochen.

Wir haben ein ähnliches Lichtphänomen bereits bei reflektiertem Licht kennengelernt (§ 12) und finden nun das Gegenstück bei der Brechung. – Fallen die Strahlen schräg ein, sind die Lichtlinien farbig umsäumt: blau zur Sonne hin, rötlich von der Sonne weg. Das rührt daher, daß die blauen Strahlen stärker gebrochen werden als die roten: das Phänomen der Farbzerlegung (Dispersion).

Werfen Sie einen weißen Kieselstein in tiefes, klares Wasser, und betrachten Sie ihn aus einiger Entfernung: Seine Oberfläche erscheint blau, seine Unterseite rot.[3] Auch dies ist eine Folge der Dispersion.

31. Brechung an einer gewölbten Wasseroberfläche

Ist eine Wasseroberfläche auch nur geringfügig gewellt, macht sich dies sofort in einer Richtungsänderung der gebrochenen Lichtstrahlen und in einer ungleichmäßigen Helligkeitsverteilung auf dem Grund bemerkbar.

Achten Sie auf die kleinen Wirbel auf einem munter dahinplätschernden Bach. Jeder Wirbel erzeugt eine leichte Vertiefung in der Wasser-

---

2 Forel, F.A.: *Le Léman*, II, 454. Diese Beobachtungen sind noch beeindruckender mit einem Unterwasserrohr (§ 240).
3 Boltzmann, L.: *Populäre Schriften*, S. 59.

oberfläche, und nun sieht man, daß zu jeder Vertiefung ein dunkler Fleck
gehört, der über das Bachbett dahineilt. Bei näherem Hinsehen ist jeder
dunkle Fleck von einem Lichtsaum umgeben. Aus Abb. 38 ist ersichtlich,
wie diese Lichtverteilung entsteht: Die Lichtstrahlen weichen in der Mitte
auseinander, darum herum jedoch liegen sie näher beieinander.

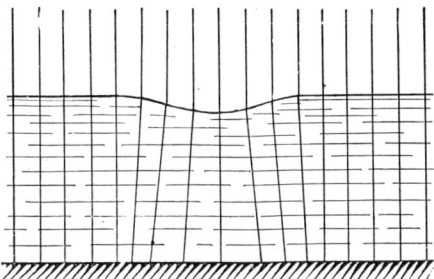

Abb. 38

Ähnliches kann man an den Schatten der «Wasserläufer» beobachten,
jenen Wanzen, die sich wie Schlittschuhläufer über die Wasseroberfläche
bewegen können und dabei von den kapillaren Kräften der Grenzschicht
getragen werden. Jedes Bein drückt eine kleine Mulde in die Wasseroberfläche. So gering die Wölbung auch sein mag, sie zeigt sich doch unmittelbar im Schattenbild: 6 dunkle Flecken mit hellen Aureolen.

Eine andere Form der Wasseroberfläche entsteht am Rand schwim-

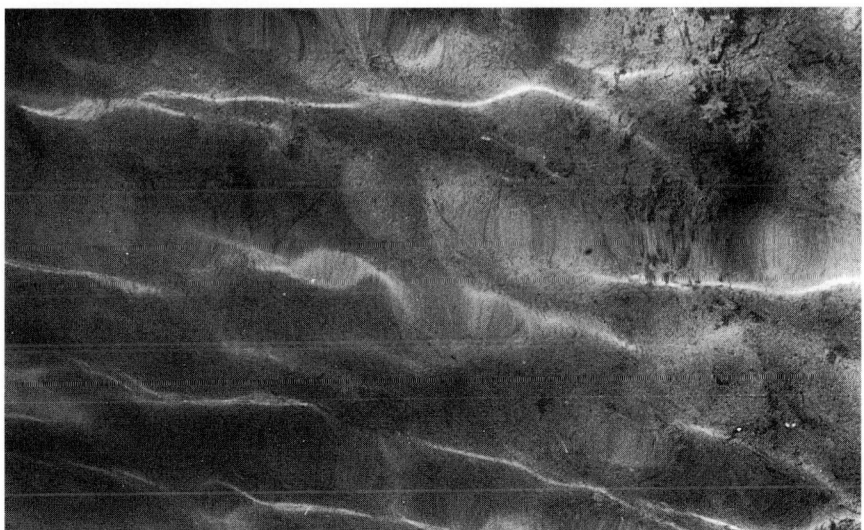

Licht wird an der Wasseroberfläche gebrochen und bildet Streifen auf dem sandigen
Grund (Foto: Pekka Parviainen).

mender Blätter, beispielsweise derjenigen der Seerose, an denen das Wasser kapillar an dem nach oben gerollten Blattrand hängt. Lichtstrahlen werden als unregelmäßige Streifen in den Schattenbereich hineingeworfen (vgl. § 73). Dadurch sieht der Schatten dieser schwimmenden Blätter auf dem Grund eines klaren Teiches seltsam gezackt aus wie der Schatten eines Palmwedels.[4]

32. Brechung an unebenen Fensterscheiben

Scheiben aus schlechtem Fensterglas in alten Häusern verzerren das Landschaftsbild. Scheint die Sonne durch solch ein Fenster auf ein Blatt Papier, zeichnen sich helle oder dunkle Streifen darauf ab. Hält man das Blatt etwas weiter weg, ziehen sich die Streifen zu schmalen Lichtlinien zusammen. – Offenbar ist die Fensterscheibe nicht planparallel, sondern hat dünnere und dickere Stellen. Diese wirken wie ungleichmäßige Linsen: Sie streuen die Lichtstrahlen oder sammeln sie und ergeben bizarre Brennstrahlen (vgl. § 30). Bereits geringste Abweichungen im Strahlengang bewirken beträchtliche Helligkeitsunterschiede, so daß eigentlich jedes Fenster aus gewöhnlichem Fensterglas diese Schlieren aufweist.

Fenster aus Spiegelglas sind viel reiner. Dennoch ist ihr Schatten auf einige Entfernung oft leicht streifig. Daran erkennt man, in welcher Richtung die Walzen darüberfuhren. Diese Schlieren fallen besonders auf, wenn Sonnenstrahlen durch eine kleine Lücke in dichtem Laubwerk dringen, ein «Sonnenbild» entsteht (vgl. § 1) und dieses durch ein Fenster fällt. Das einfallende Lichtbündel ist nun an jedem Punkt der Fensterscheibe noch schärfer ausgerichtet, denn solch ein Punkt wird nicht mehr von der Sonne als Ganzes beschienen, sondern nur noch von einem kleinen Teil. Geringste Abweichungen der Strahlen werden jetzt sichtbar.[5]

Ein kurzsichtiger Leser schreibt mir, er sähe einige Meter hinter einer Fensterglasscheibe stets den einen oder anderen Stern scharf – offenbar deshalb, weil eine zufällige Wölbung im Glas das Bild des Sterns nahe vor seinem Auge entstehen läßt.

33. An Spiegelglas reflektierte Doppelbilder

Betrachten Sie in den Spiegelglasscheiben eines Hauses das Spiegelbild einer weit entfernten Laterne oder das des Mondes. Sie sehen *zwei* Bilder, von denen sich eines unregelmäßig gegen das andere verschiebt, je nachdem an welchem Teil der Scheibe es reflektiert wird.[6]

4 Kerner von Marilaun: *Pflanzenleben.*
5 Diese überaus interessante Beobachtung wurde mir von K. Braak mitgeteilt.
6 Ztschr. f. d. phys. chem. Unterricht *4*, 86, 1891; *37*, 90, 1924.

Ein «Philosoph» behauptete, dies sei ein Beispiel für eine «Wirkung ohne Ursache»!![7] Befragen wir lieber Physiker, ob sich hier nicht doch eine Ursache finden läßt.

Die schön polierten Schilder aus schwarzem Glas, die neben den Eingangstüren vornehmer Firmen prangen, weisen keine doppelten Bilder auf. Somit entsteht bei Spiegelglas offensichtlich das eine Bild durch Reflexion an der Vorderfläche, während das andere durch die Strahlen zustandekommt, die durch das Glas hindurchdringen, an der Rückfläche reflektiert werden und dann wieder durch das Glas zurück in unser Auge treffen. Von schwarzem Glas werden letztere Strahlen absorbiert.

Eines der beiden Strahlenbündel wird gebrochen und dabei etwas abgelenkt (Abb. 39). Kann das die Ursache für die Doppelbilder sein? –

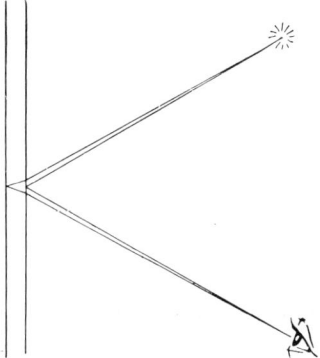

Abb. 39
An einer vollkommen planparallelen Spiegelglasscheibe entstehen Doppelbilder, die allerdings sehr dicht beieinanderliegen.

Nein! Denn dann

a) lägen sie nicht an bestimmten Stellen desselben Fensters dichter beieinander als an anderen,

b) lägen sie nicht weiter als um die Stärke des Glases auseinander, was kaum einmal der Fall sein wird,

c) wäre die Verschiebung bei sehr kleinen und sehr großen Einfallswinkeln (mit einem berechenbaren Maximum bei etwa 50°) gleich Null, obgleich man doch auch hier bei senkrechtem Lichteinfall Doppelbilder feststellen kann,

d) wäre der Abstand zwischen den Doppelbildern für unendlich weit entfernte Lichtquellen wie etwa den Mond stets gleich Null.

Fazit: *An einer planparallelen Glasplatte können solche Doppelbilder nicht entstehen. Sie entstehen nur dann, wenn die Scheibe an einigen Stellen leicht keilförmig, also die Oberfläche schwach gewellt ist!*

Damit geben wir uns jedoch noch nicht zufrieden. Wollen wir den Abstand der Doppelbilder erklären, müssen wir berechnen, wie groß der

---

7 Barthel, E.: Arch. f. system. Philos. *19*, 355, 1913.

Winkel zwischen Vorder- und Rückfläche des Glases sein muß. Es ist nämlich durchaus wahrscheinlich, daß die Flächen eines guten Spiegelglases ziemlich genau parallel sind.

Wir stellen uns zunächst die beiden Flächen AB und CD parallel zueinander vor und verfolgen einen Lichtstrahl, der sich teilt: Die beiden reflektierten Strahlen bleiben parallel und verschieben sich nur wenig gegeneinander. Neigt sich nun die vordere Fläche AB um den Winkel γ (Abb. 40), dann dreht sich der Strahl I um einen Winkel 2γ. Für den Strahl II stellen wir uns CD als Spiegel vor, der in A′B′ ein Spiegelbild von AB und ein Spiegelbild II′ vom Strahl II entstehen läßt. Der Lichtstrahl LII′ fällt also durch ein Prisma ABB′A′ mit einem kleinem Brechungswinkel 2γ. Nach den Gesetzen der geometrischen Optik lenkt ein solches Prisma mit der Brechzahl n den Lichtstrahl um den Winkel (n − 1) 2γ ab, sofern der Einfallswinkel nicht allzu groß ist. Der gesamte Winkel zwischen I und II ist also

$$2\gamma + (n-1)\, 2\gamma = 2n\gamma;$$

die Brechzahl n von Glas ist 1,52 – also ist der Winkel ungefähr 3γ.

Abb. 41 zeigt, was daraus folgt, wenn der Beobachter O die weit entfernte Lichtquelle L ansieht: Die Strahlen I und II, die praktisch parallel von der Lichtquelle ausgehen, vereinigen sich im Auge des Betrachters unter dem Winkel 3γ.[8]

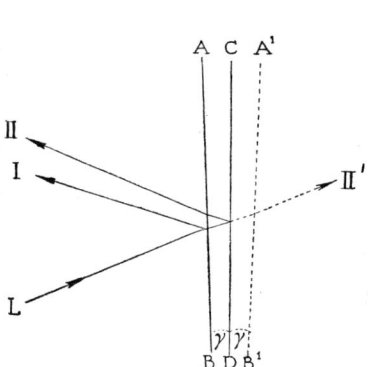

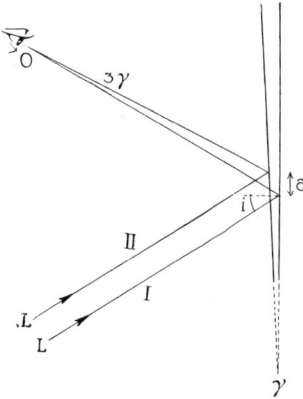

Abb. 40
Das Entstehen von doppelten Spiegelbildern an einer ungleichmäßig dicken Glasscheibe.

Abb. 41
Wie man aus dem Winkelabstand 3γ der beiden Spiegelbilder die Keilförmigkeit einer Spiegelglasscheibe exakt bestimmen kann.

Fazit: *Schätzen Sie den Winkelabstand zwischen den Spiegelbildern. Der Winkel der beiden Glasflächen zueinander beträgt ein Drittel von ihm.*
Diesen Winkel kann man näherungsweise berechnen, indem man z. B. den Abstand a der Spiegelbilder auf dem Glas bestimmt, ihn durch R, die Entfernung Auge–Glas, teilt und mit cos i multipliziert. Bei normalem Spiegelglas findet man Winkel von ein paar tausendstel rad[9] = einigen Bogenminuten. Über eine Länge von 10 cm ändert sich die Dicke der

8 Als weiterer Beweis s. § 34.
9 Zur Maßeinheit «rad» vgl. § 1.

Scheibe also um etwa 0,2 mm. Das ist so wenig, daß man es ohne Messungen überhaupt nicht bemerken würde. Wenn wir genau nachmessen, bestätigen sich tatsächlich unsere Schätzungen.

Ist es nicht großartig, daß wir solch winzige Fehler im Glas ohne jegliches Hilfsmittel, einfach im Vorübergehen bestimmen können? Und außerdem steht nun fest, daß unsere Erklärung der Doppelbilder richtig ist. Wenn wir ein Phänomen, das in der Natur vorkommt, nicht erklären können, so liegt das an unserer Unwissenheit!

Die allgemeinere und genauere Formel lautet: Der Winkelabstand zwischen den zwei Bildern beträgt

$$2m\gamma \frac{R'}{R + R''}$$

wobei R' = Abstand Lichtquelle–Glas, R = Abstand Auge–Glas und für 2m folgende Werte gelten:

Einfallswinkel i	= 0°	20°	40°	60°	80°	90°
2m	= 3,0	3,1	3,6	5,0	13,3	

Bis jetzt gingen wir davon aus, daß der einfallende Lichtstrahl in der Ebene V verläuft, die senkrecht zu der brechenden Kante des Prismas *mit dem Winkel* γ steht. Dieses Prisma wird durch die beiden Flächen der Fensterscheibe gebildet. Für einen bestimmten Prismenwinkel und einen bestimmten Einfallswinkel i ist der Winkelabstand zwischen den beiden Bildern dann der größtmögliche. Im allgemeinen bildet die Einfallsebene einen Winkel φ mit der Ebene V, und der Winkel zwischen den Bildern ist cos φ mal dem oben errechneten Betrag.

An normalem Fensterglas sind Mehrfachbilder schlecht zu untersuchen, denn sie werden durch unebene Oberflächen stark verzerrt – die Methode ist dafür zu empfindlich.

34. An Spiegelglasscheiben entstehende Mehrfachbilder bei durchfallendem Licht[10]

Blicken Sie am Abend schräg durch eine *gute* Fensterscheibe von Straßenbahn, Auto oder Bus auf eine Laterne in der Ferne oder zum Mond. Sie sehen verschiedene Bilder in ungefähr gleichem Abstand voneinander, das erste deutlich, die folgenden immer schwächer. Je schräger Sie durch das Fenster blicken, desto größer werden die Abstände und desto weniger unterscheiden sie sich in der Lichtstärke voneinander.

Offensichtlich entsteht dieses Phänomen durch wiederholte Reflexion an Vorder- und Rückseite der Scheibe. Es ähnelt sehr dem der doppelt reflektierten Bilder, und wiederum können wir aus dem gleichen Grund sicher sein, daß Vorder- und Rückseite nicht parallel sind. Es gibt sogar noch einen Grund mehr dafür: *Bei einer planparallelen Scheibe läge das deutlichste Bild immer auf der Seite, die am weitesten von der Fenster-*

10 Reese, H.M.: J.O.S.A. *21*, 282, 1931.

scheibe entfernt ist, gleichgültig, ob man in Richtung O oder O′ durch das Fenster sieht; *aus unserer Beobachtung ergibt sich jedoch, daß das deutlichste Bild stets auf derselben Seite des Betrachters liegt* (immer entweder links oder rechts), solange er durch einen bestimmten Punkt der Fensterscheibe sieht (Abb. 42). In derselben Fensterscheibe kann man aber auch Stellen finden, an denen das deutlichste Bild ganz links liegt, und wieder andere, an denen das deutlichste Bild rechts liegt: Sowohl im einen wie im anderen Fall befindet sich *das deutlichste Bild auf der Seite, zu der hin das Glas dicker wird.*

Abb. 42
Das deutlichste der
Mehrfachspiegelbilder liegt stets auf
derselben Seite des Betrachters, in
diesem Fall rechts.

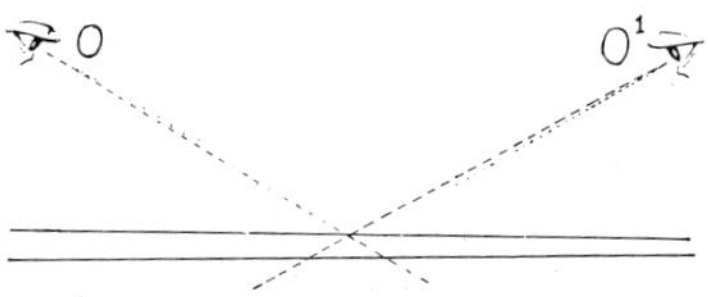

Abb. 43
Mehrfachbilder bei durchfallendem Licht.

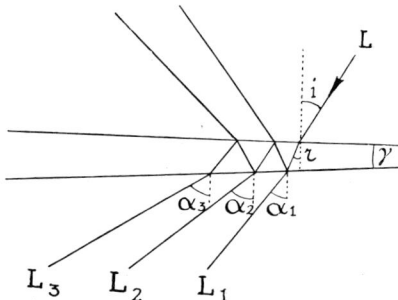

Berechnen wir den Winkelabstand zwischen den Bildern auf eine etwas andere Art als in § 33: Aus Abb. 43 ist ersichtlich, daß die Strahlen L_1, L_2, L_3 an der Rückseite unter den Winkeln

$r + \gamma$, $r + 3\gamma$, $r + 5\gamma$, ...

austreten.

Nun ist

$\sin \alpha_1 = n \sin (r + \gamma)$ oder, da γ ein kleiner Winkel ist, $\sin \alpha_1 = n \sin r + \gamma n \cos r$; ebenso ist $\sin \alpha_2 = n \sin r + 3\gamma n \cos r$, also:

$\sin \alpha_2 - \sin \alpha_1 = 2\gamma n \cos r$.

Da α nur langsam größer wird, ist die Differentialgleichung

$$\delta (\sin \alpha) = \cos \alpha \cdot \delta\alpha \text{ anwendbar, so daß } \alpha_2 - \alpha_1 = \frac{2n \cos r}{\cos i} \gamma.$$

Auf diese Weise könnte man in Abb. 43 auch die mehrfach reflektierten Bilder erklären. Der Abstand der aufeinanderfolgenden Bilder ist genau gleich groß bei reflektiertem und durchfallendem Licht; der Faktor für γ ist tatsächlich derselbe wie der, den wir in § 33 mit 2m angegeben haben und dessen Werte dort aufgeführt sind.

35. Spiegelung von Baumkronen in Spiegelglas

Wenn das Laub eines Baumes von einer stark keilförmigen Spiegelglasscheibe reflektiert wird, weist es eine merkwürdige streifenartige Struktur auf. Jetzt, da wir wissen, wie ein doppeltes Spiegelbild eines Lichtpunktes

zustande kommt, leuchtet uns sofort ein, daß alle Blätter und alle hellen
Zwischenräume der Baumkronen «Doppelgänger» bekommen haben und
daß alle diese Doppelbilder in dieselbe Richtung verschoben sind, zumindest innerhalb eines bestimmten Bereichs der Scheibe. Die Richtung der
Streifen wird daher bestimmt durch die Richtung, in der die Vorder- und
Rückfläche sich am stärksten gegeneinander neigen, also senkrecht zur
Ebene V (am Schluß von § 33 erwähnt).

Vergleichen Sie diese Beobachtungen einmal mit folgendem einfachen Versuch, den Sie mit Hilfe irgendeines Spiegels durchführen können. Besprenkeln Sie ihn mit Wassertropfen. Es entstehen Streifen, die
aber diesmal von ein und demselben Punkt ausgehen: dem Spiegelbild Ihres Auges. In diesem Fall ist die Verschiebung der beiden Bilder hauptsächlich von der Stärke des Glases abhängig; das Spiegelbild jedes Tropfens ist in der Richtung der Einfallsebene verschoben, und die Verschiebung ist um so größer, je schräger man auf den Tropfen blickt – daher das
typische «Ausstrahlen».

36. Die Spuren eines Scheibenwischers[11]

Auf der Frontscheibe der Straßenbahn oder eines Autos zieht ein Scheibenwischer zahllose konzentrische Kreise, an denen das Licht der tiefstehenden Sonne (oder einer Straßenlaterne am Abend) gebrochen wird.
Wir sehen eine schöne Lichtbahn, ausgehend vom Drehpunkt und auf die
Sonne hin gerichtet. Diese Lichtbahn ist eigentlich der Ast einer Hyperbel, aber sie erscheint auf dem kleinen Ausschnitt, den wir sehen, gerade.

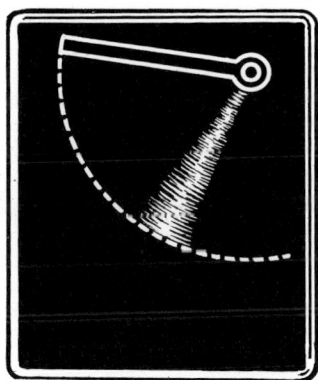

Abb. 44
Lichtreflex in der Spur
eines Scheibenwischers.

Die theoretische Erklärung für dieses Phänomen ist dieselbe wie diejenige
für die Lichtreflexe auf konzentrischen Kreisen in Pfützen (§ 28): Ob die
Lichtstrahlen aufgrund von Spiegelung oder Brechung abweichen, ist un-

11 Persönliche Mitteilung von Prof. D. Tinbergen.

erheblich, wichtig ist nur, daß sie in beiden Fällen in der Einfallsebene bleiben.

Allerdings ist hier etwas sehr Interessantes und Besonderes zu beobachten! Wenn Sie abwechselnd das linke und das rechte Auge zuhalten, ist die Richtung der Lichtbahn für beide Augen verschieden – kein Wunder, denn schließlich sehen Sie die Sonne mit dem linken Auge durch einen anderen Punkt der Scheibe als mit dem rechten, und außerdem verlaufen die Lichtbahnen immer vom Drehpunkt zur Sonne hin; sieht man mit beiden Augen gleichzeitig, dann «verschmelzen» die beiden leicht unterschiedlichen Eindrücke zu einem einzigen räumlichen Bild. Sie sehen nun ein Lichtbündel, das vom Drehpunkt aus schräg nach hinten läuft, auf die Sonne zu, oder das an der gegenüberliegenden Seite schräg nach vorne kommt. Hier haben wir ein Beispiel für das, was wir *Stereoskopie* nennen; von ihr werden wir noch weitere Beispiele kennenlernen (§ 125).

37. Wassertropfen als Linsen

Die Regentropfen, die an den Fensterscheiben eines Zugabteils hängen, ergeben ganz kleine Bilder, ähnlich wie starke Miniaturlinsen, aber diese Bilder sind natürlich verzerrt, denn der Wassertropfen ist schließlich alles andere als exakt linsenförmig. Die Bilder stehen auf dem Kopf, und während die Landschaft draußen *entgegen* der Fahrtrichtung vorbeizuziehen scheint, sieht man die Bilder sich in Fahrtrichtung bewegen.

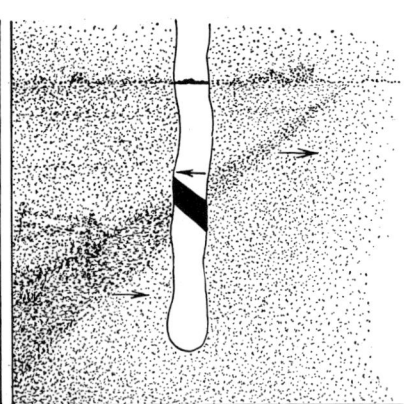

Abb. 45
Die Spuren von Wassertropfen brechen
das Licht wie Zylinderlinsen.

Das Bild eines Masts ist oben breiter als unten: Die Linse verkleinert die Bilder um so stärker, je kürzer ihre Brennweite, das heißt je stärker sie gekrümmt ist. Im oberen Bereich ist unser Regentropfen tatsächlich viel flacher als unten. Wenn die Scheibe innen stark beschlagen ist und ein paar große Tropfen in Rinnsalen hinunterrollen, kann man wunderbar die Lichtbrechung an den so entstandenen «Zylinderlinsen» (Abb. 45) studieren. Deutlich sieht man, wie links und rechts im Bild vertauscht sind und wie sich alles entgegengesetzt zur Landschaft bewegt.[12]

38. Das Glitzern von Tautropfen und Rauhreif

Wer kennt nicht das farbenfrohe Glitzern von Tautropfen? Achten Sie darauf, wie ruhig und gleißend hell sie an kurzen, kräftigen Grashalmen auf der Wiese scheinen, während sie an wogenden, hohen Gräsern wie Sterne funkeln. Betrachten wir einen mit Tau benetzten Grashalm von nahem. Pflücken Sie ihn nicht, berühren Sie ihn nicht! Durch die winzigen kugelrunden Tröpfchen wird er nicht naß, denn die Tröpfchen haften – nur durch eine kapillar dünne Luftschicht getrennt – an dem Grashalm. Daß das taubenetzte Gras so grau wirkt, hat seine Ursache in der Tatsache, daß die Lichtstrahlen an all diesen Tröpfchen reflektiert werden, sowohl an deren Innen- wie Außenseite; ein Großteil der Strahlen erreicht also nicht einmal den Halm (vgl. § 191). Große, abgeflachte Tropfen glänzen silbern, wenn man unter ziemlich großem Winkel auf sie blickt, weil dann die Lichtstrahlen an der Rückseite total reflektiert werden.

Betrachten wir einen einzelnen großen Tropfen mit nur einem Auge: Zuerst sehen wir einen weißen Glanz, und wenn wir in einem genügend großen Winkel zur Einfallsrichtung darauf blicken, erscheinen Farben. Als erstes sehen wir Blau, dann Grün, dann am deutlichsten Gelb, Orange und Rot. Sehen wir unter noch größerem Winkel darauf, verlöscht plötzlich alles: Die roten Strahlen sind offenbar diejenigen, die am stärksten abgelenkt werden. Genau das ist es, was wir bei jedem Regenbogen in großem Maßstab sehen (§ 143). Während jedoch bei einem Regenbogen der Lichtreflex nur unter einem ganz bestimmten Winkel zur Sonne erscheint, können wir ihn hier in verschiedenen Richtungen sehen, und zwar deshalb, weil die Tautropfen nicht exakt kugelförmig sind.

Ein solches Glänzen und solche Farben weisen auch die Kristalle von Reif und frischem Schnee auf.

Eine besonders schöne Beobachtung konnte unlängst in einem Nadelwald gemacht werden.[13] Der Beobachter sah in Richtung Sonne, die etwa 15° hoch stand, und sah wundervoll farbige Lichtpünktchen auf dem mit Reifkristallen übersäten Waldboden glitzern. *Keines davon war weiß!* Es waren unzählige Farben zu sehen; stellte er sich auf die Zehenspitzen, dann verschoben sich die Farbtöne zum blauen Ende des Spektrums hin – und umgekehrt. – Die auffallend schönen Farben lassen sich dadurch erklären, daß die Kristalle nicht von der ganzen Sonnenscheibe beschienen wurden, sondern nur durch kleine Ritzen in den Baumkronen hindurch;

---

12 Persönliche Mitteilung von Prof. D. Tinbergen.
13 Mitteilung von Prof. H. C. Burger.

das einfallende Lichtbündel war also sehr scharf und gerade ausgerichtet. Normalerweise wirft ein Punkt der Sonnenscheibe rotes Licht in unser Auge, ein anderer grünes oder blaues Licht, und die Farben vermischen sich zu Weiß; der Winkel, unter dem wir die Sonne sehen, ist doppelt so groß wie der Winkel zwischen den roten und blauen Strahlen. Das Verschieben der Farbtöne ist so zu erklären, daß man, wenn das Auge sich weiter oben befindet, die Strahlen sieht, die eine stärkere Brechung erfahren haben (vgl. § 176).

Bitten Sie Professor Clifton, Ihnen zu erklären, weshalb ein Tautropfen die Farbe eines grünen Blattes oder einer blauen Blüte zu einem sanften Grau dämpft und sich wie eine leuchtende Dämmerung auf Gras oder Sauerampfer legt; und weshalb jener Tropfen die Kraft aller warmen Farben verstärkt, so daß man unmöglich beurteilen kann, welches die Farbe einer Nelke oder Rose ist, solange man sie nicht von Tau benetzt sieht.
Ruskin: *The Art and Pleasures of England,* XXXIII, S. 386

Goldener Reif ... sieh den Tau auf einem Kohlblatt oder besser noch auf grauen Flechten im frühen Sonnenschein.
Ruskin: *Arrows of the Chase,* XXXIV, S. 536

Zu beiden Seiten lag vereister Schnee, hielt sich am Steppengras fest, glänzte im Mondlicht und flimmerte in allen Regenbogenfarben.
Michail Scholochow: *Der stille Don.* München 1959, S. 179. Übers. v. Olga Halpern

Kapitel IV
Die Krümmung der Lichtstrahlen
in der Atmosphäre

39. Strahlenkrümmung in der Erdatmosphäre

Wir sehen die Gestirne etwas höher über dem Horizont, als sie tatsächlich sind, und diese Verschiebung ist um so stärker, je näher sie am Horizont liegen. Auf diese Weise kommt es auch zur Abplattung von Sonne und Mond am Horizont: Bei Sonnenuntergang erscheint der untere Rand der Sonnenscheibe im Durchschnitt 35 Bogenminuten höher, als es tatsächlich der Fall ist, der obere Rand hingegen, der etwas weiter vom Horizont entfernt ist, lediglich 29 Bogenminuten. Die Abplattung beträgt demnach 6 Bogenminuten, also 1/5 des Durchmessers der Sonnenscheibe. Wir sehen hier anschaulich, daß in Horizontnähe die scheinbare Hebung stärker ist. – Die Strahlenkrümmung ist einfach die Folge der zunehmenden Dichte der Atmosphäre in den tieferen Schichten; mit zunehmender Dichte wird der Brechungsindex der Luft größer, und die Ausbreitungsgeschwindigkeit des Lichts nimmt ab. Wenn also die von einem Stern ausgestrahlten Lichtwellen in die Erdatmosphäre eindringen, werden sie an der der Erde zugewandten Seite etwas langsamer und krümmen sich zunehmend. Die Licht*strahlen*, die anzeigen, wie die *Wellenfronten* sich fortpflanzen, krümmen sich mit, und weit entfernte Objekte erfahren so eine scheinbare Hebung (Abb. 46). Je schräger die Strahlen, um so länger der Lichtweg und um so stärker die Krümmung.

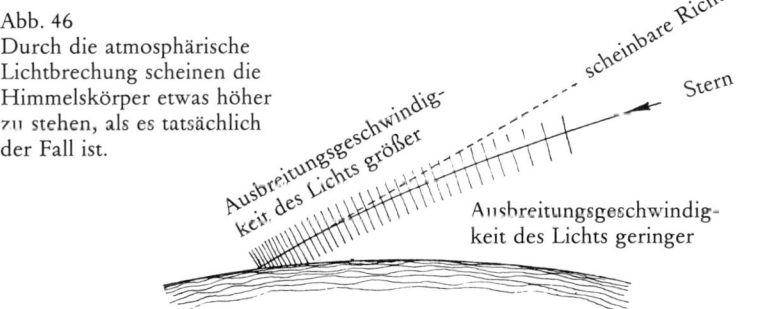

Abb. 46
Durch die atmosphärische
Lichtbrechung scheinen die
Himmelskörper etwas höher
zu stehen, als es tatsächlich
der Fall ist.

scheinbare Richtung

Stern

Ausbreitungsgeschwindig-
keit des Lichts größer

Ausbreitungsgeschwindig-
keit des Lichts geringer

Die atmosphärische Refraktion ist jeden Tag anders, bedingt durch die sich ändernde Temperaturverteilung in der Atmosphäre. Es wäre sehr interessant, über mehrere Tage hinweg den Sonnenauf- und Sonnenuntergang zu bestimmen und diese Zeiten mit den anhand von Kalendern oder Tabellen errechneten Zeiten zu vergleichen. Es sollte eine Genauigkeit von 1 Sekunde angestrebt werden, was durch Vergleich mit Radiosignalen gut möglich ist. Vermutlich sind aber zeitliche Verschiebungen von 1, 2, sogar 5 *Minuten* zu erwarten! Am Meeresstrand könnte man eine solche Untersuchung sehr gut durchführen, da man dort den Sonnenuntergang über einer klaren, freien Kimm sieht. Eine solche Nachprüfung könnte mit Beobachtungen der Kimmhöhe, der Form der Sonnenscheibe und des grünen Strahls (s. §§ 40, 45, 47) einhergehen. Die Abplattung der Sonne kann so stark sein, daß ein Achsenverhältnis von 1:2 erreicht wird!

40. Außergewöhnliche Strahlenkrümmung ohne Spiegelung

Achten Sie einmal darauf, wie oft wir am Strand die Wellen in der Ferne über den Horizont als Hebungen hinausragen sehen, während solche Wellen nahe bei uns keineswegs bis zum Horizont reichen. Auf einer flachen Erde müßte aber die Verbindungslinie zwischen gleich hohen Wellenkämmen waagerecht sein, also ebenfalls durch den Horizont gehen (Abb. 47a). Auch während einer Schiffsreise kann man dieses Phänomen bei stürmischem Wetter immer wieder beobachten: Man bezieht auf einem der unteren Decks Posten, so daß man die nahen Wellen nicht ganz bis zum Horizont aufragen sieht, man also sicher ist, daß man sich noch etwas über den Wellenkämmen befindet. Richtet man nun das Augenmerk auf die Wellen in der Ferne, stellt man fest, daß viele davon über den Horizont hinausragen.

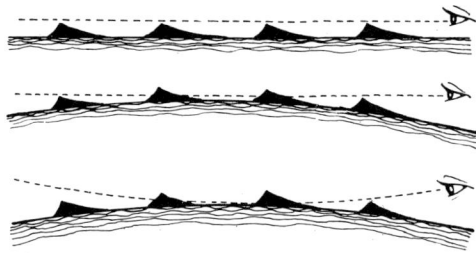

a. gerade Erde, keine Strahlenkrümmung.

b. gekrümmte Erde, keine Strahlenkrümmung.

c. gekrümmte Erde, Strahlenkrümmung («die konvexe Wasseroberfläche»).

Abb. 47
Weshalb wir Wellen auf dem Meer an der Horizontlinie sehen können.

Dies kann nur durch die Erdkrümmung erklärt werden, und eben diese haben wir hier in aller Deutlichkeit vor Augen (Abb. 47b).

Bei dem soeben beschriebenen Phänomen spielt allerdings auch die irdische Refraktion eine Rolle. An manchen Tagen ist sie außergewöhnlich stark, der Horizont scheint nahe zu sein, die Schiffe sind scheinbar weiter weg als sonst und auch größer; es ist, als sei die Erde stärker gekrümmt. An anderen Tagen wiederum bilden wir uns ein, das ruhige Meer oder ein großer See sähen wie eine hohle Schale aus. Normalerweise nicht sichtbare Objekte werden sichtbar, scheinen näher und kleiner zu sein als gewöhnlich. Weit entfernte Schiffe, die bereits auf der Horizontlinie liegen müßten, scheinen noch in einem Wassertal zu fahren; sie sehen aus, als seien sie in vertikaler Richtung zusammengedrückt. Die Horizontlinie verläuft über ihrem Rumpf, obwohl unser Auge sich doch in Wirklichkeit weiter unten befindet als die oberste Linie dieses Rumpfes. Der Horizont erscheint abnormal weit entfernt.

Diese beiden typischen Zustände wollen wir als *die konvexe* und *die konkave Wasseroberfläche*[1] bezeichnen (Abb. 48). Ersteres entsteht, wenn die Dichte der Atmosphäre ungewöhnlich langsam von unten nach oben abnimmt oder gar in den untersten Luftschichten zunimmt; letztere entsteht, wenn die Dichte von unten nach oben ungewöhnlich schnell abnimmt. Derartige Anomalien sind die Folge einer außergewöhnlichen Temperaturverteilung. Ist das Meer wärmer als die Luft, erwärmen sich die unteren Luftschichten stärker als die oberen, sie werden also optisch dünner und brechen das Licht weniger stark: Die Lichtstrahlen krümmen sich von der Erde weg. Ist das Meer dagegen kälter, dann entsteht die umgekehrte Krümmung. Es gilt, an solchen Tagen die Temperatur in verschiedenen Höhen zu messen, um zu sehen, ob man damit die Beobachtungen erklären kann. Es gibt noch ein weiteres Merkmal, durch das sich die beiden optischen Zustände voneinander unterscheiden: die scheinbare Höhe des Horizonts. Um diese ohne Meßinstrumente bestimmen zu können, benötigen wir einen festen Zielpunkt A nahe am Wasser und einen

Abb. 48
In beiden Zeichnungen ist die Krümmung des Lichtstrahls übertrieben dargestellt.

Ferne Objekte werden unsichtbar; die Wasseroberfläche erscheint konvex.

Ferne Objekte sind ungewöhnlich gut zu sehen, die Wasseroberfläche erscheint konkav.

veränderbaren Zielpunkt B an einem Pfahl oder Baumstamm 100 m landeinwärts (Abb. 49). Wir stehen bei B und suchen die Höhe des Punktes, von dem aus wir den Horizont deckungsgleich mit Punkt A sehen. Ist das Wasser kälter als die Luft, erscheint der Horizont höher, und B liegt tiefer; ist das Wasser wärmer als die Luft, dann erscheint der Horizont tiefer, und B liegt höher. Mitunter kommen Unterschiede von 6°, ja sogar

1 Forel, C.R.: *153*, 1054, 1911. – Proc. R. Soc. Edinb. *32*, 175, 1912.

Abb. 49
Das Messen von Änderungen der
irdischen Refraktion.

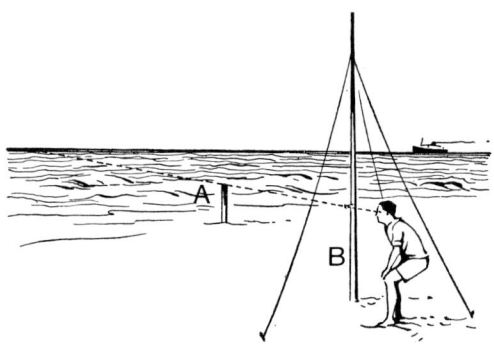

9° in die eine oder andere Richtung vor, vor allem bei Windstille. Bei einer Entfernung AB = 100 m entsprechen diese Winkel einem Höhenunterschied von ± 20 und 30 cm. – Diese Messungen gelangen sehr gut mit Hilfe eines Steinpfostens auf der Strandpromenade von Zandvoort und wurden aus einer der auf den Strand zulaufenden Straßen heraus vorgenommen. Die Entfernung betrug 90 m, Höhenunterschiede bis zu 5 cm kamen häufig vor und waren auf 0,5 cm genau zu bestimmen. Noch besser würde die Beobachtung mit einem Fernglas gelingen.

In äußerst seltenen Fällen wird die Krümmung der Lichtstrahlen in der Atmosphäre so stark, daß sie zu den merkwürdigsten optischen Phänomenen führt. Es gibt Tage, an denen man eine ungewöhnlich gute Fernsicht hat, so daß plötzlich eine weit entfernte Stadt oder ein Leuchtturm zu sehen sind, die man unter normalen Umständen nie zu sehen bekommt, weil sie hinter dem Horizont liegen. Seeleute kennen dieses «Auftauchen» sehr gut. Es wurde beispielsweise auf der Zuiderzee[2] in der Nähe von Stavoren beobachtet: Man konnte Enkhuizen und Urk überraschend nahe beieinander liegen sehen[3]; vom Zuiderzeedeich bei Amsterdam aus war die Insel Pampus sogar einmal unterhalb des Horizonts anstatt darüber zu sehen.[4]

Andererseits gibt es Situationen, in denen ferne Objekte, die normalerweise über den Horizont hinausragen, verschwinden, so, als lägen sie hinter dem Horizont. Auch hier hat man zumeist den Eindruck großer Nähe. An solch außergewöhnlichen Tagen erscheinen ferne Gegenstände abnormal groß: ein Boot, eine angeschwemmte Kiste oder die Wellen des Meeres.

Die Beobachtungen sollten stets mit Temperaturmessungen an der Meeresoberfläche und in der Luft einhergehen.

2 Nach dem Bau des Abschlußdammes (1927-1932) in IJsselmeer umbenannt (Anm. d. Übers.).
3 Onweders usw. *47*, 52, 1926.
4 Onweders usw. *42*, 37, 1921. Ein anderer Fall wird in Hemel en Dampkring *51*, 12, 1953 beschrieben. Etwas fantastisch mutet ein Bericht aus Drachten an: Hemel en Dampkring *13*, 70, 1915.

Man hatte sie (die sterbende, fast 90jährige Trien Jans) in den Kissen aufgerichtet, und ihre Augen gingen durch die kleinen bleigefaßten Scheiben in die Ferne; es mußte dort am Himmel eine dünnere Luftschicht über einer dichteren liegen, denn es war hohe Kimmung, und die Spiegelung hob in diesem Augenblick das Meer wie einen flimmernden Silberstreifen über den Rand des Deiches, so daß es blendend in die Kammer schimmerte; auch die Südspitze von Jeverssand war sichtbar.

Theodor Storm: *Der Schimmelreiter*

41. Luftspiegelungen in kleinerem Maßstab

Die bekannten Luftspiegelungen der Wüste sind durchaus auch in kleinerem Maßstab zu beobachten. Wir suchen bei sonnigem Wetter eine mindestens 8 m lange, glatte Mauer oder eine steinerne Brüstung, die nach Süden hin verlaufen. Nun lehnen wir den Kopf an die Mauer und blicken tangential daran entlang, während jemand anderes in möglichst großer Entfernung einen hellen Gegenstand immer näher an die Mauer hält; gut geeignet ist dafür ein Schlüssel, der im Sonnenlicht glänzt. Wenn der Schlüssel nur noch wenige cm von der Mauer entfernt ist, verformt sich sein Bild ganz merkwürdig, und ein «Spiegelbild» scheint von der Mauer

Luftspiegelung an einer steinernen Mauer, die von der Sonne aufgeheizt ist, aufgenommen in Puistola, Helsinki. Das Zugsignal scheint sich nach rechts fortzusetzen, die Schienen biegen sich am Ende, was beweist, daß es sich hier um eine Spiegelung handelt (Foto: Markku Poutanen).

her auf den Schlüssel zuzukommen; oft kann man sogar noch die Hand, die den Schlüssel hält, mitgespiegelt sehen. Hat man solch eine Erscheinung erst einmal eingehend beobachtet, kann man sie an allen weit entfernten Gegenständen, die dicht an der Mauer entlang zu sehen sind, wiedererkennen. Auch bei kürzeren Mauern ist die Luftspiegelung noch zu beobachten, wenn man mit dem Auge ganz *dicht* herankommen kann, wenn also am Ende der Mauer genügend Platz ist, um von dort aus zu beobachten.

Bei sehr langen, stark erhitzten Mauern konnte einige Male hinter dem ersten Spiegelbild noch ein zweites bemerkt werden, welches nicht *spiegelverkehrt* zum Gegenstand, sondern mit ihm *identisch* war.[5] Dies entspricht einem allgemeinen Gesetz, nach dem aufeinanderfolgende Bilder einer Luftspiegelung abwechselnd umgekehrt und richtig herum stehen.

Die Spiegelung kommt dadurch zustande, daß die Luft nahe dem erhitzten Gegenstand wärmer, also dünner ist und somit eine kleinere Brechzahl besitzt. Dadurch krümmen sich die Lichtstrahlen, bis sie parallel zur Oberfläche verlaufen, um sich danach wieder davon weg zu biegen (Abb. 50). Zu Unrecht spricht man manchmal von «Totalreflexion», denn

Abb. 50
Eine Luftspiegelung entlang einer
von der Sonne erhitzten Mauer.
Die senkrechten Abmessungen sind
der Deutlichkeit halber übertrieben
dargestellt.

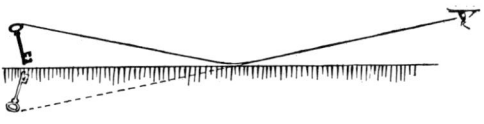

die verschiedenen Schichten gehen ja allmählich ineinander über. Andererseits muß aber bedacht werden, daß der Strahl fast seine gesamte Krümmung in unmittelbarer Nähe des heißen Gegenstandes erfährt. Wahrscheinlich liegt direkt entlang der Mauer eine dünne, einige mm dicke Luftschicht, die in etwa die Temperatur der Mauer besitzt; danach fällt die Temperatur zuerst schnell, dann langsamer ab.

Es lohnt sich zu versuchen, die Temperatur der Mauer und der angrenzenden Luftschichten zu messen und zu zeigen, daß die beobachteten Strahlenkrümmungen dadurch quantitativ erklärt werden können.

Ähnliche Luftspiegelungen wurden in kleinerem Maßstab schon in früheren Zeiten an den heißen Schornsteinen von Dampfschiffen beobachtet[6]; man sah den Mond, Jupiter oder die aufgehende Sonne wie in einem silbernen Spiegel, am Masten des Schiffes dagegen zeigte sich dieses Phänomen nicht. Ich glaube allerdings nicht, daß die Schornsteine moderner Schiffe heiß genug werden, um solche Beobachtungen zu ermöglichen.

5 Hiller, W.: Phys, Zs. *14*, 718, 1913; *15*, 303, 1914.
6 Ball: Phil. Mag. *35*, 404, 1868. – Ann. d. Phys. (Pogg.) *134*, 336, 1868.

Über der Motorhaube eines Autos, das eine Weile in der Sonne gestanden hat, ist eine deutliche Verzerrung der Bilder ferner Gegenstände zu erkennen, vorausgesetzt, man blickt tangential zur erhitzten Fläche. Bereits über einem Brett von 50 cm Länge, das von der Sonne beschienen wird, kann man manchmal sehen, wie alle fernen Gegenstände gedehnt und von dem Brett «angezogen» werden.

42. Luftspiegelungen in größerem Maßstab über warmen Flächen[7]

Daß das Gelände eben und die Entfernungen groß sind, ist für das Beobachten von Luftspiegelungen mindestens ebenso wichtig wie ein stark erhitzter Untergrund. Daher ist mein Heimatland, die Niederlande, für solche Beobachtungen außergewöhnlich gut geeignet. Luftspiegelungen zei-

Die glänzende Spiegelung des Himmels auf warmem Asphalt ist ein vertrautes Trugbild (Foto: Pekka Parviainen).

gen sich hier fast ebenso schön wie in der Sahara. Meist sieht man sie nur, wenn man sich bückt, oder dort, wo der Weg ansteigt, wie etwa bei einem Viadukt: Wenn man kurz vor dem höchsten Punkt angelangt ist, blickt man den Hang tangential entlang hinunter. Luftspiegelungen werden sofort um vieles deutlicher und kommen überraschend häufig vor, wenn man ein Opern- oder Fernglas benutzt und den Horizont mehrmals absucht. Man muß dabei jedoch bedenken, daß das Phänomen sich in einem

7 Ausgezeichnete Zusammenfassungen der alten, oft noch sehr wertvollen Literatur finden sich in den allgemeinen Handbüchern von Pernter-Exner: Meteorologische Optik. Wien, Leipzig 1922, und Fr. Linke: Handbuch d. Geophysik VIII. Berlin 1942–1961.

man ein Opern- oder Fernglas benutzt und den Horizont mehrmals absucht. Man muß dabei jedoch bedenken, daß das Phänomen sich in einem sehr schmalen Bereich abspielt. Die meisten Beobachter überschätzen die Höhe und sind enttäuscht, wenn sie es fotografieren wollen. – Wir werden nun drei Fälle beschreiben, in denen das Phänomen außergewöhnlich oft und deutlich auftritt.

Über langen, ebenen, asphaltierten Straßen sind Luftspiegelungen immer an sonnigen Tagen zu beobachten; mit dem Thermometer ist ein Temperaturrückgang von gut 20 °C bis 30 °C in den ersten paar cm über dem Boden nachzuweisen, weiter oben beträgt der Gradient einige °C pro cm.[8] Meiner Erfahrung nach sind Luftspiegelungen noch schöner auf geraden, betonierten Straßen (Amsterdam–IJmuiden–Hilversum–Bussum); zwar werden die Sonnenstrahlen schlechter absorbiert als von asphaltierten Straßen, aber offensichtlich ist die Wärmeabgabe auch geringer. Bei Sonnenschein sieht eine solche Straße aus, als stünden Wasserpfützen darauf, welche größer und deutlicher werden, wenn man sich bückt, und in denen sich helle, weit entfernte Objekte zu spiegeln scheinen. Was wir für Wasser halten, ist nichts anderes als die Reflexion des hellen Himmels in der Ferne. Man sieht diese Luftspiegelungen besser von einem Auto aus, weil sich das Auge dann näher am Boden befindet, und noch besser sieht man sie, wenn man sich auf die Straße kniet (achten Sie aber auf den Verkehr!).

Interessant ist es, solche Beobachtungen systematisch an ein und derselben Straße bei unterschiedlichem Wetter durchzuführen. Ashmore fand so heraus, daß Luftspiegelungen immer dann auftraten, wenn die Sonne höher als 29° stand. Noch Stunden nach Sonnenuntergang konnte er die Spiegelung einer fernen Lampe sehen. Es ist eigenartig, daß eine Luftspiegelung durch starken Verkehr überhaupt nicht beeinträchtigt wird, wo doch Papier, Staub und Blätter aufgewirbelt werden! Überprüfen Sie, welches die geringste Entfernung ist, in der Sie das Phänomen gerade noch wahrnehmen können, und messen Sie, wie hoch Ihre Augen sich über dem Boden befinden. Aus der Formel von S. 80 können Sie dann die Temperatur der Luftschicht, die unmittelbar über dem Straßenbelag liegt, herleiten – vorausgesetzt, Sie sind sich sicher, daß die Straße vollkommen eben ist.

Auf den ausgedehnten Wiesen der niederländischen Provinz Nord-Holland, der flämischen Burggrafschaft Veurne-Ambacht oder den flachen Wiesen Frieslands *sind Luftspiegelungen ganz normale Phänomene, ja sogar typisches Kennzeichen der Landschaft,* zumindest im Frühjahr und Sommer bei einigermaßen klarem Wetter und mäßigem Wind.[9] Einer der

8 Futi, H.: Geophys. Mag. *4*, 387, 1931. – Ramdas, L.A., und Malurkar, S.L.: Nat. *129*, 6, 1932. – Schiele, W.E.: Veröff. Geophys. Inst. Leipzig *7*, 144, 1935. – Ashmore, S.E.: Weather *10*, 336, 1955.
9 Braak, K.: Tijdschr. Kon. Ned. Aardr. Genootschap *39*, 587, 1922.

besten Beobachtungspunkte befindet sich unmittelbar westlich von Heilo (bei Alkmaar), wo man völlig freie Sicht hat. Man sieht einen weißen Streifen am Horizont, über dem die Türme und Baumwipfel in der Ferne gleichsam ohne Untergrund schweben. Bückt man sich, sieht man die Landschaft weiter im Vordergrund verzerrt, und es tauchen große glitzernde «Wasserpfützen» auf, in denen sich Häuser und Mühlen mit dem blauen Himmel spiegeln; vor allem auf der Seite der Sonne ist dies sehr deutlich. Gegen Mittag ist die Krümmung der Lichtstrahlen oft so stark, daß man sogar im Stehen überall Pfützen wahrzunehmen glaubt; auch dann ist es wirklich die Mühe wert, sich einmal zu bücken und anschließend ein paar Meter einen Hügel hinauf zu gehen, um zu sehen, wie die Pfützen scheinbar größer und kleiner werden. Achten Sie darauf, wie sich die Bilder verformen und vertikal gedehnt werden, wenn man sich eine Idee zu weit oben befindet, um die Spiegelung zu sehen. Bückt man sich sehr tief, sieht man den unteren Teil der Gegenstände in der Ferne nicht mehr, sie schweben über leerem Raum. Auf der der Sonne abgewandten Seite sind die Pfützen weniger hell, fallen also nicht so sehr auf, aber um so schöner sind die fernen, verzerrten Gegenstände und deren Spiegelbilder zu erkennen. Es ist aufschlußreich, die Temperatur in den untersten Luftschichten zu messen. Man stellt dann fest, daß morgens, wenn die Sonne scheint, die Temperatur dicht über dem Boden am höchsten ist. Beträgt der Unterschied in den untersten 100 cm 3 °C, ist die Luftspiegelung kaum oder gar nicht vorhanden, beträgt er 5 °C, gibt es eine mäßige Luftspiegelung, und bei 8 °C Unterschied ist das Phänomen stark ausgeprägt. Die größten Temperaturunterschiede kommen im Frühjahr an sonnigen, klaren Tagen, denen eine kalte Nacht vorangegangen ist, vor. – Büsch, der als erster Luftspiegelungen wissenschaftlich und eingehend studierte, konnte im Jahre 1779 über den weitläufigen Wiesen bei Bremen das Spiegelbild einer weit entfernt gelegenen Stadt deutlich sehen.

Am schönsten und regelmäßigsten sind *Luftspiegelungen* an warmen, windstillen Tagen *über einem festen und ebenen Sandstrand*.[10] Legen wir uns flach auf den Boden, den Kopf so dicht wie möglich über dem Sand, so sehen wir kein deutlich gespiegeltes Bild. Halten wir den Kopf jedoch etwas höher, haben wir sofort den merkwürdigen Eindruck, als seien wir von einem Teich umgeben, in dem sich die Gegenstände spiegeln: Schon 10 bis 20 cm hohe Gegenstände in einer Entfernung von 30 m sieht man reflektiert. Wir wählen ein deutlich sichtbares, helles Objekt H (Abb. 51) und halten die Augenhöhe konstant, z.B. genauso hoch wie das Objekt (sagen wir 20 cm), was leicht mit einem Zweig oder einem Stöckchen markiert werden kann. Nun bestimmen wir experimentell den Weg des Lichtstrahls, der das Spiegelbild entwirft: Eine zweite Person hält eine

10 Vedy, L.G.: Met. Mag. *63*, 249, 1928. – Hemel en Dampkring *15*, 71, 1917. Nirgends ist dies so eindrucksvoll wie über den großen Sandbänken der niederländischen Nordseeinseln, beispielsweise über der 8 km langen Insel Vliehors (West-Vlieland).

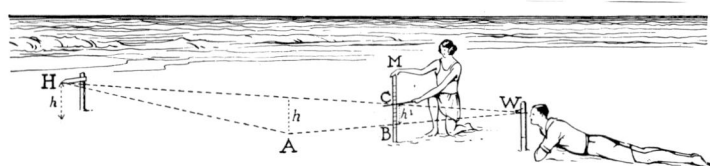

Abb. 51
Wie wir bei einer Luftspiegelung den Strahlengang bestimmen können. Alle horizontalen
Abmessungen sind stark verkürzt dargestellt.

Meßlatte in einer Entfernung, die bekannt ist, und verschiebt ein Stöckchen, bis es für unser Auge a) in B das Spiegelbild genau abdeckt, b) in C
die Spitze H des Gegenstandes selbst abdeckt. Wir können davon ausgehen, daß der direkte Lichtstrahl WH von unserem Auge nach H geradlinig ist; nach und nach kann also die Höhe des umgelenkten Lichtstrahls
HAW und sein gesamter Weg Punkt für Punkt bestimmt werden. Augenscheinlich erfährt er ziemlich unvermittelt eine Ablenkung nahe der Sand-
oberfläche. Wenn unsere Annahme stimmt, ist zu erwarten, daß

$$\frac{h}{AW} = \frac{h'}{BW}$$

konstant bleibt und gleich dem Winkel ist, den der Lichtstrahl über die
größte Strecke seines Weges zur Sandfläche bildet. Zu diesem Ergebnis
gelangt man tatsächlich; man erhält Winkel von höchstens 0,01 rad =
0,5°. Mit diesem Winkel und der bekannten Brechzahl für Luft bei verschiedenen Temperaturen leitet man ab, um wieviel Grad die Luft unmittelbar über dem Boden heißer ist als auf Augenhöhe. Mit einem Fernglas
ist die Beobachtung noch einfacher.

Da die Ablenkung so abrupt erfolgt, können wir wie bei der Totalreflexion

$$\sin i = \frac{n'}{n}$$

setzen. Der Winkel h/AW ist komplementär zum Einfallswinkel i, also ist

$$\cos \frac{h}{AW} = 1 - \frac{1}{2}\left(\frac{h}{AW}\right)^2 = \frac{n}{n'}. \text{ Und } \frac{1}{2}\left(\frac{h}{AW}\right)^2 = 1 - \frac{n}{n'} = \frac{n'-n}{n'} \approx n'-n.$$

Die Brechzahl für Luft bei normaler Temperatur ist $1 + 29 \cdot 10^{-5}$. Die größere Brech-
kraft, die Luft gegenüber dem Vakuum besitzt, ist proportional zur Luftdichte, also umgekehrt proportional zur absoluten Temperatur:

$$\frac{n-1}{n'-1} = \frac{T'}{T}; \text{ also ist } \frac{n-n'}{n-1} = \frac{T'-T}{T} \text{ und } n-n' = 29 \cdot 10^{-5}\frac{273}{\Delta t}.$$

So erhält man schließlich:

$$\Delta t = \frac{273}{29 \cdot 10^{-5}} \cdot \frac{1}{2}\left(\frac{h}{AW}\right)^2,$$

d.h. in den meisten Fällen 5° bis 35 °C.
    Ashmore[11], der ein Fernglas benutzte, stellte Winkel von kaum 0,1° und Temperatur-
unterschiede von 1 °C fest.

11 a.a.O.

Im obigen Fall ist das Entstehen der Luftspiegelung sehr einfach zu erklären. Wenn ich den Blick auf einen Punkt am Boden jenseits einer bestimmten Grenze richte, trifft der Sehstrahl unter einem hinreichend schrägen Winkel auf die heißen Luftschichten und wird recht abrupt abgelenkt. Der Effekt ist ungefähr so, als sei der Boden ab dieser Stelle mit Spiegeln bedeckt. Entfernte Gegenstände werden also zweigeteilt: Der obere Teil wird aufrecht gesehen, der untere ergibt ein umgekehrtes Spiegelbild (Abb. 52a).

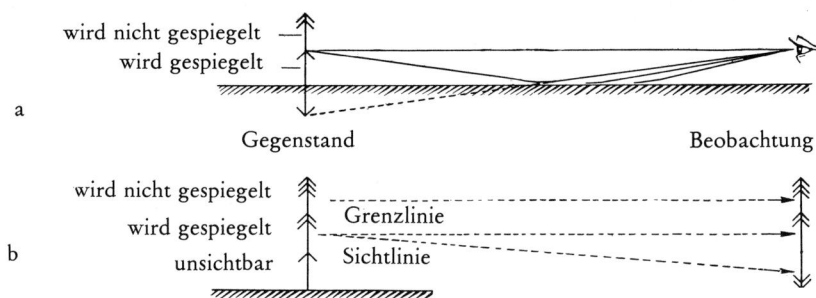

Abb. 52
Bei der Luftspiegelung wird lediglich ein Teil des Gegenstandes gespiegelt gesehen:
a) bei geringer Entfernung; b) bei großer Entfernung.

Auf große Entfernung machen sich bei Luftspiegelungen die Krümmung der Erde und die normale irdische Refraktion deutlich bemerkbar. Unterhalb einer bestimmten Sichtlinie wird der untere Teil ferner Objekte aufgrund der Erdkrümmung sichtbar; zwischen dieser Sichtlinie und der höher gelegenen Grenzlinie befindet sich der Teil des Objekts, dessen Spiegelbild man meist in vertikaler Richtung zusammengedrückt sieht; oberhalb der Grenzlinie schließlich sieht man die Gegenstände, die nicht gespiegelt werden (Abb. 52b).

Außer dem sprunghaften Temperaturanstieg nahe der Erdoberfläche sind noch kompliziertere Temperaturverteilungen denkbar, die ebenfalls spezifische optische Folgen haben.

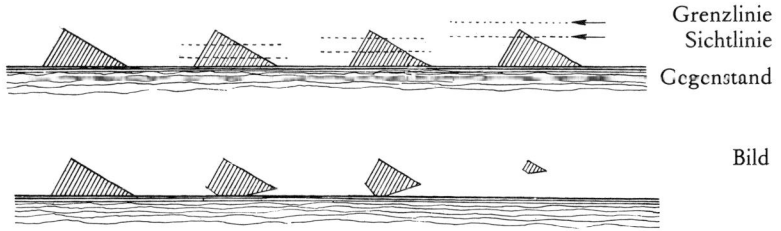

Abb. 53
Eine Insel, aus zunehmender Entfernung bei einer Luftspiegelung gesehen.

Bei jeder Seereise sieht man eine Reihe von Luftspiegelungen, die mit den obigen Überlegungen erklärbar sind (Abb. 53, 54). Üblicherweise ist das Phänomen nicht sehr stark ausgeprägt. Das gespiegelte (umgekehrte) Bild ist dann so abgeplattet, daß es lediglich als horizontale Linie erscheint, die mit der Basis des Objekts verschmilzt. Das einzige, was nun noch auffällt, ist der helle Lichtstreifen des gespiegelten Himmels, bei dem man die Abplattung natürlich nicht erkennen kann. Ferne Objekte schweben also gleichsam ein Stück weit über dem Horizont. Diese optische Erscheinung, die nichts anderes ist als eine wenig ausgeprägte Luft-

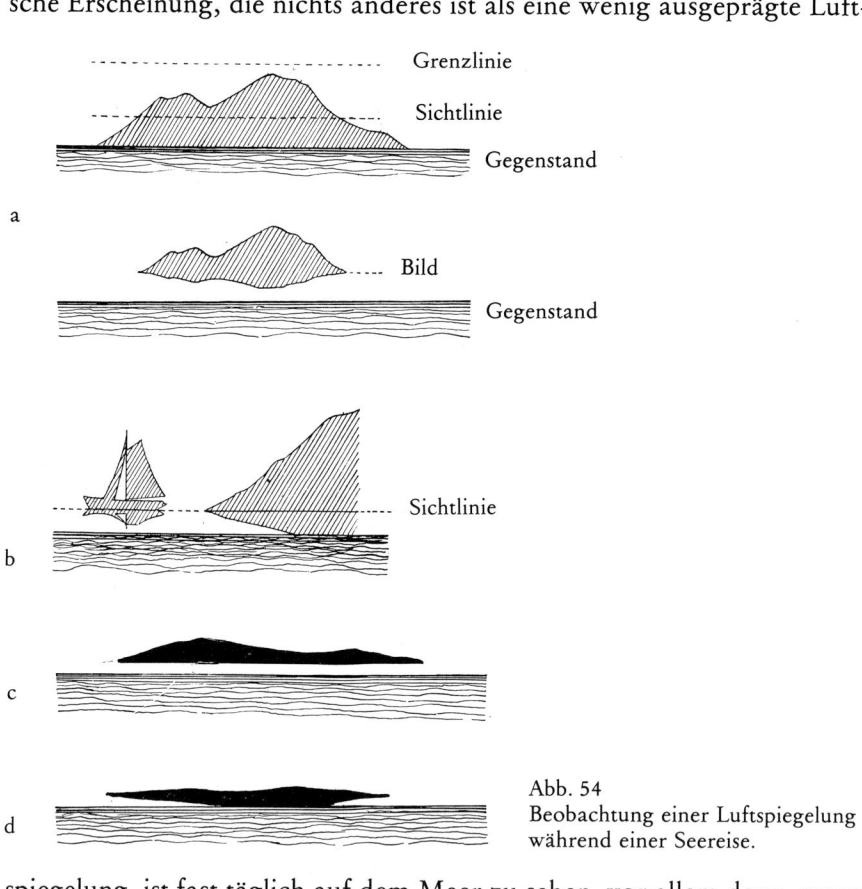

Abb. 54
Beobachtung einer Luftspiegelung
während einer Seereise.

spiegelung, ist fast täglich auf dem Meer zu sehen, vor allem dann, wenn man ein Fernglas zu Hilfe nimmt. So kann man fast immer von der Küste des IJsselmeers oder von Amsterdam aus Urk, Marken und Pampus sehen. Sind die verschiedenen Teile einer Insel unterschiedlich weit von uns entfernt, treffen Grenz- und Sichtlinie zuerst auf die am weitesten entfernten Teile, und es entsteht ein Bild wie in Abb. 54d.

Das ist das Wunderbare an diesen Inseln: daß sie sich durch Strahlenbrechung von der See zu lösen scheinen und darüber zu schweben beginnen, so als ob sie völlig leicht und wie verzaubert im Äther trieben.

H. v. Wermeskerken: *Terschelling*

Indem man die Höhe der Sichtlinie oberhalb des scheinbaren Horizonts mißt, kann man die «Ausprägung» der Luftspiegelung in Zahlen ausdrücken; man wendet hierzu eine der Methoden an, die in Anhang B auf S. 453 f. aufgeführt sind. Es ergeben sich Winkel von einigen Bogenminuten.

Manchmal tritt ein anderes Phänomen auf, das leicht mit einer Luftspiegelung zu verwechseln ist: Durch die Brandung entsteht eine Schicht feinster Wassertröpfchen, die über dem Meer hängt und die den unteren Teil ferner Gegenstände mit einem Schleier hellen Nebels überdeckt.

Luftspiegelungen, die verzerrte und umgekehrte Bilder entstehen lassen, wurden ferner unter den folgenden Bedingungen beobachtet:
beim Schwimmen, wenn das Wasser wärmer ist als die Luft;
auf den Loosdrechter Tümpeln und den großen Seen im Süden West-Frieslands: das Phänomen wird dort «tillen» (hochheben) genannt; über Bahngleisen: wenn man sich bückt, sieht man in der Ferne das verzerrte Bild einer Lokomotive;
über flachen Geestböden oder flachem schwarzem Ackerland;
entlang eines Dünenhangs, wenn man parallel zu der Schräge blickt;
entlang ganz normaler Straßen in der Stadt, wenn man tangential am Grat einer Wölbung entlangblicken kann;
über einer Eisfläche, wenn die Luft beträchtlich kälter ist als das Eis.

43. Luftspiegelungen über kaltem Wasser (auch «Kimmung» genannt)

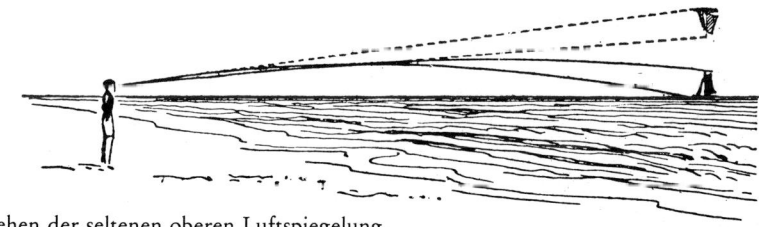

Abb. 55
Das Entstehen der seltenen oberen Luftspiegelung.

So wie die untere Luftspiegelung vor allem über erwärmtem Land auftritt, ist eine obere Luftspiegelung hauptsächlich über dem Meer wahrzunehmen, wenn auch seltener. Sie tritt auf, wenn das Wasser wesentlich kälter ist als die Luft, so daß die Temperatur in den untersten Luftschichten ungewöhnlich schnell nach oben hin zunimmt (Abb. 55). Über der Ostsee,

wenn im Frühjahr die Eisschicht gerade getaut ist, oder auch über dem
Wattenmeer kann man eigentümliche Beispiele dafür sehen.[12] Mit hoher
Wahrscheinlichkeit kann man eine obere Luftspiegelung beobachten,
wenn es in den flachen Niederlanden plötzlich zu tauen beginnt und die
Luft über einer großen Eisfläche ab einer bestimmten Höhe wärmer ist als
direkt über dem Eis – man muß sich jedoch bücken und ganz dicht an die
Eisfläche herankommen.

Obere Luftspiegelung über kaltem Wasser. Ein Tankschiff unter dem Horizont erscheint
kopfüber in der Spiegelung (Foto: Veikko Mäkelä)

Bei dieser Krümmung der Lichtstrahlen nach oben können sich die
Spiegelungen ungehindert vervielfältigen, da den Lichtstrahlen nichts im
Wege steht (wie bei der unteren Luftspiegelung die Erde); es entstehen
wundersame, aufrechte und umgekehrte Bilder, die sich von Minute zu
Minute je nach der Entfernung des Objekts und der zufälligen Tempera-
turverteilung in der Atmosphäre verändern.

44. Luftschlösser

Zuverlässige Beobachter haben bei einigen sehr seltenen Gelegenheiten
merkwürdige Luftspiegelungen gesehen, die sie folgendermaßen beschrieben: Landschaften mit Städten, Türmen und schiefen Mauern, die
über dem Horizont auftauchten und sich verformten oder zusammen-

---

12 Ein Beispiel für solch eine Beobachtung in der Nähe von Texel ist beschrieben in:
   Onweders usw. *14*, 63, 1893.

stürzten – märchenhafte Szenen, die uns mit tiefem Glück und unbezwingbarem Verlangen erfüllen: eine «Fata Morgana»! Es kommt nicht von ungefähr, daß diese Beobachtungen in der Poesie und im Volksmund mit blühender Phantasie ausgeschmückt wurden.

Forel beobachtete diese Erscheinungen unzählige Male über dem Genfer See und beschrieb sie, nachdem er sie 50 Jahre lang studiert hatte, in weniger schillernden Farben sehr genau.[13] Windstille und eine ruhige Wasserfläche von 10 bis 30 km Ausdehnung sind notwendig, und die Augen des Betrachters müssen 2 bis 4 m über dem Wasser sein. Die richtige Höhe muß durch Ausprobieren herausgefunden werden und spielt eine wichtige Rolle. Nachmittags, an klaren Tagen, wenn das Wasser wärmer war als die Luft, sah Forel vier Stadien nebeneinander, die sich allmählich am fernen Ufer des Sees entlang verschoben und einander verdrängten, wobei sie nicht länger als 10 bis 20 Minuten an derselben Stelle blieben (Abb. 56):

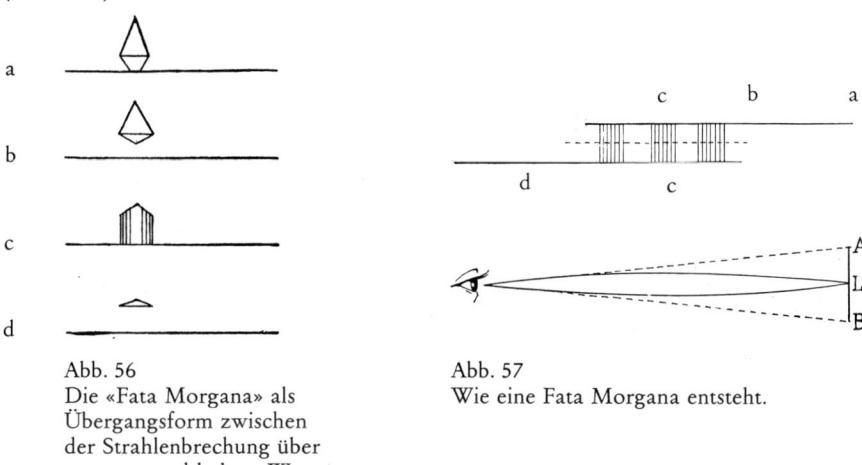

Abb. 56
Die «Fata Morgana» als
Übergangsform zwischen
der Strahlenbrechung über
warmem und kaltem Wasser.

Abb. 57
Wie eine Fata Morgana entsteht.

a) Luftspiegelung über warmem Wasser (Spiegelbild unter dem Gegenstand);

b) eine außergewöhnliche Luftspiegelung über kaltem Wasser, bei der der Gegenstand normal gesehen wird und das darunter liegende Spiegelbild zusammengedrückt ist (wahrscheinlich eine labile, zeitlich begrenzte Übergangsform);

c) Luftschlösser: Man sieht die ferne Küstenlinie verzerrt in einer Entfernung von 10° bis 20° (in Winkelmaß), gedehnt zu senkrechten, nebeneinanderliegenden Rechtecken (gestreifte Zone, «zone striée»);

13 Forel, F.A.: Proc. R. Soc. Edinb. *32*, 175, 1912. – Vgl. auch: Arch. sc. phys. nat. *3*, 545, 1897. – C. R. *153*, 1054, 1911.

d) normale Strahlenkrümmung über kaltem Wasser: Es ist kein Spiegelbild zu sehen, aber der Gegenstand selbst ist in vertikaler Richtung stark zusammengedrückt.

Die erhöhte Horizontlinie der Stadien a und b und die niedrige Horizontlinie des Stadiums d sind die Grenzen, innerhalb derer sich die vertikale Schraffierung der zone striée ausbildet (Abb. 57). Die Luftschlösser verschieben sich, weil der Refraktionstypus d den Refraktionstypus a allmählich verdrängt. Es scheint plausibel, daß gerade in einem solchen Übergangsgebiet die Dichte der Luft in den Schichten mittlerer Höhe am größten ist. In diesem Fall erhält man einen Strahlengang wie in Abb. 57, es wird also jeder Lichtpunkt L zu einer vertikalen Linie AB gedehnt.

> *In tiefen Traum scheint nun ihr Blick zu sinken.*
> *Gewechselt hat die Öde rasch ihr Kleid:*
> *Von Ferne sieht sie Strauch und Blümlein winken,*
> *Ein großes Wasser durch die Hecken blinken,*
> *Die kahle Ebne deckt sich weit und breit*
> *Mit dichten Hainen, Wäldern, grünen Matten,*
> *Und ringsherum weht sanfter Kühle Schatten.*
>
> *Hier an der Wüste traurig ödem Rande*
> *Scheint Palästina jetzt ihr Blick zu schaun.*
> *Doch – hebt sich's Stein für Stein nicht aus dem Sande?*
> *O Gott, sie naht sich dem verheißnen Lande,*
> *Wall, Gasse, Bronnen sieht sie schnell sich baun*
> *Und Kirchen, die so hoch die Türme tragen,*
> *Daß sie bis zu des Himmels Wolken ragen.*
>
> *Und Nachen, Kähne, Schiffe voll von Lasten*
> *Sieht sie von fernher ihre Segel blähn*
> *Und still und friedlich in dem Hafen rasten.*
> *Ein sanfter Wind umspielt die hohen Masten,*
> *Rollt auf die Wimpel, läßt die Flaggen wehn...*

Frederic Mistral: *Mireio.* Halle a.d.S. 1906,
10. Gesang, Strophen 15–17. Übers. v. Franziska Steinitz

Man fragt sich, ob nicht auch bei uns in den flachen Niederlanden eine Fata Morgana zu sehen möglich wäre. Tatsächlich sind zwei schöne Beispiele bekannt:

«Vergangenen Freitag (12. Sept. 1917) standen wir zu dritt gegen 7 Uhr am Triangulationspunkt[14] in Schoorl. Als wir über das Meer blickten, sahen wir plötzlich in einiger Entfernung und doch wie von nahem eine Stadt auftauchen; Bäume und Häuser waren voneinander gut unterscheidbar, die Häuser ragten weit auf. Sähen wir die Stadt in Wirklichkeit, könnten wir sofort sagen: Das ist sie.»[15]

---

14 Vermessungspunkt. Triangulation ist ein geodätisches Verfahren zur großräumigen Vermessung der Erdoberfäche (Anm. d. Übers.).
15 Zevenhuizen-Dil; s. Onweders usw. *40*, 46, 1919.

Noch beeindruckender ist folgende ausgezeichnete Beschreibung, in der der niederländische Beobachter bei einer einzigen, außergewöhnlichen Gelegenheit fast alle typischen Merkmale feststellte, die Forel nennt (Abb. 58): «Als ich um 16.20 Uhr (Sommerzeit) an den Strand von Zand-

Abb. 58
Luftschlösser, in Zandvoort beobachtet. Nach J. Pinkhof (Hemel en Dampkring *31*, 252, 1933). Mit freundlicher Genehmigung des Kon. Ned. Meteor. Instituut.
a) Noordwijk, Katwijk, Scheveningen. In der zone striée ein «Palmenhain»!
b) Auslaufender Dampfer, links ohne Spiegelung, rechts im Bereich der Fata Morgana.
c) Segelschiffe.
d) Dampfer hinter der Kimm, unsichtbar, nur in der Luftspiegelung zu sehen. Das umgekehrte Bild hängt am oberen Horizont.

voort kam, fiel mir sogleich das ungleiche Niveau der Horizonts auf. Dieses war im Nordwesten und Westen deutlich höher als im Südwesten, an vielen Stellen waren zwei Horizonte übereinander zu sehen, die einerseits in das höhere Niveau des Westens und Nordwestens übergingen, andererseits in das niedrigere Niveau im Südwesten. Der Abstand voneinander war überall ziemlich gleich, etwa 7′ (2 mm in einer Armlänge Abstand vom Auge). Gegenstände, die sich zwischen den beiden Ebenen befanden, erfuhren eigenartige Veränderungen ihrer Form, wodurch alle möglichen Trugbilder entstanden.»[16]
Eine Fata Morgana wurde bei Sonnenschein auch über einem zugefrorenen und schneebedeckten See beobachtet.[17]

16 Pinkhof, J.: Hemel en Dampkring *31*, 252, 1933; Onweders usw. *54*, 40, 1933.
17 J. R. A. S. Can. *61*, 74, 1967.

45. Verformungen von Sonne und Mond beim Auf- und Untergang[18]

Die tiefstehende Sonne weist manchmal die eigenartigsten Verformungen auf: Oftmals sind die Ecken des sichtbaren Teils über dem Horizont abgerundet, oder die Sonnenscheibe scheint aus zwei zusammengesetzten Stücken zu bestehen, oder aber man sieht unter der Sonne einen Lichtstreifen, der nach oben wandert, während die Sonne sinkt; in anderen Fällen geht die Sonne nicht genau am Horizont unter, sondern bereits einige Bogenminuten weiter oben. Es scheint, als seien diese Verformungen abends abwechslungsreicher als am Morgen, was auf meteorologische Faktoren zurückzuführen ist (vgl. § 223). An windstillen, wolkenlosen Tagen können sich die Luftschichten unterschiedlicher Dichte ungestört bilden, man kann daher die Deformierungen des Sonnenrandes als Indikator für einen stabilen Zustand der Atmosphäre und als Vorzeichen für schönes Wetter ansehen. Scheint die Sonne zu stark, hält man sich ein Stück Stanniol oder normales Papier vor die Augen, in das man ein exakt rundes Loch gestochen hat, oder man verwendet dunkles Schweißglas. Ein Fernglas ist nicht unbedingt nötig, aber es erleichtert die Beobachtung; auch dann hält man sich ein dunkles Glas vor die Augen (nicht vor das Objektiv!), oder man verwendet eine Streustrahlenblende.

Der interessantere Teil der Erscheinungen beginnt meist erst 10 Minuten vor Sonnenuntergang (bzw. dauert bis 10 Minuten nach Sonnenaufgang). Beachten Sie gleichzeitig die Farbschattierungen der Sonnenscheibe, die zum Horizont hin tief rot ist, während sie nach oben hin allmählich in Orange und Gelb übergeht. Achten Sie auch auf evtl. vorhandene Sonnenflecken, die zu kleinen «Stäben» gedehnt sein können.[19]

Die Sonne zu fotografieren ist interessant, aber schwierig, denn mit einer normalen Kamera kommen die Sonnenbilder viel zu klein heraus, erst mit einem Objektiv von etwa 75 cm Brennweite und 3 bis 10 cm Blende erhält man brauchbare Aufnahmen, die mit weniger als 1 Sekunde zu belichten sind. Diese Belichtungszeit ist so kurz, daß man das Objektiv nicht nachführen muß. Verwenden Sie panchromatische Platten, und informieren Sie sich in der Literatur!

Die Ursache für die Zerrbilder ist nichts anderes als eine gewöhnliche Luftspiegelung, wobei wir wiederum untere und obere Luftspiegelungen unterscheiden. Wir kommen der Wirklichkeit ziemlich nahe, wenn wir (mit Wegener) annehmen, daß der von der Sonne ausgehende Lichtstrahl *plötzlich* an der Trennlinie zwischen zwei Luftschichten unterschiedlicher Temperatur «geknickt» wird. Wir müssen bedenken, daß eine solche

18 Colton, A.L.: Contrib. Lick Obs. *1*, 1985. – Ricco, A.: Mem. spettr. ital. *30*, 96, 1901. – Prinz: ibid. *31*, 36, 1902. – Arctowski: ibid. 31, 190, 1902. – Wegener: Beitr. z. Phys. d. freien Atmosph. *4*, 26, 1912. – A. Bracke: Déformations du soleil. Mons, 1907, mit Literatur. – P. A. S. P. *45*, 270, 1933. – Usw.
19 Havinga: Hemel en Dampkring *19*, 161, 1922.

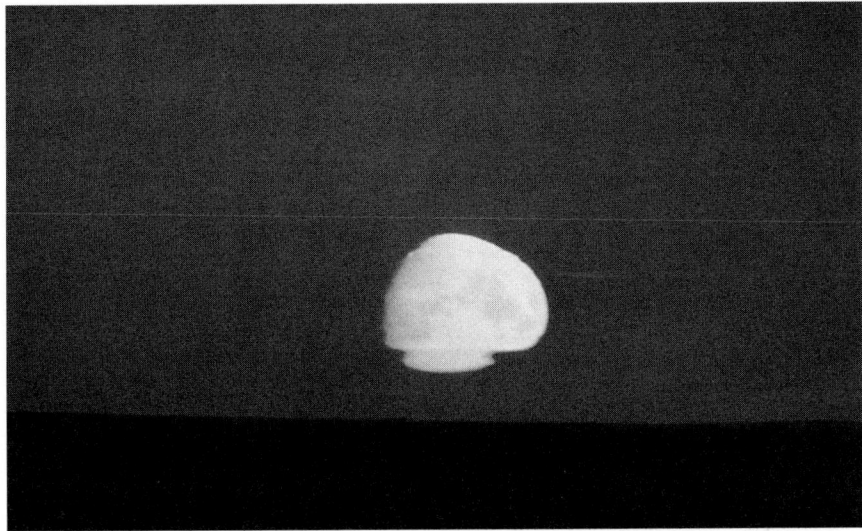

Der Mond ist aufgrund von Unstetigkeiten in der Dichteschichtung der Atmosphäre eingekerbt und sinkt auf den Meereshorizont zu (Foto: Pekka Parviainen).

Trennschicht der Erdkrümmung folgt; dagegen können wir den Lichtstrahl vor und nach dem Auftreffen auf diese Unstetigkeitsfläche als praktisch gerade betrachten.

Fall 1 (Abb. 59): Über der Erde liegt eine dünne Schicht warmer Luft PR. Wir sehen also die Sonne in der Richtung WZ und gleichzeitig darunter ihr Spiegelbild in der Richtung WP, während die eigentliche Kimm dazwischen liegt (WR). Bei Sonnenuntergang steigt über der scheinbaren Kimm WP eine abgeplattete Gegensonne auf, während die Sonne selbst sinkt; sie vereinigen sich an der Stelle, wo die echte Sonne sogleich verschwindet (WR). Dann schieben sich die beiden Scheiben immer mehr ineinander, so daß ein «Ballon» oder Gebilde mit ähnlichen Formen entstehen.

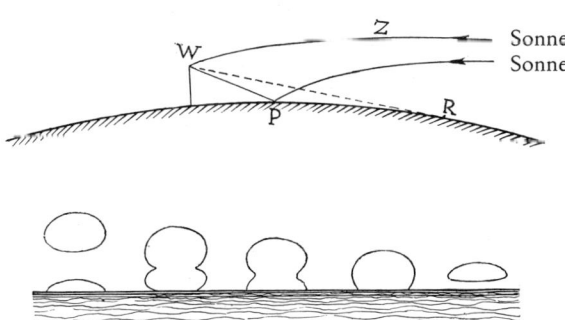

Abb. 59
Verformungen der Sonne
beim Untergang aufgrund
von Luftspiegelung nach
«Fall 1».

Fall 2 (Abb. 60): Wir nehmen an, daß die Luft am Boden kälter ist, während über ABCD eine wärmere Schicht liegt (Inversion). Der Punkt M sei der Erdmittelpunkt, um den herum zwei Kreisbögen die Höhe des

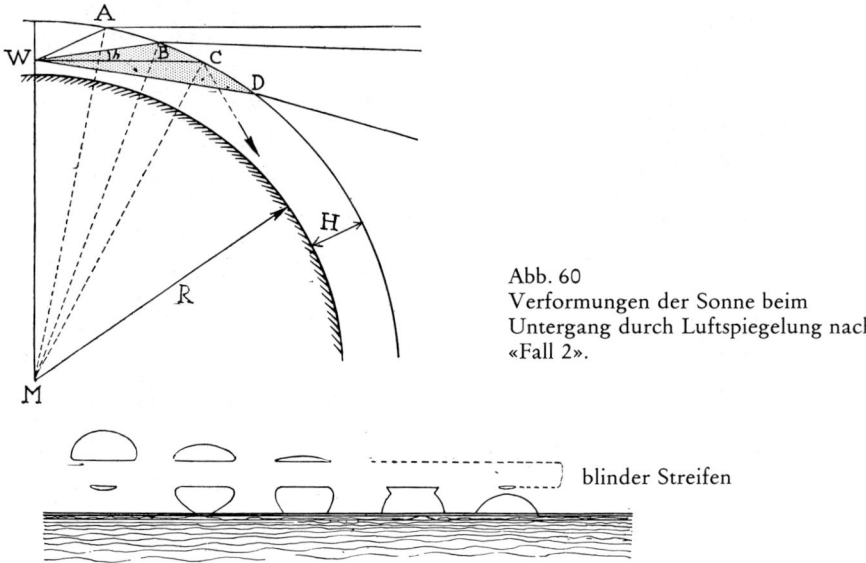

Abb. 60
Verformungen der Sonne beim
Untergang durch Luftspiegelung nach
«Fall 2».

blinder Streifen

Meeresspiegels und der Unstetigkeitsfläche angeben. Die Blickrichtung des Beobachters W senke sich nun: In Richtung WA trifft sein Blick den oberen Rand der Sonne; in Richtung WB sieht er einen etwas tiefer gelegenen Punkt, wobei sein Blick bereits schräger auf die Unstetigkeitsfläche trifft; in horizontaler Richtung WC trifft er die Fläche unter so großem Einfallswinkel, daß der Sehstrahl abgelenkt wird und die Erde nicht mehr verlassen kann. Selbst aus geringer Höhe über der Erdoberfläche und unter kleinem Winkel kann man also unter den Rand des Horizonts sehen. Der Einfallswinkel nehme nun weiter ab: Ab der Richtung WD ist der Einfallswinkel zur Unstetigkeitsfläche hinreichend klein und entgeht so dem Sehstrahl. Innerhalb des gestrichelten Winkelbereichs um die horizontale Richtung erreichen den Betrachter also keine Strahlen, die von außerhalb der Erde kommen, er sieht einen «blinden Streifen» der Höhe 2h.

⟩

Die untergehende Sonne ist durch die Atmosphäre stark verzerrt. Auf dem
dritten Foto schnürt sich gerade ein schmales Segment vom oberen Rand der Sonne ab
(Fotos: Pekka Parviainen).

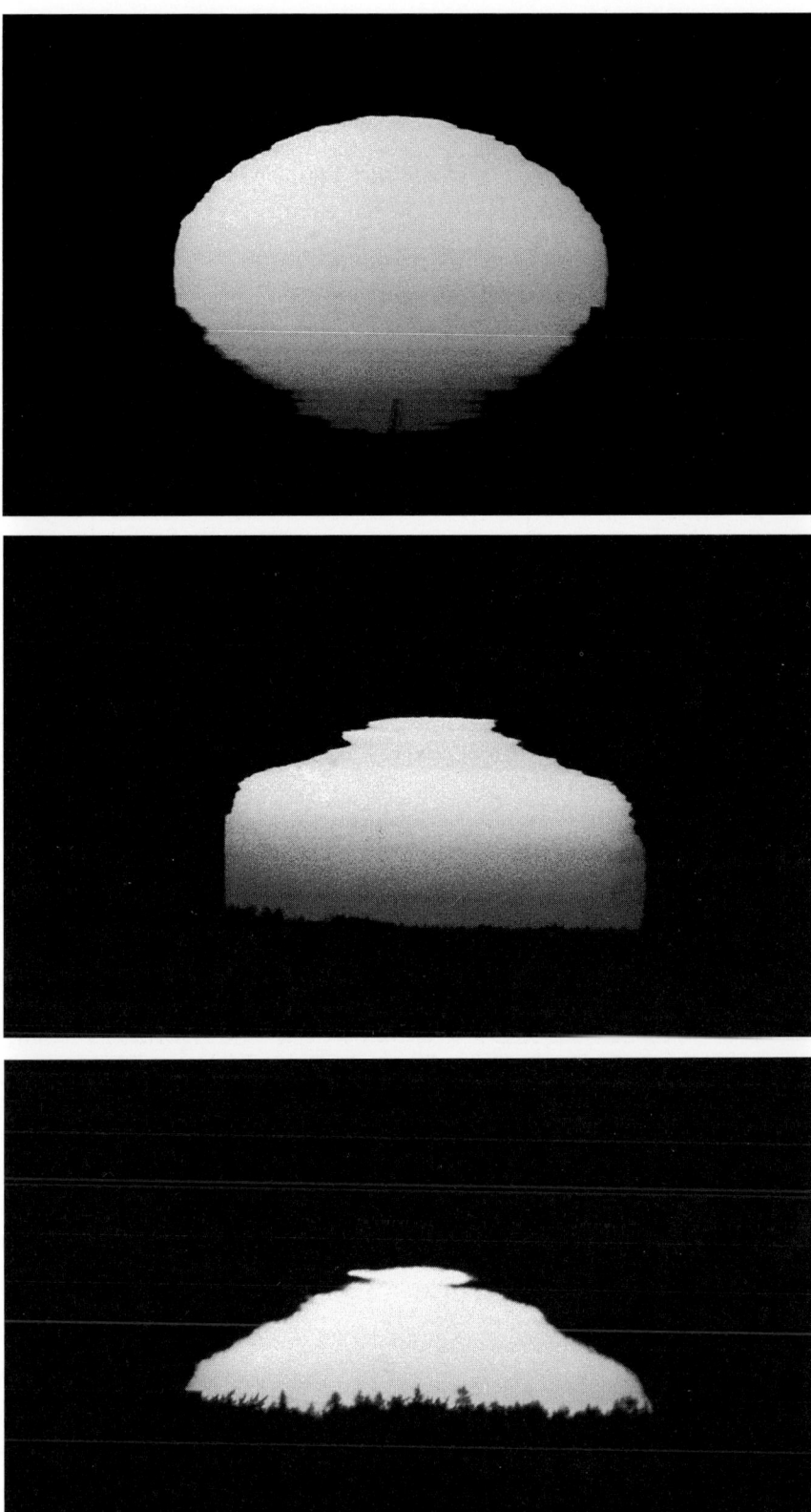

Von sämtlichen durch W gehenden Sehnen ist die horizontale Sehne WC diejenige, die den kleinsten Winkel zum Kreis bildet. Beweis: Im Dreieck MWB ist

$$\frac{\sin \widehat{WBM}}{WM} = \frac{\sin \widehat{MWB}}{MB},$$

also ist

$$\sin \widehat{WBM} = \frac{R}{R+H} \cdot \sin (90° + h) = \frac{R}{R+H} \cos h;$$

man sieht, daß $\widehat{WBM}$ am größten ist für h = 0. – An der Grenze der Totalreflexion (wir gehen von einem Idealfall aus!) ist $\sin \widehat{WBM}$ = 1/n, wenn n die Brechzahl der einen Schicht im Verhältnis zur anderen ist. Wenn man $\frac{H}{R} = \varepsilon$, n–1 = δ und für cos h als Näherungswert $1 - \frac{1}{2}h^2$ setzt, erhält man:

$$h = \pm \sqrt{\frac{2(\delta - \varepsilon)}{n}}$$

oder ungefähr $\pm \sqrt{2(\delta - \varepsilon)}$, da n annähernd 1 ist.

Man sieht, daß der blinde Streifen sich sowohl über als auch unter dem Horizont erstreckt (doppelte Himmelskörper!). Für H = 50 m wird $\varepsilon = 78 \cdot 10^{-7}$; wenn $\delta = 100 \cdot 10^{-7}$, dann ist h = ± 0,0021 rad = ± 7'; der blinde Streifen ist dann 14' hoch.

Eigentlich müßte auch die Krümmung des Lichtstrahls, die er vor und nach dem Auftreffen auf die Unstetigkeitsfläche erfährt, berücksichtigt werden, aber es ging uns hier lediglich um die wesentlichen Züge des Phänomens.

Bei einer solchen Schichtung der Atmosphäre müßte die Sonne bereits über dem eigentlichen Horizont untergehen, und zwar sobald sie den blinden Streifen erreicht. Steht der Beobachter auf einem Hügel oder auf einem Schiffsdeck, sieht er wahrscheinlich den unteren Rand der Sonne hinter dem blinden Streifen zum Vorschein kommen. Natürlich sind die Bilder verzerrt: *Oberhalb* des blinden Streifens sind sie *gestaucht, unterhalb* sind sie *gedehnt*.

In manchen Fällen weist das Sonnenbild verschiedene Einkerbungen auf. Diese zeigen offenbar mehrere Luftschichten unterschiedlicher Temperatur an (Abb. 61). Gelegentlich schnürt sich solch eine Einkerbung

Abb. 61
Verformung der Sonne durch Unstetigkeiten in der Dichteschichtung der Atmosphäre.

noch tiefer ein, bis sich ein Streifen vom oberen Rand der Sonne löst, kurz hängen bleibt, sich dann zusammenzieht und schließlich verschwindet, was oft mit dem Phänomen des grünen Strahls (§ 47) einhergeht; danach kann sich ein weiterer Streifen abschnüren usw. (Abb. 68).

46. Doppel- und Mehrfachbilder von Sonne und Mond

In den ersten vier Auflagen der niederländischen Originalausgabe wurde von zwei Beobachtungen mehrfacher Mondsicheln berichtet, die neben- und übereinander lagen und merkwürdig scharf und unverzerrt waren (Abb. 62). Der Abstand zwischen den Bildern war so groß, daß ich hier keine Luftspiegelung zu vermuten wagte, sondern an Abweichungen bei der Bildentstehung im Auge des Betrachters dachte.

Abb. 62
Mehrfache Mondsicheln.
Nach: Onweders usw.
21, 51, 1900 sowie
Reimann: Met. Zs. *4*,
144, 1887.
Der Abstand zwischen
den verschiedenen
Bildern erscheint
unwahrscheinlich groß.
Die Höhe des Mondes
betrug 15 bzw. 12°.

Ich hatte mich geirrt! Die Natur birgt sehr viel mehr Möglichkeiten in sich, als wir glauben. Denn es wurde noch einmal ein ähnliches Phänomen beobachtet: Neben und über der Sonne zeigten sich sieben weitere Sonnenbilder, unverzerrt und scharf. *Und diesmal wurde die Erscheinung fotografiert,* deutlich und unwiderlegbar. Die Sonne stand etwa 2° über dem Meereshorizont, die Erscheinung war höchstens drei Minuten lang zu sehen; die begleitenden Sonnen waren bläulich, die Sonne selbst grell orange.[20]

Auch wurden inzwischen so viele andere Berichte aus der Literatur zusammengetragen, daß kein Zweifel mehr möglich ist.[21] Es gibt:

a) doppelte und mehrfache Mondsicheln, ein Phänomen, das bereits bei relativ schwacher Refraktion auftritt – Verschiebungen um 0,5° kamen bei Mondhöhen von 12°, 15° und 35° vor;

b) doppelte, übereinanderstehende Sonnen sowie eine oder mehrere Scheinsonnen, die über der untergehenden Sonne mehrere Minuten lang zu sehen sind;

c) unregelmäßig in mehrere Richtungen verschobene Mehrfachsonnen;

20 Richard: La Météorologie, *4*, 301, 1953.
21 a) Reimann: Met. Zs. *4*, 144, 1887. – Onweders usw. *21*, 51, 1900. – Marine Obs. *29*, 178, 1959.
   b) Cassini, J.: Mém. Acad. Paris *10*, 234, 1693. – Marine Obs. *22*, 125, 1952. – Meteor. Mag. *87*, 277, 1958. – Marine Obs. *35*, 66 und 122, 1965.
   c) Richard: La Météor. *4*, 301, 1953. – Ciel et Terre *71*, 350, 1955.
   d) Edinburgh Philos. Journ. *10*, 362, 1824. – Weather: *21*, 251, 1966. – Marine Obs. *34*, 181, 1964.

d) und schließlich, im Unterschied zu den o.g. Fällen, Beobachtungen, bei denen Sonne und Scheinsonnen *genau gleich hoch* stehen. Der Fall, in dem eine Scheinsonne 3,25° links der fast untergegangenen Sonne, gut 1° über dem Horizont erschien, wäre fast nicht zu glauben, wenn er nicht *fotografisch festgehalten* worden wäre. Es gibt auch eine sehr viel ältere Beobachtung verschiedener Scheinsonnen innerhalb eines Horizontstreifens von 1,5°.

Alle diese Phänomene versuchte man mit ungewöhnlichen Krümmungen der Lichtstrahlen zu erklären. Höchst erstaunlich ist und bleibt jedoch die Tatsache, daß die Bilder von Sonne und Mond stets vollkommen scharf und genauso groß wie die wirklichen Himmelskörper waren. Man sieht hier gut, daß es nicht nur eine vertikale Refraktion gibt, sondern auch eine laterale (seitliche), selbst über große Entfernungen.

47. Der grüne Strahl[22]

Habt ihr jemals die Sonne am Horizont untergehen sehen? – Ja, sicher! – Habt ihr sie verfolgt, bis der oberste Rand ihrer Scheibe den Horizont gerade berührte und hinabtauchen wollte? – Sehr wahrscheinlich wohl. – Aber habt ihr die Erscheinung bemerkt, die beim letzten Sonnenstrahl entsteht, wenn der Himmel ohne Nebel und vollkommen klar ist? – Vielleicht nicht. – Nun, das nächste Mal, da sich wieder Gelegenheit zu dieser Beobachtung bietet (sie ist sehr selten), achtet darauf, daß es kein roter Strahl ist, den ihr sehen werdet, sondern ein grüner Strahl, wunderschön grün, von einem Grün, das kein Maler auf seiner Palette bekommen kann, ein Grün, das die Natur nirgendwo sonst mehr hervorgebracht hat, weder in der Farbenvielfalt der Pflanzen noch in der Farbe der klarsten Meere! Gibt es ein Grün im Paradies, dann kann es kein anderes als dieses Grün sein, das wahre Grün der Hoffnung.

Jules Verne: *Le Rayon vert*

Einer alten schottischen Legende zufolge soll sich derjenige, der den grünen Strahl gesehen hat, in «Gefühlsangelegenheiten» nie mehr irren.

Der grüne Strahl ist nicht so selten, wie man früher glaubte: Auf einer einzigen Reise von Java nach Holland sah ich ihn mehr als 10mal. Am besten sieht man ihn zweifelsohne über dem Meer, gleich ob man vom Schiff oder vom Strand aus beobachtet. Man kann ihn aber auch über dem Land sehen, wenn der Horizont nur weit und deutlich genug auszumachen ist, und man beobachtet ihn manchmal auch, wenn die Sonne hinter einer scharf abgegrenzten Wolkenbank verschwindet. Allem Anschein nach dürfen Berge und Wolken hierfür nicht mehr als ca. 3° über den Horizont hinausragen. Es gibt mehrere Beispiele, in denen der grüne

22 Fisher: Pop. Astr. *29*, 1921. – Mulder: The «Green Ray» or «Green Flash». Den Haag 1922. – Feenstra Kuiper: de Groene Straal. Diss. Utrecht 1926. – Schöne Farbtafeln in Ann. Hydr. *63*, 336, 1935 und *65*, 489, 1937. – O'Connel (Vatikanische Sternwarte): The Green Flash (1958), mit eindrucksvollen Farbfotografien. – In diesen Veröffentlichungen wurde die umfangreiche Literatur zusammengefaßt und bearbeitet.

Strahl in erstaunlich geringer Entfernung gesehen wurde: Ricco berichtet, wie er sich an den Rand des Schattens eines nicht weit entfernten Felsens stellte und den grünen Strahl so oft sehen konnte, wie er wollte, indem er den Kopf zur einen oder anderen Seite neigte.[23] Whitnell sah ihn am Rand einer Mauer in 300 m, Barber in 400 m Entfernung und Nijland unter ähnlichen Bedingungen[24], doch das sind große Ausnahmen!

Alle Beobachter sind sich darin einig, daß der grüne Strahl am deutlichsten zu sehen ist, wenn die Sonne bis zum Untergang sehr hell scheint, wogegen er fast nicht zu sehen ist, wenn sie sich intensiv rot verfärbt.

Ein Opern- oder Fernglas ist meistens hilfreich, noch geeigneter ist ein Fernrohr, man darf allerdings niemals mit den Instrumenten direkt in die Sonne starren, höchstens in den letzten Sekunden vor Sonnenuntergang, sonst kann man gefährlich geblendet werden. Auch mit bloßem Auge sollte man nicht zu früh auf das letzte Segment der Sonnenscheibe blicken, sondern sich zuerst abwenden und sich von einer anderen Person sagen lassen, wann man hinsehen kann. Eine andere Möglichkeit besteht darin, die Sonne vorsichtig mit einem Auge zu beobachten und dann mit dem anderen nach dem grünen Strahl zu sehen.

Die Erscheinung des grünen Strahls ist sehr flüchtig, sie dauert längstens ein paar Sekunden. Als ich in Zandvoort den 6 m hohen Deich hinauflief, konnte ich den grünen Strahl 20 Sekunden lang sehen; manchmal wurde er leicht bläulich, dann wieder weißlicher, je nachdem ob ich langsam oder schnell lief. Ebenso müßte es möglich sein, ihn nacheinander von verschiedenen Decks eines Dampfschiffes aus zu sehen. Nijland sah ihn mehrere Male hintereinander infolge der Schiffsbewegungen. Mc Lennan sah ihn zweimal nacheinander mit einem Fernglas von einem Flugzeug aus, das auf 12 000 m Höhe ungefähr in Richtung Sonne flog.[25] In einem Sonderfall anomaler Refraktion wurde er 10 Sekunden und länger beobachtet.[26] Der Portugiese Gago Coutinho sah den grünen Strahl unbegrenzt lange am Lichtkegel eines entfernten Scheinwerfers. Während der Südpolexpedition von Byrd wurde er 35 Minuten lang beobachtet, als die Sonne nach einer langen Polarnacht zum ersten Mal wieder aufging und sich genau entlang des Horizonts bewegte.

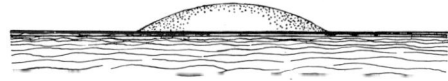

Abb. 63
Das grüne Segment

Der grüne Strahl kann drei verschiedene Erscheinungsformen annehmen:

23 Mem. Spettr. Ital. *31*, 36, 1902.
24 Nat. *156*, 146, 1945; Hemel en Dampkring *33*, 219, 1935.
25 Journ. R. Astr. Soc. Canada *59*, 53, 1965.
26 Onweders usw. *48*, 81, 1927. – Feenstra Kuiper a.a.O.

1. Der *grüne Saum*, der mit einem Fernglas fast immer am oberen Rand der Sonne erkennbar ist und der um so breiter wird, je tiefer die Sonne sinkt; gleichzeitig färbt sich der untere Rand rot.

2. Das *grüne Segment* (Abb. 63) entsteht, wenn das letzte Sonnensegment sich an den Rändern grün färbt und das Grün allmählich auch die Mitte des Segments ausfüllt. Dieses grüne Segment ist mit bloßem Auge ein paar Sekunden sichtbar, mit einem Fernglas 4 bis 5 Sekunden lang.

3. Der *eigentliche grüne Strahl* (Abb. 64) ist mit bloßem Auge äußerst selten zu sehen. Er gleicht einem grünen Strahl oder grünen Flämmchen – andere Beobachter sprechen von einem «Federbüschel» oder einem «aufragenden Fleck» – und schießt genau in dem Augenblick am Horizont empor, wenn die Sonne untergeht.

Abb. 64
Der eigentliche grüne Strahl. Die
Zeitpunkte sind vom Moment des
Sonnenuntergangs ab gerechnet.
Nach D. P. Lagaaij. (Tafel in:
Feenstra Kuiper, a.a.O. 1926.)

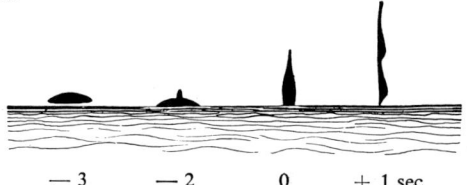

Bei allen drei Formen ist die Farbe[27] meist smaragdgrün, selten gelb, mitunter eher bläulich oder gar violett. Ein Beobachter sah die Farbe während der wenigen Sekunden, die die Erscheinung dauerte, von Grün über Blau in Violett übergehen.

Hinsichtlich der Erklärung des grünen Strahls besteht heute kein Zweifel mehr. Die Sonne steht tief, ihre weißen Strahlen haben daher einen langen Weg durch die Atmosphäre zurückzulegen. Von ihrem gelben und orangefarbenen Licht wird ein großer Teil durch Wasserdampf- und möglicherweise durch O_4-Moleküle absorbiert, die in diesem Spektralbereich Absorptionsbanden haben; ihr violettes Licht wird durch Streuung (vgl. § 195) abgeschwächt: Es muß daher vor allem Rot und Grünblau übrig bleiben, was auch in direkter Beobachtung nachgewiesen wurde[28] (Abb. 65). Die Lichtstrahlen werden auf ihrem langen Weg durch die Atmosphäre gekrümmt, die Sonnenscheibe wird dadurch scheinbar etwas gehoben (vgl. § 39), und diese Hebung ist für rotes Licht geringer, für die stärker gebrochenen blaugrünen Strahlen stärker. Dadurch sieht man nun gleichsam zwei einander teilweise überlappende Sonnenscheiben, die blaugrüne ein Stückchen höher, die rote etwas tiefer (Abb. 66); so kommt unten der rote, oben der grüne Saum zustande. Demnach müssen bei tief stehender Sonne die Spitzen des Segments grün sein, und während das Grün das gesamte restliche Segment überzieht, muß das Rot allmählich hinter dem Horizont verschwinden.

27 Hemel en Dampkring *19*, 83, 1921. – Dijkwel, N.: Hemel en Dampkring *34*, 261, 1936.
28 Nach Dijkwel: a.a.O. – Bei sehr starker Streuung verschwindet auch das Grünblau. Daher wird der grüne Strahl unsichtbar, wenn die untergehende Sonne tiefrot ist.

Abb. 65
Visuell wahrgenommenes Spektrum
der untergehenden Sonne.
Nach N. Dijkwel. Mit freundlicher
Genehmigung der Zeitschrift
Hemel en Dampkring.

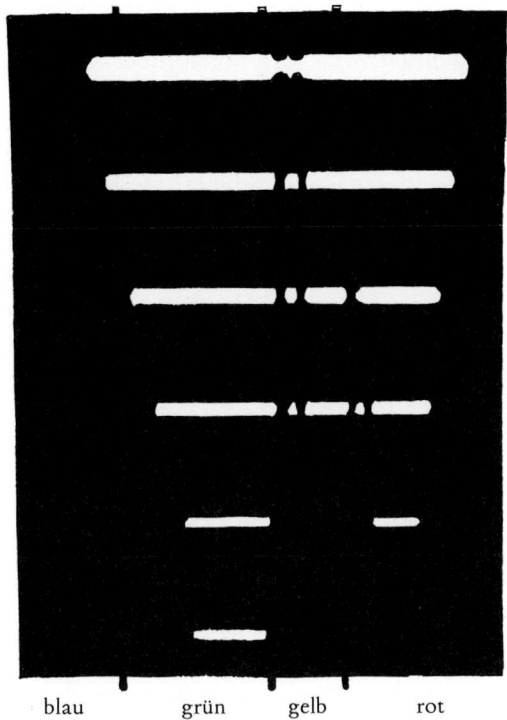

blau   grün   gelb   rot

Es gibt viele Bedingungen, unter denen die Lichtstrahlen am Horizont außergewöhnlich stark gebrochen werden, so daß das grüne Segment deutlicher und länger zu sehen ist. Entstehen echte Luftspiegelungen, kann es sogar zu einer Art Flamme oder Strahl gedehnt werden.

Es ist gelungen, das Farbspektrum des echten grünen Strahls aufzunehmen. Die Analyse ergab, daß das grüne Licht hier deutlich stärker dominiert als im Sonnenspektrum unmittelbar zuvor. Dies ist nur mit anomaler Refraktion zu erklären.[29]

Abb. 66
Das Entstehen des grünen Strahls.

Es wäre höchst interessant, einen Zusammenhang zwischen dem grünen Strahl und dem Temperaturunterschied zwischen Luft und Wasser

29 Jacobsen, T.S.: Journ. R. Astron. Soc. Canada *46*, 93, 1952 sowie Sky and Telesc. *12*, 233, 1953.

herzustellen. Leider sind die bis jetzt verfügbaren Angaben hierzu widersprüchlich. – Es wird behauptet, das grüne Segment sei besonders gut zu sehen, wenn an der Unterseite die Merkmale einer Luftspiegelung vorhanden sind: keine geraden Begrenzungen, sondern nach oben gebogene Ecken (Abb. 67).[30] Weist die Sonne Einkerbungen infolge von Unstetigkeiten in der Dichteschichtung der Luft auf, schnürt sich hin und wieder ein Streifen ab und verschwindet unter deutlicher Grünfärbung – ein überaus bemerkenswertes Schauspiel (Abb. 61, 68)! Eine andere Tatsache, die dafür spricht, daß anomale Refraktion eine große Rolle spielt, ist folgende: In bestimmten Fällen konnte der grüne Strahl zwar sehr wohl

Abb. 67
Das letzte Segment weist
aufwärts gebogene Ecken
auf. Möglicherweise wird es
einen grünen Strahl geben!

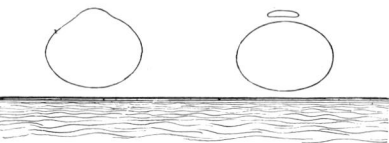

Abb. 68
Das Entstehen des grünen Strahls, wenn
sich die oberen Teile der untergehenden
Sonne abschnüren.

von einem Deck eines Postschiffes aus gesehen werden, nicht aber von einem anderen Deck aus; es war also von wesentlicher Bedeutung, auf welcher Höhe sich der Betrachter befand.[31] – Andererseits gibt es Naturforscher, die nach wie vor behaupten, die normale atmosphärische Refraktion reiche schon für die Entstehung des grünen Strahls aus.[32]

Das Hauptproblem, das bezüglich des grünen Strahls noch gelöst werden muß, wäre: *Wie stark muß die Refraktion sein, um eine gegebene Ausprägung der optischen Erscheinung hervorzurufen?* Es müßte ausreichen, wenn man am Strand mehrere Tage lang genau bestimmt, wann die Sonne untergeht, und dabei auf Erscheinungen des grünen Strahls achtet. Der Unterschied zwischen beobachteter und errechneter Zeit ist ein gutes Indiz für eine Abweichung der Refraktion vom normalen Wert (vgl. § 39).

Früher glaubte man, der grüne Strahl sei ein optisches Nachbild, farblich komplementär zum letzten Streifen der roten Sonne[33] (§ 105). Diese Hypothese wird überzeugend durch die Tatsache widerlegt, daß der

30 Nat. *111*, 13, 1923.
31 Met. Zs. *49*, 271, 1932. – Visser, S.W., und Verstelle, J.: Hemel en Dampkring *32*, 81, 1934. – Diese Beobachtung wäre es wert, wiederholt zu werden, am besten von ein und derselben Person, die sich nacheinander auf die verschiedenen Schiffsdecks begibt (vgl. S. 95).
32 Proc. R. Soc. *126*, 311, 1930. Weder Visser, Verstelle noch Dijkwel konstatieren einen direkten Zusammenhang zwischen dem grünen Strahl und der atmosphärischen Refraktion.
33 Diese Ansicht wird noch vertreten von P. Moureau in: La Nature *294*, 1929 (mit interessanten Versuchen aus der physiologischen Optik).

grüne Strahl auch bei Sonnen*aufgang* zu beobachten ist. Zugegebenermaßen ist es dann schwieriger, ihn zu entdecken, da man nicht weiß, wohin man blicken muß, um das erste, gerade auftauchende Licht zu sehen. Man behilft sich mit den Dämmerungsstrahlen, den Haidingerschen Büscheln (§§ 206 und 221) oder sucht den hellsten Punkt am Horizont. Ein weiteres Argument gegen Nachbilder: Der grüne Strahl ist nur zu sehen, wenn die Entfernung zum Horizont genügend groß ist; dies würde sich auf das Nachbild nicht auswirken, spielt aber bei der Refraktion eine große Rolle.

Der grüne Strahl wurde auch einige Male am Mond, an den Planeten Venus und Jupiter, seltener an Saturn beobachtet. Ein Beobachter beschreibt, wie er die Venus sinken und ihr Spiegelbild auf den Planeten zu emporsteigen sah und wie die Farbe plötzlich von einem matten Rot in Grün umschlug, als sie aufeinandertrafen. Ein anderer Beobachter sah den grünen Strahl eine Zeitlang fast täglich, wenn die Venus hinter einer 40 km entfernten Bergkette und 4° über dem Horizont unterging.

Terrasse auf einer Düne, weite Sicht über die Nordsee. Wasser tiefblau, wolkenloser Himmel, keine Trübung, kein Dunst, Horizont straff und scharf. Weiße Schleier zeigen sich hellblau, alle Schatten fallen auf durch ein besonderes Blau. Sonne, große blanke Kupferscheibe, strahlt in golden leuchtender Luft, sinkt wie ein Feuerball ins Meer, ein Fischer fährt vorüber, geht nicht in Flammen auf. Die Sonne bleibt kupfern, ist nun beinah' fort, ein Tupfen, klare, blaugrüne Flamme wie ein Juwel in goldener Umgebung auf dunkelblauer See, der grüne Strahl ist vorbei.

J.P.F. van der Mieden van Opmeer,
Hemel en Dampkring *30*, 234, 1932

48. Die grüne Brandung[34]

An der Küste von Sumatra wurde beobachtet, daß die schäumenden Wellen der Brandung am fernen Horizont grün aufleuchten. Dies traf jedoch nur auf niedere Wellen zu, die hohen waren weiß wie immer, die See war grau, und die Kimm senkte sich stark.

Dieses Phänomen erwies sich als identisch mit dem grünen Strahl: Die glänzenden, niederen Wellen entsprechen dem oberen Rand der untergehenden Sonne.

---

34 Visser, S.W.: Hemel en Dampkring *19*, 83, 1921.

49. Der rote Strahl[35]

Aus der Erklärung des grünen Strahls folgt, daß es auch einen roten Strahl geben muß, der beispielsweise dann auftreten müßte, wenn die Sonne hinter eine schwere, scharf abgegrenzte Wolkenbank nahe dem Horizont gesunken ist und ihr unterster Abschnitt unter der Wolkenbank zum Vorschein kommt. Dieses Phänomen wurde tatsächlich schon beobachtet, allerdings selten; es scheint noch flüchtiger zu sein als das des grünen Strahls.

Whitnell, der den grünen Strahl an einem Mauerspalt in 300 m Entfernung beobachtete, sah bei derselben Gelegenheit auch den roten Strahl.

Auch hier kommt es nur selten vor, daß ein echter «Strahl» emporschießt, und es ist noch schwieriger und ungewisser, ihn zu beobachten, wenn der untere Rand der Sonne oder des Mondes gerade über dem Horizont aufsteigt.

50. Das Funkeln irdischer Lichtquellen

Das Phänomen des Funkelns beobachtet man am deutlichsten am Flimmern über den Asphaltkochern, die in den Städten zum Schmelzen des Straßenbelags verwendet werden. Man sieht es auch über den Schornsteinen von Dampflokomotiven. Ferne Gegenstände sind dann fast nicht zu erkennen, sie scheinen zu trudeln, sich zu wellen; es ist, als sei die Luft undurchsichtig geworden! Diese trudelnden Lichtsäulen werfen regelrechte Schatten, so stark lenken sie die Lichtstrahlen in alle Richtungen ab. Aber auch wenn man über einen Lokomotivkessel hinwegblickt oder über ein Wellblechdach, das von der Sonne beschienen wird, sieht man alles in der Ferne flimmern. Auch ein Stoppelfeld oder eine Sandfläche, die von der Sonne aufgeheizt wurden, können diesen Effekt hervorbringen.

An hellen, glänzenden Objekten ist dieses Flimmern deutlich zu sehen, z.B. an Birkenstämmen, weißen Masten, weißen Sandflächen, Kugelspiegeln, kupfernen Kugeldächern auf Kirchtürmen oder entfernten Fenstern, auf die die Sonne fällt. Im Sommer oder an sonnigen, noch kühlen Tagen im Frühjahr kann man beobachten, wie blanke Eisenbahngleise in der Ferne flimmern: Die Schienen bleiben dabei nicht gerade, sondern winden sich in Schlangenlinien hin und her. Legt man den Kopf auf den Boden, ist das Flimmern stärker, und man sieht «Luftschlieren», die vom Wind hin und her geweht werden; diese «Wellen» können höher sein als Wellen auf dem Meer.

35 Nat. *94*, 61, 1914. – Quarterly Journ. *62*, 128, 1936. – Marine Obs. *25*, 217, 1955. – Ann. soc. mét France *47*, 1899. – Eine schöne Beobachtung des roten Strahls mit einem Fernglas beim Untergehen großer Sonnenflecken siehe Lindley, W.M.: Journ. Brit. Astr. Ass. *47*, 298, 1937.

Wenn die Sonne scheint, sieht man ferne Gegenstände durch ein
Fernglas nie richtig scharf (vor allem dann nicht, wenn man mit dem Rük-
ken zur Sonne steht). Mit geübtem Auge kann man im Winter anhand des
Flimmerns der Bilder ferner Objekte die warme Luft über den Häuser-
dächern aufsteigen sehen (Oudemans).

*Denn die Luft, durch welche wir nach den Sternen blicken, ist in beständigem Erzittern,
wie wir an der zitternden Bewegung der Schatten hoher Türme und aus dem Flimmern der
Fixsterne erkennen.*
Isaac Newton: *Optik*. Braunschweig/Wiesbaden 1983, S. 73.
Übers. v. William Abendroth

Wer hat dies schon einmal beobachtet? Alle diese Phänomene sind
durch die Krümmung der Lichtstrahlen in warmen Luftströmen zu erklären, die wie kleine Fontänen von der heißen Erde aufsteigen: Bereits in
ein bis zwei Meter Höhe haben sie sich so mit kalter Luft vermischt, daß
in dieser Höhe die Zahl der Schlieren kleiner geworden ist. Vor einer geraden, weißen Häuserwand, die von der Sonne beschienen wird, kann
man diese Luftschlieren sehen, wie sie vor den Fensterrahmen aufwärts-
taumeln und «Schatten» werfen, ähnlich dünnem Rauch. Die Schlieren
stören die Parallelität der Lichtstrahlen. An einigen Stellen sammelt sich
daher Licht, an anderen wird es zerstreut. Es handelt sich um ein Phänomen ähnlich dem, das bei welligen Wasserflächen oder unregelmäßigem
Fensterglas noch deutlicher zutage tritt (§§ 30, 32).

Offensichtlich ist das Flimmern um so stärker, je größer die Entfernung ist, über die wir durch die ungleichmäßig erwärmten Luftschichten
blicken: Lichter, die einige Kilometer entfernt sind, sieht man am Abend
funkeln; je näher man aber kommt, desto weniger funkeln sie, bis es
schließlich ganz aufhört. – Ein am Straßenrand geparktes Auto reflektiert
die Sonne in grellen Lichtreflexen: Aus 500 m Entfernung sieht man ein
einziges Gefunkel, aus 200 m sind die Reflexe schon viel ruhiger, und
wenn man noch näher kommt, verschwindet das Funkeln gänzlich.

Die Teile des Lichtstrahls, die dem Auge am nächsten sind, tragen
nachweislich am meisten zum Flimmern bei. Und tatsächlich vergrößert
oder verkleinert ein Brillenglas, das Sie auf dieses Buch legen, die Buchstaben nicht; je näher Sie es jedoch ans Auge halten, desto mehr verändert
sich das Bild. – Wenn eine dunkle Wolke kurzfristig die Sonnenstrahlen
abfängt und der Lichtweg zumindest in dem nahe bei uns gelegenen Teil
im Schatten liegt, hört das Flimmern gleich darauf auf. Es erscheint aber
wieder, wenn die Wolke wegzieht. Es ist kaum anzunehmen, daß sich die
Temperatur an der Oberfläche des Bodens so schnell mit der wechselnden
Einstrahlung ändert. Bei Grashalmen, dürren Blättern oder losem Staub
können wir dies hingegen erwarten. Nimmt das Flimmern über dem
Schotter zwischen Bahngleisen auch so schnell ab, wenn ein Wolkenschatten darüberzieht?

Seltsamerweise sieht man das Flimmern nicht nur über Sand, Erde oder Häusern, sondern auch über Wasser-, Schnee- oder Laubflächen, so daß wir annehmen müssen, daß die Temperatur dieser Flächen durchaus von der sie umgebenden Lufttemperatur abweichen kann. Die Reihen funkelnder Straßenlaternen entlang eines Kais bieten ein wunderschönes Schauspiel, wenn man sie von einem Schiff aus beobachtet, das in einen Hafen einfährt, durch den Ärmelkanal fährt oder durch die Straße von Messina ...

Wer das Flimmern mehrmals an derselben Stelle beobachten kann, bekommt bald eine gute Vorstellung von seiner wechselnden Stärke. Bei Sonnenschein ist es immer wesentlich deutlicher als bei bewölktem Himmel; vor Sonnenaufgang ist es recht schwach, aber schon bald nach Sonnenaufgang wird es stärker, erreicht ein Maximum um die Mittagszeit und nimmt gegen 4 bis 6 Uhr nachmittags an Deutlichkeit stark ab. An manchen Tagen freilich kann es sich ganz anders verhalten.

Das Funkeln irdischer Lichtquellen weist gelegentlich Farbphänomene auf, allerdings nur, wenn die Lichtquellen weit entfernt sind. In einem Ausnahmefall sah man an nur 5 km entfernten Laternen einen bereits deutlichen Farbwechsel.[36]

51. Das Funkeln der Sterne (Szintillation)[37]

Achten Sie auf das Funkeln des Sirius oder eines anderen hellen Sterns dicht über dem Horizont: 1. Mit dem Fernglas erkennt man kleine Ortswechsel; 2. mit bloßem Auge stellt man Helligkeitsänderungen und 3. Farbwechsel fest.

Es versteht sich von selbst, daß dieses Funkeln kein Funkeln des Sterns selbst ist. Es läßt sich ebenso wie das Funkeln irdischer Lichtquellen (§ 50) erklären. Die Ortswechsel entstehen durch die Brechung der Lichtstrahlen an den Schlieren warmer und kalter Luft, die nebeneinander in der Atmosphäre vorkommen, und zwar vor allem dort, wo sich eine warme Luftschicht über eine kältere schiebt und Luftwellen und -wirbel entstehen (Abb. 69). Die Helligkeitsänderungen kommen dadurch zustande, daß die ungleichmäßig abgelenkten Lichtstrahlen nicht gleichmäßig parallel auf die Erde auftreffen (Abb. 69); da nun alle diese Luftschichten durch den Wind weitergetragen werden (während sie sich gleichzeitig fortwährend verändern), befindet sich der Beobachter einmal in einem Bereich größerer, dann wieder in einem Bereich geringerer Helligkeit. Die Farbwechsel entstehen durch die geringfügig veränderte Farbzerlegung aufgrund der *normalen atmosphärischen Refraktion*, wodurch

36 Hemel en Dampkring *20*, 130, 1932.
37 Ausführliche Behandlung in Pernter-Exner und im *Handbuch der Geophys.* VIII. – Diskussion im Quart. Journ. *80*, 241, 1954.

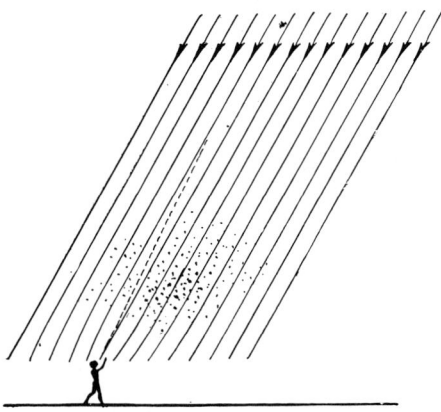

Abb. 69
Wie Ungleichmäßigkeiten in der
Dichteschichtung der Atmosphäre die
Lichtstrahlen eines Sterns brechen und
das Funkeln verursachen. In diesem
Moment sieht der Beobachter den
Stern nach links versetzt und
vergrößert.

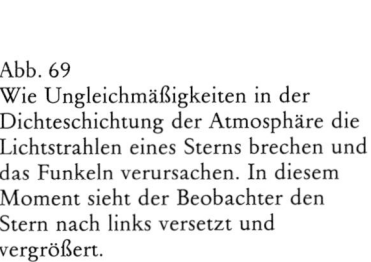

die Strahlen eines Sterns je nach Farbe einen unterschiedlichen Weg nehmen. Man kann berechnen, daß bei einem Stern, der 10° über dem Horizont steht, der Abstand zwischen den roten und violetten Strahlen in 2000
m Höhe 28 cm beträgt, in 5000 m Höhe bereits 58 cm. Die Luftschlieren
sind im Mittel ziemlich klein, es wird also häufiger vorkommen, daß beispielsweise der violette Strahl durch eine Schliere abgelenkt wird, der rote
hingegen nicht: In den Momenten, da der Stern durch das Funkeln heller
oder lichtschwächer wird, fallen die verschiedenen Farben zusammen
(Abb. 70).[38]

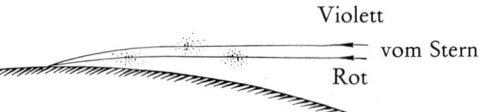

Abb. 70
Das Entstehen von Farben beim
Funkeln der Sterne.

Seit kurzem vermutet man, daß auch die Beugung des Lichts beim
Funkeln eine Rolle spielt, vor allem im Hinblick auf die kleinen Luftschlieren in großer Höhe.[39] Unter «Beugung» verstehen wir nicht die Brechung der Lichtstrahlen, sondern jene Effekte, die mit der Wellennatur
des Lichts sowie der Interferenz zu tun haben – Effekte, bei denen es zu
typischen Abweichungen vom Verlauf der «Lichtstrahlen» nach den Gesetzen der geometrischen Optik kommt.

Das Funkeln ist in Zenitnähe am geringsten: Bei durchschnittlich ruhiger Luft sieht man dort hin und wieder ein gerade noch wahrnehmbares

38 Der Physiologe Hartridge versuchte nachzuweisen, daß die Ursache des Funkelns in
  unserem Auge liegt, und zwar im Bau der Netzhautzellen. Diese Auffassung ist nicht
  haltbar. Dennoch zeigen die aufschlußreichen Versuche Hartridges, daß es bei dieser
  Erscheinung durchaus eine physiologische Komponente geben könnte. – Vgl. die Diskussionen in Nature *164* und *165*, 1950.
39 Little, C.G.: Monthly Not. R. Astr. Soc. *111*, 289, 1951. – Quart. Journ. *80*, 241, 1953
  und *82*, 227, 1956.

Funkeln der hellen Sterne. Je näher die Sterne am Horizont stehen, desto stärker funkeln sie, einfach deswegen, weil wir dann durch eine dickere Luftschicht und damit auch durch eine größere Zahl von Luftschlieren sehen (Abb. 73). Farbphänomene scheinen jenseits einer Höhe von 50° nicht vorzukommen, unter 35° dagegen häufig. Am schönsten funkelt der helle Stern Sirius, der während der Wintermonate (in unseren Breiten) zu sehen ist und ziemlich tief steht. Benutzt man ein Opern- oder Fernglas, ist das Schauspiel noch beeindruckender.

Das Funkeln geht so schnell vor sich, daß man kaum erkennen kann, was eigentlich passiert. Ein Kurzsichtiger jedoch, der eine Brille trägt, kann das Funkeln wunderbar studieren, indem er die Brille absetzt, sie sich vor die Augen hält und seitlich in ihrer Ebene ein wenig hin und her bewegt. Das Bild des Sterns wird auf diese Weise zu einer Lichtlinie gedehnt. Am besten führt man eine gleichmäßige, kreisförmige Bewegung durch, was mit etwas Übung auch gelingt (3 bis 4 Umdrehungen pro Sekunde). Aufgrund des anhaltenden Sinneseindrucks (§ 97) sieht man nun entlang des beschriebenen Kreises all die Helligkeits- und Farbwechsel, die der Stern nacheinander zeigt: ein herrlicher Anblick, wenn die Szintillation stark ist! Mitunter kommen ganz dunkle Stellen auf dem Lichtband vor: Es gibt also Augenblicke, in denen fast kein Licht von dem Stern zu uns dringt. Man kann abschätzen, wie viele verschiedene Farben auf dem Kreisbogen zu sehen sind, und daraus die Zahl der Farbwechsel pro Sekunde berechnen. Bei dieser Beobachtungsmethode macht man sich die Tatsache zunutze, daß ein Brillenglas vor unseren Augen nicht nur wie eine Linse wirkt, sondern auch wie ein schwaches Prisma, sofern wir nicht durch die Mitte blicken.

Andere Methoden, das Funkeln zu analysieren, sind folgende[40]: 1. Ein Normalsichtiger kann ein schwach konkaves Brillenglas wie oben beschrieben benutzen, muß dabei aber akkommodieren, so, als läge der Stern näher; 2. sehen Sie durch ein Opernglas, und stoßen Sie es mehrmals in kurzen Abständen nach vorn; 3. betrachten Sie den Stern in einem kleinen Spiegel, den Sie drehend bewegen; 4. lassen Sie einfach den Blick in verschiedenen Richtungen über den Stern wandern (dies gelingt nur mit viel Übung! Vgl. § 99).

Es gibt eine einfache Beobachtungsmethode, mit der man direkt die Größe der Luftschlieren abschätzen kann.[41] Für diesen interessanten Versuch ist kein einziges Hilfsmittel nötig, lediglich Übung und das Beherrschen der Augen! Fixieren Sie einen stark funkelnden Stern *mit gekreuzten Augenachsen*, blicken Sie also beispielsweise auf einen Gegenstand in 1,5 m Entfernung, der sich in etwa in derselben Richtung wie der Stern befindet. Sie sehen nun nicht ein, sondern zwei Bilder des Sterns, und *diese beiden Bilder szintillieren nicht gleichzeitig*, weil der Sehstrahl beider

40 Phil. Mag. *13*, 301, 1857.
41 Wood, R.W.: *Physical Optics*. New York 1962, S. 92.

Augen schon so weit auseinanderweicht, daß eine Schliere, die vor das
eine Auge kommt, für das andere noch nicht zu sehen ist. Ein großer Teil
der Luftschlieren ist also kleiner als 7 cm, das heißt kleiner als der Augen-
abstand.

Sehr schön ist das Szintillieren des Siebengestirns (der Plejaden), in
dem die einzelnen Sterne so nahe beieinanderliegen, daß man an der Ko-
härenz im Funkeln das Vorüberziehen der einzelnen Luftschlieren erkennen kann.

Betrachten Sie an einem Februar- oder Märzabend durch eine beschlagene Fensterscheibe hindurch den hell funkelnden Sirius. Sie sehen
eine Fläche von mehreren Quadratzentimetern hell erleuchtet; die Helligkeit flackert und ändert sich gleichzeitig über der gesamten Fläche. Das
Auge ist in diesem Fall viel empfindlicher für diese Helligkeitsänderungen, als wenn es einen scharfen Lichtpunkt wahrnehmen würde: Das Funkeln ist nun außergewöhnlich gut zu verfolgen. Es wird oft behauptet, ältere Menschen könnten das Funkeln nicht sehen, da ihre Augen nicht
schnell genug reagieren. Stimmt das?

52. Wie mißt man das Funkeln der Sterne?

1. Wenn man nicht weiß, wie eine Erscheinung zu messen ist, kann man
zunächst immer damit beginnen, einen willkürlichen qualitativen Maßstab festzusetzen: Für einen Stern, der *nicht* funkelt, wähle ich z.B. die
Zahl 0, das stärkste Funkeln, das ich bis jetzt nahe dem Horizont gesehen
habe, erhält die Zahl 10; für die Übergänge gelten die Zahlen dazwischen. Es ist erstaunlich, wie nützlich derartige vorläufige Maßstäbe in allen naturwissenschaftlichen Bereichen waren; schneller als erwartet gewöhnt man sich an die Bedeutung der Zahlen auf der Skala, und bald darauf findet irgend jemand eine Methode, um den qualitativen Maßstab
quantitativ zu eichen.

2. Ein weiteres einfaches Maß für die Luftturbulenz ist die Höhe über
dem Horizont, in der die Farben verschwinden, oder die Höhe, in der das
Funkeln praktisch nicht mehr zu bemerken ist.

3. Ebenfalls ein einfaches Maß für die Art des Funkelns ist die Zahl
der Lichtwechsel pro Sekunde, die mit dem kreisenden Brillenglas bestimmt wird (vgl. § 51).

53. Wann funkeln die Sterne am stärksten?[42]

Starkes Funkeln beweist eigentlich nur eines: daß die Atmosphäre nicht
homogen ist und daß inhomogene Luftschichten ständig in Bewegung

---

42 Dufour: Phil. Mag. *19*, 216, 1860. – Arch. sc. phys. nat. *29*, 545, 1893. – Bigourdan,
   C.R.: *160*, 579 ff., 1915. – Dörr, J.N.: Met. Zs *32*, 153, 1915. – U.v.a.

sind. Da der Stabilitätsgrad der Atmosphäre zumeist von bestimmten
Wetterlagen abhängt, sieht es so aus, als sei das Funkeln die direkte Folge
des Wetters. Bei niedrigem Luftdruck, niedriger Temperatur, hoher Luftfeuchtigkeit, starker Krümmung der Isobaren und großem Druckabfall
pro km nimmt das Funkeln im allgemeinen zu; bei mittlerer Windstärke
ist es stärker als bei schwachem oder sehr kräftigem Wind. Größere oder
geringere Stabilität in der Atmosphäre ist offenbar von einem komplexen
Zusammenspiel vieler Faktoren abhängig, so daß das Funkeln der Sterne
vorerst nicht für Wettervorhersagen herangezogen werden kann.

Bei aufsteigendem Bodennebel verschwindet das Funkeln größtenteils: Die Luftlagen sind dann sehr stabil, die Schlieren fast verschwunden. Interessant ist, daß sich das Funkeln *in der Nähe von Wolken* verstärkt: ein Beweis dafür, daß dort Luftschichten verschiedener Temperatur nebeneinanderliegen. Angeblich soll es auch *in der Dämmerung* zuneh-
men, was entweder eine physiologisch bedingte optische Täuschung sein
muß oder die Folge der besonderen atmosphärischen Bedingungen um
diese Tageszeit. Es wird sogar behauptet, *Polarlicht* begünstige das Funkeln, doch das ist nicht ganz verständlich angesichts der Tatsache, daß
das Polarlicht hoch oben in der Atmosphäre entsteht (110 km!). Ferner
bleibt rätselhaft, weshalb *rote* Sterne weniger funkeln sollen als *weiße*.[43]

Das Funkeln ist am nördlichen Himmel am stärksten, was durch kompliziertere Ausführungen belegt werden kann.

54. Das Funkeln der Planeten

Planeten funkeln wesentlich weniger als Sterne. Das erscheint verwunderlich, da sie ansonsten für das bloße Auge genau gleich aussehen. Die Ursache für diesen Unterschied liegt darin, daß wir die Sterne als kleine
Scheiben sehen, die aufgrund der ungeheuren Entfernung selbst mit dem
stärksten Fernrohr noch punktförmig erscheinen und einen scheinbaren
Durchmesser von höchstens 0,05″ haben, während Planeten einen scheinbaren Durchmesser von 10″ bis 68″ (Venus) oder 31″ bis 51″ (Jupiter)
aufweisen. In unserer Pupille vereinigt sich ein Kegel von Lichtstrahlen;
eine Luftschliere, die, wie wir wissen, den Lichtstrahl lediglich um ein
paar Bogensekunden ablenkt, bewirkt also, daß an die Stelle eines Strahls,
der zuerst in unser Auge fiel, nun ein anderer Strahl des Kegels tritt, was
an der Intensität nichts ändert. Nur wenn ein Strahl, der unser Auge vorher um weniges verfehlte, nun aufgrund der veränderten Lichtbrechung
ins Auge trifft, bemerken wir, daß sich die Helligkeit ändert; die Auswirkung wird allerdings gering sein, da es viele Schlieren gibt und einige
Strahlen auf unser Auge zu gebeugt werden, andere davon weg. Im Falle
des Planeten Jupiter beispielsweise, der 30° über dem Horizont steht, be-

---

43 Arch. sc. phys. nat. *29*, 545, 1893.

sitzt das Strahlenbündel von unserem Auge zum Planeten in 2000 m Höhe schon einen Durchmesser von 60 bis 100 cm. Die Oberfläche des Planeten kann man sich demnach als aus vielen Lichtpunkten zusammengesetzt vorstellen, die unabhängig voneinander funkeln und deren annähernd konstante Summe man sieht.

Daß die Sterne stärker funkeln als die Planeten, erinnert uns an eine unserer vorherigen Beobachtungen: Die Schlieren einer unebenen Fensterscheibe werden in einem «Sonnenbild» ja an der Stelle deutlicher, auf die das einfallende Bündel gerichtet war. Die beiden Phänomene sind sehr wohl vergleichbar: Je paralleler die Strahlen einfallen, desto stärker treten Abweichungen hervor (§ 32).

Das Funkeln der Planeten wird also sichtbar, wenn die Richtungsänderung, die die Strahlen erfahren, von der gleichen Größenordnung ist wie der scheinbare Durchmesser der Planeten.

Daher kann das Funkeln von Venus und Merkur, die zu bestimmten Zeiten als schmale Sicheln zu sehen sind, mitunter sehr deutlich werden, ja selbst mit Farbänderungen einhergehen, wenn sie nahe am Horizont stehen. Bei starken Luftturbulenzen und wenn die Planeten tief stehen, sind fast immer Helligkeitsschwankungen sichtbar.

So können wir mit Hilfe der Szintillation die Größe von Lichtpunkten schätzen, die wir mit bloßem Auge überhaupt nicht als Scheibe sehen können. Es wird sogar behauptet, man könne auf diese Weise den Durchmesser der Fixsterne schätzen, was aber vorerst noch allzu optimistisch klingt. Eine ähnliche Methode, die auf Radiowellen beruht, wurde jedoch schon angewandt.

55. Fliegende Schatten[44]

Das Funkeln der Sterne entsteht also durch die unregelmäßigen Dichteschwankungen des Luftozeans, auf dessen Grund wir Erdenbewohner leben. Wenn Sonnenstrahlen durch sanft wogendes Wasser gesammelt oder zerstreut werden, ist dies im Grunde dasselbe Phänomen (§ 30): Fische sehen die Sonne so flackern wie wir die Sterne (Abb. 37). Der einzige Unterschied besteht darin, daß an die Stelle der *Dichte*schwankungen der Luft Schwankungen der *Mächtigkeit* der Wasserschichten treten. Erstere haben eine geringere Wirkung, so daß wir das Funkeln lediglich bei den allerschärfsten punktförmigen Lichtquellen sehen können.

So wie wir aufgezeigt haben, wie sich Lichtstrahlen in klarem Wasser bündeln, können wir nun auch die Luftschlieren direkt sichtbar machen! – Wenn wir nachts durch ein kleines Fenster das Licht der Venus in ein unbeleuchtetes Zimmer fallen lassen, können wir an einer glatten Wand oder auf einem Stück weißen Karton durchsichtige Schwaden entlangzie-

44 Rozet, Cl.: C. R. *142*, 913, 1906; *146*, 325, 1906.

hen sehen: sog. «fliegende Schatten». Das Phänomen ist nur dann deutlich ausgeprägt, wenn der Planet nahe am Horizont steht. Immer, wenn er kurzzeitig hell aufflackert, sieht man auf dem Schirm eine hellere Bande vorbeiziehen, und umgekehrt entspricht eine Verringerung der Helligkeit einem dunkleren Streifen (vgl. Abb. 69). Was wir durch die eine Beobachtung «subjektiv» erfahren, zeigt uns die andere «objektiv». Die Luftschlieren haben keine feste Vorzugsrichtung. Ihre Bewegung folgt dem Wind, der gerade in der Luftschicht herrscht, in der sie entstehen.

An Jupiter, Mars, Sirius, Beteigeuze, Prokyon, Capella, Wega und Arktur können ebenfalls solche Beobachtungen gemacht werden, wenn auch aufgrund ihrer geringeren Leuchtkraft nicht so leicht. Schöner sieht man die Luftschlieren, wenn zufällig ein weit entfernter Suchscheinwerfer die Wand an der Stelle, wo steht, beleuchtet. Die Entfernung muß etwa 25 km betragen.[45]

Eindrucksvoll sind fliegende Schatten, die kurz vor und kurz nach einer totalen Sonnenfinsternis auf einer weißen Wand oder einem gespannten, weißen Laken zu sehen sind.[46] Sie erinnern an die Falten einer überdimensionalen Gardine. Auch dies sind Luftschlieren, die aber im Licht einer linienförmigen Lichtquelle sichtbar wurden: der letzten schmalen Sichel der noch nicht vollständig verdunkelten Sonne. Die Erscheinungen werden dadurch etwas komplizierter als bei punktförmigen Lichtquellen, denn jeder Punkt wird zu einem kleinen Bogen gedehnt (§§ 1 und 3), und die schwadenartigen Schlieren scheinen nun aus Banden zu bestehen. Auf einem zum einfallenden Licht senkrechten Schirm verlaufen diese Banden parallel zur Sonnensichel (in ihrem hellsten Punkt). Durch den Wind bewegen sich die Banden, aber wir sehen nur die zu ihrer Richtung senkrechten Komponenten. Manchmal dauert das Phänomen nur wenige Sekunden, meistens jedoch eine Minute oder länger. Die Abstände der Banden vermitteln uns einen Eindruck von der durchschnittlichen Größe der Luftschlieren: Meistens sind es 10 bis 50 cm. Je näher die Totalität der Sonnenfinsternis rückt, um so schmäler ist die Sonnensichel und um so feiner ist die Struktur der Banden.

Um diese Schattenbanden sehen zu können, brauchen wir nicht erst auf eine der so seltenen Sonnenfinsternisse zu warten. Rozet[47] gelangen viele solcher Beobachtungen, als die Sonne über einem fernen Berggrat auf- bzw. unterging. Auf einem senkrechten, glatten Schirm waren horizontale Banden während der kurzen Momente zu sehen, in denen lediglich ein schmales Segment der Sonne über den Horizont hinausragte. Sie bewegten sich je nach Windrichtung mit einer Geschwindigkeit zwischen 1 und 8 m/s nach oben oder unten, ihr Abstand betrug 3 bis 20 cm. Zu-

---

45 Nat. *37*, 224, 1888.
46 Mitchell, S.A.: *Handb. der Astrophysik* IV, 353, 1929.
47 S. Anm. 44.

meist waren sie nur 3 bis 4 Sekunden lang sichtbar, da die Sonnensichel schon bald zu breit wurde.

Unter gleichen Bedingungen, aber nur an einigen wenigen Tagen bemerkte Iven fliegende Schatten auf fast waagerechtem Gelände.[48] Er führte seine Beobachtungen von einem hochgelegenen Punkt oder einem Flugzeug aus durch. Die Banden waren mehrere Kilometer breit und höchstens 30 Sekunden lang zu sehen!

48 J. O. S. A. *35*, 736, 1945.

Foto:
Pekka Parviainen.

Kapitel V
Das Messen von Lichtstärke und Helligkeit

56. Sterne als Lichtquellen bekannter Leuchtkraft

Die Sterne stellen eine natürliche Reihe von Lichtquellen unterschiedlicher Leuchtkraft dar. Mit Fotometern wurden diese sehr genau gemessen und in *Größenklassen* eingeteilt. Die «Größenklasse» m hat also nichts mit der «Größe» des Sterns zu tun, sondern nur mit seiner Lichtstärke i.

m = Größenklasse	i = willkürlich festgelegtes Maß der Lichtstärke	m	i
−1	251		
0	100	0	100
1	39,8	0,1	91
2	14,8	0,2	83
3	6,31	0,3	76
4	2,51	0,4	69
5	1,00	0,5	63
6	0,40	0,6	58
7	0,16	0,7	53
		0,8	48
		0,9	44

Jede Klasse ist 2,51mal schwächer als die vorherige. Bis auf eine Konstante ist $i = 10^{-0,4m}$.

In Abb. 71 sind die Größenklassen der Sterne im Bereich des Großen Bären angegeben, die das ganze Jahr über zu sehen sind. In Abb. 72 sind die Größenklassen des funkelnden Wintersternbildes Orion aufgeführt. Hier noch einige Angaben für die bekanntesten hellen Sterne aus den Sternbildern:

Sirius = α Großer Hund −1,3;
Wega = α Leier 0,3;
Capella = α Fuhrmann 0,3;
Arktur = α Boot 0,2;
Prokyon = α Kleiner Hund 0,6;
Atair = α Adler 1,1;
Aldebaran = α Stier 1,1;
Pollux = β Zwillinge 1,3;
Regulus = α Löwe 1,6;
Castor = α Zwillinge 1,7.

Die Helligkeit der Sterne findet man in jedem Sternenkatalog nähe-

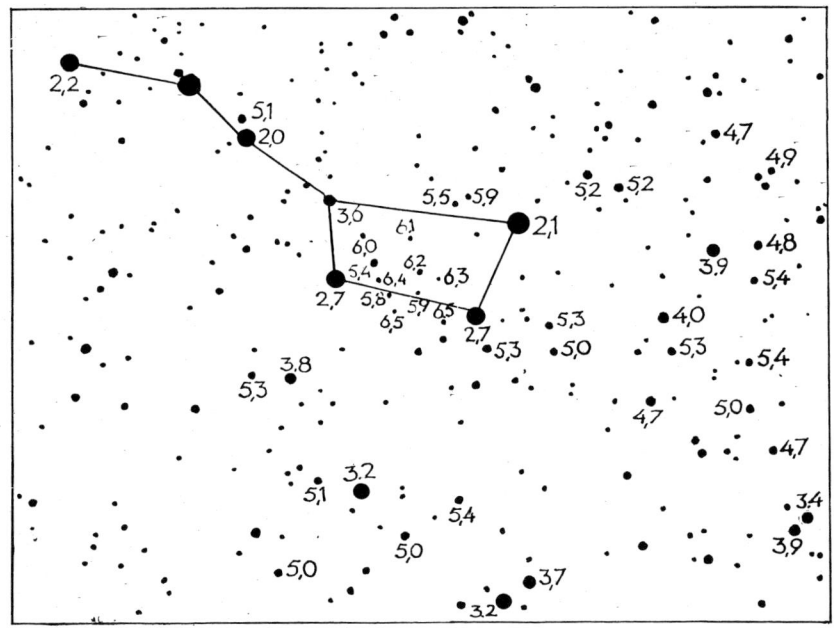

Abb. 71
Die Helligkeit einiger Sterne in der Nähe des Großen Bären.

rungsweise angegeben, beispielsweise in *Norton's Star Atlas*. Die genauen
Helligkeiten vieler Sterne bis zur 4. Größe sind im *Nautical Almanac* aufgeführt, und im *Yale Catalogue of Bright Stars* findet man alle Sterne bis
zur Größe von 6,5.

Die meisten Menschen können noch Sterne der 6. Größe sehen, zumindest in klaren Nächten und weitab vom Licht der Städte.

57. Die Extinktion des Lichts in der Atmosphäre

Nahe dem Horizont sehen wir normalerweise nur sehr wenige Sterne,
weil die Lichtstrahlen auf ihrem Weg durch die Atmosphäre abgeschwächt werden. Strahlen, die fast horizontal einfallen, legen einen längeren Weg durch die Atmosphäre zurück als steil einfallende Strahlen
und werden daher stärker abgeschwächt.

Diese Abschwächung (Extinktion) können wir mit Hilfe eines Him-
melsatlas und einer Liste der Größenklassen bestimmen. Unsere Tabellen
von § 56 reichen im Grunde schon aus, wenn Orion tief und der Große
Bär hoch stehen. Die dort aufgeführten Größen gelten für den Fall, daß
die Sterne hoch am Himmenl stehen. Nun suchen wir einen Stern A un-
weit des Horizonts und vergleichen seine Helligkeit mit der der Sterne in

Abb. 72
Die Helligkeit
einiger Sterne im
Bereich des Orion
und des Großen
Hundes.

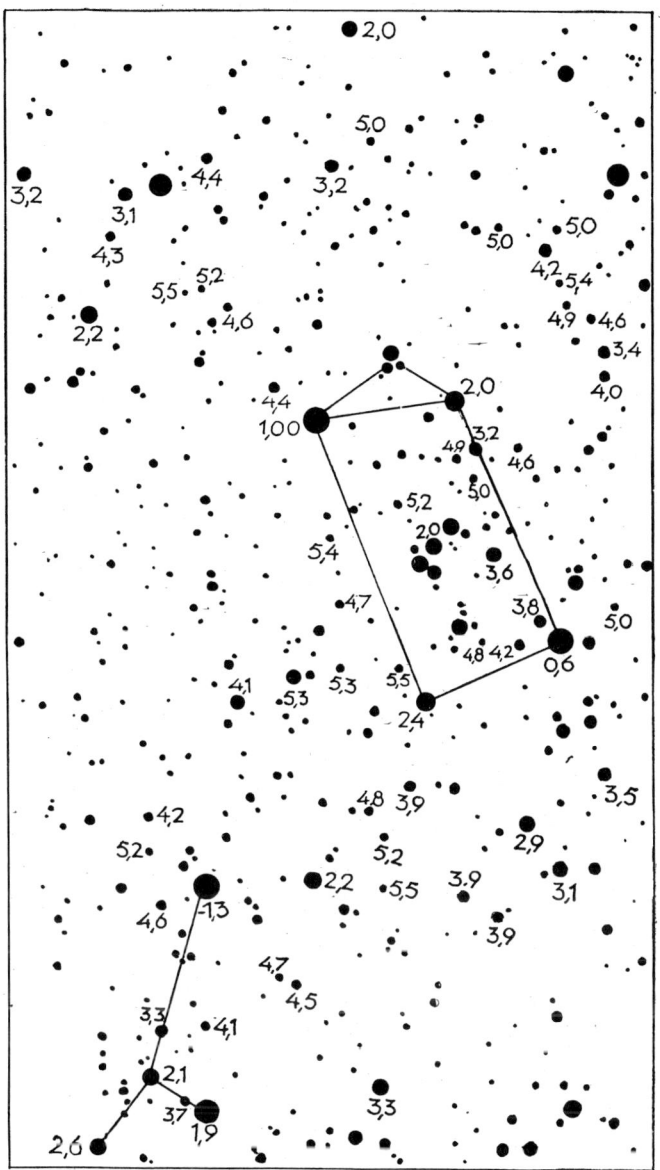

Zenitnähe (Sterne, die höher als 45° stehen und deren Helligkeit kaum
abgeschwächt wird). Wir suchen möglichst Sterne, die genauso hell sind
wie A oder zwischen deren Helligkeit diejenige von A einzuordnen ist.
Der Unterschied zwischen der *scheinbaren* Größenklasse von A und der
tatsächlichen Größenklasse laut Tabellen wird notiert und beispielsweise

als △ bezeichnet, außerdem bestimmen wir die Höhe des Sterns A in diesem Augenblick (Anhang B, S. 453 f.).

Wenn wir dieses Verfahren auf verschiedene Sterne in unterschiedlicher Höhe h über dem Horizont anwenden (etwa 10 Sterne genügen für einen ersten Eindruck), erhalten wir eine Tabelle, die ungefähr so aussieht:

h	△ in Größenklassen	Z	Lichtweg (sec Z)
90°	0	0°	1
45°	0,09	45°	1,41
30°	0,23	60°	2,00
20°	0,45	70°	2,90
10°	0,98	80°	5,60
5°	1,67	85°	10,4
2°	3,10	88°	19,8

Die Zahlen der zweiten Spalte sind Durchschnittswerte für unsere Breiten und sehr klare Luft, sie verändern sich aber von Ort zu Ort und vor allem von Nacht zu Nacht.

Aus der Tabelle ist auch die Zenitdistanz $Z = 90° - h$ ersichtlich, die Strecke, die das Licht durch die Atmosphäre zurücklegt; für nicht allzu große Winkel ist sie ungefähr gleich sec Z (Abb. 73). Trägt man nun △ gegen den Lichtweg auf, dann ergibt sich eine Linie, die fast eine Gerade ist. Legen Sie diese Gerade so genau wie möglich durch die beobachteten Punkte (Abb. 74)! Wir ersehen aus dieser Abbildung, um wie viele Größenklassen der Stern bei zunehmender Weglänge durch die Atmosphäre schwächer wird. Das ungemein Interessante an dieser Abbildung ist, daß man durch die Verlängerung dieser Geraden herausbekommen kann, um wieviel heller die Sterne aussähen, wenn wir uns über der die Erde umgebenden Luftschicht, noch über der Stratosphäre, befänden! Ein Stern nahe dem Zenit würde um 0,2 Größenklassen heller, was ungefähr einer Helligkeitszunahme von 83 % auf 100 % entspräche. Man sieht also, daß die Atmosphäre bei steil einfallenden Strahlen fast 1/5 des Lichts extingiert, und dies gilt sowohl für das Licht der Sonne als auch für das der Sterne. Bei der Extinktion handelt es sich nicht um Absorption von Licht, sondern um *Streuung*, dieselbe Streuung, die bewirkt, daß der Himmel blau erscheint (vgl. § 194).

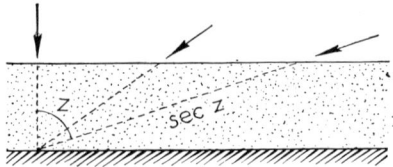

Abb. 73
Je schräger der Lichtstrahl, desto länger ist sein Weg durch die Atmosphäre.

Die hier beschriebene Messung liefert für helle Sterne in Horizontnähe (Z = 80° bis 90°) die zuverlässigsten Ergebnisse. Man kann z.B. Si-

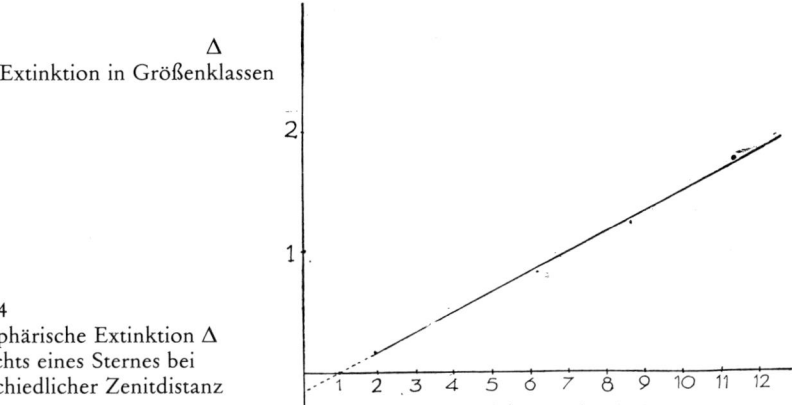

Abb. 74
Atmosphärische Extinktion Δ
des Lichts eines Sternes bei
unterschiedlicher Zenitdistanz
Z.

rius verfolgen, wenn er sich dem Horizont nähert. Sirius ist der einzige
Stern, den man untergehen sehen kann, die anderen sind nicht mehr hell
genug, wenn sie den Horizont erreichen.

58. Vergleich eines Sterns mit einer Kerze

Nachts, auf einem Gelände mit weiter Fernsicht, vergleichen wir die
Lichtstärke einer Kerze mit der eines hellen Sterns, beispielsweise Capel-
las. Wir müssen uns erstaunlich weit von der Kerze entfernen, bis ihre
Helligkeit auf die des Sterns abgenommen hat: In etwa 900 m Entfernung
sind beide gleich hell. Wir erhalten demnach für Capella eine Beleuchtungsstärke von

$$\frac{1}{(900)^2} = \frac{1}{810\,000} \text{ Lux (früher: «Meterkerze»).}$$

Der Versuch kann auch mit einer Taschenlampe ohne Linse und Re-
flektor durchgeführt werden. Legen Sie die Lampe auf das Dach eines
Hauses oder vor ein Turmfenster! Achten Sie auf den Farbunterschied!

59. Vergleich zweier Straßenlaternen (Abb. 75)

Je mehr Sie sich am Abend einer Laterne nähern, desto dunkler wird Ihr
Schatten ... mitnichten! Das kann natürlich nicht sein! Im Schatten ändert
sich die Helligkeit nicht, es ist die Umgebung, die heller wird, wodurch
sich nur der Kontrast verstärkt.

Abb. 75
Vergleich zweier Straßenlaternen.

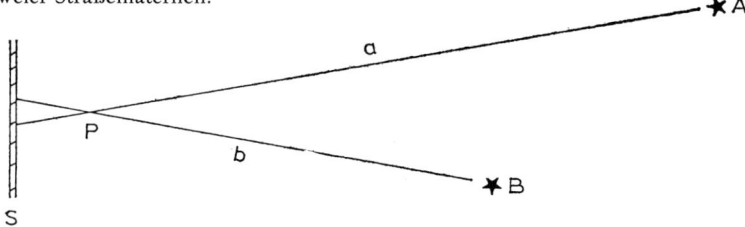

Halten Sie einen Bleistift P senkrecht vor ein Blatt weißes Papier S. Er wirft mehrere Schatten, von denen jeder einer Laterne in der Nähe entspricht. In manchen Fällen können zwei dieser Schatten zusammenfallen, wenn man sich in der richtigen Entfernung plaziert. Dann gilt: A/B = a^2/b^2, d. h., aus den Abständen a und b zum Schirm können Sie auf das Verhältnis der Lichtstärken A und B der Laternen schließen. Passen Sie aber auf: Dies gelingt nur dann, wenn die Lichtquellen aus ungefähr derselben Richtung scheinen, wenn Sie den Schirm wirklich senkrecht zu dieser Richtung halten und wenn Sie ungefähr aus dieser Richtung auf die Schatten blicken (vgl. § 251). Der Versuch ist nicht so einfach, wie man es sich vielleicht vorstellt; man macht leicht gravierende Fehler!

Vergleicht man Natriumlicht, Quecksilberlicht und das Licht elektrischer Lampen, dann fällt auf, daß die Schatten unterschiedliche Farben besitzen.

60. Vergleich des Mondes mit einer Laterne

Achten Sie wieder auf die beiden Schatten, die durch diese beiden Lichtquellen entstehen: der zum Mond gehörige ist rötlich, der zur Laterne gehörige dunkelblau (vgl. § 115). Wenn wir uns von der Laterne entfernen, bleibt der Mondschatten gleich stark, der Laternenschatten aber wird blasser. Nehmen wir an, daß 20 m von der Laterne entfernt beide gleich sind und in der Straßenlaterne eine normale, nicht besonders starke Glühbirne mit schätzungsweise 50 candela brennt: Dann ist in 20 m Entfernung die Beleuchtungsstärke

$$\frac{50}{20^2} = 0,13 \text{ Lux (lx)}.$$

Dies muß also gleich der Beleuchtungsstärke sein, die der Vollmond erzeugt. – Auch hierbei müssen Sie darauf achten, daß Mond und Laterne ungefähr aus derselben Richtung auf den Schirm scheinen.

Der obige Versuch wurde bei Vollmond durchgeführt. Wiederholen Sie ihn, wenn der Mond im ersten oder letzten Viertel steht: Die Beleuchtungsstärke beträgt jetzt *weniger als die Hälfte*; ein beträchtlicher Teil der

Mondoberfläche ist durch die schrägen Schatten der Mondgebirge und allerlei kleinerer Hügel verdunkelt (vgl. § 192).

Genaue Werte: Vollmond . . . . 0,20 lx,
erstes und letztes Viertel . . . . 0,02 lx.

61. Die Helligkeit der Mondscheibe

Als Sir John Herschel auf seiner Reise nach Südafrika mit dem Schiff in Kapstadt ankam, sah er den fast vollen Mond über dem Tafelberg aufgehen, welcher von der untergehenden Sonne beschienen wurde. Es versetzte ihn in Erstaunen, daß der Mond nicht so hell war wie die Felsen, und er schloß daraus, daß die Mondoberfläche aus dunklem Gestein bestehen müßte.

Dies können wir auch in unseren Breiten beobachten, wenn wir etwa um 6 Uhr abends den aufgehenden Vollmond mit einer weißen Wand vergleichen, die von der untergehenden Sonne beschienen wird. Die Abstände Sonne–Mond und Sonne–Erde sind praktisch gleich; bestünden Mond und Wand aus dem gleichen Material, müßten sie jetzt dieselbe Helligkeit besitzen, *auch wenn ihr Abstand zum Auge verschieden ist* (eine sehr schöne Anwendung eines klassischen fotometrischen Satzes!). Der beobachtete Unterschied muß daher rühren, daß der Mond aus dunklen Gesteinsarten besteht.

Will man Beobachtungsfehler ausschließen, müssen Sonne und Mond auf gleicher Höhe über dem Horizont stehen: Ihr Licht wird dann in gleichem Maße durch die Atmosphäre extingiert.

62. Beispiele einiger Helligkeitsverhältnisse in der Natur

Die Helligkeit der Sonne entspricht 300 000mal und diejenige einer weißen Wolke etwa 10mal der Helligkeit des blauen Himmels. An einem normal sonnigen Tag mit blauem Himmel stammen 80 % des Lichts direkt von der Sonne, 20 % vom Himmel. Die Beleuchtungsstärke einer horizontalen Fläche beträgt bei wolkenlosem Himmel und Mittagssonne im Sommer 800 000 lx, im Winter 20 000 lx; nach Sonnenuntergang:

Sonnenhöhe	0	–1°	–2°	–3°	–4°	–5°	–6°	–8°	–11°	–17°
Beleuchtungsstärke (in Lux)	400	250	115	40	14	4	1	0,1	0,01	0,001

Das Auge paßt sich so schnell und gründlich allen Beleuchtungsstärken an, daß wir uns der ungeheuren Helligkeitsunterschiede um uns

herum überhaupt nicht bewußt sind. Vergleichen wir eine von der Sonne
beschienene Landschaft mit einer vom Vollmond beleuchteten, gemessen
in millionstel Stilb:

Sonnenscheibe	100 000	Mio
weißer Gegenstand	2	Mio
Ruß	0,04	Mio
Mondscheibe	300 000	
weißer Gegenstand	5	
Ruß	0,1	

In ein und derselben Landschaft ist das Helligkeitsverhältnis der direkt beleuchteten Gegenstände untereinander nicht größer als höchstens
50:1, in absoluten Zahlen ändert sich die Beleuchtung jedoch ungemein
stark. Ruß bei Sonnenschein ist zehntausende Male heller als weißes Papier bei Vollmond! Bei Sonnenschein ist die gesamte Helligkeit eine halbe
Million Mal so groß wie bei Mondlicht.
    Gegenstände im Schatten sind etwa 10mal schwächer beleuchtet als in
der prallen Sonne. Am dunkelsten sind Toreinfahrten oder Ritzen im
Laubwerk, die inmitten einer sonnenbeschienenen Landschaft scharfe
Kontraste bilden können.
    Von den Helligkeitsdifferenzen zwischen den verschiedenen Partien
einer Landschaft bekommt man eine gute Vorstellung, wenn man das Reflexionsvermögen für Sonnenlicht vergleicht: frischer Schnee 80 bis 85 %,
alter Schnee bis zu 40 %, Gras 10 bis 33 %, trockene Erde 14 %, feuchte
Erde 8 bis 9 %, Flüsse und Buchten 7 %, tiefe Meere 3 %, Teiche und Pfützen manchmal nicht mehr als 2 %. Schaut man aus einem Flugzeug, werden all diese Helligkeiten noch durch die Streuung der Luft, durch die
man hindurchsieht, verändert; Wolken reflektieren bis zu 80 %.

63. Das Reflexionsvermögen

Deine Seele ist ein großes Wasser,
Die Sterne finden kein Bild in dir.

Kurt Heynicke: *Ferne Frau*. In: *Rings fallen Sterne*. Berlin 1920

Haben Sie jemals beobachtet, wie sich Sterne im Wasser spiegeln? In der
Stadt gelingt dies kaum einmal, außerhalb dagegen schon, vorausgesetzt,
man sieht bei Windstille auf eine Pfütze oder einen Teich. In einer dunklen Nacht ist dieses Spiegelbild ein sehr schöner Anblick!
    Helle Sterne der ersten Größe, die nahe dem Zenit stehen, werden
schwach reflektiert, ungefähr wie Sterne der fünften Größe. Eine Differenz von vier Größenklassen entspricht einem Lichtstärkenverhältnis von
etwa 40, Wasser reflektiert also nur 2,5 % der senkrecht einfallenden
Strahlen. Sterne, die tiefer stehen, werden besser reflektiert.

Der Zusammenhang zwischen Reflexionsvermögen und Brechzahl wird nach der Fresnelschen Formel berechnet: Bei senkrechtem Einfall ist das Reflexionsvermögen

$$\left(\frac{n-1}{n+1}\right)^2.$$

In der folgenden Tabelle ist das Reflexionsvermögen von Glas und Wasser bei Reflexion unter verschiedenen Winkeln i zur Normalen aufgeführt:

	Reflexionsvermögen	
Einfallswinkel i	von Wasser	von Glas (n = 1,52)
0°	0,020	0,043
10°	0,020	0,043
20°	0,021	0,044
30°	0,022	0,045
40°	0,024	0,049
50°	0,034	0,061
60°	0,060	0,091
70°	0,135	0,175
75°	0,220	0,257
80°	0,350	0,388
85°	0,580	0,615
90°	1,000	1,000

Nun ist deutlich, weshalb wir in der Stadt keine Sterne gespiegelt sehen: Der Himmel ist hier nicht dunkel genug, Sterne der 3. Größe sind kaum noch sichtbar, und zudem ist die Wasserfläche selbst zu stark beleuchtet. Lediglich Planeten sieht man reflektiert, wenn sie wesentlich heller sind als Sterne der 1. Größe.

Einem Volksglauben zufolge spiegeln sich Sterne nicht in *tiefen* Gewässern. Dies entbehrt natürlich jeder vernünftigen Grundlage.

Auch tagsüber kann ausgezeichnet beobachtet werden, wie stark das Reflexionsvermögen von Wasser vom Einfallswinkel abhängt. Jede beliebige Wasserpfütze am Straßenrand sieht immer wieder anders aus, je nachdem ob man senkrecht von oben oder aus einiger Entfernung schräg daraufsieht (§ 239).

Wenn wir im Flugzeug über das Meer fliegen, sehen wir deutlich, um wieviel dunkler das Wasser direkt unter uns als am Horizont ist.

Es erscheint uns unwahrscheinlich, daß die Spiegelbilder des blauen Himmels, der Häuser und Bäume nur 2 % der Helligkeit aufweisen, die sie besitzen, wenn man direkt senkrecht auf sie sieht. Auf manchen Gemälden sieht man kaum einen Unterschied zwischen der Helligkeit eines Gegenstandes und der seines Spiegelbildes. Das kommt zum Teil daher, daß wir eine Wasserfläche fast immer nur unter sehr kleinem Winkel direkt unterhalb des Horizonts wahrnehmen (Abb. 178); teilweise sind psychologische Faktoren dafür verantwortlich.

> Betrachten Sie die Reflexionen einer glatten Wasserfläche, während Sie einen Taschenspiegel und ein Stück dunkles Glas waagrecht vor sich halten. Vergleichen Sie deren Helligkeit mit der des Wassers bei verschiedenen Einfallswinkeln.

Eine Glasscheibe reflektiert 4,3 % des Lichts an beiden Flächen, also insgesamt 8,6 %. In manch einer von gläsernen Wänden geschützten Bushaltestelle, in der eine Glühbirne hängt, entstehen die mehrfachen Spiegelbilder zwischen zwei gegenüberliegenden, parallelen Scheiben. Von einer normalen, matten Glühbirne sind an jeder Seite bis zu vier Spiegelbilder noch gut zu erkennen. Das erste entsteht durch einmalig reflektiertes Licht, das zweite durch dreimalig, das dritte durch fünfmalig und das vierte durch siebenmalig gespiegelte Lichtstrahlen; das letzte besitzt also nur $(8,6 \cdot 10^{-2})^7$, das heißt weniger als ein Zehnmillionstel der ursprünglichen Helligkeit! Diese einfache Berechnung zeigt, wie gut unser Auge die Lichteindrücke innerhalb eines sehr weiten Bereichs unterschiedlicher Helligkeit verarbeiten kann.

64. Durchsichtigkeit von Maschendraht

Leuchtreklamen auf Dächern sind gelegentlich auf Metallgestellen angebracht, die mit Maschendraht bespannt sind. Von weitem sind die einzelnen Drähte nicht zu erkennen, das Geflecht sieht aus wie eine gleichmäßig abschwächende, graue Glasplatte. Interessant ist es, das Geflecht aus unterschiedlich schrägen Richtungen zu betrachten. Wird es bei schräger Blickrichtung zunehmend dunkler, ist dies ein Hinweis darauf, daß es aus Drähten mit rundem Querschnitt besteht; bestünde es aus platten Drähten, bliebe es unter jedem Winkel gleich dunkel (Abb. 76).

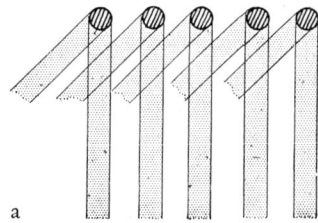
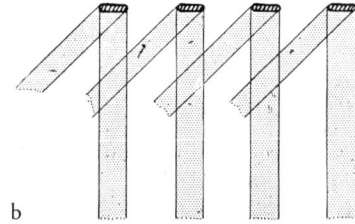

a   b

Abb. 76
Die Durchlässigkeit eines Drahtgeflechts, aus zwei verschiedenen Richtungen betrachtet: a) das Geflecht besteht aus Drähten mit rundem Querschnitt; b) das Geflecht besteht aus platten Bändern.

65. Die Undurchsichtigkeit eines Waldes

Solange sich ein Wald nur über eine geringe Tiefe erstreckt, sehen wir in der Ferne noch den hellen Himmel zwischen den Baumstämmen hindurch. Offensichtlich muß es eine einfache Relation geben, nach der ein bestimmter Teil des Lichts noch ungehindert durchgelassen wird. Wir wollen annehmen, daß die Bäume statistisch nach Zufall verteilt sind, daß es N Bäume pro m² gibt und daß sie auf Augenhöhe einen Durchmesser D haben.

Betrachten wir ein Bündel Lichtstrahlen der Breite b, das bereits eine Strecke l durch den Wald zurückgelegt hat (Abb. 77). Von der ursprünglichen Lichtmenge i_0 ist jetzt noch i übrig. Laufen die Lichtstrahlen noch eine kurze Strecke dl weiter, verringert sich die Lichtmenge noch einmal geringfügig um di, und zwar ist

$$\frac{di}{i} = -\frac{N \cdot D \cdot b \cdot dl}{b} = -NDdl.$$

Durch Integrieren erhalten wir:

$$i = i_0 \cdot e^{-NDl} = i_0 \cdot 10^{-0,43NDl}.$$

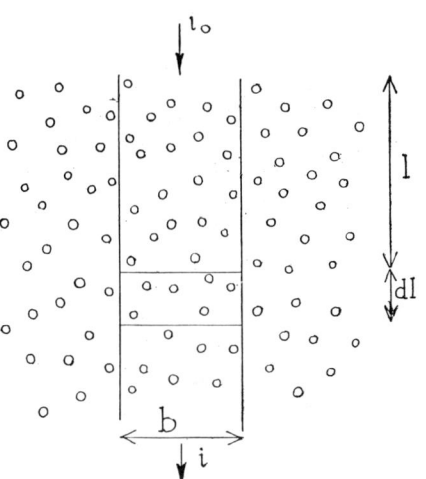

Abb. 77
Wir berechnen, wieviel Licht zwischen den Baumstämmen eines Waldes noch zu sehen ist.

Je tiefer der Wald wird, desto weniger Licht wird durchgelassen, ebenso wie durch eine dunkle Flüssigkeit um so weniger Licht dringt, je mächtiger die Flüssigkeitsschicht ist.

Für einen Kiefernwald sei N = 1 / m² und D = 0,10 m. Wir erhalten dann ungefähr:

l = 10 m . . . .$\frac{i}{i_0}$ = 0,37

l = 25 m 0,10

l = 50 m 0,01

l = 70 m 0,001

Man sieht, wie schnell die Durchsichtigkeit abnimmt. Anhand einer groben Schätzung des Teils des Horizonts, der gerade noch durch die Bäume hindurchschimmert, läßt sich die Tiefe des Waldes ableiten.

Der Himmel schimmert durch einen finnischen Birkenwald
(Foto: Hannu Karttunen).

Wie groß ist das Produkt ND bei Buchenwäldern, bei Kiefernwäldern mit jungem oder
altem Baumbestand?

An dieses Problem kann man noch eine Reihe interessanter Wahrscheinlichkeitsbe-
rechnungen anknüpfen.[1] *Die Zahl der Öffnungen* beispielsweise ist proportional zu $l^2 e^{-NDl}$,
wenn l die Entfernung zum Waldrand ist; nähert man sich also dem Waldrand, nimmt die
Zahl der lichtdurchlässigen Stellen zunächst langsam zu und danach schnell ab. Diese Zahl
erreicht ein Maximum bei

$$l = \frac{2}{ND}.$$

Tief im Wald ist *die Zahl der Baumstämme, die man noch sehen kann:*

$$\frac{ND^2}{4\pi},$$

also 1257 in unserem Beispiel.

66. Schwebungen an zwei Gittern[2]

Überall, wo man ein Gitter durch ein anderes hindurch sieht, bemerkt
man breite, helle und dunkle Schwankungen in der Lichtstärke, die verebben, wenn man sich bewegt. – Sie entstehen naturgemäß dadurch, daß der
(scheinbare) Abstand zwischen den Stäben bei beiden Gittern leicht unterschiedlich ist, entweder weil das eine tatsächlich gröber ist als das andere oder weil sie sich in unterschiedlicher Entfernung von unserem Auge
befinden. In bestimmten Richtungen scheinen die Stäbe in etwa zusammenzufallen, in anderen wiederum füllen die Stäbe des ersten Gitters die
Zwischenräume des anderen aus, so daß eine Differenz in der mittleren
Helligkeit entsteht.

1 Bock, H.: Zs. phys. chem. Unterricht *53,* 139, 1940.
2 Niederhoff: Zs. f. Sinnesphysiol. *65,* 27 und 232, 1934; *66,* 213, 1936.

Hat man die Schwebungen erst einmal bemerkt, sieht man sie an allen möglichen Stellen, vor allem, wenn man sich bewegt und die Schwebungen verebben. Jede Brücke mit einem zaunartigen Geländer zu beiden Seiten weist derartige Helligkeitsveränderungen auf, wenn man sie aus einer bestimmten Entfernung betrachtet. Man sieht sie auch, wenn man seitwärts durch einen Zaun auf dessen Schatten blickt: Die Periode ist dieselbe, aber die Abstände zu unserem Auge sind verschieden. Auf manchen Bahnhöfen ist rings um den Frachtaufzug ein Metallgitter angebracht: Die uns zugekehrte und uns abgewandte Seite bilden zusammen eine Art Moiré, ähnlich dem, das entsteht, wenn man zwei Drahtgeflechte oder zwei Kämme mit unterschiedlichem Zinkenabstand übereinanderlegt.

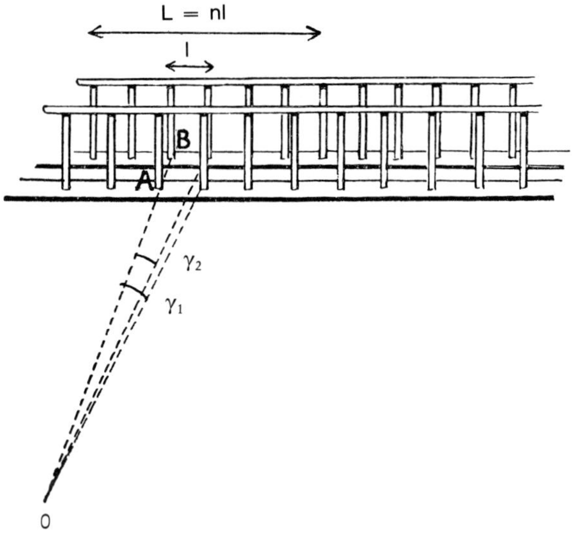

Abb. 78
Schwebungen zwischen
zwei Gittern.

Betrachten Sie das einfache Beispiel in Abb. 78 einmal genauer: Zwei gleiche Gitter befinden sich in unterschiedlichem Abstand $x_1 = OA$ und $x_2 = OB$ von unserem Auge; l sei der Abstand zwischen zwei Stäben, die wir unter den Winkeln

$$\gamma_1 = \frac{l}{x_1} \text{ und } \gamma_2 = \frac{l}{x_2}$$

sehen.

Die Länge einer Schwebungswelle umfaßt eine Anzahl Stäbe n, gegeben durch

$$n = \frac{\gamma_1}{\gamma_1 - \gamma_2} = \frac{x_2}{x_2 - x_1}.$$

Sie umfaßt also um so mehr Stäbe, je weiter wir uns von den Gittern entfernen. Dagegen bleibt der Winkel Θ, unter dem wir eine Schwebungswelle sehen, immer der gleiche, denn

$$\Theta = n\gamma_2 = \frac{l}{x_2 - x_1}.$$

Die tatsächliche Länge

$$L = nl = \frac{lx_2}{x_2 - x_1}$$

einer Schwebungswelle können wir bestimmen, indem wir uns parallel zum Gitter bewegen: Die Schwebungswellen wandern mit derselben Geschwindigkeit wie wir selbst. Messen Sie, wie weit Sie gehen müssen, bis eine Welle genau an derselben Stelle zu sein scheint wie die vorige. – Untersuchen Sie, ob die genannten Gleichungen zutreffen. Oder umgekehrt: Aus der Definition von n, Θ und L leiten Sie die Werte für x_2, $x_1 - x_2$ und l ab und bestimmen alle Maße ohne jegliches Hilfsmittel aus der Entfernung.

Haben die beiden Gitter unterschiedliche Perioden, sehen wir bei jeder Bewegung einen ganz merkwürdigen Verlauf der Schwebungswellen: manchmal in unserer Bewegungsrichtung, manchmal in Gegenrichtung, abhängig davon, ob wir uns vor oder hinter dem «Fluchtpunkt» S befinden (Abb. 79); mit anderen Worten: je nachdem ob $\gamma_1 > \gamma_2$ oder $\gamma_1 < \gamma_2$ ist. Die Schwebungen wandern immer schneller, je weiter wir uns S nähern.

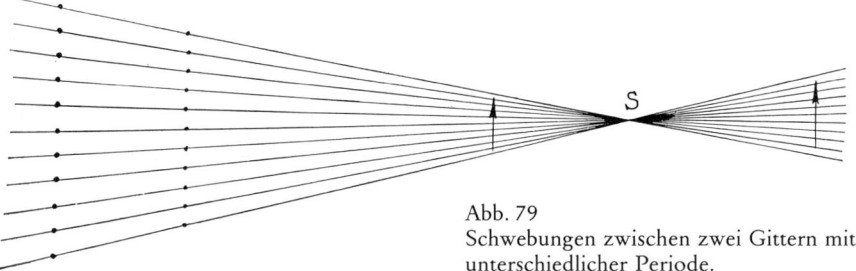

Abb. 79
Schwebungen zwischen zwei Gittern mit
unterschiedlicher Periode.

Wenn der Schatten einer senkrechten Umzäunung auf horizontales Gelände fällt, sehen die Schwebungen etwas anders aus (Abb. 80): Oben liegen sie dichter beieinander, unten sind die Abstände größer; darüber hinaus ist eine schwache Krümmung darin zu erkennen. Tatsächlich stimmt dies mit den vorhergehenden Betrachtungen überein: Der Abstand zwischen den zwei interferierenden Gitterbildern ist oben am größten, wir sehen ihre Periode also unter sehr unterschiedlichem Winkel, und die Schwebungen liegen dicht beieinander; unten ist es genau umgekehrt.

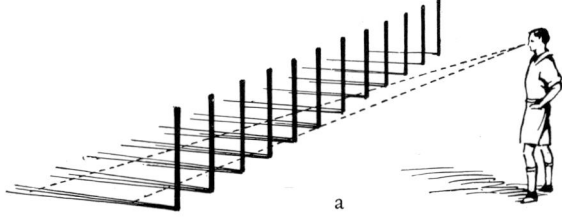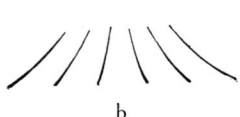

Abb. 80
Schwebungen zwischen einem Zaun und seinem Schatten.
a) Beobachtungsbedingungen
b) Form der Schwebungswellen

67. Messungen mit einem Belichtungsmesser

Viele Hobbyfotografen besitzen einen Belichtungsmesser, oft ist er in die Kamera eingebaut. Warum sollten wir keinen Gebrauch davon machen, um die Beleuchtungsstärken in der Natur zu messen? Die Messungen sind recht grob, erstrecken sich aber über einen weiten Bereich (Faktor 100 000!). Ist es nicht beeindruckend, auf diese Weise schnell, an vielen Orten und unter ganz unterschiedlichen Bedingungen eine Größe einigermaßen genau messen zu können, von deren Größenordnung wir nicht einmal eine Vorstellung hatten?

Der Aufbau solcher Meßgeräte und ihrer Skalen ist recht unterschiedlich: Die amerikanische ASA-Norm gibt die Stärke des einströmenden Lichts direkt an, während die deutsche DIN-Norm, mit 10 multipliziert, den Logarithmus des Lichtstromes angibt[3]: 3 DIN-Grade entsprechen einem Faktor von 2.

Viele Fotometer geben direkt die Größen an, die der Fotograf benötigt: die Belichtungszeit t und den dazugehörigen Blendendurchmesser D oder besser die reziproken Werte $s = 1/t$ und $v = f/D$, und zwar jeweils für eine bestimmte Lichtempfindlichkeit des Films. Zu jedem Film gehört also eine bestimmte Kombination $C = tD^2L$ von Belichtungszeit, Blendenöffnung und Beleuchtungsstärke L. Stimmt die Einstellung, dann gilt: $L = C/tD^2 = csv^2$. Aus den abgelesenen Werten für v und t ergibt sich, bis auf eine Konstante, direkt der einfallende Lichtstrom. Beispiel:

Wolkenloser grauer Himmel: Einstellung: $s = 30$, $v = 4$; also ist $L = 480$ c,

wolkenloser blauer Himmel: Einstellung: $s = 250$, $v = 6$; also ist $L = 9000$ c.

Wenn Sie einen Film mit anderer Lichtempfindlichkeit verwenden und dies entsprechend in Rechnung stellen, können Sie den Meßbereich noch beträchtlich erweitern.

---

3 Die Angabe entspricht der früher gebräuchlichen Maßeinheit «Zehntel Grad DIN» (Anm. d. Übers.).

Darf ich Ihnen nun einige Vorschläge für Versuche mit Ihrem Belichtungsmesser machen?

1. Suchen Sie abends eine einzeln stehende, helle Lampe, die nicht von Mauern umgeben ist. Richten Sie Ihren Belichtungsmesser darauf, kippen Sie ihn, und verfolgen Sie, wie weit seitlich noch Strahlung mitgemessen wird.

2. Überprüfen Sie unter gleichen Bedingungen, ob die Lichtstärke umgekehrt proportional zum Quadrat der Entfernung ist. Dieselbe Einstellung von t und v muß auch bei doppelter Entfernung stimmen, wenn Sie einen um 6 DIN-Grade empfindlicheren Film benutzen.

3. Vergleichen Sie die Beleuchtung auf einer horizontalen Fläche bei Sonnenschein: wenn ein Schirm Schatten darauf wirft und ohne Schirm.

4. Vergleichen Sie das direkt von der Sonne kommende Licht mit dem vom blauen Himmel gestreuten Licht.

5. Vergleichen Sie die Beleuchtung einer nach oben und nach unten gekehrten Fläche: Über Wasser ist das Verhältnis 6, über Kies 12, über Gras 25.

Bei den folgenden Versuchen geht es um das Messen von Beleuchtungsstärken, unter denen Pflanzen wachsen. Ihr Belichtungsmesser wird so dicht über den Boden gehalten, als sei er ein Teil des Pflanzenwuchses.

6. Vergleichen Sie die Beleuchtung im Wald und außerhalb (mindestens 20 m vom Waldrand entfernt!). Bei Eichenwäldern ergibt sich ein Verhältnis von 0,15 bis 0,20; bei Tannenwäldern lediglich von 0,01 und weniger.

7. Vergleichen Sie die Beleuchtung in einem Buchenwald, a. Mitte Mai, b. beim Durchbrechen der ersten Blätter und c. Anfang Juni. In einem Fall ergab sich

$$\frac{1}{11}, \frac{1}{30} \text{ und } \frac{1}{64},$$

verglichen mit der Beleuchtung außerhalb des Waldes.

8. Messen Sie die Beleuchtungsstärke an Standorten von Wegerich, Efeu (unterscheiden Sie blühende von nicht blühenden Ranken), Heidekraut, Farn.

9. Bestimmen Sie die Beleuchtungsstärke in Baumkronen: Hier finden Sie so ziemlich die geringste Beleuchtungsstärke, bei der Zweige noch wachsen können. Werte für freistehende Bäume waren: Lärche 0,20; Birke 0,11; Föhre 0,10; Tanne 0,03; Buche 0,01 (jedesmal verglichen mit der Beleuchtung außerhalb der Baumkrone).

Die Verhältniswerte heißen in der Fachsprache *Tageslichtquotienten*. Damit werden auch Aussagen über die Beleuchtungsverhältnisse von Wohnräumen gemacht, und sie werden häufig für Entwürfe von Beleuchtungsinstallationen gebraucht.

Kapitel VI
Das Auge[1]

Das Studium des Menschen und das der Natur sind nicht voneinander zu trennen. Wenn wir Licht und Farbe in der Landschaft richtig beobachten wollen, müssen wir zuerst über das Instrument Bescheid wissen, das wir dabei ständig benutzen: das menschliche Auge. Vieles wird uns klarer, wenn wir zu unterscheiden lernen, was uns die Natur tatsächlich zeigt und was unser Sinnesorgan hinzufügt oder uns vorgaukelt. Nirgendwo sind die Eigenheiten unseres Auges so gut zu untersuchen wie in der freien Natur, in genau der Umgebung, an die wir von Natur aus angepaßt sind.

68. Das Sehen unter Wasser[2]

Haben Sie schon einmal versucht, unter Wasser die Augen zu öffnen? Es kostet etwas Überwindung, aber es ist nur halb so schlimm! Allerdings sind alle Bilder, die wir dann sehen, ungewohnt unscharf und verschwommen, selbst wenn man sich in einem Schwimmbad mit klarem Wasser befindet. An der Luft bricht nämlich hauptsächlich die vorderste Schicht des Auges, die Hornhaut, die Lichtstrahlen und erzeugt so das Bild auf der Netzhaut; die Linse wirkt dabei nur wenig mit. Unter Wasser jedoch fällt die Wirkung der Hornhaut fort, da die Augenflüssigkeit und Wasser das Licht ungefähr gleich stark brechen: Die Strahlen ändern also an der Hornhautgrenze nicht mehr ihre Richtung (Abb. 81). So können wir gut

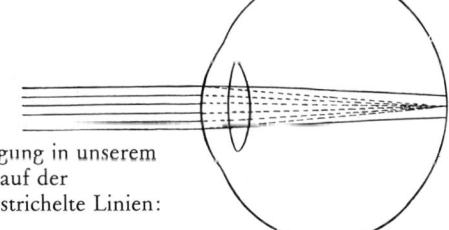

Abb. 81
Beim Sehen unter Wasser ist die Bilderzeugung in unserem Auge gestört. Durchgezogene Linien: Verlauf der Lichtstrahlen beim Sehen unter Wasser; gestrichelte Linien: Lichtstrahlen beim Sehen an Luft.

beurteilen, wie unzureichend die Wirkung der Linse ist und wie die Bilder aussähen, wenn die Linse allein für die Bilderzeugung verantwortlich wäre. Unter Wasser sind wir hoffnungslos weitsichtig, und zwar so sehr,

1 Vgl. zu diesem Kapitel sowie zu den drei folgenden v.a. das klassische Werk von Helmholtz: *Physiologische Optik*. 3. Aufl. – Duke-Elder, W.St.: *Textbook of Ophtalmology*, 1938.
2 Aufsess, O.v.: *Das Sehen unter Wasser. 1912*. – Biermann, A.: Reflex *7*, 39, 1936.

daß Akkommodieren praktisch nichts hilft; ein Lichtpunkt bleibt in fast jeder Entfernung gleich unscharf. Die einzige Möglichkeit, einen Gegenstand besser zu sehen, ist daher, ihn so dicht vor die Augen zu halten, daß wir ihn unter einem großen Winkel sehen; es stört dann nicht mehr allzu sehr, daß der Umriß verschwommen ist.

In klarem Wasser beginnt ein Pfennig auf eine Armlänge Abstand (60 cm) sichtbar zu werden; ein Stück Draht ist auch in geringer Entfernung nicht zu sehen. Dagegen kann man bis zu 9 m weit erkennen, ob jemand vorbeischwimmt, denn in diesem Fall ist das Objekt groß genug. Über den Daumen gepeilt ist ein Gegenstand der Größe v auf eine Entfernung von höchstens 30 v wahrzunehmen; seine Form ist auf eine Entfernung von 5 v einigermaßen zu erkennen; und von gutem Sehen kann erst die Rede sein, wenn sich das Objekt so weit genähert hat, daß sein Abstand gleich seiner Größe v ist.

Um unser Sehvermögen einigermaßen wiederherzustellen, brauchen wir eine sehr starke Brille. Unglücklicherweise wirken Brillengläser unter Wasser viermal schwächer als an Luft! Dazu kommt, daß eine derart starke Brille nicht ihre volle Wirkung entfaltet, wenn sie mehrere Millimeter vor dem Auge sitzt. Wenn man dies alles berücksichtigt, muß man eine Linse der Stärke 100, d.h. eine Linse mit einer Brennweite von 1 cm verwenden! Gut geeignet ist hierfür die Linse eines Fadenzählers.

Beachten Sie, wie schwierig es ist, Entfernungen zu schätzen, sowohl mit als auch ohne Taucherbrille. Die Objekte erscheinen schemenhaft und gespenstisch.

Es lohnt sich ferner, von einer Position unter Wasser aus den Blick nach oben zu richten. Lichtstrahlen dringen von außen unter einem Winkel von höchstens 46° zur Vertikalen ein; sie sehen also genau über sich eine große, helle Scheibe. Wenn Sie den Blick schräger zur Wasseroberfläche richten, wird der Sehstrahl dort total reflektiert, und Sie sehen lediglich das Spiegelbild des schwach beleuchteten Grundes (Abb. 82). So sehen die Fische die Welt!

Einen Eindruck davon, wie die Landschaft aussieht, wenn man sie von unterhalb der Wasserfläche aus sieht, bekommt man, indem man einen Spiegel unter Wasser schräg hält, während man selbst aufrecht im

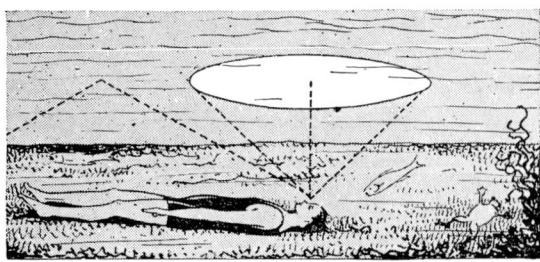

Abb. 82
Wir betrachten die Landschaft
einmal aus der Perspektive
der Fische.

Wasser steht und tunlichst vermeidet, Wellen an der Oberfläche zu erzeugen. Beachten Sie, wie alle Gegenstände außerhalb des Wassers in vertikaler Richtung stark zusammengedrückt aussehen, und zwar um so mehr, je näher sie am Horizont liegen. Alles ist herrlich farbig umsäumt!

69. Das Sichtbarwerden unseres Augeninnern

Ein geübter Beobachter kann ohne jegliches Hilfsmittel den gelben Fleck seines eigenen Auges (die zentrale und empfindlichste Stelle der Netzhaut) sehen, umgeben von einem dunkleren Kranz, in dem die Blutgefäße fehlen.[3] Am Abend, wenn allmählich die ersten Sterne erscheinen und man sich schon eine Weile im Freien aufgehalten hat, blickt man in den weiten, wolkenlosen Himmel. Schließen Sie für einige Sekunden die Augen, und öffnen Sie sie dann schnell wieder, wobei Sie in den Himmel schauen. Die Dunkelheit verschwindet zuerst am äußeren Rand des Gesichtsfeldes und zieht sich schnell zur Mitte hin zusammen, wo der gelbe Fleck mit seinem dunklen Saum für einen Moment sichtbar wird; mitunter wird er kurzzeitig hell. – Andere Beobachter sehen den gelben Fleck vor einer hell beleuchteten Wand, wenn man das Licht ein- und ausschaltet.

Geht man an einem hohen Zaun entlang, durch den grell die Sonne scheint, fällt einem mehrere Male pro Sekunde ein Sonnenstrahl seitlich ins Auge. Blicken Sie weiterhin geradeaus, sehen Sie nicht direkt in die Sonne! Seltsamerweise sehen Sie bei jedem Lichtstrahl ganz kurz ein helles, undeutliches Bild unregelmäßiger Flecken, Maschen und Verzweigungen vor einem dunklen Hintergrund.[4] Es sind die Blutgefäße der Netzhaut, die wir bei dieser ungewohnten Beleuchtung sehen.

Es gibt übrigens noch andere Möglichkeiten, das Augeninnere sichtbar zu machen. Sehen Sie in den Himmel, und bewegen Sie dicht vor der Pupille in kleinen Kreisen ein Blatt Papier mit einem Nadelstich darin: Sie sehen deutlich den gelben Fleck und die Blutgefäße.

Blickt man ohne Hilfsmittel in den klarblauen Himmel, entdeckt man allerlei merkwürdige Figuren: faserartige Girlanden, Kreise mit einem Kern ... Diese «Mouches volantes» sind die Schatten winziger Trübungen im Glaskörper nahe der Netzhaut: Es sind Reste von Zellen und ähnliches.

---

3 Helmholtz, H.v.: *Physiologische Optik 2*. 3. Aufl., S. 255. Mir persönlich gelingt dieser Versuch nicht.
4 Vermutlich entspricht diese Beobachtung der «Purkinjeschen Aderfigur» (Helmholtz: a.a.O., S. 217).

70. Der blinde Fleck

Eine weiterere besondere Stelle unserer Netzhaut ist der «blinde Fleck», die Stelle, an der der Sehnerv austritt und Sehzellen fehlen. Er liegt 15° vom gelben Fleck entfernt zur Nase hin; richten wir also den Blick auf ein bestimmtes Ziel, dann wird ein Gegenstand, der 15° daneben liegt, unsichtbar (für das rechte Auge rechts von der fixierten Stelle, für das linke Auge links davon). Man kann das Phänomen sehr schön am Sternenhimmel beobachten.[5]

Warten Sie, bis an einem Winterabend im Dezember oder Januar die Sterne Wega und β Cygni etwa gleich hoch stehen; schließen Sie das linke Auge, und sehen Sie mit dem rechten unverwandt auf β Cygni: Die leuchtend helle Wega ist nicht mehr zu sehen! Vielleicht müssen Sie den Kopf ein wenig neigen.

Oder achten Sie im Frühjahr auf das Sternbild des Großen Bären. Wenn Sie mit dem rechten Auge den schwachen Stern δ fixieren, bringen Sie den hellen η zum Verschwinden.[6] – Im Herbst sieht man den Großen Bären in umgekehrter Position, das heißt, Sie müssen den Versuch mit dem linken Auge machen. – Es gibt noch viele weitere Beispiele. Das Überraschendste ist, daß wir uns normalerweise dieser «Lücke» in unserem Gesichtsfeld nicht bewußt sind, denn unsere Augen bewegen sich ständig hin und her, und schließlich haben wir ja *zwei* Augen!

71. Die Dämmerungskurzsichtigkeit[7]

Auf einem Spaziergang in der Dämmerung kann man feststellen, daß man mit zunehmender Dunkelheit immer kurzsichtiger wird und daß man die Landschaft in einiger Entfernung nicht mehr scharf sieht. Unter normalen Umständen – evtl. mit Brille, aber mit entspanntem Auge – konnten Sie entfernte Gegenstände scharf sehen, doch in der Dämmerung sehen Sie die Gegenstände möglicherweise in nicht einmal 1 m Entfernung scharf. Sie sind also um «eine Dioptrie kurzsichtiger» geworden. Sehen Sie noch auf 2 m scharf, entspricht dies 1/2 dpt. Im Durchschnitt sind es 0,6 dpt, hin und wieder jedoch immerhin 2 dpt.

Die Erklärung? a) Bei abnehmender Helligkeit weitet sich die Pupille, und nun spielen die Randbereiche der Linse die wichtigste Rolle; diese sind jedoch «kurzsichtig» im Vergleich zu dem zentralen Bereich; man spricht von der *sphärischen Aberration* des Auges. b) Tagsüber ist das Auge am empfindlichsten im gelben Spektralbereich, in der Dämmerung im blaugrünen (§ 92). Das Auge bricht nun die blaugrünen Strahlen stärker

5 Wanders, A.J.M.: Hemel en Dampkring *51*, 4, 1953.
6 In Abb. 71 sind δ und η die Sterne mit den Helligkeitswerten 3, 6 und 2,2.
7 Koomen, M., Scolnik, R., Tousey, R.: J. O. S. A. *41*, 80, 1951 und *43*, 37, 1954. – Ivanoff: J. O. S. A. *45*, 769, 1955.

als die gelben; wir sind kurzsichtiger für Blaugrün: die *chromatische Aberration* des Auges. – Beide Effekte zusammen sind für ungefähr 0,5 dpt verantwortlich. In den Fällen, in denen die Dämmerungskurzsichtigkeit stärker ausgeprägt ist, müssen darüber hinaus andere Erklärungen gesucht werden; es scheint einen Zusammenhang mit der veränderten Konvergenz der Augenachsen zu geben.

72. Abweichungen von der scharfen Bilderzeugung im Auge

Sterne sehen wir nicht rein punktförmig, sondern als kleine unregelmäßige Figuren, oft als Lichtpünktchen, von denen Strahlen ausgehen; die übliche Darstellung fünfstrahliger Sterne entspricht nicht der Wirklichkeit. Wählen Sie für den folgenden Versuch die hellsten Sterne, am besten Sirius. Besser noch die Planeten Venus oder Jupiter: Wir sehen sie als so kleine Scheiben, daß sie uns praktisch punktförmig erscheinen, und sie sind heller als die hellsten Sterne.

Neigen Sie jetzt den Kopf nach rechts, dann nach links: Die Strahlenfigur neigt sich mit. Bei jedem Menschen ist sie anders, auch wird sie mit beiden Augen unterschiedlich gesehen. Hält man aber ein Auge zu und betrachtet nacheinander mehrere Sterne, sieht man stets die gleiche Figur. Es sind demnach nicht die Sterne selbst, die eine so unregelmäßige Form besitzen, sondern es ist unser Auge, das sie fehlerhaft und einen Punkt nicht exakt als Punkt abbildet.

Die Strahlenfigur wird größer und unregelmäßiger, wenn die Umgebung dunkel und die Pupille weit geöffnet ist; sie wird kleiner, wenn es um uns herum hell und die Pupille zu einem kleinen Loch verengt ist. Gullstrand wies nach, daß die Form unserer Augenlinse von dem Muskel, an dem sie befestigt ist, vor allem an den Rändern verändert wird. Die Bildschärfe wird davon abhängen, ob durch die Randbereiche Licht einfällt oder nicht.

Nehmen Sie ein Blatt Papier, stechen Sie ein kleines Loch von 1 mm Durchmesser hinein, und halten Sie es mitten vor die Pupille. Nach einigem Suchen wird es Ihnen gelingen, Sirius oder einen Planeten ausfindig zu machen: Das Bild ist schön rund. Verschieben Sie das Loch nun bis zum Rand der Pupille: Dort verformt sich der Lichtpunkt ungleichmäßig. Bei mir dehnt er sich zu einer Lichtlinie vom Loch zur Mitte der Pupille hin.

Viele Menschen sehen die Spitzen der Mondsichel mehrfach. Diese Abweichungen von einer scharfen Bilderzeugung sind hauptsächlich auf geringfügige Unregelmäßigkeiten in der Hornhautoberfläche zurückzuführen. Die gleichen Verzerrungen sehen wir auch, wenn wir kurzsichtig sind und unsere Brille im Freien absetzen (Abb. 83): Jede ferne Laterne wird dann zu einer unregelmäßigen Figur. Wenn es nieselt, sehen Sie ab

und zu plötzlich einen schwarzen runden Tupfen in jener Lichtscheibe:
Ein Regentropfen bedeckt einen Teil der Hornhaut (Abb. 84). Er behält
gut 10 Sekunden lang seine Form, falls es Ihnen gelingt, so lange nicht zu
blinzeln!

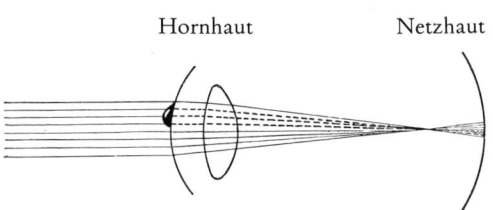

Hornhaut   Netzhaut

Abb. 83   Abb. 84
Wie ein leicht   Ein kurzsichtiges Auge ohne Brille sieht ferne
Kurzsichtiger ohne   Lichtquellen als ungleichmäßige Scheiben; ein
Brille einen Stern   Regentropfen auf der Hornhaut zeichnet sich darin
oder eine ferne   als dunkler Fleck ab.
Laterne sieht.

73. Strahlenbüschel, die von hellen Lichtquellen auszugehen scheinen

Laternen scheinen manchmal aus der Ferne lange, gerade Strahlen in unser Auge zu senden, und zwar vor allem dann, wenn wir die Augen halb
schließen. Entlang den Lidrändern bildet dann die Tränenflüssigkeit einen kleinen Meniskus, der die Lichtstrahlen bricht.[8] Abb. 85a zeigt, wie

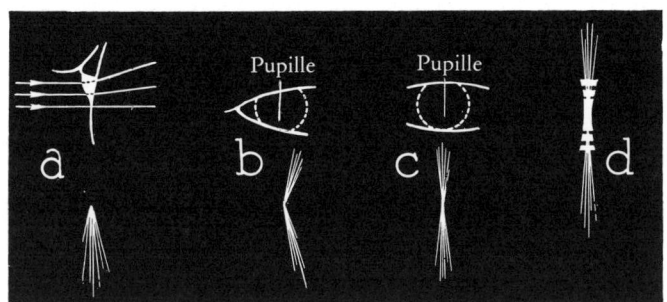

Abb. 85
Das Entstehen von Lichtstrahlen um Laternen in der Ferne.

die Strahlen am *oberen* Lidrand so gebrochen werden, daß sie *von unten*
zu kommen scheinen: Die Lichtquelle bekommt einen Schweif nach unten; entsprechend läßt das *untere* Lid einen Schweif *nach oben* entstehen.
Man kann das Zustandekommen dieser Schweife sehr gut verfolgen, indem man ein Lid festhält und das andere langsam schließt oder indem
man bei halb geschlossenen Lidern den Kopf schräg nach oben oder un-

8 Meyer, H.: Pogg. Ann. *89*, 429, 1853.

ten neigt. Die Strahlen sind genau ab dem Moment zu sehen, wo sich das
Lid über die Pupille schiebt. Wenn man kurzsichtig ist, merkt man dies
sehr gut, da in diesem Augenblick die Lichtquelle, die man als Scheibe
sieht, teilweise verdeckt wird. Die Strahlen sind nicht exakt parallel, auch
nicht, wenn man nur ein Auge offen hält. Betrachten Sie eine Lichtquelle,
die vor Ihnen steht, wenden Sie den Kopf etwas nach rechts, und drehen
Sie die Augen, bis Sie die Lichtquelle wieder sehen: Die Strahlen stehen
jetzt schräg (Abb. 85b). Dies rührt offenbar daher, daß die Lidränder über
der Pupille nicht mehr waagerecht liegen. Jedes Strahlenbüschel steht genau senkrecht zu dem Lidrand, der es verursacht. Jetzt verstehen wir
auch, weshalb die Strahlen nicht parallel sind, wenn wir geradeaus blikken: Die Biegung der Lidränder macht sich bereits innerhalb der Pupil-
lenbreite bemerkbar. Halten Sie Ihren Finger vor den rechten Rand der
Pupille: Die linken Strahlen des Büschels müßten jetzt verschwinden.

Neben langen Schweifen (Abb. 85c) gibt es auch kurze, sehr lichtstarke, die durch *Reflexion* an den Lidrändern entstehen (Abb. 85d).
Überzeugen Sie sich selbst, daß diesmal das *obere* Augenlid den *oberen*
kurzen Schweif erzeugt und umgekehrt. Diese Reflexionsstrahlen weisen
meistens quer liegende Beugungslinien auf.

74. Beobachtungen an Brillengläsern

Brillengläser verzerren Linien an den Rändern des Gesichtsfeldes. Bei
konkaven Gläsern ist die Verzeichnung «tonnenförmig», bei konvexen
Gläsern «kissenförmig» (Abb. 86). Wenn man wissen will, ob eine Linie in
der Landschaft genau waagerecht oder senkrecht ist, wirkt sich dies störend aus. Diese Fehler in der Bilderzeugung sind um so gravierender, je

Abb. 86
Bilderzeugung durch Brillengläser.   tonnenförmig   kissenförmig

konkaver oder konvexer die Gläser sind; weniger bemerkbar machen sie
sich bei den heute gebräuchlichen Meniskengläsern.

Wer abends durch seine Brille eine brennende Laterne betrachtet,
sieht irgendwo in ihrer Nähe eine unscharfe Lichtscheibe schweben.
Wenn wir darauf starren, verändert sich die Akkomodation des Auges
von selbst, und wir sehen die Scheibe größer oder kleiner werden. Setzen
wir die Brille ab und halten sie ein Stück weit vor das Auge, wird die

Scheibe zu einem scharfen Lichtpunkt, der offenbar ein stark verkleinertes Bild der Lampe ist. Betrachtet man eine Gruppe von drei Lampen, so stellt sich heraus, daß das Bild aufrecht steht. – Erklärung: Die Lichtscheibe entsteht durch eine zweimalige Spiegelung an den Flächen des Brillenglases (Abb. 87 I). Wesentlich kleinere Bilder entstehen durch Spiegelung an der Hornhaut des Auges und einer nachfolgenden Spiegelung an einer der beiden Flächen des Brillenglases (Abb. 87 II, III). Diese Bil-

Abb. 87
Das Zustandekommen doppelter Reflexe mittels einer Brille.

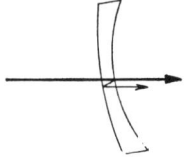
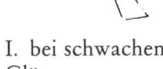
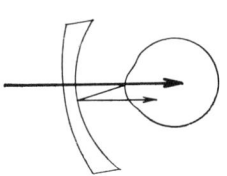
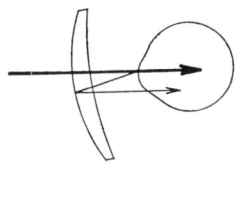

I. bei schwachen   II. konkave Gläser mit   III. konvexe Gläser
Gläsern   mehr als −5 dpt.   mit mehr als + 3 dpt.

der erkennen Sie daran, daß sie an ganz unterschiedlichen Stellen erscheinen, wenn Sie die Ebene des Brillenglases etwas kippen. – Je nach Art der Gläser und abhängig von Ihrem Sehvermögen sehen Sie eine oder mehrere der drei Arten von Bildern. Zu Regentropfen auf Brillengläsern: vgl. § 139.

75. Das Auflösungsvermögen des Auges

Ein normalsichtiges Auge kann ohne weiteres die knapp 12′ auseinanderliegenden Sterne Mizar und Alkor des Großen Bären voneinander unterscheiden (Abb. 71 und 88). Die Frage ist nun, wo die Grenze des Auflösungsvermögens liegt. Wenn man gute Augen hat, kann man noch Sterne mit einem halb so großen Abstand voneinander unterscheiden, z.B.: α des Steinbocks (der Abstand der Einzelsterne beträgt 6′, ihre Größen sind 3,8 und 4,5). Nur wenige Menschen können noch 4′ oder 3′ unterscheiden, z.B.: α der Waage (der Abstand der Einzelsterne beträgt 4′, ihre Größen sind 2,8 und 5,3) oder ε der Leier (der Abstand der Einzelsterne beträgt 3′, ihre Größen sind 4,3 und 6,3).

   Beobachter mit solch guten Augen können bei klarer und ruhiger Luft unglaublich viele Einzelheiten erkennen: Ein Autor beschreibt, wie er mit bloßem Auge α der Waage als Doppelstern erkannt habe (Abstand: knapp 4′, s.o.).[9] Saturn war für ihn eindeutig länglich, Venus sichelförmig – zumindest in günstigen Momenten, wenn er durch dunkles Glas oder eine Rauchschwade blickte, die zufällig ideal durchsichtig war. Er konnte

9 Stoddard, M.N.: *13*, 156, 1852.

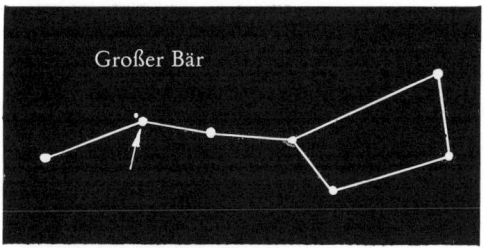

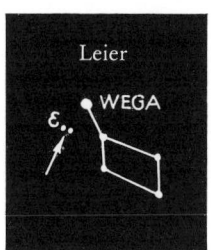

Abb. 88
Einige weite Doppelsterne.

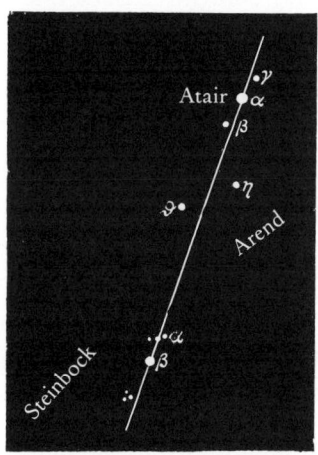

Abb. 89

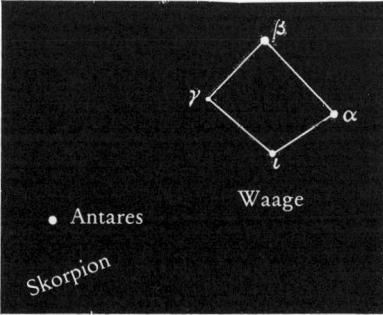

sogar einige Monde von Jupiter erkennen, jedoch nur in der Dämmerung und in dem Moment, in dem die Sterne der 1. und 2. Größe sichtbar werden.

Auch für andere Beobachtungen ist die Dämmerung der beste Zeitpunkt. Die Einzelheiten der Mondoberfläche sind dann deutlicher zu sehen als nachts, da man weniger geblendet wird. Man kann sich einen Sport daraus machen, die schmale Mondsichel so bald als möglich nach Neumond am Himmel ausfindig zu machen. 24 Stunden scheint der kürzeste Zeitraum zu sein, obwohl einige wenige Beobachter es auf einen Zeitraum von nur 11 Stunden gebracht haben sollen![10] Natürlich ist es auch hier wieder wichtig zu wissen, wohin man blicken muß (§ 76).

Das begrenzte Auflösungsvermögen unseres Auges ist verantwortlich dafür, daß sich das Bild sich entfernender Gegenstände verändert.[11] Auf eine Entfernung von 50 m kann man die Form der Blätter an einem Baum

10 Ahmed: Natuurk. Tijdschr. Ned. Ind. *98*, 48, 1938; umgerechnet für die Niederlande.
   – Hemel en Dampkring *41*, 17, 1943; *44*, 217, 1946.
11 Ruskin: *Modern Painters* III, S. 327 und 442.

nicht mehr erkennen, auch wenn sie sich noch so scharf gegen den Himmel abzeichnen; der Umriß der Baumkrone ist verschwommen. In 10 km Entfernung ist der Umriß eines Waldes messerscharf und nicht von einem Hügel zu unterscheiden. Der Schleier der Lufttrübung läßt die Kontraste zwischen Hell und Dunkel schwächer werden, die Umrisse jedoch behalten ihre Schärfe.

Achten Sie auf das Gesicht einer Ihnen bekannten Person, die Ihnen aus der Ferne entgegenkommt. Zunächst sehen Sie «einen weißen Fleck», dann «ein Gesicht», wobei noch keine Einzelheiten unterschieden werden können, dann Augen und Mund: Lippen und Augenbrauen sind noch nicht zu erkennen, dennoch erahnen Sie mehr als nur drei dunkle Stellen. Etwas später erkennen Sie dann das Gesicht, das dem Ihres Bekannten gleicht; schließlich sind Sie sich sicher, daß er es ist.

So ist also das Bild eines entfernten Gegenstandes durchaus nicht ohne weiteres das verkleinerte Bild des Gegenstandes von nahem, sondern es ist auf typische und äußerst interessante Weise verändert. Und überall gibt es Einzelheiten, die das Auge noch nicht sieht, aber dennoch erahnen kann, und die die Struktur, die Textur des Objekts ausmachen.

76. Adaptation. Lichtempfindlichkeit des zentralen und des peripheren Gesichtsfeldes[12]

Wenn man aus einem hell erleuchteten Zimmer ins nächtliche Dunkel tritt, dauert es einige Zeit, bis das Auge sich an die schwache Beleuchtung angepaßt hat. Wenn man die Sterne genau fixiert, sieht man sie nach einigen Minuten immer besser, bis man schließlich bestenfalls Sterne der 3. oder 4. Größe wahrnehmen kann. Diese Anpassung beruht zum Teil auf einer Erweiterung der Pupille, zum Teil auch auf einer echten Adaptation der *Zapfen*, die zentral im gelben Fleck liegen. Wichtiger und von größerer Dauer ist die Anpassung der *Stäbchen* im umgebenden (peripheren) Bereich der Netzhaut: Im peripheren Gesichtsfeld werden immer mehr Sterne sichtbar, bis nach einer halben Stunde das Maximum auch hierfür erreicht ist.

Die Stäbchen sind dann wesentlich empfindlicher als die Zapfen. Hinzu kommt, daß das Auge ständig winzige, unwillkürliche Bewegungen ausführt: Die Zapfen arbeiten als selbständige Einheiten, die genügend Licht empfangen müssen, damit ein Sinneseindruck entsteht. Die Stäbchen dagegen arbeiten in größeren Gruppen zusammen, so daß die Augenbewegungen den Lichteindruck nicht abschwächen.

Wir sind nun schon eine Weile im Freien, der Himmel ist klar, und der Mond steht nicht am Himmel. Welches sind die lichtschwächsten

12 Patfoort, G.: Ann. d'Optique oculaire *2*, 39, 1953. – Arden und Weale: Journ. of Physiol. *125*, 417, 1954. – Bouman und Ten Doesschate: Ophthalmologica *126*, 1953.

Sterne, die Sie gerade noch sehen können? Vergleichen Sie dazu Abb. 71 und 72. Die meisten Menschen sehen noch Sterne der 6. Größe, manche die der 7. Größe. Aber jeder Stern, den Sie intensiv und *direkt* anschauen, verschwindet! Sterne der 4. Größe sind für mich bereits unsichtbar, die der 3. Größe sehe ich aber noch.

Es muß also eine Differenz von gut 3 Größenklassen zwischen dem Schwellenwert für den gelben Fleck und dem für die peripheren Netzhautbereiche bestehen, was einem Faktor 16 in der Lichtstärke gleichkommt! Selbst geübte Beobachter werden von dem Effekt überrascht sein: so sehr sind wir gewöhnt, den Blick unbewußt etwas von den schwachen Sternen abzuwenden, um sie besser sehen zu können.[13]

Verfolgen Sie doch einmal einen hellen Stern oder Planeten (etwa Venus) in der Morgendämmerung. Je heller der Himmel wird, um so schwieriger wird es, den kleinen Lichtpunkt auszumachen. Merkwürdig ist nun, daß man den Himmel zwar lange absuchen muß, bis man ihn sieht, daß man ihn aber mühelos wiederfinden kann, nachdem man ihn erst einmal gefunden hat. Etwas Ähnliches kann man auch feststellen, wenn man versucht, eine Lerche ausfindig zu machen, die irgendwo am blauen Himmel zwitschert. – Die Stäbchen arbeiten nur bei schwachem Licht, tagsüber treten sie nicht in Funktion; unter diesen Bedingungen entstehen die schärfsten Bilder in der Grube des gelben Flecks.

Wenn man aufmerksam ist, kann man bei klarem Himmel die Venus noch sehen, wenn es bereits ganz hell geworden ist, und darüber hinaus oft noch den ganzen Tag. Auch bei Jupiter gelingt dies manchmal, wenngleich es schwieriger ist; es ist schon außergewöhnlich, ihn sehen zu können, bis die Sonne 10° hoch steht.[14]

77. Das Experiment Fechners

Wenn am Himmel helle, durchscheinende Wolken entlangziehen, fixieren wir eine davon, die sich gerade noch merklich vom Hintergrund des Himmels abhebt. Halten Sie sich nun eine dunkle Sonnenbrille, ein Stück Rauchglas oder ein Glas, das Sie über einer Kerzenflamme mit Ruß geschwärzt haben, vor die Augen: Dieselbe Wolke ist auch jetzt wieder gerade noch zu erkennen.

13 Edgar Allan Poe behauptet (in: *The murders in the Rue Morgue*), sogar die Venus könne unsichtbar werden, wenn man nur konzentriert und lange genug auf sie starrt! Das kann nicht aber sein!
14 Ann. d. Hydr. *37*, 1909. – Hemel en Dampkring *14*, 60 und 180, 1916; *17*, 68, 1919. – Die Himmelswelt *44*, 70, 1934.

Fechner schloß daraus, daß das Auge zwei verschiedene Helligkeits-
werte unterscheiden kann, wenn ihr *Verhältnis* zueinander (nicht ihre
Differenz) über einem bestimmten konstanten Wert liegt (wenn der eine
Wert etwa 5 % größer ist als der andere).

Wiederholen Sie den Versuch mit einem noch dunkleren Glas: Die
Wolke ist nun nicht mehr zu sehen, alle feinen Nuancen sind verschwunden. Der gerade noch unterscheidbare Bruchteil ist also nicht ganz konstant.

Suchen Sie am Himmel einen sehr hellen Wolkenabschnitt, und betrachten Sie ihn durch dunkles Glas, beispielsweise durch die dunkle
obere Fensterscheibe in manchen Zügen oder Bussen: Einzelheiten treten
deutlicher hervor. Offenbar treten für uns die Helligkeitsverhältnisse bei
mittleren Beleuchtungsstärken am deutlichsten zutage.

Ein Gegenstück zu Fechners Versuch ist das sich täglich wiederho-
lende Verlöschen der Sterne. Die Helligkeits*differenz* zwischen dem Stern
und seiner Umgebung ist stets dieselbe, jedoch ist das *Helligkeitsverhältnis*
bei Tag ein ganz anderes als bei Nacht.

Im allgemeinen sind es vor allem die *Helligkeitsverhältnisse*, die uns
auffallen. Diese Eigenschaft unseres Gesichtssinnes ist von größter Bedeutung für unseren Alltag. Sie bewirkt, daß die Gegenstände immer eine
Einheit bilden und auch bei sich ändernden Beleuchtungsbedingungen erkennbar bleiben.

78. Schwellenwert bei der Wahrnehmung von Helligkeitsverhältnissen

Häuserfenster reflektieren das Sonnenlicht und werfen Lichtflecken auf
die Pflastersteine (§ 12). Ist die Straße selbst auch sonnenbeschienen, sind
die Lichtflecken nicht besonders gut zu erkennen, da der Boden ein so ungleichmäßiges Bild bietet. Wenn aber ein Fenster ein klein wenig bewegt
wird oder wenn unser Schatten im Vorübergehen schemenhaft über den
Lichtfleck gleitet, bemerken wir den Lichtfleck sofort. (Ist dies nicht eine
merkwürdige psychologische Besonderheit? Unser Auge besitzt durchaus
die besondere Fähigkeit, schwache Lichtphänomene zu registrieren, die
sich als Einheit fortbewegen.) Eine Glasplatte reflektiert 4 % des Lichts an
jeder ihrer Flächen, 8 % insgesamt, bei schrägem Lichteinfall etwas mehr
(§ 63). Offenbar ist also eine Helligkeitszunahme um ungefähr 10 %
der Schwellenwert für unser Auge, um einen Gegenstand unter normalen Umständen und ohne spezielle Vorkehrungen wahrnehmen zu
können.

Vor einer sonnenbeschienenen Wand ist eine Pfütze. Das reflektierte
Sonnenlicht müßte einen Lichtfleck auf der Wand ergeben. Wird das
Wasser vom Wind gekräuselt, sehen wir Lichtlinien über die Wand laufen
(§ 12). Ansonsten aber ist der Lichtfleck kaum wahrzunehmen, es sei

denn auf einer sehr glatten Wand oder auf einer Tür. Durchquert man das Lichtbündel, ist ein schwacher Schatten wahrnehmbar. Eine Helligkeitszunahme von 3 % ist also nur unter sehr günstigen Bedingungen zu erkennen (§ 104).

79. Die Landschaft bei Mondlicht[15]

Besäße das Fechnersche Gesetz, wonach das Auge lediglich Intensitätsverhältnisse unterscheidet, strenge Gültigkeit, würde eine Landschaft bei Mondlicht keinen anderen Eindruck liefern als bei Sonnenlicht: Alle Lichtstärken sind tausendfach geringer, doch die Objekte werden genauso von einer Lichtquelle ungefähr gleicher Form und Position beleuchtet.

Hieran sieht man besonders deutlich, daß das Fechnersche Gesetz bei geringen Helligkeiten nicht mehr zutrifft. Betrachten Sie eine Landschaft bei Mondschein, und machen Sie sich den Unterschied zu Tageslicht bewußt! Typisch ist, *daß bei Mondschein alles, was nicht voll beleuchtet ist, fast einförmig dunkel erscheint,* während es tagsüber mehrere Helligkeitsabstufungen gibt. So erweckt auch das Fotonegativ einer Landschaft bei Tag, unterbelichtet und dunkel abgezogen, den gleichen Eindruck wie eine Landschaft bei Mondschein. Maler suggerieren uns auf ähnliche Weise nächtliche Landschaften, indem sie alles fast gleich dunkel darstellen. Schwache Kontraste erzeugen den Eindruck, als sei die Beleuchtung sehr schwach.

80. Die Landschaft bei grellem Sonnenlicht[16]

An einem Sommertag am Strand sind die Helligkeitswerte so groß, daß man Gefahr läuft, *geblendet* zu werden. Die Helligkeitsverhältnisse scheinen kleiner zu sein als bei mittlerer Beleuchtung, alles erscheint annähernd gleich grell im gleißenden Sonnenlicht. Auch dies ist ein Effekt, den sich die Malerei zunutze macht.

81. Weiße Gegenstände bei Nacht

Einen ganz außergewöhnlichen und bislang noch selten beschriebenen Eindruck haben wir bei nächtlichen Spaziergängen, wenn wir helle Objekte sehen wie etwa: einen weißen Kiesweg, Schnee, weiße Blüten, Gischt. Sie kommen uns erstaunlich hell vor, viele Male heller, als wir es bei dem schwachen nächtlichen Licht für möglich halten würden – es ist,

15 Helmholtz, H.v.: *Optisches über Malerei*, Populäre Wiss. Vorträge. 1871–73. S. 71.
16 Helmholtz, H.v.: *Optisches über Malerei*, ebd.

als leuchteten sie. Mancher Bericht über das «Phosphoreszieren» von Hagel und Schnee ist hierauf zurückzuführen! Eine besondere Kontrastempfindlichkeit der Stäbchen bei diesem geringen Helligkeitsgrad scheint hier eine Rolle zu spielen.

82. Der Gardinen-Effekt

Wir gehen bei Tag an einem Haus vorüber. Wie kommt es, daß eine *durchsichtige* Tüllgardine den Blick in das Zimmer verwehrt? Die Gardine ist stark beleuchtet; wenn die Gegenstände im Zimmer nicht mehr als einige Prozent dieser Helligkeit besitzen, sind die relativen Helligkeitsdifferenzen zu gering, als daß wir die Gegenstände erkennen könnten: Hier gilt das Fechnersche Gesetz (§ 77)!

Wenn abends im Zimmer das Licht brennt, sieht der Vorübergehende besser durch den hellen Gardinenschleier hindurch: Die Gardine ist jetzt von außen fast nicht beleuchtet, und die unterschiedlich hellen Gegenstände im Zimmer werden nur durch eine schwache zusätzliche Beleuchtung überlagert.

In beiden Fällen ist der Effekt für denjenigen, der sich im Zimmer befindet und nach außen schaut, genau der entgegengesetzte.

Ein ähnliches Phänomen ist folgendes: Ein Flugzeug, das bei Mondlicht gut sichtbar ist, wird manchmal unauffindbar, wenn man versucht, es mit einem Scheinwerfer besser zu beleuchten! Es kann passieren, daß der Himmelsabschnitt zwischen Auge und Flugzeug durch das grelle Lichtbündel so stark beleuchtet wird, daß wir die schwachen Lichtkontraste dahinter nicht mehr wahrnehmen können (vgl. §§ 14 und 215).

83. Glasmalereifenster

> *Gedichte sind gemalte Fensterscheiben!*
> *Sieht man vom Markt in die Kirche hinein,*
> *Da ist alles dunkel und düster ...*
>
> *Kommt aber nur einmal herein,*
> *Begrüßt die heilige Kapelle;*
> *Da ist's auf einmal farbig helle,*
> *Geschicht und Zierat glänzt in Schnelle,*
> *Bedeutend wirkt ein edler Schein;*
>
> J.W. v. Goethe, 1827

Ein sehr auffallendes Phänomen! Selbst an den in intensivsten Farben leuchtenden Glasscheiben einer Kirche verschwindet die Pracht, wenn man sie von außen betrachtet. Solche Gläser streuen nämlich das Licht (ähnlich wie eine Gardine): Sie sind mit Staub überzogen, und im Glas sind Körnchen und kleine Luftblasen eingeschlossen. Das helle Licht, das von außen daraufffällt, wird in beträchtlichem Maße wieder reflektiert und verleiht dem Glas einen diffusen gräulichen Farbton, während die sehr schwachen farbigen Lichtstrahlen aus dem Kircheninnern kaum wahrnehmbar sind.

84. Die Sterne in der Dämmerung und bei Mondschein[17]

Die «Extinktion» der Sterne durch helles Tageslicht ist ein echter Gardinen-Effekt. Umgekehrt können wir jeden Abend beobachten, wie zuerst die hellsten Sterne am Himmel erscheinen, dann immer schwächere, bis schließlich die dunkle Nacht mit all dem Funkeln der Sterne hereinbricht. Diesen allmählichen Übergang zu verfolgen ist besonders interessant. Einerseits kennen wir die Helligkeit der Sterne als «Größenklassen» und können sie in Lichtstärken umrechnen (§ 56); andererseits wissen wir auch, wie sich die Helligkeit des Himmels verändert, wenn die Sonne immer tiefer unter den Horizont sinkt (§ 62).

Wir wählen einen großen Himmelsausschnitt, beispielsweise um den

Abb. 90, 91
Sichtbarkeit von Sternen in der Dämmerung. Die Zahlen an den fetten Kurven beziehen sich auf die Sonnentiefe (unter dem Horizont), bei der die Sterne eben sichtbar werden. Die Abbildung gilt für Beobachtungen von der Höhe des Meeresspiegels aus. Nach R. Tousey und M. J. Koomen: J. O. S. A., *43*, 177, 1953.

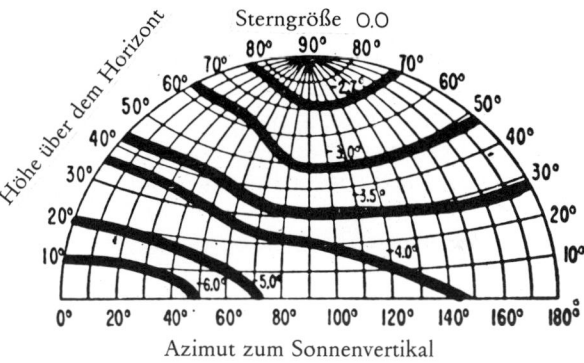

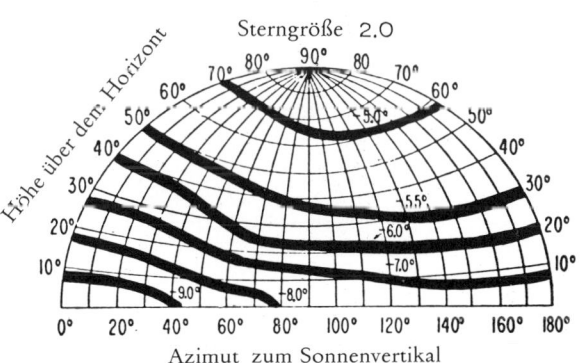

17 Parenago: Russ. Astr. Journ. *7*, 203, 1930. – Smosarski: Ann. Instit. Phys. du Globe *22*, 70, Paris 1945. – Tousey und Koomen: J. O. S. A. *43*, 177, 1953.

Polarstern, und spähen nach den ersten Sternen, die wir dort bei Einbruch der Dämmerung ausmachen können. Zunächst sind wir *unsicher*: Wir haben einen Stern gesehen, haben dann aber den Blick kurz abgewendet und können nun das kleine Pünktchen nicht mehr wiederfinden. Diese Phase der Unsicherheit dauert etwa fünf Minuten, danach ist der Stern so deutlich, daß wir uns ganz sicher sind. Wir notieren dann den Beobachtungszeitpunkt und den Namen des Sterns. Letzteres ist gar nicht so einfach! Erst nach mehreren Abenden des Beobachtens ist man hinlänglich mit dem Sternenhimmel vertraut, um die wichtigsten Sterne bereits in der Dämmerung sicher erkennen zu können. Viel leichter geht alles in der Morgendämmerung, weil man sich dann in einer Ausgangssituation befindet, in der man die Sterne in ihrem Zusammenhang sieht und genau weiß, welche man aus den Augen verliert.

Aus dem Beobachtungszeitpunkt leiten wir unmittelbar ab, wie tief die Sonne unter dem Horizont steht (§ 218). Und daraus wiederum schließen wir auf die Helligkeit des Himmels.

Der Helligkeitsschwellenwert s der eben noch sichtbaren Sterne liegt um so höher, je größer der Helligkeitswert h des Himmelshintergrunds ist. Doch vollkommen proportional sind die beiden Größen nicht: *Das Verhältnis s/h wird größer, je schwächer die Beleuchtung wird.* Dies entspricht dem, was wir über die Reizschwelle für Helligkeitsverhältnisse gesagt haben. Auf dem Land ist s in etwa proportional zu $h^{0,65}$, in der Stadt proportional zu $h^{0,50}$, vermutlich, weil der Himmel aufgrund der Lichter der Stadt heller ist als in Tabellen angegeben.

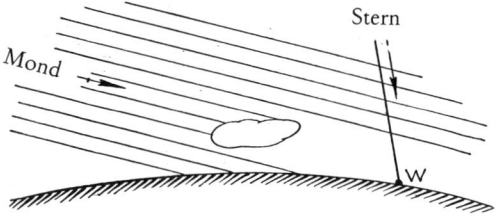

Abb. 92
Eine Wolke vor dem Mond genügt nicht, um die Sterne für den Beobachter W deutlich sichtbar werden zu lassen.

Bei Vollmond ist der Helligkeitsschwellenwert der eben noch sichtbaren Sterne um ungefähr zwei Größenklassen verschoben. In unmittelbarer Nähe des Mondes ist der Wert natürlich größer.

Sterne rings am herrlichen Mond verhüllen
Eilends ihre flimmrig erhellten Bilder
Wann er ganz gerundet am stärksten Glanz strahlt
Voll auf die Erde.
                              Sappho: *Dichtung (Carmina)*, III. Berlin 1938, 3. Ausgabe

Beachten Sie die vortrefflich beobachteten Besonderheiten: « ... *rings* am herrlichen Mond ... », « ... verhüllen *eilends* ... », « ... *stärksten* Glanz ... », denn bei Mondaufgang verschwinden die Sterne, die zuerst sichtbar geworden waren.

Ein Kind dachte, eine Wolke vor dem Mond würde ausreichen, um die Sterne wieder sichtbar werden zu lassen. Weshalb ist dies nicht der Fall? (Abb. 92).

Bei einer Mondfinsternis tauchen die «extingierten» Sterne wieder auf.

85. Die Sichtbarkeit der Sterne bei Tag

Tagsüber ist der Himmel so stark erhellt, daß die Sterne vollkommen unsichtbar sind. Außerdem ist unser Auge an das helle Tageslicht angepaßt und dadurch tausendfach weniger empfindlich.

Eine seltsame Ansicht reicht bis in die Zeit von Aristoteles zurück[18]: Aus tiefen Brunnen, Minenschächten oder Schornsteinen heraus soll der Himmel dunkler erscheinen als sonst, und es sei sogar möglich, einige helle Sterne zu erkennen. Seit jener Zeit haben mehrere Schriftsteller über das Phänomen berichtet, meistens jedoch aus der Erinnerung oder nach Erzählungen von dritten. Nirgendwo konnte man das Phänomen wirklich beobachten: Es ist eine Legende. – Der Effekt könnte einzig darin bestehen, daß das Auge weniger von dem Licht geblendet wird, das aus der Umgebung ringsum einfällt. Dies wirkt sich jedoch ganz bestimmt nur marginal aus, da ja der Ausschnitt, den wir direkt anblicken, gleich erhellt bleibt und in jedem Fall ausschlaggebend ist.

Noch weniger wahrscheinlich ist die Behauptung, man könne bei Tag Sterne in dunklen Bergseen gespiegelt sehen. Die «Beobachter» bemerkten zwar, wie dunkel das Spiegelbild des Himmels war, vergaßen aber, daß die Sterne in genau demselben Verhältnis durch die Spiegelung abgeschwächt werden!

86. Irradiation (Überstrahlung)

Abb. 93
Beispiele für Irradiation: die untergehende Sonne und die schmale Mondsichel.

18 Van der Elst, W.: Hemel en Dampkring *21*, 2, 1923. – Die Sterne *20*, 51, 1940. – Ellison: Journ. Brit. Astr. Ass. *26*, 227, 1916. – Smith: J. O. S. A. *45*, 482, 1955.

Die untergehende Sonne scheint den Horizont einzudrücken (Abb. 93).

Wenn bei Neumond die erste Sichel des Mondes auftaucht und die übrigen Teile der Mondscheibe im «aschgrauen Licht» schwach schimmern, sieht es so aus, als gehöre der äußere Rand der Sichel zu einem größeren Kreis als der äußere Rand des aschgrauen Lichts (Abb. 93). Tycho Brahe schätzte, daß sich die Durchmesser wie 6 : 5 verhielten.[19]

Schwarze Kleidung läßt uns schlanker aussehen als weiße.

«So bemerken wir, wenn wir die Sonne durch die kahlen Zweige des Baumes betrachten, daß alle Zweige, die vor der Sonnenscheibe liegen, so dünn sind, daß man sie nicht mehr sieht. Ebenso ein Speer, den man zwischen Auge und Sonnenscheibe hält...

Einst sah ich eine schwarz gekleidete Frau mit weißem Kopftuch; dieses Tuch schien doppelt so breit wie ihre Schultern zu sein, welche schwarz bekleidet waren...

Zwischen den Zinnen von Befestigungen gibt es Zwischenräume, die genauso breit sind wie die aufragenden Teile, und doch erscheinen erstere etwas breiter als letztere.»[20]

Oft sieht man, wie sich zwei dünne Telegrafenleitungen unter sehr kleinem Winkel schneiden, wenn man aus einer geeigneten Richtung dar-

Die schmale Mondsichel scheint zu einer größeren Scheibe zu gehören als das aschgraue Licht (Foto: Pekka Parviainen).

19 Goethe, J.W.v.: *Farbenlehre*, I, 1, § 17.
20 Leonardo da Vinci: *Trattato*. 1804, S. 308–315.

aufblickt (Abb. 94a). Merkwürdigerweise verschwindet gleichsam der Schnittpunkt vor dem Hintergrund des Himmels, überstrahlt von der Helligkeit der Umgebung und infolge des Kontrastes zu den dunklen Leitungen doppelter Stärke links und rechts davon. Wenn ein Windstoß die Leitungen nur geringfügig verschiebt, läuft die weiße Unterbrechung hin und her (Abb. 94b).

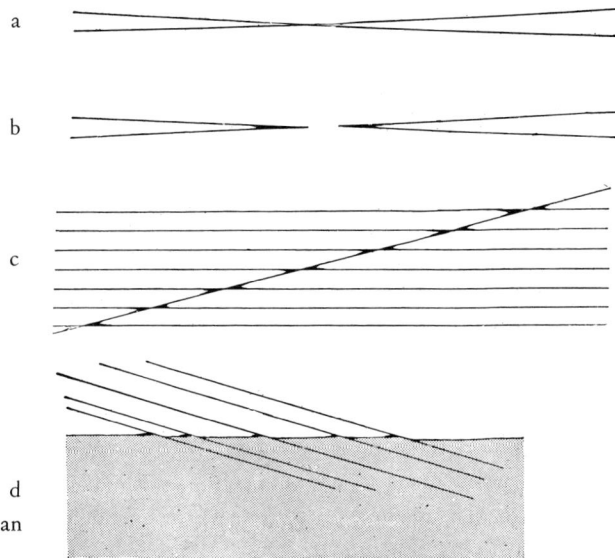

Abb. 94
Beispiele für Irradiation an
Telegrafenleitungen.

Das Bild ist anders, wenn man eine Telegrafenleitung vor dem gestuften Hintergrund von Treppen, Ziegeldächern oder Backsteinfassaden sieht: Sie erscheint dort, wo sie eine dunkle Stufe kreuzt, seltsam verdickt oder krumm (Abb. 94c). Dasselbe Phänomen tritt auf, wenn sich beispielsweise der Umriß einer Kiste gegen einen solchen Hintergrund abzeichnet (Abb. 94d).

Die Ursache all dieser Verformungen liegt darin, daß die Bilder in unserem Auge durch Lichtbeugung und ungenaue Abbildung verändert werden; für uns liegen die Grenzen der Gegenstände dort, wo sich die Helligkeit am abruptesten ändert – und diese Grenzen liegen bei dem durch Beugung unscharf gewordenen Bild oft anderswo als bei idealer Abbildung zu erwarten wäre. Insbesondere verschiebt sich so die Grenze heller Bereiche vor einem dunklen Hintergrund systematisch nach außen: Dieses Phänomen nennt man «Irradiation», von der wir hiermit einige Beispiele kennengelernt haben.

87. Blendung

Wenn die Lichtstärke, die in unser Auge trifft, zu groß ist, werden wir «geblendet». Man versteht darunter zweierlei: 1. Neben der Lichtquelle sind die übrigen Bereiche des Gesichtsfeldes nicht mehr gut zu erkennen. 2. Es entsteht ein Gefühl der Benommenheit oder sogar des Schmerzes.

Ersteres ist der Fall, wenn uns nachts ein Auto entgegenkommt und die grellen Scheinwerfer auf uns gerichtet sind. Wir sehen die Bäume am Straßenrand nicht mehr und müssen aufpassen, daß wir nicht dagegenfahren. Alles, was in diesem Moment in unserem Gesichtsfeld liegt, ist von einem Lichtschleier überzogen, der viele Male heller ist als der schwache nächtliche Schimmer der Bäume oder anderer Dinge. Dieser diffuse Lichtschleier entsteht an den optischen Medien des Auges, die so körnig und inhomogen sind, daß sie die einfallenden Strahlen streuen.[21] Vermutlich fällt das blendende Licht nicht nur durch die Pupille, sondern teilweise auch schräg durch die Lederhaut des Auges.

Von gelbem Licht scheinen wir weniger geblendet zu werden als von weißem.

Die zweite Empfindung, die wir haben, wenn wir geblendet werden, ist deutlich zu spüren, wenn wir tagsüber in den Himmel blicken: Wir stellen uns in den Schatten eines Hauses, um die Sonne nicht direkt ansehen zu müssen. Je mehr wir uns mit dem Blick diesem Himmelskörper nähern, desto unerträglicher wird der grelle Lichtschein des Himmels; wenn weiße Wolken vorhanden sind, ist dieser Lichtschein fast nicht auszuhalten. Eigenartigerweise reagiert jeder Mensch anders. Der eine ist empfindlicher und verspürt schneller eine schmerzhafte Blendung als der andere.

88. Die blauen Bögen

Fährt man nachts hinter einem Auto mit grellroten Rücklichtern her, sieht man mitunter einige graublaue Bögen im peripheren Gesichtsfeld. Wenn der Blick von der Lichtquelle zu diesen Bögen gleitet, verläuft der Nervenimpuls auf der Netzhaut vom gelben Fleck zum blinden Fleck, der Austrittsstelle des Sehnervs – für das linke Auge also nach links, für das rechte Auge nach rechts im Gesichtsfeld.

Manche Menschen sehen die blauen Bögen deutlicher und häufiger als andere.

21 Fry, G.A., und Alpern, M.: J. O. S. A. *43*, 189, 1953.

Kapitel VII
Die Farben

Alles Lebendige strebt zur Farbe.

J.W.v. Goethe: *Farbenlehre,* I, 1, 586

89. Die Farbmischung

Bei unseren Beobachtungen haben wir unzählige Male die Farbe von Naturerscheinungen zu beschreiben. Wir verwenden meist Bezeichnungen wie *rot, orange* oder *gelb* und fügen, wenn nötig, noch hinzu: *satt* oder *blaß* (bzw. *matt*). Damit sind Farben im wesentlichen charakterisiert, auch wenn sie darüber hinaus durch alle möglichen Lichtstärken modifiziert werden. Wenn wir von der *Helligkeit* einer Farbe sprechen, von *hell* oder *dunkel,* dann meinen wir jene Unterschiede in der Intensität, die den Farbton selbst nicht ändern. Sprechen wir auch besser nicht von einer «tiefen» Farbe – keiner weiß genau, was damit gemeint ist!

Für eine exakte Beschreibung der Farben wurden hervorragende wissenschaftliche Methoden erarbeitet, zu deren Anwendung jedoch zahlreiche verschiedenartige Instrumente benötigt werden.

Blicken wir durch die Fenster eines Zugabteils nach draußen, so sehen wir gelegentlich, wie sich die Landschaft der gegenüberliegenden Zugseite im Fenster schwach spiegelt. Die beiden Bilder überdecken sich, so daß man die Mischfarbe beurteilen kann. Das Spiegelbild des blauen Himmels läßt eine grüne Wiese grünblau erscheinen, gleichzeitig wird die Farbe blasser, d.h. weniger satt: Ein generelles Phänomen bei der Farbmischung.

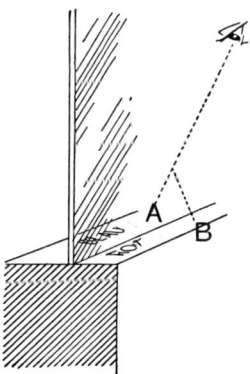

Abb. 95
Farbmischung, beobachtet an Schaufensterscheiben.

Heutzutage haben Schaufenster oftmals keinen Rahmen; man sieht unmittelbar durch die Scheibe hindurch das Innere der Fensterbank A und die Reflexion des äußeren Teils B (Abb. 95). Wenn A und B verschiedenfarbig sind, treten wunderschöne Mischfarben auf. Je nachdem, ob man weiter oben oder unten hinsieht, nähern sie sich im Farbton eher A oder eher B. Das ist gleichzeitig ein Beweis dafür, daß die Scheibe unter großen Einfallswinkeln mehr Licht reflektiert.

Die Natur mischt Farben noch auf andere Art und Weise für uns. In der Ferne verschmelzen Blumen mit dem Grün der Wiese zu einer einzigen Farbe: Löwenzahn im grünen Gras kann eine gelbgrüne Mischfarbe ergeben. Blühende Apfel- und Birnbäume sind schmutzigweiß (ja, schmutzigweiß!): eine Mischfarbe aus den rosa bzw. weißen Blütenblättern, den grünen Blättern, den roten Staubbeuteln der Birnbäume bzw. den gelben Staubbeuteln der Apfelbäume usw. – Villendächer sind hin und wieder mit bunten Ziegeln gedeckt; aus der Ferne sieht man eine fast homogene Farbe.

Physiologisch gesehen kommt diese Farbmischung dadurch zustande, daß unser Auge zwar jeden Lichtpunkt mehr oder minder scharf abbildet (vgl. § 72), aber die kleinen Flecken verschiedener Farbe einander überdecken. Maler wenden dasselbe Prinzip in der Pointilliertechnik an. Vgl. dazu auch § 64.

90. Die Farben kolloidal verteilter Metalle, violette Fensterscheiben

In den Giebeln alter Häuser sieht man mitunter Fenster mit einer schönen, leicht violetten Färbung. Diese Farbe entsteht unter dem jahrelangen Einfluß von Sonnenlicht. Dieselbe Färbung kann man an einem einzigen Tag erzeugen, indem man das Glas der grellen Strahlung einer Quarzlampe aussetzt. Die Farbe kommt durch äußerst geringe Mengen Mangan zustande, die im Glas kolloidal gelöst sind. Dabei hängt die Farbe nicht allein von den optischen Eigenschaften des Metalls ab, sondern auch von der Größe der Teilchen. Durch Erwärmung verschwindet die violette Farbe wieder.

Faraday berichtet, daß Glas (seinerzeit) bereits nach 6 Monaten Sonnenbestrahlung deutlich purpurn wurde.[1] Die Farbe bildet sich im Hochgebirge sehr viel schneller.

91. Die Farbe von Leuchtstoffröhren

Die farbigen Leuchtreklamen, die unsere Großstädte abends in ein Märchenland verwandeln, bestehen aus Glasröhren, die mit stark verdünntem Gas gefüllt sind, durch die elektrische Ladungen hindurchfließen. Orangefarbenes Licht erzeugen Röhren, die mit Neon gefüllt sind, blaues und grünes Licht Röhren mit Quecksilberdampf, wobei zusätzlich blaues oder

1 Experim. Res. in Chem. Phys., S. 142.

grünes Glas verwendet wird, um die verschiedenen Bestandteile des Quecksilberlichts zu trennen; Orangegelb wird von Natriumröhren erzeugt. Oft wird die Innenseite der Röhre mit einem fluoreszierenden Material ausgekleidet, das die Lichtausbeute erhöht und die Farbe verändert.

Wenn die Natriumlampen der Straßenbeleuchtung eingeschaltet werden, strahlen sie zuerst rotes Licht ab, das typische Orangerot von Neon. Nach 5 bis 10 Minuten überwiegt schließlich das orangegelbe Natriumlicht, und nach 15 Minuten hat die Farbe vollends umgeschlagen. Der Zusatz von Neon ist nötig, da das Natrium bei normaler Temperatur einen zu geringen Dampfdruck hat. Die Entladung des Neons erzeugt genügend Wärme, um den Dampfdruck des Natriums so weit zu erhöhen, daß dieses Gas den gesamten Stromfluß übernimmt.

Bei Natriumlicht ist unser Sehvermögen besser, da bei dieser monochromatischen Strahlung die chromatische Aberration des Auges keine Rolle mehr spielt.

92. Das Purkinje-Phänomen. Zapfen und Stäbchen

«Grün und Blau treten im Halbschatten stärker hervor,
Gelb und Rot und Weiß hingegen im Licht.»

Leonardo da Vinci: *Trattato*

In einer Geranienrabatte flammen die Blüten hellrot vor dem dunkelgrünen Hintergrund auf. Wenn aber die Dämmerung hereinbricht, verhält es sich eindeutig umgekehrt: Nun sind die Blüten dunkler als die Blätter. Vielleicht fragen Sie sich, ob die Helligkeit des Rots mit der Helligkeit des Grüns überhaupt vergleichbar ist; doch die Unterschiede sind so deutlich, daß sie nicht zu übersehen sind.

Suchen Sie in einem Museum ein Gemälde, in dem Rot und Blau bei Tageslicht gleich hell sind. In der Dämmerung wird das Blau heller, es scheint fast, als ob es Licht ausstrahle.

Dies sind Beispiele für das Purkinje-Phänomen: Bei normalen Lichtverhältnissen sehen wir mit den *Zapfen*, bei sehr schwachem Licht mit den *Stäbchen*. Erstere sind für Gelb am empfindlichsten, letztere für Grünblau, so daß das Helligkeitsverhältnis verschiedenfarbiger Gegenstände umschlagen kann, wenn sich die Beleuchtungsstärke ändert.

Die Stäbchen geben uns lediglich einen Lichteindruck, jedoch keinen Farbeindruck. Gehen Sie hinaus, weit weg von den Lichtern der Großstadt. Zunächst kommt Ihnen die Nacht pechschwarz vor; doch schon bald passen sich Ihre Augen der Dunkelheit an. Die Stäbchen haben ihre Funktion aufgenommen und lassen uns die Umgebung erkennen. Sehen Sie sich grellbuntes Papier an: Es erscheint jetzt farblos; das Rot ist tiefschwarz, Blau und Violett sind gräulich-weiß; wir sind tatsächlich farbenblind! Zugleich zeigen sich Tausende von Sternen in silberweißem Glanz;

wenn man sie aber fixiert, verschwinden die meisten, nur die hellsten bleiben als kleine Lichtpünktchen zu sehen (§ 76). Diese Beobachtungen macht man am besten in dunklen Nächten, doch auch bei Mondschein ist eine Landschaft eine «Stäbchenlandschaft».[2]

Still ist es und der Himmel voller Schwarz

Veilchen blühen aus der Schwärze auf,
Zwei blaue Veilchen, Licht fällt nicht
Auf sie, woher auch?, doch selbst tragen sie
Blaues Licht in sich, und dieses läßt sie leuchten.

H. Gorter: *Mai* (Mei)

93. Sehr helle Lichtquellen sind annähernd weiß

In den Grachten der niederländischen Großstädte sieht man abends die Spiegelbilder vieler verschiedener Lichtquellen, die zu Lichtbahnen gedehnt sind. Die Farbunterschiede, wenn wir etwa das Spiegelbild von Glühlampen und Quecksilberlampen vergleichen, sind überaus deutlich, die Lichtquellen selbst hingegen sind fast weiß. Ebenso werden die Farbunterschiede deutlich, wenn wir Lampen durch Nebel oder durch eine beschlagene Fensterscheibe sehen, welche die Leuchtdichte der Lichtquelle abschwächen.

Andererseits kommt es uns vor, als würden alle Farben weißer, je heller die Lichtquelle ist. Vermutlich sprechen wir aus diesem Grund von «weißglühendem» Eisen, während Sterne derselben Temperatur (2000 °C) rot erscheinen: Das im Auge entstehende Bild des Sterns ist unscharf, und das Lichtpünktchen wird zu einem lichtschwachen Fleck gedehnt.

94. Die psychologische Wirkung farbiger Gläser beim Betrachten der Landschaft

Gelb:
«Das Auge wird erfreut, das Herz ausgedehnt, das Gemüt erheitert; eine unmittelbare Wärme scheint uns anzuwehen.» (Viele Menschen reizt gelbes Glas zum Lachen.)
Blau:
«... zeigt die Gegenstände im traurigen Licht.»
Rot:
«... zeigt eine wohlerleuchtete Landschaft in furchtbarem Lichte. So müßte der Farbton über Erd' und Himmel am Tage des Gerichts ausgebreitet sein.»

J.W.v. Goethe: *Farbenlehre*, I, 1, 769, 784, 798

2 Eine anschauliche Beschreibung findet sich in: Lummer, O.: *Grundlagen, Ziele und Grenzen der Leuchttechnik*. München 1918, S. 70.

Grün:
Die Landschaft sieht unnatürlich aus, vielleicht, weil ein grüner Himmel so gut wie nie vorkommt.

Vaughan Cornish versuchte herauszufinden, wo die Grenze zwischen «warmen» und «kalten» Farbtönen in der Landschaft liegt. Seiner Meinung nach gehören Rot, Orange, Gelb und Gelbgrün zur ersteren Kategorie, Blaugrün, Blau und Violett zur zweiten.[3]

95. Die Farbwahrnehmung bei ungewohnter Kopfhaltung

Maler kennen ein altes Rezept, um die Farben einer Landschaft lebendiger, reicher zu sehen: Sie drehen sich um, spreizen die Beine und bücken sich so tief, daß sie zwischen den Beinen hindurchsehen können. Die intensive Farbempfindung soll mit der größeren Blutmenge im Kopf zu tun haben.

Mindestens genauso eindrucksvoll ist bei mir der Effekt, wenn ich den Oberkörper zur Seite beuge, bis sich mein Kopf in der Waagerechten befindet. Betrachten Sie in dieser Haltung beispielsweise den Erdschatten (§ 219). Auch Vaughan Cornish zufolge reicht es aus, sich auf die Seite zu legen. Er führt dies darauf zurück, daß das bekannte Phänomen der Überschätzung vertikaler Winkel dann fortfällt (§ 130), so daß Farbabstufungen scheinbar größer sind. Fraglich ist, ob diese Erklärung auch für den Effekt bei gebückter Haltung zutrifft.

96. Fluoreszierende Farbe

Häufig sieht man Plakate in befremdend grellen Farben, hauptsächlich in Rot, Orange und Gelb. Was ist das Besondere an diesen Farben? Es dürfte nicht schwer sein, einen Streifen Papier mit ungefähr gleichem Farbton und gleicher Farbsättigung zu finden, der aber nicht mit jenen besonderen Leuchtsubstanzen eingefärbt ist. Halten Sie den Streifen neben das Plakat, und Sie werden sehen, daß das Plakat *wesentlich* heller ist, so als würde es von einer zwei- oder dreimal stärkeren Lichtquelle beleuchtet.

Jene besonderen Farbsubstanzen *fluoreszieren*, d.h., sie absorbieren den blauen, violetten und grünen Anteil des Tageslichts nicht einfach, sondern wandeln diese Anteile in Licht größerer Wellenlänge, also zum roten Ende des Spektrums hin, um. Dadurch strahlen diese Farbsubstanzen mehr Licht ab als einfaches Rot oder Orange.

3 Zu dem Gefühlswert von Farbe im allgemeinen s.: Schopenhauer, Kandinsky, Kouwer. Diss. Utrecht, 1949; ferner die Arbeiten der Anthroposophen. Zu den Farben in der Landschaft: Vaughan Cornish: *Scenery and the Sense of Sight.*

Kapitel VIII
Nachbilder und Kontrasterscheinungen

97. Das Nachwirken von Lichteindrücken

Während wir im Zug sitzen, «fliegt» ein anderer Zug in Gegenrichtung vorbei. Für einige Momente sehen wir die Landschaft durch die Fenster dieses anderen Zuges, deutlich, fast ohne Unterbrechung, nur etwas weniger lichtstark. – Die Geschwindigkeit der Züge betrage ungefähr 25 m/s, dann ist die Geschwindigkeit der beiden Züge relativ zueinander 50 m/s. Nehmen wir an, der Abstand zwischen den Fenstern sei etwa 1 m breit. Die Bilder werden dadurch immer wieder für 0,02 s unterbrochen, ohne daß wir es merken: Der Lichteindruck hält also mindestens so lange an.

Ebenso können wir durch die Fenster eines vorbeifahrenden Zuges blicken, wenn wir am Bahngleis stehen. Oder wir können die Landschaft in den Fensterscheiben gespiegelt sehen. Solange wir ruhig und gerade vor uns hin blicken, sehen wir in beiden Fällen die Bilder beinahe ohne Unterbrechung, d.h., der Lichteindruck hält mindestens 0,06 s an.

Der schnell rotierende Propeller eines Flugzeuges zeichnet sich als durchsichtiger Flor ab, solange das Flugzeug noch am Boden ist. Erhebt es sich in die Luft, wird der Propeller unsichtbar, außer bei bestimmten Sonnenständen, bei denen dann eine helle oder eine dunkle Scheibe zu sehen sind.

Bei welcher Geschwindigkeit des Wechsels von Hell nach Dunkel verschwindet das Flackern? Um dies herauszufinden, suchen wir einen langen, hohen Lattenzaun und laufen immer schneller daran entlang, bis wir einen gleichmäßigen Lichteindruck haben. Dabei achten wir darauf, den Blick beständig auf einen Punkt in der Ferne zu richten. Die Geschwindigkeit, bei der das Flackern des Zauns eben aufhört, hängt sowohl von dem Helligkeitsverhältnis zwischen «Hell» und «Dunkel» als auch vom Verhältnis zwischen «Belichtungs-» und «Verschlußzeit» ab. In Wirklichkeit verschwindet der Lichteindruck nicht plötzlich, sondern nimmt allmählich ab. Das Abflauen und Wiederkommen des Flackerns der Bilder im Kino ist also nicht ganz einfach zu erklären.

Klassisch ist das Beispiel fallender Schneeflocken:

«... die Flocken direkt vor uns scheinen schneller zu fallen, die in der Ferne träger, und die nahen scheinen in weißen Strängen zusammenzuhängen, die weiter entfernten dagegen nicht.»
Leonardo da Vinci: Trattato. 1804, S. 139

Regentropfen sehen wir immer als lange, dünne Striche fallen, denn sie fallen schneller als Schnee. – Ich erinnere mich aber an einen Fall, wo die Regentropfen einzeln zu sehen waren. Es war an einem Sommernachmittag während eines Gewitterschauers. Eine Hälfte des Himmels war fast wolkenlos, und der Regen wurde von der Sonne grell beschienen. In einer Richtung fiel nun der Regen im Schatten einer Häuserreihe bis zu 40 m von mir entfernt, dahinter lag ein Streifen von einigen Metern Breite in der Sonne, und direkt anschließend befand sich eine dunkle Baumgruppe im Hintergrund. Nur in dem sonnenbeschienenen Streifen leuchteten die Regentropfen auf, und dank der großen Entfernung konnte man gut verfolgen, wie sie fielen: Sie sahen aus wie große Schwärme heller Punkte und waren nicht zu Strichen gedehnt.

98. Das Gitterphänomen[1]

Ein schnell rollendes Speichenrad, durch einen Zaun hindurch gesehen, zeigt ein überraschendes Muster: Es ist, als seien alle Speichen verbogen. Merkwürdigerweise ist das Muster symmetrisch, und die Laufrichtung des Rades ist nicht zu erkennen (Abb. 96). Obwohl sich das Rad schnell

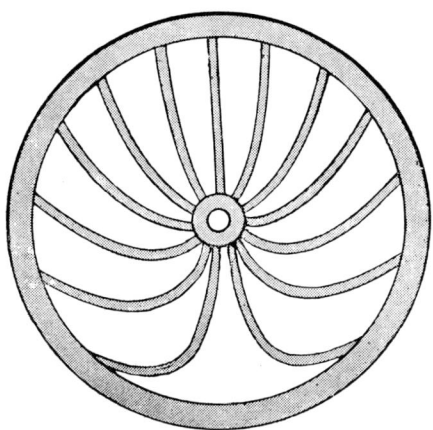

Abb. 96
Das Gitterphänomen: Ein vorwärts-
rollendes Rad, durch einen langen Zaun
hindurch gesehen.

dreht und sich fortbewegt, steht dieses Muster fast still. Sehr schön konnte man solche Figuren an den großen Rädern alter Lokomotiven beobachten, wenn der Zug langsam in den Bahnhof einfuhr und man zufällig durch ein Gitter blickte. Am eindrucksvollsten ist das Phänomen, wenn der Umriß des Rades kräftig beleuchtet ist, die Speichen ziemlich dunkel und die Zwischenräume des Gitters schmal sind. Man sieht es *nicht*, wenn man durch einen Zaun ein Rad betrachtet, das sich zwar um

1 Roget, P.M.: Philos. Trans. *115*, 131, 1825. – Plateau: Pogg. Ann. *20*, 319, 1830. – Burmester, L.: Ber. Akad. München, 142, 1914. – Bouasse: *Formes et Couleurs.* Paris 1917, S. 236. – Gardner, W.A.: J. O. S. A. *31*, 94, 1941. – Pohl: *Mechanik*, S. 187; darin eine fehlerhafte Erklärung.

seine Achse dreht, sich *aber nicht fortbewegt*: es entsteht erst in der Kombination von Drehung und Fortbewegung.

Um uns darüber klarzuwerden, wie das Phänomen zustandekommt, gehen wir davon aus, *daß man das Rad mit dem Blick verfolgt und alles andere, was man sieht, dazu in Beziehung setzt:* Dies nämlich ist die Bedingung, die erfüllt sein muß und die durch die genannten Beleuchtungsverhältnisse etc. auch gegeben ist. Stellen Sie sich also vor, das Rad drehe sich um eine *feste* Achse O, während der Zaun sich gleichmäßig vorwärtsbewegt (Abb. 97a). Nehmen wir an, eine Lücke trifft eine bestimmte Spei-

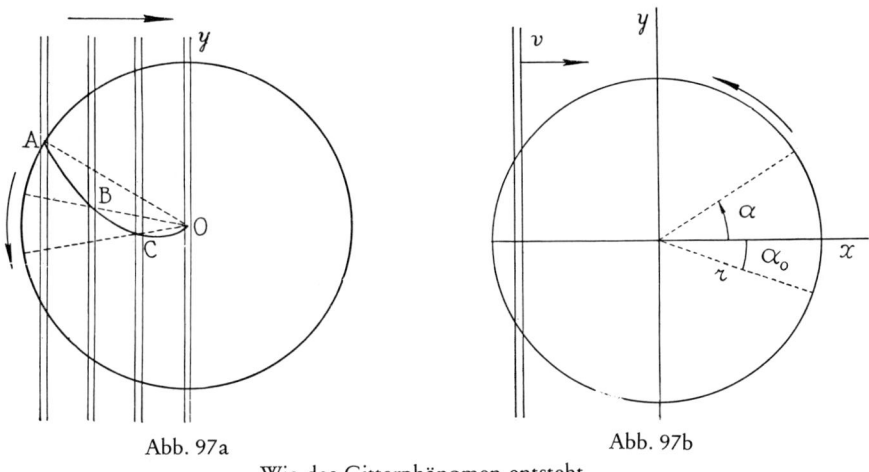

Abb. 97a   Abb. 97b
Wie das Gitterphänomen entsteht.

che zunächst in A; sie schneidet die Speiche und läßt ein Stück davon sichtbar werden. Etwas später kommt die Speiche bei OB an, die Lücke hat sich vorwärtsbewegt, und nun schneiden sie einander in B. Noch ein Stück weiter liegt der Schnittpunkt C. So wird allmählich die gesamte Kurve ABCO beschrieben. Jede der Kurven, aus denen das Muster besteht, ist also der geometrische Ort der Punkte, an denen eine bestimmte Speiche sich mit einer bestimmten Lücke schneidet; durch das Nachwirken der Sinneseindrücke kommt es uns vor, als hätten wir die gesamte Kurve gleichzeitig vor Augen, vorausgesetzt, das Rad dreht sich schnell genug. Jede weitere Speiche, durch dieselbe Lücke gesehen, beschreibt eine Kurve gleicher Art, jedoch mit veränderten Parametern. So erhalten wir das vollständige Muster. Wenn die folgende Lücke exakt in derselben Zeit an die Stelle der vorigen getreten ist, in der auch die letzte Speiche die vorletzte abgelöst hat, wird erneut die gleiche Kurvenschar in denselben Positionen sichtbar werden; das gesamte Muster steht dann still. Falls jedoch der Abstand der Lücken etwas differiert, treffen alle Speichen zu früh (oder zu spät) mit einer bestimmten Lücke zusammen: Jede Kurve geht so in eine andere über, die zur gleichen Schar gehört wie die vorherige, darin aber etwas früher (oder später) an die Reihe kommt: Wir sehen dann das gesamte Muster langsam «verebben», und zwar in oder gegen den Drehsinn des Rades, je nachdem, ob die Lücken etwas zu dicht oder zu weit voneinander stehen. Dieses Verebben ist jedoch keine Drehung des Musters als Ganzes, denn es bleibt stets symmetrisch zur Vertikalen. Schließlich kann der Abstand der Lücken zu groß oder zu klein sein. Nehmen wir an, er sei um die Hälfte zu klein. In diesem Fall entstehen doppelt so viele Kurven wie es Speichen gibt, und das Muster steht wiederum still.

Daher ist im allgemeinen das langsame Verebben des Musters am wahrscheinlichsten. Oft ist der Zaun so kurz, daß sich alles in einer Sekunde oder weniger abspielt, so daß kaum Zeit bleibt, diese Besonderheit zu bemerken; ich hatte jedoch wiederholt Gelegenheit, sie wahrzunehmen.

Die Gleichung für die Kurvenschar kann leicht berechnet werden. Wählt man die Koordinaten wie in Abb. 97b und ist v die Geschwindigkeit der Lücken, dann ist $x = vt$, $y = x \, \mathrm{tg} \, \alpha$. Aufgrund des Verhältnisses zwischen Drehung und Fortbewegung gilt jetzt:

$$\frac{vt}{r} = \alpha + \alpha_0,$$

also ist $x = r \, (\alpha + \alpha_0)$. Kürzt man α heraus, so erhält man:

$$y = x \, \mathrm{tg} \left(\frac{x}{r} - \alpha_0 \right).$$

Tatsächlich bleibt y gleich, wenn α und x gleichzeitig das Vorzeichen ändern: Das Muster ist symmetrisch zur y-Achse.

Ein Leser teilte mir mit, er sehe das Gitterphänomen auch, wenn er auf einem Klinkerweg neben jemandem herradelt und durch dessen Vorderrad auf die gleichmäßige Anordnung der Klinker blickt (vgl. S. 164).

Komplizierter sind die Figuren, die entstehen, wenn man ein großes Wagenrad durch ein anderes hindurch sieht. Blickt man etwas schräg und überdecken die Räder einander nur noch teilweise, sieht man äußerst seltsame Figuren, die schon Faraday bemerkte und die ihn an magnetische Kraftfelder denken ließen. Sie entstehen als geometrische Orte der Punkte, an denen sich zwei Speichen kreuzen.

Interessant ist auch das Muster zweier Räder, die dicht hintereinander liegen und sich in entgegengesetzter Richtung drehen. Man sieht dies über manchen Minenschächten. Ein und dasselbe Seil läuft in zwei entgegengesetzten Richtungen über die beiden Räder, von denen eines eine Kabine hinunterläßt, das andere eine Kabine hochzieht. Man sieht ein stillstehendes «Scheinrad»: Hat jedes Rad n Speichen, die sich dunkel gegen den Himmel abzeichnen, dann weist das Scheinrad 2 n helle Speichen auf. Hin und wieder bewegt sich dieses Rad als Folge kleiner Geschwindigkeitsdifferenzen der beiden Räder etwas vorwärts oder rückwärts. Auch diese Art von Erscheinungen wurde bereits vor langer Zeit von Faraday beobachtet, nachgestellt und erklärt.[2]

99. Flackernde Lichtquellen

Unter den Reklameschildern, die abends in den Städten so bizarr aufleuchten, sind die orangefarbenen Neonlampen auf auffallendsten. Sie werden mit Wechselstrom gespeist; der Strom wechselt 50mal in der Sekunde und die Lichtstärke 100mal, da der Strom sowohl in der einen als auch in der anderen Richtung ein Maximum der Lichtstärke erzeugt. Diese Lampen flackern so schnell, daß wir normalerweise nichts davon bemerken.

Schwenken Sie doch einmal einen glänzenden Gegenstand im Licht der Neonröhren hin und her: Sie sehen seine Reflexe zu leuchtenden, quergeriffelten Lichtlinien gedehnt. Je schneller Sie den Gegenstand bewegen, desto weiter stehen die Riffelungen auseinander. Aus ihrer Anzahl kann man die Frequenz des Wechselstroms berechnen: Wenn ich mit einer glänzenden Schere 4mal pro Sekunde einen Kreis beschreibe und der entstehende Lichtring 12 Maxima aufweist, dann ist die Frequenz der Stromstöße $12 \cdot 4 = 48$, der Wechselstrom hat also 24 Perioden pro Sekunde (Abb. 98).

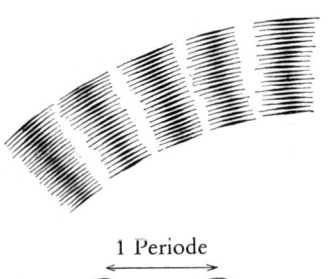

1 Periode

Abb. 98
Das Aufzeigen schnellen Flackerns im Licht von Glühlampen.

Strom

Lichtstärke

Für diesen Versuch kann man die Lichtquelle auch in irgendeinem Spiegel, Glas oder Uhrenglas spiegeln, welche man schnell hin und her pendeln läßt. Oder man nimmt seine Brille ab, hält sie sich vor die Augen und läßt sie schnell kreisen (vgl. § 51). Schließlich sieht man das Flackern auch ohne jegliche Hilfsmittel, wenn man den Blick auf einen Punkt in der Nähe der Neonröhre richtet und dann ganz schnell in eine andere Richtung schaut: Das Bild der Lichtquelle läuft über die Netzhaut, und jedes Lichtmaximum ist einzeln zu erkennen. Es ist schwierig, mit dem

2 Journ. Royal Instit. *1*, 205, 1831.

Blick derart hin und her zu wandern und sich ganz auf die Lichtquelle zu konzentrieren. Manchmal gelingt es, manchmal nicht.

Nur selten sieht man ein feines Muster gebogener Linien: Sie sind auf die laufenden «Striae» in der Röhre zurückzuführen. Bei Natriumlampen gibt es so etwas nicht. Untersuchen Sie auch Glühlampen, die mit Wechselstrom brennen. Schwenkt man ein silbernes Senkblei hin und her, ist die Riffelung deutlich erkennbar: ein Beweis dafür, daß der Glühdraht bei jedem Stromstoß etwas heißer wird. Brennt die Lampe mit Gleichstrom, entsteht keine Riffelung.

Wenn man abends durch das Fenster eines Zugabteils auf die Natriumlampen, die den Bahnhof erhellen, blickt, sieht man gelegentlich eine sehr deutliche Riffelung. Man setzt sich ein paar Meter entfernt vom Fenster, das Fenster muß naß oder beschlagen sein, und man muß den Wasserfilm in *vertikaler* Richtung etwas verreiben. Erklärung: Der Wasserfilm ist nicht überall gleich dick, und durch das Verreiben entstehen mehrere dünne Prismen mit vertikalen Rippen und einem von Punkt zu Punkt unterschiedlichen Brechungswinkel. Das Bild der fernen Lampe wird dadurch einmal mehr, einmal weniger verschoben, in manchen Fällen recht abrupt. Da Natriumlampen mit Wechselstrom gespeist werden, kann man Riffelungen erkennen, und zwar genausogut, als betrachtete ich die gleiche Lampe durch eine schnell bewegte Brille.

Einer meiner Leser[3] fuhr mit dem Fahrrad einen Klinkerweg entlang, der von Natriumlampen beleuchtet wurde. Er bemerkte, daß das Muster der Fugen zwischen den Steinen, die senkrecht zur Achse des Weges verliefen, deutlich sichtbar war, trotz seiner relativ großen Geschwindigkeit von 18 km/h. Fuhr er schneller, dann blieb das Muster zurück, und umgekehrt. Offenbar werden die Lampen mit Wechselstrom von 50 Hz gespeist und leuchten 100mal pro Sekunde auf. In dieser Zeit legt der Radfahrer 5 cm zurück, also ungefähr so viel wie die Breite eines Klinkers: Eine Fuge tritt an die Stelle der anderen, und das Muster scheint stillzustehen.

100. Verschmelzungsfrequenz im zentralen und peripheren Gesichtsfeld

In Gegenden, in denen die Wechselstromfrequenz des Stromnetzes niedrig ist (20 bis 25 Hz), kann man folgende eigenartige Beobachtung machen: Fixiert man eine Glühlampe, leuchtet sie gleichmäßig; an der Wand jedoch, die von ihr beleuchtet wird, flackert das Licht. Fixiert man die Wand, ist sie gleichmäßig beschienen, doch nun flackert die Lampe.[4]

Es muß demnach einen Unterschied im Wahrnehmungsvermögen unseres zentralen und unseres peripheren Gesichtsfeldes geben. Zunächst

3 P. Eilers, Leiden.
4 Woog: C. R. *168*, 1922; *169*, 93, 1919.

könnte man annehmen, die Lichtstärke der Lampe schwankte nur sehr
wenig, und der Schwellenwert für das Wahrnehmen von Helligkeitsunterschieden im peripheren Gesichtsfeld läge niedriger. Um dies zu prüfen,
bewegen wir im Licht dieser Lampe irgendeinen glänzenden Gegenstand
im Kreis: Die Helligkeit ändert sich in regelmäßigen Abständen entlang
der Kreisbahn, auch wenn wir sie konzentriert ansehen (vgl. § 99).

Es ist also nicht so, daß unser zentrales Gesichtsfeld für kleine Helligkeitsunterschiede nicht empfindlich genug wäre, vielmehr kann es die Änderungen *nicht schnell genug registrieren*. Diese Besonderheit unseres Auges wurde in Laborversuchen nachgewiesen.

Das Merkwürdigste jedoch ist, daß wir das Flackern im peripheren
Gesichtsfeld zwar wahrnehmen, daß wir aber seine Frequenz *unterschätzen*: Wir schätzen sie auf höchstens 10 pro Sekunde! (Vgl. § 103.)

Etwas Ähnliches sieht man bei manchen alten Fernsehschirmen und
bei flackernden Leuchtstoffröhren. In einer 50mal größeren Entfernung
als die Maße des Bildschirms verschwindet das Flackern.

101. Das stillstehende Rad

Das Rad eines vorbeifahrenden Fahrrades sieht in etwa so aus wie in
Abb. 99: Nur in der Mitte, wo die Speichen sich langsamer drehen, können wir die Bewegung einigermaßen verfolgen.

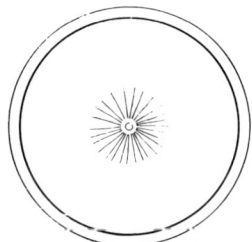

Abb. 99
Wie wir das sich schnell drehende Rad eines Fahrrads
sehen.

Setzen Sie sich bequem an den Rand eines vielbefahrenen Radweges,
und blicken Sie konzentriert auf einen bestimmten Punkt des Weges. In
dem Moment, wo das Vorderrad eines Fahrrads in Ihrem Gesichtsfeld
auftaucht, sehen Sie plötzlich einige Speichen scharf, selbst wenn das
Fahrrad *schnell* fährt! Das Phänomen ist sehr verblüffend – die Kunst dabei ist nur, fortwährend in dieselbe Richtung zu sehen und dem heranna-
henden Fahrrad nicht mit dem Blick zu folgen.

Erklärung: Dort, wo das Rad den Boden berührt, scheint der Umfang
des Rades einen Moment lang still zu stehen, da er sich an diesem Punkt
mit dem ruhenden Boden verbindet. Auch die Enden der Speichen nahe
dieser Stelle stehen fast still, während sich die höherliegenden Teile des
Rades durch das Zusammenspiel von Drehung und Fortbewegung mit

großer Geschwindigkeit in kurvigen Bahnen bewegen (Abb. 100). Wenn
wir uns also für einen Augenblick konzentrieren und fest in eine Richtung
blicken, beispielsweise auf einen bestimmten Punkt am Boden, müßten
wir eigentlich die *untersten* Abschnitte des Rades mehr oder weniger stillstehen sehen. Dies ist tatsächlich der Fall.

Ich habe den Eindruck, als sähen wir die Speichen am deutlichsten,
solange sie sich in unserem peripheren Gesichtsfeld zeigen. Es wäre also
denkbar, daß die Fähigkeit des peripheren Gesichtsfeldes, schnelle Lichtwechsel zu registrieren, hier ebenfalls eine Rolle spielt, vgl. dazu auch
§ 103.

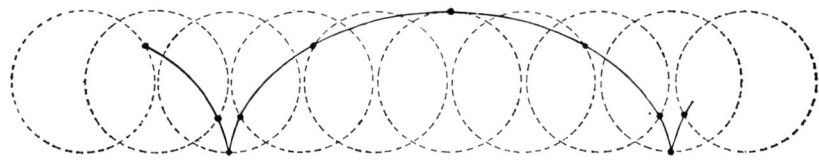

Abb. 100
Die Bahn, die von einem Punkt auf der Felge eines rollenden Rades beschrieben wird.

102. Das stillstehende Rad eines Autos[5]

Es gibt noch einige Pkws, deren Räder grobe Speichen oder größere Öffnungen in den Felgen besitzen.

Wenn solch ein Auto mit beträchtlicher Geschwindigkeit vorüber-
fährt, sind die einzelnen Speichen der Räder unmöglich voneinander zu
unterscheiden. Auf der Netzhaut wechseln Hell und Dunkel so schnell,
daß die Eindrücke miteinander verschmelzen. Die Augenmuskeln sind
nicht imstande, die Augen derart schnell einen Kegelmantel beschreiben
zu lassen, um die einzelnen Speichen verfolgen zu können.

Gelegentlich sieht man die Speichen (oder Öffnungen) des Rads eines
vorüberfahrenden Autos für den Bruchteil einer Sekunde stillstehen wie
in einer Momentaufnahme. Meist sind nur einige Speichen zu sehen, jedenfalls nicht alle; aber manchmal habe ich den Eindruck, als sähe ich das

---

5 Zs. f. d. phys. u. chem. Unterricht *42*, 252, 1929. – Gardner, W.A.: J. O. S. A. *31*, 94,
 1941.
 Dieses Phänomen hat nichts mit dem Stillstehen oder sogar Rückwärtsdrehen von Rädern zu tun, wie man es häufig in Filmen sieht. Letzteres entsteht dadurch, daß die
 Aufnahmen in festen Intervallen von ca. 0,06 s gemacht werden: Wenn sich das Rad
 in Bewegung setzt und sich immer schneller dreht, dann erreicht die Geschwindigkeit
 irgendwann einen Punkt, an dem in 0,06 s eine einzelne Speiche noch nicht an der
 Stelle angekommen ist, an der sich die vorige befand: Das Rad im Film dreht sich
 scheinbar rückwärts. Etwas später nimmt eine Speiche den Platz der vorigen in genau
 0,06 s ein: Der Film zeigt das Rad in scheinbarer Ruhe. Wiederum etwas später ist in
 0,06 s eine Speiche bereits etwas weiter vorne als die vorige: Das Rad dreht sich langsam vorwärts.

ganze Rad scharf. Demnach wäre hier die Erklärung des stillstehenden
Rades wie im Falle des Fahrrads nicht ausreichend. Die Erscheinung ist so
auffallend, daß sogar schon behauptet wurde, das Rad würde tatsächlich
ab und zu kurz stehenbleiben – was natürlich unmöglich ist! Bald bemerkt
man jedoch, daß dies fast immer in den Momenten auftritt, in denen man
einen energischen Schritt macht und den Fuß hart aufsetzt; man bemerkt
es auch, wenn man leicht gegen seine Brille klopft oder seinem Kopf einen
leichten Stoß versetzt. Offenbar führt das Auge dann eine sehr schnelle,
gedämpfte Schwingung seiner Blickrichtung aus, die zufällig der Bewegung einiger Speichen genau folgt, so daß deren Bild auf der Netzhaut
einen kurzen Moment lang unbewegt steht. Ist es die Augenachse, die ein
wenig hin und her schwingt? Kann man annehmen, daß das Auge bei solchen Erschütterungen schnelle, zufällige Drehungen um die Augenachse
machen kann?

Einen direkten Beleg für die hier dargelegte Auffassung erhält man,
wenn man den Blick fest auf eine entfernte, brennende Laterne richtet
und beim Gehen fest auftritt. Man sieht dann, wie der Lichtpunkt bei jedem Schritt eine kleine Kurve beschreibt, etwa in der Art wie in Abb. 101.

Abb. 101

Doch auch wenn man sich nicht bewegt, sondern nur still dasteht und
ein Auto ansieht, tritt das Phänomen mitunter auf. In diesem Fall müssen
plötzliche, unbewußte Bewegungen des Auges dafür verantwortlich sein.
Daß sich das Auge auf diese Weise ruckartig bewegt, merkt man, wenn
man vorsichtig in die untergehende Sonne blickt: Das Nachbild besteht
dann aus einer Reihe schwarzer Flecken, nicht aus einem durchgehenden
schwarzen Streifen (vgl. § 105).

103. Der flackernde Propeller[6]

Wer Gelegenheit hat, einmal in einem Sportflugzeug mitzufliegen, sollte
auf den Propeller achten. Beim Start flackert der Propeller, da das Licht
des Hintergrundes mehrmals pro Sekunde abgefangen wird. Bald dreht er
sich so schnell, daß wir eine gleichmäßige und glatte Scheibe sehen.
Schauen Sie nun zur Seite, aber achten Sie dabei noch auf den Propeller
im peripheren Gesichtsfeld: Das Flackern ist wieder zu sehen! Wenn Sie
die Blickrichtung kurz ändern, wird das Flackern noch deutlicher. Wenn
ich ein Auge zuhalte, sehe ich das Flackern mit dem rechten Auge am be-

---

6 Gradle, H.S.: Science *68*, 404, 1928. – Hovnanian, H.P.H.: J. O. S. A. *50*, 1960. – Le
Grand IJ.: *Light, Colour and Vision*. London, 2. Aufl. d. engl. Übers. 1968, S. 312.

sten, wenn ich rechts am Propeller vorbeisehe, oder mit dem linken, wenn ich links am Propeller vorbeisehe. – Auch während des Fluges kann man das Flackern im peripheren Gesichtsfeld wahrnehmen, obschon es doch 50 bis 100 Lichtblitze pro Sekunde sind.

Besonders interessant sind diese Erscheinungen, wenn sich der Propeller langsamer bewegt: etwa bei Probeläufen oder beim Start. Wir täuschen uns sehr darin, wie oft das Flackern pro Sekunde auftritt: Während es im zentralen Gesichtsfeld sehr häufig zu sein scheint, gut 25mal pro Sekunde, *glauben wir das Flackern im peripheren Gesichtsfeld kaum 10mal pro Sekunde wahrzunehmen!* Es handelt sich hierbei um das gleiche Phänomen wie bei der flackernden Glühlampe (§ 99).

104. Beobachtungen an einem rollenden Rad

Wenn sich das Rad eines Fahrrades dreht, sehen wir die Speichen meistens nicht einzeln, sondern verschwommen wie einen Schleier. Dieser Schleier ist an der Nabe am dunkelsten und wird nach außen hin heller. Das gleiche beobachten wir am Schatten des Rades auf einem ebenen Weg. *Wie* dunkel ist der Schatten des Rades? Nun, jede Speiche ist 2 mm dick, und die Speichen stehen außen an den Felgen durchschnittlich 50 mm auseinander; wenn sich das Rad dreht, befindet sich daher jeder Punkt der Schattenfläche für 2 / 50 = 0,04 der Zeit im Schatten: Nach dem *Talbotschen Gesetz* ergibt das für uns denselben Eindruck, als ob der Schatten des Rades eine konstante Helligkeit besäße, und zwar eine um 4 % geringere als die Umgebung. Beachten Sie jedoch, daß die Sonne nicht senkrecht auf das Rad scheint und daß dadurch der Abstand der Speichen im Schattenbild kleiner wird, obwohl die Speichenstärke die gleiche bleibt. Der Schatten muß daher nahe der Felge bereits gut 4 % bis 8 % weniger hell sein als die umgebende Fläche, und der Unterschied muß an der Nabe ca. 10 % bis 20 % betragen. Dennoch ist es schwierig, einen Helligkeitsunterschied festzustellen: Der dunkle Schatten des Fahrradreifens schafft dazu eine zu scharfe Trennung zwischen den beiden zu vergleichenden Flächen. Daß die Helligkeit des Radschattens nach innen hin allmählich abnimmt, fällt nicht auf, da wir dazu neigen, eine deutlich umrissene, zusammenhängende Figur als eine Einheit zu empfinden, und diese psychologische «Neigung» tilgt den tatsächlich bestehenden Helligkeitsunterschied.

Bei näherem Hinsehen bemerken wir allerdings einen oder mehrere helle Ringe, die sich im Schatten des Rades abzeichnen (Abb. 102); oftmals sind es keine geschlossenen Kurven, sondern Linien von begrenzter Länge. Steigen Sie vom Fahrrad ab, und sehen Sie nach, an welcher Stelle der helle Bogen entsteht. Er entsteht dort, wo zwei Speichen einander überkreuzen: An dieser Stelle trägt eine Speiche weniger zum Schatten bei, also muß tatsächlich die Helligkeit des Schattens im Mittel kleiner sein. Wie gering der Helligkeitsunterschied auch sein mag – wir sehen ihn ganz deutlich, jetzt, da die zu vergleichenden Helligkeiten unmittelbar und ohne Trennlinie nebeneinanderliegen! Es ist schon etwas mühsam, sich das Speichengeflecht richtig vorzustellen; meistens bilden die Speichen Vierergruppen, die immer in derselben Gruppierung wiederkehren.

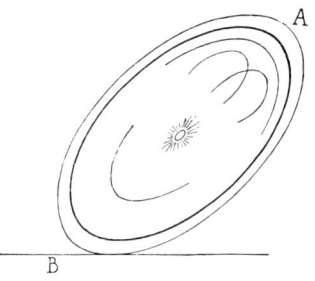

Abb. 102
Licht- bzw. Schattenkurven bei
einem sich drehenden Speichenrad.

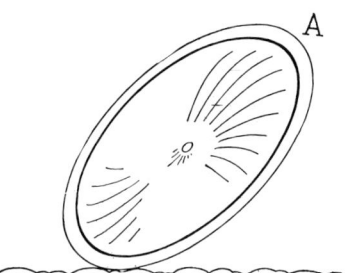

Abb. 103
Seltsam gekrümmte Linien im
Schatten eines Rades auf einem
Klinkerweg.

Eine Kreuzung zweier Speichen bewegt sich entlang einer bestimmten Kurve, die als heller Bogen sichtbar wird; nach dem Versetzen des Rades um 4 Speichenabstände entsteht wieder der gleiche Bogen. Wenn es zufällig in jeder Gruppe zwei Überkreuzungen gibt, die nacheinander dieselbe Bahn beschreiben, wird der helle Bogen besonders deutlich. Die Helligkeit des Bogens wird im ersten Fall um 1 % größer sein als die seiner Umgebung, im zweiten Fall um 2 %. Da wir aber die Speichen projektionsbedingt etwas zusammengedrückt sehen und der helle Bogen sich nicht direkt am Rand des Rades befindet, erhalten wir Werte von ca. 3 % und 6 %. Dies sind in etwa die Helligkeitsunterschiede, die man noch wahrnehmen kann, wenn zwei Bereiche ohne Trennlinie aneinandergrenzen (eine ungünstige Bedingung für diese Versuche freilich ist, wenn der Weg, der als Projektionsschirm dient, uneben ist). Dieses Ergebnis stimmt mit unseren vorherigen Schätzungen weitestgehend überein (§ 78).

Überlegen Sie, weshalb sich die hellen Bögen und Kreise meistens am schmalen Rand A des Radschattens befinden. Untersuchen Sie, weshalb die Figuren im Bereich A und B *nicht* gleich sind.

Die gleichen Bögen sehen Sie noch schöner, wenn Sie nicht auf den Schatten, sondern direkt auf das Rad von jemandem, der neben Ihnen herfährt, blicken, denn dann zeichnen sie sich ohne zu verschwimmen (vgl. § 2) ganz und gar scharf ab. Vor einem hellen Hintergrund erscheinen die Speichen dunkel, und daher sehen wir die Kreise hell; wird das Rad jedoch vor einem dunklen Hintergrund von der Sonne beleuchtet, sind die Kreise regelrecht dunkel.

Damit sind die Besonderheiten eines schnell rollenden Rades noch keineswegs erschöpft! Wenn Sie den Schatten ansehen, leuchten die scharfen Linien der Speichen ab und zu blitzartig auf: dann nämlich, wenn Ihr Blick zufällig eine schnelle Drehung macht, so daß Sie deren Schatten mit genau der richtigen Geschwindigkeit verfolgen (vgl. § 102). Falls Sie eine Brille tragen, müssen Sie nur die Brille abnehmen und sie ruckartig bewegen, um die einzelnen Speichen fast ebenso ruckartig vorwärtsspringen zu sehen. – Am merkwürdigsten jedoch ist der Schatten, wenn man mit dem Fahrrad über einen Klinkerweg mit deutlichen Fugen zwischen den Steinen fährt: Obwohl der Untergrund ungleichmäßig ist, erkennt man ein System mehr oder weniger radialer, *kurviger* Linien (Abb. 103). In den ersten beiden niederländischen Ausgaben wurde das Phänomen lediglich erwähnt, ohne daß es erklärt werden konnte. Eine vollständige Erklärung wurde inzwischen von einem unserer Leser[7] gefunden: Er erkannte in dem Kurvensystem *die uns wohlbekannte Figur des Gitterphänomens wieder* (§ 98)! Man sieht dies am besten am Schatten eines Rades von jemandem, der neben einem herfährt. Die Fugen zwischen den Klinkersteinen müssen optisch wie Gitterstäbe wirken. Daher ist auch plausibel, warum der Beobachter in diesem Fall das Rad selbst fixieren muß.

Eine besondere Lichtfigur, die mit den bisher beschriebenen nichts zu tun hat, entsteht dann, wenn ein Fahrrad mit nagelneuen, *glänzenden* Speichen vom Sonnenlicht beschienen wird.

105. Nachbilder

> *Wie der wandernde Mann, der vor dem Sinken der Sonne*
> *Sie noch einmal ins Auge, die schnellverschwindende faßte,*
> *Dann im dunkeln Gebüsch und an der Seite des Felsens*
> *Schweben siehet ihr Bild; wohin er die Blicke nur wendet,*
> *Eilet es vor und glänzet und schwankt in herrlichen Farben:*
> *So bewegte vor Hermann die liebliche Bildung des Mädchens*
> *Sanft sich vorbei und schien dem Pfad ins Getreide zu folgen.*
>
> J.W.v. Goethe: *Hermann und Dorothea*, VII. Gesang

Bei dieser Beobachtung ist Vorsicht geboten! Überanstrengen Sie die Augen nicht! Machen Sie nicht mehr als ein oder zwei Versuche nacheinander!

Blicken Sie einen Augenblick lang in die untergehende Sonne, und schließen Sie die Augen.[8] Das Nachbild besteht aus mehreren kleinen runden Scheiben: ein Beweis dafür, daß sich das Auge während der kur-

---

7 Blokhuis, E.
8 Goethe, J.W.v.: *Farbenlehre*, I, 1, § 21–22. – Titchener: Experimental Psychology *I*, 1, 29 und *I*, 2, 47.

zen Phase des Hinsehens schnell und ruckartig bewegt hat. Die Scheiben sind auffallend klein, denn da die Sonne so grell ist, «sehen» wir sie üblicherweise viel größer, als sie in Wirklichkeit ist. Durch die Nachbilder bekommen wir eine Vorstellung von ihrer wahren Größe.

Öffnen Sie die Augen wieder: Sie sehen die Nachbilder überall, wohin Sie auch blicken. Solch ein Nachbild erscheint um so größer, je weiter entfernt die Objekte sind, auf die Sie es projizieren. Natürlich ist es in *Winkelmaß* immer gleich groß. Da man aber weiß, daß der Gegenstand weit weg ist, und man ihn ja unter dem gleichen Winkel sieht wie einen nahen, folgert man aufgrund der täglichen Erfahrung, daß der entfernte Gegenstand der größere sein muß (vgl. § 137).

Vor einem dunklen Hintergrund ist das Nachbild hell *(positives Nachbild)*. Das stellt man fest, indem man die Augen schließt und – da die Augenlider durchscheinend sind – zusätzlich die Hand vor die Augen hält.

Das Nachbild wird schwächer, nach einiger Zeit schlägt es um *(negatives Nachbild)* und zeichnet sich dunkel gegen den schwachen Lichtschein ab, der selbst bei geschlossenen Augen über dem Gesichtsfeld liegt.

Auch vor einem hellen Hintergrund ist das Nachbild zunächst positiv, dann erst negativ, doch die Helligkeit des schwächer werdenden Bildes sinkt schneller unter die Hintergrundhelligkeit ab; das Umschlagen vollzieht sich also wesentlich rascher.

Offenbar verursacht grelles Licht eine so starke lokale Erregung der Netzhaut, daß der Lichteindruck anhält, gleichzeitig wird dieser Teil der Netzhaut unempfindlich für die Aufnahme weiterer Lichteindrücke.

> *Ich starrte in die große, rote Sonn'*
> *So g'rad, so tief ich konnt;*
> *Und überall, wohin ich sah,*
> *Sah ich Sonnen, bleich und fahl.*
>
> *Tanzend kam aus jedem Ding*
> *Ein bedrohlich dunkler Ring,*
> *Auf dem Boden, auf der Mauer und am Himmel*
> *Ein einzig flüchtiges Sonnengewimmel.*
>
> *Aus meinen Augen sie stoben*
> *Und blieben in meinem Herz,*
> *Den letzten sah ich hoch oben*
> *und schwarz.*
>
> René de Clercq: *Das Nothorn* (De Noodhoorn)

Bei schwächeren Lichtquellen als die Sonne sind auch die Nachbilder weniger deutlich. Bereits nach wenigen Sekunden oder Sekundenbruchteilen tritt der Zustand ein, der sich bei grellen Lichtquellen erst nach einiger Zeit einstellt; wir sehen praktisch nur das negative Nachbild.

Nachdem man bei einem nächtlichen Gewitter einen grellen Blitz gesehen hat, sieht man gelegentlich sein Nachbild als schwarze Schlangen-
linie vor einer weißen, beleuchteten Mauer oder vor dem schwach erleuchteten Himmel.[9]

Wenn man bei Einbruch der Dunkelheit am Strand steht und den fernen Horizont absucht, kann man irgendwann den Himmel von der dunklen See nicht mehr richtig unterscheiden. Offenbar wirkt ein Lichtreiz um
so schwächer auf das Auge, je länger er andauert: die Netzhaut ermüdet.
Daß dem tatsächlich so ist, kann man nachweisen, indem man den Blick
etwas hebt: Dort erscheint am Himmel das (negative) Nachbild des Meeres als heller Streifen. Senken wir dagegen den Blick, sehen wir das
dunkle Nachbild des Himmels auf dem Meer.[10]

Das Umschlagen von Hell in Dunkel entspricht bei farbigen Lichtquellen dem Auftauchen des Nachbildes in der *Komplementärfarbe*. Rot
schlägt in Grünblau um, Orange in Blau, Gelb in Violett, Grün in Purpur
und umgekehrt. Die schönsten Nachbilder sieht man in der Dämmerung;
schon Goethe beobachtete am Abend typische Beispiele für Nachbilder.
Das Auge ist dann ausgeruht, und der Gegensatz zwischen der Helligkeit
im Westen und der Dunkelheit im Osten erreicht seinen Höhepunkt.

«Als ich gegen Abend in ein Wirtshaus eintrat und ein wohlgewachse-
nes Mädchen mit blendend weißem Gesicht, schwarzen Haaren und einem scharlachroten Mieder zu mir ins Zimmer trat, blickte ich sie, die in
einiger Entfernung vor mir stand, in der Halbdämmerung scharf an. Indem sie sich nun darauf hinwegbewegte, sah ich auf der mir entgegenste-
henden weißen Wand ein schwarzes Gesicht, mit einem hellen Schein umgeben, und die übrige Bekleidung der völlig deutlichen Figur erschien von
einem schönen Meergrün.»[11]

106. Das Phänomen Elisabeth Linnés[12]

Elisabeth Linné, die Tochter des berühmten Botanikers, bemerkte eines
Abends, daß die orangefarbenen Blüten der Kapuzinerkresse (Tropaeo-
lum majus) Licht ausstrahlten. Man dachte an eine elektrische Erscheinung. Darwin bestätigte die Beobachtung für eine südafrikanische Lilien-
art. Haggrén, Dowden und andere ältere Forscher sahen das gleiche, und
zwar stets in der Morgen- und Abenddämmerung. Canon Russell wiederholte die Beobachtung bei der Ringelblume (Calendula officinalis) und
beim Diptam (Dictamus fraxinella), auch Aschwurz genannt, und bemerkte, daß manche Menschen sie deutlicher wahrnehmen als andere.

9 Nat. *60*, 341, 1905.
10 Helmholtz: *Physiol. Optik.* 3. Aufl. 2, S. 202.
11 Goethe, J.W.v.: *Farbenlehre*, I, 1, § 52.
12 Vgl. De Natuur, 1900.

Dennoch scheint das «Phänomen», über das im Laufe der Zeit eine ganze Reihe von Abhandlungen erschien, schlicht und einfach allein auf Nachbildern zu beruhen! Goethe sah Nachbilder, wenn er längere Zeit auf Blumen in kräftigen Farben und danach auf einen Sandweg blickte: Die Päonien (Paeonia), der orientalische Mohn (Papaver orientale), die Kalendula, gelbe Krokusse ergaben hübsche grüne, blaue und violette Nachbilder.[13] Das Auftauchen der Komplementärfarben war hauptsächlich in der Dämmerung zu sehen und auch nur, wenn man schnell zur Seite blickte: alles Bedingungen, unter denen Nachbilder zu erwarten sind. Wer das Phänomen deutlich zu sehen glaubt, sollte einmal kräftig bunte Papierblumen neben die echten legen und sehen, ob auch diese Licht auszustrahlen scheinen. Besteht wohl ein Zusammenhang zwischen dieser Beobachtung und derjenigen von § 81?

107. Farbige Nachbilder sehr heller, weißer Lichtquellen

Die Nachbilder der verschiedenen Farben lassen unterschiedlich schnell nach, und der Unterschied ist um so ausgeprägter, je stärker der Lichteindruck war. Daher können die Sonne und blendend weiße Gegenstände farbige Nachbilder entstehen lassen (§ 105). Meist sieht man das Nachbild (auf dunklem Grund) nacheinander hellblau, hellgrün, dann purpurfarben werden.

«Ich befand mich gegen Abend in einer Eisenschmiede, als eben die glühende Masse unter den Hammer gebracht wurde. Ich hatte scharf darauf gesehen, wendete mich um und blickte zufällig in einen offenstehenden Kohlenschoppen. Ein ungeheures purpurfarbnes Bild schwebte nun vor meinen Augen, und als ich den Blick von der dunklen Öffnung weg nach dem hellen Bretterverschlag wendete, so erschien mir das Phänomen halb grün halb purpurfarben, je nachdem es einen dunklern oder hellern Grund hinter sich hatte.»[14]

Nachdem man eine Zeitlang auf sonnenbeschienenen Schnee geblickt oder in einem Buch, auf das die Sonne schien, gelesen hat, erscheinen alle hellen Gegenstände der Umgebung purpurfarben, während anschließend im Schatten alle dunklen Gegenstände grün werden. Auch hier ist das Nachbild auf hellem Grund komplementär zu demjenigen auf dunklem Grund. Manche Beobachter sprechen von «blutrot» anstelle von purpurn.

---

13 Goethe, J.W.v.: *Farbenlehre*, I, 1, § 54.
14 Goethe, J.W.v.: *Farbenlehre*, I, 1, § 44. In der 4. Zeile müßte «grün» anstatt «purpurfarben» stehen, denn nur dann wäre die Beschreibung nachvollziehbar.

108. Sonnenlicht dringt durch die Augenwand

Geht man auf die tiefstehende Sonne zu, scheinen alle dunklen Bereiche von einem rötlichen Schleier überzogen zu sein.

Das Sonnenlicht scheint nämlich nicht nur in unser Auge, sondern auch *auf* unser Auge. Letzterer Teil des Lichts dringt teilweise durch Augenlider und Augenwand ins Auge, wobei es eine blutrote Farbe annimmt. Unser gesamtes Gesichtsfeld wird von einer diffusen roten Farbe überzogen, die wir natürlich am deutlichsten auf dunklen Gegenständen sehen. Man bemerkt den Effekt erst richtig, wenn man beständig in die Landschaft blickt und dabei die Augen immer wieder kurz abdeckt. Treten wir dann in das gedämpfte Licht eines Schattens oder ins Haus, so bleibt das Auge noch für einige Zeit unempfindlich für rotes Licht: Wir sehen nun die gesamte Umgebung grün. Dies fällt besonders auf, wenn wir eine Zeitlang mit geschlossenen Augen in der Sonne liegen: Im Schatten erscheint die Landschaft jetzt grün oder grünblau.

Goethe sah schwarze Buchstaben rot im Abendlicht, vielleicht weil die untergehende Sonne ihm in die Augen schien[15]; ebenso Guido Gezelle, als er sein Brevier laß, wobei ihm noch dazu rote Buchstaben grün vorkamen. Letzteres scheint obendrein auf ein Nachbild hinzuweisen.

Und kann es nicht mehr sehen bald,
Meine Augen wollen irren;
Es ist zinnoberrot,
Das Schwarz gedruckt in meinem Buch,
So schwarz ist als wie Kohle,
Und das Rot ist grün.

Guido Gezelle:
Letzte Verse (Laatste Verzen), *Die Morgenröte* (De Dageraad)

In Höhlen und in Gruben
Von ungleichmäßgem Grund
Sah ich einen Schatten ruhen,
Der dort einen Rastplatz fand.
Doch obwohl nach Gesetz und Vernunft
Er schwarz sein müßt' wie Ruß,
Entbrannt er vor meinen Schritten
Und ward zu Feuer und Blut.

Jacqueline van der Waals:
Gebrochene Farben (Gebroken kleuren), *Sonnenuntergang* (Zonsondergang)

109. Der Simultankontrast

Nehmen Sie ein Blatt weißes Zeichenpapier, halten Sie es senkrecht vor sich hin, und stellen Sie sich an ein offenes Fenster. Wenden Sie sich aber nicht zum Fenster, sondern blicken Sie parallel dazu. Das Papier ist nun

15 Goethe, J.W.v.: *Farbenlehre*, I, 1, § 46.

gut beleuchtet. Schieben Sie das Blatt von sich weg auf das Fenster zu, bis es den klaren Himmel am Horizont teilweise bedeckt: Das Papier scheint plötzlich schwarz geworden zu sein! Dabei ist es nicht weniger beleuchtet als eben zuvor – im Gegenteil, es befindet sich nun doch näher am Fenster. Verändert hat sich lediglich der Hintergrund, vor dem Sie das Blatt sehen: Beim ersten Versuch war dieser Hintergrund dunkel, das Blatt erschien durch den Kontrast hell. Beim zweiten Versuch war der Hintergrund wesentlich heller, das Blatt erschien dunkler. Dies ist ein einfacher, aber grundlegender Versuch. Derartige Kontrasterscheinungen spielen eine wichtige Rolle bei allen möglichen Beobachtungen in der freien Natur.

Ein Springbrunnen, gegen die Sonne betrachtet, erscheint schwarz.

110. Kontrastsäume

Dunkle Häuserreihen mit einem klaren Himmel im Hintergrund scheinen von einem hellen Rand umsäumt zu sein; dies ist vor allem in der Dämmerung zu beobachten. Man nimmt an, daß das Auge winzige unwillkürliche Bewegungen ausführt und die (hellen) Nachbilder des Hauses den angrenzenden Himmel überdecken und hell erscheinen lassen. Aber vielleicht ist auch die Netzhaut in unmittelbarer Nachbarschaft zu dem beleuchteten Bereich weniger empfindlich.

«Indem ich nämlich, auf dem Felde sitzend, mit einem Manne sprach, der, in einiger Entfernung vor mir stehend, einen grauen Himmel zum Hintergrund hatte, so erschien mir, nachdem ich ihn lange scharf und unverwandt angesehen, als ich den Blick ein wenig gewendet, sein Kopf von einem blendenden Schein umgeben.»[16]

Pater Beccaria führte Versuche mit einem Papierdrachen durch. Es zeigte sich ein kleines glänzendes Wölkchen um den Drachen und um einen Teil der Schnur. Wenn der Drachen sich schneller bewegte, schien die Wolke auf dem vorigen Platz hin und her zu schweben.[17]

Ein sehr eindrucksvolles Beispiel für optische Gegensätze bieten die hügeligen Heidelandschaften bei uns in den Niederlanden, in denen die hintereinanderliegenden Bodenverwerfungen durch die Lufttrübung immer heller werden, bis sie sich schließlich in der dunstigen Ferne verlieren. Jeder Hügelrücken erscheint an der Oberseite dunkler als am Fuß. Der Effekt ist so überzeugend, daß sich niemand dieses Eindrucks erwehren kann. Zu einem großen Teil ist er eine optische Täuschung: Sie entsteht dadurch, daß jeder Hügelrücken mit der Oberseite an einen helleren Streifen grenzt, unten an einen dunkleren Streifen. Zum Beweis schirmt

16 Goethe, J.W.v.: *Farbenlehre*, I, 1, § 30.
17 Goethe, J.W.v.: *Farbenlehre*, I, 1, § 30.

man mit einem Blatt Papier die Oberseite der Landschaft ab: Dies genügt bereits, um den Kontrast verschwinden zu lassen.[18]

Sharpe berichtet, wie zwei Tage nach Neumond das aschgraue Licht der Mondscheibe seitlich einen schwachen hellen Rand gegenüber der hellen Mondsichel aufweist. Hierbei handelt es sich *nicht um eine Kontrasterscheinung*, sondern um eine Folge davon, daß der Mond gerade in diesen Randbereichen heller ist; das Phänomen ist auch im letzten Viertel der Mondphase deutlich zu sehen.[19]

111. Kontrastsäume an Schattengrenzen[20]

Bekanntermaßen wirft ein Stück Pappe, das man in die Sonne hält, auf einen Projektionsschirm einen Schatten. Zwischen Licht und Schatten entsteht ein *Halbschatten*, der durch die endliche Größe der Sonnenscheibe bedingt ist (§ 2). Aber ist Ihnen jemals aufgefallen, daß dieser Halbschatten einen *hellen Rand* besitzt, dort, wo Licht und Halbschatten ineinander übergehen?

Führen Sie diesen Versuch durch, wenn die Sonne bereits etwas tiefer steht und nicht mehr allzu grell ist. Stellen Sie einen Projektionsschirm ungefähr 4 m hinter die Pappe, und bewegen Sie den Schirm ein wenig, um lokale Unregelmäßigkeiten auszugleichen. Der Effekt ist deutlich erkennbar. Die beobachtete Lichtverteilung ist in Abb. 104 schematisch dargestellt.

Eigentlich hätten wir folgende Lichtverteilung erwartet: An den aufeinanderfolgenden Punkten 1, 2, 3, ... des Projektionsschirms wird die Sonne *zuerst ganz*, dann immer weniger von der Pappe verdeckt; ihre Helligkeit ist proportional zu dem nicht abgedeckten Teil und *müßte* also eine Kurve wie die gestrichelte in Abb. 104 ergeben. *Den hellen Saum kann es folglich nicht geben, er muß durch eine optische Täuschung entstehen.*

Tatsächlich sprechen alle Umstände dafür. Mach wies nach, daß man überall Kontrastsäume sieht, wo eine Helligkeitskurve gekrümmt ist. Der Kontrastsaum zeigt sich stets als scheinbare Übertreibung der Krümmung. Dies wird verständlich, wenn man davon ausgeht, daß das Auge ständig kleine Bewegungen ausführt bzw. daß die Empfindlichkeit der Netzhaut in unmittelbarer Nähe beleuchteter Netzhautbereiche herabgesetzt ist.

Auch die Beispiele aus § 110 fügen sich widerspruchslos in die Theorie Machs ein; wir müssen nur einen Knick in der Helligkeitskurve als eine starke Krümmung betrachten.

18 Dunst bildet sich vorzugsweise in Tälern, es kann daher auch einen wirklichen Stufeneffekt geben. Durch das Abdecken mit dem Papier sieht man, worum es sich handelt.

19 Phil. Mag. *4*, 427, 1828. S. a.: J. B. A. A. *28, 29, 45*, 1918 bzw. 1919 und 1935.

20 Groes-Petersen, K.: A. N. *196*, 293, 1913.

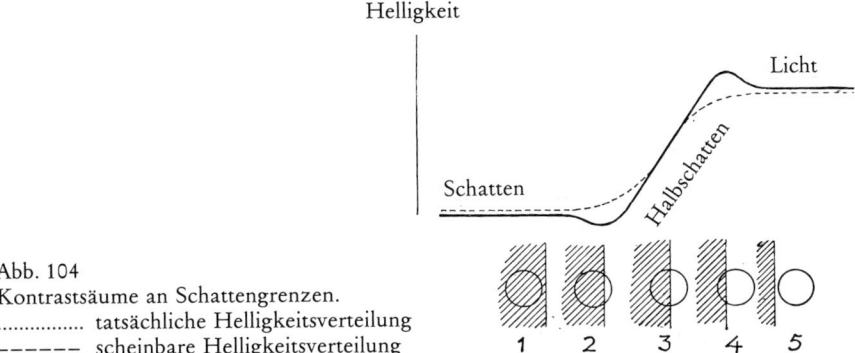

Abb. 104
Kontrastsäume an Schattengrenzen.
.... tatsächliche Helligkeitsverteilung
– – – – – scheinbare Helligkeitsverteilung

Hin und wieder bietet sich eine besondere Gelegenheit, die Theorie
zu überprüfen, nämlich während einer partiellen Sonnenfinsternis. In
dem Maße, da die Sonne vom Mond verdeckt wird, und je nach Position
der schattenwerfenden Pappe erhalten wir nun bei unserem Versuch verschiedene ungewöhnliche Lichtverteilungen am Halbschattenrand. Jede
dieser Lichtverteilungen weist ihre (scheinbaren) Kontrastsäume auf, und
man kann in allen Fällen nachprüfen, daß das Machsche Gesetz zutrifft.
Es ist nicht verwunderlich, daß die Schatten dann so ungewöhnlich aussehen, daß selbst der unvoreingenommene Beobachter davon beeindruckt
ist (vgl. § 3).

112. Schwarzer Schnee

Betrachten Sie Schneeflocken, die vom grauen Himmel heruntertrudeln.
Vor dem Himmel als Hintergrund erscheinen die Flocken eindeutig
schwarz! Wir dürfen nicht vergessen, daß Schwarz, Grau und Weiß sich
lediglich in der Lichtstärke voneinander unterscheiden und daß die Umgebung als Vergleichsmaßstab dient. Hier nun ist der Himmel der Vergleichsmaßstab, und dieser ist viel heller, als man glaubt, jedenfalls wesentlich heller als die Unterseite einer Schneeflocke. Dieses Phänomen
wurde schon von Aristoteles beschrieben. Vergleichen Sie hiermit auch
Blätter, die sich in der Dämmerung schwarz gegen den Hintergrund abheben (vgl. § 109 und § 253).

113. Weißer Schnee und grauer Himmel[21]

Bei gleichmäßig bewölktem, grauem Himmel erscheint eine verschneite
Landschaft viel heller als der Himmel. Man glaubte, es hier mit einer

21 J. O. S. A. *11*, 133, 1925.

Kontrasterscheinung, also einer optischen Täuschung zu tun zu haben, «da das beleuchtete Objekt niemals heller als die Lichtquelle sein kann». Dabei wurde vergessen, daß ein *gleichmäßig wolkenverhangener* Himmel bei weitem nicht *gleichmäßig hell* ist: Er ist im Zenit 3- bis 5mal heller als am Horizont (§ 235)! Bei der Beleuchtung der Schneefläche spielt der obere Himmelsabschnitt die Hauptrolle, während der Beobachter die Schneefläche mit dem unteren Abschnitt des Himmels in Horizontnähe vergleicht. Unser erster Eindruck war nicht einmal so verkehrt: Der Schnee ist ungefähr so hell wie der Himmel in Horizontnähe. Allerdings besteht ein beträchtlicher Farbunterschied.

Nehmen Sie einen Spiegel, und werfen Sie zuerst das Spiegelbild des oberen, dann des unteren Himmelsabschnitts neben den Schnee. (Sie müssen diesen Versuch einfach machen, denn er ist so überzeugend wie überraschend!)

Gemälde, auf denen der Schnee dunkler ist als der Himmel, erscheinen uns auf jeden Fall unnatürlich.

114. Farbkontrast

Wenn eine bestimmte Farbe dominiert, sieht man, daß in ihrer Umgebung die Komplementärfarbe verstärkt ist. Manchmal scheint es möglich zu sein, dies auf die gleiche Weise wie das Entstehen der Kontrastsäume zu erklären, nämlich mit den unwillkürlichen Augenbewegungen. Entscheidender jedoch ist, daß diejenigen Bereiche der Netzhaut, auf die die allgemein vorherrschende Farbe einwirkt, die umgebenden Bereiche für diese Farbe unempfindlicher werden lassen. Dies läuft auf dasselbe hinaus, wie wenn das Auge für die Komplementärfarbe empfindlicher wäre: Diese wirkt frischer und satter. So gesehen ist der Farbkontrast ein weiteres Beispiel für das allgemeine Gesetz, daß Farb- und Helligkeitseindrücke von der Gesamtheit aller Bilder, die auf der Netzhaut auftreffen, bestimmt werden und daß außerdem zu gleichen Dingen auch stets die gleichen Eindrücke gehören, so daß Gegenstände unter veränderten äußeren Gegebenheiten immer erkennbare Einheiten bleiben (vgl. § 77 und § 115).

«In einem Hofe, der mit grauen Kalksteinen gepflastert und mit Gras durchwachsen war, erschien das Gras von einer unendlich schönen Grüne, als Abendwolken einen rötlichen, kaum bemerklichen Schein auf das Pflaster warfen.» [22]

«Im umgekehrten Falle sieht derjenige, der bei einer mittleren Helle des Himmels auf Wiesen wandelt und nichts als Grün vor sich sieht, öfters die Baumstämme und Wege mit einem rötlichen Scheine leuchten.» [23]

22 Goethe, J.W.v.: *Farbenlehre*, I, 1, § 59.
23 Goethe, J.W.v.: *Farbenlehre*, ebd.

«Durch grüne Schaltern ein graues Haus gesehen, erscheint ... rötlich ... Der beleuchtete Teil der Wellen erscheint grün in seiner eigenen
Farbe und der beschattete in der entgegengesetzten purpurnen.»[24] (Vgl.
§ 241 und § 243.)

Nur selten gelangt einer der Planeten auf seiner Bahn zwischen den
Sternen zufällig in die Nähe eines der hellsten Sterne. Der weiße Stern
Spika (im Sternbild Jungfrau), dicht neben dem orangeroten Planeten
Mars, erschien bei einem solchen Ereignis *stahlblau*.[25]

Wird Ihre Umgebung von Petroleumlampen oder Kerzen, die beide
rötliches Licht geben, beleuchtet, so erscheint das Licht einer Bogenlampe
oder das des Mondes grünlichblau. Dies ist vor allem dann sehr eindrucksvoll, wenn die Lichtquellen nicht allzu grell sind.

Personen, die eine halbe Stunde lang in die orangegelben Flammen eines Brandes gestarrt hatten, sahen den Mond *blau* aufgehen. Wenn Sie
sich abends zehn Minuten lang mit einer blau abgedunkelten Taschenlampe im Freien aufhalten, erscheinen Ihnen der Himmel und schwach
beleuchtete Mauern orangerot.

Im Wald bemerken wir kaum, daß die generelle Beleuchtung grün ist.
Dort aber, wo einige Sonnenstrahlen durch das grüne Blätterdach des
Waldes dringen und auf den Boden treffen, erscheinen sie uns hellrosa
verglichen mit der allgemein vorherrschenden Farbe.[26] – Noch beeindruk-
kender: In einem amerikanischen Bus mit grünen Fensterscheiben erscheint die Landschaft durch die farblose Frontscheibe deutlich rosa.

«Schwarze Kleider lassen das Gesicht heller erscheinen als es ist,
weiße Kleider lassen es dunkler erscheinen, gelbe zeigen es farbiger, rote
blasser.»[27]

Der Farbkontrast tritt am deutlichsten hervor, wenn die Farbfelder
sich nicht allzusehr in ihrer Helligkeit unterscheiden. Was bei großer In-
tensitätsdifferenz geschieht, sehen wir eindrucksvoll in der Abenddämmerung, wenn sich Häuserreihen dunkel vor dem flammend orangefarbenen Himmel im Westen abheben. Aus einiger Entfernung sieht man nur
die dunkle Silhouette, doch weder Einzelheiten noch Helligkeitsunterschiede in ihren Giebeln. Auch Zweige und Blätter von Bäumen zeichnen
sich wie dunkler Samt ab, ihre Eigenfarbe ist verschwunden (vgl. § 253),
und das nicht, weil die Beleuchtung an sich zu schwach wäre. Es sind
nämlich noch Einzelheiten auf dem Boden gut in ihrer typischen Farbe zu
sehen.

Nach einem mehrstündigen Spaziergang durch eine Schneelandschaft, auf dem wir nur Weiß und Grau sahen, erscheinen uns frische Far-

24 Goethe, J.W.v.: *Farbenlehre*, I, 1, § 57.
25 Meissner, O.: Zs. Angew. Meteor. *57*, 263 und 366, 1940.
26 Helmholtz: *Optisches über Malerei*, a.a.O. S. 125.
27 Leonardo da Vinci: *Trattato*. 1804, S. 116.

ben besonders satt und warm. Unsere Augen waren «ausgehungert» nach Farbe.[28]

«Übrigens werden sich diese Erscheinungen dem Aufmerksamen überall, ja bis zur Unbequemlichkeit zeigen.»[29] (Vgl. ferner §§ 105, 234, 241, 243, 250 etc.)

115. Farbige Schatten

Senkrecht über einem Blatt Papier halten wir ein Lot, das auf der einen Seite von einer Kerze, auf der anderen vom Mond beschienen wird. Die jeweiligen Schatten weisen einen deutlichen Farbunterschied auf: der erstere ist bläulich, der letztere gelblich.[30]

Nun gibt es einen *physikalischen* Farbunterschied zwischen den beiden Schatten: Im Bereich des einen Schattens wird das Papier nur vom Mond beschienen, in dem des anderen nur von der Kerze. Das Mondlicht ist weißer als das Licht der Kerze, aber blau ist es auf keinen Fall! Der tatsächliche Farbunterschied der beiden Schatten wird offensichtlich durch eine *physiologische* Kontrastwirkung verstärkt und verändert.

Ebenso sehen wir abends einen Farbunterschied an unseren eigenen Schatten, wenn wir von einer Seite vom Vollmond, von der anderen von einer Straßenlaterne beschienen werden.

Wie relativ das «Orange» der Glühlampe jedoch ist, wird deutlich, wenn wir es mit dem Licht von Natriumlampen vergleichen, beispielsweise in Bahnhöfen oder auf Plätzen, die von verschiedenartigen Lampen beleuchtet werden. Natriumlampen lassen einen schönen blauen Schatten entstehen, Glühlampen einen orangefarbenen! Wenn wir uns an einem Ort befinden, der nur von Natriumlampen beleuchtet wird, ist unser Schatten schwarz. Kommen wir in die Nähe normalen Glühlampenlichts, wird unser Schatten plötzlich blau. Andererseits sehen wir den schwarzen Schatten, der durch die Glühlampe verursacht wird, in Orange umschlagen, sobald wir uns einer Natriumlampe nähern. Offensichtlich paßt sich das Auge an die Umgebung an und neigt dazu, das dort vorherrschende Licht als «weiß» anzusehen; alles andere wird im Hinblick auf dieses «Weiß» beurteilt.

Goethe zufolge sollen die Schatten kanariengelber Gegenstände violett sein. Physikalisch gesehen ist das sicherlich falsch, doch aufgrund physiologischer Kontrasterscheinungen kann es durchaus so scheinen, beispielsweise, wenn der Beobachter die beleuchtete Seite jenes gelben Gegenstandes sieht, so daß ihm die ganze Umgebung des Schattens leuchtend gelb vorkommt.

---

28 Schrödinger, E., in Müller-Pouillet: *Lehrb. d. Physik*, II, 534, 1926.
29 Goethe, J.W.v.: *Farbenlehre*, I, 1, § 57.
30 Goethe, J.W.v.: *Farbenlehre*, I, 1, § 76.

Weshalb sind die Schatten, die in der Mittagssonne liegende Gegenstände werfen, so gut wie gar nicht farbig, während der blaue Himmel sich doch farblich stark von der Farbe des Sonnenlichts unterscheidet? Weil der Helligkeitskontrast zwischen Licht und Schatten zu groß ist. Kippen Sie aber den Projektionsschirm, auf dem Sie den Schatten einfangen, so stark, daß die Sonnenstrahlen fast tangential auftreffen, tritt der Farbunterschied deutlicher zutage.

Ein klassisches Beispiel sind die Schatten auf Schnee, in denen die Farbe so überaus rein hervortritt. Sie sind blau, da nur das Licht des blauen Himmels darauffällt, sie sind sogar so blau wie der Himmel selbst. Dem ist wirklich so, sehen Sie nur einmal Ihre zum «Rohr» geformte Hand! Eigentlich müßten wir sie als noch blauer empfinden, wenn wir sie mit der durch die Sonne gelblich wirkenden Umgebung vergleichen. Doch dieser gelbliche Farbton fällt wegen der großen Helligkeitsdifferenz viel weniger auf, als man erwarten würde. Achten Sie aber auf die Schatten, wenn die Sonne über einer Schneelandschaft untergeht: Vor allem in den letzten Minuten vor Sonnenuntergang, wenn die Sonne orange, rot, purpurn wird, färben sich die Schatten blau, grün, grüngelb.[31] Diese Farben sind deshalb so intensiv, weil sich die Helligkeitswerte in und neben dem Schatten jetzt weniger voneinander unterscheiden als tagsüber: Die Sonnenstrahlen treffen unter sehr kleinem Winkel auf den Schnee, so daß das diffuse Licht des Himmels ein relativ großes Gewicht bekommt. Zudem wird die Farbe der Sonne immer intensiver.

«Auf einer Harzreise im Winter stieg ich gegen Abend vom Brocken herunter; die weiten Flächen auf- und abwärts waren beschneit, die Heide von Schnee bedeckt, alle zerstreut stehenden Bäume und vorragenden Klippen, auch alle Baum- und Felsenmassen völlig bereift; die Sonne senkte sich eben gegen die Oderteiche hinunter.

Waren den Tag über bei dem gelblichen Ton des Schnees schon leise violette Schatten bemerklich gewesen, so mußte man sie nun für hochblau ansprechen, als ein gesteigertes Gelb von den beleuchteten Teilen wider schien.

Als aber die Sonne sich endlich ihrem Niedergang näherte, und ihr durch die stärkeren Dünste höchst gemäßigter Strahl die ganze mich umgebende Welt mit der schönsten Purpurfarbe überzog, da verwandelte sich die Schattenfarbe in ein Grün, das nach seiner Klarheit einem Meergrün, nach seiner Schönheit einem Smaragdgrün verglichen werden konnte. Die Erscheinung ward immer lebhafter, man glaubte sich in einer Feenwelt zu befinden, denn alles hatte sich in die zwei lebhaften und so schön übereinstimmenden Farben gekleidet, bis endlich mit dem Sonnenuntergang die Prachterscheinung sich in eine graue Dämmerung und nach und nach in eine mond- und sternhelle Nacht verlor.»[32]

31 Chevreul, C. R.: 47, 196, 1859.
32 Goethe, J.W.v.: Farbenlehre, I, 1, § 75.

Das Phänomen der farbigen Schatten auf Schnee ist auch vom psychologischen Standpunkt aus überaus bemerkenswert.[33] Tagsüber, bei blauem Himmel empfindet man das Blau der Schatten als satter, *wenn man nicht weiß, daß Schnee liegt*; man kann einen im Schatten liegenden Schneefleck in der Ferne sowohl für «weißen Schnee im Schatten» als auch für einen «blauen See» halten. So erscheinen Schneeschatten auf dem Mattglas einer Kamera bedeutend blauer als in der Landschaft, weil man sie nicht sofort als solche erkennt. Ein offenkundig unvoreingenommener Beobachter, der aus einem dunklen, dichten Tannenwald heraus ferne Sträucher ansah, die mit Rauhreif überzogen waren, sah den Reif tatsächlich blau![34] Der Wald hatte die gleiche Wirkung wie ein enges Rohr (§ 197). Psychologen wissen, daß man die Farben auf ihren eigentlichen Farbton reduzieren kann, wenn man sie durch eine kleine Öffnung sieht, denn dann wirken sie so, als lägen sie in der Ebene des Projektionsschirms; wenn wir uns jedoch die Gegenstände in ihrer spezifischen Umgebung und Beleuchtung ansehen, gleichen wir den Einfluß äußerer Faktoren unwillkürlich aus. Wir sehen ein und denselben Gegenstand erstaunlich gleichbleibend, auch unter veränderten äußeren Bedingungen.

In der russischen Literatur gibt es eine höchst bemerkenswerte Beschreibung eben dieses Phänomens, wie es von Kindern, also wiederum von unvoreingenommenen Beobachtern, erlebt wird. Ich zweifle nicht einen Augenblick daran, daß diese Beschreibung auf Tatsachen beruht. Der Himmel muß blau gewesen sein, die herabfallenden Schneeflocken wurden nicht vor dem Hintergrund des Himmels, sondern vor dunklen Landschaftsausschnitten gesehen; die Kinder befanden sich im Schatten.

«Schau mal, Galja! Warum schwimmt dort blauer Schnee?... Schau mal, Galja! Blauer Schnee! Blauer!...»

Die Kinder gerieten in Erregung und riefen freudig: «Blauer Schnee! Blauer ... Blauer Schnee schwimmt!...»

«Was ist blau? Wo?...» Ich sah mich um, sah auf die Schneefelder, auf die Schneeberge und griet ebenfalls in Erregung. Das war etwas ganz Ungewöhnliches: Der Schnee wirbelte tatsächlich und wogte von allen Seiten zu uns, von überall, von Nah und Fern, in blauen Wellen. Und die Kinder schrien freudig erregt:

«Der Himmel schneit jetzt herunter! Nicht wahr, Galja?...»

«Blau!... Blau!...»

Ich war wieder einmal über die aufmerksame und dichterische Beobachtungsgabe der Kinder überrascht. Ich hatte diese schwimmende Bläue nicht bemerkt. Oftmals hatte ich schon genießerisch den ersten Schneefall erlebt, aber noch niemals hatte ich diesen unermeßlichen, durchsichtigen blauen Wirbel des Schnees über der Erde gesehen.

Fedor Gladkov: *Neue Erde*. Wien 1932, S. 238. Übers. v. Olga Halpern

---

33 Priest, I. G.: J. O. S. A. *13*, 308, 1926.
34 Das Wetter *20*, 69, 1903.

116. Farbige Schatten, die durch farbige Lichtreflexe entstehen

Bunte Gegenstände, die von der Sonne beschienen werden, strahlen einen Lichtschein ab, der häufig stark genug ist, um Schatten in der Komplementärfarbe entstehen zu lassen. Zum Aufspüren dieser Lichteffekte ist ein Notizbuch gut geeignet: Man schlägt es so auf, daß es einen rechten Winkel bildet; mit der einen Fläche eines solchen Dieders schirmt man das Sonnen- oder Himmelslicht ab, auf die andere Fläche läßt man den farbigen Lichtschein fallen. Wir halten ein Senkblei vor das Papier: Sein Schatten nimmt die entsprechende Komplementärfarbe an und ist dadurch ein äußerst empfindlicher Indikator für die Farbigkeit des einfallenden Lichtscheins. Eine grün gestrichene Wand, ein grüner Strauch werfen rosa Schatten. Eine gelbe Wand ergibt blaue Schatten, welche in einem bestimmten Fall in 400 m Entfernung noch nachweisbar waren. Das gleiche gilt für eine ockerfarbene Felswand.[35]

117. Das Kontrastdreieck

Abb. 105
Das Kontrastdreieck.

Ein Beobachter berichtet[36], wie er in einer hellen Nacht 20° über dem Horizont den Mond gesehen habe und sich das Licht des Mondes auf den Wellen als helles Dreieck spiegelte, welches sich vom Schiff bis zum Horizont erstreckte. Seltsamerweise sah er noch ein ähnliches Dreieck, aber spiegelverkehrt und dunkel, vom Mond zum Horizont hinabreichen (Abb. 105). Die Erscheinung mußte auf jeden Fall psychologische Ursachen haben, sie konnte nicht real sein, denn sie verschwand, sobald das untere helle Dreieck und der Mond verdeckt wurden.

35 C. R. *48*, 1105, 1859.
36 Martins, C.: C. R. *43*, 763, 1856.

Diese Geschichte erschien mir so unglaublich, daß ich sie nach einigem Nachdenken in der 2. Auflage dieses Buches schon streichen wollte. Völlig unerwartet erhielt ich jedoch die Beschreibung einer fast identischen Beobachtung von K. Braak im Süden Oslos. Und nicht lange danach folgten ähnliche Beobachtungen von den Niederländern Veen und Hospers.[37] Erneut beobachtet wurde die Erscheinung 1959.[38] Und wir fanden sie sogar auf Gemälden und Werbeplakaten wieder. Offenbar ist sie sehr einfach aufzufinden. Heute weiß man sicher, daß dieses Dreieck häufig vorkommt und daß es sich um ein Kontrastphänomen handelt, denn es verschwindet, sobald man die helle Lichtbahn abschirmt. Deckt man den Mond ab, fällt lediglich die oberste Spitze des Dreiecks weg. Bei dieser Beobachtung muß der Himmel am Horizont diffus beleuchtet sein, wie es z.B. bei diesigem Wetter der Fall ist.

Offenbar kommt das Kontrastdreieck auf ähnliche Weise zustande wie Kontrastsäume. Daß man ein Dreieck, eine Art Spiegelbild des hellen Dreiecks auf den Wellen sieht, beruht darauf, daß wir unwillkürlich versuchen, Symmetrie in unsere Wahrnehmungen zu bringen. Ein entsprechendes Phänomen wurde auch bei der Sonne beobachtet, allerdings war es weniger deutlich ausgeprägt.

37 Hospers, I.: Hemel en Dampkring 46, 93, 1948.
38 Marine Obs. 30, 193, 1960.

Kapitel IX
Das Beurteilen von Form und Bewegung

118. Optische Täuschungen hinsichtlich Lage und Richtung

Nehmen wir an, unser Gesichtsfeld umfaßt zwei Gruppen von Gegenständen. Die Gegenstände innerhalb jeder Gruppe stehen parallel oder rechtwinklig zueinander, die beiden Gruppen an sich jedoch stehen schief zueinander: Wir neigen dazu, die «dominierende» Gruppe als tatsächlich vertikal bzw. horizontal anzusehen.

Auf den Korridoren eines Schiffs, das schief im Wasser liegt (beispielsweise, wenn der Wind quer zum Schiff weht), scheinen mir alle Leute schräg zur Senkrechten zu stehen. – Wenn wir einen steilen Hang hinunterfahren, erscheint der vor uns liegende Horizont auffallend hoch.

In den Briefen A. Törneros' (1827) heißt es sinngemäß: Wir fuhren einen steilen Hang hinunter nach Halland. Die See im Westen wogte ruhig und erhob sich so hoch bis zum Horizont, als gäbe es bald eine Überschwemmung.

Für Radfahrer spielen solche Täuschungen eine wichtige Rolle, wenn sie Gefällstrecken richtig einschätzen wollen.[1] Das Gelände, auf dem ich fahre, sehe ich stets «waagerecht»: Wenn ich mit dem Fahrrad einen steilen Hang hinunterfahre, scheint sich mir das Wasser in einem Speicherbecken entlang des Weges entgegenzuneigen. Fahre ich auf einem nur leicht abschüssigen Weg, dann steigt der Weg weiter vorne scheinbar an, während er in Wirklichkeit eben ist: Ich sehe die Steigung in der Ferne überhöht und das Gefälle abgeflacht. Was ich sehe, ist vor allem, wie sich der vor mir liegende Hang *verändert*; oft widerspricht der visuelle Eindruck dem, was ich aus dem Tretwiderstand schließen würde. – Wenn ich mit dem Rad den hochgelegenen Schelmseweg nördlich von Arnheim entlangfahre, blicke ich in südlicher Richtung über das abschüssige Gelände und sehe die fernen Ziegeleien mit ihren hohen Kaminen. Obwohl ich weiß, daß sie in den niederen Rheinauen liegen, kann ich mich des Eindrucks nicht erwehren, daß sie sich auf einem Hügelkamm befinden, und zwar in recht großer Höhe über der Ebene.

Südlich von Ayr in Schottland gibt es einen berühmten Hang, wo man das Fahrrad ohne zu treten hinunterlaufen lassen kann und man gleichzeitig den Eindruck hat, den Hügel hinaufzufahren: Es ist der «Electric Brae». Im Hintergrund befinden sich Wälder und Berge, die sich alle in die gleiche Richtung neigen.

Visuelle Eindrücke können außerdem durch Signale aus unserem Gleichgewichtsorgan und unseren Muskeln verstärkt werden. Ein Flug-

1 Bragg: *Het Wonder van het Licht*, S. 49.

zeug fliegt eine Kurve, für den Passagier neigt sich die Landschaft im Vergleich zur Kabine, in der er sitzt, und er meint nun, der Horizont stünde schief. Gleichzeitig aber verspürt er die Schwerkraft, die zusammen mit der Zentrifugalkraft eine schiefstehende Resultierende hat: Der visuelle Eindruck wird dadurch noch überzeugender.

Ein Zug fährt mit hoher Geschwindigkeit in eine Kurve – nach dem zu urteilen, was uns unsere Augen und Muskeln signalisieren, stehen alle Masten, Häuser und Türme schief. Hält der Zug jedoch zufällig in der Kurve oder fährt er sehr langsam, verliert sich ein Großteil dieses Effekts – ein Beweis dafür, daß der visuelle Eindruck zu der Täuschung zwar beiträgt, aber eben nur teilweise. Eine ähnliche optische Täuschung erleben manche Menschen, wenn der Zug bremst. Richten Sie Ihr Augenmerk auf Schornsteine, Häuser, die Rahmen von Zugfenstern oder andere senkrechte Objekte: Wenn der Zug stark abbremst, scheint es, als würden sich alle senkrechten Linien ein wenig vornüber neigen, am deutlichsten in dem Moment, da der Zug zum Stehen kommt. Unmittelbar danach stehen sie plötzlich wieder aufrecht. Es kam mir sogar schon einmal so vor, als würde sich eine waagerechte Wiese beim Bremsen neigen. – Die Ursache dieser Täuschung liegt in der Tatsache, daß wir merken, wie wir uns beim Bremsen nach vorn beugen, gerade so, als hätte sich die Richtung der Schwerkraft geändert. Im Vergleich zu dem, was unsere Muskeln uns als «senkrecht» vorgaukeln, neigen sich die Gegenstände nach vorn (Abb. 106).

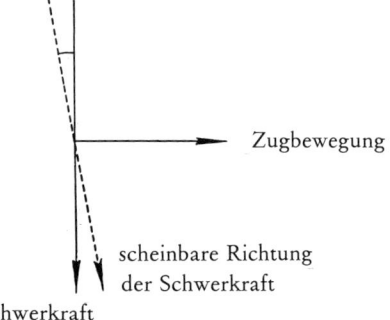

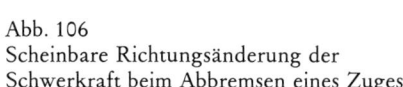

Abb. 106
Scheinbare Richtungsänderung der
Schwerkraft beim Abbremsen eines Zuges.

Zugbewegung

scheinbare Richtung
der Schwerkraft

Schwerkraft

119. Die Bewegungswahrnehmung[2]

In der Regel stellt man sich die Wahrnehmung einer Bewegung so vor, daß man einen Gegenstand zu festen Raumpunkten in Beziehung setzt, ihn zunächst in einer, dann in einer anderen Position sieht. Das ist jedoch nicht immer der Fall: *Geschwindigkeit* kann als eigenständiger Eindruck wahrgenommen werden, ebenso wie Weg oder Zeit. Folgen Sie ziehen-

2 Pflüger's Archiv *39*, 347, 1886; *40*, 459, 1887; sowie das spätere Werk Baslers.

den Wolken mit dem Blick, haben Sie sofort einen Eindruck von deren Richtung und Geschwindigkeit.

Man hat herausgefunden, daß wir Winkelgeschwindigkeiten von bis zu 1' bis 2' pro Sekunde wahrnehmen können, wenn feste Bezugspunkte im Gesichtsfeld liegen (auch wenn wir keinen bewußten Vergleich anstellen). Ohne feste Bezugspunkte wäre die Geschwindigkeitswahrnehmung ungefähr 10mal ungenauer. Das unbewegte Bezugssystem ist, wie im Fall der ziehenden Wolken, das eigene Auge: Man empfindet über die Augenmuskeln, daß es sich nicht bewegt, andererseits meldet uns der Gesichtssinn, mit welcher Geschwindigkeit Bilder über die Netzhaut ziehen.

Betrachten Sie mit ruhigem Blick vorbeiziehende Wolken, und versuchen Sie, deren Richtung auf Anhieb zu bestimmen. Wiederholen Sie dies unter veränderten Bedingungen: bei niedrigen Wolken, hohen Wolken; wenig Wind, viel Wind; bei Mondschein, ohne Mondlicht. Bei einer Geschwindigkeit von 2' pro Sekunde dauert es 15 Sekunden, bis die Wolke über den Mond hinweggezogen ist.

An einem großmaschigen Netz, das zum Trocknen aufgehängt ist, sieht man deutlich jeden Windstoß, der darüberstreicht. Betrachtet man aber eine einzelne Masche, so ist kaum eine Bewegung erkennbar. Die Fähigkeit unseres Auges, kleine, zusammenhängende Bewegungen zu registrieren, scheint sehr empfindlich zu sein. Achten Sie ebenso auf wilden Wein, der sich über eine Mauer rankt und über den der Wind streicht.

120. Sterne, die sich bewegen[3]

Etwa um das Jahr 1850 maß man einer geheimnisvollen Erscheinung große Bedeutung bei: Ein Stern, den man scharf anvisierte, schien manchmal hin und her zu pendeln und seine Position zu verändern. Dieser Effekt stellte sich in der Dämmerung und nur bei Sternen in weniger als 10° Höhe über dem Horizont ein. Ein funkelnder Stern bewegte sich immer wieder ruckartig zum Horizont, blieb dann 5 bis 6 Sekunden stehen und bewegte sich genauso ruckartig zurück. Die Erscheinung war für viele Beobachter so deutlich, daß sie sie für objektiv hielten und mit Schlieren warmer Luft zu erklären versuchten.[4]

Von einem physikalischen Phänomen kann hier jedoch keine Rede sein. Eine mit unbewaffnetem Auge erkennbare Bewegung von ½° pro Sekunde entspräche bei Verwendung eines Fernrohrs mit mittlerer Vergrößerung einer Bewegung von mindestens 50°: die Sterne würden hin und her peitschen und wie Meteoriten durch das Blickfeld schießen. Jeder

3 Pogg. Ann. *92*, 655, 1857. – Eine der ersten Beobachtungen wurde im Jahre 1799 von Alexander von Humboldt beschrieben: Kosmos *III*, 75. – Neuere Literatur über «autokinetische Sinneseindrücke» s.: *Hdb. der Physik*, Bd. 20, *Physiologische Optik*, S. 174.

4 Müller, A.: Pogg. Ann. *106*, 289, 1859.

Beobachter weiß, daß dies nicht zutreffen kann. Selbst unter ungünstigsten atmosphärischen Bedingungen bleiben Ortsveränderungen, die durch Szintillation bedingt sind, unterhalb der Grenze, die für das Auge noch sichtbar ist. *Psychologisch* betrachtet hat die Erscheinung jedoch ihre volle Bedeutung. Möglicherweise entsteht sie, wenn ein Bezugsobjekt fehlt, hinsichtlich dessen wir die Position des Sterns eindeutig beurteilen könnten. Es ist uns nicht bewußt, daß unsere Augen ständig winzige, unwillkürliche Bewegungen ausführen, und fassen daher zwangsläufig, wenn ein Bild über die Netzhaut wandert, dies als Verschiebung der Lichtquelle auf. Eine Vorstellung von dem fraglichen Phänomen bekommt man, wenn man bei Einbruch der Dämmerung einen der ersten Sterne aufmerksam ansieht. Ich sehe dann ebenfalls dieses bizarre Hin- und Herschwanken über eine Strecke von ungefähr ½°, was vermutlich das oben genannte Phänomen ist, das von manchen Menschen deutlicher wahrgenommen wird.

Ich wurde einmal gefragt, woher es kommt, daß sich ein weit entferntes Flugzeug leicht ruckartig vorwärtsbewegt, wenn man es konzentriert anschaut. Offenbar ist hier die gleiche psychologische Ursache im Spiel wie bei der Bewegung der Sterne. Die Beschreibung «weit entfernt» weist darauf hin, daß auch diese Erscheinung hauptsächlich in Horizontnähe auftritt.

Was ist davon zu halten, daß drei Personen unabhängig voneinander zur gleichen Zeit den Mond 30 Minuten lang auf- und abtanzen sahen?[5] Von einem analogen Ereignis wurde unlängst aus Groningen berichtet, die Beobachtung wurde bei klarem Himmel gemacht.

121. Die sich drehende Landschaft und der mitwandernde Mond

Richten Sie den Blick auf zwei unterschiedlich weit entfernte Bäume oder Häuser: Wenn wir uns bewegen, *wandert das weiter entfernte Objekt mit, während das nähere zurückbleibt.* Hierbei handelt es sich um eine einfache geometrische Verschiebung (Parallaxe), ein geometrisches Phänomen ohne physikalische Besonderheit.

Die Landschaft im Geviert des Wagenfensters rast wild
Vorbei, und ganzer Flächen fliehndes Wechselbild
Mit Wasserlauf und Korn und Baumbestand und Himmel
Stürzt sich dahin in grausam wirbelndem Gewimmel ...

Paul Verlaine: *Das schlichte Lied.*
Stuttgart 1988, S. 67. Übers. v. Wilhelm R. Berger

Eines der ersten Dinge, die mir schon als Kind auf Zugfahrten auffielen, ist die merkwürdig drehende Bewegung, die die Landschaft zu ma-

5 Nat. *38*, 102, 1888.

chen scheint. Es ist, als würde sich die gesamte Landschaft um einen imaginären Punkt drehen, den Punkt, auf den ich zufällig gerade den Blick
richte. Ob ich nun in die Ferne sehe oder auf einen näher gelegenen Punkt
– immer scheint mir der fixierte Punkt stillzustehen, während die weiter
entfernten Punkte mitlaufen und die näheren hinterherbleiben. Achten
Sie einmal selbst darauf! Diese Sinneseindrücke müssen einesteils aufgrund der Parallaxe entstehen, anderenteils dadurch, daß wir alles zu dem
Punkt in Beziehung setzen, auf den unser Blick gerichtet ist: eine psychologische Eigenheit unserer Sinneswahrnehmung. Wenn wir abends spazierengehen, radfahren oder im Zug sitzen, sehen wir den Mond am fernen Horizont getreu «mit uns wandern». Ebenso die Sonne oder die
Sterne – aber darauf achten wir nicht so sehr. Dies beweist, daß wir unsere Aufmerksamkeit auf die Landschaft richten, die weiter entfernten
Himmelskörper bewegen sich aufgrund der Parallaxe mit.

122. Optische Täuschungen hinsichtlich Ruhe und Bewegung[6]

Wenn ich über die Brücke gehe, sieh!
Nicht das Wasser fließt, sondern die Brücke.

Spruch der chinesischen Ts'an-Sekte

Eine optische Täuschung, die jedermann kennt, tritt auf, wenn man in einem stehenden Zug sitzt und der Zug auf dem Nachbargleis sich in Bewegung setzt: Man glaubt, der eigene Zug fahre sachte an. Oder wir blicken
an einem Turm oder hohen Sendemast vorbei auf die vorüberziehenden
Wolken: Bald sieht es so aus, als stünden die Wolken still und als bewegte
sich statt dessen der Turm.[7] Ebenso sehen wir manchmal den Mond an
stillstehenden Wolken vorübereilen. Überquert man auf einem Holzsteg
einen Bach, muß man aufpassen, daß man nicht in die Strömung sieht,
denn es kann einem schwindelig werden: Man weiß plötzlich nicht mehr,
was ruht und was sich bewegt, weil ein so großer Ausschnitt des Gesichtsfeldes in Bewegung ist.[8] – Wer zum ersten Mal auf hoher See ist, sieht die
hängenden Gegenstände in seiner Kabine hin und her schaukeln, während die Kabine selbst stillsteht.

In all diesen Fällen ist die Täuschung eng mit der in § 118 beschriebenen verwandt. Wir neigen dazu, diejenigen Dinge in Bewegung zu sehen,
die erfahrungsgemäß die beweglichen Teile der Landschaft sind. Daneben jedoch gibt es ein allgemeineres, übergeordnetes Gesetz: Das Größere, das Umschließende sehen wir in Ruhe, das Umschlossene bewegt.
In den o.g. Fällen steht dieses zweite Gesetz im Konflikt mit dem ersten,
und wir sehen, wie es die normale, tägliche Erfahrung prägt.

6 Vgl. Metzger, W.: *Gesetze des Sehens.* Frankfurt 1936, Kapitel XI.
7 Vgl. Dante: Inferno *31*, Vers 136.
8 Vgl. Helmholtz: *Physiol. Optik*, 3. Aufl., Bd. 3, S. 209 ff. – Oppel, J.: Pogg. Ann. *99*,
540, 1856.

Ich sitze im Zug am Fenster und sehe gedankenverloren auf den vor-
beifliegenden Bahndamm. Der Zug hält, und obwohl ich sicher weiß, daß
er stillsteht, kann ich mich beim Hinaussehen des Eindrucks nicht erwehren, daß der Zug langsam rückwärts gleitet. Das Gesichtsfeld verschiebt
sich nicht etwa überall gleich schnell, sondern direkt vor mir ist die Bewegung schneller, weiter weg langsamer; auch in einiger Entfernung rechts
und links des Punktes, auf den ich starre, ist sie langsamer. Es kommt mir
vor, als würde sich die gesamte Landschaft um diesen Punkt drehen und
sich dabei dehnen, als bestünde sie aus einem gummiartigen Material:
Der Drehsinn ist genau entgegengesetzt zur Richtung des eben noch fahrenden Zuges (§ 121). Es wäre interessant, in dem Augenblick, da der Zug
anhält, schnell zur anderen Fensterseite zu gehen und hinauszusehen: Die
Bewegung müßte sich dann in der ursprünglichen Richtung fortsetzen.
    Vorstellbar wäre, daß unsere Augenmuskeln es gewohnt sind, die vor-
überfliegenden Gegenstände unbewußt mehr oder weniger zu verfolgen;
steht der Zug, setzen wir die unwillkürlichen Augenbewegungen fort und
addieren gleichsam noch eine Zeitlang eine konstante «Ausgleichsge-
schwindigkeit» zur tatsächlichen. Die Art und Weise, wie sich die Geschwindigkeit zu den Rändern des Gesichtsfeldes hin verändert, kann allerdings keinesfalls mit einer einzigen Augenbewegung begründet werden. Man bemerkt das Phänomen nämlich auch nach einer langen Auto-
fahrt auf geraden Straßen, wenn man selbst am Steuer saß oder als Bei-
fahrer «mitsteuerte». Wenn das Auto anhält, bewegt sich alles auf einen
Fluchtpunkt in der Ferne zu, und man meint, selbst rückwärts zu fahren!
Umgekehrt kann man in einem Nahverkehrszug mit Sicht nach hinten die
sich entfernende Landschaft beobachten; hält der Zug an, weicht die Szenerie wieder auseinander. Es wurden auch Versuche durchgeführt, bei
denen ein Beobachter über längere Zeit hinweg Gegenstände fixierte, die
immer wieder gleichzeitig von einem Mittelpunkt aus nach außen bewegt
wurden, nach oben, unten, rechts und links. Beim Anhalten der Bewegung sah der Beobachter die Lichtpunkte von allen Seiten zum Mittelpunkt zurückfließen, was unmöglich mit einer einzigen Augenbewegung
zu erklären ist! Vielmehr sind wir gewohnt, unbewußt in jedem Bereich
des Gesichtsfeldes einen Teil der Geschwindigkeit zu subtrahieren und
damit noch fortzufahren, nachdem die Bewegung schon aufgehört hat.
    Dies kann man übrigens auch beobachten, wenn man einen Punkt des
Zugfensters fixiert und auf diese Weise die Augenbewegungen anhält,
vorausgesetzt, der Zug fährt nicht so schnell, daß die Objekte draußen zu
Streifen ineinanderfließen.[9]
    Dem steht nun eine schon sehr frühe Beobachtung Brewsters gegen-
über, bei der unwillkürliche Augenbewegungen durchaus eine Rolle spielen.[10] Wenn wir aus dem Zugfenster sehen, scheinen kleine Steine und

9 v. Kries, in: Helmholtz: 3. Aufl., *III*, 207.
10 Proc. Brit. Ass. 1848, S. 47.

Kiesel zu Strichen gedehnt; sehen Sie nun schnell in etwas größerer Entfernung auf die Erde: Einen kurzen Moment lang sehen Sie dann die Steine in Ruhe, als würden sie von einem Lichtblitz beleuchtet. Dies zeigt, daß unser Auge tatsächlich den sich bewegenden Gegenständen folgt, nur nicht mit der vollen Geschwindigkeit.

Brewster machte noch eine andere Beobachtung[11], als er die vorüberfliegenden Steine durch einen Schlitz in einem Blatt Papier betrachtete. Wandte er schnell die Augen zur Seite, so daß die Steine im peripheren Gesichtsfeld zu sehen waren (wobei er immer durch den Schlitz blickte), dann war das Bild der gesamten Landschaft für einen kurzen Augenblick scharf. Zur Erklärung ist § 103 vermutlich hilfreich.

Ich gehe an einem Kinderspielplatz vorbei, der rechts von mir liegt und von einem niedrigen Zaun umgeben ist, und sehe unverwandt nach den Kindern. Nach 1 bis 2 Minuten sehe ich wieder geradeaus, und nun wandern die Pflastersteine und andere Gegenstände vor mir von rechts nach links. Wenn ich den Versuch zu wiederholen versuche, aber jetzt anstatt der Kinder den Zaun fixiere, ist die Erscheinung weniger deutlich. Hierbei zeigt sich, daß man Gegenstände, die sich schnell bewegen, nicht unbedingt mit dem Blick verfolgen muß, daß es aber vorteilhaft ist, einen wenig strukturierten Gegenstand zu fixieren, während Bilder mit starken Hell-Dunkel-Kontrasten über die Netzhaut wandern.[12]

Aufmerksam betrachte ich fallende Schneeflocken, verfolge eine einzelne in ihrem Fall, richte dann schnell den Blick nach oben, suche mir eine neue Schneeflocke aus und wiederhole dieses Spiel einige Minuten lang. Schaue ich nun auf den schneebedeckten Boden, sehe ich ihn buchstäblich emporsteigen, während ich selbst das Gefühl habe zu sinken.

Sehen Sie einige Zeit auf einen Fluß mit schneller Strömung oder auf treibende Eisschollen, und fixieren Sie dabei einen Pfahl oder irgendeine Einzelheit auf einer kleinen Insel. Wenn Sie jetzt den Blick wieder auf den festen Boden richten, sehen Sie eine «Bewegung gegen den Strom».

Nachdem Sie einen Wasserfall bestaunt haben, scheinen sich die Ufer aufwärts zu bewegen. – Ich hatte einen hohen, schmalen Wasserfall betrachtet und richtete den Blick nach oben auf einen glatten Berghang: Ich sah einen senkrechten, schmalen Streifen aufwärts gleiten.

Purkinje sah aus seinem Fenster längere Zeit einer Reiterparade zu. Danach hatte er den Eindruck, als bewegten sich die gegenüberliegenden Häuserreihen in entgegengesetzter Richtung.

Wenn Sie auf einem schmalen Pfad zwischen Kornfeldern spazierengehen und den fernen Mond dabei nicht aus den Augen lassen, ist dies ebenfalls eine günstige Voraussetzung für das Auftreten der optischen Täuschung.

11 v. Kries, a.a.O.
12 Vgl. Basler: Pflüger's Archiv *132*, 131, 1910.

Die Bedingungen für alle diese optischen Täuschungen sind kurz zusammengefaßt:

Die Bewegung muß mindestens 1 Minute lang dauern;

sie darf nicht allzu schnell sein (es gibt eine optimale Geschwindigkeit);

man muß den Blick auf einen sich bewegenden oder ruhenden Gegenstand richten, aber immer so, daß die Bilder, die über die Netzhaut wandern, starke Kontraste oder eine deutliche Struktur besitzen.

123. Schlingernde Doppelsterne[13]

Das Phänomen der schlingernden Doppelsterne wurde bereits von dem großen Astronomen Herschel beobachtet. Betrachten Sie mit einem einfachen Fernglas den vorletzten Stern des Großen Bären. Sie erkennen neben dem hellen Stern deutlich noch einen lichtschwächeren (Abb. 71 u. 88). Am besten gelingt die Beobachtung, wenn diese beiden Sterne mehr oder weniger senkrecht untereinander stehen. Rücken Sie das Fernglas ein wenig nach links, gerade so schnell, daß Sie beide Sterne noch als Punkte sehen, dann wieder nach rechts usw. Dabei hat man nun den Eindruck, als bliebe der lichtschwächere Stern stets etwas hinter dem helleren zurück, gerade so, als hinge er an einem Seil und vollführte eine Schlingerbewegung (Abb. 107)!

Abb. 107
Scheinbares Schlingern von Doppelsternen,
beobachtet mit einem hin- und herbewegten
Fernglas.

Diese Erscheinung kann damit erklärt werden, daß es eine gewisse Zeit dauert, bis das Licht auf der Netzhaut einen Impuls auslöst. Diese Zeitspanne ist um so kürzer, je heller der Stern ist; bis man den schwächeren sieht, ist der hellere schon ein Stückchen weiter.

Pulfrich machte sich dieses Phänomen beim Bau eines neuen Fotometertyps zunutze.

124. Optische Täuschung beim Beurteilen des Drehsinns

Eine Windmühle dreht sich in der Abenddämmerung. Wir blicken schräg auf die Flügelflächen und sehen in der Ferne deren dunkle Silhouette (Abb. 108a). Man kann sich vorstellen, die Flügel drehten sich rechts herum, aber genausogut kann man sich vorstellen, daß sie sich nach links drehen (Abb. 108b). Der Wechsel von einer Vorstellung zu anderen erfor-

13 Hemel en Dampkring 29, 348–380–413, 1931.

dert einen Moment der Konzentration: Meist genügt es, die Windmüh-
lenflügel weiterhin ruhig anzusehen, dann schlägt das Bild «von selbst»
um. – Die meisten Wetterstationen besitzen einen Windmesser nach
Robinson: eine kleine Windmühle, die sich um eine senkrechte Achse
dreht und zur Messung der Windstärke eingesetzt wird. Wenn ich sie aus
einiger Entfernung beständig und ruhig anblicke, scheint der Drehsinn jedesmal nach ungefähr 25 bis 30 Sekunden umzuschlagen, ohne daß ich
dies willentlich beeinflussen kann. Auch eine Wetterfahne, die hin und
her flattert, kann uns verunsichern, insbesondere, wenn sie nicht sehr
hoch hängt (Abb. 108c).

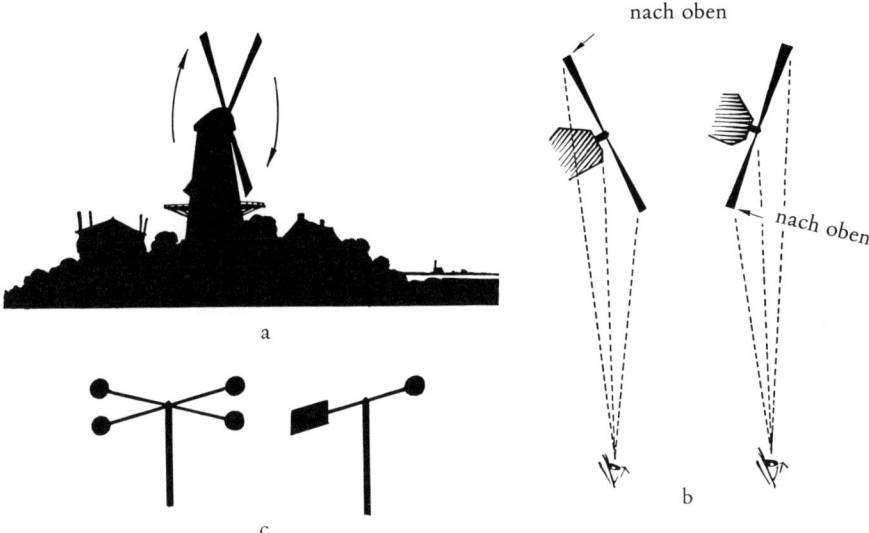

Abb. 108
Die Silhouette einer Windmühle am Abend: a) was der Beobachter sieht; b) welche
Vorstellungen sich dabei einstellen können; c) weitere täuschende Silhouetten.

In all diesen Fällen hängt unsere Beurteilung des Drehsinns davon ab,
welche Teile des Gegenstands näher und welche weiter weg zu sein
scheinen. Diejenigen, die wir gerade am aufmerksamsten betrachten, erscheinen uns im allgemeinen näher. Das Umschlagen des scheinbaren
Drehsinns ist also auf ein Umspringen unserer Aufmerksamkeit zurückzuführen.

125. Stereoskopische Phänomene

An Scheiben aus schlechtem Fensterglas, wie man sie hier und dort noch
findet, kann man ein besonderes optisches Phänomen beobachten. Sehen
Sie aufmerksam durch das Fenster die Pflastersteine an. Gehen Sie ganz

dicht an die Scheibe heran, halten Sie den Kopf ruhig, und machen Sie sich frei von der Vorstellung, daß die Straße eben *ist*! Sie stellen nun plötzlich fest, daß sie sich scheinbar wellt, mitunter sogar sehr stark! Bewegt man den Kopf, dann verlaufen die Wellen in entgegengesetzter Richtung über den Boden; weicht man etwas vom Fenster zurück, dann scheinen sie in etwa gleich hoch zu bleiben, aber breiter zu werden.

Erklärung: Das Glas ist nicht eben, sondern weist kleinere Unebenheiten auf, meist parallel in einer Richtung, was auf das gerichtete Auswalzen des glühend-flüssigen Glases zurückzuführen ist. Solch eine Unebenheit wirkt wie ein Prisma mit kleinem Prismenwinkel und lenkt die Lichtstrahlen leicht ab. In Abb. 109 machen sich die Unebenheiten im

Abb. 109
Sieht man durch eine unebene Scheibe, scheint sich der
Boden zu wellen.

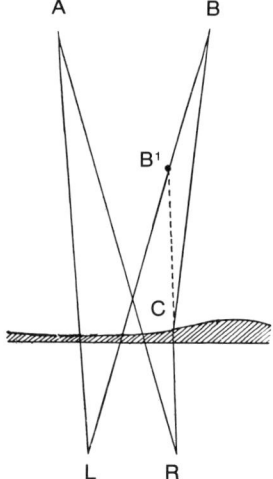

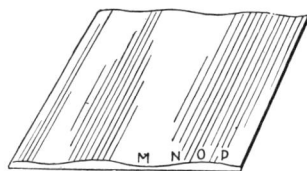

Glas für die Augen L und R, die auf den Punkt A blicken, noch nicht bemerkbar. Beim Betrachten des Punktes B jedoch wird der Lichtstrahl BR gebrochen und nimmt nun den Weg BCR. Die Folge ist, daß die Augen so ausgerichtet sind, als würden sie den Punkt B¹ betrachten, der näher bei uns liegt als B. In einem anderen Ausschnitt der Glasscheibe weichen die Strahlen wieder in anderer Richtung ab, so daß der Gegenstand weiter weg zu liegen scheint. Durch die leichte Unebenheit MNOP des Glases sind die Gegenstände vor dem Fenster scheinbar stark gewellt. Das Zusammenspiel der Einflüsse auf das rechte und das linke Auge ist natürlich nicht immer so einfach zu erklären.

Eine Erscheinung, die eng hiermit zusammenhängt, kann man beobachten, wenn man nahe an einer Wasserfläche mit sehr schwachen Wellen steht. Man kann versuchen, den Blick beispielsweise auf das Spiegelbild eines Astes zu richten, aber dadurch, daß jedes Auge eine andere Wellenfläche sieht, geraten die beiden Bilder in immer wieder andere Winkelabstände zueinander, und es ist unmöglich, die Augenachsen ruhig darauf einzustellen. So entsteht ein eigenartiges, schwer zu beschreibendes Gefühl. Wenn wir ein Auge schließen, sehen wir die Wasserfläche selbst kaum noch; wir könnten uns vorstellen, nicht ein Spiegelbild, sondern den Baum selbst zu sehen, der sich im Wind bewegt. Sehen wir mit beiden Augen, dann drängt sich uns sofort die gekräuselte Wasseroberfläche ins Bewußtsein, doch diese Oberfläche *glitzert*: Dies ist das typische Phänomen, das auftritt, wenn das linke und das rechte Auge unterschiedliche Bilder sehen, eines hell, das andere dunkel.

126. Optische Täuschungen hinsichtlich Entfernung und Größe

Der Wetterhahn auf der Kirchturmspitze ist kaputt und muß zur Reparatur heruntergeholt werden. Er ist erstaunlich groß. – Ein Maler vergoldet die Zeiger der Turmuhr und erscheint so klein wie eine Puppe. Genauso klein kommen uns Menschen vor, die oben auf der Galerie eines Doms stehen. – Das Bild der Viktoria auf der Vorderfront des Amsterdamer Rijksmuseum ist 2,20 m hoch, erscheint aber nicht einmal lebensgroß; die zwei vergoldeten Bilder des Glockenspiels sind 1,52 m groß, kommen uns aber wie Miniaturbilder vor. – Die Uhr des Westturms hat einen Durchmesser von 3 Metern!

In all diesen Fällen *unterschätzen* wir offenbar die Entfernung von Dingen hoch über uns. Dadurch erscheinen sie uns unerwartet klein.

Entsprechend überrascht sind wir auch, wenn wir von einem hohen Turm aus auf das Gewimmel von Menschen, die so klein sind wie Ameisen, und auf «Spielzeugautos» hinunterblicken. Auch hier haben wir es offensichtlich mit einem *Unterschätzen* der vertikalen Entfernung zu tun; uns fehlen dazwischenliegende Punkte, um sie abschätzen zu können.

Wenn wir in einem Flugzeug sitzen, haben wir keine richtige Vorstellung von der Höhe, in der wir uns befinden. Daß wir scheinbar so *langsam* vorankommen, zeigt uns, daß wir die Höhe gewaltig unterschätzen.

Auf ähnliche Phänomene stoßen wir bald bei Sonne und Mond, wo wir uns vor kompliziertere Fragen gestellt sehen werden.

127. Der Mann im Mond[14]

«Der Mann im Mond» lehrt uns, daß wir bei unseren Beobachtungen vorsichtig sein sollten. Die dunklen und hellen Flecken auf dem Mond sind in Wahrheit Ebenen und Gebirgslandschaften, und ihre Verteilung ergibt nun einmal ein bizarres Muster. Unbewußt suchen wir in dieser seltsamen Lichtverteilung vertraute Formen: Wir betrachten eingehend bestimmte Einzelheiten, wodurch diese deutlicher und einprägsamer werden; dagegen verlieren Formen, auf die wir nicht achten, an Deutlichkeit.

14 Harley: *Moon-lore.* London 1885. – Titchener: *Experimental Psychology.*

So kann man im Vollmond mindestens drei Ansichten eines menschlichen Gesichts erkennen: von der Seite, im Halbprofil, von vorne. Man kann eine Frauenfigur darin sehen, eine alte Frau mit einem Reisigbündel, einen Hasen, einen Krebs usw.

Solche Täuschungen haben den besten Beobachtern Streiche gespielt; ein bekanntes Beispiel sind die Mars«kanäle». Bei manch einer phantastischen Schilderung einer Fata Morgana oder anderer Luftspiegelungen tut man gut daran, sich hieran zu erinnern.

128. Das Suchscheinwerferphänomen[15]
Die Wolkenbänke
Das Leuchtturmphänomen

Ein Suchscheinwerfer wirft horizontal ein schlankes, dünnes Lichtbündel über eine nächtliche Heidelandschaft. Obwohl ich weiß, daß das Bündel exakt geradlinig verläuft, kann ich mich nicht von der Vorstellung freimachen, daß es gebogen ist: in der Mitte am höchsten und an den Enden nahe am Boden. Erst, wenn ich mir ein Stöckchen vor die Augen halte, kann ich mich davon überzeugen, daß das Bündel auch wirklich über seine gesamte Länge gerade ist.

Wie kommt es zu dieser optischen Täuschung? Ich neige dazu, die Bahn gekrümmt zu sehen, weil ich sie auf der einen Seite nach links zum Horizont hin abfallen sehe, auf der anderen Seite nach rechts. Unbewußt stelle ich mir eine solche Linie zweidimensional vor und schließe daraus, daß ich einen Bogen sehe und keine Gerade. *Dabei habe ich aber nicht bedacht, daß ich mich ja zuerst nach links, dann nach rechts gewandt habe.* Bei einer einfachen, horizontalen, geradlinigen Telegrafenleitung sieht man übrigens genau dasselbe. Bei den Lichtbündeln am Abend fehlen mir jedoch für die Schätzung von Entfernungen Gegenstände in der Umgebung, die mir als Anhaltspunkte dienen könnten. Demzufolge weiß ich a priori nichts über die Form des Bündels.

Eine derartige Erscheinung sehen wir abends an einer Reihe hoch hängender Straßenlaternen, vor allem, wenn die Häuserreihen nicht parallel verlaufen oder wenn sie von Bäumen verdeckt sind. Man sieht dann die Lichterreihe gekrümmt, genau wie das Lichtbündel des Suchscheinwerfers.[16]

In unmittelbarem Zusammenhang damit steht die Beobachtung, daß die Verbindungslinie der Mondspitzen, etwa zwischen dem ersten Mondphasenviertel und Vollmond, ganz und gar nicht senkrecht zur Richtung Sonne–Mond zu sein scheint. Die Senkrechte müßte sich biegen, um die Verbindung zur Sonne herzustellen. Bestimmen Sie jedoch die Richtung

15 Bernstein: Zs. f. Psych. *34*, 132, 1904.
16 Vgl. Ten Doesschate, G.: Nederl. Tijdschr. voor Geneesk. *74*, 748, 1930.

Mond–Sonne, indem Sie eine Schnur vor Ihren Augen spannen: So unwahrscheinlich es zunächst erschien, Sie werden feststellen, daß es tatsächlich eine Senkrechte ist. Die Wolkenbänke, die von einem Punkt am Horizont auszugehen scheinen und die sich auf der anderen Seite des Himmels wieder vereinigen, sind in Wirklichkeit in horizontalen, parallelen, geraden Linien angeordnet. Der vorspringende Teil einer Böenwolke sieht wie ein dunkler Bogen aus, ist aber in Wirklichkeit gerade. Vgl. dazu auch § 221.

Besonders eindrucksvoll ist, wenn man sich nachts in der Nähe eines Leuchtturms befindet. Die mächtigen Lichtbündel der Scheinwerfer schwenken über die Landschaft, konvergieren auf der anderen Seite am imaginären Gegenpunkt, der sich knapp unter dem Horizont befindet, und *drehen sich scheinbar um ihn herum*.[17] Von einem Lichtbündel sehe ich nur, daß es sich in einer bestimmten Ebene befindet, gegeben durch dessen tatsächliche Lage im Raum und der Position meiner Augen; wenn sich das Bündel dreht, ändert sich die Lage dieser Ebene im Raum ständig, wobei sie aber immer durch die Linie Leuchtturm–Auge–Gegenpunkt geht. Anstatt die Bündel als «horizontale Linien, die von einem Punkt hinter mir ausstrahlen», zu betrachten, kann ich sie physikalisch korrekt genausogut ansehen als «Strahlen, die sich um den Gegenpunkt drehen, deren unterer Abschnitt aber verdeckt ist, weil der Gegenpunkt unter dem Horizont liegt». Daß ich mich unwillkürlich für die zweite Version entscheide, ist ein psychologisch interessantes Phänomen, das mit unserer Neigung zusammenhängt, uns konvergierende Linien als zusammengehörig vorzustellen und sie bis zum Konvergenzpunkt zu verlängern. Außerdem trägt auch die Unterschätzung großer Entfernungen (§ 134) bei: Ein Lichtbündel scheint sich nicht unbegrenzt weit in die Ferne auszudehnen, sondern nähert sich scheinbar einem Punkt in endlichem Abstand vom Auge. Wendet man sich senkrecht zur Richtung des Leuchtturms und richtet den Blick nach oben, sieht man jedes der Bündel stark gekrümmt; es ist beinahe so, als würden die Strahlen von Licht und Gegen licht emporschießen und sich im Zenit treffen.[18]

17 Colange, G., und Le Grand, Y. (C. R. *204*, 1882, 1937) glauben zu Unrecht, daß diese Erscheinung nur unter ganz besonderen Bedingungen vom großen Belle-Isle-Leuchtturm zu sehen sei. Ich hatte sie zuvor schon ausgezeichnet vom Leuchtturm auf Texel beobachten können. – Vgl. Ten Doesschate, G., und Fischer, F.P.: Annales d'Oculistique *176*, 103, 1939.

18 Dunoyer, L.: C. R. *205*, 867, 1937.

129. Die scheinbare Abplattung des Himmelsgewölbes[19]

Wenn wir im freien Feld stehen und in den Himmel sehen, haben wir normalerweise nicht den Eindruck eines grenzenlosen Raumes über uns, auch nicht den einer Halbkugel, die über uns und die Erde «gestülpt» ist. Vielmehr kommt es uns wie ein Gewölbe vor, dessen vertikale Höhe geringer ist als die Entfernung zum Horizont (Abb. 110). Es ist ein *Eindruck*, mehr nicht, für die meisten Menschen allerdings ein sehr starker Eindruck; er müßte also psychologischer, nicht physikalischer Natur sein.

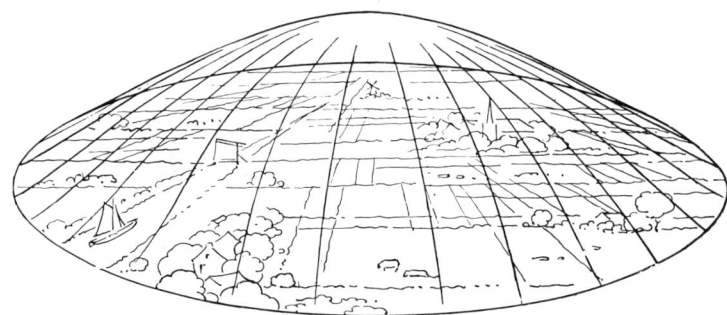

Abb. 110
Der Himmel scheint sich wie eine Art Haube über die Landschaft zu stülpen.

Die scheinbare Abplattung zu messen ist natürlich unmöglich, doch wir können Schätzungen anstellen:

a. Wir schätzen das scheinbare Streckenverhältnis

$$\frac{\text{Auge–Horizont}}{\text{Auge–Zenit}}.$$

Je nach Beobachter und äußeren Bedingungen erhält man als Antwort zumeist Werte zwischen 2 und 4.

b. Wir schätzen möglichst genau, wo die Mitte *des Bogens* Zenit–Horizont zu liegen scheint. Mißt man nach (Anhang B, S. 453f.), so liegt diese Mitte nicht auf einer Höhe von 45°, sondern wesentlich tiefer, nämlich meistens zwischen 20° und 30°; seltener erhält man so niedrige oder hohe Werte wie 12° oder 45°. Es ist wichtig, mit unvoreingenommenen Beobachtern zu arbeiten und ihnen einzuschärfen, daß sie nicht den Winkel, sondern den Bogen halbieren müssen. Ferner ist es wichtig, den Ort des Zenits richtig zu bestimmen: am besten, indem man sich erst in eine, dann in die entgegengesetzte Richtung wendet und prüft, ob die zwei so zustandegekommenen Schätzungen übereinstimmen. Für jeden der zu

19 Aus der sehr umfangreichen Literatur über dieses Thema und die nachfolgenden Paragraphen sei folgende genannt: Müller, A.: *Die Referenzflächen der Sonne und der Gestirne.* Braunschweig 1918. – Sterneck, R.v.: *Der Sehraum auf Grund der Erfahrung.* Leipzig 1907. – Reimann, E.: Zs. f. Psych. und Physiol. der Sinnesorgane, 1920.

1
Die untergehende Sonne erscheint abgeplattet und wirft eine schmale Lichtsäule
über das Wasser. Die Silhouette einer Möwe hebt sich gegen das helle Licht ab
(§§ 20, 39, 262; Foto: Pekka Parviainen).

2
Lichtsäule und Dunst über dem Meer, Verdunstungsnebel in kalter Luft über dem warmen Meer (§ 20; Foto: Pekka Parviainen).

3
Die untergehende Sonne und ihr Spiegelbild auf der Meeresoberfläche sind miteinander verschmolzen (§ 45, Fall 1; Foto: Pekka Parviainen).

4
Wenn die Luft wärmer ist
als das Wasser,
verschwindet der untere
Teil einer fernen Insel,
und der obere Teil wird
als abgeflachtes
Spiegelbild gesehen. Der
Leuchtturm Isokari in
Kustavi (§ 42; Foto:
Pekka Parviainen).

5
Zwei Luftschichten
unterschiedlicher Dichte
lassen vier zusätzliche
Bilder der fernen Inseln
entstehen. Diese Bilder
stehen abwechslungsweise
auf dem Kopf, mit der
rechten Seite nach oben,
wiederum auf dem Kopf
und schließlich wieder mit
der rechten Seite nach
oben, wobei dieses
letztere, höchstgelegene
Bild stark
zusammengepreßt und
daher nur schwer auf dem
Foto zu erkennen ist.
Derlei Beobachtungen
hängen sehr stark von der
Höhe des Betrachters im
Verhältnis zur Höhe der
Luftschichten ab.
Ob die Bedingungen für
eine obere Luftspiegelung
gegeben sind, läßt sich in
der Regel nur erahnen.
Der Beobachter kann
dann versuchen, das Bild
einzufangen, indem er
seine Beobachtungshöhe
immer wieder verändert
(§ 43; Foto: Pekka
Parviainen).

6
Der grüne Strahl (§ 47;
Foto: § 43, Pekka
Parviainen).

7
Farbiges Schneetreiben, bedingt durch einen roten Sonnenuntergang und einen blauen
östlichen Himmel (§§ 114, 115; Foto: Pekka Parviainen).

8
Das Sternbild Orion
steigt über dem östlichen
Horizont auf. Die
Farben der helleren
(überbelichteten) Sterne
sind in der schwachen
Spiegelung besser zu
sehen; der große
Orionnebel erscheint rot
im unteren Teil des
Sternbildes. Vgl. Abb. 72
(§ 63; Foto: Pekka
Parviainen).

9
Haupt- und Neben-
regenbogen (§ 141;
Foto: Pekka Parviainen).

10
Der Nebelbogen erscheint
einfarbig weiß und hat
einen kleineren Radius als
ein normaler Regenbogen
(§ 70; Foto: Pekka
Parviainen).

11
Der Regenbogen, den die
untergehende Sonne
hervorbringt, ist hoch,
und seine Farbe ist rot
(§§ 141, 148; Foto: Pekka
Parviainen).

12
Fuß des Regenbogens
nach Sonnenuntergang
(§ 148; Foto: Pekka
Parviainen).

13
Der Fuß des Hauptregenbogens und ein Teil des Nebenregenbogens. Der
Nebenregenbogen weist im Vergleich zum Hauptregenbogen die umgekehrte
Farbfolge auf. Zwischen den Bogen ist der Himmel verhältnismäßig dunkel
(§§ 141, 145; Foto: Pekka Parviainen).

14
Interferenzbogen an der Innenseite des Hauptregenbogens (§§ 141, 144; Foto: Pekka Parviainen).

15
Regenbogen in einer Fontäne in Amsterdam (§ 142; Foto: Pentti Ramberg).

16
Der kleine Ring von 22° um den Mond. Zu sehen sind auch die Berührungsbogen des kleinen Rings, die fast mit diesem verschmelzen, wenn der Mond hoch steht. Vgl. Abb. 138 (§§ 157, 159; Foto: Pekka Parviainen).

17
Eine farbenprächtige Nebensonne in einer Cirruswolke (§ 158; Foto: Pekka Parviainen).

18
Wunderschöne Halos, die an einem Wintermorgen von Eiskristallen erzeugt werden: Teile des kleinen Rings, Nebensonnen und eine Säule. Die Halos zeigen sich teilweise vor dem Waldrand, was auf die große Nähe der Eiskristalle schließen läßt (Foto: Markku Pyykkönen).

19
Haloerscheinungen, die sich über den gesamten Himmel erstrecken:
der kleine Ring, Nebensonnen, oberer Berührungsbogen am kleinen Ring, schwacher
Bogen von Parry, Großkreis des großen Rings, schwacher rechtsseitiger unterer
Berührungsbogen am großen Ring und ein schön ausgeprägter parhelischer Ring, der
den ganzen Himmel überzieht. Aufnahme vom 23. 4. 1987 in Turku (Foto: Pekka
Parviainen).

20
Eine Säule, rot gefärbt,
nach Sonnenuntergang
(§ 167; Foto: Pekka
Parviainen).

21
«Der schönste Halo», der
Circumzenitalbogen,
dominiert im oberen Teil
der Aufnahme. Darunter
der große Ring (oder der
obere Berührungsbogen
am großen Ring), der
Bogen von Parry, der
obere Berührungsbogen
des kleinen Rings und
eine linksseitige Gegen-
sonne. Aufnahme vom
19. 3. 1985 in Kemi
(Foto: Markku Ruonala).

22
Heller parhelischer Ring und eine Gegensonne von 120°. Aufnahme vom 20.7. 1986 in Imatra (§§ 166, 170; Foto: Veikko Mäkelä).

23
Seltene Haloerscheinungen: Gegensonne und sie durchkreuzende, schwache (V-förmige) Nebensonnenbogen von Tricker. Aufnahme vom 6. 9. 1985 in Kuopio (§ 170; Foto: Marko Pekkola).

24
Die leuchtend helle Untersonne, vom Flugzeug aus beobachtet, war an einem
Wintertag, an dem Eisnebel herrschte, zu sehen; in der Fotografie ist sie als weißer
Dunst zu erkennen (§ 169; Foto: Marko Pekkola).

25
•Eine Nebensonne vor einem Getreidesilo im Winter 1986 in der Nähe von Kuopio
(§ 175; Foto: Marko Pekkola).

26
Interferenzfarben an einer Seifenblase. Bereiche gleicher Dicke haben dieselbe Farbe
(§ 177; Foto: Pekka Parviainen).

27
Zweifacher Kranz um die Sonne. Der innere Ring, die Aureole, ist hier als heller, rotrandiger Ring zu sehen, der zweite ist mehrfarbig (§ 183; Foto: Pekka Parviainen).

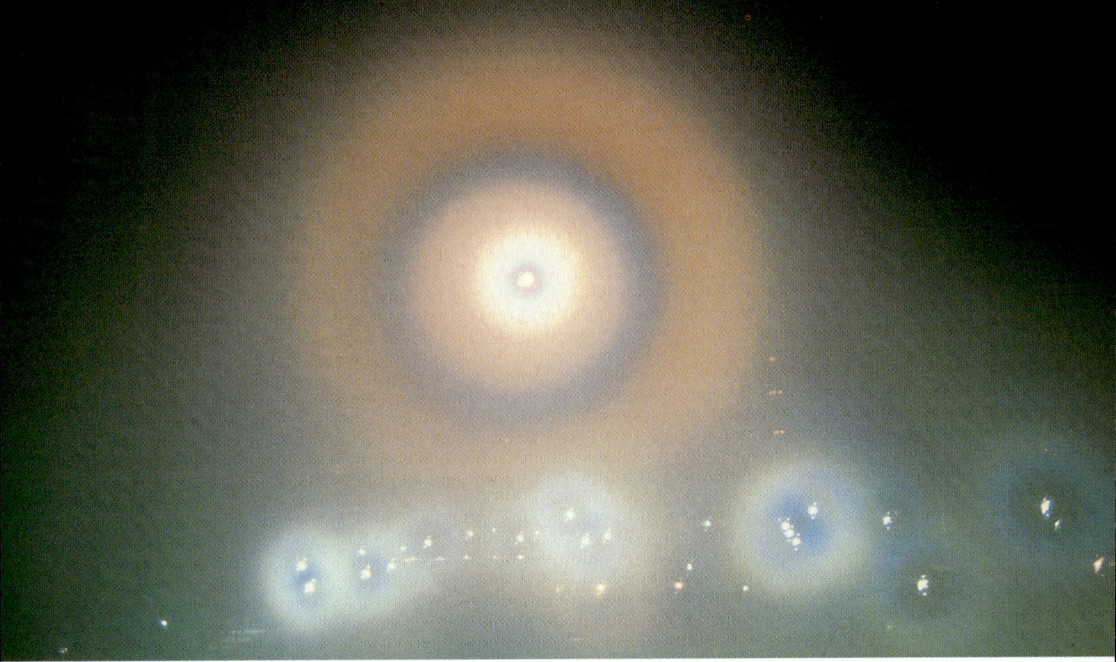

28
Kränze um den Mond und um Straßenlaternen auf einer beschlagenen Fensterscheibe
(§ 185; Foto: Pekka Parviainen).

29
Glorie (rechts im Bild) und Nebelbogen (weißer vertikaler Streifen links im Bild), von
einem Flugzeug aus fotografiert. Im Mittelpunkt der Glorie ist der kleine Schatten des
Flugzeugs zu erkennen (§§ 150, 188; Foto: Marko Pekkola).

30a + 30b
Außergewöhnlich farbenprächtige irisierende Wolken. Wenn die Wolken dünn und die Wassertröpfchen annähernd gleich groß sind, sind die Farbfolgen bezüglich der Sonne immer gleich (§ 189; Fotos: Pekka Parviainen).

31
Heiligenschein auf
taubedecktem Gras.
Das Licht wird von
den Tautropfen total
reflektiert und erscheint
nahe dem Schatten des
Betrachters (in diesem
Fall der Kamera) heller
(§ 191; Foto: Veikko
Mäkelä).

32
Heiligenschein auf einem
Wald um den Schatten
eines Flugzeugs (§ 193;
Foto: Marko Pekkola).

33a + 33b
Streulicht überzieht ferne Gegenstände mit einem Dunstschleier. Da das gestreute Licht polarisiert ist, kann man es durch Drehen eines Polarisationsfilters teilweise eliminieren. Grand Canyon, USA (§§ 196, 205; Fotos: Hannu Karttunen).

34
Der Zenit ist an einem strahlend blauen Tag dunkler als der Horizont.
Vartiovuori-Observatorium in Turku (§ 200; Foto: Pekka Parviainen).

35a + 35b
Die blaue Farbe des Himmels entsteht durch die Streuung von Sonnenlicht an
Luftmolekülen. Der blaue Anteil weißen Lichts wird stärker gestreut als die übrigen
Anteile und bewirkt, daß der Himmel blau ist. Der rote Anteil passiert die Luft leichter
und dringt bis zum Boden vor, Dem Licht, das wir bei Sonnenuntergang in Richtung
Sonne sehen, fehlt die blaue Komponente, so daß wir eine rote Sonne sehen. Streulicht
ist teilweise polarisiert. Die Polarisation ist 90° von der Sonne entfernt am stärksten.
Mit einem Polarisationsfilter kann man das polarisierte Licht eliminieren und so den
Himmel in dieser Richtung dunkler erscheinen lassen. Im Unterschied dazu verursacht
die Streuung an den sehr viel größeren Wolkentröpfchen keine Polarisation (§ 205;
Fotos: Pekka Parviainen).

36
Sonnenstrahlen im Nebel (§ 217; Foto: Pekka Parviainen).

37
Eine Wolke, die die Sonne verdeckt, wirft dunkle Schattenstrahlen über den Himmel
(§ 217; Foto: Pekka Parviainen).

38
Helle Strahlen gehen von der Wolke aus (§ 217; Foto: Veikko Mäkelä).

39
Die aufgehende Sonne spiegelt sich in Fensterscheiben (§ 7; Foto: Pekka Parviainen).

40
Dämmerungsstrahlen nach Sonnenuntergang (§ 221; Foto: Pekka Parviainen).

41
Schon bald nach Sonnenuntergang erhebt sich der dunkle, graublaue Erdschatten am östlichen Himmel. Das purpurne Leuchten gegenüber der Sonne liegt über ihm (§ 219; Foto: Pekka Parviainen).

42
Der westliche Himmel eine halbe Stunde nach Sonnenuntergang. Das Purpurlicht ist nun am intensivsten, der klare Schein sinkt bereits unter den Horizont (§ 219; Foto: Veikko Mäkelä).

43
Leuchtende Nachtwolken (§ 228; Foto: Tapani Lahdenmäki).

44
Leuchtende Nachtwolken (§ 228; Foto: Pekka Parviainen).

45
In einer Aufnahme von einem Raumschiff aus sieht man das atmosphärische Leuchten als blaues Licht in der oberen Atmosphäre (§ 229; Foto: NASA).

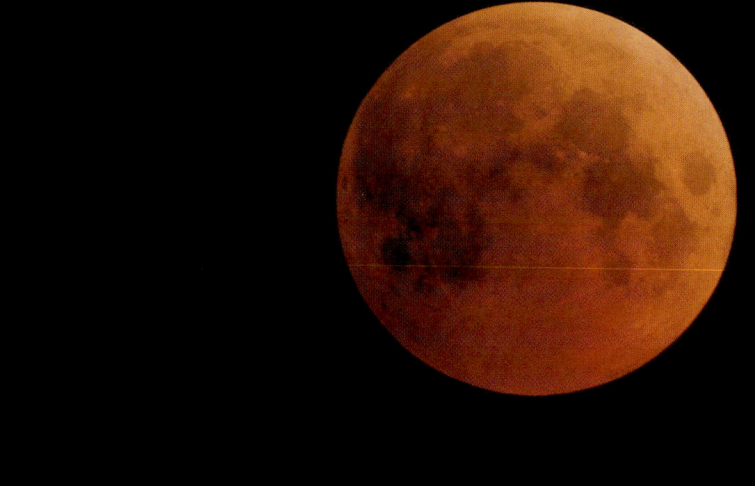

46
Aufgrund ihrer Streuwirkung läßt die Erdatmosphäre praktisch nur rotes Licht
passieren, und so verleiht das in der Atmosphäre gebrochene Licht dem verfinsterten
Mond eine rötliche Farbe (§ 231; Foto: Markku Pyykkönen).

47
Die Sichel des abnehmenden Mondes am morgendlichen Himmel. Oberflächen-
strukturen der von der Erde beleuchteten Seite sind deutlich zu erkennen
(§ 232; Foto: Pekka Parviainen).

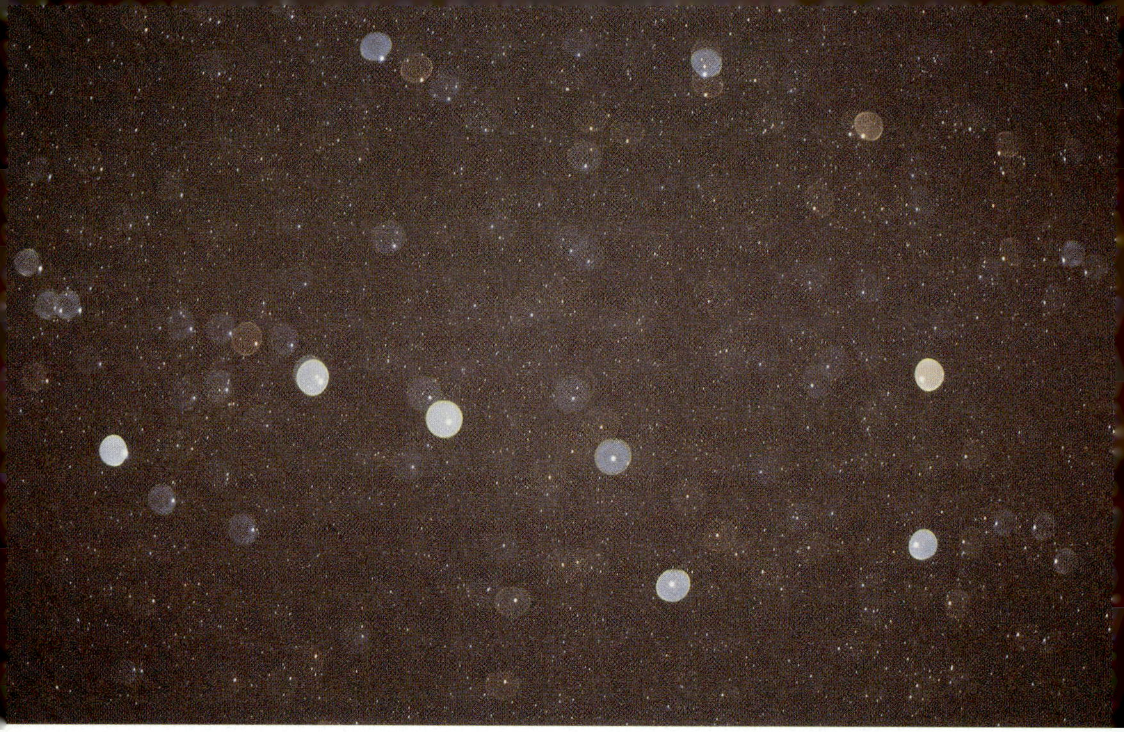

48
Spektroskopie mit einfachen Mitteln: unscharfe Einstellung beim Fotografieren.
Von den beiden Sternen rechts im Großen Wagen ist der obere (Dubne) deutlich
gelber als der untere (Merak) (§ 234; Foto: Pekka Parviainen).

49
Schatten von Wolken auf der Unterseite einer Wolke nach Sonnenuntergang
(§ 234; Foto: Pekka Parviainen).

bestimmenden Zahlenwerte a und b setzt man den Mittelwert aus etwa 10 Schätzungen ein.

Die scheinbare Abplattung des Himmels hängt von mehreren Umständen ab. Bei bewölktem Himmel erscheint der Himmel flacher, zumal, wenn Altocumulus- und Altostratuswolken am Himmel sind, welche bis zum Horizont reichen und den Eindruck einer geringen Höhe erwecken. Auch in der Dämmerung erscheint der Himmel flacher, der dunkle Sternenhimmel dagegen erscheint höher. Im Mittel liegt der «Halbierungswinkel» bei 22° am Tag und bei 30° in der Nacht. Beobachtungen auf dem Meer sind zuverlässiger, da man völlig freie Sicht hat und auch sonst keine störenden Faktoren die Schätzungen beeinträchtigen. Subjektive Unterschiede schlagen sich in der Beurteilung allerdings deutlicher nieder als Unterschiede, die auf äußere Faktoren zurückzuführen sind.

Nicht haltbar ist wohl die Behauptung, der Himmel erschiene nach Norden und Süden hin flacher, nach Osten und Westen hin steiler![20]

Durch rotes Glas betrachtet (das Glas sollte so groß sein, daß man nicht von seinen Rändern irritiert wird), erscheint der Himmel flacher; durch blaues Glas höher und stärker halbkugelförmig.[21]

Befragt man eine große Zahl von Beobachtern nach ihrer Schätzung, bekommt man eine genauere Vorstellung von der Wölbung, die wir dem Himmelszelt unbewußt zuschreiben. Offenbar sehen sie viele Beobachter als eine Art Haube.

130. Das Überschätzen von Höhenwinkeln

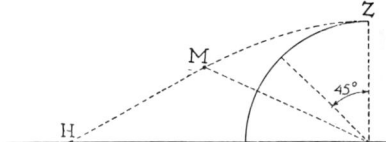

Abb. 111
Halbierung des scheinbaren Bogens
zwischen Zenit und Horizont

Bei der scheinbaren Abplattung des Himmelsgewölbes spielt eine Rolle, daß wir die Höhen über dem Horizont zu groß schätzen. Offenbar verwechseln wir die Bogenlänge mit dem Höhenwinkel; der Punkt M, so gewählt, daß HM — MZ ist, liegt bedeutend tiefer als 45° über dem Horizont, und dennoch kommt es uns vor, als läge er auf der Mitte (Abb. 111).

Im Winter steht die Sonne zur Mittagszeit scheinbar ziemlich hoch, obwohl sie in unseren Breiten nur 15° über dem Horizont steht. Im Sommer kommt es uns vor, als stünde sie fast im Zenit – dabei steht sie in Wirklichkeit nie höher als 61°.

20 Gietze, G.: Zs. f. Meteor. *16*, 286, 1962.
21 Dember und Uibe: Ann. Phys. *61*, 313, 1920.

Ebenso überschätzen wir die Höhe von Hügeln und die Steilheit eines vor uns liegenden Berges. Es kommt sogar vor, daß Beobachter den Ring von 22° um Sonne oder Mond (§ 157) für höher als breit halten.

Suchen Sie am Nachthimmel einen Stern, von dem Sie glauben, daß er ungefähr im Zenit steht. Drehen Sie sich um 180°, und schauen Sie wieder den Stern an: Sie werden verblüfft sein, wie weit unterhalb des Zenits er noch steht. Vermutlich beträgt seine Höhe nicht viel mehr als 70°!

Eine Erklärung für den Einfluß der Blickrichtung lieferte Quix in seiner Theorie der Physiologie unseres Gleichgewichtsorgans, den Bogengängen. Wir schätzen unsere Kopfhaltung systematisch falsch ein.

131. Die scheinbare Vergrößerung von Sonne und Mond am Horizont

Astronomen versichern uns, daß wir Sonne und Mond unter (zufällig) demselben, nahezu unveränderlichen Winkel von durchschnittlich 32' = 1/108 rad sehen – was wir fast nicht glauben können.

Erschreckend groß und kupferrot kann der Mond sein, wenn er aufgeht, doch winzig klein ist er, wenn er hoch am Himmel steht! Und die Sonne:

Es wird wassergrün, dort oben;
Unten brennt und schwelt
Die große Sonne noch,
Die sinkt und immer größer wird.

Guido Gezelle: Abendrot (Avondrood)

... die tomatenrote Sonne ...
... und die Sonne wurde größer und größer und rot.

Felix Timmermans: Pallieter.
Frankfurt a. M. 1977, S. 9, 37 und 38. Übers. v. Anna Valeton-Hoos

Ist dies wohl eine optische Täuschung? – Wir fangen ein Bild der Sonne auf und vermessen es: Nehmen Sie dazu ein Brillenglas mit 2 m Brennweite[22], stecken Sie es in einen Korken, in den Sie einen Schlitz geschnitten haben, und lassen Sie das Licht der untergehenden Sonne darauffallen (Abb. 112). Führen Sie den Versuch am offenen Fenster oder im Freien durch, denn eine Fensterscheibe würde das Bild unscharf werden lassen und so den Versuch verfälschen. Ungefähr 2 m hinter dem Brillenglas lassen wir das Lichtbündel auf ein Blatt Papier fallen. Es zeichnet sich ein tadelloses Bild der Sonne darauf ab. Ist es nicht ganz rund, so liegt das daran, daß das Brillenglas nicht genau senkrecht zu den einfallenden Strahlen steht. Drehen Sie es also ein wenig hin und her, oder kippen Sie

---

22 Im Sprachgebrauch der Optiker: «+0,50»; verlangen Sie ein rundes, ungeschliffenes Glas mit rauhen Rändern.

es mehr oder weniger. Probieren Sie aus, wohin Sie das Papier halten müssen, um ein möglichst scharfes Sonnenbild zu erhalten. Markieren Sie mit zwei Bleistiftstrichen die Länge des Durchmessers, und messen Sie diesen auf 0,5 mm genau aus. Am besten zeichnen Sie den *waagerechten* Durchmesser, denn der senkrechte wird durch die atmosphärische Refraktion etwas verkürzt. Wiederholen Sie diese Messungen einige Male, und berechnen Sie den Mittelwert.

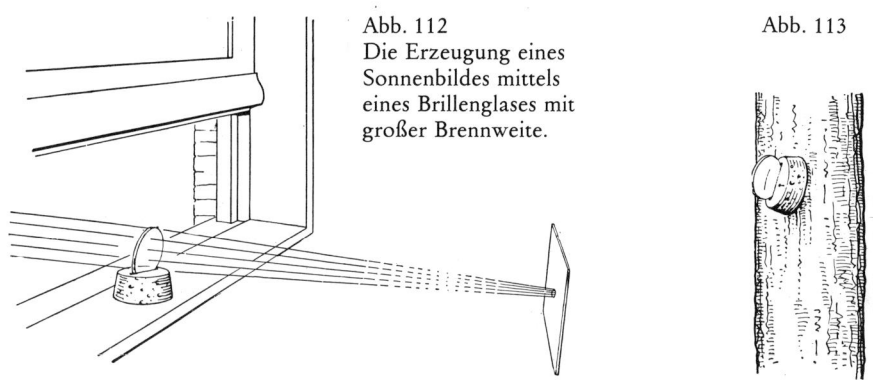

Abb. 112
Die Erzeugung eines
Sonnenbildes mittels
eines Brillenglases mit
großer Brennweite.

Abb. 113

Nun der gleiche Versuch bei hochstehender Sonne! Hier ist die Versuchsanordnung etwas schwieriger. Befestigen Sie den Korken mit einem Nagel hoch oben an einem Pfahl oder Baum: Wenn man ihn an einer geeigneten Stelle anbringt und um den Nagel als Achse dreht, kann man das Brillenglas genau senkrecht zu den Sonnenstrahlen ausrichten (Abb. 113). Messen Sie das Sonnenbild aus: Es ist – abgesehen von kleineren Beobachtungsfehlern – *bei hohem Sonnenstand genauso groß wie bei niederem Sonnenstand!* Selbst die genauesten Messungen mit den stärksten Ferngläsern ergeben nicht den geringsten Unterschied.

Die Vergrößerung von Sonne und Mond am Horizont ist demnach ein psychologisches Phänomen. Doch auch dieses folgt festen Gesetzen, auch dieses kann geschätzt und in Zahlen ausgedrückt werden. Besorgen Sie sich eine Scheibe aus weißem Karton von 30 cm Durchmesser, und gehen Sie so weit zurück, daß Ihnen die Scheibe genauso groß erscheint wie der Mond. (Natürlich ist ein echter *Vergleich* unzulässig, denn wie bei einer wirklichen Messung käme heraus, daß die Größe stets gleichbleibt.) Wenden Sie sich zuerst dem Himmelskörper zu, prägen Sie sich gut seine scheinbare Größe ein, drehen Sie sich um, und vergleichen Sie das Bild aus dem Gedächtnis mit der scheinbaren Größe der Kartonscheibe. Es funktioniert noch besser, wenn Sie eine Reihe weißer Scheiben von zunehmender Größe auf einen schwarzen Hintergrund kleben und Sie stets in der gleichen Entfernung davorstehen. Führen Sie solche Schätzungen

bei hoch- als auch bei tiefstehendem Mond durch. Auch bei der Sonne
sind solche Schätzungen möglich. Sie vermeiden es, geblendet zu werden,
indem Sie dunkle Gläser benutzen, etwa eine fotografische Platte aus
Mattglas. Sehen Sie danach mit bloßem Auge auf die weißen Scheiben.
Die Beobachtungen sind schwierig, da das psychologische Phänomen von
allerlei subtilen Faktoren abhängt, z.B. Schwankungen in der Aufmerksamkeit usw. Merken Sie, um wieviel besser es mit etwas Übung geht?

Die so erhaltenen Zahlen zeigen uns, daß Sonne und Mond in Horizontnähe gut 2,5- bis 3,5mal größer erscheinen als hoch am Himmel! Der
Unterschied zwischen dem physikalischen und dem psychologischen Phänomen ist also ungemein deutlich. Bei bewölktem Himmel oder in der
Dämmerung ist der Effekt noch ausgeprägter.

Die scheinbare Vergrößerung der Sonne ist auffallender, wenn sie
über einer Ebene untergeht, als wenn sie hinter hohen Bergen untergeht;
auf See jedoch ist die Vergrößerung gering.[23]

Betrachten Sie den Mond zwischen Daumen und Zeigefinger oder
durch einen Schlitz in einem Stück Pappe oder durch die zum Rohr geformte Hand: Er erscheint kleiner.

Menschen, die nur auf einem Auge sehen, kennen die Vergrößerung
in Horizontnähe nicht; wenn man sich ein Auge mit einer Augenklappe
abdeckt, sieht man die Vergrößerung zu Beginn zwar noch, gegen Ende
des Abends aber nicht mehr.[24]

Ebenso wie Sonne und Mond erscheinen auch die Sternbilder nahe
am Horizont größer, ja selbst die Haidingerschen Büschel (§ 206) scheinen dort doppelt so lang und ebenso breit wie hoch zu sein.

132. Der Zusammenhang zwischen der scheinbaren Vergrößerung von Himmelskörpern in Horizontnähe und der Form des Himmelsgewölbes

Die scheinbare Vergrößerung von Himmelskörpern in Horizontnähe
versuchte man damit zu erklären, daß uns das Himmelsgewölbe abgeflacht vorkommt. Dieser Auffassung zufolge stellen wir uns Sonne und
Mond genauso weit entfernt vor wie das Himmelsgewölbe, die tiefstehende Sonne also um ein Mehrfaches weiter weg als die hochstehende
Sonne; daß wir sie dennoch unter demselben Sehwinkel α wahrnehmen,
schreiben wir (unbewußt) der Tatsache zu, daß erstere größer ist als letztere (Abb. 114):

23 Vaughan Cornish: *Scenery and the Sense of Sight*, Cambridge 1935, Kapitel II. Darin
   eine interessante Theorie zu o.g. Erscheinung.
24 Sky and Telescope *11*, 135, 1952.

$$\frac{z_1}{z_2} = \frac{r_1}{r_2}.$$

Um die Richtigkeit dieser Relation zu überprüfen, schätzte man die scheinbare Größe von Sonne und Mond auf unterschiedlichen Höhen über dem Horizont (vgl. § 131). Derartige Versuche sind schwierig. So-

Abb. 114
Dort, wo das
Himmelsgewölbe weit
entfernt zu sein scheint,
kommt uns die
Sonnenscheibe größer vor.

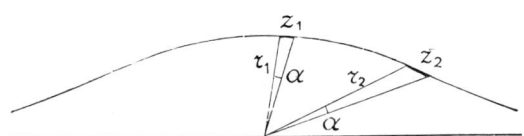

wohl tagsüber bei blauem Himmel als auch nachts bei wolkenlosem Sternenhimmel belegen die Resultate, daß sich die Größe von Sonne und Mond tatsächlich annähernd proportional zu der Entfernung des Himmelsgewölbes zu ändern scheint. Die tiefstehende Sonne erscheint durch die Nähe von Wolken vergrößert (*nicht* aber durch Gegenstände auf der Erde, die sich am Horizont abzeichnen); dies rührt daher, daß ein bewölkter Himmel sehr viel flacher, der Horizont also entfernter zu sein scheint als ein unbewölkter. Wir schieben in unserer Vorstellung die Sonne gerade so weit zurück, daß es uns nicht so vorkommt, als befände sie sich vor den Wolken. – Ebenso schätzt man den tiefstehenden Mond bei Tag durch die Nähe von Wolkenmassen größer. Bei klarem Himmel fällt insbesondere auf, daß der Mond in der Dämmerung größer erscheint als tagsüber oder nachts, was der stärkeren scheinbaren Abplattung des Himmelsgewölbes in der Dämmerung entspricht. Wenn es nachts neblig ist, so daß der Mond den Himmel in seiner unmittelbaren Umgebung stark erhellt, haben wir den Eindruck, als sei die normalerweise wenig gedrückte nächtliche Himmelsform so flach wie in der Dämmerung, der Mond erscheint also wieder größer. Wer glaubt, die scheinbare Vergrößerung des Mondes nahe dem Horizont oder bei Nebel hingen mit der damit einhergehenden Abschwächung des Mondlichts zusammen, dem kann mit zwei Beobachtungen entgegnet werden:

a) Die *Mondsichel* erscheint bei Nebel *nicht* größer; dies leuchtet ein, weil die Sichel den umgebenden Himmel nur wenig erhellt;

b) bei einer *Mondfinsternis* erscheint der hochstehende Mond *nicht* vergrößert.

Aus all diesen Ausführungen ergibt sich, daß es auf den Himmelshintergrund ankommt, und daß dieser bestimmt, für wie groß wir Sonne und Mond halten. Dennoch müssen wir zugeben, daß es auch Einwände dagegen gibt, einen so engen Zusammenhang zwischen beiden Phänomenen zu knüpfen: Viele Menschen sehen die Sonne oder den Mond am Horizont eben «näher da» oder sind gar nicht in der Lage, etwas über die scheinbare Entfernung auszusagen, selbst wenn sie den starken Eindruck einer Vergrößerung haben. Maßgeblich muß solch ein Einwand meines Erachtens nicht sein, denn es wäre möglich, daß wir bei der direkten Konfrontation mit der Frage nach der Entfernung andere psychologische Motive ins Spiel bringen als diejenigen, die bei der unreflektierten Beurteilung ausschlaggebend waren.

133. Die hohle Erde[25]

Die hohle Erde ist ein schönes Gegenstück zu dem optischen Eindruck, den das Himmelsgewölbe auf uns macht: Ballonfahrer berichten, sie hätten gesehen, wie sich die Erde in der Ferne nach oben bog, so daß sie gleichsam wie über einer hohlen Schale schwebten. Eine horizontale Ebene in Höhe unserer Augen scheint uns immer eben zu bleiben, andere horizontale Ebenen darüber oder darunter scheinen sich in der Ferne stets auf diese feste horizontale Ebene zuzubiegen.

Wenn der Ballon sich einige Kilometer über den Wolkenbänken befindet, sehen wir diese gebogen: Die konvexe Seite zeigt nach unten, die konkave Seite auf uns zu. Liegt über und unter uns jeweils eine Wolkenschicht, dann scheint es, als schwebten wir zwischen zwei riesigen Uhrgläsern.

Dieselben optischen Täuschungen sind auch von einem Flugzeug aus wahrzunehmen. Ich persönlich sehe die Erde zwar hohl, aber in sehr viel geringerem Maße, als ich das Himmelsgewölbe gewölbt sehe. Vermutlich kann man sich nur schwer über sein Vorwissen hinwegsetzen.

134. Die Unterschätzungstheorie

Auf bemerkenswerte Art und Weise gelang es von Sterneck, das scheinbar unberechenbare psychologische Phänomen des «Himmelsgewölbes» auf eine mathematische Formel zu bringen. Es mag stimmen, daß seine Erklärung nicht *hinreichend* ist, doch er führt sie auf eine Reihe von Beobachtungen zurück, mit denen wir aufgrund unserer täglichen Erfahrung vertraut sind.

Je weiter entfernt die Gegenstände, desto schwieriger ist es, ihre Entfernung auszumachen. Straßenlaternen, die weiter als 150 m entfernt sind, kommen uns nachts alle gleich weit weg vor. – Die Berge am Horizont, die Himmelskörper – sie alle sind für uns gleich weit entfernt.

Der «naive» Beobachter unterschätzt jegliche größere Entfernung: einen nächtlichen Brand, einen einschlagenden Blitz, die Lichter im Hafen vom offenen Meer aus gesehen.

---

25 Flammarion, C.: *L'Atmosphère.* 1888, S. 169. – Poe, E.A.: *The Balloon Hoax.*

Die Entfernung naher Gegenstände wird nur geringfügig unterschätzt. Je größer aber die Entfernung ist, desto mehr unterschätzen wir sie, bis sich die scheinbare Entfernung schließlich einem Grenzwert nähert. Rechtwinklige Felder, die man vom Zug aus sieht, erwecken den Eindruck von Trapezen, denn der Winkel, unter dem die Seite a gesehen

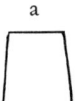

wird, stimmt mit ihrer tatsächlichen Entfernung überein, ist aber zu klein für ihre (kleinere) scheinbare Entfernung. Wenn der Zug in einen Tunnel fährt und Sie aus dem Fenster den Tunneleingang ansehen, schwellen die Steine zusehends an und werden größer.[26] Erklärung: Wenn die tatsächliche Entfernung um die Hälfte kleiner wird, sehen wir die Steine unter einem doppelt so großen Winkel, aber die scheinbare Entfernung kommt uns (beispielsweise) lediglich eineinhalbmal kleiner vor, also scheint es, als seien die Steine selbst gewachsen. – Der umgekehrte Fall tritt ein, wenn Sie vom letzten Wagen eines Zuges oder einer Straßenbahn aus in die Ferne sehen und die schnell sich entfernenden Telegrafenmasten scheinbar zusammenschrumpfen.[27] Wir unterschätzen Geschwindigkeit und Entfernung, der Sehwinkel erscheint uns daher kleiner als erwartet.

Von Sterneck konstatierte folgenden einfachen Zusammenhang zwischen der scheinbaren Entfernung d′ und der tatsächlichen Entfernung d:

$$d' = \frac{cd}{c+d}.$$

Hierbei ist c eine «Unterschätzungskonstante»: die größte Distanz, die wir unter den gegebenen Versuchsbedingungen – beispielsweise bei einer bestimmten Beleuchtung – noch schätzen können; sie liegt zwischen 200 m und 20 km. Nach dieser Formel ist d′ praktisch gleich d, solange d gegen die Konstante c vernachlässigt werden darf; nähert d sich c, wird die Entfernung immer stärker überschätzt; für große d nähert sich die scheinbare Entfernung einem Grenzwert. Die Formel beschreibt also die Erfahrung qualitativ richtig, und eingehendere Beobachtungen ergaben auch überraschend gute quantitative Übereinstimmungen.

Mit der Unterschätzungstheorie ist auch die Überschätzung der Steilheit von Bergen erklärbar: Der Beobachter W, der am Fuß des Berges steht, sieht den Abstand WB als WB′, also AB als AB′. Dementsprechend

26 Mach, E.: *Erkenntnis und Irrtum*. Leipzig 1905, S. 331.
27 Persönliche Mitteilung von Prof. E.H. Hazelhoff.

muß der Betrachter, der oben steht, nach dieser Theorie die Steilheit unterschätzen (Abb. 115). Ebenso wird mit der Unterschätzungstheorie die
scheinbare Form des Himmelsgewölbes zu erklären versucht und damit
auch die scheinbare Vergrößerung von Himmelskörpern am Horizont.

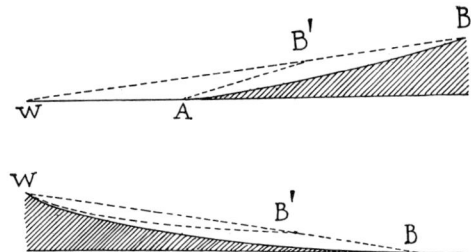

Abb. 115
Der Beobachter W überschätzt die
Steigung und unterschätzt das
Gefälle.

Stellen wir uns eine Wolkenschicht auf einer Höhe von 2,5 km über
uns vor: Wir müßten sie wie eine extrem flache Schale sehen, denn durch
die Krümmung der Erde ist unser Auge 178 km von der Wolkendecke am
Horizont und 2,5 km von der Wolkendecke im Zenit entfernt. Doch wir
sehen den bewölkten Himmel ganz gewiß nicht so! Die kurze Entfernung
wird ein wenig, die große wird stark unterschätzt. Angenommen, wir
schätzen das Verhältnis

$$\frac{\text{Auge–Horizont}}{\text{Auge–Zenit}}$$

auf ungefähr 5. Dies bedeutet, daß unter diesen Bedingungen c = 10,6
km ist: Mit Hilfe der Unterschätzungsformel erhalten wir die richtigen
Werte (überprüfen Sie dies!). Wir müßten demzufolge den bewölkten
Himmel als eine Art Gewölbe, ein «Rotationshyperboloid» sehen, was
tatsächlich dem allgemeinen Eindruck entspricht. Wir sehen also das
Himmelsgewölbe im Grunde nicht abgeplattet, sondern verhältnismäßig
sogar *höher* als es ist!
Wie verhält es sich nun mit dem klarblauen Himmel oder dem Sternenhimmel? Von Sterneck setzt jedesmal nur einen anderen Wert für c
ein. Seine Formel beschreibt tatsächlich in jedem Einzelfall die Beobachtungen erstaunlich gut. Dennoch ist es schwer zu verstehen, wie wir in
diesen Fällen von einer bestimmten unterschätzten «Entfernung» sprechen können. – Und so gelangen wir zu den allgemeineren Fragen: Wie
entsteht überhaupt ein Eindruck von Entfernung bei solch vagen Objekten wie den Wolken, wie bei blauem Himmel, bei wolkenlosem Nachthimmel? Die Unterschätzungstheorie mag für Objekte auf der Erde gelten oder für Objekte, deren Größe und Entfernungen wir durch man-
cherlei Erfahrung kennen – es erscheint aber fragwürdig, ob man sie auf
das Himmelsgewölbe anwenden kann. Außerdem ist mit ihr noch nicht
die Ursache der Unterschätzung aufgeklärt.

135. Die Blickrichtungstheorie von Gauß

Es gibt eine Reihe von Beobachtungen, die darauf hinweisen, daß die Form des Himmelsgewölbes und die scheinbare Vergrößerung der Himmelskörper am Horizont hauptsächlich mit unserer Blickrichtung bezüglich unserer Körperhaltung zusammenhängen. Durch unsere stammesgeschichtliche Erfahrung sind wir besser auf das Sehen vor uns eingerichtet denn auf das Sehen hoch über uns, was beim Schätzen von Entfernung und Größe offenbar von Bedeutung ist.

Wenn der Vollmond hoch am Himmel steht, setzen wir uns in einen Schaukelstuhl oder auf den Boden und lehnen uns an eine schräge Fläche. In dieser stark rückwärts geneigten Haltung, bei der der Kopf im Verhältnis zum übrigen Körper die gewohnte Haltung hat, scheint uns der Mond merklich größer. Richten wir uns schnell auf, so daß wir den Blick stirnwärts richten müssen, erscheint er uns wieder kleiner. Umgekehrt erscheint der am Horizont stehende Vollmond wesentlich kleiner, wenn wir stehen und uns vornüberbeugen.

Beide Phänomene sind unmittelbar nacheinander zu sehen, wenn die Sonne 30° bis 40° hoch steht und das Sonnenlicht durch Nebel gedämpft wird. Beugen Sie sich nach vorn und nach hinten: Die Scheibe sieht ein-

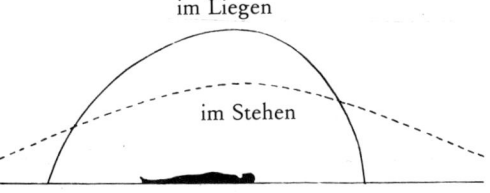

Abb. 116
Wie ein Beobachter die Form des Himmelsgewölbes im Liegen und im Stehen sieht.

mal größer, einmal kleiner aus. Legen Sie sich flach auf den Rücken: Das Himmelsgewölbe erscheint an der Seite, der wir den Kopf *jetzt* zuwenden, abgeplattet, während es in den anderen Richtungen kugelförmig aussieht (Abb. 116). Wir sehen hier deutlich, daß (im Vergleich zu unserem Körper) der nach unten und der nach vorn gerichtete Blick in etwa gleichbedeutend sind, während der nach oben gerichtete Blick die Gegenstände zusammengedrückt aussehen läßt.

Hängen Sie sich im Kniehang kopfüber an ein Reck, und betrachten Sie Ihre Umgebung: Sie sehen das Himmelsgewölbe als Halbkugel.[28]

Alle diese Beobachtungen bestätigen sich gegenseitig. Hinzu kommt ferner, daß Sternbilder, die man durch ein Fernrohr betrachtet, so daß der Einfluß der Umgebung ausgeschaltet ist, gleichfalls größer zu sein scheinen, wenn sie sich knapp über dem Horizont befinden; der einzige Faktor, der die Beobachtung hier beeinflußt, ist die Blickrichtung.[29]

28 Vgl. a. Baschin, O.: Naturwiss. 7, 510, 1919; *13*, 346, 1925.
29 Van der Bilt, J.: Hemel en Dampkring 7, 56, 1909.

Versuchen Sie jetzt nicht, weitere Kontrollen anzustellen, indem Sie
die scheinbare Größe von Sonne oder Mond in einem Spiegel beurteilen
und so z.B. den hochstehenden Mond bei horizontaler Blickrichtung betrachten. Wenn der Beobachter sich des Spiegels bewußt ist, ist die optische Täuschung auch schon zum Teil verschwunden. Es ist deshalb sehr
schwierig, derlei Versuche durchzuführen.

Verschiedene andere Theorien zu den hier besprochenen Sinnesein-
drücken sind unschwer zu widerlegen. So wurde behauptet, man könne
eine «physikalische Theorie» über die Form des Himmelsgewölbes aufstellen, die auf das – unverständliche – Prinzip hinausläuft, wir sähen den
Himmel um so weiter entfernt, je größer seine Helligkeit ist, wobei die
Entfernung proportional zur Wurzel aus der Helligkeit zunähme.[30] Einer
anderen Theorie zufolge erscheint uns der blaue Himmel im Zenit näher,
weil er dort dunkler ist als am Horizont. Dies wird jedoch unzweifelhaft
durch die Tatsache widerlegt, daß ein gleichmäßig bewölkter Himmel im
Zenit nachweislich heller ist als am Horizont[31] und wir ihn dennoch abgeplattet sehen (§ 134). Bei bewölktem Himmel scheint übrigens der Bereich
um die Sonne, der heller ist, stets näher zu sein als die umgebenden Bereiche des Himmels.

136. Der Einfluß von Gegenständen auf der Erde auf die Schätzung der Entfernung zum Himmelsgewölbe[32]

Stellen Sie sich vor eine lange Häuserreihe, und richten Sie den Blick auf
das Haus direkt vor Ihnen: Der Himmel darüber ist näher bei Ihnen, über
den Enden der Häuserreihe ist er weiter entfernt. – Ebenso kommt uns
der Himmel über dem Wald näher vor als der Himmel über freiem Feld.

Offenbar schätzen wir die Entfernung des Himmelsgewölbes auf
etwa 50 bis 60 m; doch es genügt bereits, daß wir Gegenstände von be-
kannter, großer Entfernung sehen, damit der Himmel im Hintergrund
uns sofort weiter entfernt vorkommt: Die Gegenstände auf der Erde *nehmen in gewissem Maße den Himmel in ihrem Hintergrund mit sich.* – Man
sieht, daß all diese Erscheinungen rein psychologisch bedingt sind und
daß es unmöglich ist, von einer idealen «Referenzfläche» zu sprechen, die
für uns jenes Himmelsgewölbe sein soll!

Um uns den Eindruck großer Entfernung zu verschaffen, lassen wir
den Blick an Eisenbahnschienen oder einer langgestreckten Allee entlangschweifen: Der Himmel scheint in dieser Richtung viel weiter entfernt zu
sein als in anderen Richtungen. Decken Sie aber die Landschaft bis zum

30 Dember und Uibe: Ann. Phys. *61*, 313, 1920.
31 Stücklen, H.: *Zur Frage nach der scheinbaren Gestalt des Himmelsgewölbes.* Diss. Göt-
     tingen 1919.
32 Ten Doesschate, G.: Nederl. Tijdschr. voor Geneeskunde *74*, 748, 1930. – Pohl:
     Naturwiss. *7*, 415, 1919.

Horizont mit einem Blatt Papier ab, rückt der Horizont sofort näher heran.

Bei einer Gegenprobe lassen wir auf ähnliche Art und Weise den Blick in *vertikaler* Richtung entlangschweifen: der Himmel wird dann höher. Außergewöhnlich eindrucksvoll ist dieses Phänomen am Fuße eines hohen Turms oder besser noch an den hohen, schlanken Masten einer Rundfunkstation. Der Himmel darüber scheint kuppelförmig gewölbt zu sein; über drei Masten erscheint der gesamte Himmel nach oben gewölbt. Mehrere Beobachter zeichnen unabhängig voneinander die scheinbare Form genau gleich (Abb. 117).

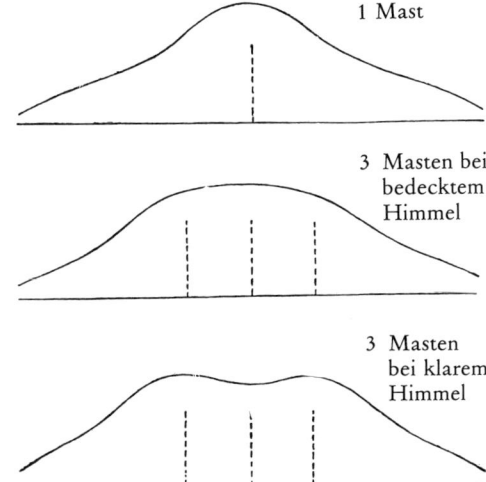

1 Mast

3 Masten bei bedecktem Himmel

3 Masten bei klarem Himmel

Abb. 117
Die scheinbare Form des Himmelsgewölbes über Sendemasten.

Wenn Sie solch einen Mast betrachten, sehen Sie einen wesentlich größeren Halbierungswinkel (§ 130), als wenn Sie in einiger Entfernung mit dem Rücken zum Mast eine neue Bestimmung durchführen. Bedecken Sie den Horizont, während Sie den Mast ansehen: Es ergeben sich nun sogar Halbierungswinkel von mehr als 45°, ja bis zu 56°! Das Himmelsgewölbe wird nun also höher als die Wölbung einer Halbkugel gesehen!

So überzeugend diese Beobachtungen auch sind – man sollte dabei doch bedenken, daß sie für sich betrachtet niemals die Form des Himmelsgewölbes oder die scheinbare Vergrößerung von Himmelskörpern am Horizont erklären können. Selbst wenn man durch dunkles Glas schaut, sieht man die hochstehende Sonne noch immer klein, die tiefstehende groß, während die Landschaft dann keinen Einfluß mehr hat.

137. Die scheinbare Größe von Sonne und Mond in Zentimetern gemessen. Die Methode der Nachbilder[33]

Bekanntlich können wir die «Größe» von Sonne und Mond nicht in Längenmaß angeben, sondern lediglich die Winkel, unter denen wir sie sehen. Trotzdem behaupten viele Menschen felsenfest, ihnen erschienen die Himmelskörper so groß wie «Suppenteller», und einige wenige meinen, die Himmelskörper mit Geldstücken vergleichen zu können. Wer darüber lächelt, sollte bedenken, daß auch jemand, der naturwissenschaftlich geschult ist, es als vollkommen unmöglich *empfindet*, den Durchmesser des Mondes mit 1 mm oder 10 m anzugeben, obwohl er natürlich *weiß*, daß eine Scheibe von 1 mm Durchmesser in 10 cm Entfernung oder von 10 m Durchmesser in 1 km Entfernung die Mondscheibe genau bedecken würde. Über die psychologischen Faktoren, die hier eine Rolle spielen, ist noch sehr wenig bekannt.

Jedermann weiß, daß man Nachbilder der Sonne sieht, wenn man sie flüchtig anblickt und blinzelt (§ 105). Ein solches Nachbild projiziert sich auf jeden Gegenstand, den man anschaut: auf einer nahen Wand wirkt es winzig klein, auf weiter entfernten Gegenständen wirkt es größer (wohlgemerkt: wir schätzen nicht den Sehwinkel, sondern die Größe des «Objekts an sich»). Dieser Effekt ist sehr einleuchtend, denn wenn ein ferner Gegenstand unter demselben Winkel gesehen werden soll wie ein naher, dann muß er in Längenmaß größer sein. – Frage: *Wann ist das Nachbild genauso «groß» wie die Sonne selbst?* Einige Beobachter meinten unabhängig voneinander, dies sei der Fall, wenn die Wand 50 bis 60 m entfernt ist, und zwar sowohl für die Sonne bei Tag als auch für den Mond bei Nacht. Genau das ist die von uns empfundene Entfernung von Sonne und Mond. Bei einem Sehwinkel von $\frac{1}{108}$ entspricht dies einem Durchmesser von 45 bis 55 cm.

Ebenso konnte gezeigt werden, daß das Nachbild auf einer mehr als 60 m entfernten Mauer genauso groß wirkt wie dasjenige am Himmel knapp darüber (also am Horizont). Demgegenüber erschien das Nachbild, wenn man es hoch an den Himmel projizierte, eindeutig kleiner als auf einer 60 m entfernten Wand. Dies ist übrigens ein weiterer Beweis dafür, daß wir tatsächlich den senkrechten Abstand des Himmelsgewölbes als kleiner empfinden als den Abstand zum Horizont und daß 60 m bereits in etwa der Grenzwert nach der Unterschätzungstheorie ist (vgl. § 134).

---

33 Plateau: Bull. Acad. Belg. *49*, 316, 1880. – Ten Doesschate, G.: Ned. Tijdschr. voor Geneesk. *74*, 748, 1930.

138. Das Bildfeld

Vaughan Cornish versuchte, eine interessante Größe zu bestimmen, indem er seine frühen Skizzen ausmaß, nämlich den Umfang des Bereichs,
den der Mensch als Einheit wahrnimmt: das Bildfeld.[34] Der Gesamtein-
druck, den wir von einer Landschaft haben, hängt damit eng zusammen.
Das Bildfeld, gemessen im Winkelmaß, wird kleiner in der Ebene, größer
im Gebirge; nachts ist es größer als tagsüber. Je begrenzter dieses Bildfeld
ist, desto kleiner werden Sonne und Mond gezeichnet; eine Umrechnung
in Bogenmaß jedoch ergibt, daß sie im Gegenteil sogar als größer wahrgenommen werden.

34 *Scenery and the Sense of Sight.* Cambridge 1935.

Foto:
Veikko Mäkelä.

Kapitel X
Regenbogen, Ringe, Kränze, Heiligenschein

Regenbogen

Die folgende Beobachtung soll in die einzelnen Phänomene einführen, die zur Erklärung des Regenbogens notwendig sind. Was hier an einem einzelnen Wassertropfen passiert, sehen wir später an Millionen von Regentropfen, die jenen Farbbogen aufleuchten lassen.

139. Interferenzerscheinungen an Regentropfen[1]

Viele Brillenträger, die ständig eine Brille tragen müssen, klagen darüber, daß Regentropfen die Bilder verzerren oder gar unkenntlich machen. Vielleicht ist es ihnen ein Trost, wenn wir die *prächtigen* Interferenzerscheinungen näher betrachten, die abends an eben diesen Regentropfen zu beobachten sind: Man braucht nur den Blick auf eine ferne Lichtquelle zu richten, etwa eine Straßenlaterne. Ein Tropfen, der sich zufällig vor der Pupille befindet, erscheint als seltsam geformter Lichtfleck mit eigenartigen Fortsätzen und Einbuchtungen und ist von wunderschönen farbigen Beugungsstreifen umsäumt (Abb. 118a).

Eine erste Besonderheit ist, daß der Lichtfleck auf seinem Platz bleibt, auch wenn man die Brille ein klein wenig hin- und herschiebt. Eine zweite Besonderheit besteht darin, daß die generelle Form sowie die einzelnen Ausbuchtungen des Lichtflecks auf den ersten Blick in keinem Zusammenhang mit der Form des Tropfens stehen. Die Erklärung ist einfach: Stellen Sie sich das Auge als Fernglas vor, in das ein Bild von der fernen Lichtquelle fällt, und die Wassertropfen als eine Schar kleiner Prismen, die vor das Objektiv gehalten werden. Jedes Prisma bricht das Licht und läßt es nach verschiedenen Seiten austreten, unabhängig davon, an welcher Stelle des Objektivs es sich befindet (vorausgesetzt es liegt noch innerhalb der Blendenöffnung). Die Form der Lichtfigur wird jedoch von der Größe des Brechungswinkels und der Orientierung jedes einzelnen Prismas abhängen. Tatsächlich ergibt ein vertikal gedehnter Wassertropfen einen horizontal gedehnten Lichtfleck.

Fast immer sieht man einige nach außen gezogene Lichtpunkte. Acht solcher Lichtpunkte sind in Abb. 118a dargestellt. Sie entstehen dadurch, daß sich an manchen Stellen des Brillenglases ein kleiner Fettfleck befindet, so daß der Tropfen nicht direkt mit dem Glas in Berührung kommt. Dort kriecht das Wasser also nicht so leicht weiter; die Wölbung der

1 Poppe, A.: Pogg. Ann. *95*, 481, 1855. – Larmor: Proc. Cambr. Philos. Soc. *7*, 131, 1891. – Bouasse: *Diffraction*, S. 415 u. vgl. 1923.

Oberfläche und damit der Brechungswinkel des Wasserprismas sind dort größer, also ist auch die Ablenkung der Lichtstrahlen stärker.

Nun aber die Beugungsstreifen! Sie entstünden nicht, wenn der Wassertropfen exakt linsenförmig wäre und er die Lichtquelle streng in einem Punkt abbilden würde. Denn dann kämen alle Wellenlängen des Lichts, das die Lichtquelle zu einem bestimmten Zeitpunkt aussendet, auch gleichzeitig im Bildpunkt an. Die Tropfenoberfläche ist aber unregelmäßig gekrümmt, die gebrochenen Strahlen vereinigen sich nicht in einem Brennpunkt, sondern werden von einer *Brennlinie* umhüllt (Abb. 118b).

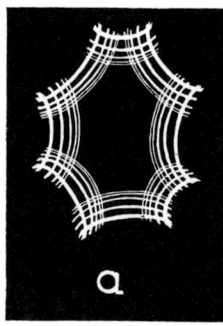

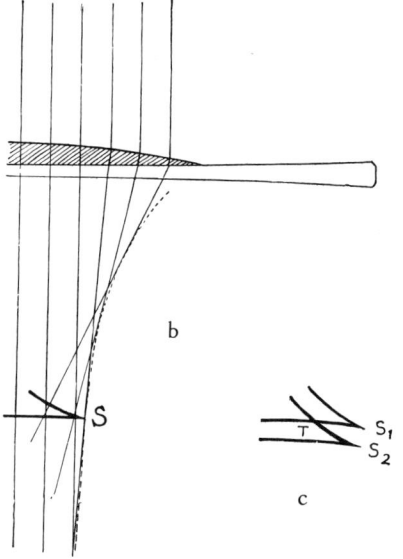

Abb. 118
Die Beugung von Lichtstrahlen an einem Regentropfen auf einem Brillenglas.
a) Interferenzmuster;
b) Verlauf der Lichtstrahlen,
   gestrichelt: die umhüllende Brennlinie,
   fett: die Wellenfront mit ihrem
               Umkehrpunkt bei S;
c) zwei aufeinanderfolgende Wellenfronten, die beide durch T gehen.

In solch einem Fall treffen auf einen Punkt in der Nähe der Brennlinie immer zwei verschiedene Strahlen, welche unterschiedlich weite Strecken zurückgelegt haben: Es tritt Interferenz auf. Die virtuelle Wellenfront besitzt einen Wendepunkt; zu einem bestimmten Zeitpunkt gehen durch einen Punkt T also immer zwei Wellenfronten mit einer bestimmten Phasendifferenz (Abb. 118c).

Die Abstände der dunklen Streifen, von einem festen Punkt aus gemessen, sind gegeben durch das Gesetz:

$$\sqrt[3]{(2m+1)^2},$$

wobei m = 1, 3, 5, ... Sie verhalten sich also wie 2,1 : 3,7 : 5,0 : 6,1, ...

Außer den Beugungsstreifen, die den Tropfen umranden, gibt es noch schwächere, die man als Ringe um jedes Staubkorn, das im Regentropfen eingeschlossen ist oder auf dem Brillenglas sitzt, sieht. Je sorgfältiger man das Glas putzt, desto weniger Ringe wird man sehen. Es lohnt sich, all diese Details sorgfältig zu studieren.

140. Das Entstehen des Regenbogens[2]

Mein Herz hüpft auf, seh ich im Blau
Den Regenbogen fern.

William Wordsworth: *Der Regenbogen.*
Gedichte. Heidelberg 1959, S. 15. Übers. v. W. Breitwieser

... Die goldne Iris lacht!
Und still besprenkle ich das fahle Tal
Mit einer Glut von sonnigem Smaragd.

Jacques Perk: *Iris*

An einem Sommernachmittag herrscht drückende Hitze, dunkle Wolken ziehen am westlichen Horizont auf: Wird es regnen? Schnell naht eine schwarze Wolkenfront, dahinter scheint der Himmel in der Ferne wieder aufzuklaren: Der vordere Rand hat einen hellen Saum aus Cirruswolken mit feiner Querstreifung. Die Wolken bedecken den ganzen Himmel und ziehen ungestüm mit Regen und einigen Donnerschlägen über uns hinweg. Wieder strahlt die bereits tiefstehende Sonne. Und in der nach Osten abziehenden Bö spannt sich ein farbenprächtiger, weit ausladender Regenbogen.

Wann immer ein Regenbogen zu sehen ist, sehen wir ein Spiel von Licht in Wassertropfen. Zumeist sind es Regentropfen, mitunter auch feinere Nebeltröpfchen. Bei den allerfeinsten Tröpfchen, jenen, aus denen Wolken bestehen, ist er jedoch nie zu sehen. Wenn also jemand behauptet, er habe einen Regenbogen in einem Schneeschauer[3] oder bei vollkommen klarem Himmel[4] gesehen, dann waren die Schneeflocken sicherlich halb geschmolzen, oder es fiel ein feiner Regen, wie er gelegentlich ohne Wolken entsteht! Versuchen Sie selbst, solche Beobachtungen zu machen.

Die Tropfen, in denen der Regenbogen entsteht, sind meistens nicht mehr als 1 bis 2 km entfernt. Einmal konnte ich beobachten, wie sich der Regenbogen deutlich vor dem dunklen Hintergrund eines 20 m entfernten Waldes abzeichnete: Der Regen selbst war also noch näher da. Mehreren Beobachtern zufolge genügen bereits Entfernungen von 3 bis 4 m.

Ein englischer Aberglaube besagt, am Fuße des Regenbogens sei ein Töpfchen Gold zu finden! Noch immer glauben manche Menschen, das Ende des Regenbogens sei wirklich vorhanden, man könne zu der Stelle gehen und dort ein besonderes, funkelndes Licht sehen. Doch der Regenbogen *ist* nicht an einer bestimmten Stelle, er ist nichts Greifbares, sondern *Licht, das aus einer bestimmten Richtung kommt.* Versuchen Sie den Regenbogen mit einem ortho- oder panchromatischen Film und einem

---

2 Eine ausführliche Erörterung durch Volz und Meyer in: *Hdb. d. Geophysik*, VIII, S. 943–1023. – Boyer, C.B.: *The Rainbow.* New York 1959.
3 Das Wetter *30*, 117, 1913.
4 Das Wetter *30*, 214, 1913; sowie *55*, 404, 1938.

hellen Gelbfilter bei einer Belichtungsdauer von ¹⁄₁₀ s und Blende 16 zu fotografieren.

141. Beschreibung des Regenbogens

Ein Regenbogen ist Teil eines Kreisbogens, daher ist es naheliegend zu schätzen, wo, d.h. in welcher *Richtung* sein Mittelpunkt liegen könnte. Ganz offenkundig käme eine Linie, die wir zu diesem Mittelpunkt ziehen würden, irgendwo unter dem Horizont heraus, und zwar im Gegenpunkt der Sonne. Stellen Sie sich die Verbindungslinie Sonne–Auge des Beobachters W verlängert und in die Erde eindringend vor: das ist die Achse, um die der Regenbogen wie ein Rad sitzt (Abb. 119). Die Strahlen des

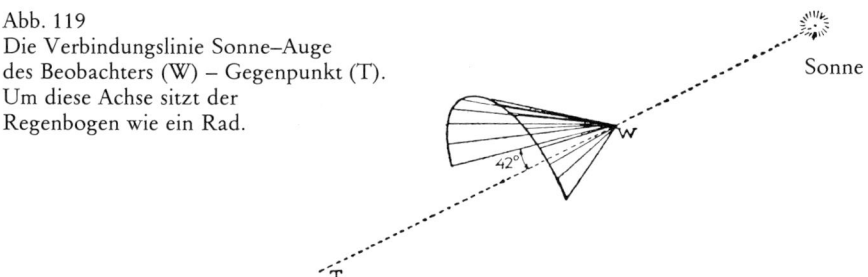

Abb. 119
Die Verbindungslinie Sonne–Auge
des Beobachters (W) – Gegenpunkt (T).
Um diese Achse sitzt der
Regenbogen wie ein Rad.

Regenbogens zum Auge bilden einen Kegelmantel, und jeder Strahl bildet mit der Achse einen Winkel von 42° (= halber Öffnungswinkel des Kegels).

Je tiefer die Sonne sinkt, desto höher steigt der Gegenpunkt, also gleichzeitig auch der gesamte Regenbogen, wobei er sich als ständig wachsender Teil des Kreisbogens über dem Horizont erhebt und bei Sonnenuntergang schließlich zu einem Halbkreis geworden ist. Andererseits verschwindet er völlig unter dem Horizont, wenn die Sonne höher als 42° steht: Das ist der Grund, weshalb in unseren Breiten noch nie ein Regenbogen im Sommer zur Mittagszeit beobachtet wurde.

Messen Sie selbst den halben Öffnungswinkel, beispielsweise, indem Sie eine Postkarte mit einer Stecknadel an einem Baum befestigen und die Karte so ausrichten, daß Sie den Scheitel des Regenbogens mit dem Rand der Karte anvisieren; am Schatten der Stecknadel ist die Linie Sonne–Betrachter und der Winkelabstand des Regenbogens zum Sonnengegenpunkt direkt ablesbar (Abb. 120).

Man kann auch mit einer der Methoden von S. 453 f. (Anhang B) die Scheitelhöhe h sowie den Winkel 2α zwischen den Bogenenden bestimmen. Wichtig ist, die Beobachtungszeit zu notieren, um hinterher die Sonnenhöhe berechnen zu können. Gleichzeitig erhält man so

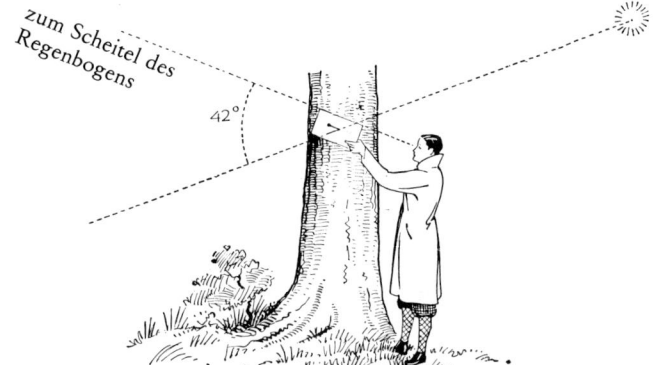

Abb. 120
Wir messen den
Winkelabstand vom
Regenbogen zum
Sonnengegenpunkt.

stand H des Sonnengegenpunktes T unter dem Horizont. Aus diesen Messungen und den Regeln der sphärischen Trigonometrie ergeben sich drei verschiedene Werte für den gesuchten Radius r, von denen man den Mittelwert einsetzen kann (s. Abb. 121):

$$r = H + h;$$
$$\cos r = \cos \alpha \cdot \cos H$$
$$\text{tg } r = 1 - \frac{1 - \cos \alpha \cdot \cos h}{\cos \alpha \cdot \sin h}.$$

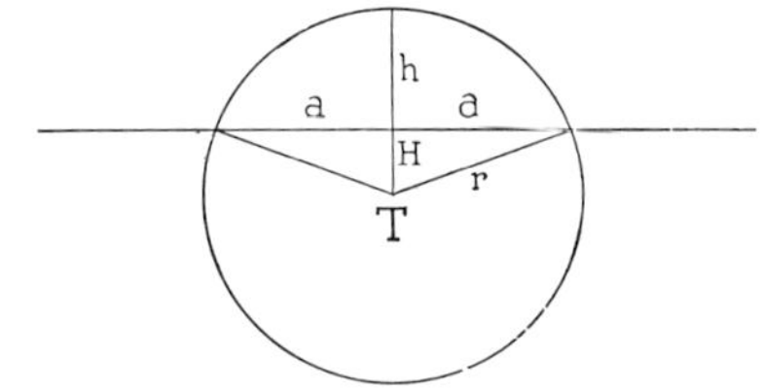

Abb. 121

Eigentlich müßte der Regenbogen nicht als Bogen, sondern als geschlossener Kreis zu sehen sein; daß wir ihn nicht tiefer als bis zum Horizont sehen können, liegt nur daran, daß nach unten hin keine in der Luft schwebenden Regentröpfchen zu sehen sind. In der Zeitschrift *Physica*[5] wurde erwähnt, daß man von einem Flugzeug aus den vollständigen Kreis des Regenbogens sehen können müßte, wobei der Flugzeugschatten sich in dessen Zentrum befände. Dieses großartige Schauspiel wurde in der Tat schon einmal von einem Freiluftballon aus beobachtet.[6]

Ein Nebenregenbogen über dem Hauptregenbogen wird von vielen für etwas Ausgefallenes gehalten. Tatsächlich ist er aber sehr oft, sogar fast immer zu sehen, wenn er auch sehr viel lichtschwächer als der Hauptregenbogen ist. (Verhältnis 1 : 8). Er besitzt denselben Mittelpunkt, d.h., sein Mittelpunkt ist ebenfalls der Sonnengegenpunkt, aber seine Strahlen bilden einen Winkel von 51° mit der Achse Sonne–Auge.

Die «sieben Farben des Regenbogens» existieren nur in unserer Vorstellung, es ist eine Redensart, die sich beharrlich hält, weil wir die Dinge selten so sehen, wie sie sind! In Wirklichkeit fließen die Farben sanft in-

5 Physica *11*, 288, 1931.
6 Flammarion: *L'Atmosphere*. 1888, S. 214.

einander, doch unwillkürlich nimmt unser Auge Einteilungen vor. Zwischen einzelnen Regenbogen bestehen große Unterschiede: Ja, ein und derselbe Regenbogen kann sich, noch während man ihn beobachtet, verändern, und er kann am Scheitel anders aussehen als am Fuß. Man erkennt bereits große Unterschiede, wenn man die Gesamtbreite des Farbbandes in Winkelmaß mißt (s. Anhang B, S. 453 f.). In der Regel ist die Farbfolge: rot–orange–gelb–grün–blau–violett; was aber das Verhältnis der Breite der einzelnen Farbstreifen zueinander und deren Helligkeit betrifft, so gibt es allerlei Spielarten. Mein Eindruck ist, daß verschiedene Beobachter ein und denselben Regenbogen nicht immer übereinstimmend beschreiben; um also sicherzugehen, daß ein Unterschied zwischen zwei Regenbogen besteht, müßte man entweder die Beobachtungen nur einer Person vergleichen oder aber zwei Beobachter auswählen, von denen man weiß, daß sie ungefähr dieselben Maßstäbe anlegen.

Bei dieser «unverfälschten» Beschreibung der Regenbogenfarben stellt sich heraus, daß nach dem Violett an der Innenseite des Bogens seltsamerweise oft noch mehrere *Interferenzbogen* (auch: «sekundäre Bogen») liegen. Zumeist sieht man sie am Regenbogenscheitel am besten; gegen Ende eines Regenschauers werden sie häufig intensiver. Die Farben der Interferenzbogen sind in der Regel rosa und grün im Wechsel. Im Grunde ist die Bezeichnung «sekundäre Bogen» nicht richtig, denn sie sind ebenso Teil des Regenbogens wie die «normalen» Farben, auch wenn ihre Farben lichtschwächer sind. Oft ändern sich die Interferenzbogen recht schnell in Intensität und Weite, was auf Veränderungen der Tropfengröße schließen läßt (§ 144).

Die Farbfolge des Nebenregenbogens ist derjenigen des Hauptregenbogens genau entgegengesetzt: *Die beiden Bogen wenden einander das Rot zu.* Selten einmal ist der Nebenregenbogen so hell, daß seine Interferenzbogen sichtbar werden; auch hier schließen sie sich an das Violett an, liegen also an der Außenseite des Nebenregenbogens.[7]

> *So wie in zarter Wolke sich erheben*
> *Zwei Regenbogen mit der gleichen Farbe,*
> *Wenn Juno ihrer Magd es anbefohlen,*
> *Und aus dem Innern sich der Äußre löset, ...*

Dante: *Paradies.*
Stuttgart 1951, 12. Gesang, Vers 10. Übers. v. Hermann Gmelin

142. Der Regenbogen in künstlichen Wolken

Wie ein Regenbogen in einem Schwarm Wassertropfen entsteht, wird uns direkt vor Augen geführt, wenn die Sonne in den feinen Sprühregen um Springbrunnen oder Wasserfälle scheint. An der Seite eines Dampfschif-

---

7 Eine Beobachtung Brewsters aus dem Jahre 1828.

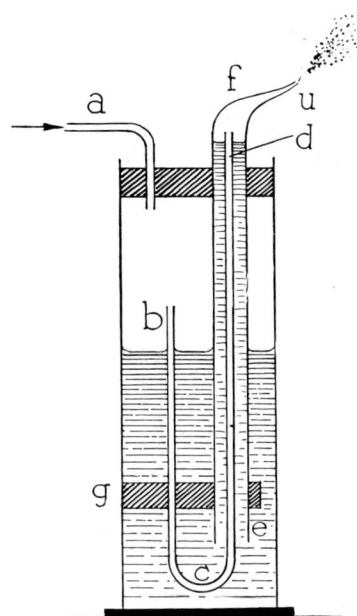

Abb. 122
Zerstäubungsapparat zur künstlichen Erzeugung
eines Regenbogens.

fes auf dem Meer, wo sich die Bugwelle bricht und schäumend aufspritzt, sieht man mitunter Regenbogen, die sehr lange neben dem Schiff einherlaufen, stärker und schwächer werden, je nachdem ob die Wolke der Tröpfchen dichter oder dünner ist. Vor allem dann, wenn das Schiff ungefähr in Richtung Sonne fährt, kann man mit großer Wahrscheinlichkeit einen Regenbogen sehen.

Um im Garten einen Regenschauer zu erzeugen, in dem die Sonne Regenbogen zaubert, benötigt man folgende einfache Hilfsmittel:

1. einen Gartenschlauch, mit dem man Wassertröpfchen fein versprühen kann; beachten Sie vor allem die feinen Tropfen *unter* dem eigentlichen Wasserstrahl: Diese sind fast nicht deformiert und zeigen die Erscheinungen am besten;

2. das Gerät von Tyndall[8], bei dem ein Wasserstrahl unter Druck auf eine runde Metallscheibe auftrifft und versprüht wird;

3. den Zerstäuber von Antolik[9] (Abb. 122). Es genügt, mit dem Mund kräftig bei a hineinzublasen. Die Tropfengröße kann reguliert werden, indem man die durchbohrte Korkscheibe g verschiebt und damit das Röhrchen bcd einige Millimeter höher oder tiefer zur dickeren Röhre ef einstellt; außerdem spielt die Weite der Austrittsöffnung u eine Rolle. Man kann Wasser durch die weitere Röhre a nachfüllen, ohne den Apparat öffnen zu müssen. Ich habe ausgezeichnete Erfahrungen mit diesem Apparat gemacht.

8 Phil. Mag. *17*, 61, 1883.
9 Zs. phys. chem. Unterr. *4*, 275, 1891.

Die Zerstäuber für Zimmerpflanzen ergeben so feine Tropfen, daß man keinen echten Regenbogen mehr darin sieht, sondern nur noch einen weißen «Nebelbogen» mit blauen und gelben Rändern (vgl. § 140). Zufällig kann es hier und dort größere Tropfen geben, so daß man einen normalen Regenbogen aufleuchten sieht. Suchen Sie den Regenbogen stets 42° vom Sonnengegenpunkt entfernt, am besten vor einem dunklen Hintergrund!

Bei solchen Versuchen kann man verschiedene recht eindrucksvolle Beobachtungen machen. Man sieht diese Regenbogen häufig als vollkommen geschlossene Kreise, weil hier auch *unter* der Horizontlinie genügend Wassertropfen schweben. Wenn wir unsere Position verändern, bewegt sich der Regenbogen mit: Er ist kein «Gegenstand», man sieht ihn nicht an einer bestimmten *Stelle*, sondern vielmehr in einer bestimmten *Richtung*; er verhält sich sozusagen wie ein unendlich weit entferntes Objekt, das jeder Bewegung folgt, genauso, wie etwa der Mond «mitwandert». – Wenn man nahe an der Tropfenwolke steht, z.B. beim Spritzen mit dem Gartenschlauch, sieht man zwei sich kreuzende Regenbogen! Wie kommt es dazu? Schließen Sie abwechselnd das eine und das andere Auge: Offenbar *sieht jedes Auge seinen eigenen Regenbogen* (was auch aus dem Mitwandern des Regenbogens folgt). Versuchen Sie, stereoskopische Aufnahmen von solch einem Regenbogen zu machen! Oft sind Nebenregenbogen und Interferenzbogen gut zu erkennen. Ändert sich die Richtung des Strahls oder sieht man den Regenbogen an anderen Stellen der Wolke, ändert sich auch die Farbschattierung im Bogen: Die Tropfen besitzen dann offenbar eine andere Durchschnittsgröße.

Kleben Sie eine Faser äußerst dünner Kunstseide über ein U-förmig ausgeschnittenes Blatt Papier, und tupfen Sie ein winziges Speicheltröpfchen auf die Faser. Suchen Sie einen dunklen Hintergrund, und halten Sie sich dieses Tröpfchen direkt vor die Augen. Sie sehen einen wunderschönen Regenbogen mit Nebenregenbogen und Interferenzbogen. Es funktioniert auch mit dem taubenetzten Faden eines Spinnennetzes.

143. Descartes' Theorie zum Regenbogen

Um den Verlauf eines Lichtstrahls in einem Wassertropfen zu untersuchen, halten wir einen mit Wasser gefüllten Rundkolben ins Sonnenlicht (Abb. 123a). Auf einem Projektionsschirm AB mit einer Öffnung, die etwas größer als der Kolben ist, zeichnet sich nun ein schwacher Regenbogen R ab: Er bildet einen geschlossenen Kreis, sein Winkelabstand ist tatsächlich etwa 42°, und das Rot liegt genau wie bei einem echten Regenbogen außen.

Halten Sie vor den Kolben bei S einen kleinen Schirm, der an einem Faden hängt: Im unteren Teil des Regenbogens gibt es einen Schatten (Abb. 123b). Feuchten Sie einen Finger an, und drücken Sie ihn an der

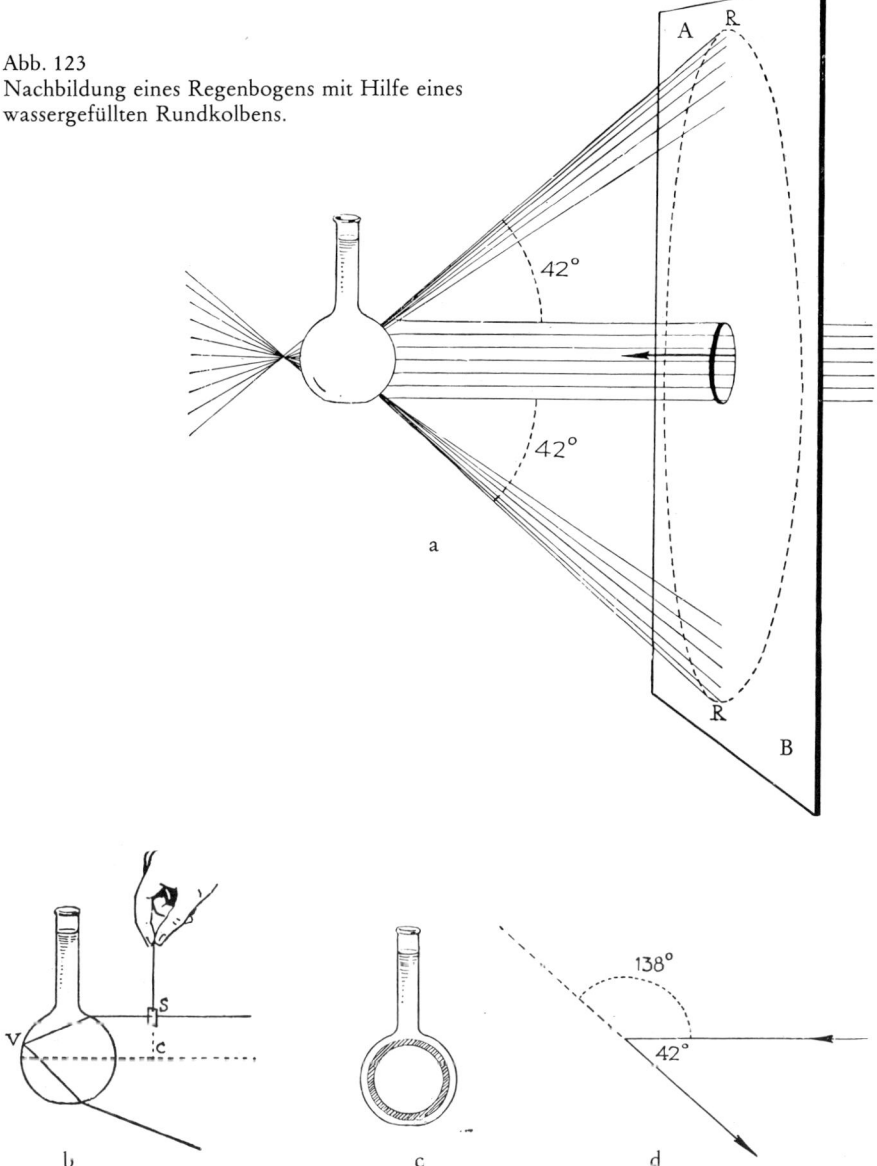

Abb. 123
Nachbildung eines Regenbogens mit Hilfe eines
wassergefüllten Rundkolbens.

Stelle V gegen den Kolben: Wieder erscheint ein dunkler Fleck an derselben Stelle unten am Regenbogen. Offenbar entsteht der Regenbogen durch Strahlen, die im Abstand SC von der Mittellinie einfallen und die an der Rückwand des Kolbens bei V reflektiert werden. Hält man einen

Ring von einigen Millimetern Breite und dem 0,86fachen Durchmesser des Kolbens genau in die Mitte des einfallenden Strahlenbündels, verschwindet der Regenbogen gänzlich (Abb. 123c).

Abb. 124
Verlauf der Lichtstrahlen in einem Wassertropfen und Entstehen eines Regenbogens.
Die fett gedruckte Linie stellt die Wellenfront dar.

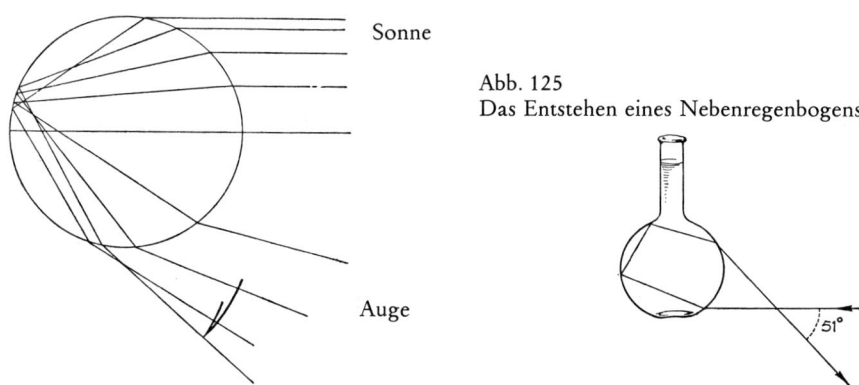

Sonne

Abb. 125
Das Entstehen eines Nebenregenbogens.

Auge

51°

Abb. 124 zeigt den genauen, nach den allgemeinen Reflexions- und Brechungsgesetzen berechneten Strahlengang. Die Lichtstrahlen werden unterschiedlich stark abgelenkt, je nachdem an welchem Punkt der Tropfenoberfläche sie auftreffen; am geringsten wird der Strahl mit einem Reflexionswinkel von 138° (= 180° – 42°) abgelenkt. Die Strahlen treten nach allen Richtungen aus, nur diejenigen, die die geringste Ablenkung erfahren, verlaufen fast parallel zueinander und erreichen unser Auge mit der größten «Dichte». Die Farben entstehen, weil die verschiedenen Strahlenarten je nach Wellenlänge unterschiedlich stark gebrochen werden; sie unterscheiden sich dadurch leicht in ihrem Strahlengang und ihrer Austrittsrichtung voneinander.

In einem abgedunkelten Zimmer ist auch der Nebenregenbogen, der sich blaß auf dem Schirm abzeichnet, zu sehen. Er bildet einen Winkel von 51° zum einfallenden Lichtstrahl und wird um 231° abgelenkt (Abb. 125). Man kann zeigen, daß – ähnlich wie beim Hauptregenbogen – der Nebenregenbogen durch zweimalig reflektierte Strahlen entsteht. Die Farbfolge im Nebenregenbogen ist – sowohl im Labor als auch in der Natur – genau umgekehrt wie beim Hauptregenbogen.[10]

Stellen Sie sich die einzelnen Tröpfchen einer Wolke vor, die auf einem Kegelmantel von 42° und 51° Licht reflektieren. Diejenigen Trop-

10 In unserem Versuch erscheint manchmal der Nebenregenbogen innerhalb des Hauptregenbogens anstatt außerhalb. Dies ist darauf zurückzuführen, daß der Kolben verhältnismäßig groß und der Schirm nicht genügend weit entfernt ist.

fen, die wir in einem Winkelabstand von 42° zu den einfallenden Sonnenstrahlen sehen, liegen so, daß sie ihr einmalig reflektiertes Licht in unser
Auge senden; von denjenigen, die wir unter 51° sehen, erreichen uns die
zweimalig reflektierten Strahlen. Auf diese Weise entstehen also für uns
Haupt- und Nebenregenbogen (Abb. 126).

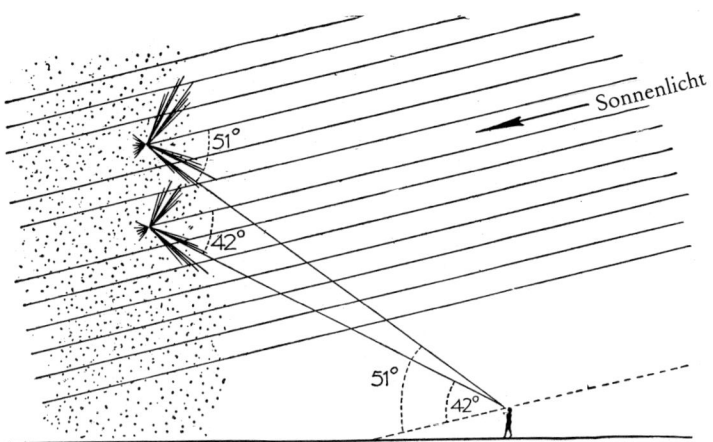

Abb. 126
Sonnenlicht, das auf Regentropfen fällt, zaubert einen Regenbogen sowie einen
Nebenregenbogen.

Dieser Versuch gelingt auch mit einem Becherglas oder sogar mit einem einfachen
Trinkglas, das allerdings mehr oder weniger zylinderförmig sein sollte. Der Versuch wird
am Abend durchgeführt, als Lichtquelle dient eine Kerze, die in etwa 1 m Abstand von dem
wassergefüllten Becherglas steht. Das Licht ist zu schwach, als daß man es auf einem Projektionsschirm auffangen könnte, deshalb blickt man in einem Winkel von 150° auf das Becherglas und nähert sich langsam dem Winkel der Minimalablenkung von 138°. So sieht
man zwei Lichtstreifen, die sich einander nähern, aufeinandertreffen, Regenbogenfarben
hervorbringen und dann verschwinden. Die Richtung der zuletzt sichtbaren Strahlen kann
markiert werden, indem man Nadeln in den Tisch steckt und den Ablenkungswinkel mißt.

144. Die Beugungstheorie zur Entstehung des Regenbogens[11]

Die Theorie Descartes' berücksichtigte lediglich die mindestabgelenkten
Strahlen. Tatsächlich gibt es auch eine Reihe stärker abgelenkter Strahlen, die von einer gekrümmten *Brennlinie* umhüllt werden. Genau das
sind die Bedingungen, unter denen *Interferenz*, wie wir sie neben den
Brennlinien von Regentropfen auf einem Brillenglas kennengelernt haben, auftritt (§ 139). Vor allem, wenn die Tropfen klein sind, reicht es
nicht mehr aus, nur Lichtstrahlen zu betrachten. Man muß dann die

11 Vgl. Prins und Reesinck: Physica *11*, 49, 1944. – *Buchwald:* Optik *3*, 4, 1948.

Lichtwellenfront untersuchen, die in der Nähe solch einer Brennlinie einen *Wendepunkt* besitzt (Abb. 118).

Diese Wellenfront wird nach dem Huygensschen Prinzip als Strahlungsquelle, die das Licht aussendet, angesehen. Man untersucht nun die Interferenz der Schwingungen, die von jedem Punkt der Wellenfront in unserem Auge zusammenkommen. Diese Berechnung, die von Airy durchgeführt und von Stokes, Möbius, Pernter ergänzt und angewendet wurde, ergibt das «Regenbogenintegral»

$$A = c \int_0^\infty \cos \frac{\pi}{2} (u^3 - zu) \, du.$$

Dieses gibt die Amplitude des ins Auge fallenden Lichts an, und zwar als Funktion des Winkels z von der Richtung der mindestabgelenkten Strahlen. Dieses Integral wird durch Reihenentwicklung berechnet, und die Lichtstärke, die wir in einer Richtung z sehen, ist dann durch A^2 gegeben.

Abb. 127 zeigt für eine bestimmte Farbe, wie sich im Vergleich zu großen Tropfen (a) die Lichtverteilung bei kleinen Tropfen durch Beugung ändert (b). Die mindestabgelenkten Strahlen bei z = 0 bestimmen zwar noch hauptsächlich das Phänomen, aber es sind mehrere schwächere Maxima entstanden.

Abb. 127
Lichtverteilung in dem Strahlenbündel,
das aus einem Wassertropfen austritt:
a) nach der einfachen Theorie
Descartes'; b) nach der Beugungstheorie.

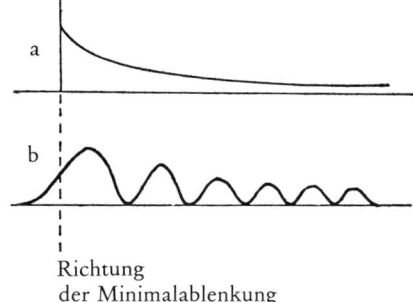

Richtung
der Minimalablenkung

Nun müßte man für jede einzelne Farbe solche Kurven zeichnen und je nach Wellenlänge gegeneinander verschieben; für jeden Ablenkungswinkel z erhält man ein Gemisch, so daß die Farben des Regenbogens nie wirklich satte Farbtöne sind. Da das erste und stärkste Maximum jeder Farbe dominieren und sich diese Hauptmaxima mit zunehmender Wellenlänge allmählich verschieben, sehen wir die Regenbogenfarben im wesentlichen so, wie es aus der elementaren Theorie folgt. Die Veränderungen durch Beugung bestehen darin, *daß sich die Farben je nach Tropfengröße voneinander unterscheiden* und *daß an der Innenseite des Bogens Interferenzbogen auftreten.* Schließlich gilt es noch zu bedenken, daß die Sonne kein Punkt ist, daß also die Sonnenstrahlen nicht streng parallel sind (§ 1), so daß durch ihre Divergenz über einen Winkel von gut 0,5° die Regenbogenfarben leicht verwaschen erscheinen. Dadurch werden die Interferenzbogen undeutlicher, und man sieht in der Regel nur einen oder zwei.

Der Beugungstheorie zufolge ist es möglich, vom rein visuellen Eindruck her Aussagen über die ungefähre Tropfengröße zu machen. Hauptmerkmale sind folgende:

Durchmesser:

1 bis 2 mm:	Sehr klares Violettrosa und lebhaftes Grün; der Bogen enthält außerdem reines Rot, jedoch fast kein Blau. Mehrere Interferenzbogen (etwa 5) schließen sich ohne Zwischenraum an den Hauptregenbogen an und zeigen Violettrosa und Grün im Wechsel.
0,50 mm:	Das Rot ist wesentlich schwächer. Es treten weniger Interferenzbogen auf, und auch hier sind diese abwechselnd violettrosa und grün.
0,20 bis 0,30 mm:	Das Rot fehlt; im übrigen ist der Regenbogen breit und voll entfaltet. Die Interferenzbogen weisen mehr Gelb auf; gibt es einen Zwischenraum zwischen den Interferenzbogen, so ist der Durchmesser 0,20 mm; liegt ein Zwischenraum zwischen Hauptbogen und erstem Interferenzbogen, so ist der Durchmesser < 0,20 mm.
0,08 bis 0,10 mm:	Der Bogen ist noch breiter und blasser, nur das Violett ist kräftig. Der erste Interferenzbogen ist klar vom Hauptbogen getrennt und zeigt deutlich weiße Farbtöne.
0,06 mm:	Im Hauptregenbogen ist bereits ein deutlich weißer Streifen enthalten.
< 0,05 mm:	Nebelbogen (vgl. § 150).

Die Breite des Farbbandes ist in etwa proportional zu $r^{-2/3}$.

Die am häufigsten vorkommenden Tropfen haben einen Durchmesser von 0,4 bis 1,0 mm. Werden die Tropfen beim Fallen deformiert oder oszillieren sie, ist der Regenbogen verwaschener. Damit scheint zusammenzuhängen, daß Interferenzbogen an ihrem Scheitel am deutlichsten sind.

145. Der Himmel im Bereich des Regenbogens[12]

Aufmerksame Beobachter werden bemerken, daß der Himmel zwischen Haupt- und Nebenregenbogen dunkler ist als außerhalb. Natürlich sind Wolken im Hintergrund, so daß der Himmel nicht gleichmäßig hell ist, aber in der Regel ist der Effekt doch deutlich zu sehen.

Erklärung: Neben den mindestabgelenkten Strahlen reflektiert jeder Tropfen auch stärker abgelenkte Strahlen in verschiedene Richtungen. In

12 Nat. *109*, 309, 1922.

Abb. 128 sind diese als gestrichelte Linien wiedergegeben; beachten Sie, daß diese Strahlen beim Nebenregenbogen genau zur *anderen* Seite abgelenkt werden wie beim Hauptregenbogen. Der Beobachter sieht zum einen innerhalb des ersten Regenbogens schwaches Sonnenlicht aufgrund der einmalig reflektierten Strahlen, die um mehr als 138° abgelenkt werden, also einen *kleineren* Winkel als 42° zur Achse bilden; zum anderen sieht er schwaches Sonnenlicht außerhalb des zweiten Regenbogens aufgrund der zweimalig reflektierten Strahlen, die um mehr als 231° abgelenkt werden, also einen *größeren* Winkel als 51° zur Sonne bilden.

> *Nicht Liebe schenkt die klarste Einsicht, nein.*
> *Aus Tränen, ungeweinten Tränen ist es,*
> *Daß hoch sich erhebt der Regenbogen des Schmerzes:*
> *In seiner Rundung ist das hellste Licht.*
>
> Fiona MacLeod: *The Divine Adventure*

Mitunter sieht man ein strahliges Muster in jenem diffusen Lichtschein.[13] Es erinnert an Dämmerungsstrahlen oder den Strahlenkranz in wogendem Wasser (§§ 217, 221 u. 248). Bei dieser Erscheinung müssen wir uns vorstellen, daß sich irgendwo zwischen Sonne und Regentropfen

Abb. 128
Wolkenfetzen zwischen Sonne und Regenschauer bewirken eine strahlige Streifung des Himmels.

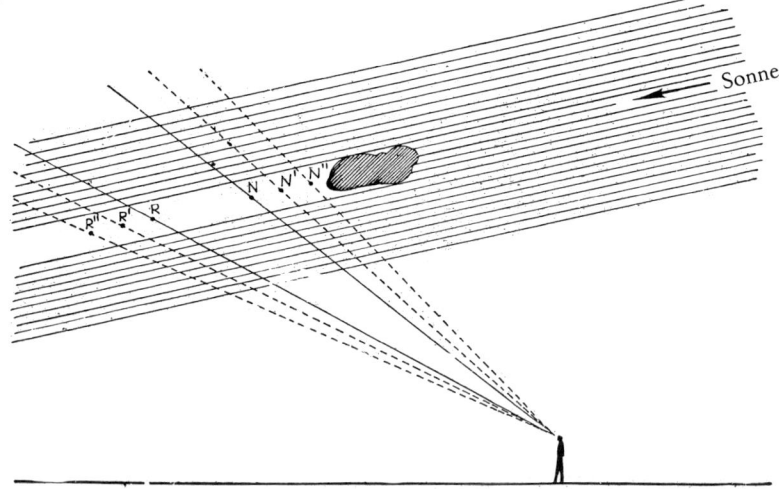

eine Wolke befindet (Abb. 128). Von den Tropfen in der Schattenbahn hinter der Wolke dringt kein Licht zum Betrachter; dem Regenbogen, der für ihn aus dem Licht all der Regentropfen in der Sehlinie besteht, fehlt hier der Lichtanteil der Tropfen R; entsprechend fehlt dem Neben-

13 Thompson, S.: Nat. *18*, 441, 1878.

regenbogen das Licht der Tropfen N, während im diffusen Licht der Anteil der Tropfen R', R'', ... sowie N', N'', ... fehlt. In der Ebene Auge–Sonne–Wolke sind daher alle Lichterscheinungen schwächer: Es entsteht ein Schattenstrahl, der in seiner Verlängerung durch den Sonnengegenpunkt geht.

146. Die Polarisation des Regenbogenlichts[14]

Wenn man versucht, das Spiegelbild eines Regenbogens in Glas zu sehen, kann man eine sehr eindrucksvolle Beobachtung machen. Mit einem richtigen (versilberten) Spiegel gelingt der Versuch nicht, sondern nur mit normalem, am besten dunklem Glas oder zumindest einem Glas, das mit schwarzem Papier an der Unterseite versehen ist. Man hält sich das Glas dicht vor die Augen, und zwar so, daß der Blick schräg darauf fällt (etwa 60° zur Normalen). Nun kann man das Glas entweder waagerecht oder senkrecht halten (Abb. 129). Wenn wir insbesondere auf den obersten

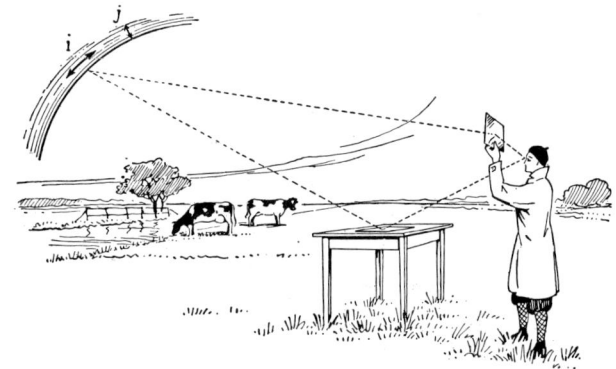

Abb. 129
Das Sichtbarmachen
der Polarisation von
Regenbogenlicht.

Teil des Regenbogens achten, sehen wir, daß er im ersten Fall sehr deutlich und lichtstark gespiegelt wird, im zweiten Fall aber so schwach, daß er fast nicht zu sehen ist. Das Licht des Regenbogens hat demnach bestimmte «seitliche Eigenschaften», es ist «polarisiert».

Noch einfacher ist die Beobachtung, wenn wir den Regenbogen durch eines jener Polarisationsfilter betrachten, die für Sonnenbrillen verwendet werden (§ 204). Man dreht das Filter in seiner Ebene: In einer bestimmten Stellung ist der Regenbogen sehr klar, doch schon eine viertel Umdrehung weiter ist er sehr schwach. Wir können uns das Licht des Regenbogens als aus Licht, das in der Richtung i, und aus Licht, das in der Richtung j schwingt, zusammengesetzt vorstellen; theoretisch ist das Verhältnis der Lichtstärken i : j ungefähr 24 : 1, die Polarisation also sehr

14 Aufschlußreiche Fotos hierzu von: Können, G.P., in: Hemel en Dampkring, Dezember 1968.

stark. Bei einem Nebenregenbogen ist das Phänomen zwar nicht so ausgeprägt, aber doch noch deutlich: Das Verhältnis ist hier 9 : 1. Beide Beobachtungsergebnisse stimmen mit der Theorie überein.

147. Die Auswirkung von Blitzen auf Regenbogen

Eine bemerkenswerte und einzigartige Beobachtung machte V. J. Laine.[15] Jedesmal, wenn es donnerte, stellte er fest, daß sich die Grenzen der Regenbogenfarben verwischten. In den Interferenzbogen war die Veränderung besonders deutlich; der Zwischenraum zwischen dem Violett des Hauptregenbogens und dem ersten Interferenzbogen verschwand, das Gelb wurde heller. Es war, als würde der gesamte Regenbogen schwingen. Der Auflistung in § 144 nach zu schließen, müßten diese Veränderungen auf eine Vergrößerung der Tropfen zurückzuführen sein.

Der optische Effekt entstand nicht zum Zeitpunkt des *Blitzes*, sondern einige Sekunden später, als der Schall des Donners beim Regenbogen ankam. Es wäre vorstellbar, daß die Tropfen durch die Schallwellen in Schwingungen versetzt und zum Zusammenfließen gebracht werden, so daß der Bogen verwaschener aussieht.

148. Der rote Regenbogen

In den letzten 5 bis 10 Minuten vor Sonnenuntergang verlöschen allmählich die Farben des Regenbogens bis auf das Rot, und schließlich ist nur noch ein einfarbig roter Bogen übrig. Innerhalb des großen Halbkreises ist der Himmel lachsrot, außerhalb blaugrau wie das diffuse Himmelslicht. In bestimmten Fällen kann solch ein Regenbogen außergewöhnlich lichtstark sein und sogar bis zu 10 Minuten nach Sonnenuntergang noch sichtbar bleiben; natürlich ist der Fuß des Bogens dann verdeckt, und er ist erst ab einer bestimmten Höhe über dem Horizont zu sehen. Im Grunde entwirft die Natur hier ein Spektrum des Sonnenlichts und zeigt uns, wie sich dieses bei Sonnenuntergang in seiner Zusammensetzung verändert. Ursache dieser Veränderung ist die Streuung des Lichts kürzerer Wellenlänge.

149. Regenbogen in Meerwassertropfen

Während einer Seereise sah Volz[16] einen Regenbogen in Meerwasserspritzern und konnte ihn mit dem Bogen in einem Regenschauer vergleichen. Der Radius des Gischtbogens war um 1° enger, was der durch den Salzgehalt erhöhten Brechzahl des Meerwassers ($n_w + 0,007$) entspricht.

15 Phys. Zs. *10*, 965, 1909.
16 Volz, F.E.: Meteor. Rundschau *13*, 117, 1960.

150. Der Nebelbogen oder weiße Regenbogen[17]

Wenn die Tröpfchen sehr klein sind, sieht der Regenbogen vollkommen anders aus. Am besten ist dies zu beobachten, wenn man auf einem Hügel steht, die Sonne im Rücken hat und den Nebel vor und unter sich. Man sieht dann den Bogen als weißes Band, das gut doppelt so breit ist wie ein normaler Regenbogen und einen orangefarbenen Außen- und einen bläulichen Innenrand hat; an der Innenseite liegen oft nach einem Zwischenraum ein oder gar zwei Interferenzbogen, die seltsamerweise die umgekehrte Farbfolge wie im normalen Hauptbogen haben (außen blau, innen rot).

Diese Besonderheiten decken sich überraschend gut mit den theoretischen Berechnungen für Tropfen mit einem Radius von 0,025 mm und weniger (vgl. § 144). Besteht ein Regenbogen aus solch kleinen Tröpfchen, ist der Radius des Regenbogens nicht mehr 42°, sondern kleiner, und da «klein» hier bedeutet: «klein im Vergleich zur Wellenlänge», ist der Effekt für rote Strahlen ausgeprägter als für blaue. Daher ist der Interferenzbogen im roten Bereich schon so viel kleiner, daß er sogar den blauen «überholt» und an der Innenseite zu liegen kommt.

Wer das selten schöne Phänomen sieht, sollte einige Messungen zur Bestimmung des Durchmessers 2Θ der Bogen (in Grad) vornehmen (Anhang B, S. 453 f.). Am exaktesten ist der dunkle Ring zwischen Hauptbogen und erstem Interferenzbogen zu messen; aus dem gemessenen Wert kann dann der Radius a der Tropfen (in mm) mit Hilfe folgender Formel berechnet werden:

$$a = \frac{0,31}{(41°44' - \Theta)^{3/2}}.$$

(Nimmt man den Mittelwert zwischen blauem und orangefarbenem Rand des Hauptbogens, so ist die Konstante im Zähler 0,18.)

Eigenartigerweise wurde der Nebelbogen noch bei äußerst niedrigen Temperaturen (- 34 °C !) gesehen, was beweist, daß Wassertropfen in der Atmosphäre stark unterkühlt sein können.[18] Es kam schon vor, daß der Bogen bei so dünnem Nebel entstand, daß der Beobachtende behauptete, es sei gar nicht neblig gewesen!

Man sieht fast immer einen Nebelbogen, wenn das grelle Lichtbundel eines Suchscheinwerfers durch den Nebel dringt und man mit dem Rücken zum Scheinwerfer steht. Selbst durch gewöhnliche Straßenlaternen kann er – wenngleich schwach und nur vor einem dunklen Hintergrund – entstehen.[19] Einer meiner Leser bemerkte ihn beim Licht einer Petroleum

---

17 Phil. Mag. *29*, 456, 1890. – Van Everdingen, E.: Hemel en Dampkring *30*, 19, 1932.
18 Brooks, Ch.F.: M. W. R. *53*, 49, 1925. – Simpson, G.C.: Quart. Journ. Roy. Met. *38*, 291, 1912, berichtet von einem Nebelbogen bei −29 °C.
19 Met. Zs. *39*, 33 und 324, 1922. – Hemel en Dampkring *1*, 349, 1903.

lampe und Tyndall beim Schein einer Kerze! Liegt der Nebel über dunkler Erde oder dunkler Heide, kann man ab und zu den ganzen Bogen als geschlossenen Kreis sehen. Die wenige Meter dicke Schicht Nebels zwischen unserem Auge und dem Boden vor unseren Füßen genügen also bereits, um das Phänomen sehen zu können.[20]

Hin und wieder wurde schon ein *doppelter* Nebelbogen beobachtet.[21] Vgl. dazu auch §§ 144 und 188.

151. Der Taubogen oder horizontale Regenbogen

An einem Herbstmorgen kann man die Heide von unzähligen kleinen Spinnweben bedeckt finden, die normalerweise nicht auffallen, doch nun von Tautröpfchen benetzt in der Sonne glitzern (vgl. § 38). Betrachtet man sie aus einer geeigneten Richtung, dann wandert ein Lichtglanz darüber, schwach irisierend, wie über Satin: Es ist ein kleiner Ausschnitt eines Regenbogens. Manchmal entfaltet sich ein ganzer Regenbogen über dem taubenetzten Gras, und zwar nicht als Kreis, sondern als weit geöffnete *Hyperbel* (Abb. 130).

Abb. 130
Der Taubogen.

Die Erklärung ist einfach: In unser Auge fällt Licht aus Richtungen, die einen Winkel von 42° mit der Achse Sonne–Auge bilden; solange die Sonne niedrig steht, schneidet dieser Kegel die Oberfläche des Bodens in einer Hyperbel; später am Tag würde eine Ellipse daraus, was jedoch kaum einmal vorkommt. Man kann die Kurve von einer zweiten Person am Boden abstecken und ausmessen lassen; aus der Beobachtungszeit und dem daraus errechneten Sonnenstand kann man berechnen, daß die Kurve tatsächlich eine Hyperbel ist und zu einem Kegel mit einem halben Öffnungswinkel von 42° gehört.[22] Beachten Sie, daß der Farbstreifen um so breiter ist, je weiter er von uns entfernt ist. Es wurden sogar schon Nebenregenbogen und Interferenzbogen im Tau gesehen.[23] Bei folgenden Gelegenheiten wurde der Taubogen ebenfalls gesehen:

1. auf einem mit Wasserlinsen bedeckten Teich[24]; auf einem Rasen;

20 Phil. Mag. *17*, 148, 1883. – Hemel en Dampkring *1*, 349, 1903.
21 Lepper: Hemel en Dampkring *1*, 1903. – Onweders usw. *52*, 54, 1931.
22 Heath, A.E.: Nat. *97*, 6, 1916.
23 Humphreys, W. J.: Journ. Frankl. Instit. *207*, 661, 1929.
24 Hemel en Dampkring *6*, 145, 1908.

2. auf einem Teich, auf dem ein Ölfilm schwamm. Auf solch einer Oberfläche können Tautropfen liegen, *ohne sich mit dem Wasser zu vermischen*; solch ein Ölfilm kann sich beispielsweise durch den Rauch und Qualm von Fabriken bilden. Bei einer Beobachtung waren die Tröpfchen zwischen 0,1 und 0,5 mm groß, 20 Tröpfchen pro cm² ergaben bereits einen deutlich erkennbaren Taubogen[25];

3. auf einem See oder auf dem Meer, frühmorgens wenn die Luft abgekühlt, das Wasser aber noch warm ist, so daß ein dünner Nebel über der Wasseroberfläche liegt; oftmals ist dann nicht der gesamte Bogen zu sehen, sondern nur die beiden Bogenenden;

4. auf einer Eisfläche, die sich mit unverformten, kugeligen Tautropfen bedecken kann (wie ist das möglich?).[26]

Volz beschreibt, wie er ein dunkles Auto mit einem Strahl feiner Tröpfchen besprühte. Unzählige Wasserkügelchen von etwa 1 mm Durchmesser rollten über die dünne Wasserschicht, sie leuchteten farbig in der Nähe des Regenbogenkegels auf und bildeten einen Taubogen.[27]

Diese Beobachtung hat noch einen besonderen psychologischen Aspekt. Weshalb sehen wir eigentlich den Regenbogen *kreisförmig*, den Taubogen *hyperbolisch*, obwohl doch in beiden Fällen die Lichtstrahlen jeweils aus der gleichen Richtung in unser Auge fallen? – «Beobachtung und Erwartung beeinflussen sich gegenseitig. Bei einem Taubogen haben wir die Vorstellung, die Lichterscheinung erstrecke sich in horizontaler Ebene, und wir fragen uns unbewußt: *Welches müßte die tatsächliche Form der Lichtkurve auf dem Gras sein, damit wir die Erscheinung so sehen, wie wir sie sehen?* Die Antwort muß natürlich lauten: Es muß eine Ellipse oder in anderen Fällen eine Hyperbel sein. Sähen wir nur die Lichterscheinung und wüßten nichts über ihren Ursprung, würde uns nie etwas anderes als Kreisförmigkeit in den Sinn kommen» (Stokes). – Die stereoskopische Schätzung der Entfernung einzelner Tröpfchen oder Gruppen von Tröpfchen ist durchaus hilfreich, wenn man den Taubogen in der Horizontalen lokalisieren will (vgl. §§ 175 und 176). Gespiegelte Taubogen werden in § 153 behandelt.

152. Das Spiegelbild des Regenbogens und der Spiegelbogen

Ein Regenbogen, den wir in Richtung des Punktes A auf einer Wolke sehen, erscheint im Spiegelbild der Landschaft auf ruhigem Wasser gegenüber von einem zweiten Punkt B (Abb. 131). Dies ist auf die bereits weiter oben genannte Tatsache zurückzuführen, daß sich der Regenbogen nicht in der Ebene der Wolken «befindet», sondern gleichsam unendlich weit

25 Nat. *43*, 416, 1891.
26 Maxwell Clerk: Papers *II*, 160. – Sitzungsber. Akad. Wien *119*, 1057, 1910.
27 Weather *17*, 243, 1962.

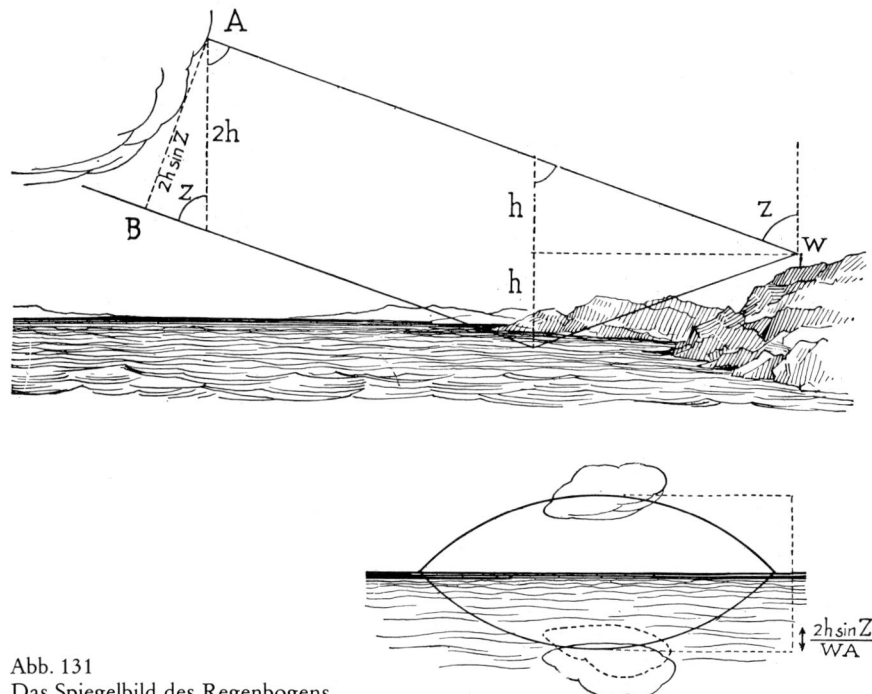

Abb. 131
Das Spiegelbild des Regenbogens.

entfernt ist. Eigentlich ist es also der Regenbogen, der im Vergleich zum Horizont ein vollkommen symmetrisches Spiegelbild ergibt, und es ist die Wolke, die verschoben ist. Die Verschiebung ist erst richtig zu bemerken, wenn wir uns in einer bestimmten Höhe h über dem Wasserspiegel befinden; wir können sogar mit einer Schätzung der Verschiebung (in Winkelmaß) die Entfernung WA der Wolke berechnen:

$$\text{Winkelverschiebung} = \frac{2h \sin z}{WA}.$$

Die Sonnenstrahlen können jedoch auch reflektiert werden, *bevor* sie den Regenbogen bilden. Dann erscheint *über dem Horizont* ein Bogen WZ mit dem Mittelpunkt T', dem gespiegelten Gegenpunkt der Sonne T (Abb. 132). Er ist größer als ein Halbkreis; der Abstand zwischen den Scheiteln der beiden Bögen ist gleich dem Winkel zwischen T und T', also gleich 2 · α, der Höhe der Sonne über dem Horizont. Oft sieht man nur ein Stück des Bogens WZ, zumeist an den Enden nahe dem Horizont, und dann nur bei tiefstehender Sonne (starke Reflexion). Bei außergewöhnlichen Regenbogen sollte man daher immer als erstes an die Möglichkeit einer solchen Spiegelung denken. Überlegen Sie, ob in der Nähe größere Teiche sind, aus deren Lage die Sichtbarkeit von Teilstücken des Bogens erklärbar wäre.[28]

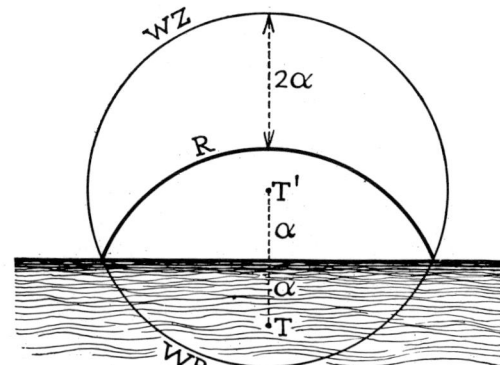

Abb. 132
R   = Regenbogen,
WR = Spiegelbild
       des Regenbogens,
WZ = Spiegelbogen.

Die beiden durch Spiegelung entstandenen Bogen ergänzen einander zu einem geschlossenen Kreis (Abb. 132). Man kann eine Unterscheidung durch die Benennung «Spiegelbild des Regenbogens» und «Spiegelbogen» treffen.

153. Das Spiegelbild des Taubogens[29]

Auch der Taubogen kann sich im Wasser spiegeln: Auf der Oberfläche schwebende Tröpfchen bilden dann eine *doppelte*, farbenprächtige Hyperbel. Daß der schwächere der beiden Bogen durch Spiegelung entsteht, wird deutlich, wenn man den Taubogen zufällig auf einer Eisfläche sieht: Der zweite Bogen ist dann verschwunden!
   Der Winkelabstand der Bogen ist auch hier wieder gleich der doppelten Sonnenhöhe. Da sich nun jedoch die Tröpfchen auf der Wasseroberfläche selbst befinden, ist es nicht ohne weiteres möglich, herauszufinden, ob die Spiegelung vor oder nach dem Durchtritt der Lichtstrahlen durch die Wassertropfen stattfand; in beiden Fällen ergäbe sich dieselbe Hyperbel (vgl. Abb. 133; in beiden Skizzen steigt der reflektierte Strahl unter einem Winkel von 42° − α auf).
   Es gelingt jedoch, zwei Kriterien festzumachen *für den Fall, daß die Sonne relativ hoch steht* (21° bis 42°).
   a) Dem Spiegelbild des Taubogens fehlt der Teil in Scheitelnähe. Erklärung: Beim Strahlengang II wird das einfallende Strahlenbündel vom Tropfen selbst in S teilweise abgeschirmt, bevor es reflektiert wird und

28 Vgl. Dijt: Hemel en Dampkring *29*, 14, 1931.
29 Sitzungsber. Akad. Wien *119*, 1057, 1910. – Humphreys, W. J.: Journ. Frankl. Instit. *207*, 661, 1929.

dann in den Tropfen eindringt. Beim Strahlengang I tritt diese charakteristische Besonderheit nicht auf.

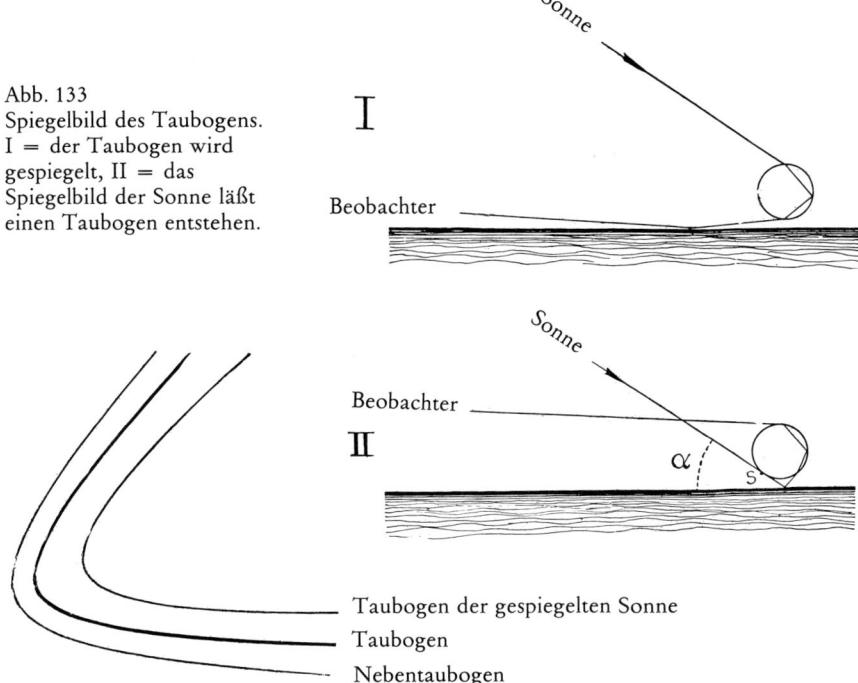

Abb. 133
Spiegelbild des Taubogens.
I = der Taubogen wird
gespiegelt, II = das
Spiegelbild der Sonne läßt
einen Taubogen entstehen.

Taubogen der gespiegelten Sonne
Taubogen
Nebentaubogen

b) Wenn ich zwei benachbarte Punkte durch ein Polarisationsfilter betrachte, sehe ich, daß die Schwingungsrichtungen des Lichts sehr unterschiedlich und im allgemeinen nicht horizontal sind; nachweislich ist dies nur dann der Fall, wenn die Reflexion vor den Strahlenbrechungen stattfindet. Es ist also der Strahlengang II, der in der Wirklichkeit vorkommt.

Bleibt die Frage, weshalb die Lichtstrahlen vorzugsweise *zuerst* reflektiert werden. Dies ist deshalb so, weil im Strahlengang I die austretenden Strahlen tangential über das Wasser verlaufen und von den benachbarten Tropfen abgefangen werden.

Wenn die Sonne tief steht, werden die Lichtstrahlen zuerst durch den Tropfen dringen und danach reflektiert werden; der obere Teil des sich spiegelnden Bogens wird wiederum abgeschirmt, allerdings ist die Polarisation dann anders. Dieser Fall wurde noch nicht eingehend untersucht.

154. Abweichende Regenbogenerscheinungen[30]

In den folgenden Abbildungen sind noch eine Reihe ungewöhnlicher Regenbogenformen dargestellt, die zum Teil durch Spiegelung in Wasserflächen entstehen, für die es aber keine Erklärung gibt, die meines Erachtens hinreichend wäre.

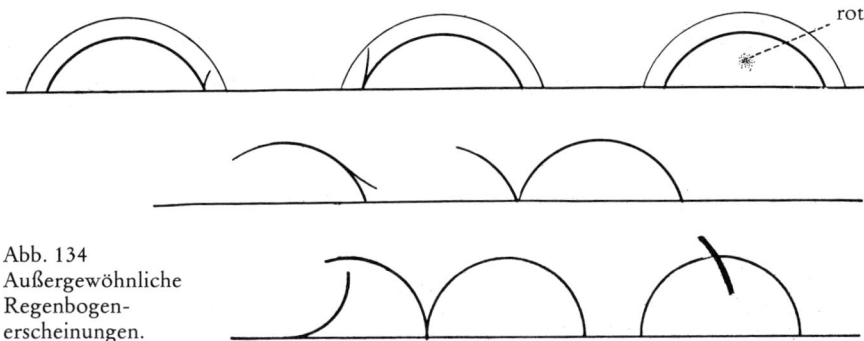

rot

Abb. 134
Außergewöhnliche
Regenbogen-
erscheinungen.

Um so aufmerksamer sollten wir daher nach solchen Erscheinungen suchen! Achten Sie vor allem darauf, wo sich das Rot und das Violett bei diesen ungewöhnlichen Bogen befinden! Halten Sie Ausschau nach Fällen, in denen eine vertikale Lichtstraße vom Fuß des Regenbogens und des Nebenregenbogens aufsteigt, wenn jene sich über der Meeresoberfläche zeigen.

155. Der Mondregenbogen

> – *Ja wahrlich!*
> *Ein Regenbogen mitten in der Nacht!*
> – *Es ist das Licht des Mondes, das ihn bildet.*
> – *Das ist ein seltsam wunderbares Zeichen!*
> *Es leben viele, die das nicht gesehen.*
> – *Er ist doppelt, seht, ein bläßrer steht drüber.*
>
> Friedrich Schiller: *Wilhelm Tell*, II, 2

Der Mond kann ebenso wie die Sonne einen Regenbogen entstehen lassen, nur sind diese Mondregenbogen natürlich sehr lichtschwach. Daher bemerkt man sie fast nur bei *Vollmond* und sieht nur schwache Farben – so wie abends im allgemeinen schwach beleuchtete Gegenstände farblos erscheinen (§ 92).

Verwechseln Sie ihn nicht mit Halos! Ein Regenbogen ist immer *auf der dem Mond gegenüberliegenden Seite* zu sehen!

30 Onweders usw. *21*, 54, 1900; *24*, 160, 1903; *29*, 110, 1908. – Hemel en Dampkring *27*, 359, 1929. – Met. Mag. *71*, 230, mit Foto. – *Hdb. d. Geophys.* VIII, 1015.

Der Radius des Mondregenbogens ist nur dann genau zu bestimmen, wenn sich zufällig ein heller Stern in der Nähe befindet. Vgl. dazu auch § 159.

Ringe

156. Allgemeine Beschreibung der Haloerscheinungen[31]

Nach einigen Tagen schönen, klaren Frühlingswetters sinkt das Barometer, und von Süden her kommt Wind auf. Aus dem Westen nahen hohe, dünne Federwolken, allmählich wird der Himmel durch Cirrostratuswolken milchigweiß und opalisierend. Über der Landschaft liegt ein eigenartig trübes Licht: Ich «spüre», daß es einen Halo um die Sonne geben muß!

Und meistens trügt mich mein Gefühl nicht. Ein heller Ring mit einem Radius von 22° zeichnet sich um die Sonne ab; man sieht ihn am besten, wenn man im Schatten eines Hauses steht oder die Hand vor die Sonne hält, um nicht allzu sehr geblendet zu werden (§ 183). Es ist ein überragendes Schauspiel! Riesig erscheint der Ring demjenigen, der ihn zum ersten Mal sieht – dennoch ist es der «kleine Ring»; die anderen Haloerscheinungen haben noch größere Radien. Strecken Sie den Arm aus, und spreizen Sie die Finger so weit Sie können: Der Abstand zwischen den Spitzen von Daumen und kleinem Finger ist fast genauso groß wie der Radius des Rings um die Sonne (Anhang B, S. 453 f.).

Ein solcher Ring kann auch um den Mond zu sehen sein. Ich meine keinen *Kranz* von einigen Grad Durchmesser, innen rot, außen blau, sondern denselben großen Ring wie um die Sonne. – Einmal gelang es, gleichzeitig einen Ring um die untergehende Sonne und einen Ring um den aufgehenden Vollmond zu sehen!

Solche Ringe sind gar nicht so selten, wie man vielleicht meint. Ein geübter Beobachter, der den ganzen Tag lang Ausschau hält, könnte ihn in unseren Breiten alle vier Tage sehen, im April und Mai sogar alle zwei Tage; die besten Beobachter sehen Halos an 200 Tagen im Jahr! Ist es daher nicht unglaublich, daß so viele Menschen noch nie einen Ring um die Sonne gesehen haben?

Neben dem kleinen Ring entwickeln sich oft noch verschiedene andere Lichtbogen und Lichtflecken, die man mit Namen versehen hat und die zusammen die Haloerscheinung bilden; die wichtigsten sind in Abb. 135 skizziert, wie sie sich auf einer imaginären Himmelskugel abzeichnen würden. Wir werden sie nacheinander kurz besprechen, wollen aber vor-

31 Zu den Haloerscheinungen i.a. s.: Meyer, R.: *Die Haloerscheinungen.* Hamburg 1929. – Pinkhof, M.: Verh. Akad. Amsterd. *13,* Nr. 1, 1919. – Woolard, E. W.: M. W. R. *64,* 321, 1936 u. *65,* 4, 1937. – Darüber hinaus die vorne im Buch angegebenen allgemeinen Werke, vor allem Visser, S. W., in: *Hdb. Geophys.* VIII.

wegschicken, daß für gewöhnlich nur wenige davon gleichzeitig zu sehen sind. Die meisten Halos wurden nur bei der Sonne beobachtet, denn beim Mond sind sie wesentlich lichtschwächer, und Farben sind fast nicht zu

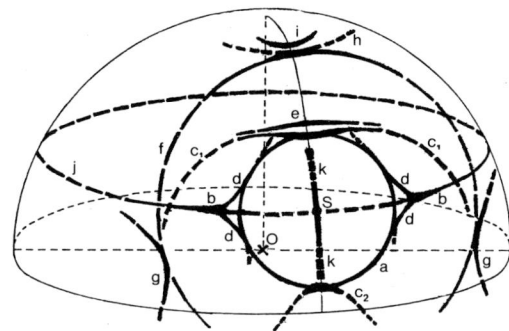

Abb. 135
Die häufigsten Halos am Himmelsgewölbe (auf der Grundlage der finnischen Halobeobachtungen von 1982–1985). S = Sonne, O = Beobachter. Die am häufigsten auftretenden Haloerscheinungen sind in durchgezogenen Linien dargestellt, seltenere Halos in gestrichelten Linien. Die dargestellten Haloerscheinungen beziehen sich auf eine Sonnenhöhe von 30°. Die Form vieler dieser Halos ändert sich beträchtlich je nach Sonnenstand (Zeichnung Marko Pekkola).
a = kleiner Ring (Ring von 22°); b = Nebensonnen; c = Berührungsbogen am kleinen Ring; c_1 = oberer Berührungsbogen, c_2 = unterer Berührungsbogen; d = Bogen von Lowitz; e = Bogen von Parry; f = großer Ring (Ring von 46°); g = unterer Berührungsbogen am großen Ring; h = oberer Berührungsbogen am großen Ring; i = Circumzenitalbogen; j = parhelischer Ring; k = Säule.

erkennen[32] (vgl. §§ 92 und 155). In der Regel bilden sie sich in Cirrostratusschleiern, seltener in Cirrus- oder Cirrocumuluswolken, manchmal in den Cirrus-Köpfen von Gewitterwolken. *Alle Wolken, die Halos entstehen lassen, bestehen aus Eiskristallen.* Sie schweben in hohen und kalten Luftschichten, und gerade die gleichmäßige Form jener Eiskristalle bewirkt die wunderschöne Symmetrie der Lichterscheinungen. Daß trotzdem so viele Eiswolken keine Haloerscheinungen hervorbringen, liegt zum einen daran, daß Schneesternchen und zu kugeligen Gebilden zusammengefügte Kristalle nicht die geeignete Form besitzen, um das Licht in der Art eines Prismas zu brechen, zum anderen liegt es daran, daß bei zu kleinen Kristallen die Beugung des Lichts die Haloerscheinungen tilgt. Außerdem verdunsten zuerst die Ecken der Eisprismen, wodurch die Kristalle in älteren Wolken ihre regelmäßige Form einbüßen.

Das Fotografieren von Halos ist von wissenschaftlicher Bedeutung: Man kann damit genaue Winkelmessungen und Lichtstärkebestimmungen vornehmen; dazu muß aber der Film exakt senkrecht zur Achse der

32 Van den Bosch, C. A., sah Mondhalos mehrere Male farbig: Natuurk. Tijdschr. voor Ned.-Indië *92*, 39, 1939.

Kamera stehen, und der genaue Abstand Film–Objektiv muß bekannt sein. Benutzen Sie ein Objektiv mit großer Apertur und einen panchromatischen Film. Die Belichtungszeit beträgt bei f/12 ungefähr 0,02 s für die Sonne; für den Mond bei f/4 ungefähr 6 min. Versuchen Sie, ein Stück Horizont oder einen Baum mit auf das Bild zu bekommen!

157. Der kleine Ring (Abb. 135a)

Der kleine Ring[33] ist die am häufigsten vorkommende Haloerscheinung. Nicht immer ist der Ring vollständig, nämlich dann nicht, wenn Cirrostratuswolken ungleichmäßig über den Himmel verteilt sind; meistens sind die Abschnitte unten, oben, rechts oder links kräftiger als die Abschnitte dazwischen. Der Innenrand ist recht scharf umrissen und rot, dann folgen Gelb und ein verschwommenes Grün und schließlich ein bläulich auslaufendes Weiß. Der Radius des kleinen Rings kann mit den auf Seite 453 f. angegebenen Hilfsmitteln gemessen werden, am besten vom Mittelpunkt der Sonne aus zum roten inneren Rand; die genauesten Messungen ergeben 21° 50′.

Nachts kann man manchmal den Radius des Rings um den Mond präzise bestimmen, falls zufällig irgendein Stern so steht, daß er beispielsweise mit dem Innenrand oder dem Helligkeitsmaximum des Halos zusammenfällt.[34] Der Autor wählt dafür sogar noch Sterne der 6. Größe! Es genügt, sich (eventuell mit Hilfe eines Sternkatalogs) den Namen des Sterns sowie die Uhrzeit zu notieren. Hinterher kann jeder Astronom direkt berechnen, wie weit die beiden Himmelskörper zu jenem Zeitpunkt voneinander entfernt waren (vgl. Abb. 139).

Beachten Sie, daß der Himmel innerhalb des kleinen Rings oftmals dunkler ist als außerhalb. Scheinbar ist dies nicht immer der Fall, doch nur deshalb, weil der Halo einen Lichtfleck überlagert, dessen Helligkeit allmählich von der Sonne nach außen hin abnimmt. Diese Erscheinung erinnert lebhaft an unsere Beobachtungen beim Regenbogen (der Bereich zwischen Haupt- und Nebenregenbogen ist dunkel) und kommt auch auf ähnliche Weise zustande.

Der kleine Ring entsteht durch Brechung des Sonnenlichts in einer Wolke von Eiskristallen, von denen man weiß, daß sie in der Regel die Form eines hexagonalen Prismas besitzen. In jeder Blickrichtung schweben unzählige dieser Prismen in allen möglichen Ausrichtungen (Abb. 136). Solch ein hexagonales Prisma bricht das Licht, als hätte es einen Brechungswinkel von 60°. Je nach seiner Ausrichtung zu den einfallenden Strahlen lenkt es diese mehr oder minder stark ab. Bei einem symme-

---

33 Auch «Halo von 22°» genannt, Anm. d. Übers.
34 Van den Bosch, C. A.: Natuurk. Tijdschr. voor Ned.-Indië *92*, 39, 1939.

Der kleine Ring oder
Halo von 22° um die
Sonne, die von einer
Straßenlaterne verdeckt ist
(Foto: Pekka Parviainen).

trischen Strahlengang gibt es eine *Mindestablenkung* D, die aus der bekannten Formel[35] zu berechnen ist:

$$n = \frac{\sin \frac{A+D}{2}}{\sin \frac{A}{2}}.$$

Ist A = 60° und die Brechzahl n = 1,31, dann ist D = 22°: genau
der Radius des kleinen Rings! Und tatsächlich, man sieht sehr schnell,
daß (wie beim Regenbogen) die Strahlen OB, die die geringste Ablenkung erfahren, bei weitem die größte Helligkeit erbringen, weil sich in
dieser Position die Richtung des gebrochenen Lichtstrahls nur sehr lang-

35 Sie steht in jedem Physiklehrbuch unter «Minimalablenkung in einem Prisma».

sam ändert, wenn sich das Prisma dreht; die Zahl der Eiskristalle, die unter ungefähr diesem Winkel Licht in unser Auge schicken, ist also wesentlich größer als die Zahl der Eiskristalle, die Licht unter anderen Winkeln

Abb. 136
Die Entstehungsweise des
kleinen Rings.

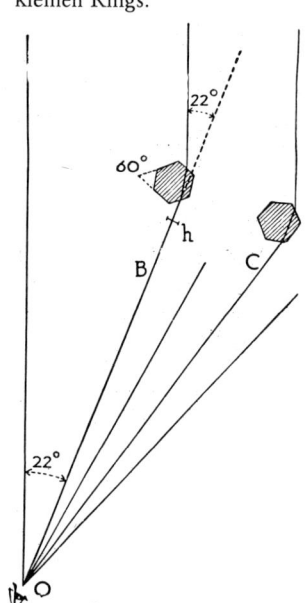
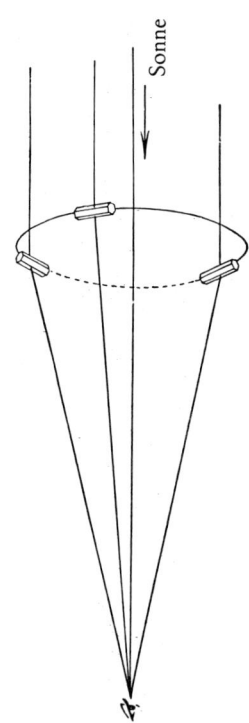

zu uns senden. Unsere Berechnung galt für die gelben Strahlen; für Rot
ist die Mindestablenkung etwas geringer, für Blau etwas größer: Der
Ring ist deshalb an der Innenseite rot, an der Außenseite blau. Da nun
aber die Strahlen OC mit einer größeren als der Mindestablenkung ebenfalls etwas Licht beitragen, werden die grünen und blauen «Minimum-
strahlen» mit etwas gelbem und rotem Licht vermischt sein und daher
blaß wirken. Außerhalb des Rings wird man ringsum noch etwas helleres
Licht sehen, innerhalb jedoch nicht – wie wir es schon beobachtet hatten.
Dies erklärt gleichzeitig den scharfen Innenrand und den verschwommenen Außenrand. Wenn die Kristalle nicht zufällig alle möglichen Ausrichtungen haben, sondern bestimmte *Vorzugslagen* einnehmen, entsteht ein
Muster im Lichtschein außerhalb des kleinen Rings, und es zeigen sich
Lichtflecken oder Bogen darin, die wir gleich näher untersuchen wollen.
      Zuvor wollen wir jedoch die Frage erörtern, ob *Beugung* beim Halo
nicht ebenso eine Rolle spielt wie beim Regenbogen.[36] Theoretisch müßte

36 Visser: Versl. Akad. Amsterd. *25*, 1328, 1917; *27*, 127, 1918. – Zusammenfassung in:
      Hemel en Dampkring *15*, 17, 1917 und *16*, 35, 1918; *55*, 228, 1957.

dies der Fall sein: Der Eiskristall läßt nur ein Lichtbündel der Stärke h (Abb. 136) durch, beugt also die Lichtwellen auf dieselbe Weise, wie es ein Spalt der Breite h tun würde. Sehr kleine Eiskristalle würden dann ebenso einen weißen Halo mit rotem Rand ergeben, wie kleine Tröpfchen einen Nebelbogen ergeben (§ 150). Ferner ist zu erwarten, daß neben dem kleinen Ring Interferenzbogen zu sehen sind (§ 141), was tatsächlich schon einmal vorkam. Die Berechnung lehrt jedoch, daß sie schwächer sein müssen als beim Regenbogen und innen wie auch außen am Ring entstehen müßten – jene am inneren Rand sind am besten zu sehen, da sie sich vor einem dunklen Hintergrund abzeichnen. In den Beobachtungen gibt es Hinweise darauf, daß Farbe und Breite des kleinen Rings sich ändern; weitere Beobachtungen wären wünschenswert! Die Farben sind am besten durch graues Glas zu beurteilen. Schätzen Sie die Breite jeder Farbe und die des gesamten Rings! Nennen Sie sie ehrlich und unvoreingenommen! Bezeichnen zwei Beobachter die Farben ein und desselben Halos wohl übereinstimmend? Rot und Orange werden häufig verwechselt, ebenso Grün und Violett; achten Sie darauf, wie selten Gelb bei Haloerscheinungen auftritt! Nach der elementaren Theorie der Lichtbrechung dürfte praktisch kein Blau im kleinen Ring vorkommen und schon gar kein Violett, und das gleiche müßte auch für den oberen Berührungsbogen und die Nebensonnen gelten (vgl. § 158). Die Beobachtung zeigt jedoch, daß in manchen Fällen das Blau sehr deutlich hervortreten kann, vor allem im oberen Berührungsbogen sowie in den Nebensonnen, die stets lebhafte Farben besitzen. Mit der Beugungstheorie ist nun das Auftreten von Blau und Violett erklärbar, sofern die Eiskristalle die geeignete Größe haben. Ferner liefert sie den Grund, weshalb der Berührungsbogen und die Nebensonnen kräftigere Farben haben als der kleine Ring und weshalb der Außenrand des kleinen Rings schärfer ist, als es der einfachen Theorie zufolge der Fall wäre. Schließlich führt uns die Beugungstheorie vor Augen, daß die Farben einmal im kleinen Ring, dann wieder im großen Ring lebhafter sind: Die Farben des kleinen Rings sind kräftiger, wenn die Seitenflächen des Prismas, an denen das Licht gebrochen wird, breit sind, wie etwa bei *plättchenförmigen* Kristallen; sind die Seitenflächen jedoch schmal und hoch wie bei säulenförmigen Kristallen, ist der kleine Ring blaß und der große Ring farblich kräftiger.

Das Licht des kleinen Rings ist leicht polarisiert, vor allem im oberen Bereich.[37] Im Gegensatz zum Regenbogen sind hier die Schwingungen senkrecht zum Ring stärker als parallel dazu, was auch einleuchtet, da bei diesem Halo keine Reflexion, sondern nur eine zweimalige Brechung vorkommt. Der Effekt ist hier jedoch bei weitem nicht so auffällig wie beim Regenbogen.

---

37 O'Leary, Bryan: Astrophys. Journ. *146*, 754, 1966. Der errechnete Anteil des polarisierten Lichts beträgt 4 %.

Der kleine Ring gilt im Volksmund als Vorbote von Regenwetter; wenn es heißt: «Je größer der Ring, desto näher der Regen» ist damit gemeint, daß der *kleine Ring* und nicht der *Kranz* Regen ankündigt. Und tatsächlich sind Cirrostratuswolken oft Vorboten eines Tiefdruckgebiets; der Regen setzt durchschnittlich 36 Stunden, nachdem der Ring zu sehen war, ein.

158. Die Nebensonnen des kleinen Rings (Abb. 135b)

Nach dem kleinen Ring sind die Nebensonnen die am häufigsten vorkommenden Haloerscheinungen. Am kleinen Ring zeigen sich in Höhe der Sonne zwei helle Lichtflecken. Oft ist nur einer von beiden gut zu sehen, andere Male fehlt sogar der kleine Ring, während die Nebensonnen deutlich sichtbar sind. Diese Nebensonnen sind normalerweise sehr lichtstark, deutlich rot an der Innenseite, danach gelb, und schließlich laufen sie in einem weißblauen, fransigen Schweif aus.

Bei genauerem Hinsehen zeigt sich, daß die Nebensonnen eigentlich etwas *außerhalb* des kleinen Rings liegen, und zwar um so weiter weg, je höher die Sonne steht; bei sehr großer Sonnenhöhe beträgt die Differenz sogar mehrere Grad.

Greenler zufolge[38] entstehen die Nebensonnen, wenn in der Luft genügend Eisplättchen enthalten sind, die horizontal wie Blätter schweben (Abb. 137).

Abb. 137
Nebensonnen, die durch Spiegelung an Eisplättchen entstehen. Diese Eiskristalle erzeugen auch den Circumzenitalbogen (§ 165).

Lichtstrahlen passieren solche Prismen nicht mehr in der Richtung der Minimalablenkung, da sie einen Winkel mit der Basisfläche bilden. Bei einer Sonnenhöhe h ist dann die «relative Mindestablenkung» D' durch die Bedingung gegeben:

$$\frac{\sin \frac{A + D'}{2}}{\sin \frac{A}{2}} = \sqrt{\frac{n^2 - \sin^2 h}{1 - \sin^2 h}}.$$

Es ist also, als würde für die schrägen Strahlen die Brechzahl des Eises größer (vgl. § 157). Hieraus berechnet man die folgende Tabelle:

38 Greenler, R.: *Rainbows, Halos and Glories.* Cambridge University Press 1980.

Sonnenhöhe	Abstand Nebensonne – kleiner Ring
0°	0°
10°	0° 20′
20°	1° 14′
30°	2° 59′
40°	5° 48′
50°	10° 36′

Die Werte stimmen recht genau mit den Beobachtungen überein. Für Sonnenhöhen über 40° gibt es bedauerlicherweise kaum Messungen, da das Phänomen dann meistens undeutlich wird; versuchen Sie, diese Lücke zu schließen!

Oftmals wurden Nebensonnen in künstlichen Wolken gesehen, die sich im Kondensstreifen eines hoch fliegenden Flugzeugs bilden (§ 174).

159. Der umschriebene Halo des kleinen Rings (Abb. 135c)

Die Berührungsbogen, die unten und oben am kleinen Ring als vermehrte Helligkeit zu sehen sind, entpuppen sich bei hohem Sonnenstand als Teile einer größeren Lichtkurve: *des umschriebenen Halos*. Diese eigenartige Haloerscheinung entsteht, wenn die Achsen der hexagonalen Eisprismen vorzugsweise horizontal ausgerichtet sind und sie leicht um diese Stellun-

Abb. 138
Verschiedene Formen des umschriebenen Halos bei zunehmender
Sonnenhöhe (nach den Berechnungen Pernters).

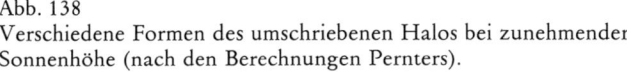
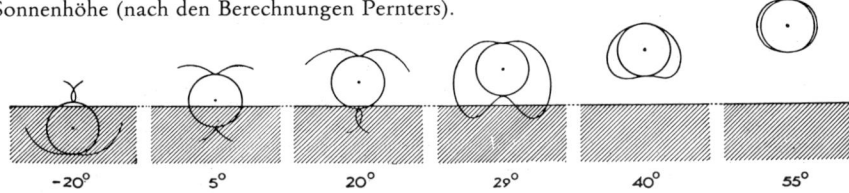

gen hin und her schwingen, was beispielsweise dann vorkommt, wenn die Kristalle nicht plättchen-, sondern stiftförmig sind.

Der umschriebene Halo hängt in seiner Form stark von der Sonnenhöhe ab (Abb. 138). Steht die Sonne tief (20°), sieht man nur, daß sich der obere Berührungsbogen an beiden Seiten nach unten zurückbiegt; steht die Sonne höher, sieht man eine annähernd elliptische Figur. Die Teile der Kurven unter dem Horizont wurden rechnerisch hergeleitet, wurden aber auch schon von einem Berg oder einem Flugzeug aus beobachtet, von wo aus man weit nach unten sehen konnte (vielleicht ginge es auch von einem Turm aus).

Abb. 139
Der umschriebene Halo, bestimmt
anhand der Sterne in der Nähe des
Mondes.

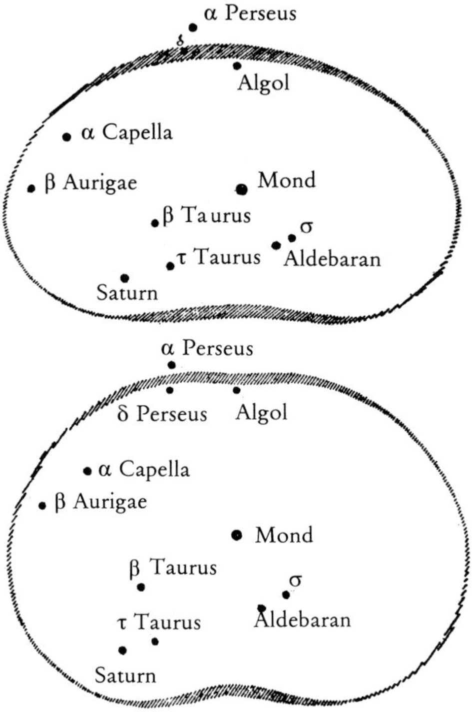

Oben: die Originalskizze. Darunter:
die Rekonstruktion in berichtigtem
Maßstab. Mondhöhe: ca. 37°.

Nach: Veenhuizen: Onweders, usw.
35, 119, 1914. Mit freundlicher
Genehmigung des Königl.
Niederländ. Meteorologischen
Instituts.

160. Der seitliche Berührungsbogen am kleinen Ring («der schiefe Bogen von Lowitz»[39], Abb. 135d)

Von der Nebensonne aus verlaufen schräg nach unten merkwürdige kleine Bogen, die den kleinen Ring berühren. Ein seltenes Phänomen! Es ist nur dann zu sehen, wenn die Sonne hoch steht und die Nebensonnen relativ weit außerhalb des kleinen Rings stehen. Die Bogen scheinen aufzutreten, wenn die vertikal stehenden Eisprismen, die die Nebensonne erzeugen, ein klein wenig in der Ebene der Vertikalen schwanken. Oft sieht man nur, daß die Nebensonne leicht schräg gedehnt ist, etwa um 1 oder 2°; die Neigung des Bogens zum Horizont beträgt ca. 60°. Einmal konnte man beobachten, daß der Bogen verhältnismäßig scharf und lang war.[40] Man sollte also bei den Nebensonnen immer auf dieses Phänomen achten, vor allem bei hohem Sonnenstand.

161. Der große Ring von 46° (Abb. 135 f.)

Der große Ring liegt gut doppelt so weit von der Sonne entfernt wie der kleine Ring und zeigt die gleichen Farben, ist aber lichtschwächer und wesentlicher seltener zu sehen. Der Farbstreifen ist etwa doppelt so breit

39 Van Everdingen, E.: Hemel en Dampkring *16*, 97, 1918. – Onweders usw. *39*, 66, 1918 und *43*, 44, 1922. – Visser: Diss. Utrecht, 1936.
40 Hemel en Dampkring *20*, 39, 1922.

und der Anteil des polarisierten Lichts größer (bis zu 16%). Genaue Messungen des Radius vom Innenrand aus wären wünschenswert.

Dieser Halo entsteht ähnlich wie der kleine Ring, in diesem Fall aber durch Brechung des Lichts an Eisprismen mit einem Winkel von 90°, die zufallsmäßig ausgerichtet sind. Wie aus Abb. 140 ersichtlich, kann ein und dieselbe Sorte von Eiskristallen zugleich den großen und den kleinen Ring hervorbringen.

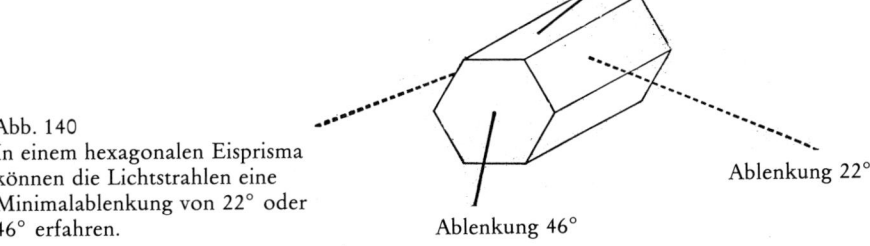

Abb. 140
In einem hexagonalen Eisprisma können die Lichtstrahlen eine Minimalablenkung von 22° oder 46° erfahren.

Ablenkung 46°

Ablenkung 22°

162. Die Nebensonnen des großen Rings

Diese sind selten zu sehen, was verständlich ist, denn die Kristalle mit brechenden Kanten von 90° müßten dafür in großer Zahl vertikal ausgerichtet sein. Dies kann nur bei seltenen, zusammengesetzten Eiskristallen vorkommen.

163. Die unteren seitlichen Berührungsbogen[41] des großen Rings (Abb. 135g)

Diese sind recht selten! Sie entstehen durch Eisprismen, die eine Vorzugslage mit horizontaler Achse und horizontaler Seitenfläche einnehmen, wobei die Lichtstrahlen im Winkel von 90° gebrochen werden. Bei sehr hoher Sonne kann dieser Bogen gerade werden und sich schließlich sogar konkav zur Sonne hin biegen.

164. Der obere Berührungsbogen des großen Rings[42] (Abb. 135h)

Dieser muß entstehen, wenn Eisprismen mit einem brechenden Winkel von 90° horizontal schweben und um diese horizontale Achse rotieren. Diejenigen Prismen, die sich in der Position der Mindestablenkung befinden, ergeben den Berührungsbogen. Oft wird ein ähnlicher Bogen beobachtet, bei dem es sich nicht um den echten oberen Berührungsbogen von Galle, sondern um den Circumzenitalbogen von Bravais handelt.

41 Auch: «Infralateralbogen». Anm. d. Übers.
42 «Bogen von Galle». Anm. d. Übers.

165. Der Circumzenitalbogen (Abb. 135i)

Eine der schönsten Haloerscheinungen! Er ist recht oft zu sehen, vor allem bei nahenden Regenschauern aus Nordwesten: ein bunter, regenbogenfarbener Bogen, parallel zum Horizont, ungefähr dort, wo man den oberen Berührungsbogen des großen Rings erwarten würde, doch meistens steht er *ein paar Grad höher.*

Stellen Sie sich Plättchen- oder Fallschirmformen vor (Abb. 137), die stabil schweben und deren Achse vertikal steht; ein Sonnenstrahl wird an einem Prisma unter einem Winkel von 90° gebrochen, welches aber im allgemeinen *nicht* die Lage der Minimalablenkung einnimmt. Aus Abb. 141 ist ersichtlich, daß

$$\sin i' = n \sin r' = n \cos r = n \sqrt{1 - \frac{\sin^2 i}{n^2}} = \sqrt{n^2 - \sin^2 i}.$$

Hieraus erhält man direkt den Ablenkungswinkel: $i' + i - 90°$. Bei einem Sonnenstand von H = 10° beträgt er ungefähr 50°, bei H = 20° ist er 46° (das Minimum), bei H = 30° wieder 49°. Bei H = 32° ist nach der Formel i = 90°, und der Circumzenitalbogen verschwindet. Er ist

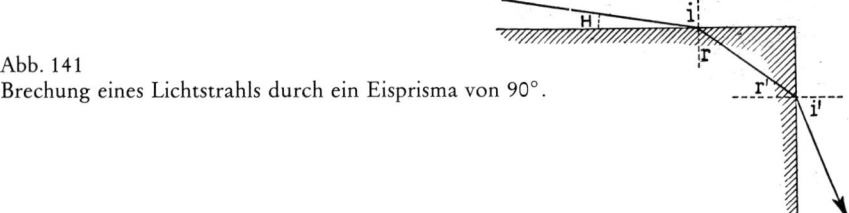

Abb. 141
Brechung eines Lichtstrahls durch ein Eisprisma von 90°.

praktisch nur bei einer Sonnenhöhe zwischen 15° und 25° zu sehen. Der Berührungsbogen am großen Ring mit einem Ablenkungswinkel von 46° ist daher nur bei tiefstehender Sonne vom Circumzenitalbogen zu unterscheiden.

Ein sicheres Kennzeichen ist auch, daß beim Circumzenitalbogen gleichzeitig Nebensonnen vorhanden sind, was von seiner Entstehung her einleuchtet. Wenn eine Wolke, die Nebensonnen entstehen läßt, später in einer Höhe von 46° dahintreibt, sieht man fast immer den Circumzenitalbogen (Besson).

Es lohnt sich durchaus, den Circumzenitalbogen bei hohem Sonnenstand zu beobachten und auszumessen. Theoretisch ist nie mehr als die Hälfte des Bogens zu sehen, praktisch nicht mehr als ein Viertel. Dennoch wird behauptet, der vollständige Kreis sei einige wenige Male gesehen worden: «*Der Bogen von Kern*».[43]

43 Hemel en Dampkring *20,* 39, 1922. – Beobachtung von Lambert 1838 nach Pernter-Exner, S. 300. – Onweders usw. *16,* 66, 1895.

Hier könnt eine Verwechslung mit einer sehr seltenen Haloerscheinungen vorliegen, die bei bestimmten Sonnenständen über den Zenit verläuft, wodurch sie als «Vervollständigung» des Circumzenitalbogens angesehen werden kann (schiefe Bogen durch die Sonne).

Wären sowohl Berührungsbogen als auch Circumzenitalbogen zugleich vorhanden, müßte man einen Zwischenraum von einigen Grad zwischen den beiden sehen. Tatsächlich kam es schon einmal vor, daß man einen breiten Bogen sah, der durchgehend der Länge nach von einem dunklen Streifen unterteilt war, der plötzlich auftauchte und sogleich wieder verschwand.[44] Doch solch eine Beobachtung ist nur äußerst selten möglich, denn es müssen dazu gleichzeitig horizontal schwebende Eisplättchen sowie Plättchen mit ungeordneter Hauptachse vorhanden sein.

166. Der parhelische Ring oder Nebensonnenring[45] (Abb. 135j)

Hierbei handelt es sich um einen Ring, der auf der Höhe der Sonne parallel zum Horizont verläuft; manchmal kann er den gesamten Himmel umspannen, häufig jedoch sieht man ihn undeutlich in der Nähe der Sonne,

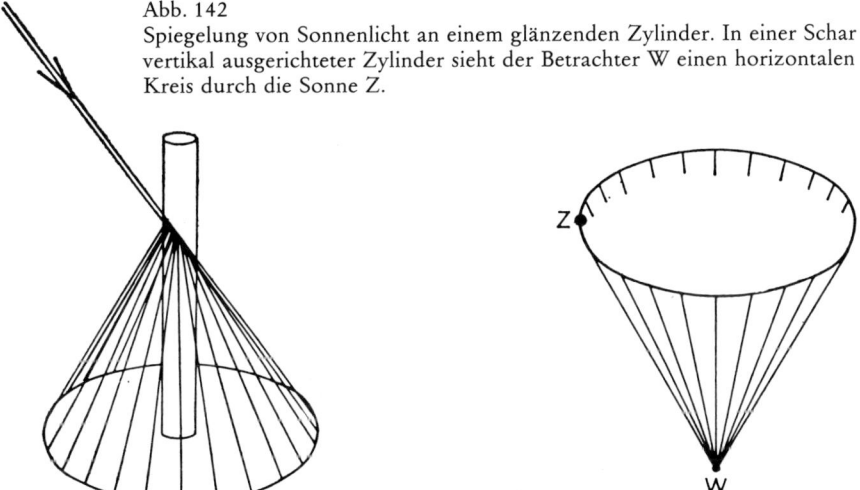

Abb. 142
Spiegelung von Sonnenlicht an einem glänzenden Zylinder. In einer Schar vertikal ausgerichteter Zylinder sieht der Betrachter W einen horizontalen Kreis durch die Sonne Z.

wo der Himmel von vornherein hell ist. Da er *farblos* ist, muß er offenbar durch Reflexion und nicht durch Brechung entstehen: In diesem Fall sind die reflektierenden Flächen die Seitenflächen schwebender Eisprismen mit vertikaler Achse.

44 M. W. R. *48*, 506, 1920.
45 Nicht ganz eindeutig auch Horizontalkreis genannt. Anm. d. Übers.

Einen solchen Lichtstreifen kann man sehen, wenn man eine Lichtquelle durch eine Fensterscheibe ansieht, über die man mit einem leicht
fettigen Tuch in eine bestimmte Richtung gewischt hat, oder auch bei
Spiegelung an feingeriffeltem Glas. Der Lichtstreifen steht immer senkrecht zur Riffelung. Wir haben hier ein schönes Beispiel für ein allgemei-
nes physikalisches Phänomen: Licht, das von einem glänzenden Zylinder
reflektiert wird, bildet einen Kegelmantel, dessen Achse der Zylinder ist
(Abb. 142). Umgekehrt: Ein Betrachter W, der von senkrecht stehenden
Zylindern umgeben ist, empfängt Strahlen aus einem Kegelmantel: Er
sieht einen waagerechten kleinen Kreis am Himmel und darauf die Sonne
Z.[46]

167. Säulen[47] (Abb. 135k)

Recht häufig sieht man über der auf- oder untergehenden Sonne eine vertikale «Säule» oder besser Lichtfeder, die am schönsten ist, wenn die
Sonne hinter einem Haus verborgen ist, so daß man nicht geblendet wird.
Die Lichtsäule ist eigentlich farblos, doch wenn die Sonne tief steht und
gelb, orange oder rot ist, hat die Säule natürlich dieselbe Farbe. Meist ist
sie nicht mehr als 5°, selten über 15° hoch; *unter* der Sonne kommen Säulen selten vor und sind kürzer. Bei hochstehender Sonne sieht man sie
kaum einmal, dagegen oft sehr gut, wenn die Sonne bereits hinter den
Horizont gesunken ist.
    Eine zufällige lokale Verstärkung der Säule durch Wolkenschlieren
erweckt den Eindruck eines Lichtflecks und wurde schon als «Doppel-
sonne» beschrieben. Auch diese Erscheinung kommt also verständlicher-
weise mehr oberhalb als unterhalb der Sonne vor.
    Stellen Sie sich eine Wolke von Eisplättchen vor, die sehr langsam fal-
len und dabei horizontal ausgerichtet bleiben: Die auftreffenden Sonnenstrahlen werden von ihnen zwar reflektiert, erreichen unser Auge aber
nicht. Stellen Sie sich nun vor (Abb. 143a), daß sich diese Eisplättchen um

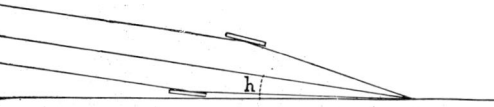

Abb. 143a
Die einfachste Erklärung für
das Entstehen von Säulen unter
und über der Sonne.

die horizontale Achse, in einem Winkel Δ, nach allen Richtungen drehen: Die reflektierten Strahlen erfahren so alle möglichen Minimalablen-

46 Maier, W., erklärt auf dieser Grundlage eine Reihe von Haloerscheinungen: Zs. f.
    Meteor. *4*, 111, 1950.
47 Van Everdingen, E.: Onweders usw. *28*, 77, 1907. – Schoute, C.: Hemel en Damp-
    kring *7*, 1, 1909. – Stuchtey, K.: Ann. d. Phys. *59*, 33, 1919. – Vgl. auch die allge-
    meine Literatur.

kungen. Wenn die Neigung Δ kleiner bleibt als h (h = Sonnenhöhe), sehen wir eine Säule unter der Sonne – ähnlich der Art und Weise, wie Lichtsäulen auf gekräuselten Wasseroberflächen entstehen (§ 20). Wird die Neigung der Eisplättchen größer als h, dann sehen wir nicht nur unter der Sonne eine Säule, sondern auch eine schwächere über ihr. Diese Vorstellung widerspricht aber den Beobachtungen: Die Säulen unter der Sonne müßten stets kräftiger sein als die darüber.

Man nahm an, daß *wiederholte Reflexionen* eine Rolle spielen, aber das Lichtphänomen wäre dann schwächer, und es kann aufgezeigt werden, daß die Sonne dann breiter wäre, als sie sich uns für gewöhnlich darbietet. Man dachte auch an die *Krümmung der Erde*, durch die der Beobachter in ein und derselben Blickrichtung Plättchen von deutlich unterschiedlicher Neigung sieht. Man zog auch *Eisplättchen* in Erwägung, die schnell um die horizontale Achse *rotieren* und dadurch alle möglichen Stellungen im Raum einnehmen würden. Letztere Annahme scheint wohl eine der wahrscheinlichsten zu sein. Sie wird noch wahrscheinlicher, wenn man auch die inneren Reflexionen in Betracht zieht (Abb. 143b).

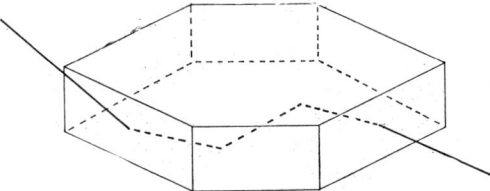

Abb. 143b
Mit Reflexion an der Innenseite eines rotierenden Eisprismas ist die Entstehung einer Säule besser zu erklären.

Heute geht man von zwei grundlegenden Kristallformen aus: Säulchen und Plättchen. Beide vermögen in annähernd horizontaler Ausrichtung Sonnenstrahlen so zu reflektieren, daß eine Säule entsteht.[48]

Die Säulen schienen eine so einfache Erscheinung zu sein. Wer hätte gedacht, daß bei ihrer Erklärung all diese Schwierigkeiten auftauchen würden?

168. Kreuze

Wenn gleichzeitig eine vertikale Säule und ein Stückchen des Nebensonnenrings auftreten, sehen wir ein «Kreuz» am Himmel. Kein Wunder, daß dies dem Aberglauben etwas höchst Willkommenes war!

Am 14. Juli 1865 erklommen der Alpinist Whymper und seine Kameraden als erste den Gipfel des Matterhorns; vier der kühnen Männer aber rutschten auf dem Rückweg aus und stürzten in den Abgrund. Gegen Abend sah Whymper am Himmel einen riesigen Lichtring mit drei Kreu-

48 Greenler, s. Anm. 38.

zen: «Die gespenstischen Lichterscheinungen standen unbeweglich; es war ein sonderbares und schreckliches Schauspiel, einzig in meiner Erfahrung und unbeschreiblich eindrucksvoll in solch einem Moment.»

169. Die Untersonne

Sie ist nur von einem Berg oder Flugzeug aus zu sehen. Es handelt sich dabei um ein längliches, farbloses Spiegelbild der Sonne, die sich nicht auf einer Wasserfläche, sondern in einer Wolke spiegelt! Und zwar ist es eine Wolke aus Eisplättchen, welche offenbar äußerst stabil, fast horizontal schweben, denn das Bild ist außergewöhnlich scharf. Unter günstigen Bedingungen ist das elliptische Bild von einem ebenfalls elliptischen Beugungsring mit einem Radius von 0,5 bis 1° umgeben. Offensichtlich wirken die Eisplättchen wie beugende Spalte. Wenn man schräg daraufsieht, ist ihr Durchmesser in der vertikalen Ebene scheinbar kleiner, das Beugungsbild in dieser Richtung also breiter. Dieser Halo wird auch Halo von Bottlinger genannt (vgl. § 185).[49]

170. Seltene und nicht erklärte Haloerscheinungen

In den vorangehenden Paragraphen untersuchten wir die zwölf häufigsten Haloerscheinungen. Eine Reihe der seltensten und faszinierendsten Halos verbleibt aber noch zu beschreiben. Alles in allem gibt es wohl über 50 verschiedene Haloformen. Ihre genaue Zahl ist nicht bekannt, und es gibt keine allgemein anerkannte Auflistung.

Die «Seltenheit» eines Halos bezieht sich darauf, wie oft er beobachtet wurde. Je seltener ein Halo ist, desto weniger weiß man natürlich über ihn. Daher sind die letzten Beispiele unserer Aufzählung sehr ungewiß und sollten dementsprechend kritisch hinterfragt werden.

Die selteneren Halos treten zumeist zusammen mit den deutlichsten Halos auf; hinsichtlich Ort, Zeit und Form ihres Auftretens folgen diese keinerlei festen Gesetzmäßigkeiten: Sie sind ebenso unberechenbar wie die berühmten Kugelblitze. Leider sind schöne Haloerscheinungen oft nur aus Berichten von Laien bekannt, wo es dann etwa heißt: «Noch nie im Leben habe ich so etwas gesehen ... » oder: « ... der ganze Himmel war voller merkwürdiger, farbiger Bogen»; Fotoapparate scheinen nie zur rechten Zeit am rechten Ort zu sein. Auch die Leser dieses Buches werden aller Wahrscheinlichkeit nach mindestens einmal im Leben Gelegenheit haben, Zeugen der Mirakelspiele eines mit feinen Cirruswolken überzogenen Himmels zu werden. Für diejenigen, die den Himmel bei Tag und Nacht aktiv beobachten, ist diese Wahrscheinlichkeit größer. Wenn es so-

---

49 Squire, Ch.F.: J. O. S. A. *42*, 782, 1952 und *43*, 318, 1953. – Schütze, R.: Meteor. Zs. *55*, 265, 1935.

weit ist, wollen wir hoffen, daß der Leser sich an diesen Text erinnert, sich in aller Ruhe Papier, Bleistift und Fotoapparat holt, eine sorgfältige Zeichnung der Erscheinung anfertigt, dabei die jeweiligen Entfernungen der Halos voneinander, deren Richtung, Helligkeit und Farbe notiert sowie zahlreiche Aufnahmen macht. Fotografische Beweise sind um so wichtiger, je seltener ein Halo ist. Die seltensten Halos wurden nie fotografisch dokumentiert. In solchen Fällen wären Fotos nicht nur Beweis, sondern bildeten auch eine konkrete Grundlage für die Computersimulation von Eiskristallmodellen.

1. *Nebensonne von 120°*: weiße, leuchtende Lichtflecken auf dem parhelischen Ring in einem Winkelabstand von 120° zur Sonne. Erfahrenen Beobachtern ist diese Nebensonne eine noch einigermaßen bekannte Erscheinung, denn sie kann ein- bis zweimal pro Jahr zu sehen sein. Diese Nebensonnen sind oft nur schwach ausgeprägt und diffus, mitunter aber sehr hell. Zwei denkbare Strahlengänge, die diesen Halo hervorbringen könnten, finden sich in Greenlers Buch.

2. *Gegensonne*: ein weißes Leuchten gegenüber der Sonne und auf der gleichen Höhe. Wenn die Sonne tief steht (0 bis 15° Sonnenhöhe), erscheint die Gegensonne als Säule. Bei höheren Sonnenständen ist sie eher punktförmig. Gegensonnen sind etwa einmal pro Jahr zu beobachten.

3. *Bogen durch die Gegensonne*: weißliche, schwach sichtbare Bogen, die diagonal durch die Gegensonne verlaufen. Zumeist sind sie in der Nähe des Sonnengegenpunktes zu sehen, mitunter jedoch erstrecken sie sich bis zum Ring von 22° auf der Sonnenseite des Himmels. Über die Entstehung der Bogen durch die Gegensonne gibt es drei Theorien, und zwar von Wegener, Hastings und Tricker. Die Halos, die diesen Theorien zufolge entstehen müßten, unterscheiden sich geringfügig voneinander, und zumindest die Bogen Trickers und Wegeners wurden anscheinend schon in der freien Natur beobachtet. Die Bogen von Wegener krümmen sich leicht vom Sonnengegenpunkt weg und können bis zum kleinen Ring von 22° reichen. Sie treten häufiger auf als die Bogen von Tricker und sind ungefähr alle zwei bis vier Jahre zu sehen. Die Bogen von Tricker biegen sich steil vom Sonnengegenpunkt nach oben und unten. Lediglich die Bogen von Tricker können, wenn die Sonne tief steht, in der Form eines X am Sonnengegenpunkt zu sehen sein.

1984 entdeckten Greenler und Tränkle zwei neue, theoretisch mögliche Bogen durch die Gegensonne. Neuere fotografische Aufnahmen aus der Antarktis und Finnland bestätigen das Vorkommen dieser Bogen. Die Gestalt der Bogen von Greenler und Tränkle ist ähnlich der des Bogens von Tricker, doch ihr Erscheinungsbild am Himmel ist nicht so prägnant. Neuere Beobachtungen und Fotos dieser seltenen, faszinierenden weißen Kreuze wären nötig, um beispielsweise aufzuklären, wie häufig die verschiedenen Bogen durch die Gegensonne auftreten.

Historische Haloerscheinungen

Haloerscheinung von Danzig am 20.2.1661, beobachtet von dem Astronomen
Hevelius. Eine der frühesten, genau beschriebenen Haloerscheinungen. Es gibt nur
eine große Ausnahme in der Graphik, den Halo von 90°, der – wenn Hevelius ihn
auch so gezeichnet hat – nicht die Sonne zum Mittelpunkt haben muß. Diese
Haloerscheinung und diejenige, die Tobias Lowitz 1790 in St. Petersburg beobachtete,
gehören zu den bekanntesten.

1 = kleiner Ring
2 = Nebensonnen
3 = oberer Berührungsbogen am kleinen
Ring
4 = parhelischer Ring
(Nebensonnenring)
5 = Circumzenitalbogen
6 = großer Ring
7 = Gegensonne
8 = Nebensonnen von 90°
9 = Halo von 90°

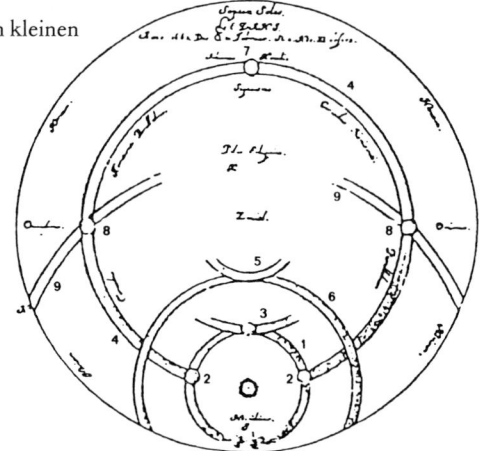

Haloerscheinung von Dorpat am 5. 6. 1849, beobachtet von Mädler und Clausen.
In der Mitte des Bildes liegt der Zenit, S = Sonne. Die Beobachter zeichneten auch
Linien konstanter Höhe in Abständen von 10° vom Horizont zum Zenit ein.

1 = kleiner Ring
2 = Nebensonnen
3 = Berührungsbogen am kleinen Ring
(vollständig)
4 = parhelischer Ring
5 = großer Ring
6 = Bogen von Lowitz (kurze
Abschnitte unter den Nebensonnen)
7 = unterer Berührungsbogen am
großen Ring
8 = Gegensonne
9 = Gegensonnenbogen von Wegener
10 = Bogen von Arctowski

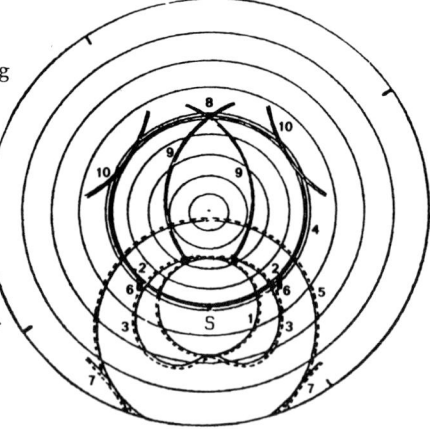

Die große Haloerscheinung von Süd-Finnland am 10. 3. 1920. Sie umfaßt mehrere seltene Einzelhalos. Es wurden ca. 10 Beobachtungen gemacht, die beste, von E. A. Biese, ist unten dargestellt. Der Zenit befindet sich in der Mitte des Bildes, S = Sonne.

 1 = kleiner Ring
 2 = Nebensonnen
 3 = Säule
 4 = oberer Berührungsbogen am kleinen Ring
 5 = parhelischer Ring
 6 = Circumzenitalbogen
 7 = großer Ring
 8 = Bogen von Parry, konkav nach oben zur Sonnenseite gekrümmt (typischer heller Bereich zwischen dem Bogen von Parry und dem oberen Berührungsbogen)
 9 = oberer Bogen von Lowitz (untypischer Bogen von Lowitz)
10 = Gegensonne
11 = Nebensonnen von 90°
12 = Gegensonnenbogen von Wegener
13 = Gegensonnenbogen von Tricker
14 = schiefe Bogen durch die Sonne
15 = untere schiefe Bogen durch die Sonne
16 = untere schiefe Bogen durch die Gegensonne
17 = entweder ein Aufleuchten durch das Kreuzen zweier Halos oder eine bislang unbekannte Nebensonne
18 = nicht bekanntes Bogenpaar, das ein schwach ausgebildeter oberer seitlicher Berührungsbogen (Supralateralbogen) am großen Ring sein könnte (der sich nach oben biegt, da die Sonne tief steht).

4. *Nebensonnen von 90° und 134°*: Außer den oben genannten Nebensonnen von 120° kann man gelegentlich eine Aufhellung des parhelischen Ringes ungefähr im rechten Winkel sowie etwa 134° zur Sonne beobachten. Zweifellos gibt es diese Nebensonnen, doch ihre Entstehungsweise und ihr genauer Winkel sind umstritten. Möglicherweise stehen die Nebensonnen von 90° in Wirklichkeit 98° von der Sonne. Eine gute Methode, den genauen Winkelabstand in der freien Natur zu messen, ist, nacheinander mehrere Fotos von der Sonne und der Nebensonne zu machen und darauf zu achten, daß Einzelheiten am Horizont mit auf das Bild kommen. Anhand genauer Angaben über den Beobachtungsort ist im nachhinein der Zentralwinkel exakt bestimmbar.

5. *Halo von 90° und von 120°*: blasse, weiße Bogen, die senkrecht durch die seltenen Nebensonnen verlaufen. Am bekanntesten ist der Halo von 90°, der zuerst von dem Astronomen J. Hevelius am 20.2.1661 in

Danzig beobachtet worden war. Zur Erklärung dieser Halos wurden zum einen bestimmte Einkristallmodelle herangezogen, doch zum anderen dachte man auch an Beobachtungsfehler (Verwechslung mit Teilen anderer seltener Halos).

6. *Seltene Ringe um die Sonne*: farbige Ringe um die Sonne, deren Radius von dem der bekannten Ringe von 22° und 46° abweicht. Man kennt eine ganze Reihe solcher Ringe, und es gibt zahlreiche einander widersprechende Messungen ihrer Radien. Heute werden im allgemeinen folgende sechs Ringe genannt: Halo von 9°, Halo von 18°, Halo von 20°, Halo von 23°, Halo von 24° und Halo von 35°. (Darüber hinaus gibt es möglicherweise einen Halo von 27 bis 28° – den sogenannten Halo von Scheiner –, doch diese sehr ungewisse Erscheinung wurde noch nicht fotografiert.) Diese Ringe sind sehr selten und treten in Gruppen auf. Vermutlich entstehen sie durch Spiegelung an pyradmidenförmigen Eiskristallen unterschiedlicher Größe. Das Vorkommen dieser Halos wurde lange Zeit in Zweifel gezogen – bis zu der großen Haloerscheinung am 14.4.1974 in Süd-England und Holland, als bis zu sechs verschiedene Ringe um die Sonne, darunter auch der kleine Ring, an verschiedenen Orten beobachtet wurden. Zwölf Beobachter berichteten unabhängig voneinander über diese Haloerscheinung, von der es auch Fotos gibt.

7. *Schiefe Bogen durch die Sonne*: Bogen, die schräg durch die Sonne verlaufen und darüber eine Schleife bilden. Wenn die Sonne tief steht, ist die Schleife groß und erstreckt sich über den Zenit hinaus bis zur anderen Himmelsseite gegenüber der Sonne. Wandert die Sonne höher, wird der Bogen durch die Sonne kleiner, und die Schleife wird nach innen gezogen, bis sie zuerst innerhalb des großen Rings, danach innerhalb des kleinen Rings zu liegen kommt. Der Bogen durch die Sonne wurde etwa 10mal beobachtet.

8. *Untere schiefe Bogen durch die Sonne*: Diese wurden mehrmals als Begleiter des schiefen Bogens durch die Sonne beobachtet und verliefen in die gleiche Richtung wie dieser, nur einige Grad außerhalb davon. Amerikanische Simulationen ergaben, daß der Schnittpunkt dieses weißen Bogens am Ort der Untersonne liegt.

9. *Untere schiefe Bogen durch die Gegensonne*: Hierbei handelt es sich um einen Bogen, der eine Schleife um den Sonnengegenpunkt bildet. Er ist sehr selten und wurde etwa 5mal beobachtet, unter anderem am 10.3.1920 in Süd-Finnland.

10. *Vertikale elliptische Halos*: Diese sind kleine, senkrecht stehende elliptische Ringe, die hin und wieder wenige Minuten oder Sekunden lang zu sehen sind, und zwar häufiger um den Mond als um die Sonne. Über diese merkwürdigen Halos und die Art ihrer Entstehung weiß man noch sehr wenig. Derartige Erscheinungen wurden als nicht gesichert angesehen, bis im Dezember 1987 und Februar 1988 zwei jener Halos (elliptischer Halo von Hissink: senkrechte Achse 10 bis 11° sowie der ellipti-

sche Halo von Schlesinger mit einer vertikalen Achse von 7°) von finnischen Hobby-Astronomen fotografiert und diese Bilder 1989 in der Dezember-Ausgabe der Zeitschrift *Weather* veröffentlicht wurden.

11. *Ring von Bouguer*: Hierbei handelt es sich um einen weißen Bogen, der wie ein Regenbogen gegenüber der Sonne am Himmel steht. Entweder ist es eine eigenständige Haloart, oder es liegt eine Verwechslung mit einem Nebelbogen vor. Unter bestimmten Bedingungen könnten beide gleichzeitig mit einer Haloerscheinung auftreten.

12. *Bogen von Arctowski*: Dieser ist möglicherweise mit dem Ring von Bouguer verwandt. Weiße Bogen spannen sich wie Regenbogen auf der Seite der Sonne und der Gegensonne. Alle bekannten Beobachtungen wurden vor 1921 gemacht.

13. *Parhelischer Ring von 8°*: weißlich-blasser Ring von 8°, der parallel unterhalb des parhelischen Rings verläuft. Bei drei Beobachtungen wurde er möglicherweise gesehen (allerdings wurden immer nur Abschnitte dieses theoretisch möglichen Rings beobachtet): 1950 in den Niederlanden, 1933 auf der indonesischen Insel Java sowie 1951 in der Antarktis. Eine allgemein gültige Bezeichnung für diese Haloform, über die nichts Genaues bekannt ist, gibt es nicht.

171. Schiefe und verzerrte Haloerscheinungen

Es wurden schon Säulen gesehen, die nicht senkrecht, sondern schräg standen und sich bis zu 20° von der Vertikalen weg neigten![50] Die schiefen Lichtsäulen auf bewegtem Wasser erklärten wir mit einer Vorzugsrichtung der Wellen – hier nun liegt es nahe anzunehmen, daß die Eiskristalle nicht horizontal schweben, sondern durch bestimmte Luftströmungen in eine Schräglage kommen. Wir wollen auf diese komplizierten Vorgänge an dieser Stelle jedoch nicht näher eingehen. Eine andere Möglichkeit der Erklärung der schiefen Säulen ist die Reflexion an Pyramidenflächen von Eiskristallen. Ebenso waren schon obere Berührungsbogen, die den kleinen Ring 10 bis 12° neben dem Scheitel berührten, zu beobachten.[51] Es kam auch vor, daß der Circumzenitalbogen schief stand; sein höchster Punkt lag über der Sonne, und er fiel nach beiden Seiten hin ab. Etwas Ähnliches wurde einige Male vom parhelischen Ring berichtet: In einem bestimmten Fall verlief dieser Ring 1 bis 2° unterhalb der Sonne! Die Nebensonne des kleinen Rings stand einmal 40' zu hoch, was besonders auffiel, da die Sonne gerade in diesem Moment unterging.[52]

---

50 Barkow, E.: Met. Zs. *33*, 545, 1916.
51 Hemel en Dampkring *30*, 19, 1932. – Detaillierte Zeichnungen in: Onweders usw. *60*, 115, 1939.
52 Hissink, C.W.: Hemel en Dampkring *9*, 13, 1911.

Der umschriebene Halo wurde verzerrt gesehen; an der Unterseite war er nicht 22°, sondern 28° von der Sonne entfernt.[53]

Es wären zahlreichere Beobachtungen notwendig! Vor allem sollte man Vorkehrungen treffen, um subjektive Beobachtungsfehler zu vermeiden: Verwenden Sie ein Senkblei beim Fotografieren, welches Sie in einiger Entfernung vor den Apparat halten, so daß es (etwas unscharf) auf der Platte abgebildet wird.

172. Der Entwicklungsgrad von Haloerscheinungen[54]

Ein ungeschulter Beobachter übertreibt stets die Regelmäßigkeit der Naturerscheinungen: Er zeichnet Schneekristalle vollkommen symmetrisch, erkennt im Regenbogen sieben Farben und sieht Blitze als Zickzacklinien! So neigt man auch dazu, die Haloerscheinungen als vollständiger zu beschreiben, als sie in Wirklichkeit sind. – Dennoch ist es keineswegs dasselbe, ob der kleine Ring ganz oder nur über die Hälfte seines Umfangs sichtbar ist. «Die Unvollkommenheit» der Naturerscheinungen wird genauso von festen Gesetzen bestimmt und stellt ihrerseits eine Regelmäßigkeit dar.

Daher sollte man bei jeder Haloerscheinung deren Entwicklungsgrad notieren, indem man sowohl Lichtstärke als auch Größe des sichtbaren Teils schätzt. Durch das Einsetzen von Mittelwerten ist die Auswirkung zufällig vorhandener, ungleichmäßig verteilter Wolken zum größten Teil eliminierbar. Im allgemeinen kommen die lichtstärksten Teile auch am häufigsten zur Ausprägung. Ein besonders lichtstarker Halo ist in der Regel auch besonders ausgedehnt. Eine mäßig dünne Wolkenschicht ist für die Entstehung der Halos am günstigsten: Sehr dünne Schichten enthalten zu wenig Kristalle, sehr dicke Schichten absorbieren zuviel Licht oder streuen es diffus nach allen Richtungen.

Bemerkenswert ist, daß die Oberseite des kleinen Rings durchschnittlich etwa dreimal häufiger zu sehen ist als die Unterseite. Den Grund dafür sieht man darin, daß der Weg der Strahlen durch die Wolkenschicht an der Unterseite länger ist; doch dies kann ebenso ein Vorteil wie ein Nachteil sein.

173. Halofamilien[55]

Haloerscheinungen wie der kleine und der große Ring weisen augenscheinlich auf säulenförmige Kristalle hin, die in turbulenter Luft rotie-

53 Sky and Telesc. *21*, 14, 1961.
54 Nell, Chr. A.: Hemel en Dampkring *7*, 41, 1909.
55 Halofamilien sind Gruppen von Einzelhalos, die von gleichen Kristallen in gleichem Bewegungszustand erzeugt werden; vgl. Linke (Hrsg.): *Handbuch der Geophysik* VIII. Berlin 1943, S. 1072. Anm. d. Übers.

Eine Säule, die von in der Luft schwebenden Eiskristallen erzeugt wird; die Untersonne ist als hellerer Teil der Säule zu erkennen (Foto: Veikko Mäkelä).

ren, während beispielsweise Nebensonnen und Circumzenitalbogen durch stabil schwebende Kritallplättchen zustandekommen. Daher ist in den gewittrigen Sommermonaten bei fast allen Haloerscheinungen der kleine Ring vorhanden, während er im Herbst und Winter oftmals fehlt. Und so ist auch verständlich, weshalb bestimmte Einzelhalos häufig zusammen auftreten, weshalb es also *Halofamilien* gibt.

Was die Kristallformen angeht, so hängen diese von den Bedingungen ab, unter denen sie gewachsen sind. Säulenformen entstehen in den höheren Bereichen der Atmosphäre, Plättchen bilden sich weiter unten, wo es weniger kalt ist.

174. Haloerscheinungen in Kondensstreifen[56]

Viele Male schon wurden Haloerscheinungen in den künstlichen Cirrusnebeln beobachtet, die sich im Kondensstreifen von Flugzeugen bilden. Insbesondere die Nebensonnen kommen darin herrlich zum Vorschein. Es wurden aber auch schon der kleine Ring, der parhelische Ring (Nebensonnenring), der Circumzenitalbogen und die Gegensonne gesehen. Aus all diesen Beobachtungen ist deutlich abzulesen, daß die Eiskristalle in Wolken, die sich hinter Flugzeugen bilden, überwiegend vertikal ausgerichtet sind.

56 Pinkhof, M.: Hemel en Dampkring *38*, 32 und 230, 1940. – Zs. angew. Meteor. *57*, 95, 1940. – Bull. Amer. Meteor. Soc. *25*, 188, 1944. – Nat. *154*, 491, 1944 usw.

An solchen Kondenswolken stellte man auch fest, daß Detonations-
wellen von Granaten als schnell sich ausbreitende Wellenfronten in der
dünnen Wolkenschicht zu sehen sind (II, § 145). Ungewöhnlich ist ein
Fall, in dem derartige dunkle Wellen nur über den parhelischen Ring lie-
fen.[57] Es ist anzunehmen, daß die Eiskristalle in diesem Fall jedesmal
kurzzeitig um die Vertikale oszillierten, wenn eine Welle darüberlief.

175. Haloerscheinungen dicht vor unseren Augen[58]

Ein Beobachter, der durch eine enge Gasse ging, sah einen Ring um den
Mond, bemerkte aber, daß sich ein Teil davon auf die dunkle Mauer projizierte und ein Ganzes mit dem Halo am Himmel bildete. Auch wenn der
Mond mit der Hand verdeckt wurde, blieb der Halo sichtbar: Es war also
keine optische Täuschung, sondern offenbar schwebten die Eiskristalle
zwischen Auge und Mauer, nur wenige Meter über dem Boden. Ein anderer Beobachter, W.H. White, sah tagsüber zahllose schwebende Kristalle

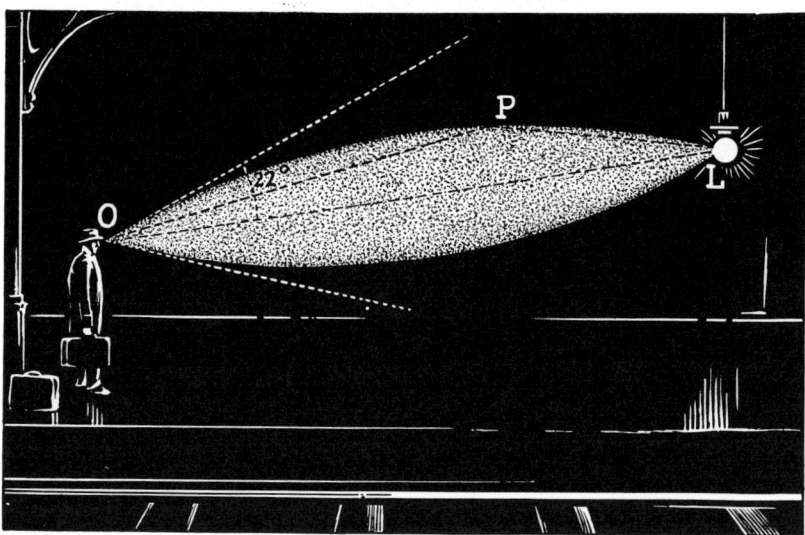

Abb. 144
Ein kleiner Ring in unmittelbarer Nähe des Beobachters.

einzeln aufleuchten und einen Ring um die Sonne zeichnen, der am Ort
der Nebensonnen verstärkt war.

Bei strenger Kälte (−10 °C) zeigte der Dampf eines Zuges im Bahnhof von Utrecht schöne Haloerscheinungen.[59] Nahe einer der Lampen,

57 Archenhold: Nat. 154, 433, 1944.
58 Met. Zs. 27, 113, 1910. – Hemel en Dampkring 38, 78, 1940.
59 Minnaert, M.: Hemel en Dampkring 26, 51, 1928.

Eine Säule bei Eisnebel,
hervorgerufen von den
Lichtern einer Tankstelle
(Foto: Jouni Särkioja).

wo der ausströmende Dampf nach allen Richtungen wirbelte, war eine
spindelförmige Oberfläche erleuchtet, die vom Auge bis zur Lampe
reichte (Abb. 144); alle Kristalle, die auf dieser Fläche schwebten, leuchteten auf; innerhalb war es dunkel; der Berührungskegel der Spindel hatte
einen Öffnungswinkel von ca. 44°. Die spindelförmige Oberfläche mußte
demnach der geometrische Ort all jener Punkte P sein, so daß OP und PL
einen Winkel von 22° bildeten.

Das Merkwürdige dabei ist, daß es eine *dreidimensionale* Haloerscheinung ist. Dies ist nur möglich, weil die Lichtquelle so nahe ist und
man durch das Zusammenwirken beider Augen die einzelnen Lichtpünktchen sieht und stereoskopisch deren Abstand einschätzen kann.

Bei der gleichen Gelegenheit waren bei Lampen in einem ruhigeren
Bereich des Bahnhofs Kreuze zu sehen. Das Phänomen ist bekannt: In
Rußland und Nordamerika sieht man im Winter oft Säulen über den La-
ternen in der Ferne: ein Beweis dafür, daß Nebel aus Eiskristallen in der
Luft hängt.

In aufgewirbeltem Schnee und in Eisnebel wurden schon der kleine Ring, die Nebensonnen, der obere Berührungsbogen und der große Ring beobachtet. Bemerkenswert dabei ist, daß die Nebensonnen in solchen Fällen oft als annähernd gerade, vertikale *Säulen* in Regenbogenfarben gesehen werden[60]; sie erreichen eine Höhe von bis zu 15°! Noch erstaunlicher ist, daß man einmal zusätzlich noch die Untersonne mit einem vollständigen Untersonnen-Ring von 22° sehen konnte! Dieser Ring ist nicht ganz so deutlich wie der normale kleine Ring und farbschwächer. Die Sonne stand lediglich 11° hoch, und ein Teil der Erscheinungen zeichnete sich vor einem Gebirgshintergrund in der Ferne ab.[61]

176. Haloerscheinungen am Boden

So, wie wir den Regenbogen auf eine waagerechte Fläche als Taubogen projiziert sahen, sind auch gelegentlich auf frisch gefallenem Schnee der kleine und der große Ring als hyperbolische Bogen zu sehen (Abb. 145),

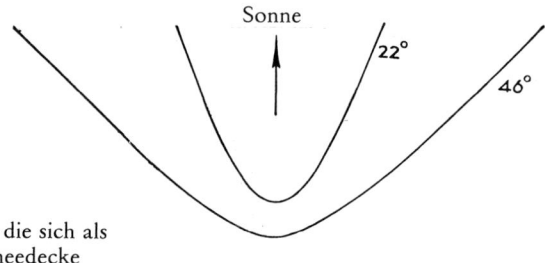

Abb. 145
Der kleine und der große Ring, die sich als
Hyperbeln auf der frischen Schneedecke
abzeichnen.

meist bei ungewöhnlich niedrigen Temperaturen (unter -12 °C), häufiger jedoch auf Reif.[62] Die Sonne muß tief stehen; die beste Beobachtungszeit ist eine halbe oder eine Stunde nach Sonnenaufgang bzw. vor Sonnenuntergang. Der Lichtbogen besteht aus dem Licht vieler einzelner Kristalle, die in den prächtigsten Farben funkeln; an der uns zugewandten Seite sind vor allem Rot und Goldbraun vertreten. Allerdings sind die Farbtöne nicht sehr kräftig. Bewegt man sich, verschiebt sich auch die Lichterscheinung

Den Winkel Auge–Kristall–Sonne kann man mit einfachen Meßmethoden bestimmen und aufzeigen, daß die Lichtstrahlen um 22° (bzw. 46°) gebrochen werden. Untersuchen Sie die Kristallformen unter der Lupe, zeichnen und vermessen Sie sie! Fotografieren Sie die Lichterscheinung!

60 Hemel en Dampkring *38*, 79, 1940.
61 Gäbler: Zs. f. Meteor. *8*, 127, 1954.
62 Listing: Ann. d. Phys. *122*, 161, 1864. – Meyer: Das Wetter *42*, 137, 1925.

Kränze

177. Interferenzfarben in Ölflecken

Wenn der Boden nach einem Regenguß naß ist, sieht man auf dunkel asphaltierten Straßen überall bunt schillernde Flecken, die sich aus konzentrischen Kreisen zusammensetzen und bis zu 50 cm groß sein können. Wirklich schön sind die Flecken nur auf bestimmten Straßen und an bestimmten Tagen, während sie ansonsten blaugrau und wenig farbig sind. Offenbar entstehen sie durch Öltropfen, die von vorüberfahrenden Autos verspritzt werden. Solch ein Tropfen dehnt sich zu einer äußerst dünnen Schicht aus, und die Interferenzfarben entstehen nun, weil das Licht an der Ober- und Unterseite der Ölschicht reflektiert wird: die berühmten «Newtonschen Ringe». Dieselben Farben finden wir auch auf Seifenblasen. Zu ihrer Erklärung verweise ich auf die üblichen Physiklehrbücher und möchte lediglich anmerken, daß uns hier deutlich vor Augen geführt wird, daß Licht Wellencharakter besitzt.

In der folgenden Tabelle sind die Farben vom äußeren Rand des Flecks zur Mitte hin aufgeführt, daneben steht die Dicke des Ölfilms in µm (= tausendstel Millimeter):

I.	schwarz	0	III.	violett	0,385
	hellgrau	0,080		grün	0,455
	braungelb	0,115		gelb	0,505
	rot	0,170		fleischfarben	0,525
II.	violett	0,190	IV.	graublau	0,595
	blau	0,210		grün	0,655
	grün	0,270		fleischfarben	0,695
	gelb	0,305			
	rot	0,340	V.	blaugrün	0,820

Die Ölschichten sind am Außenrand am dünnsten und werden zur Mitte hin dicker. Manchmal erreichen sie erst in der Mitte eine der ersten Stufen der Farbskala; andere sind so dick, daß nach den Farben in unserer Tabelle noch mehrfach Rosa und Grün abwechseln, dabei immer blasser werden und in ein «Weiß höherer Ordnung» übergehen, so daß in der Mitte keine Ringe mehr zu sehen sind.

Messen Sie den Durchmesser eines regelmäßig geformten Flecks von den verschiedenen Farbringen aus, und zeichnen Sie den Querschnitt der Ölschicht maßstabsgetreu (Abb. 146)! Wiederholen Sie dies nach 10 Minuten, und prüfen Sie, um wieviel flacher der Ölhügel geworden ist! Verfolgen Sie eine bestimmte Farbe als Funktion der Zeit: Der Ring dehnt sich zunächst aus, dann zieht er sich zusammen. Weshalb wohl? Schließlich sieht man nur noch einen grauen Fleck, den man sich nicht erklären könnte, sähe man seine Entstehung nicht mit eigenen Augen. Am besten bleibt man bei einem Fleck stehen und mißt alle Veränderungen. So sehr lange muß man sich nicht einmal gedulden, etwa eine halbe Stunde genügt. Passen Sie auf, daß kein Fahrrad, Fußgänger oder Auto den Ölfleck zerstört, bevor er sein natürliches Ende gefunden hat.

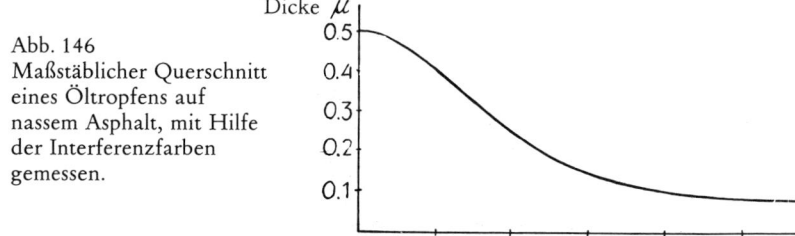

Abb. 146
Maßstäblicher Querschnitt eines Öltropfens auf nassem Asphalt, mit Hilfe der Interferenzfarben gemessen.

Betrachten Sie den Ölfleck unter schrägem Winkel: Die Farben zerlaufen, die Schicht scheint dünner zu werden. Blickt man nämlich schräger darauf, ziehen sich die farbigen Ringe scheinbar zusammen, und an jedem Punkt tritt eine Farbe, die zuerst zu einem dünneren Ring gehörte, an die Stelle der vorigen. Vergegenwärtigen Sie sich dies, indem Sie die Phasendifferenz der beiden interferierenden Strahlen berechnen. – Mein zweijähriger Sohn streicht mit dem Finger über den Fleck: Die Farben verschieben sich zunächst, bilden sich aber erstaunlich schnell zurück; die Ringe sind etwas kleiner geworden, denn es fehlt ein bißchen Öl.

Zuweilen sieht man schön geformte Doppelflecken, die allem Anschein nach zusammengehören. Hieran ist nichts Geheimnisvolles: Sie sind aus einem normalen Fleck entstanden, durch den ein Auto gefahren ist!

Ganz zufrieden sind wir aber erst, wenn es uns gelungen ist, die farbigen Ringe selbst nachzubilden. Ein Tropfen Petroleum oder Terpentin, den wir auf einen Teich geben, bringt unbeschreiblich schöne Farben hervor. Versuchen wir aber das gleiche mit *Öl*, erwartet uns eine Überraschung: Das Öl breitet sich nicht zu einem Film aus, und wir sehen nichts; es gelingt auf einer nassen Straße ebensowenig wie auf einer Wasseroberfläche. Bestehen die Flecken denn etwa aus *Benzin*? Auch hier werden wir enttäuscht, es entstehen nur weißgraue Flecken, die offensichtlich äußerst dünn sind und in nichts den prächtigen Farbringen ähneln. In eingehenderen Untersuchungen wurde nachgewiesen, daß nur verbrauchtes, oxidiertes Öl, das aus dem Motor tropft, sich auf Wasser ausbreiten kann.[63] Je stärker das Öl oxidiert ist, desto dünner wird die Schicht.

Die meisten Ölflecken weisen eine strahlenartige Streifung auf; jeder

63 Blodgett, K.B.: J. O. S. A. 24, 313, 1934.

Farbring geht sozusagen fransig in den nächsten über, und auch der äußerste, weißgraue Ring endet fransig. Wird Benzin über eine nasse Straße gegossen, breitet sich der Fleck an allen Seiten durch größer werdende Verästelungen aus, und vor unseren Augen entsteht eine radiale Streifung und Zerfaserung. Das Phänomen ist häufiger auch an farbigen Häutchen zu sehen, die hier und dort auf verschmutztem Wasser treiben. Möglicherweise spielen ganz spezielle molekulare Kräfte hier eine Rolle.

Interferenzfarben sieht man überall dort, wo sich eine dünne Schicht gebildet hat. Beispielsweise an den Asphalt- und Petroleumfilmen, die auf dem Wasser treiben; Linien gleicher Farbe sind Linien gleicher Dicke, und Verformungen daran zeigen Strömungen und Wirbel der Flüssigkeit an.

Wenn zufällig eine beträchtlich dicke Schicht der öligen Substanz auf dem Wasser treibt und der Wind seitlich darüber hinwegweht, sehen wir schöne Interferenzfarben in parallelen Streifen, was beweist, daß die Schicht zum Ufer hin allmählich dicker wird. Interessant ist es nun zu beobachten, wie die Kräuselung der Wasseroberfläche durch die Einwirkung der Ölschicht gedämpft wird und *wie sie gänzlich verschwindet, noch bevor das erste Grau sichtbar wird.* Eine wesentlich dünnere Schicht als 0,08 μm genügt bereits, um diese Dämpfung herbeizuführen.

178. Interferenz an der Bespannung eines Regenschirms

Sehen Sie durch einen trockenen Regenschirm hindurch eine helle Laterne an, die so weit entfernt sein sollte, daß sie punktförmig erscheint. Sie sehen ein schönes Beugungs- und Interferenzmuster. Wenn die Fäden des Stoffes senkrecht und waagerecht verlaufen, ordnen sich die Beugungsbilder in waagerechten und senkrechten Reihen an. Was Sie sehen, ist bestimmt nicht das Gewebe selbst, denn wenn Sie den Schirm bewegen, bleibt das Muster an seinem Platz. Die Fäden liegen übrigens viel dichter beieinander als die Beugungsbilder. Ihr Regenschirm wirkt wie ein *optisches Gitter.*

Die diesem Phänomen zugrundeliegende Theorie steht in jedem Schulbuch. Darin wird auch erklärt, wodurch der Abstand der Beugungsbilder bestimmt wird; und wenn Sie abends durch eine ruhige Straße gehen, können Sie aus der unmittelbaren Anschauung und mit Ihrem Vorwissen die Wellenlänge des Lichts schätzen! – In unserem Fall haben wir es sowohl mit horizontalen als auch mit vertikalen Fäden zu tun; die Beugungsmaxima, die an den vertikalen Fäden entstehen und eine horizontale Reihe bilden, werden ihrerseits von den horizontalen Fäden in einen Satz vertikaler Lichtpünktchen umgesetzt. Die Punkte, die am weitesten von der Lichtquelle entfernt liegen, zeigen bereits etwas Farbe: Es sind im Grunde kleinere Spektren.

Sie sehen durch Ihren Schirm vermutlich Laternen in allen möglichen Entfernungen. Die kleinen, weit entfernten Laternen weisen ein scharfes Beugungsmuster auf; bei den nahen, die man unter recht großem Winkel sieht, verschmelzen die Punkte zu einem unscharfen Fleck.

Dieses Phänomen macht man sich übrigens beim Bestimmen von Sterndurchmessern mit Interferometern zunutze.

179. Farbenpracht auf einer vereisenden Fensterscheibe[64]

Dieses bislang wenig untersuchte Phänomen kann man immer wieder an kalten Winterabenden (−10 °C) im Zug oder im Bus beobachten. An den vom Atem beschlagenen Fensterscheiben beginnt der Wasserdampf zu gefrieren; sofort läßt das Licht von Laternen ein wunderbares Farbenspiel entstehen: Bestimmte Bereiche der dünnen Eisschicht weisen eine himmelblaue Farbe auf, andere eine grüne oder rote; jede dieser Farben erstreckt sich über eine Fläche von etwa 1 cm²; sie sind nur bei durchfallendem, nicht bei reflektiertem Licht zu sehen. Die Farben sind so satt, daß man meint, etwas ganz Besonderes vor Augen zu haben! Die Erscheinung dauert nur einige Minuten, denn bald schon ist die Eisschicht um ein paar Zehntel Millimeter dicker, so daß man nichts mehr sieht.

Bei Temperaturen unter −5 °C kann man den Versuch, sooft man möchte, wiederholen, indem man im Freien eine Glasscheibe aufstellt, einige Minuten wartet, bis sie die gleiche Temperatur wie die Luft hat, und sie dann aus einiger Entfernung anhaucht. Der Atem schlägt sich zunächst in Form kleiner, halbrunder Kügelchen nieder (a), nach etwa einer halben Minute bilden sich kleine Risse in der Schicht, und die Eisteilchen sammeln sich in Gruppen (b), bis sie schließlich lange Nadeln bilden, zwischen denen man das klare Eis sieht (c). Einzig in Stadium b treten Farben auf und halten daher nicht lange an. Ferner ist typisch, *daß die Laterne oder Lichtquelle, die man anblickt, selbst mit der Zeit farbig* erscheint und während man weiteratmet zuerst braungelb, dann purpurn, blau, grün, gelb usw. wird, also die Farbreihenfolge der «Newtonschen Ringe» durchläuft. Die Lichtquelle ist von einem hellen Kranz in der Komplementärfarbe mit einem Radius von etwa 1° umgeben, der langsam größer zu werden scheint; nahezu vollständig ist er zu sehen, wenn man kurz den Atem anhält und sich die Scheibe dicht vor die Augen hält. Tagsüber kann man beispielsweise die sauber verschneiten Dächer rosenrot sehen, die angrenzenden dunklen Partien grün. Ausgedehnte helle Bereiche, wie etwa der helle Himmel, ändern ihre Farbe natürlich nicht, denn wir sehen in

---

[64] Schlottmann: Met. Zs. *10*, 156, 1893. – Auch beobachtet von Brooks, Ch.F.: M. W. R. *53*, 49, 1925. – Prof. Dr. J.A. Prins verdanke ich die Erklärung dieser Farben als «Colours of mixed plates», nach Wood: *Physical Optics*. E. Blokhuis teilte mir eine Reihe wichtiger Beobachtungen hierzu mit.

jeder Richtung zugleich die farbige «Lichtquelle» und das komplementärfarbige Streulicht der benachbarten Bereiche. *Hält man die Glasscheibe schräg, dann ändern sich die Farben so, als wäre die Schicht dicker geworden.*
Als Erklärung für die Farben fällt uns zuerst Beugung an äußerst kleinen Tröpfchen oder Körnchen ein. Bei einem Durchmesser von einigen Mikrometern verliert die elementare Theorie zur Erklärung der Kränze ihre Gültigkeit: Neben dem Licht, das an den Tropfen gebeugt wird, spielt nun auch das Licht eine Rolle, das durch die Tropfen dringt. Die Lichtquelle selbst ist nun farbig, und um sie herum erscheint die Komplementärfarbe, die sich geringfügig mit dem Beugungswinkel ändert (§ 187).
Bei einer anderen Erklärung, die der vorherigen ähnlich ist, stellt man sich die Schicht als aneinandergrenzende Bereiche zweier unterschiedlicher Medien vor, in diesem Fall Eis und Luft (Abb. 147). Ein Teil der

Abb. 147
Farben auf einer überfrorenen
Fensterscheibe, erklärt als «colours
of mixed plates».

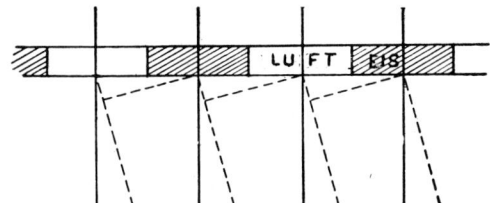

Strahlen, die die Lichtquelle in unser Auge schickt, geht durch Luft, ein zweiter durch Eis, so daß eine Phasendifferenz entsteht: Eine bestimmte Farbe wird getilgt, und die Lichtquelle wird farbig. An den Rändern der Bereiche wird das Licht auch gebeugt, und ab einem bestimmten Beugungswinkel und einer bestimmten Größe der Zwischenräume reicht der Gangunterschied nicht mehr aus, um die Phasenverzögerung auszugleichen: Die Farbe, die im direkten Bild getilgt war, findet sich im gebeugten Bild wieder. Für eine aus Eis und Luft zusammengesetzte Schicht müßten wir eine Schichtdicke in der Größenordnung von 1 μm annehmen, die Körnchen müßten dann ungefähr 0,1 mm voneinander entfernt sein. Liegen alle Körnchen genau gleich weit auseinander, dann müßte der Lichtkranz ziemlich scharf und durch einen dunklen Saum von der Lichtquelle getrennt sein; bei unregelmäßigen Abständen ist die Lichtquelle ganz von Licht umgeben. Manche Teile der Scheibe verhalten sich offenbar wie im ersteren Fall, andere wie im letzteren.
Die Besonderheiten der zufrierenden Scheibe sind durch unsere Beschreibung keineswegs erschöpft. Wenn Sie die Scheibe aus einiger Entfernung ansehen, leuchtet ein bestimmter Punkt erst dann auf, wenn er in geeignetem Winkelabstand zur Lichtquelle gesehen wird, und zwar in einer Farbe, die für jeden Bereich vorgegeben ist. Nach der oben skizzierten Theorie ist dies einleuchtend. Interessant ist auch, daß man bei einer

starken Lichtquelle noch schwache Kränze abweichender Farbe um die Aureole sieht. (Hierzu muß man das Glas dicht vor die Augen halten.)

Während Sie dies alles beobachtet und darüber nachgedacht haben, ist der Eisniederschlag wahrscheinlich schon von selbst verdampft (sublimiert). Sie können nun den Versuch ohne weiteres wiederholen, sooft Sie wollen, vorausgesetzt, Sie versuchen nicht, die Glasscheibe sauber zu putzen. Dies wäre vergebliche Liebesmühe und würde eine erneute Kondensation nur erschweren.

Eisbeschlag an Fenstern kann auch andere Formen annehmen, z. B. wenn die Temperatur nicht ganz so niedrig ist. Es bilden sich dann typische Kränze, allerdings mit einer anderen Farbfolge, wie man sie auch bei Scheiben vorfindet, auf denen große Wassertropfen kondensiert sind (§ 185).

180. Interferenzfarben in eisenhaltigem Wasser

Wo der Heideboden eisenhaltig ist, ist das braune Wasser in den Kanälen manchmal von einer dünnen, irisierenden Schicht blasser, perlmuttartiger Farbe bedeckt. Die Farben entstehen, indem kolloidal im Wasser gelöstes Eisenoxid sich zu parallelen Plättchen gruppiert, die etwa ¼ µm voneinander entfernt sind[65]: Solch ein lamellenartig aufgebauter Film wirkt mehr oder weniger wie ein Farbfoto von Lippman.

181. Die Beugung des Lichts

Es ist Nacht. Aus der dunklen Ferne einer großen Straße kommt ein Auto angefahren, ein grelles Lichtbündel vor sich herwerfend. Zufällig schiebt sich ein Radfahrer vor das blendende Licht, so daß wir einen Moment lang im Schatten stehen. Und plötzlich ist die Silhouette des Radfahrers von einer wunderschönen Lichtlinie umsäumt, als strahlte diese Kontur selbst Licht aus. Auch an Fußgängern oder an Bäumen ist dies zu sehen. Hier nun haben wir das Phänomen der «Lichtbeugung»: An der Kante eines undurchsichtigen Schirms wird ein wenig Licht gebeugt, und ein Teil der Lichtwellen erreicht den Bereich, in dem man nach den Gesetzen der geometrischen Optik Schatten erwarten würde. Dieses gebeugte Licht ist ziemlich stark für einen sehr kleinen Ablenkungswinkel, verringert sich aber für größere Winkel schnell. Daher ist die Erscheinung so eindrucksvoll, wenn das Fahrrad weit, das Auto aber noch sehr viel weiter entfernt ist. Ein solches Phänomen großen Ausmaßes findet man vor allem in Berglandschaften mit klarer Luft, wenn man selbst im Schatten eines Hügels steht und der bewaldete Hügelkamm sich dunkel gegen den morgendlichen Himmel abhebt: Dort, wo das Licht am hellsten ist und die

65 Zocher: Zs. f. allg. anorg. Chem. *149*, 203, 1925.

Sonne jeden Moment aufgehen wird, sieht man die Bäume leuchtend silberweiß umstrahlt.[66]

In unseren Breiten rufen vor allem Stechginstersträucher im Gegenlicht einen solchen Effekt hervor.

182. Die Beugung von Licht an Kratzspuren (Abb. 148)

Abb. 148
Beugung von Licht an Kratzspuren auf
Fensterscheiben.

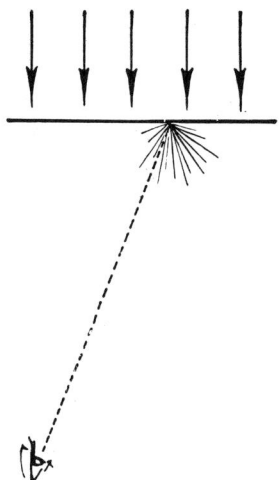

Blicken Sie durch das Fenster eines Zugabteils auf die Sonne oder eine Laterne, dann sehen Sie Tausende winzig kleiner Kratzer im Glas, die konzentrisch um die Lichtquelle angeordnet sind. Gleich, durch welchen Teil des Fensters wir sehen, immer ist es dieselbe Figur. Offenbar gibt es überall auf dem Glas Kratzspuren nach allen Richtungen, doch sieht man nur diejenigen, die senkrecht zur Einfallsebene der Lichtstrahlen verlaufen (vgl. § 29). Jeder dieser Kratzer streut das Licht in einer senkrecht zu seiner Richtung stehenden Ebene und wird daher für einen Betrachter nur in dieser Ebene sichtbar.

Bei solchen überaus feinen Kratzspuren kann man nicht mehr von Reflexion oder Brechung sprechen, man betrachtet die Ablenkung der Lichtstrahlen dann besser als *Beugung*. Wenn Sie einen dieser Kratzer aufmerksam anschauen, werden Sie sehen, daß er in bestimmten Richtungen die prächtigsten Farben in unterschiedlichen Reihenfolgen zeigt; mit ei-

---

66 Diese Erscheinung, im großen und ganzen von Folie beschrieben, wurde zwischenzeitlich ausführlicher erörtert, zunächst in: Rep. Brit. Ass. *42*, 45, 1872, später in Nat. *47*, 364. – Zs. f. Met. *12*, 410, 1877. – La Nature *21*, 58, 1893. – Foto in: Ricerche Specola Vaticana *4*, 55, 1958.

nem Polarisationsfilter können Sie feststellen, daß bei schräger Einfalls-
und Blickrichtung eine starke Polarisierung auftritt. – All diese Phänomene sind sehr kompliziert und werden nur teilweise von der theoretischen Optik erklärt.[67]

Beugungserscheinungen treten auch an den Fäden von Spinnweben
auf, die über ihre gesamte Länge in ein und derselben Farbe schimmern,
was beweist, daß sie gleichmäßig dick sind. Es gibt Fäden verschiedener
Farbe.

183. Kränze

Vom Himmel, den
Ein Stern erhellt,
Sinkt süßer Friede
Auf die Welt
Weit in der Runde ...

Paul Verlaine: *Das schlichte Lied.*
Stuttgart 1988, S. 65. Übers. v. Richard Berger

Langsam ziehen dünne, weiße Schäfchenwolken am Mond vorüber. Dieser erleuchtete Teil des Nachthimmels ist der Mittelpunkt der gesamten
nächtlichen Landschaft und zieht unseren Blick magisch an. Jedesmal,
wenn wieder eine Wolke vorüberzieht, erscheinen um den in sanftem
Licht strahlenden Mond bunte Lichtkreise mit einem Durchmesser, der
wenige Male größer ist als der Mond selbst. In Flandern sagt man dazu,
der Mond sitze in einem Hof.

Untersuchen wir die Reihenfolge der Farben genauer! Dicht am
Mond erscheint ein bläulicher Rand, der in ein gelbliches Weiß übergeht,
welches seinerseits außen einen bräunlichen Saum hat. Diese *Aureole* ist
die einfachste und weitaus häufigste Kranzerscheinung. Zu etwas Beson-
derem wird sie erst, wenn darum herum noch größere Ringe in schönen
Farben vorkommen. Deren Reihenfolge ist aus untenstehender Tabelle
ersichtlich und stimmt weitgehend mit der Reihenfolge der Newtonschen
Interferenzfarben überein. Nur haben die Meteorologen die Grenzen
zwischen den Gruppierungen etwas anders angesetzt als die Physiker,
nämlich so, daß jede Gruppierung mit Rot abschließt. Außerhalb der Aureole wurden einmal sogar drei weitere Gruppen beobachtet («vierfacher
Kranz»).

Es wird als ziemlich sicher angesehen, daß die Farbschattierungen
nicht immer vollkommen gleich sind; diejenigen, die in Klammern stehen,
sind nicht immer vorhanden. Bei der Analyse der Veränderlichkeit der
Kränze muß man die jeweilige Gestalt des Mondes mit einkalkulieren,

---

67 Fizeau: Ann. Chim. Phys. *63*, 385, 1861. – Rayleigh: Phil. Mag. *14*, 350, 1907; Papers
   V, 410.

I.	(bläulich)	III.	blau
	weiß		grün
Aureole	(gelblich)		rot
	braunrot		

II.	blau	IV.	blau
	grün		grün
	(gelb)		rot
	rot		

durch die die Beugungsfigur einmal mehr, einmal weniger scharf wird.

Um den Radius der Kränze zu schätzen, konzentriert man sich am besten auf den roten Saum, mit dem jede Farbgruppierung abschließt, denn diese Farbe zeichnet sich am deutlichsten ab; man vergleicht dann die Größe des Kranzes mit dem Monddurchmesser (32'). Das Ergebnis ist, daß die Größe der Kränze stark variiert: Der braune Saum der Aureole kann einen Radius von knapp 1°, ein andermal hingegen bis zu 5° erreichen, als Grenzwerte findet man 10' und 13°.

Kränze um die Sonne gibt es sehr oft, zumindest ebensooft wie um den Mond, sie werden nur nicht beachtet, weil jeder es vermeidet, ins grelle Licht zu blicken. Trotzdem sind durch die große Helligkeit der Sonne die Kränze um diesen Himmelskörper zumeist die schönsten.

Mit einem der folgenden Hilfsmittel erleichtert man sich die Beobachtung:

a) Betrachten Sie das Spiegelbild der Sonne auf ruhigem Wasser; auf diese Weise machte Newton seine berühmte Beobachtung eines Kranzes um die Sonne.

b) Benutzen Sie als Spiegel poliertes, schwarzes Marmorglas, aus dem Türschilder hergestellt werden, Schweißglas aus dem Bereich der Technik oder aber normales Glas mit einem schwarzen Firnißüberzug auf der Rückseite. Man hält sich diese Gläser dicht vor die Augen, um einen größeren Bereich überblicken zu können.

c) Nehmen Sie Marmorglas, Schweißglas oder eine farblose dunkle Brille, die gerade so durchsichtig sind, daß man in die Sonne sehen kann, ohne geblendet zu werden.

d) Warten Sie, bis die Sonne vom First eines Daches verdeckt wird.

e) Blicken Sie in einen Kugelspiegel aus einigen Metern Entfernung, und decken Sie das Bild der Sonne dabei mit dem Kopf ab.

Die Aureole sieht man schwach fast in jedem Wolkentypus. In Stratocumuluswolken ist die Aureole stärker ausgeprägt und der darauffolgende Farbgürtel zumeist schon schwach angedeutet; bei Altocumuluswolken sehen wir die Farben am schönsten. Kränze entstehen auch in hellen Cirrocumuluswolken und mitunter in Nebel. Gelegentlich kann man sogar um *Venus, Jupiter und die hellsten Sterne* kleine lichtschwache Kränze erkennen.

184. Die Erklärung der Kranzerscheinungen[68]

Kränze in Wolken entstehen durch die Beugung des Lichts an den Wassertröpfchen dieser Wolke. Je kleiner die Tröpfchen, um so größer sind die Kränze. Bei Wolken, in denen die Tropfen gleichmäßig groß sind, sind die Kränze schön geformt und zeigen klare Farben. Wo jedoch unterschiedliche Tropfengrößen vorkommen, entstehen gleichzeitig mehrere verschieden große Kränze, die sich gegenseitig überdecken. Daher kommen schön ausgeprägte Kranzerscheinungen nur in solchen Wolken vor, in denen sich der Wasserdampf unter hinreichend gleichmäßigen Bedingungen niederschlug. So hängen auch die feineren Unterschiede in der Farbfolge von der Anzahl der Tropfen einer bestimmten Größe ab, ferner davon, wie dick die Wolke ist usw.

Vereinfacht ausgedrückt stecken folgende theoretische Überlegungen dahinter:

a) Eine nicht allzu dichte und aus gleich großen Tropfen bestehende Wolke hat dieselbe Beugungswirkung wie ein einzelner Topfen, nur daß die Menge des gebeugten Lichts größer ist.

b) Ein Wassertröpfchen hat dieselbe Beugungswirkung wie eine runde Öffnung in einem Schirm (Babinetsches Theorem).

c) Die Beugung an einem Loch wird berechnet, indem man dieses Loch als Ausgangspunkt von Wellenfronten betrachtet (Huygenssches Prinzip) und verfolgt, wie die Wellen von allen Teilen des Lochs im Auge des Betrachters zusammenkommen und interferieren.

Die Ähnlichkeit zwischen dem Kranz und dem Beugungsbild eines rundes Lochs zeigt folgender einfacher Versuch: Hängen Sie vor ein sonnenbeschienenes Fenster ein Stück Pappe mit einem Loch in der Mitte. Kleben Sie über dieses Loch ein Stück Stanniolpapier[69], das Sie mit einer Nadel durchstechen. Betrachten Sie dieses grelle Lichtpünktchen in Richtung Sonne aus 1 m Entfernung. Halten Sie dicht vor das Auge ein zweites Stanniolpapier, das ebenfalls mit einem feinen Nadelstich versehen ist. Diese winzigen Löcher (nicht größer als 0,5 mm) sollten am besten mit einer sehr dünnen Nadel gemacht werden, die beim Einstechen zwischen den Fingern gedreht wird. Sie sehen nun das Loch zu einer Scheibe gedehnt, einer Miniatur-Aureole, und um sie herum ein Ringsystem, das den Farbfolgen des Kranzes entspricht. Je feiner das Loch vor Ihren Augen ist, um so größer ist das Beugungsbild.

Die aufeinanderfolgenden Maxima und Minima sind durchaus mit den Beugungslinien eines parallelen Spalts vergleichbar, nur sind ihre Abstände etwas anders. Die äußersten roten Ränder der Aureole und der ersten Periode liegen bei

68 Meyer, R.: Met. Zs. *27*, 112, 1910. – Simpson, G.C.: Quart. Journ. *38*, 291, 1912. – Brooks, Ch.F.: M. W. R. *53*, 49, 1925 (mit weiteren Literaturangaben). – Köhler: Met. Zs. *40*, 257, 1923. – Reesinck: Hemel en Dampkring *44*, 127, 1946.
69 Z.B. «Silberpapier», in das Toffees und Schokolade eingewickelt sind.

$$\delta = \frac{0,00070}{a} \text{ und } \frac{0,00127}{a}$$

(a = Durchmesser des Lochs in mm, δ = Winkelabstand vom Mittelpunkt aus).

Wir können also anhand der Kränze berechnen, wie groß die Tröpfchen sind, aus denen die Wolke besteht! Ist der Radius δ einer Aureole um den Mond viermal so groß wie der Durchmesser des Mondes, also 4/108 rad, dann bestehen die Wolken aus Tropfen mit einem Durchmesser von

$$\frac{108}{4} \cdot 0,00070 = \frac{0,076}{4} = 0,01\dot{9} \text{ mm.}[70]$$

In der Regel ergibt die Berechnung, daß die Tropfen in den Wolken zwischen 0,01 und 0,02 mm groß sind.

Es scheint nun ziemlich sicher zu sein, daß Kränze auch durch Schwärme von Eisnadeln gleicher Dicke entstehen können, welche das Licht auf gleiche Weise wie ein Spalt brechen. Kränze werden ja hin und wieder in den dünnen, hohen Cirruswolken beobachtet – es sind sogar die farbenprächtigsten und am besten ausgeprägten –, und diese Wolken bestehen aus Eiskristallen.

Die Stärke dieser Eisnadeln zu berechnen ist genauso einfach wie im Fall der Wassertropfen, allerdings mit einer etwas veränderten Konstante: Bei dem Kranz aus unserem Beispiel, dessen brauner Saum einen Radius von 4 Monddurchmessern hatte, wäre die Dicke der Eisnadeln

$$\frac{0,062}{4} = 0,015 \text{ mm.}$$

Wenn man einen Kranz sieht, ist es schwer zu sagen, ob er durch Wassertropfen oder durch Eisnadeln entstanden ist. Für Eisnadeln liegen die dunklen Minima exakt gleich weit vom Mittelpunkt und voneinander entfernt, während bei Tropfen die Aureole einen Radius hat, der um 20 % größer ist als die Breite jeder darauffolgenden Farbfolge. Bei Eisnadeln ist der Innenbereich der Aureole weißer, weniger blau. Doch dies sind kaum erkennbare Unterschiede, und die besten Beschreibungen sprechen einmal für die eine, dann wieder für die andere Entstehungsweise. Bei direkten Beobachtungen vom Flugzeug aus erwies sich, daß Kränze in 45 % der Fälle von Wassertropfen, in 55 % der Fälle von Eiskristallen gebildet wurden.[71]

Das Vorhandensein eines schönen Kranzes ist für den Physiker nicht nur ein Hinweis auf eine große Gleichmäßigkeit der Wolkentröpfchen

---

70 Oftmals subtrahiert man vom Radius der Aureole noch den Radius des Mondes, um so vom Fall einer punktförmigen Lichtquelle ausgehen zu können. Diese Korrektur ist nicht gerechtfertigt und erbringt ungenaue Resultate (Hemel en Dampkring *44*, 131, 1946).

71 Visser: Versl. Akad. Amsterd. *52*, 1943.

oder der Eisnadeln. Er schließt daraus auch, daß die Wolke gerade erst entstanden sein muß – es ist eine «junge Wolke». In Schwärmen von Tröpfchen besteht ständig die Tendenz zur Inhomogenität: Diejenigen, die zufällig etwas kleiner sind, verdampfen als erstes, während die größeren auf Kosten der kleineren am schnellsten weiterwachsen.

Wenn Cirrocumulus- oder Altocumuluswolken («Schäfchenwolken») am Himmel entlangziehen, dehnen sich die Kränze manchmal *asymmetrisch* zum Rand der Wolke hin aus, und zwar immer dann, wenn sich wieder eine Wolke über den Mond schiebt (Abb. 149). Offenbar sind die Tropfen in den äußeren Bereichen dieser Wolken kleiner als innen. Es liegt daher nahe anzunehmen, daß sie dort bereits zu verdunsten beginnen.

Abb. 149
Asymmetrischer Kranz am Wolkenrand.

Alle Kränze, die wir bisher beschrieben haben, entstehen in Wolken. Es kommt aber auch vor, daß sich Kränze bei vollkommen klarem Himmel zeigen. Kleine, aber farblich schöne Kränze dieser Art um die Sonne konnte ich vor dem Hintergrund eines blauen Himmels mehrfach im Sommer am Yerkes Observatory von Chicago sehen. Auch um den Mond wurden Kränze beobachtet – man sollte sie jedoch nicht mit Erscheinungen im Auge verwechseln (§ 186)!

Es scheint, als würden in ruhigen Bereichen der Atmosphäre, vor allem bei Inversion, die Staubpartikel mehr und mehr absinken, so daß diejenigen, die sich zu einem bestimmten Zeitpunkt in der Schwebe befinden, fast die gleiche Größe besitzen und dann einen Kranz entstehen lassen können.[72]

185. Kränze auf Fensterscheiben und in Dampfwolken

Wenn wir an einem Winterabend an hell erleuchteten Cafés vorübergehen, sehen wir oftmals, daß die Lampen von einem Farbkranz umgeben sind, der von den beschlagenen Fensterscheiben verursacht wird; in manchen Teilen der Scheibe ist der Kranz größer, in anderen wiederum kleiner, häufig sehen wir nur die Aureole, manchmal aber sind die farbigen Ringe erstaunlich schön: Es scheint, als seien sie auf bestimmten Scheiben

72 Penndorf und Stranz: Zs f. angew. Meteorol. *60*, 233, 1943.

größer als auf anderen. Erklärung: Die Kränze entstehen durch Beugung an äußerst kleinen Wassertröpfchen auf der Scheibe, und sie sind um so schöner, je einheitlicher die Tropfengröße ist. Wahrscheinlich schlagen sich die Tropfen je nach Glassorte in unterschiedlicher Gleichmäßigkeit nieder.

Diese Kränze ähneln sehr den Wolkenkränzen. Im einen Fall befinden sich die beugenden Tröpfchen auf der Scheibe, im anderen Fall schweben sie als Bestandteil der Wolke hoch oben in der Luft. Trotzdem besteht ein Unterschied zwischen den Kränzen auf Fenstern und denen in Wolken: *Um die Lichtquelle herum liegt anstelle einer hellen Aureole ein dunkler Bereich.* Dies ist auf die regelmäßige Anordnung der Tröpfchen zurückzuführen, die sich fein säuberlich in mehr oder weniger gleichen Abständen voneinander auf dem Fenster bilden, während die Tröpfchen in einer Wolke unregelmäßig verteilt sind.[73] Das Entstehen von Kränzen auf einer beschlagenen Scheibe ist dadurch ein komplizierteres Phänomen: Der erste oder die ersten beiden inneren Lichtkreise entstehen hauptsächlich durch Interferenz der einzelnen Tröpfchen. Diese wirken wie Lichtquellen, die etwa in *gleichen Abständen* voneinander liegen. Die äußeren Lichtkreise dagegen entstehen schon durch jedes *einzelne* Tröpfchen, und ihre Lage wird durch die mehr oder weniger *gleiche Größe* all dieser Tropfen bestimmt.

Sehen wir schräg durch die Scheibe, dann werden die Kränze zunächst elliptisch, dann parabolisch und schließlich hyperbolisch. Handelte es sich um einen Taubogen (§ 151), würden wir meinen: «Die Kränze, *so wie sie sich auf der Scheibe abzeichnen*, sind elliptisch, ... usw.; doch von mir aus gesehen liegen sie auf Kegelmänteln um die Achse Auge–Lampe und projizieren sich als Kreise.» Diesmal liegt der Fall jedoch anders: Die Kränze werden schon in der Projektion elliptisch, sie sind in horizontaler Richtung *noch zusätzlich gedehnt* – offenbar, weil ich jedes Tröpfchen in dieser Richtung perspektivisch verkürzt sehe. Dies ist ein direkter Beweis dafür, daß die beugenden Teilchen keine Kügelchen sind, sondern Halbkugeln oder Kugelsegmente. In der Richtung, in der ich die Kügelchen am kleinsten sehe, sind die Kränze am weitesten.

An beschlagenen Fenstern sieht man auch Kränze *um das Spiegelbild* der Sonne – eine Erscheinung, die am Himmel nicht zu sehen ist, die sich aber nur wenig von einem echten Kranz unterscheidet.

Streuen Sie eine dünne Schicht Bärlappsamen (Lycopodium) auf eine Glasplatte. Betrachten Sie nun durch diese Platte eine Glühbirne, die mindestens 10 m entfernt ist: Die Lampe ist von prächtigen Kränzen umgeben. Diese Erscheinung läßt sich ausschließlich mit Lycopodium, nicht mit anderen Stoffen herbeiführen, da diese Sporen ungefähr gleich groß

73 Donle: Ann. d. Phys. *34*, 814, 1888. – Exner, K.: Sitzungsber. Akad. Wien *76*, 522, 1877; *98*, 1130, 1889. – Prins, J.A.: Hemel en Dampkring *38*, 244, 1940. – Reesinck, J.M., und de Vries, D.A.: Physica *7*, 603, 1940.

Kränze um Straßenlaternen im Nebel (Foto: Veikko Mäkelä).

sind und dadurch konstruktiv interferieren; bei ungleichmäßigen Staubteilchen geraten größere und kleinere Kränze durcheinander. – Wenn Sie
die Platte mit Lycopodium schräg halten, verändern sich die Kränze in
der Projektion *nicht*! Der Bereich um die Lichtquelle ist hell, nicht dunkel, was mit den unregelmäßigen Abständen zwischen den Lycopodium-
körnchen übereinstimmt.

Hauchen Sie eine Fensterscheibe aus einer Entfernung von 30 bis 60
cm an, untersuchen und vermessen Sie die so entstandenen Kränze. Beachten Sie, daß die Kränze beim Verdunsten des Beschlags nicht größer
werden: Die Tröpfchen werden also flacher, aber im Umfang nicht
kleiner.

Oft sieht man durch beschlagene Scheiben Kränze mit abweichender
Farbfolge, ausgehend von der Lichtquelle: dunkel – blaßgrün – rot – gelb
– grün – dunkelpurpurn – bräunlich – weiß. Dies ist der Fall, wenn die
Tröpfchen relativ groß sind, denn dann wirken sie nicht mehr wie un-
durchsichtige Scheibchen, und die durchgelassenen Strahlen wirken an
der Interferenzerscheinung mit. Solche ungewöhnlichen Kränze finden
sich natürlich nicht in reflektiertem Licht.

Bei niedrigen Temperaturen sieht man mitunter auf reifbedeckten
Fenstern einen großen Kranz[74] mit einem Radius von etwa 8°, ... der vermutlich ein *Ring* ist! Denn bei ihm liegt das Rot innen und das Blau außen. Die Eiskristalle wirken also wie kleine Prismen, wie wir es in § 157
gesehen haben, allerdings haben sie einen kleineren Brechungswinkel.

74 Schon bei Musschenbroek: Introd. ad Philos. nat. *II*, § 2450, 1762.

Der Lichtring erscheint sogar doppelt, man könnte fast an Doppelbrechung denken!

Achten Sie auf die Kränze, die man im Winter manchmal im eigenen Atem sieht: Der braune Saum der Aureole hat einen Radius von 7 bis 9°. In einem schmalen Bündel Sonnenlicht sieht man ab und zu die erste Farbbande um die Aureole.

Prächtige Kranzerscheinungen kann man über einer Tasse dampfenden Tees sehen[75]: Die Tasse muß bis an den Rand mit Tee (oder Wasser) von 40 bis 65 °C gefüllt sein, die Sonne muß tief stehen, so daß man unter kleinem Winkel zum einfallenden Sonnenlicht durch die Dampfschwaden dicht über der goldgelben Flüssigkeit hindurchblicken kann. Aus einiger Entfernung sieht man, wie die Dampffetzen phantastisch schöne Farben annehmen, vor allem Purpur oder Grün. Man kann auch ganz nahe an die Dampfschwaden herangehen, um zu vermeiden, daß sich die Farben vermischen. Unter günstigen Bedingungen sind die Farben noch unter einem größeren Winkel als 60° zur Lichtquelle zu sehen.

Messen Sie die Kränze auf Bärlappsamen, berechnen Sie die Größe der Körnchen, und führen Sie eine Kontrolle unter dem Mikroskop durch.

186. Lichtkränze, die im Auge entstehen[76]

1. An hell strahlenden Straßenlampen in der Ferne, am Scheinwerferlicht eines weit entfernten Autos, am Spiegelbild der Sonne auf einem Schutzblech – in all diesen Fällen nimmt die Helligkeit der Lichtquelle allmählich nach außen hin ab, und in dieser Aureole sehen wir Tausende von Lichtpünktchen, die zu einem System radialer, feiner Streifen gehören. Bewegt man die Augen, so beginnen die Lichtpunkte zu schwimmen; starrt man fest in eine Richtung, stehen sie nach einigen Sekunden still.

Dies ist ein überaus interessantes Phänomen, das schon vor langer Zeit von Exner beschrieben wurde.[77] Es ist natürlich auf Beugung an kleinen Körnchen in der Augenflüssigkeit zurückzuführen. Ein Kranz entsteht nicht, denn die Körnchen sind verschieden groß. Die Sprenkelung ist eine Folge der ungleichmäßigen Verteilung dieser Körnchen, an denen die Strahlen gestreut werden und miteinander interferieren; man sieht die Sprenkel auch an Glasplatten, die mit Lycopodium bestäubt sind. Von Laue fotografierte dieses Phänomen, aber weder er noch Lorentz hatten eine Erklärung für das radiale, faserige Muster. Es ist nun ziemlich sicher, daß es durch *weißes* Licht entsteht, das je nach Wellenlänge von einem be-

75 Visser, S.W.: Hemel en Dampkring *38*, 109, 1940.
76 Gullstrand, A., in Helmholtz: *Physiologische Optik*, 3. Aufl., II, S. 192.
77 Exner: Wiedem. Annalen d. Phys. *9*, 239, 1880. – Von Laue: Sitzungsber. Akad. Berlin 1144, 1914. – Lorentz, H.A.: Versl. Akad. Amsterdam *26*, 1120, 1918; und Collected Papers *4*, 125.

stimmten Schwarm solcher Partikel mehr oder minder stark gebeugt wird. Und tatsächlich, an Natriumlampen sieht man die Strahlenstruktur nicht. Gehen Sie so weit zurück, daß die Lampe in etwa punktförmig erscheint: Sie sehen Pünktchen und keine Strahlen. Wenn Sie aber näher herankommen, spielt die Linienförmigkeit der Lampe eine Rolle, und dadurch wird jeder Beugungspunkt zu einer Linie parallel zur Lichtquelle gedehnt: ein eindrucksvolles Schaupiel!

2. Ein völlig anderes Phänomen ist der schwache, farbige *Kranz*, den ich jahrelang fortwährend um helle Lichtquellen gesehen habe, der jetzt aber weniger deutlich ist. Ich werde ihn in meinen früheren Worten beschreiben: Dieser Kranz erscheint um alle helle Lichtquellen, die sich vor einem tiefdunklen Hintergrund befinden. So auch bei wolkenlosem Himmel um den Mond und um die grelle Sonne, die hier und dort durch das dichte Laubwerk eines Baumes dringt. Der Radius des Lichtkreises beträgt etwa 6°. Er ist farbig, innen blau, außen rot: Es muß sich daher um eine Beugungserscheinung handeln, nicht um Brechung. Die Ähnlichkeit mit den Kränzen in Wolken ist auffallend. Dennoch gibt es einen deutlichen Unterschied: Stelle ich mich an eine Hausecke, so daß diese gerade den Mond vor mir verdeckt, bleibt der «Wolkenkranz» weiterhin sichtbar. Beim «Augenkranz» ist das anders. Er verschwindet völlig, sobald ich die Lichtquelle abschirme: Er entsteht offenbar *im Auge selbst* («entoptisch»).

Merkwürdigerweise sehe ich manchmal wochenlang *bestimmte Ausschnitte* des Kranzes besonders hell – was bei Beugung an Körnchen undenkbar wäre! Halten Sie sich ein Stück Papier mit einem kleinen Loch von 2 mm Durchmesser vor die Pupille, zuerst in die Mitte, dann immer weiter zum Pupillenrand hin: Vom Kranz sind jetzt nur noch zwei Abschnitte übrig. Wenn sich das Loch vor dem unteren Rand der Pupille befindet, sind dies die Abschnitte links und rechts von der Lichtquelle; ist das Loch links oder rechts, dann sehen wir den Kranz unten und oben. Hieraus kann man ableiten, daß dieser Kranz *durch Beugung an strahlenförmig verlaufenden Fasern* entsteht, denn nur so sind die Eigentümlichkeiten des Versuchs zu erklären (überprüfen Sie dies!). Der Versuch mit dem kleinen Loch läßt diese Art entoptischer Kränze eindeutig erkennen. Denn wenn die beugenden Teilchen Körnchen wären und keine Fasern, würde der Lichtkranz durch das Abschirmen nur schwächer, dies aber über seinen gesamten Umfang.

Manchmal ist der Kranz für mich eine Zeitlang fast unsichtbar, es sei denn, ich blicke schräg nach oben oder bin sehr müde. Andere Male sehe ich ihn unentwegt.

Aufgrund bestimmter Beobachtungen können wir noch genauer angeben, in welchem Teil des Auges dieser Kranz entsteht. Er erscheint nämlich, wenn ich abends den Blick auf eine Lampe richte, einige Sekunden später ist er aber schon wieder verschwunden. Für mich steht fest, daß dies damit zusammenhängt, daß das Auge zuvor an die Dunkelheit adaptiert war und auf das grelle Licht mit einem Zusammenziehen der Pupille reagiert. Daher sieht jemand, der mitten in der Nacht aufwacht und in eine brennende Kerze oder Lampe blickt, die Flamme bzw. die Glühbirne von einem hellen Kranz umgeben.[78] Wahrscheinlich entsteht dieser Kranz an den äußeren Linsenbereichen und verschwindet daher, wenn sich die Pupille verengt.

3. Bei manchen Menschen ist die Linse getrübt, so daß sich echte Kränze an kleinen, im wesentlichen gleich großen Körnchen bilden.

4. Relativ viele Beobachter sehen kleinere Kränze, von denen der erste helle Kreis einen Radius von nur 1,5° hat. Diese entstehen durch Beugung an den Zellkernen der Hornhaut und in den die Linse umgebenden Geweben.[79] Hierbei handelt es sich nicht um Beugung an einzelnen Körnchen, sondern um das Zusammenwirken einer großen Zahl von Körnchen, die ungefähr in gleichem Abstand voneinander liegen (in der Größenordnung von 0,03 mm).

5. Schließlich gibt es noch die etwas größeren Kränze, die sich verstärken, wenn das Auge den Dämpfen von Osmiumsäure ausgesetzt ist (Vorsicht!). In diesem Fall sind es die Zellen der Hornhaut, die in großer Zahl als winzige Unebenheiten hervortreten.

187. Die grüne und blaue Sonne[80]

Ein Beobachter berichtet, wie er durch die Dampfwolken einer Lokomotive hindurch die Sonne studierte. Bei dreien solcher ausgestoßenen Dampfwolken war die Sonne hellgrün, bei den übrigen war nichts besonderes zu bemerken. – Ich habe selbst schon einmal so eine Erscheinung gesehen, als sich ein Bummelzug in Bewegung setzte. Die (altmodische) Lokomotive blies Dampfwolken in die Luft, die die tiefstehende Sonne jedesmal kurz verdunkelten; diese Wolken wurden allmählich dünner und stiegen nach oben, und irgendwann kam der Moment, in dem man die Sonne wieder durchscheinen sah: Sie war einmal hellgrün, dann wieder hellblau, teilweise gingen die Farben sogar ineinander über. Einen Sekundenbruchteil später war das Licht so grell und der Dampf so dünn, daß davon nichts mehr zu bemerken war.

Solche Erscheinungen gibt es, wenn die Wassertropfen, aus denen der Dampf besteht, gleichmäßig und klein sind, nämlich zwischen 1 und 5 µm. In diesem Fall ist die Wirkung der Wassertropfen auf die Lichtstrahlen nicht mehr dadurch zu beschreiben, daß man sich die Tröpfchen

78 Vgl. eine ähnliche Beobachtung Descartes' in: Goethe, J.W.v.: Farbenlehre I, 1, §§ 91 u. 92.
79 Ronchi, L., Francia Toraldo di, Zoli et al. in: Atti Fundazione G. Ronchi, 1951 bis 1955.
80 Nat. 37, 440, 1888. – Quart. Journ. 61, 177, 1935.

als kleine Löcher oder lichtundurchlässige Scheibchen vorstellt, die das Licht beugen (vgl. § 184). Eine vorläufige Vorstellung von den Erscheinungen bekommt man, indem man das Zusammenspiel von gebeugtem Licht, an der Oberfläche reflektiertem Licht und direkt durchgelassenem Licht untersucht.[81] Auch im Labor kann man solch einen Nebel aus sehr feinen Tröpfchen erzeugen. Sofern die streuende Schicht dick genug ist, erscheint außer den Kränzen auch die Lichtquelle selbst farbig.

Stundenlang anhaltende grüne, blaßblaue und azurblaue Farben von Sonne und Mond wurden mehrfach in der Natur beobachtet, ohne daß Dampf dabei eine Rolle gespielt hätte: beispielsweise bei Sandstürmen, einmal in Cirrostratuswolken, des weiteren am schönsten in den Jahren nach dem berühmten Vulkanausbruch auf Krakatau (1883).[82] Bekanntlich wurden damals riesige Mengen äußerst feinen vulkanischen Staubs bis in die höchsten Schichten der Atmosphäre geschleudert, und es dauerte Jahre, bis dieser Staub absank und sich über die ganze Erde verteilte, wobei er überall die farbenprächtigsten Sonnenauf- und -untergänge zustandebrachte. Vorstellbar wäre, daß die vorüberziehenden Wolken an bestimmten Tagen aus sehr feinen Körnchen derselben Größe bestanden, wodurch die auffälligen Farben der Sonne erklärt würden (vgl. auch § 234).

Die blaue Sonne, die vom 26. bis 28. September 1951 in ganz West- und Mitteleuropa zu sehen war, zog große Aufmerksamkeit auf sich.[83] Die Sonnenstrahlung war gedämpft, der Mond und sogar die Sterne waren indigoblau, auch der Ring von Bishop war zu sehen. Bald stellte sich heraus, daß die Ursache in den riesigen Wolken feiner öliger Tröpfchen zu suchen war, die weniger als 0,5 µm groß und möglicherweise mit Ruß vermischt waren und von Waldbränden in der kanadischen Provinz Alberta herrührten. Vier Tage später hatten sie, getragen von einer Luftströmung in 5 bis 7 km Höhe, Europa erreicht. Von Flugzeugen aus stellte man fest, daß jene Wolken sogar in bis zu 13 km Höhe zogen.

In die gleiche Gruppe von Erscheinungen ist ein anormaler Kranz einzuordnen, der einmal bei Nebel beobachtet wurde[84]: Auf eine grell gelbgrüne Aureole folgten ein breiter roter und ein blauer Ring, auch grüne Farben waren zu sehen. Mit Sicherheit war dafür die äußerst geringe Größe der Nebeltröpfchen verantwortlich.

81 Mecke, R.: Ann. d. Phys. *61*, 471, 1920; *62*, 623, 1920. – Van de Hulst: *Light Scattering*, 1957.
82 Kiessling: Met. Zs. *1*, 117, 1884. – Nat. 1883.
83 Gelbke, W.: Zs. f. Meteor. *5*, 82, 1951. – Wellmann, P.: Zs f. Ap. *28*, 310, 1951. – Wilson: Monthly Notices R. Astr. Soc. *111*, 478, 1951. – Marine Obs. *21*, 167, 1951.
84 Köhler, H.: Met. Zs. *46*, 164, 1929.

188. Die Glorie[85]

Wenn die Sonne tief steht und wir uns auf einem Berggipfel befinden, können sich unter bestimmten Umständen unsere Schatten auf einer Nebelschicht abzeichnen: Dabei kann es vorkommen, daß wir um den Schatten unseres Kopfes einen Kranz sehen, dessen Farben genauso lebhaft sind wie die der Kränze um Sonne und Mond. Einmal wurde sogar eine fünffache Glorie beobachtet. Beachten Sie, daß jeder seinen eigenen Schatten und den seiner Nachbarn sieht, sofern diese nur nahe genug stehen und der Nebel weit genug entfernt ist, *den Glorienkranz aber sieht jeder nur um den eigenen Kopf*!

In einem Fall wurde eine Glorie im Licht einer gewöhnlichen Straßenlaterne gesehen, doch dazu ist ein ziemlich dunkler Hintergrund nötig. – Wenn man über flachen Wolkenschichten (Stratocumuli) fliegt, kann man beobachten, wie sich der von farbigen Ringen umgebene Schatten des Flugzeugs auf ihnen abzeichnet. Diese Ringe ziehen sich manchmal plötzlich zusammen und dehnen sich wieder aus, je nach Größe der Wassertröpfchen der Wolke. Aus der Position des Flugzeugschattens bezüglich der Glorie kann man unmittelbar erkennen, ob man sich mehr im Bug oder im Heck des Flugzeugs befindet: Das Zentrum der Glorie zeigt dem Betrachter nämlich genau den Sonnengegenpunkt an (Abb. 150). Häufig sieht man um das Ganze herum noch den wesentlich größeren Nebelbogen, der fast weiß und schwach farbig umsäumt ist.

Abb. 150
Glorie vom Flugzeugheck aus gesehen.

In einer besonderen Situation sah man von einem Flugzeug aus die Glorie vor dem Hintergrund eines Sandsturms in der Wüste.[86]

Lange Zeit hatte man keine hinlängliche Erklärung dafür. Die Ähnlichkeit mit Kränzen ließ es vielen als naheliegend erscheinen, daß die Wassertropfen auf irgendeine Weise das Sonnenlicht in der Einfallsrichtung reflektieren und die reflektierten Strahlen an anderen Tropfen wie die direkten Strahlen bei Kränzen gebeugt werden. Heute weiß man jedoch, daß die Glorie bereits bei der Reflexion selbst entsteht.

85 Schmidt, W.: Met Zs. *33*, 199, 1916. – Milch, W.: Met. Zs. *43*, 295, 1926. – Eine ausführliche und moderne Theorie in: Van de Hulst: J. O. S. A. *37*, 16, 1947 und in: *Light Scattering*, 1957. – Naik und Noshi: J. O. S. A. *45*, 733, 1954.
86 La Météorologie *34*, 171, 1954.

Der Radius der Glorie ändert sich häufig: Manche Nebelbereiche bestehen offenbar aus größeren Tropfen als andere. Wenn sich der Nebel gerade bildet, ist die Glorie sehr groß: Die hieraus errechnete Tropfengröße kann weniger als 6 μm betragen. In der Regel sind die Tropfen 15 bis 25 μm groß.

Oft zeigt sich um die Glorie noch ein Nebelbogen – eigentlich immer, sofern die Entfernung zwischen Auge und Nebel mehr als 50 m beträgt. Merkwürdigerweise haben wir den Eindruck, als sei der Nebelbogen weiter weg und die Glorie näher[87]: Dies muß psychologische Ursachen haben.

Aus der Gleichzeitigkeit des Vorkommens beider Erscheinungen folgt, daß die Glorie mit Sicherheit an Wassertropfen und *nicht* an Eiskristallen entsteht. Von den zwei möglichen Entstehungsarten, wie wir sie bei den Kränzen kennenlernten, trifft hier nur eine zu. Glorien in Eiswolken konnten nur ganz wenige Male vom Flugzeug aus nachgewiesen werden, und zwar als weiße, hell strahlende Flecken, ein ganz anderes Phänomen also als das hier beschriebene.[88] Gerade weil wir verläßlich wissen, daß die Glorie an *Wasser*wolken entsteht, ist es interessant hinzuzufügen, daß die Temperatur in den fraglichen Schichten, wo sich die Glorie zeigt, meist einige Grad unter dem Gefrierpunkt liegt. Hieraus läßt sich mit Sicherheit schließen, daß die Wolkentröpfchen in vielen Fällen beträchtlich «unterkühlt» sind.[89]

Wenn die Glorie auch auf den ersten Blick stark dem Kranz ähnelt, ergeben sich bei genauerer Analyse doch einige typische Unterschiede. Der erste dunkle Ring ist verschwommener als beim Kranz, und die äußeren Ringe sind im Verhältnis heller. Das bei weitem Markanteste aber ist *die starke Polarisation.* Sie ist so deutlich, daß man sie mit einem einfachen Polarisationsfilter auf fast jedem Flug beobachten kann: Die Schwingungen in radialer Richtung überwiegen. Die Theorie wird durch diese Beobachtungen eindeutig bestätigt.

> ... *ihr seid wie*
> *Der Mann, der entlang des Hanges westwärts steigt*
> *Am Wintermorgen, wenn der dichte Nebel*
> *Den Schlängelpfad mit Glitzern überzieht.*
> *Dann sieht er vor sich, gleitend ohne Schritt,*
> *Ein Bild mit einem Lichtkranz um das Haupt.*
> *Verliebt bewundert er die prächtgen Farben,*
> *Und weiß nicht, daß er selbst den Schatten schuf,*
> *den er verfolgt.*
>
> Samuel T. Coleridge: *Constancy to an Ideal Object*

87 Tyndall: Phil. Mag. *17*, 244, 1883.
88 Met. Zs. *55*, 313, 1938.
89 Peppler, W.: Zs. angew. Meteor. *56*, 173, 1939.

189. Irisierende Wolken[90]

Wer es nicht gewohnt ist, den Himmel aufmerksam zu betrachten, wird erstaunt sein zu hören, daß sich Wolken hin und wieder in den prächtigsten, reinsten Farben zeigen können: grün, purpurrot, blau, ... Die Farben, von denen hier die Rede ist, haben nichts mit den Dämmerungserscheinungen zu tun, sondern sind bei hochstehender Sonne genauso zu sehen wie bei tiefstehender. Diese Farben verteilen sich unregelmäßig als farbige Umrandungen, Flecken oder Streifen über die Wolken; verschiedene Beobachter[91] sprechen von einem «metallischen Glanz» (was ist damit gemeint?). Solche Wolken sind eine wahre Augenweide, die aber nur schwer zu beschreiben ist – sicherlich aber trägt die Reinheit der Farben, ihr sanftes Ineinanderfließen und das klare, strahlende Licht in nicht geringem Maße dazu bei. Man möchte kaum den Blick von diesem hinreißenden Schauspiel wenden.

Solche *irisierenden Wolken* scheinen zu allen Jahreszeiten, hauptsächlich aber im Herbst vorzukommen. Sie liegen nahe bei der Sonne: Weniger als 2° von der Sonne entfernt sind die Wolken zumeist blendend weiß, in 3 bis 10° Abstand ist das Irisieren wahrscheinlich am schönsten, aber nur dann gut sichtbar, wenn man durch schwarzes Glas blickt. In 10 bis 30° Abstand sieht man es mit bloßem Auge am besten: Auffallend sind die Farben Purpurrot und Grün, die mit zunehmendem Abstand verblassen. Nur wenige Beobachter sahen irisierende Wolken in noch größerer Entfernung (maximal 50°) oder gar in der Nähe des Sonnengegenpunktes.[92]

Die Lichtstärke kann so groß sein, daß es vielen Beobachtern schwerfällt, sie auszuhalten. Stellen Sie sich immer in den Schatten eines Hauses oder Baumes, oder erleichtern Sie sich die Beobachtung mittels einer der Methoden, die in § 183 angeführt sind.

Wenn ich irisierende Wolken lange ohne eines jener Hilfsmittel angesehen hatte, passierte es mir schon, daß mir «schwarz vor den Augen wurde» – oder besser: purpurn und grün, denn das sind die Farben, die man als Nachbilder solch greller Lichteindrücke sieht (§ 107). Und nun sind dies ausgerechnet auch noch die Farbtöne, die bei irisierenden Wolken am deutlichsten vertreten sind! Deshalb fragte ich mich, ob die ganze Erscheinung nicht eine Folge der Ermüdung der Augen war. Dem ist jedoch ganz gewiß nicht so, denn die Farben werden von verschiedenen Beobachtern übereinstimmend gesehen, und sie bleiben sichtbar, wenn man

90 Van der Linden, H.: Hemel en Dampkring *1*, 3 u. 248 ff., 1903. – Bracke, A.: *Nuages irisés*. Mons 1907. – Brooks, Ch.F.: M. W. R. *53*, 49, 1925. – Zs. angew. Meteor. *60*, 185, 1943. – Köhler, H., entwirft eine wirre Theorie, die vom Standpunkt der Optik völlig unhaltbar ist: Met. Zs. *46*, 161, 1929.
91 Ruskin: *Modern Painters* I, Teil 2.
92 Brooks: a.a.O.

das Licht in der oben angegebenen Art und Weise dämpft, und nicht zuletzt ist das Irisieren oft auch an beträchtlich weniger hellen Wolken zu sehen.

Farben sind nahezu immer bei uneinheitlichem Himmel in den Wolken zu sehen. Cumulus-, Cumulonimbus- und Stratocumuluswolken haben farbige Ränder, die man meistens nicht bemerkt, weil das Licht so grell ist. Mit einem Spiegel aus schwarzem Glas oder einem ähnlichen Hilfsmittel bieten sie aber ein schönes Schauspiel. Achten Sie beispielsweise einmal auf eine Cumuluswolke, die sich gerade auflöst und dabei über die Sonne zieht! Das echte «Irisieren» zeigen diese Wolken allerdings nicht. Ihre Farben sind als Teile von Kränzen mit sehr wenig satten Farbtönen anzusehen, da die Tropfengröße dieser Wolken sehr unterschiedlich ist.

Schön irisierende Wolken sind bestimmte Cirrocumuli und Altocumuli, vor allem diejenigen, die sich schnell bilden, etwa kurz vor und nach einem Sturm (hauptsächlich Cirrocumulus lenticularis). Die Farben sind in Streifen, Bändern oder »Augen« angeordnet, und diese Anordnung ist ein wichtiger Hinweis auf die Art ihres Entstehens. Auf den ersten Blick erscheint die Farbverteilung sehr willkürlich, doch schon bald beginnen wir Gesetzmäßigkeiten zu entdecken. Bei Wolken *in etwas größerer Entfernung* von der Sonne wird die Farbverteilung durch die *Struktur der Wolke* bestimmt: Bestimmte Streifen besitzen durchweg dieselbe Farbe, oder man sieht einen purpurroten Saum um die Wolke usw. Liegen die Wolken *näher an der Sonne*, dann ist die *Entfernung* der Hauptfaktor. Man merkt beispielsweise, daß die Wolken immer dann zu irisieren beginnen, wenn sie an eine bestimmte Stelle am Himmel kommen; die Farben können auch in mehr oder minder unregelmäßigen Kreisen um die Sonne angeordnet sein.

Möglicherweise sind irisierende Wolken nichts anderes als Teile von Kränzen. Welche Farbe an einem bestimmten Ort entsteht, ist abhängig von dem Produkt:

Größe der Teilchen · Winkelabstand zur Sonne (vgl. § 184).

Daher sind die Maße der Wolke bei großem Winkelabstand zu vernachlässigen, und alle Teile können als gleich weit von der Sonne entfernt betrachtet werden; die Farbe wird dann von der Größe der Teilchen bestimmt, die am Wolkenrand eine völlig andere sein kann als in der Mitte (§ 184). Bei kleinem Winkelabstand hingegen werden die Unterschiede in der Entfernung die Hauptrolle spielen. Berechnet man die Tropfengröße nach der normalen Formel für Kränze, kommt man auf Werte von nur etwa 2 μm! Gerade bei solchen Partikeln gibt es abnormale, stark leuchtende Beugungskränze, die nicht die reguläre Farbfolge aufweisen (§§ 179 und 187). Nach dieser Hypothese wären für irisierende Wolken also äußerst kleine Tröpfchen kennzeichnend, welche zumindest in einem bestimmten Teil der Wolke gleich groß sind, wenn auch nicht in den einzelnen Teilen. Dies würde dann das Irisieren von Wolken, die sich gerade zusammenballen oder auflösen, erklären.

Sehr interessant sind die irisierenden Wolken, die mehr als 30° von der Sonne entfernt sind. Häufig ist das, was man solchermaßen beobachtet hat, einfach ein Abschnitt eines Halos. Aber es gibt Fälle, in denen die Beobachtung unzweifelhaft ist; ich selbst habe solch einen Fall erlebt. Es wäre dann an äußerst kleine Teilchen (1 µm) zu denken oder an Beugung durch gefiederte Eiskristalle, die eine Art Beugungsgitter bilden.

Eine vollkommen andere Erklärung für die irisierenden Wolken wurde später mit neuen, recht überzeugenden Argumenten vertreten.[93] Stellen Sie sich eine Anzahl Eisplättchen der Stärke P und der Brechzahl n vor, die von Luftströmungen durcheinandergewirbelt wird. Nur in einer

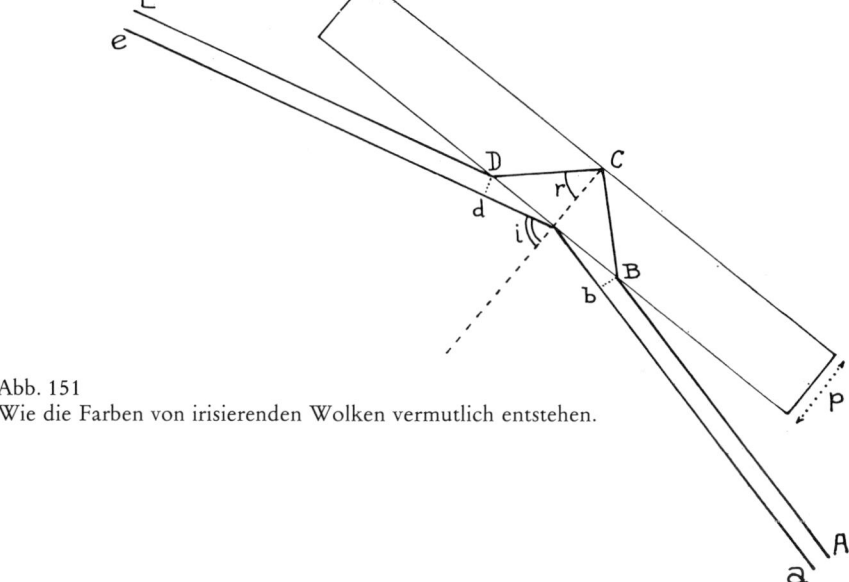

Abb. 151
Wie die Farben von irisierenden Wolken vermutlich entstehen.

bestimmten Ausrichtung werden die Plättchen das Licht von der Sonne in unser Auge reflektieren. Da ein Strahl an der Vorderfläche und ein anderer an der Rückfläche reflektiert wird, entsteht Interferenz wie bei Seifenblasen. Aus Abb. 151 ersieht man direkt den Gangunterschied

$$BCD - bcd = 2 \left(\frac{nP}{\cos r} - P \cdot tg\, r \cdot \sin i \right) =$$

$$\frac{2\,P}{\cos r} (n - \sin i \cdot \sin r) = 2\,Pn\, \frac{1 - \sin^2 r}{\cos r} = 2\,Pn \cos r.$$

93 Dessens, H.: Ann. Géophys. *5*, 264, 1949.

Man sieht die irisierenden Wolken meist nahe der Sonne; der Winkel i liegt in der Größenordnung von 70 bis 80°, der Gangunterschied beträgt etwas mehr als P. Die Farben, die wir sehen, sind nicht sehr satt, offenbar weil dieser Gangunterschied etwa dem 4- bis 5fachen der Wellenlänge entspricht: Die Plättchen sind also mehrere µm dick. Die Verteilung über die Wolke kommt vor allem dadurch zustande, daß die Plättchen unterschiedlich dick sind. Der Grund, weshalb nur wenige Wolken irisieren, ist, daß die Plättchen selten eine so gleichmäßige Dicke besitzen.

Das Licht der irisierenden Wolken ist *nicht* polarisiert.

Irisierende Wolken um den Mond wurden zwar schon beobachtet, aber viel seltener als um die Sonne; sie zeigen blassere Farben, offensichtlich aufgrund der zu geringen Lichtstärke.

Einige wenige Male sah man das Irisieren in den künstlichen Wolken, die ein Flugzeug hoch oben an den Himmel als Reklame schrieb!

190. Perlmutterwolken[94]

Perlmutterwolken sind eine sehr seltene Art irisierender Wolken viel größeren Ausmaßes als die der normalen Formen: Ganze Wolkenbänke irisieren wie Fischschuppen und können in reinen Farben erstrahlen. Sie zeigen sich besonders schön kurz vor Sonnenuntergang in 10 bis 20° Entfernung von der Sonne. Typisch für sie ist, daß *sie noch gut zwei Stunden nach Sonnenuntergang* zu sehen sind, was darauf hindeutet, daß sie sich in großer Höhe befinden![95] Mit exakten Meßmethoden wurde ein Höhe von 22 bis 29 km festgestellt, während gewöhnliche Wolken niemals über 12 km Höhe vorkommen. Da sie sich so hoch oben befinden, scheinen sie nur langsam von der Stelle zu kommen, doch in Wirklichkeit treiben sie mit Sturmgeschwindigkeiten von 10 bis 90 m/s dahin. Wenn die Perlmutterwolken zu einem bestimmten Zeitpunkt dunkel werden, so geschieht dies *recht plötzlich*, etwa binnen 4 Minuten: Das ist nämlich die Zeit, in der die Sonnenscheibe ganz unter den Horizont taucht. Daher ist es sehr wahrscheinlich, daß die Perlmutterwolken tatsächlich noch direkt von der Sonne beleuchtet werden und nicht vom Licht der Dämmerung.

Die Anordnung der Farben ist fast gänzlich vom Ort in der Wolke abhängig. Mitunter sind diese Wolken streifig, wellig oder cirrusartig, oder die ganze Wolkenbank ist fast einfarbig, mit Spektralfarben an den Rändern oder in langgezogenen waagerechten Reihen; dazwischen sieht man den Hintergrund des Himmels seltsam opalfarben, graubraun oder

---

94 Störmer, C.: Geofysiske Publikasjoner *9*, Nr. 4, 1931; Beitr. z. Geoph. *32*, 63, 1931. – Nat. *145*, 221, 1940. – Hallett, J., und Lewis, R.E.J.: Weather *32*, 56, 1967.
95 Aus der Dauer ihres Leuchtens ist die Höhe ableitbar. Genaue Berechnungen von Mohn: Met. Zs. *10*, 82, 1893 und Vid. Selsk. Forh. *10*, 1893. – Vgl. § 228.

blauschwarz. Die Farben können konstant bleiben, andere Male verändern sie sich allmählich; sie verschwinden, sobald der Abstand zur Sonne größer als 40° wird. Die gesamte Szenerie ist von unbeschreiblicher Pracht und Reinheit.

Die Farben erklärt man zumeist mit Beugung an äußerst kleinen Tröpfchen von etwa 1 μm Durchmesser, auf die die elementare Theorie nicht mehr zutrifft (§§ 179 und 187). Eine andere Erklärung stützt sich auf Eisschüppchen wie bei den irisierenden Wolken.

Die Farben ändern sich, wenn man die Wolken durch ein Nicolsches Prisma betrachtet und es dabei dreht. Perlmutterwolken entstehen hauptsächlich dann, wenn gerade ein Tiefdruckgebiet vorbeigezogen und die Luft klar ist. In Oslo sieht man sie meistens im Winter, wenn ein Tief im Norden oder Osten liegt, während es über dem Atlantik stürmt und ein warmer, trockener Wind (Föhn) weht: Der Himmel ist dann klar, und man kann bis in die höchsten Schichten sehen.

Vermutlich kondensiert der Wasserdampf in großer Höhe, weil er durch die aufsteigende Luft über dem skandinavischen Gebirge abgekühlt wird. Als Kondensationskerne dienen in jenen Luftschichten vorkommende Partikel (§ 222).

Eine außergewöhnlich schöne Entwicklung von Perlmutterwolken wurde am 19. Mai 1910 beobachtet, dem Tag, als der Schweif des Halleyschen Kometen fast den ganzen Himmel durchquerte. Es ist sehr wahrscheinlich, daß ein Zusammenhang zwischen diesen beiden Phänomenen besteht; man könnte dabei an das Eindringen kosmischen Staubs in unserer Atmosphäre denken.[96]

Heiligenschein

191. Der Heiligenschein auf taubedecktem Gras[97]

Wenn frühmorgens die Sonne noch tief steht und unser Schlagschatten zufällig auf taubenetztes Gras fällt, bemerken wir eine merkwürdige, farblose Lichtaureole, die neben und vor allem über dem Schatten unseres Kopfes liegt. Nein, es ist keine optische Täuschung, auch keine Kontrasterscheinung: Wenn der Schatten auf einen Kiesweg fällt, ist der Lichtschein nicht zu sehen.

Die Erscheinung ist am schönsten, wenn der Schatten mindestens 15 m lang ist und auf kurzes Gras oder Klee fällt, auf dem so viele feine Tautröpfchen liegen, daß alles weißgrau wirkt; unter diesen Bedingungen

96 Eine schöne Fotografie findet sich in Slocum: J. R. A. S. Can. *28*, 145, 1934.
97 Quart. Journ. *39*, 157, 1913. – Maey, E.: Met. Zs. *39*, 229, 1922.

ist der Heiligenschein äußerst kräftig, ebenso auf taubenetzten Kohlpflanzen, obwohl das Bild dann alles andere als glatt und gleichmäßig ist.
Weniger deutlich ist der Lichtschein mitten am Tag nach einem Regenschauer oder abends im Licht starker elektrischer Lampen. Wenn jemand
Zweifel hegt, kann er sich am besten folgendermaßen von der Erscheinung überzeugen:

1. Lassen Sie den Blick über die gesamte Wiese schweifen, und achten
Sie darauf, wie das Licht in der Nähe Ihres Schattens zunimmt;

2. gehen Sie ein paar Schritte: Der Lichtschein wandert mit. Stellen,
an denen das Gras nicht besonders hell war, werden beleuchtet, wenn der
Schatten näherkommt;

3. vergleichen Sie Ihren eigenen Schatten mit dem anderer Personen:
Sie sehen den Heiligenschein nur um den eigenen Kopf. Benvenuto
Cellini, der berühmte italienische Künstler des 16. Jahrhunderts, hatte
dies bemerkt und hielt jenen Lichtglanz für ein Zeichen seiner Genia-
lität![98]

Was ist die Ursache dieser eigentümlichen Erscheinung? Die Tautropfen sind gewiß von grundlegender Bedeutung: Ist der Tau erst einmal
verdunstet, dann ist der Heiligenschein so gut wie verschwunden; man
kann ihn wieder hervorbringen, indem man Wassertropfen auf das Gras
sprenkelt. Wassertropfen, die man auf ein weißes Laken oder weißes Papier gespritzt hat, glitzern deutlich, wenn der Schatten unseres Kopfes in
ihre Nähe kommt.

Füllen Sie einen Rundkolben mit Wasser, und halten Sie ihn in die
Sonnenstrahlen: Er stellt quasi einen überdimensionalen Tautropfen dar.
Ein Blatt Papier dahinter ersetzt den Grashalm, auf dem der Tropfen sich
geformt hat. Wenn wir diesen Kolben unter kleinem Winkel zur Einfalls-
richtung betrachten, sehen wir ihn hell erleuchtet, vorausgesetzt, das
Papier wird unmittelbar hinter ihn gehalten, ungefähr an die Stelle des
Brennpunktes.

So gelangen wir zu der Annahme, daß jeder Tautropfen auf das Blatt,
auf dem er liegt, ein Sonnenbild wirft. Umgekehrt werden von diesem
Bild auch Strahlen reflektiert, und zwar beinahe in der gleichen Richtung,
in der sie eingefallen sind, also etwa in Richtung Sonne (Abb. 152a). Dies
würde erklären, weshalb die Tropfen gleichsam von innen heraus zu
leuchten scheinen – ähnlich dem Leuchten von Katzenaugen.[99] Damit haben wir auch eine hervorragende Erklärung dafür, weshalb vom Gegenpunkt der Sonne so viel Licht ausgeht und die Lichtstärke nur abnimmt,
wenn man sich davon entfernt.

Doch warum ist das Licht dann nicht *grün*?

---

98 Autobiographie, 1. Buch, Kap. 128.
99 Vgl. auch das Ophthalmometer von Helmholtz; das Leuchtmoos usw. s. §§ 268 und
269.

Es müssen zusätzlich andere Faktoren mit im Spiel sein. Wenn wir noch einmal unseren wassergefüllten Kolben betrachten, sehen wir, daß am Glas ebenfalls Licht reflektiert wird, und zwar sowohl an der Rück- als auch an der Vorderseite; schätzungsweise entsteht an der Rückseite

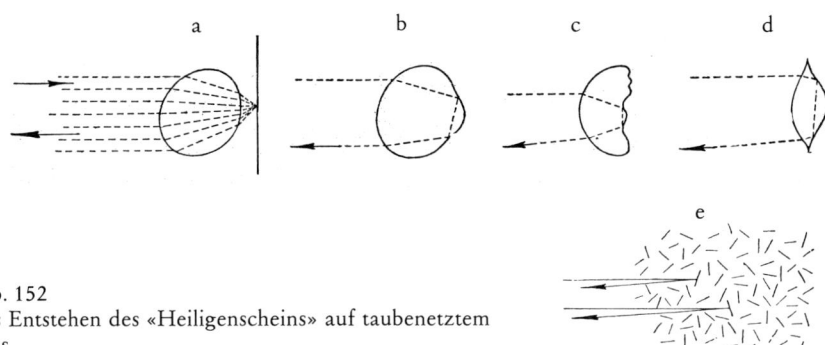

Abb. 152
Das Entstehen des «Heiligenscheins» auf taubenetztem Gras.

eine etwa halb so große Helligkeit wie durch Remission[100] an den Blättern, an der Vorderseite 1/8 der Helligkeit. Allerdings kommt auch sehr viel stärkeres Licht vom Hals und dem flachen Boden des Rundkolbens, Licht, das *total reflektiert* wurde! Und das ist bei unseren Tautropfen wahrscheinlich das Wichtigste: Die Tropfen sind unregelmäßig deformiert (Abb. 152 b, c, d), vor allem auf weiß behaarten, pelzigen Pflanzen; das Licht wird an verschiedenen Stellen total reflektiert, grell und weiß, wie es von der Sonne kam. Diese zweite Gruppe von Strahlen wird nicht unbedingt in Einfallsrichtung reflektiert. Nun hat man aber eine geniale Entdeckung gemacht: Nur die Grashalme, die von der Sonne direkt beschienen werden, glitzern selbst, und da die Sonnenstrahlen bis zu ihnen vordringen, können sie in Richtung Sonne nicht von anderen Halmen verdeckt sein. In den meisten anderen Richtungen hingegen haben sie keine freie Lücke vor sich (Abb. 152 e). So kommt es, daß ein Beobachter, der ungefähr in Einfallsrichtung blickt, stets Licht großer Intensität sieht. Dieses bemerkenswert einfache Prinzip (von Richarz) wurde in der Astronomie angewandt, um die Lichtverteilung in einer Ansammlung kleiner Sterne zu erklären (die Ringe des Saturn!).

Das Zusammenspiel der verschiedenen genannten Lichteffekte scheint auszureichen, um sowohl die weiße Farbe als auch die Ausrichtung des Heiligenscheins zu erklären.

100 Diffuse Reflexion. Anm. d. Übers.

Schau den Tau auf jungem Grün,
Sanft-Dunkelweiß auf Dunkelgrün,
Zartgrau auf Grau.

Klein, kleiner, feiner, Tropf auf Tropfen,
Und in der Falte eine schwere Knospe.
Schau den Tau.

Schau den Tau vor Tag und Glut,
Gleich der Frische des Gemüts
Verdampft er bald schon, schau.

Gleich bricht die Sonn' durch Baum und Heck',
Und küßt und brennt deine Perlen weg ...
Schau den Tau.

René de Clercq: *Uit de Diepten*

192. Heiligenschein auf Oberflächen, die nicht taubedeckt sind

Diese Erscheinung ist schwieriger ausfindig zu machen, und man braucht unbedingt die in § 191 aufgeführten Hilfsmittel. Sie wurde auf Stoppelfeldern, kurz geschnittenem und reifbedecktem Gras, ja sogar auf rauhem Erdboden beobachtet; ich habe sie deutlich und unverkennbar bei niedriger Sonne auf einer Wiese gesehen, die regelmäßig maschinell gemäht wurde, wo also die Grashalme schön senkrecht und gleich lang waren; noch deutlicher war sie auf den Pfeifengraspollen (Molinia coerulea), vor allem, wenn man langsam mit dem Fahrrad daran vorüberfuhr. Der Lichtschein ist vertikal gedehnt und am hellsten über dem Schatten unseres Kopfes. Wenn der Betrachter weit, beispielsweise mehrere hundert Meter weit von der Wiese entfernt ist, ist sein Schatten so unscharf, daß er fast nicht zu sehen ist (vgl. § 2). Das einzige, was dann auffällt, ist der Heiligenschein selbst, ein Fleck, der etwa 2° groß (also etwa ein Vierfaches des Monddurchmessers) und in vertikaler Richtung länglich gedehnt ist.[101]
Die Erklärung dafür ist die gleiche, die schon Winterfeld im Jahre 1804 für den Heiligenschein auf taubedecktem Gras gab (vgl. § 191) und die wir etwa so formulieren können: Die Sonne scheint auf die meisten Halme quer durch die Zwischenräume der vorderen Reihen. Blickt man ungefähr in Richtung der Sonnenstrahlen, sieht man nur die beleuchteten Flächen; blickt man seitwärts, sieht man durch die Zwischenräume auch viele beschattete Halme, also eine geringere Durchschnittshelligkeit.
Auf Weißem Gänsefuß (Chenopodium album) zeigt sich häufig ein kräftiger Heiligenschein. Die ganze Pflanze ist wie mehlig mit kugeligen

101 Nat. *90*, 621, 1913.

Zellen überzogen, die offenbar eine ähnliche Wirkung haben wie Tautröpfchen und die vor allem bei bestimmten Varietäten stark entwickelt sind.[102]

193. Der Heiligenschein um den Schatten eines Flugzeugs oder eines Freiluftballons[103]

In diesem Fall ist der Schatten von einer Lichtaureole umgeben, oder er geht in größerer Höhe in einen Lichtfleck über, der ungefähr 2° breit ist. Das Phänomen ist über vielerlei Gelände, selbst über kahlem Boden zu sehen, am schönsten aber über herbstlich gefärbten Wäldern. Über taubedeckten Feldern ist der Fleck hell, auf einem Kornfeld sieht man eine Lichtbahn parallel zur Richtung der Halme. Nur über Wasserflächen ist der Lichtfleck schwach ausgeprägt oder geht in den normalen dunklen Schatten über.

Es handelt sich hierbei um ein besonders schönes Beispiel für den Heiligenschein: Aufgrund der großen Entfernung des Ballons zur Erde bildet nämlich unsere Blickrichtung zu den einfallenden Sonnenstrahlen einen besonders kleinen Winkel.

Schwebt der Schatten über Wolkenbänken, besteht die Chance, daß man gleichzeitig wunderbar farbige Glorienringe zu sehen bekommt (§ 188).

---

102 Lommel, v.: Ann. d. Phys. 1874, Jubiläumsausgabe, 10.
103 Erste Beobachtungen stammen aus der Zeit der Ballonfahrt. Jüngere Beobachtungen aus Flugzeugen machten Schadee und Whipple. Vgl. a. Butler: J. O. S. A. *45*, 328, 1955.

Foto: Veikko Mäkelä.

Kapitel XI
Licht und Farbe des Himmels

194. Die Streuung von Licht an Rauch

Wir beginnen unsere Beobachtung über die Streuung von Licht mit einem Spaziergang entlang eines lebhaft befahrenen Kanals oder Flusses. Von den vorüberfahrenden Schiffen stoßen einige feinen blauen Rauch aus. Es ist bemerkenswert, daß dieser Rauch vor dem hellen Hintergrund des Himmels ganz und gar nicht blau, sondern eher gelblich aussieht. Der Rauch ist also nicht in der Weise blau, wie etwa Glas blau ist, sondern er ist blau, weil er die blauen Strahlen stärker streut als die gelben oder roten. Vor einem dunklen Hintergrund sendet er blaues Licht aus, weil er die seitlich auftreffenden Sonnenstrahlen nach allen Seiten, also auch in unser Auge, streut. Ein heller Hintergrund, den man durch den Rauch hindurch sieht, muß dagegen gelblich erscheinen, weil aufgrund der Streuung blaue Strahlen herausgefiltert werden.

«Etwas Ähnliches sah ich immer in Killarney (Irland), wenn an windstillen Tagen senkrecht über den Hüttendächern die Rauchsäulen aufstiegen. Der untere Teil der Rauchsäule zeichnete sich vor einem Hintergrund dunkler Tannen ab, der obere Teil vor hellen Wolken. Ersterer war blau, weil man ihn hauptsächlich durch das gestreute Licht sah, letzterer war rötlich, weil man ihn bei durchfallendem Licht sah» (J. Tyndall). Dasselbe Blau bei auffallendem und dasselbe Gelb bei durchfallendem Licht bemerkt man am Rauch, der beim Verbrennen dürrer Blätter, Unkraut und sonstigem Abfall im Herbst über den Feldern aufsteigt, ebenso am Rauch, der aus unseren Kaminen kommt, wenn Holz zum Anfeuern benutzt wird. In all diesen Fällen besteht der Rauch aus außerordentlich kleinen, teerartigen Flüssigkeitströpfchen, während bei der Verbrennung von Steinkohle Rußflöckchen entstehen, die beträchtlich gröber sind. Und von der Größe der streuenden Teilchen im Vergleich zur Wellenlänge λ des Lichts (0,0006 mm) hängt die Farbe des Rauchs ab. Bei Teilchen, die nicht größer als ein oder zwei Zehntel der Wellenlänge sind, ist die Streuung proportional zu $1/\lambda^4$ und nimmt daher zum violetten Ende des Spektrums hin schnell zu: Solche kleinen Teilchen, egal welcher Art, streuen stets ein schönes, blauviolettes Licht. Bei größeren Partikeln ist die Zunahme weniger deutlich, und die Streuung ist proportional zu $1/\lambda^2$. Bei sehr großen Teilchen macht sich die Wellenlängenabhängigkeit nicht mehr bemerkbar, und das gestreute Licht ist weiß – «sehr groß» bedeutet hier wiederum «sehr groß im Vergleich zur Wellenlänge», also beispielsweise 0,01 mm!

Kleine Teilchen streuen vorzugsweise violettes und blaues Licht, und zwar annähernd gleich stark nach allen Richtungen.

Große Teilchen streuen alle Farben gleich stark (weißes Licht), und zwar hauptsächlich unter kleinen Winkeln (Abb. 153).

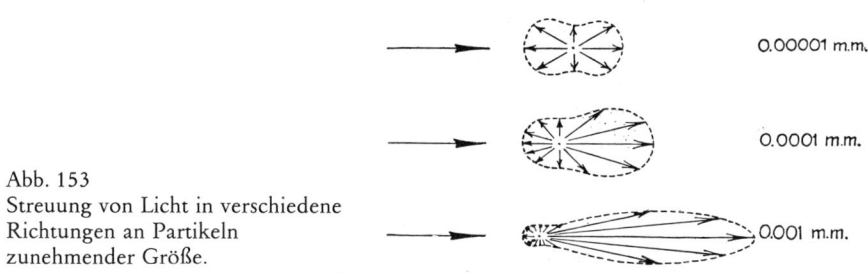

Abb. 153
Streuung von Licht in verschiedene
Richtungen an Partikeln
zunehmender Größe.

Daher kommt es, daß der Rauch einer Zigarette oder Zigarre blau ist, wenn man ihn sofort wieder ausbläst, aber weiß wird, wenn man ihn kurz im Mund behält: Die Rauchpartikel überziehen sich mit einem Wassermantel und werden dadurch wesentlich größer.

Der Dampf einer Lokomotive ist nahe der Ventilöffnung bläulich, weiter entfernt ist er weiß: Die Kondensation nimmt zu, und die Tröpfchen werden größer. Beachten Sie den Unterschied zwischen dem *Rauch* und dem *Dampf* der Lokomotive, sowohl bei auf- als auch bei durchfallendem Licht, und verwechseln Sie sie nicht!

Bis hierher untersuchten wir die Streuung durch relativ dünne Rauchwolken. Bei *sehr dichtem Rauch* werden die Erscheinungen komplizierter: Dann wird das Licht mehrfach gestreut und von einem Partikel zum anderen geworfen. Achten Sie auf den Rauch, der beim Verbrennen dürrer Blätter auf den Feldern entsteht: Die Ränder der Rauchsäule sind schön blau, wie es bei einem Holzfeuer immer der Fall ist; in den mittleren Bereichen aber, wo der Rauch am dichtesten ist, ist er fast weiß. Man kann leicht nachweisen, daß hinreichend dicke Schichten stets weißes Licht zurückstreuen, auch wenn das an den einzelnen Teilchen getreute Licht noch so blau ist. Denn alles Licht, das auf die Rauchwolke fällt, muß am Schluß wieder zurückgeworfen werden – zumindest, wenn ausschließlich Streuung und keine Absorption stattfindet (§ 200).

Der Rauch aus unseren Kaminen und den Fabrikschornsteinen ist bei auffallendem Licht in der Regel schwarz, auch wenn die Rauchsäule dick und undurchsichtig ist: Hier findet nicht nur Streuung an den Rußwolken statt, sondern auch eine starke *Absorption* des Lichts. Dünne Schichten solchen Rauchs lassen den durchschimmernden Himmel braun erscheinen; dennoch ist die Farbe des Rauchs bei auffallendem Licht kaum bläulich zu nennen: Es ist also die Absorption, die bei Kohlenstoff zufällig rasch von Rot nach Violett hin zunimmt. Denken Sie an die blutrote Farbe der Sonne, die man durch den Rauch eines Feuers sieht! – Ein sehr

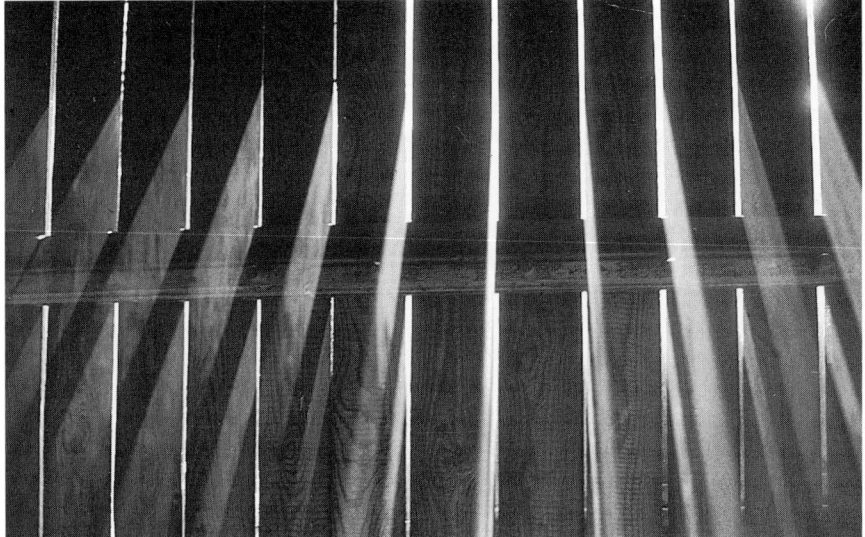

Gestreutes Sonnenlicht im Vorraum einer Sauna (Foto: Hannu Karttunen).

ungewöhnlicher Fall dieser Art war am 14. Mai 1940 in Utrecht zu beobachten, als sich eine riesige Rauchwolke vom bombardierten Rotterdam
her über unserer Stadt ausbreitete und Sonne und Mond eine tieforan-
gerote Farbe annahmen.

195. Der blaue Himmel[1]

> *Über den Wolken ist der Himmel immer blau!*
>
> H. Drachmann

In unendlicher Schönheit wölbt sich der blaue Himmel über die Erde.
Dieses Blau hat etwas Grenzenloses an sich; es ist, als könne man seine
Tiefe direkt sehen. Es zeigt unendlich viele Farbschattierungen, ist von
Tag zu Tag und an jedem Punkt des Himmels anders.

> *... etwas, in das du hineinblickst durch die Nähe in die Ferne; etwas, das keine Oberfläche
> hat und durch das du tiefer und weiter eintauchst ohne Grenzen in die Unendlichkeit des
> Raums.*
>
> John Ruskin: *Moderne Maler.*
> Ausgewählte Werke in vollständiger Übersetzung, Bd. XI., Leipzig 1902, S. 108.

1 Der berühmte Schweizer Geologe A. Heim schrieb ein hervorragendes Buch mit dem
  Titel: *Luftfarben* (Zürich 1912), in dem er leicht verständlich und voller Enthusiasmus
  die Farben des Himmels und der Dämmerungserscheinungen beschreibt. Die Farb-
  aquarelle sind unvergleichlich schön.

Woher kommt diese blaue Farbe? Die Atmosphäre sendet nicht etwa
selbst Licht aus, denn dann müßte sie auch nachts leuchten. Es befindet
sich hinter ihr auch keine Lichtquelle, die blaues Licht ausstrahlt: Nachts
sieht man, wie wunderbar dunkel der Hintergrund ist, vor dem sich uns
die Atmosphäre zeigt. Die blaue Farbe ist also eine Eigenschaft der Atmosphäre selbst. Dennoch ist es keine normale Absorptionsfarbe, denn
schließlich sind Sonne und Mond ganz und gar nicht blau, sondern eher
gelblich. Es ist demnach genauso wie bei sehr dünnem Rauch! Und wir
gelangen zu der Hypothese, daß das Licht des Himmels einfach gestreutes Sonnenlicht ist. Wir wissen, daß die Streuung an kleinen Teilchen um
so stärker ist, je mehr wir uns dem violetten Ende des Spektrums nähern:
Die Farbe des Himmels besteht also aus viel Violett (wofür unser Auge
nicht sehr empfindlich ist), ziemlich viel Blau, ein wenig Grün und sehr
wenig Gelb und Rot; die Mischfarbe all dieser Strahlenarten ist Himmel-
blau.

Welches sind nun die Partikel in der Atmosphäre, die das Licht
streuen? Im Sommer, nach einer langen Trockenperiode schwirren zahllose Sand- oder Lehmteilchen in der Luft, die vom Wind getragen werden
und die die Landschaft in der Ferne nur undeutlich erkennen lassen: Genau dann ist der Himmel wenig blau und eher weißlich. Nach einigen
tüchtigen Regenschauern jedoch, wenn der grobe Staub vom Regen aus-
gewaschen ist, wird die Luft klar und durchsichtig und der Himmel tiefblau und satt in seiner Farbe. Sobald hohe Cirruswolken aufziehen und
der Himmel sich mit Eiskristallen füllt, verschwindet das schöne Blau und
geht in eine weißlichere Farbe über. Es sind demnach weder die Partikel
an sich noch die Wasser- oder Eisteilchen, die die blaue Streuung verursachen und dem Himmel seine Farbe verleihen. Die einzige Möglichkeit ist,
daß die Luftmoleküle selbst eine Streuwirkung besitzen; zwar eine sehr
schwache, aber doch genug, um in einer Schicht von mehreren Kilometern Dicke eine merkliche Helligkeit zuwege zu bringen, wobei die
violetten und blauen Strahlen ein deutliches Übergewicht haben (das
$1/\lambda^4$-Gesetz von Rayleigh).

Hinzu kommt die Lichtstreuung an winzigsten Partikeln, die doch
stets eine wichtige Rolle spielen, selbst in sogenannter klarer Luft.

Die blauen und violetten Strahlen, die der Himmel streut, fehlen nun
der Sonne. Dadurch ist sie von hellgelber Farbe, die um so kräftiger wird,
je tiefer sie steht, weil ihre Strahlen dann einen längeren Weg durch die
Luft zurücklegen müssen. Allmählich geht das Gelb in Orange und dann
in Rot über, in das ganz besondere Rot der untergehenden Sonne.[2]

Bei einheitlicher Bewölkung ist vom Himmelsblau nichts mehr zu sehen, obwohl eine Streuung des Lichts noch immer stattfindet. Ursache dafür ist, daß der leuchtende Himmel nun einen Hintergrund hat, der seinerseits um sehr vieles heller ist und der eine große Ausdehnung besitzt.

2 Farbskalen und -statistiken der auf- und untergehenden Sonne s. Plassman, J.: Met.
  Zs. *48*, 412, 1931.

Das berühmte Streuungsgesetz von Rayleigh für Teilchen, die kleiner sind als ein Zehntel der Wellenlänge des Lichts, lautet:

$$s = const \cdot \frac{(n-1)^2}{N\lambda^4},$$

wobei s = der gestreute Anteil pro Längeneinheit, N = die Zahl der Teilchen pro cm³, n = die Brechzahl ist.

196. Die Opaleszenz der Luft[3]

Der Wald blau,
Fern gegen grau –.

J. Reddingius: *Johanneskind*

Ein Wald in der Ferne ist ein ausgezeichneter dunkler Hintergrund, um die Streuung des Lichts durch die Atmosphäre zu beobachten. Je weiter entfernt der Wald ist, desto nebliger, bläulicher sieht er aus: Die lange Luftschicht zwischen uns und dem Wald, der von seitlich einfallenden Sonnenstrahlen beleuchtet wird, streut das Licht, und dieses überlagert den Hintergrund, so wie das Licht eines Schleiers oder Vorhangs die Gegenstände dahinter überdeckt; die Hell-Dunkel-Kontraste dieses Hintergrundes werden auf diese Weise abgeschwächt, er wird *gleichmäßiger* und zugleich *blauer.* Unwillkürlich schätzen wir die Entfernung der Baumpartien anhand der Stärke der Opaleszenz der Luft. Ein Baum, der 100 m von uns entfernt steht, ist blauer als ein naher. Das Grün von Wiesen wird mit zunehmender Entfernung überraschend schnell blaugrün, dann blau; noch schöner sieht man dies am jungen Getreide, das im April eine reine, satte grüne Farbe hat. Hügel in der Ferne sind oft wunderbar blau, wie es häufig die niederländischen Maler des 16. Jahrhunderts, beispielsweise van Eyck und Memling, in ihren Hintergrundslandschaften darstellten. Auch an den begrünten Dünen zwischen Zandvoort und Haarlem, die sich wie Wellen des Meeres erheben, Kamm nach Kamm, eine hinter der anderen, zeigt sich der blauende Horizont. Durch diese Opaleszenz der Luft nähern sich alle Farben einem einheitlichen Blau an und fließen dadurch harmonisch ineinander; erst im Näherkommen kann man das Rot der Häuser und das Grün der Wiesen wieder erkennen, und die Farbharmonie ist dahin. Überprüfen Sie das selbst in der Landschaft!
Umgekehrt können wir auch nach Farbänderungen eines hellen Hintergrundes suchen. Im Gebirge wählt man zu diesem Zweck die schneebedeckten Berge; wir aber betrachten die Reihen von Haufenwolken, die hoch am Himmel leuchtend weiß sind und in größerer Entfernung allmählich *gelblich* werden. Dennoch ist das blaue Streulicht auf dunklem

---

3 Heim: *Luftfarben.* – Vaughan Cornish: Geogr. Journ. *67,* 506, 1926. Dieser Abhandlung ist der Schluß von § 196 entnommen.

Hintergrund deutlicher als die Gelbfärbung heller Partien. Im ersten Fall tritt eine geringe Lichtmenge an die Stelle von Dunkelheit; im zweiten Fall ändert sich die bereits beträchtlich große Helligkeit nur geringfügig, d.h., die relative Differenz ist hier bedeutend geringer (§ 77).

Der Himmel war aus reinem Madonnenmantelblau, und dicht an der Erde entlang schoben sich hohe, gelbe, fette Wolken, oben weiß erleuchtet wie Schnee.

Felix Timmermans: *Pallieter.*
Frankfurt/M. 1977, S. 31. Übers. v. Anna Valeton-Hoos

Vor kurzem wies F. W. Went überzeugend nach, daß die merkwürdige blaue Diesigkeit, die vor allem an warmen Sommertagen vor dem Hintergrund dunkler Wälder und von Bergen zu sehen ist, weder mit streuenden Luftmolekülen noch mit der Luftverschmutzung in Städten erklärt werden kann. Er legt dar, daß Nadelwälder, Heideflächen und abgeworfenes Laub organische Dämpfe abgeben (Terpene u.a.), die durch Sonnenlicht und Ozon teilweise oxidieren und sich zu Makromolekülen umwandeln. Diese Teilchen tragen zu einem wesentlichen Teil zum «Blauen» der Landschaft in der Ferne bei.[4]

In den Weiten der flachen Niederlande entwickelt sich die Opaleszenz der Luft in ihrer vollen Pracht, und durch den sich ändernden Feuchtigkeitsgehalt der Luft überwiegt einmal die blaue Streuung der Luftmoleküle, dann wieder das starke, aber grauere Licht des diesigen Himmels.

1. Ab und zu streift uns ein Hochdruckkeil zwischen zwei Regenschauern, wodurch die Luft dann sehr klar ist. Auch nach dem Vorüberziehen eines Tiefdruckgebiets und wenn ein kräftiger Westwind weht, klart der Himmel auf. Die Opaleszenz fehlt jetzt fast ganz, außer in sehr großen Entfernungen; immer wundert man sich über die Schärfe der Landschaft, die starken Kontraste und über das tiefe Schwarz der dunklen Partien. Selbst an weit entfernten Gebäuden und Türmen sind die Einzelheiten erstaunlich gut zu erkennen, die Farben ändern sich durch die Entfernung nur wenig. Ein geübter Beobachter erkennt diese Luftverhältnisse bereits an 100 bis 200 m weit gelegenen Gegenständen.

2. An einem leicht diesigen Tag ist der Vordergrund nicht so farbenprächtig und eher gräulich; die Wellenzüge der Landschaft in mittlerer Entfernung treten deutlicher zutage, da man die Täler durch einen dichteren Dunstschleier sieht als die Höhen (vgl. aber auch § 110). Hintereinanderliegende Hügelrücken oder Baumgruppen sind wunderschön abgestuft: Nahe bei uns erscheinen sie dunkel, je weiter entfernt sie sind, desto heller werden sie, weil wir über eine größere Strecke durch den lichtstreuenden Dunstschleier sehen. In sehr großer Entfernung schließlich ist die Sicht bedeutend schlechter.

4 Nat. *187*, 641, 1960.

Ferne Hügel tauchen in einem heller werdenden Dunstschleier unter
(Foto: Pekka Parviainen).

3. Bei schönem Hochdruckwetter im Sommer schweben viele Staubteilchen in der Luft, der Himmel ist sehr hell, aber wenig blau, so daß die
Kontraste von Licht und Schatten nur schwach sind; außerdem ist man
durch den hellen Himmel ständig leicht geblendet.

4. Bei Mondlicht ist die Landschaft am schönsten, wenn nicht die lei-
seste Spur von Nebel vorhanden ist, denn bei Nebel ist das Licht zu
schwach, die Konturen weniger scharf und die Landschaft selbstverständlich in einfarbiges Grau getaucht.

5. Durch die Opaleszenz der Luft sieht der Seefahrer die Küste bläulich und ätherisch auftauchen, im Kontrast zum dunklen Blau der Mee-
reswellen mit ihren kräftigeren Formen im Vordergrund der Szenerie.
Ihm kommt das ferne Land wie ein Ort des Friedens, wie das Königreich
von Übersee vor ...

197. Die Hand über den Augen[5]

Woher kommt es wohl, daß wir die Hand schützend über die Augen halten, wenn wir in die Ferne schauen? – Wir schirmen dadurch seitlich ins
Auge fallendes Licht ab. Schräg einfallendes Licht wird in den Augenme-
dien gestreut und überzieht das Bild der Landschaft mit einem Schleier
diffusen, weißen Lichts.

5 Minnaert, M.: Proc. Acad. Amsterdam, B 56, 148, 1953.

Noch effektiver kann man das seitlich einfallende Licht abschirmen, indem man durch die zum Rohr geformte Hand sieht. Es ist äußerst bemerkenswert, wie sich dadurch alle Farbtöne der Landschaft verändern.

Betrachten Sie zunächst *nahe Objekte*. Alle Farben sind satter und schöner; eine Tanne beispielsweise wird grüner.[6] Öffnet man die Hand etwas, verblassen die frischen Farben zusehends. Eine winzige Erweiterung der Öffnung macht bereits einen großen Unterschied aus, was beweist, daß Streuung in beträchtlichem Maße unter kleinen Winkeln stattfindet. Mit dem Satterwerden der Farben geht auch eine Zunahme an Schärfe einher: Daher ist es uns zur Gewohnheit geworden, die Hand über die Augen zu halten.

Sehen Sie nun auf die gleiche Weise in die *ferne Landschaft*. Diese ist mit einem Lichtschleier überzogen und zumeist bläulich, was natürlich auf Streuung an Luft und feinen Staubpartikeln zurückzuführen ist. Es ist äußerst bemerkenswert, daß wir diesen Schleier kaum wahrnehmen, solange wir die Landschaft als Ganzes betrachten. In den Bergen sehen wir einen Berghang, der hier und dort mit einem Stück grünen Waldes bedeckt ist, oft als gräulich oder bräunlich. Mit dem «Rohr» jedoch bemerken wir, daß der ganze Hang in Wirklichkeit blau ist, ebenso der Wald; allerdings ist der Hang an sich etwas dunkler, und das Blau geht leicht ins Graue, wogegen der Wald grünlichblau ist. Es scheint, als würden wir unbewußt einen gleichmäßigen Schleier von der gesamten Landschaft abziehen. Auch in Ebenen ist es immer wieder erstaunlich, wie stark und wie bläulich der Luftschleier meistens ist. – Eine ähnliche Erfahrung machen wir, wenn wir durch ein Fenster nach draußen sehen: Sobald wir durch ein Rohr schauen, fällt uns auf, daß die Scheiben staubig sind; vorher hatten wir das nicht bemerkt.

Vom Flugzeug aus beobachten wir ähnliches. Wolkenschatten, Teiche und Seen erscheinen durch ein Rohr deutlich blauer als in der weiten Landschaft. Die gesamte Landschaft ist von einem Dunstschleier überzogen, der um so stärker wird, je mehr man sich dem Horizont nähert.

Alles das kann deutlicher und schöner mit einem einfachen Gerät beobachtet werden, das wir im folgenden beschreiben wollen.

198. Messungen mit dem Nigrometer[7]

«Nigrometer» ist eine wissenschaftliche Bezeichnung für ein sehr einfaches Hilfsmittel. Eine Pappröhre, wie man sie zum Verschicken von Zeichnungen verwendet, 40 cm lang und 3 cm im Durchmesser, wird an

---

6 Haldane beschreibt einige recht unverständliche Beobachtungen: Durch das Nigrometer seien die Farben gelblicher, Meer und Himmel fast weiß; beim Vorüberziehen einer Wolke erschiene wieder das Blau. *The Philosophy of a Biologist*. Oxford 1935, S. 52.

7 Wood, R.: Phil. Mag. *39*, 423, 1920.

beiden Enden mit einem Deckel versehen. In einen Deckel bohrt man ein kleines Loch von 7 mm Durchmesser, in den anderen ein Loch von 3 mm, anschließend wickelt man um beide Enden der Röhre eine Manschette aus schwarzem Papier, wodurch sie etwas verlängert wird, und schon ist das Gerät fertig.

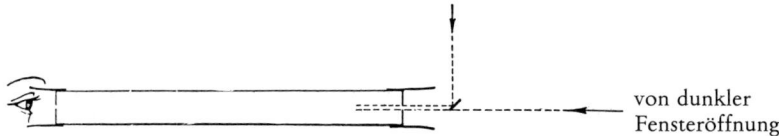

von dunkler Fensteröffnung

Abb. 154
Beobachtungen mit dem Nigrometer: Messung der atmosphärischen Streuung.

Wenn man hindurchschauen will, hält man das Auge an das kleinere Loch und sieht dann durch das andere Loch Licht vor einem fast schwarzen Hintergrund. Sie können nun alle Beobachtungen von § 197 wiederholen. Besonders gut aber eignet sich das Gerät zur Beobachtung der Lichtstreuung an kleinen Luftmengen, denn es ist außerordentlich empfindlich. Richten Sie die Röhre auf eine Fensteröffnung in einiger Entfernung; sie sehen diese dunkle Fensteröffnung eindeutig bläulich: Es ist das Streulicht des Himmels zwischen Ihnen und dem Fenster. Gehen Sie näher an das Fenster: Je dichter Sie herankommen, desto schwächer wird das blaue Licht; die streuende Luftstrecke wird kürzer. Für kleine Entfernungen ist es noch besser, das Nigrometer auf eine innen schwarz gestrichene Kiste mit kleiner Öffnung zu richten; sie stellt einen fast vollkommen «schwarzen Körper» dar.

Wir bestimmen jetzt, welche Luftstrecke genauso stark streut wie die gesamte Mächtigkeit der Atmosphäre. Halten Sie vor die Hälfte der Öffnung des Nigrometers eine sehr dunkle Glasscheibe, z.B. Marmorglas. Bringen Sie das Glas in einem Winkel von 45° zur Achse der Röhre an (Abb. 154). Wenn möglich, sollten Sie das reflektierte Licht eines 60° von der Sonne entfernten Himmelsabschnitts sehen. Durch die andere Hälfte des Lochs sehen Sie die dunkle Fensteröffnung. Wie weit müssen wir uns davon entfernen, damit die beiden Hälften des Feldes gleich stark beleuchtet sind? Bei sonnigem, klarem Wetter sind es etwa 330 m, doch bei leicht diesiger Luft sind es nicht mehr als ca. 130 m.

Das spiegelnde Glas schwächt das Licht auf 5 % seiner Stärke ab (§ 63). Der 60° von der Sonne entfernte Himmelsabschnitt streut also das Licht ebenso stark wie eine Luftstrecke von 330 m · 20 = 6,6 km. Nun würde die Atmosphäre, wenn man sie auf jeder Höhe zu normaler Dichte komprimieren könnte, eine «äquivalente Höhe» von 8,8 km besitzen (denn die Atmosphäre übt einen Druck von 1,033 kg pro cm² aus, wobei 1 cm³ Luft 0,001293 g wiegt; daraus folgt: 1033 : 0,001293 = 880000 cm

= 8,8 km). Die Übereinstimmung mit unserer optischen Bestimmung ist gar nicht schlecht! Dadurch ist bewiesen, daß dieselbe streuende Substanz, die dicht über der Erde für die Opaleszenz der Luft verantwortlich ist, auch das blaue Licht des Himmels verursacht. Daß unser Ergebnis von 6,6 km etwas niedriger ausgefallen ist als 8,8 km, beweist, daß die Luft unten aufgrund ihres Staubgehalts das Licht stärker streut als die Luft in höheren Schichten; der Unterschied kann gut einen Faktor von 3 ausmachen. Unsere Bestimmung ist übrigens in vielerlei Hinsicht sehr grob und gibt uns lediglich eine Vorstellung von der Größenordnung.

199. Das Messen der Intensität des Himmelsblaus (Cyanometer)

Mischen Sie in verschiedenen Verhältnissen die Farben Zinkweiß und Rußschwarz mit Berliner Blau oder Kobaltblau. Diese Farbmischungen verblassen nicht, man kann sie auf Pappstreifen aufbringen, numerieren und mit der Farbe des Himmels vergleichen. – Für Beobachtungen unterwegs ist diese Methode nach wie vor sehr praktisch; die Zusammensetzung des Lichts der verschiedenen Nummern auf der Skala kann im nachhinein farbmetrisch analysiert werden.

Solche Skalen wurden für den praktischen Gebrauch hergestellt und sind fix und fertig zu kaufen. Bei der Verwendung dieser Blauskalen ist es wichtig, die Sonne stets im Rücken zu haben und sie auf die Skala scheinen zu lassen.[8]

200. Die Lichtverteilung am Himmel

Untersuchen Sie an einem klaren Tag, wie die Beleuchtung über den Himmel verteilt ist. Wer eine Blauskala besitzt, kann diese hierbei einsetzen; auch unser Nigrometer ist von Nutzen, aber die Hauptsache ist, daß Sie sich aufmerksam umsehen. Benutzen Sie einen Spiegel, um die verschiedenen Bereiche des Himmels miteinander zu vergleichen. Tragen Sie Linien konstanter Helligkeit und gleichbleibender blauer Farbe in ein Diagramm wie das in Abb. 155 ein, und wiederholen Sie dies bei verschiedenen Sonnenständen.

« ... oft sieht das geübte Auge die Isophotenzüge ... wie mit blauer Farbe auf den Himmelshintergrund gemalt.»[9]

Die Theorie zur Licht- und Farbverteilung am Himmel ist kompliziert, da jeder Kubikzentimeter Luft nicht nur von der Sonne bestrahlt wird, sondern auch vom ganzen Himmel diffuse Strahlung empfängt. Darüber hinaus spielen Staubpartikel und Wassertröpfchen in der Atmo-

8 Eine ausführliche Analyse der Skala Linkes und ihrer Anwendung findet sich in Spangenberg: Ann. Hydr. *71,* 93, 1943.
9 Dorno, C.: *Physik der Sonnen- und Himmelsstrahlung.* Braunschweig 1919, S. 116.

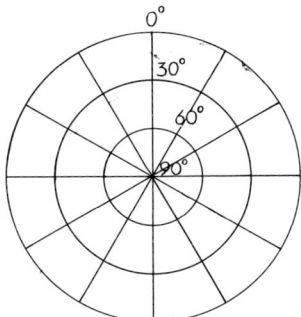

Abb. 155
Diagramm zum Eintragen von Linien konstanter
Helligkeit und gleichen Blaus des Himmels. Der
Mittelpunkt stellt den Zenit dar.

sphäre eine Rolle, und es ist schwierig, deren genaue Auswirkungen in die
Berechnungen mit einzubeziehen.[10]

Der dunkelste Punkt liegt stets im Sonnenvertikal, und zwar 95° von
der Sonne entfernt, wenn sie tief steht, und 65°, wenn sie hoch steht.
Durch diesen Punkt verläuft die *Dunkellinie*, die den Himmel in zwei Bereiche unterteilt: einen helleren Bereich um die Sonne sowie einen weiteren helleren Bereich ihr gegenüber. Form und Größe dieser Bereiche ändern sich je nach Sonnenstand. Diese Lichtverteilung kommt durch das
Zusammenwirken dreier Phänomene zustande:

1. Die Helligkeit nimmt nahe der Sonne schnell zu, sie wird schließlich sogar so groß, daß man geblendet wird und die Farbe immer mehr ins
Weiß geht (stellen Sie sich nahe an die Grenze eines Häuserschattens!).

2. 90° von der Sonne entfernt müßte der Himmel eigentlich am dunkelsten und intensivsten blau werden, aber ...

3. Es gibt noch einen weiteren Effekt, durch den die Lichtstärke vom
Zenit zum Horizont hin zunimmt, wobei die Farbe immer weißlicher
wird, und dieser Effekt addiert sich zum vorigen.

Die erste Erscheinung können wir gut mit dem Nigrometer messen.
Wir decken die Hälfte des Gesichtsfeldes mit einem auf der Rückseite ge-
schwärzten Glas ab, welches den Himmel in Sonnennähe reflektiert; die
andere Hälfte ist dann auf einen Punkt in 40 bis 50° Entfernung von der
Sonne ausgerichtet. Wir ändern die Richtung zuerst um ein paar Grad in
die eine oder andere Richtung – was sich vor allem auf das erste der beiden Feldhälften auswirkt – und finden so leicht einen Punkt, an dem annähernd Gleichheit besteht. Daraus ist zu folgern, daß die Helligkeit an
dieser Stelle nahe der Sonne gut und gern 20mal so groß sein muß wie in
45° Winkelabstand von der Sonne. Diese sehr starke Streuung unter kleinen Winkeln zum einfallenden Licht ist auf gröbere Teilchen in der Luft
zurückzuführen: Staub und Tröpfchen. Dem entspricht, daß die Farbe in
Sonnennähe weniger blau und eher weiß oder gar gelblich ist wie die

10 Eine moderne Berechnung wurde von Chandrasekhar und Elbert angestellt: Trans.
Americ. Philos. Soc. *44*, 643, 1954.

Sonne selbst, denn die großen Teilchen streuen alle Farben in etwa gleich stark (§ 193).

Der zweite Effekt ist eine Folge des Streuungsgesetzes für Luftmoleküle. Unter einem Winkel von 90° muß ihre Streuung fast um die Hälfte schwächer sein als am Sonnengegenpunkt; außerdem streuen die groben Teilchen unter so großen Winkeln kaum oder gar nicht, so daß wir nur das satte, tiefe Blau sehen, das die Luftmoleküle selbst streuen.

Der dritte Effekt entsteht hauptsächlich durch die größere Schichtdicke, unter der wir die Atmosphäre am Horizont sehen. Ein Luftteilchen streut zwar vorzugsweise violette und blaue Strahlen, aber genau diese werden auf ihrem langen Weg vom streuenden Teilchen zu unserem Auge am stärksten abgeschwächt. Ist die Luftschicht sehr dick, heben sich jene beiden Wirkungen gegenseitig auf (§ 194).

Ein Volumenelement im Abstand x von unserem Auge streue einen Bruchteil sdx des Lichts, und dieses Licht wird im Verhältnis e^{-sx} abgeschwächt, bevor es unser Auge erreicht. Von einer unendlich dicken Schicht empfangen wir also die Strahlung

$$\int_0^\infty s e^{-sx}\,dx = 1,$$

welche, wie wir sehen, unabhängig von s, also von der Farbe ist. Der Himmel am Horizont muß sich demnach in Helligkeit und Farbe einem weißen Schirm annähern, der von der Sonne beleuchtet wird.

Obendrein können in den Schichten dicht über dem Boden mehr Staubpartikel schweben, welche die Lichtstreuung verstärken und die Farbe weißer werden lassen, auch wenn die Luftschicht noch nicht als unendlich dick anzusehen ist.

Ferner wurde nachgewiesen[11], daß die Farbe des Himmels auch vom Ozon beeinflußt wird, jener besonderen Form des Sauerstoffs (O_3), die in der Atmosphäre in großer Höhe enthalten ist. Ozon besitzt eine echte blaue Farbe, so wie ein Stück blaues Glas, d.h., es ist blau aufgrund von Absorption und nicht aufgrund von Streuung. Diese schwache Farbe des Ozons kommt zum Vorschein, wenn die Sonne zum Horizont hin absinkt. Spielte nur Streuung eine Rolle, würde der Himmel in Zenitnähe grau oder sogar gelblich. Daß dem nicht so ist, daß der Himmel am Zenit bei Sonnenuntergang und auch danach noch blau bleibt, ist auf die Lichtabsorption des Ozons zurückzuführen.

Dort, wo der Himmel am dunkelsten ist, ist er auch immer am blausten, farblich am sattesten. Das bedeutet, daß es dort keine Wolken gibt, deren Moleküle kleiner als 0,0001 mm sind, denn diese würden lokal die Lichtstärke erhöhen und dennoch nichts an der blauen Farbe ändern.

Ruskin bezeichnet den blauen Himmel als das schönste Beispiel einer gleichmäßen Farbnuancierung.[12] Er rät, einen Ausschnitt des Himmels,

11 Hulburt, E. O.: J. O. S. A. *43*, 113, 1953.
12 *Elements of Drawing*, XV, S. 35.

der sich in einem Fenster spiegelt oder von Bäumen und Häusern um-
rahmt ist, nach Sonnenuntergang zu betrachten. Versuchen Sie, sich dabei vorzustellen, es sei ein Gemälde, und bewundern Sie die Gleichmäßigkeit, die Ruhe, die sanften Farbübergänge.

Benutzen Sie einen Kugelspiegel, um die Helligkeits- und Blauabstu-
fungen besser erkennen zu können (§ 15). Es kann auch ein normaler
Spiegel verwendet werden.

Betrachten Sie den blauen Himmel durch eine rote Glasscheibe, die
so groß sein sollte, daß man ihre Kanten nicht wahrnimmt. Verglichen
mit dem Horizont, erscheint der Zenit bedrohlich dunkel. Das rote Glas
läßt fast kein Blau durch, die weißliche Farbe des Horizonts jedoch dringt
in ausreichendem Maße hindurch. Daher ist es auch einleuchtend, weshalb dünne Cirrusschleier, durch rotes Glas betrachtet, eine solch wunderbar filigrane Struktur zeigen.

201. Die Veränderlichkeit des Himmelsblaus[13]

Der Farbton des blauen Himmels ist jeden Tag anders, je nachdem wieviel Staub und Wassertröpfchen in der Luft enthalten sind. Für solche
Vergleiche ist eine Blauskala unerläßlich. Als Maßstab dient die Farbe der
dunkelsten Stelle des Himmels, wo das Blau am intensivsten ist (§ 199).

Das tiefste Dunkelblau ist bei zeitweisen Aufheiterungen zwischen
Regenschauern, in Hochdruckkeilen, bei frischer, reiner polarer und
Festlandsluft zu sehen. Der Himmel wird zur Sonne hin allmählich weißer, der Bereich um die Sonne ist eine gleichmäßig weiße Scheibe mit einem Radius von ca. 8° (Typ A). Dagegen wächst die weiße Scheibe auf
gut 25° an, wenn ein Tiefdruckgebiet heranzieht und tropische Meeres-
luft Trübungen mit sich bringt, ferner, nachdem Nebel, Stratus- und Cu-
muluswolken sich aufgelöst haben, oder im Sommer, wenn die Luft viel
Staub enthält (Typ B). Es gibt vielerlei Übergangsformen. Vgl. §§ 200
und 227.

Vergleichen Sie das Himmelsblau in einer großen Industriestadt und
draußen auf dem Land; vergleichen Sie auch einzelne Stadtteile miteinander.

Vergleichen Sie auf Ihren Urlaubsreisen das Himmelsblau zu Hause
mit dem «italienischen Himmel» oder mit dem Himmel im Hochgebirge!
Vergleichen Sie das Himmelsblau in den Tropen mit dem in unseren Breiten.

Vergleichen Sie das Blau zu verschiedenen Tageszeiten. Am intensivsten ist es bei Sonnenauf- und -untergang[14], was einleuchtet, da ein Punkt
am Zenit dann zugleich 90° von der Sonne und 90° vom Horizont entfernt ist (vgl. § 200).

13 Volz, F.: Ber. d. deutschen Wetterdienstes 2, Nr. 13, 1954.
14 Phys. Rev. 26, 497, 1908.

Über allem, sieh, der Himmel so still, so klar nach dem Regen,
mit lichten Wolken, ...

Walt Whitman: *Komm herein vom Feld, Vater.*
Grashalme. Zürich 1985, S. 310. Nachdichtung v. Hans Reisiger

202. Wann ist der Himmel in der Ferne orange, wann grün?[15]

Wie wir gesehen haben, müßte der wolkenlose Himmel am Horizont dieselbe Farbe haben wie ein Blatt weißes Papier, das direkt von der Sonne
beschienen wird. Daher müßte kurz vor Sonnenuntergang, wenn die
Sonne alles in ein warmes Orange taucht, dieser Farbton auch überall entlang des Horizonts zu sehen sein.

Es kann aber auch sein, daß sich der ferne Horizont schon lange vor
dem eigentlichen Sonnenuntergang orange färbt. Eine schwere, dunkle
Wolkenbank erstreckt sich über die gesamte Landschaft, und erst ganz
weit draußen gibt es einen Streifen am Horizont, wo die Sonne scheint
(Abb. 156). Jetzt erscheint dieses Stück Himmel in einem erstaunlich warmen Orange, gegen das sich die dunklen Silhouetten der fernen Gehöfte
abzeichnen. Besonders eindrucksvoll ist dies, weil die ganze übrige Landschaft dunkel ist. Ruskin brachte es fertig, diese Erscheinung ohne jegliches theoretisches Vorwissen in allen wesentlichen Zügen genau zu beschreiben: «Der Horizont kann gelb sein, wenn der Himmel bis auf einen
Streifen in der Ferne, von dem alles Licht ausgeht, ganz mit dunklen Wolken verhangen ist.»[16] Die Erklärung ist folgende: Der Himmel in der
Ferne (Entfernung = x) wird von Sonnenlicht bestrahlt, das eine Strecke
X durch die Atmosphäre zurückgelegt hat. Auf diesem Weg wurde ein
geringer Anteil s pro km herausgestreut, so daß noch eine Lichtstärke
e^{-sX} übrig ist. Die betrachteten Luftteilchen streuen einen Teil des einfallenden Lichts, proportional zu s, in unsere Richtung, und davon wiederum erreicht ein Teil e^{-sx} unser Auge. Am Schluß ist der Anteil, den wir
sehen, proportional zu $se^{-(X+x)s}$. Dieser Ausdruck besitzt ein Maximum
für mittlere Werte von s, wird aber gleich Null für kleine und große

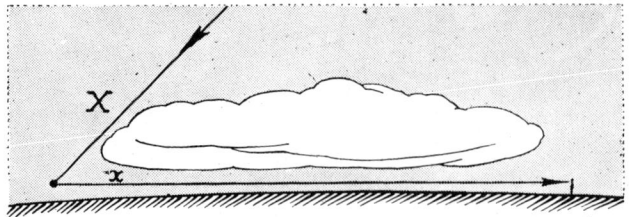

Abb. 156
Wenn über einem
großen Teil der
Landschaft eine
schwere Wolkenbank
liegt, kann der
Horizont ein warmes
Orange annehmen.

15 Minnaert, M.: Hemel en Dampkring *29*, 1, 1931.
16 *Modern Painters*, III, S. 349.

Werte. Mit anderen Worten: Große Wellenlängen werden durch die sonnenbestrahlte Luft nicht hinreichend gestreut, kleine Wellenlängen dagegen werden auf ihrem langen Weg durch die Atmosphäre allzu sehr abgeschwächt. Aus dem Diagramm in Abb. 157 ist die spektrale Zusammensetzung des Lichts ersichtlich, welches von Luftvolumen kommt, für die die Entfernung X + x gleich 0, 8, 16, ... km ist. Das Maximum, d.h. die Farbe, die mit der größten Intensität bei uns ankommt, verschiebt sich immer mehr von Blau nach Rot, je weiter der beleuchtete Teil des Himmels von uns entfernt ist. Bei X + x = 35 km ist die Farbe grünlich, bei 45 km schon orange.

Zugleich sehen wir hier also, wie das schöne Grün entstehen kann, das ein Teil des Himmels manchmal annimmt, beispielsweise nach einem Schneeschauer. Aus Abb. 157 folgt, daß in dieser Lichtmischung der grüne Anteil nur leicht gegenüber den anderen Farben überwiegt, so daß der grüne Farbton keinen hohen Sättigkeitsgrad haben dürfte – was auch mit der Beobachtung übereinstimmt.

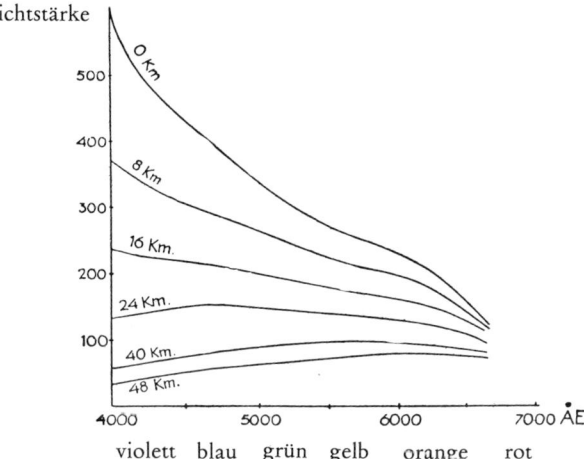

Abb. 157
Zusammensetzung des
Lichts, das von
verschiedenen
sonnenbeschienenen
Luftvolumen in
unterschiedlicher,
zunehmender Entfernung
auf die Erde fällt.[17]

Jene grünen und orangefarbenen Anteile des Lichts am Horizont sind eigentlich *immer* vorhanden, nur vermischen sie sich bei wolkenlosem Himmel mit dem Blau der nähergelegenen Teilchen und ergeben zusammengenommen Weiß. Die außergewöhnlichen Farbeffekte sind zu sehen, sobald über einen Teil des Lichtweges Schatten fällt. Wenn es mehrere Lücken in der Wolkendecke gibt, können sehr unterschiedliche Farbschattierungen dabei herauskommen.

17 Der Berechnung dieser Abbildung liegen die Streuungskoeffizienten zugrunde, die für die Atmosphäre als Ganzes beobachtet wurden. Eigentlich hätte man jene der untersten Schichten der Atmosphäre einsetzen müssen.

203. Die Farbe des Himmels bei einer Sonnenfinsternis

Bei einer *partiellen Sonnenfinsternis* hat man Gelegenheit zu beobachten, wie sich die Farbe des Himmels durch den Schatten des Mondes ändert und welche Unterschiede zwischen der Seite, von der der Schatten kommt, und der Seite, zu der der Schatten wandert, bestehen.

Bei einer *totalen Sonnenfinsternis* – leider so selten! – ist die Farbenpracht unvergleichlich viel größer. Auf der Seite, von wo der Schatten kommt, ist der Himmel dunkelviolett, als würde ein Unwetter heraufziehen. Während der Totalität ist der Himmel in der Ferne in einen warmen orangefarbenen Farbton getaucht, weil wir dort Teile der Atmosphäre außerhalb der Totalitätszone sehen, welche noch direkt von der Sonne beschienen werden und nun durch einen unbeleuchteten Teil der Atmosphäre hindurch wahrgenommen werden (vgl. § 202).

204. Das Sichtbarmachen polarisierten Lichts

Wenn Licht schräg auf eine Glasplatte oder eine Wasseroberfläche fällt und reflektiert wird, haben die reflektierten Strahlen eine geringfügige Veränderung erfahren: Ihr Licht ist polarisiert. Desgleichen nach Brechung sowie nach Streuung an kleinen Teilchen (blauer Himmel). Diese Veränderungen sind am einfachsten mit einem *Polarisationsfilter* zu beobachten, wie es für Sonnenbrillen verwendet wird. Schon die billigste Polarisationsbrille reicht für unsere Zwecke aus, desgleichen ein «Spannungsprüfer», den man beim Optiker bekommen kann.

Beschaffen Sie sich *zwei solche Spannungsprüfer*. Halten Sie diese Plättchen hintereinander, und drehen Sie sie gegeneinander: Das Feld

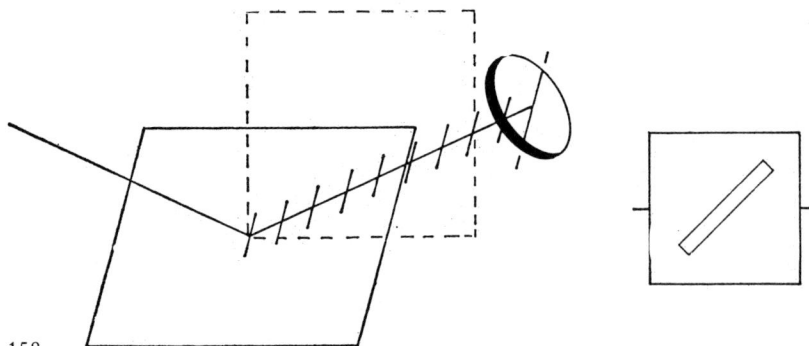

Abb. 158
Bei schräger Reflexion an Glas wird das Licht polarisiert: Das Licht schwingt hauptsächlich senkrecht zur Einfallsebene; nachzuweisen ist dies mit einem Polarisationsfilter. Ein einfaches Polariskop: ein Streifen Cellophan auf dem Polarisationsfilter.

wird abwechselnd hell und dunkel! – Sehen Sie durch ein Plättchen ein
stark von Ihnen weggekipptes Glas an (Einfallswinkel etwa 60°; am besten dunkles Glas); drehen Sie das Polarisationsfilter in seiner Ebene
(Abb. 158): Auch jetzt sehen Sie abwechselnd Hell und Dunkel! – Erklärung: *Das Glas reflektiert hauptsächlich Schwingungen senkrecht zur Einfallsebene V.* Das Polarisationsfilter läßt vor allem Schwingungen in einer
bestimmten Richtung durch; jedesmal, wenn diese Richtung mit der
Schwingungsrichtung des reflektierten Bündels übereinstimmt, wird das
Feld hell, stehen sie senkrecht zueinander, ist es dunkel. Markieren Sie
mit ein paar Kratzern oder Punkten am Rand Ihres Polarisationsfilters,
welche Schwingungsrichtung durchgelassen wird. Die Polarisation ist ex-
akter zu bestimmen, wenn Sie die Position suchen, in der das Filter am
besten auslöscht, und nicht diejenige, in der es das meiste Licht durchläßt
(die beiden Richtungen stehen übrigens senkrecht zueinander).

Wir stellen nun ein *Polariskop* her. Dazu brauchen wir einen dünnen
Cellophanstreifen, wie beispielsweise die Schutzfolie von Zigarettenpak-
kungen, und schneiden daraus ein Rechteck. Richten Sie das geneigte
Glas und das Polarisationsfilter so zueinander aus, daß das durchgelas-
sene Licht ausgelöscht wird. Legen Sie nun zwischen die beiden den Cellophanstreifen: Er ist «doppelbrechend», und Sie sehen, wie er hell wird.
Lassen Sie das Polarisationsfilter so, wie es ist, und drehen Sie das Cellophan so lange, bis es optimale Helligkeit hat. Kleben Sie es dann mit einigen Tropfen Klebstoff auf das Polarisationsfilter. So ist das Polarisationsfilter ein sehr empfindlicher Detektor für polarisiertes Licht. Drehen Sie
ihn als Ganzes in seiner Ebene. Sobald der Cellophanstreifen heller oder
dunkler ist als das umgebende Polarisationsfilter, wissen Sie, daß das einfallende Licht polarisiert ist. Bei maximaler Helligkeit des Streifens entspricht die Schwingungsrichtung des Lichts der Markierung. Bei maximaler Dunkelheit des Streifens schwingt das einfallende Licht senkrecht zur
markierten Richtung. – Denken Sie daran: Der Streifen muß immer zwischen Landschaft und Filter liegen, also *auf der Ihnen abgewandten Seite*!

205. Die Polarisation des blauen Himmelslichts

Im folgenden werden wir untersuchen, ob das vom blauen Himmel kommende Licht polarisiert ist. Sehen Sie zuerst in eine Richtung R, etwa 90°
von der nicht allzu hoch stehenden Sonne entfernt, und drehen Sie das
Polarisationsfilter in seiner Ebene: Es wird abwechselnd hell und dunkel.
Das Himmelslicht ist demnach polarisiert; auch unser Polariskop beweist
das. Und Sie sehen: Dieses Licht schwingt senkrecht zur Einfallsebene,
also senkrecht zur Ebene Sonne–R–Auge.

Nun drehen wir uns in verschiedene andere Richtungen und führen
jedesmal den gleichen Versuch durch: Meistens bestätigt sich die Regel.

Am stärksten ist die Polarisation in 90° Entfernung von der Sonne. Wolken sind wenig polarisiert, Nebel gar nicht. Es sind gerade die allerkleinsten Teilchen (Luftmoleküle), die das Licht am stärksten polarisieren.

Aus diesem Grund begünstigt ein Polarisationsfilter tagsüber die Sichtbarkeit ferner Gegenstände, vorausgesetzt, man dreht das Filter so, daß das gestreute Licht vom Himmel abgefangen wird. Weiße Pfeiler in der Ferne, Leuchttürme, Seemöwen usw. treten im Vergleich zum Hintergrund deutlicher hervor. Diese Beobachtung gelingt jedoch nur an *klaren* Tagen, denn wenn es neblig ist, ist das Licht des grauen Himmels nicht merklich polarisiert.

In Amerika nutzt man Polarisationsfilter zum Aufspüren von Waldbränden: Rauch polarisiert das Licht nämlich nicht, und dadurch ist er vom Hintergrund des Himmels zu unterscheiden.

Kaum sichtbare Wölkchen können deutlicher werden, wenn man den Himmel durch ein Polarisationsfilter betrachtet. Suchen Sie eine Wolke in 20 bis 40° Höhe im Süden oder Norden, wenn die Sonne ziemlich tief im Osten oder Westen steht. Drehen Sie das Polarisationsfilter, bis der Himmel dunkel wird. Die Wolke hingegen verändert ihr Aussehen kaum. Auf die gleiche Weise kann man in der Dämmerung die Sichtbarkeit eines schwachen Sterns leicht verbessern.[18]

In manchen Fällen richtet die Natur solche Versuche für uns ein: Eine Wasseroberfläche kann genausogut als Polarisationsfilter dienen. Vor allem bei Einfallswinkeln von gut 50° kann man darauf die Polarisation gut erkennen. Wenn wir also von einer ruhigen Wasserfläche umgeben sind und uns bei tiefstehender Sonne umsehen, und zwar stets unter einem Winkel von ca. 50° zur Normalen des Wassers, muß der gespiegelte blaue Himmel an der Nord- und Südseite dunkler erscheinen als an der Ost- und Westseite. Meiner Erfahrung nach gelingt diese Beobachtung nicht immer, denn meistens ist der Himmel nicht klar genug, oder das Wasser ist nicht genügend glatt. Überzeugender ist, daß das Spiegelbild dünner Wolken deutlicher sein kann als die Wolken selbst, gerade so, als würde man sie mit einem Polarisationsfilter betrachten.[19]

Das gebräuchliche Instrument zur Analyse der Polarisation ist das Polariskop von Savart, ein einfaches und dabei doch hochempfindliches Gerät. Da aber nur wenige Naturliebhaber ein solches besitzen dürften und die Erscheinungen in ein ganz spezielles Gebiet der meteorologischen Optik fallen, werden wir uns darauf beschränken, auf die Literatur zu verweisen.[20] Für Interessierte, die systematische Beobachtungen anstellen wollen, ist dieser Apparat sehr hilfreich und äußerst vielseitig.

18 C. R. *47*, 450, 1858. – J. O. S. A. *43*, 177, 1953.
19 Meteor. Zs. *6*, 1889.
20 Busch, Fr., und Jensen, Chr.: *Tatsachen und Theorien der atmosphärischen Polarisation.* Hamburg 1911. – Plassmann beschreibt einen Quadranten, der alle Beobachtungen ermöglicht. Ann. d. Hydr. *40*, 478, 1912; Wetter *34*, 133, 1917. – Jensen in Kleinschmidt: *Hb. d. Meteorol. Instrumente.* Berlin 1935, S. 666. – Ein Analysebeispiel in: Dahlkamp und Kantus: Zs. Meteorol. *1*, 303, 1947.

Über der Sonne und ihrem Gegenpunkt gibt es Bereiche abweichender Polarisation. Ist es wohl möglich, diese mit Ihrem Polarisationsfilter zu sehen? Und welchen Effekt hat es, wenn man das Spiegelbild des blauen Himmels in einem Kugelspiegel mit einem Polarisationsfilter betrachtet?

206. Haidingersche Büschel[21]

Manch ein Laborphysiker staunt ungläubig, wenn wir ihm erzählen, wir könnten ohne jegliches Hilfsmittel, mit bloßem Auge sehen, daß das Himmelslicht polarisiert ist! – Etwas Übung ist dafür aber schon notwendig. Hat man ein Polarisationsfilter zur Verfügung, betrachtet man durch dieses eine weiße Wolke oder eine gleichmäßig beleuchtete weiße Fläche, dreht dann das Filter und versucht, die Haidingersche Figur daran zu erkennen, daß sie sich mitdreht. Oder man betrachtet das Spiegelbild des Himmels auf einer Glasplatte unter dem Polarisationswinkel (§ 204), so daß man zuerst mit vollständig polarisiertem Licht übt. Nachdem man 1 bis 2 Minuten lang das Spiegelbild des gleichmäßig blauen Himmels angesehen hat, beginnt sich eine gewisse Marmorierung zu zeigen. Bald bemerken Sie dort, wo Sie zufällig hinsehen, die merkwürdige Figur, die man «Haidingersche Büschel» nennt und die ungefähr wie in Abb. 159 aussieht. Es ist ein gelbliches Büschel mit zwei blauen Wölkchen an jeder Seite. Das gelbe Büschel liegt offenbar in der Einfallsebene des Lichts, das auf der Glasscheibe reflektiert wird. Und da einem physikalischen Gesetz zufolge reflektiertes Licht hauptsächlich senkrecht zur Einfallsebene

Abb. 159
Die Haidingerschen Büschel: eine bemerkenswerte Figur, die man am blauen Himmel sehen kann. An den Büscheln ist die Polarisation zu erkennen (das helle Büschel ist gelblich, die seitlichen Wolken sind blau).

21 Busch, Fr., und Jensen, Chr.: *Tatsachen und Theorien der atmosphärischen Polarisation.* Hamburg 1911. – Helmholtz: *Physiologische Optik*, 3. Aufl., *2*, 256. – Mendelsohn, Th.: Rev. Faculté des Sc. Istamboul 3, fasc. *2*, 1938.

schwingt, folgern wir: *Das gelbe Büschel steht immer senkrecht zur Schwingungsrichtung des Lichts.*

Bereits einige Sekunden später ist die Figur verschwunden; sehen Sie aber auf einen Punkt der Glasplatte, taucht sie wieder auf! Die Figur hebt sich nur sehr wenig von ihrer Umgebung ab, und ich vermute, daß es Übungssache ist, wenn man jenen schwachen Kontrast noch in den unvermeidlichen Unregelmäßigkeiten des Hintergrundes sehen kann. Man übt mehrmals am Tag einige Minuten lang, und nach ein bis zwei Tagen erkennt man schon ohne viel Mühe die Haidingerschen Büschel, wenn man in den blauen Himmel sieht, obwohl er doch nur teilweise polarisiertes Licht ausstrahlt. Besonders deutlich sehe ich diese Büschel in der Dämmerung, wenn ich den Zenit fixiere: Der ganze Himmel ist wie mit einem Netz überzogen, und überall, wohin ich schaue, sehe ich die typische Figur. Es ist ein wahrer Genuß, auf diese Weise ohne Instrument die Polarisationsrichtung bestimmen und sogar die Stärke der Polarisation schätzen zu können. Fast immer *zeigt das gelbe Büschel zur Sonne*, wenn man es als Bogen eines großen Kreises verlängert; das gestreute Licht schwingt demnach im allgemeinen senkrecht zur Ebene Sonne–Luftteilchen–Auge.

Noch deutlicher werden die Haidingerschen Büschel, wenn man ihr Spiegelbild in einem Kugelspiegel sieht und dabei die gespiegelte Sonne mit dem Kopf verdeckt (vgl. § 15). Unter diesen Bedingungen bemerkt man auch in der Nähe der Sonne einen kleinen Bereich, in dem das gelbe Büschel nicht zur Sonne zeigt, sondern quer dazu steht; die Grenze zwischen normalem und abweichendem Bereich ist als eine Art Schatten sichtbar.

Die Haidingerschen Büschel entstehen dadurch, daß der gelbe Fleck unserer Netzhaut dichroitisch ist.[22] Daß die typische Figur anscheinend nicht von allen Beobachtern gleich gesehen wird, hängt zweifelsohne mit den Unterschieden in Form und Bau eben jenes gelben Flecks zusammen.[23] Manchmal sieht man den gelben Teil der Haidingerschen Figur als ein durchgängiges Stück, manchmal den blauen (Abb. 160); zwei Behauptungen stehen hier gegeneinander:

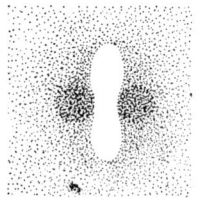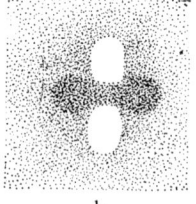

Abb. 160
Wir sehen die Haidingerschen Büschel nicht immer gleich: Bei a) ist das Gelb durchgängig, bei b) das Blau.

a   b

22 De Vries, Hl., Spoor, A., Jielof, R.: Physica *19*, 419, 1953.
23 Busch u. Jensen, a. a. O. S. 22.

A. Der erste Eindruck sei, daß das Gelb durchgängig ist; wenn das Auge durch das lange Starren ermüde, verändere sich das Bild, und man sehe das Blau durchgängig.[24]

B. Die durchgehende Farbe sei immer diejenige, die senkrecht zur Verbindungslinie der Augen steht. Blickt man also einen bestimmten Punkt des Himmels an und dreht den Kopf um 90°, dann sehe man zuerst die eine, dann die andere Farbe zusammenhängend.[25] Bei der Flüchtigkeit der Figur ist es nicht einfach, sich selbst ein Urteil darüber zu bilden.

Manche Beobachter sehen die typische Figur am besten, wenn sie den Kopf immer wieder kräftig nach links und rechts neigen.

Die Haidingerschen Büschel sind deutlicher zu sehen, wenn man sich grünes oder blaues Glas vor die Augen hält, mit rotem oder gelbem Glas hingegen verschwinden sie.[26] Bemerkenswert ist, daß sie am Horizont etwa doppelt so groß zu sein scheinen wie hoch am Himmel, ebenso wie die Sonne, der Mond und die Sternbilder, die am Horizont größer erscheinen (§ 131).

207. Doppelbrechung an Fensterscheiben

Wenn wir von außen die Fenster eines Zuges oder die Front- bzw. Heckscheibe eines Autos ansehen, bemerken wir ein eigenartiges Muster mehr oder weniger regelmäßiger, bläulicher Flecken. Sie sehen es, wenn sich in diesen Scheiben der blaue Himmel spiegelt, vorzugsweise unter einem Winkel von 90° zur tiefstehenden Sonne (Abb. 161 a). In den Niederlanden ist dieses Phänomen mitunter noch deutlicher zu sehen, da in einigen Zügen Tischchen aus dunklem Glas unter den Fenstern angebracht sind, in denen man von innen den blauen Himmel gespiegelt sehen kann (Abb. 161 c). Das Fleckenmuster ist hier weiß bzw. hellblau. Man bemerkt es auch, wenn man den blauen Himmel durch das Fenster betrachtet (Abb. 161 b). Es ist ein sonderbarer Anblick: Sowohl Fenster als auch Himmel sind vollkommen klar, aber aufgrund ihres Zusammenwirkens entsteht das Muster!

Der Grund ist, daß die Scheiben aus sogenanntem «Sicherheitsglas» bestehen, die nach ihrem Erhitzen mit kalten Luftstrahlen, die in Schachbrettmuster angeordnet sind, schnell abgekühlt werden. Dadurch entstehen Spannungen in der Fensterscheibe, und sie wird doppelbrechend wie ein Kristall. Wenn auf solch ein Fenster polarisiertes Licht des blauen Himmels fällt und wir dahinter einen Analysator (entweder eine spie-

24 Haidinger: Ann. d. Phys. *67*, 435, 1846.
25 Brewster: Ann. d. Phys. *107*, 346, 1859. Offenbar der gleichen Ansicht ist Hofmann, A.: Wetter *34*, 133, 1917.
26 Stokes: Papers, 5.

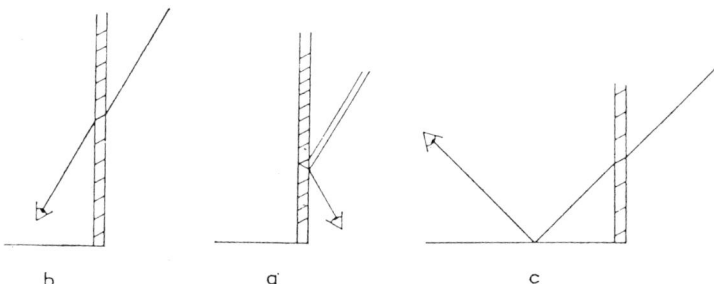

b   a   c

Abb. 161
Doppelbrechung an Fenstern unter verschiedenen Bedingungen.

gelnde Fläche wie in Abb. 161a bzw. c oder eine lichtbrechende Glasfläche wie in Abb. 161b) aufstellen, zeichnen sich alle doppelbrechenden Zonen hell oder dunkel darin ab, so als hielten wir im Labor eine Kristallplatte oder einen Cellophanstreifen zwischen zwei gekreuzte oder parallele Polarisationsfilter.

Dank seiner inneren Spannung zersplittert das Sicherheitsglas bei einem Zusammenprall nicht in scharfe, spitze Scherben, sondern zerplatzt in kleine Würfel, die sehr viel weniger gefährlich sind.

Das Phänomen ist besonders deutlich, wenn man im Auto sitzt, zur Frontscheibe hinaussieht und eine Polarisationsbrille trägt: Bei blauem Himmel erscheint dann das Muster der blauen Flecken sehr hell, ja sogar störend. – Achten Sie einmal darauf, wenn der Zug im Bahnhof steht und das Licht des glänzenden (polarisierten) Bahnsteigs auf die Fenster der Abteiltüren fällt.

Manchmal, wenn ich allein im Salon bin ... lasse ich unwillkürlich das Buch sinken; ich schaue durch die offene Balkontür auf die lockigen, herabhängenden Zweige der hohen Birke, auf die sich schon der Abendschatten senkt, und auf den blauen Himmel, an dem, wenn man scharf hinsieht, sich plötzlich ein winziger, gelblicher Punkt zeigt und wieder verschwindet.
Leo N. Tolstoj: *Kindheit, Knabenalter, Jünglingsjahre.*
Frankfurt, Leipzig 1976, S. 368. Übers. v. Hermann Röhl

208. Streuung von Licht an Nebel

Bei dichtem Nebel können wir Gegenstände oft schon in 1 km Entfernung nicht mehr erkennen, bei leichtem Nebel werden sie in 2 km Entfernung unsichtbar. Den dünneren Schleier, der vor einem dunklen Hintergrund bläulich erscheint, bezeichnen wir als Dunst. Die Tropfen sind hier kleiner als 2 μm meistens aber sind sie nur 0,4 μm groß.

Leichter Morgennebel, durch den die Sonne dringt, ist herrlich anregend und bringt eine lyrische Stimmung in die schlichteste Landschaft. Dichter Nebel behindert die Sicht, läßt aber nahe Bäume und Häuser so verschwommen aussehen, wie wir es ansonsten nur von Gegenständen in der Ferne gewohnt sind. Dabei fällt uns dann der große Sehwinkel auf, unter dem uns jene nahen Bäume und Häuser erscheinen, woraus für uns wiederum der Eindruck entsteht, als seien sie sehr hoch. Durch das Zusammenwirken all dieser Eindrücke, deren wir uns zumeist noch nicht einmal bewußt sind, verleiht Nebel großen Gebäuden die Stattlichkeit von Palästen und hebt Turmspitzen bis auf die Höhe der Wolken empor.[27]

Im allgemeinen sind die Gegenstände, die man durch dichten Nebel sieht, farblich nicht anders als sonst. Die Sonne ist wesentlich weniger hell, doch immer noch weiß, und weit entfernte Straßenlaternen haben keine erkennbar andere Farbe als die nächstgelegenen. – Dennoch gibt es auch andere Fälle: Gelegentlich sieht man die Sonne in beträchtlicher Höhe über dem Horizont *rot* durch dichten Nebel scheinen. Alles hängt natürlich von der Größe der Nebeltröpfchen ab: Die Lichtquelle erscheint rötlich, wenn die Tröpfchen annähernd so klein wie die Wellenlänge des Lichts sind und sie dann vorzugsweise blaue und violette Strahlen streuen, während gelbe und rote Strahlen ungehindert passieren (§ 194).

Es schmort, es schmaucht, es schmuggelwettert
- -
Hier und dort ein Fleckchen bohnernd,
Sitzt die Sonne in dem düstern Feld;
Rot, gleich einem alt zerschlißnen
Stück unbrauchbaren Kupfergelds.

Guido Gezelle: *Fiat Lux*

In solchen Fällen ist der Nebel an sich weiß, ganz entschieden weißer als die fahl-orangefarbene Sonne, denn er wird sowohl von den gestreuten als auch von den durchfallenden Lichtstrahlen beleuchtet. Bläulich ist solch ein dichter Nebel nicht, weil das gestreute Licht etwa 99 % des einfallenden Lichts ausmacht und insgesamt ziemlich weiß sein muß, auch wenn jedes Volumenelement hauptsächlich Blau streut.

Überzeugen Sie sich davon, *daß dichter Nebel die Schärfe der Umrisse von Gegenständen nicht beeinträchtigt.* Ein Schleier diffusen Lichts breitet sich über alles aus, so daß Kontraste verschwinden, doch es entstehen keine verschwommenen Übergänge zwischen hellen und dunklen Bereichen.

27 Vaughan Cornish: Geogr. Journ. *67,* 506, 1926.

Verhältnismäßig große Tröpfchen streuen das meiste Licht nach vorn, unter kleinen Winkeln zur ursprünglichen Einfallsrichtung (§ 194). – Daher ist leichter Nebel in kleinem Winkelabstand zur Sonne um vieles deutlicher sichtbar. Jeder kennt die wunderschönen Fotos von sonnigem Nebel im Wald: Es sind Gegenlichtaufnahmen, bei denen die Kamera ganz nahe gegen die Sonne gerichtet wird.

Bei dichterem Nebel ist am auffallendsten, daß die Schatten «*körperlich*» werden (Abb. 162). Wenn Sie auf einen Baum zugehen, dessen Stamm von der Sonne beschienen wird, sehen Sie in den Richtungen AW und BW sehr viel Licht, weil dort viele streuende Nebeltröpfchen die Luft gleichsam zum Selbstleuchten bringen. In Richtung CW geht Ihr Blick durch unbeleuchtete Luft, und Sie sehen deshalb weniger Licht. Gehen Sie ein Stück zur Seite bis W', dann schieben sich helle und dunkle Zonen des Nebels übereinander, der Schatten wird undeutlich; außerdem erreicht uns dann fast kein Licht aus den Richtungen AW' und BW', weil die Streuung unter diesen recht großen Winkeln nur unwesentlich stärker ist.

So liegt hinter jedem Zweig, jedem Pfahl ein Schatten im Raum, und diese Schatten bemerken Sie so lange nicht, wie Sie sich genau dahinter befinden. Noch bemerkenswerter ist das Schauspiel am Abend, wenn jede

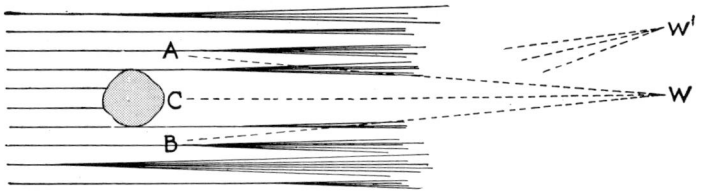

Abb. 162
Das Entstehen von Schatten hinter einem Gegenstand im Nebel.

Straßenlaterne, jeder Autoscheinwerfer den Nebel zum Leuchten bringt und sich hinter jedem Gegenstand Schattenstreifen abzeichnen, die man jedoch nur von der Rückseite sieht. Ein Spaziergang bei Nebel ist ein wahrer Genuß für das Auge!

Besonders frappant ist bei solch nebligem Wetter der Schatten, der senkrecht über einem Turm steht, oder der Schatten über einem Pfahl, der eine Straßenlaterne genau verdeckt. Dieses wundersame Phänomen ist einfach zu erklären: Man stellt sich vor, daß hinter dem Turm ein Schattenraum ABCDEF liegt, innerhalb dessen keine Sonnenstrahlen auf den Nebel treffen (Abb. 163). Auf einen Beobachter W, der sich in der mittleren Ebene dieses Raumes befindet und in Richtung WV blickt, wird also von VW weniger Licht fallen als von V'W daneben. So sieht er also den Schattenraum über den Turm hinausragen. Geht er ein paar Schritte

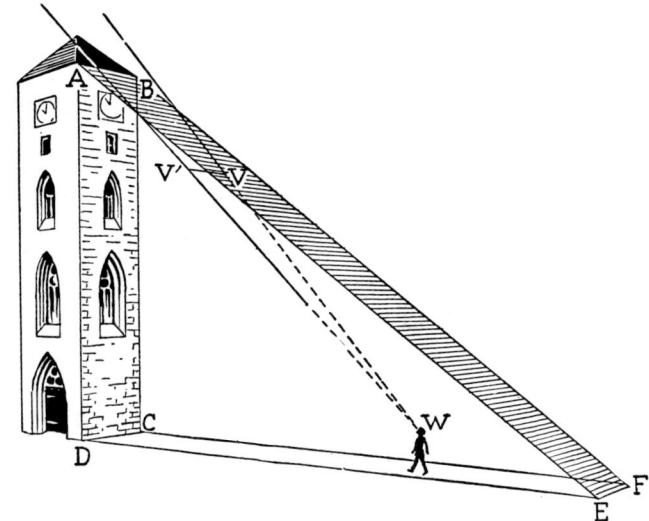

Abb. 163
Bei Nebel scheint
sich ein Schatten
über jedem Turm zu
erheben, den man in
Richtung Sonne
sieht.

nach links oder rechts, sieht er die dunkle Masse etwas weiter rechts oder links des Turms. Irgendwann macht sich unter noch größeren Winkeln die Streuung des Nebels nicht mehr bemerkbar, so daß auch der Schatten verschwindet (vgl. auch § 10).

Manchmal kann man die Schattenstrahlen bereits aus einer schrägen Richtung sehen: morgens, im Frühjahr, wenn die Sonnenstrahlen schräg über die Häuserdächer fallen und wir etwa entlang der sich schwach am Himmel abzeichnenden Schattengrenze blicken. Dann vor allem ist es wichtig, daß wir durch eine größere Strecke beleuchteten – und daneben unbeleuchteten – Himmels blicken.

Viel schwieriger zu beobachten ist die *Rückstreuung* durch den Nebel. Er muß aus feinen Tröpfchen bestehen und dennoch dicht sein, und wir brauchen eine sehr helle Lichtquelle hinter uns und einen dunklen Hintergrund vor uns. Mitunter genügt es, abends bei Nebel das Fenster zu öffnen und eine starke Lampe hinter sich aufzustellen, um den eigenen Schatten auf den Nebel projiziert zu sehen.[28] Beachten Sie: Der Schatten fällt nicht auf den Boden. Er ist nämlich auch noch da, wenn sich die Lampe etwas weiter unten befindet als Ihr Kopf. Lassen Sie Ihren Augen Zeit, sich an die Dunkelheit zu gewöhnen, und schirmen Sie seitlich einfallendes Licht mit den Händen ab (Abb. 164). Der Schatten Ihrer Arme auf dem Nebel ist stark in die Länge gezogen, der Ihres Körpers erscheint kegelförmig und riesig; alle Schattenstrahlen konvergieren auf den Schatten Ihres Auges zu, der zugleich der Gegenpunkt der Lampe ist. Um diesen Punkt liegt ein großer Lichtschein, der Ihnen insbesondere dann in aller Deutlichkeit bewußt wird, wenn Sie sich etwas hin- und herbewegen.

28 Richarz, F.: Met. Zs. 25, 19, 1908.

Abb. 164
«Das Brockengespenst».

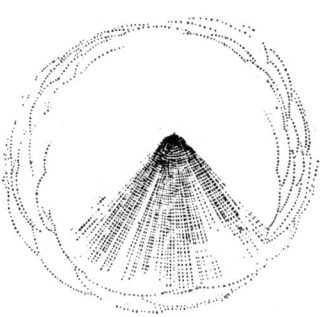

Diese ganze wunderliche Szenerie ist nichts anderes als das, was man als das «Brockengespenst» bezeichnet, welches bei Nebel und Sonne von dem hohen Gipfel des Brockens aus einen solch überwältigenden Eindruck macht. Das «Riesenhafte» an dieser Erscheinung hängt damit zusammen, daß der Schatten nicht auf eine ebene Fläche fällt, sondern sich über eine große Tiefe von ca. 10 m erstreckt. – Radfahrer können ihren Schatten auf Nebel stark vergrößert sehen, wenn sich ein Auto von hinten nähert und sie von dessen grellen Scheinwerfern angestrahlt werden; diese Erscheinung ist sogar schon dann zu sehen, wenn ein zweiter Radfahrer seine Lampe auf den Kopf des Vordermannes richtet. – Der Lichtschein und die sich darin abzeichnenden Schatten entstehen dadurch, daß die Nebeltröpfchen einen kleinen Teil des Lichts zurückstreuen. All die Bündel, die auf den Schatten unseres Auges zu *konvergieren* scheinen, sind in Wirklichkeit *parallel* (oder annähernd parallel). Vgl. §§ 217, 221, 248.

In großem Maßstab kann sich der Schatten eines Berges, auf dem wir stehen, im Morgennebel abzeichnen.

209. Die Streuung an Wolken

Es ist bemerkenswert, wie bestimmte Sorten von Wolken die scharfe Kontur der Sonne so verwischen, daß nur noch eine Lichtmasse übrigbleibt, die nach außen hin schwächer wird. Durch Altostratuswolken beispielsweise scheint die Sonne wie durch Mattglas. Demgegenüber dämpfen Nebel und einige andere Wolkenarten zwar die Helligkeit der Sonnenscheibe und erzeugen einen diffusen Lichtschleier, der Rand der Sonnenscheibe aber bleibt messerscharf (§ 208).

Wie wir uns die Lichtstreuung im ersten Fall vorzustellen haben, ist noch nicht vollkommen geklärt. Denkbar wäre eine ungleichmäßige Refraktion aufgrund unterschiedlicher Temperatur und Feuchtigkeit in den einzelnen Luftschichten.

210. Die Sichtbarkeit von Regen- und Wassertropfen

Es lohnt sich, sich während eines Regenschauers einmal danach umzu-
schauen, wo wir den Regen am deutlichsten fallen sehen. Vor dem hellen
Himmel als Hintergrund sieht man die Tropfen nicht, auch nicht vor dem
Erdboden, sehr wohl aber vor Häusern und Bäumen. Anscheinend werden die Tropfen erst sichtbar, wenn sie das Licht von seiner Bahn ablenken und Licht dorthin bringen, wo es dunkel war. Offenbar lenkt ein
Tropfen die Lichtstrahlen hauptsächlich *um kleine Winkel* zwischen
0 und 45° ab. Je stärker sich bei einer geringen Richtungsänderung die
Lichtstärke des Hintergrundes ändert, desto deutlicher sind die Tropfen
zu erkennen. Wenn die Sonne während eines Regenschauers scheint, sehen wir besonders deutlich, wie die Tropfen um die Sonne herum hell
funkeln: Die Sonne ist um so vieles heller als der Himmel, daß jeder
Tropfen auffällt, der die Strahlen bricht. Diese glänzenden Striche des

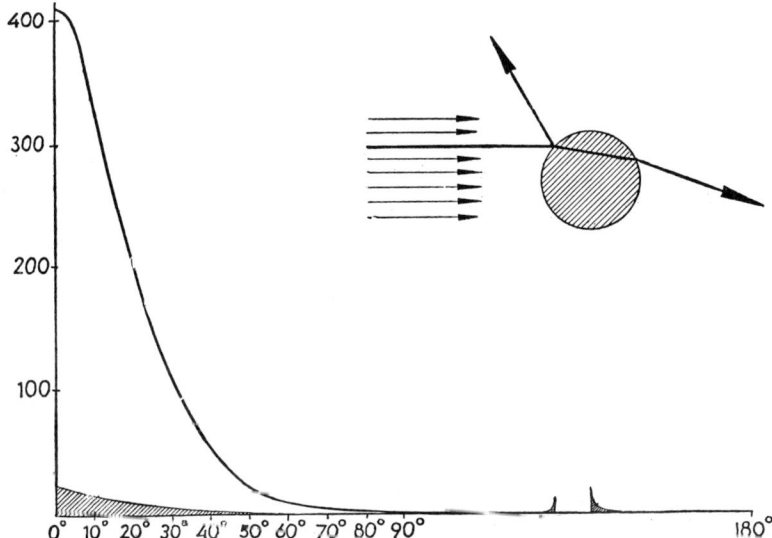

Abb. 165
In Regentropfen glitzerndes Sonnenlicht wird nach mehreren Richtungen reflektiert und
gebrochen. Verteilung des Lichts über verschiedenen Ablenkungswinkeln (schraffiert:
Anteil der reflektierten Strahlen; bei 138° und 129°: Haupt- und Nebenregenbogen).

fallenden Regens tragen zu einem wesentlichen Teil zu der besonderen
Stimmung bei, die sich in solchen Momenten über die Landschaft ausbreitet. Doch auch der Kontrast zwischen dem fröhlichen Sonnenlicht und
dem düsteren Himmel spielt hierbei eine Rolle.

Beachten Sie, daß man die Tropfen fast immer als helle Perlen vor
dunklem Hintergrund sieht, selten sieht man sie dunkel vor hellem Him-

mel. Auch hier trifft wieder das allgemeine Gesetz zu, wonach das Auge *Verhältnisse* von Lichtstärken registriert und nicht die *Differenz* (§ 77). Lenkt ein Tropfen 10 von 100 Lichteinheiten ab, dann ist das Licht im Vergleich zu einem dunklen Hintergrund von 5 Lichteinheiten sehr stark; dagegen fällt eine Verringerung von 100 auf 90 Lichteinheiten kaum auf. Dennoch können wir große Tropfen direkt vor uns als etwas Dunkles fallen sehen, beispielsweise die Tropfen, die vom Regenschirm herabfallen. Bei einem heftigen Regenschauer sehen wir dort, wo der düstere Wolkenvorhang ein klein wenig aufgerissen ist, eine schwarze Schraffierung.

Vergleichbare Erscheinungen sind an Springbrunnen und dem Sprühregen von Rasensprengern zu beobachten. Mit den üblichen optischen Gesetzen läßt sich berechnen, wie groß der Anteil der an der Oberfläche reflektierten und der durch den Tropfen gegangenen und gebrochenen Strahlen an der Lichtverteilung in der Landschaft ist (Abb. 165). Es zeigt sich, daß letztere die weitaus größte Rolle spielen und daß sie das Licht tatsächlich um sehr kleine Winkel ablenken, was wir bereits aus der unmittelbaren Beobachtung geschlossen hatten.[29]

211. Die Lichtstreuung an einer taubenetzten Wiese[30]

Ich sitze im Zug und lasse den Blick über die ausgedehnten Wiesen schweifen, die von der frühen Morgensonne beschienen werden. Sie sind gleichmäßig und dicht mit Tau bedeckt. Die Bewegung des Zuges erleichtert es mir, Einzelheiten nicht zu beachten und die Landschaft als Ganzes zu erfassen. Es fällt mir auf, daß in der Ferne die Wiese in Richtung Sonne erstaunlich viel Licht streut: Die Farbe des Grases ist kaum zu erkennen, sie ist dort um vieles weißer als in meiner Nähe.

Natürlich sind es Tautropfen, die solchermaßen aufleuchten; in den mir am nächsten gelegenen Bereichen der Wiese sehe ich nur sporadisch einzelne Lichtpünktchen, mit zunehmender Entfernung aber werden sie zahlreicher und heller.

Die Erklärung ist einfach: *Weiter weg ist der Winkel zwischen einfallendem und reflektiertem Strahl am größten und der Ablenkungswinkel am kleinsten.* Aus dem vorangehenden Paragraphen wissen wir, daß das gestreute Licht dort dann auch am stärksten sein muß, und ebenso leuchtet ein, daß das Phänomen hauptsächlich bei tiefstehender Sonne sehr deutlich sein muß.

29 Ausführliche Berechnungen von Wiener, Chr.: Nov. Act. Leop. *73,* 106, 1900.
30 In anderen Fällen wurde meine Beschreibung des Phänomens nur zum Teil bestätigt. Weitere Beobachtungen an sehr gleichmäßigen Wiesen wären wünschenswert.

212. Die Lichtstreuung an beschlagenen Fensterscheiben

Durch die beschlagenen Scheiben eines Zugabteils sehen Sie die Straßenlaternen draußen als Lichtflecken, die einmal größer, einmal kleiner erscheinen, je nachdem, wie das Fenster beschlagen ist. Der Radius r solch
eines Flecks kann leicht geschätzt und der Abstand A zum Auge bestimmt
werden (Abb. 166). Sie stellen fest, daß die Streuung praktisch schon bei
einem Winkel von α = r/A = 0,05 bis 0,10 rad aufhört, was 3 bzw. 6°
entspricht.

Tatsächlich sind die lichtstreuenden Tropfen hier keine Kügelchen,
sondern flache Kugelsegmente. Am stärksten werden die Strahlen abgelenkt, die am Rand eines solchen Tropfens auftreffen. Sie werden wie von

Abb. 166
Lichtbrechung in
Wassertropfen auf
einer Fensterscheibe.

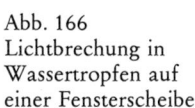
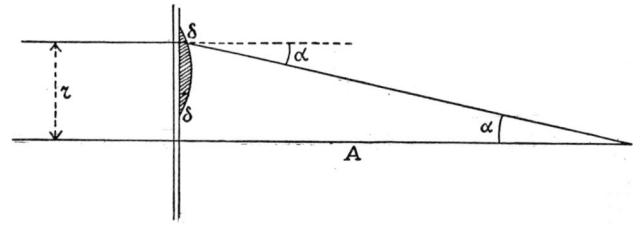

einem Prisma gebrochen und um einen Winkel von ungefähr
$\alpha = (n-1)\,\delta$ abgelenkt, wenn δ der Brechungswinkel und n die Brechzahl 1,33 ist. Da α zwischen 3 und 6° beträgt, muß δ = 10 bis 20° sein.

213. Die Sichtbarkeit von in der Luft schwebenden Partikeln [31]

Für alle Teilchen, die in der Luft schweben, gilt in etwa das gleiche wie für
Wassertropfen. Staubwolken und Rauchsäulen sind in Richtung Sonne
besser zu sehen als in entgegengesetzter Richtung.

Bei sonnigem Wetter sehen wir in ebenen Landschaften auf der Sonnenseite häufig einen leichten Dunstsaum, der bis ca. 3° über den Horizont reicht. In 1 km Entfernung sind Farben in der Landschaft schon
nicht mehr deutlich zu erkennen, ferne Kirchtürme sind unsichtbar. Auf
der entgegengesetzten Seite ist dieselbe Schicht als dunkler Saum entlang
des Horizonts zu sehen. Wenn am Abend der Mond aufgeht, ist er zuerst
kräftig rot und wird dann erstaunlich schnell gelblichweiß. Besonders
deutlich sieht man den Dunstsaum – hell und weiß in Richtung Sonne,
dunkel und bräunlich ihr gegenüber – in dem Augenblick, da man an die
obere Grenze dieser Schicht gelangt, beispielsweise, wenn man einen
Berg besteigt oder im Flugzeug sitzt. In einer Höhe von ca. 80° liegt der

31 Byran, G.M.: M. W. R. *64*, 259, 1936.

Übergang, wo die Schicht ungefähr die gleiche Helligkeit besitzt wie der Himmel.[32]

Wenn man sich bei leichtem Nebel in den Schatten eines Schornsteins stellt, ist die Sonne von einer hellen Lichtaureole umgeben, die so lange nicht auffällt, wie man vom grellen Sonnenlicht geblendet wird. Gelegentlich ist diese Aureole rot umrandet. Auch wenn kein Nebel herrscht, ist um die Sonne ein solcher, wenn auch schwächerer Lichtschein zu sehen. Dieser rührt von Staub und Wassertröpfchen her (§ 227).

Umherschwirrende Insekten sieht man auf der Sonnenseite als Lichtfunken, in der anderen Richtung dagegen sind sie beinahe unsichtbar. – Die Grannen von Roggenähren, die in den Himmel aufragen, glänzen in prächtigem Purpurrot, wenn sie von der tiefstehenden Abendsonne beschienen werden und man in Richtung Sonne blickt. – Überall glitzern trockene Blätter, Steine und Zweige, wenn man in Richtung Sonne sieht, doch nur wenig oder gar nicht in der entgegengesetzten Richtung. – Eine Rauchsäule ist in Richtung Sonne 10- bis 20mal so hell wie in Gegenrichtung.

In der Tat wird Licht an den Rändern eines Schirms nur um einen kleinen Winkel abgelenkt. Dasselbe gilt für die Reflexion, Brechung oder Beugung an Kügelchen, sofern diese nicht allzu klein sind (§§ 181, 194, 210). Gegenstände mit ungleichmäßiger Oberfläche sind näherungsweise als Schirme oder Kügelchen zu beschreiben.

214. Suchscheinwerfer[33]

In der Nacht kann man am Strahlenbündel eines Suchscheinwerfers verschiedene interessante Beobachtungen machen. Zunächst müssen wir uns klarmachen, daß das Bündel unsichtbar wäre, gäbe es nicht die Staubpartikel und Tröpfchen in der Luft, die von ihm angestrahlt werden. Die Helligkeit des Bündels ist daher ein Indikator für die Reinheit der Luft.

Es erscheint verwunderlich, daß das Strahlenbündel selbst dann so abrupt endet, wenn die Luft ganz klar ist und auch keine Wolke am Himmel hängt, die wie ein «Schirm» wirken könnte. Erklärung: Der Beobachter W empfängt Licht von AW, BW und CW sowie von allen anderen Punkten des Bündels, doch so weit dieses Bündel auch reichen mag, keinen seiner Punkte sieht der Betrachter unter einem größeren Winkel als DW, parallel zu LC (Abb. 167). Diese Richtung, in der wir das Bündel «enden» sehen, zeigt also genau an, welche Lage das Bündel im Raum einnimmt. Daß noch so viel Licht von solch weit entfernten Abschnitten des Bündels kommt, liegt daran, daß der Sehstrahl das Bündel schräg schneidet, also

---

32 Met. Zs. *31,* 257, 1914. – Löhle: Zs. f. angew. Meteor. *60,* 269, 1943.
33 Minnaert M.: Hemel en Dampkring *29,* 89, 1931. – Es gibt zahlreiche moderne Untersuchungen mittels komplizierter Instrumente.

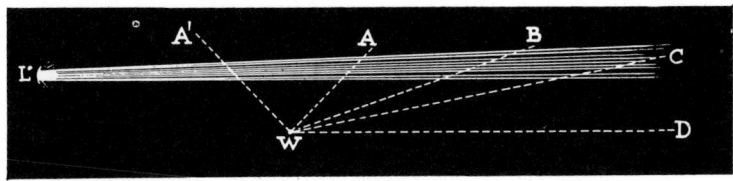

Abb. 167
Der Strahl eines Suchscheinwerfers scheint in einer ganz bestimmten Richtung abrupt zu
enden. Die Abbildung liefert die Erklärung dafür.

eine dickere Schicht lichtstreuenden Staubs passiert, während er in Richtung AW nur über eine kurze Strecke durch die angestrahlte Luft verläuft.

Stellen Sie sich nahe an das Bündel, und vergleichen Sie die Lichtstärke unter Winkeln von 45° und 135°: Die Vorwärtsstreuung A'W ist
wesentlich stärker als die Rückwärtsstreuung AW. Trotzdem sehen wir in
beiden Fällen dieselbe Menge lichtstreuenden Staubs in der Sehlinie. Der
Durchmesser des Bündels bei A unterscheidet sich so wenig vom Durchmesser bei A', daß dieser keine Rolle spielt. Die Ursache ist vielmehr in
der asymmetrischen Streuung der Staubpartikel zu suchen. Diese sind relativ groß und streuen daher vor allem nach vorne (§ 194). Der Versuch
ist noch aussagekräftiger, wenn man in der Nähe eines Leuchtturms steht
und zwei Bündel in dem Augenblick miteinander vergleicht, da das eine
auf uns zu und das andere von uns weg schwenkt.

Etliche dieser Beobachtungen können selbst am Lichtstrahl einer *guten* Taschenlampe gemacht werden, vorausgesetzt, die Umgebung ist
dunkel genug. Mit solch einer Lampe kann man auf einen bestimmten
Stern deuten, so deutlich ist «das Ende» des Strahls![34]

215. Die Trübung der Luft und ihr Einfluß auf die Sicht[35]

Mittels eines einfachen Versuchs werden wir zeigen, wie sich die Sichtbarkeit ferner Gegenstände aufgrund der Lufttrübung verschlechtert.

Betrachten Sie einen dunklen Gegenstand nahe dem Horizont. Halten Sie sich ein dünnes Glasplättchen, z.B. einen Objektträger, vor die
Augen und kippen Sie es: Die Formschärfe des Gegenstandes verringert
sich stark. Näherungsweise gilt:

Kontrast bei getrübter Luft = normaler Kontrast · (1 − R), wobei R
das Reflexionsvermögen des Plättchens ist (s. § 63).

Wegen der Polarisation sind quantitative Messungen nicht möglich, doch
der Effekt ist qualitativ deutlich ausgeprägt. Noch eindrucksvoller

34 Davis: Science *76*, 274, 1932.
35 McDonald, J.E.: Journ. Atmosph. Sciences *19*, 114, 1962.

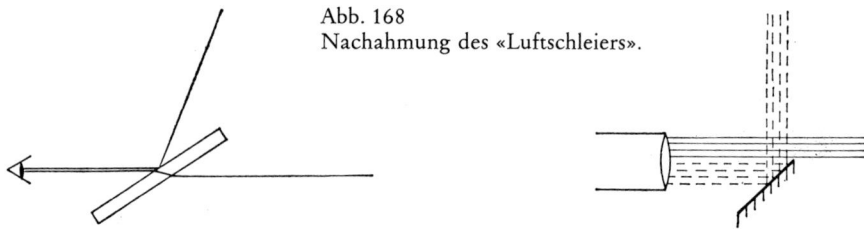

Abb. 168
Nachahmung des «Luftschleiers».

wird er, wenn Sie ein Fernglas haben und das Objektiv zur Hälfte mit einem Spiegel abdecken, welcher den Himmel ins Fernglas reflektiert (Abb. 168). Vgl. § 82.

216. Die Sicht[36]

Von einem Aussichtspunkt aus sucht man mehrere markante Stellen in zunehmendem Abstand, beispielsweise Fabrikschlote oder Kirchtürme ferner Dörfer, deren Entfernung mit einer guten Karte zu bestimmen ist. Nun bestimmt man täglich, welcher Punkt gerade noch zu sehen ist. Diese Entfernung nennt man «die Sicht».[37] Sind nicht genügend geeignete Vergleichspunkte vorhanden, dann schätzt man die Sicht nach dem allgemeinen Eindruck und trägt die geschätzten Werte in eine Skala von 0 bis 10 ein. Diese Werte werden natürlich durch ein komplexes Zusammenspiel vielerlei Faktoren bestimmt, insbesondere durch die Anzahl der Wassertröpfchen und der Staubpartikel in der Luft, welche das Licht streuen und es sowohl über die dunklen als auch über die hellen Partien der Landschaft verbreiten. Angenommen, das Objekt reflektiert eine Lichtmenge A, die Luftschicht davor eine Lichtmenge B, die Luftschicht dahinter die Lichtmenge C. Nehmen wir ferner an, daß uns von ihnen die Lichtmengen a, b und c erreichen. Dann ist die Sichtbarkeit des fernen Objekts gegeben durch

$$\frac{a+b}{b+c},$$

und von genau diesem Quotienten hängt «die Sicht» ab. Man würde erwarten, daß die Sicht nicht nur von atmosphärischen Bedingungen abhängt, sondern auch in gewissem Maße vom Sonnenstand. Um diesen Einfluß auf ein Minimum zu beschränken, hat man sich darauf geeinigt,

36 Knowles Middleton, W.E.: *Visibility in Meteorology*. Toronto 1941; *Vision through the Atmosphere*. Toronto 1952. – Sebastian: Beitr. z. Geophysik *45*, 35, 1935. – Löhle, F.: *Sichtbeobachtungen*. Berlin 1941. – Alle Autoren verweisen auf die sehr umfangreiche Literatur.
37 Genauere statistische Daten erhält man, indem man den Sichtbarkeits*grad* des am weitest entfernten, noch sichtbaren Objekts schätzt und in eine Skala von 1 bis 5 einträgt. Vgl. Faitzik, L.: Zs. f. Meteor. *5*, 1, 1951.

am besten dunkle Gegenstände als markante Punkte auszuwählen, die man unter einem Winkel von mindestens 0,5° und höchstens 5° vor dem Hintergrund des Himmels sieht. Der Beobachter sollte die Augen so gut als möglich gegen seitliches Licht abschirmen, etwa indem er die Hand über die Augen hält oder durch ein innen geschwärztes Rohr sieht. Sind diese Bedingungen erfüllt, kann man nachweisen, daß die Sicht seltsamerweise kaum von der Richtung der Sonne oder der Gestalt der markanten Punkte abhängt. Auch deren Farbe spielt nur eine relativ geringe Rolle, da weit entfernte Gegenstände aufgrund der Vorhangwirkung des gestreuten Lichts sowieso immer ihre Farbe einbüßen und grau werden, bevor sie vollends unsichtbar werden.

Die Sichtbarkeit derselben Objekte ist nachts wesentlich geringer als tagsüber, denn der Schwellenwert für die Wahrnehmung von Helligkeitsverhältnissen liegt dann sehr viel höher (§ 79). Bei Vollmond ist die Sicht auf etwa ⅓ der Sicht bei Tag reduziert. – Meistens bewertet man jedoch besser die Sichtbarkeit von Laternen, deren Entfernung bekannt ist, oder man bestimmt, auf welcher Höhe über dem Horizont ein Stern der 1. Größe sichtbar wird. Diese Bestimmungen werden natürlich nicht mit den tagsüber durchgeführten übereinstimmen – die gemessene Größe ist im Grunde eine andere.

Verschiedene Beobachter haben unzählige Sichtbeobachtungen durchgeführt und ihre Ergebnisse statistisch ausgewertet. Der Hauptfaktor, der die Sicht bestimmt, ist wohl die Menge an Staub, die der Wind mit sich trägt.

In Küstennähe, weitab von Städten und Fabriken scheinen die großen Partikel aus Kochsalzkristallen zu bestehen, die von den Millionen Tröpfchen Meerwassers stammen, welche durch die Brandung des Meeres in die Luft geschleudert werden. Über dem Festland finden wir hauptsächlich Ammoniumsulfat $(NH_4)_2SO_4$: Die Industrie stößt große Mengen an Verbrennungsgasen aus, die sowohl Ammoniak NH_3 als auch Schwefeltrioxid SO_3 enthalten. Diese Gase verbinden sich zu Kristallen oder lösen sich in feinsten Tröpfchen. In Industriezentren gibt es außerdem Ruß und andere Rauchteilchen, die sich damit zusammenklumpen. «Polarluft» aus nördlichen Breiten ist besonders staubarm und gewährt daher die beste Sicht. Beispiele dafür sind die schmalen Hochdruckkeile, die man gelegentlich auf Wetterkarten zwischen zwei Tiefdruckgebieten sieht, sowie die Nordwest-Böen.

An der niederländischen Küste führt der Seewind rauchfreie Luft mit sich, der Landwind dagegen Luft, die über dichtbevölkerten Landstrichen gelegen hatte. Der Westwind sorgt daher für klarere Sicht als der Ostwind. Derartige Vergleiche sollten aber bei gleicher Luftfeuchtigkeit gezogen werden, also bei ungefähr gleicher Differenz zwischen trockenem und nassem Thermometer.

Bei der Sicht auf geringe Entfernungen (< 1 km) spielt eine Rolle,

daß um die Staubkerne herum Wasserdampf kondensiert und die so gebil-
deten Tröpfchen das Licht streuen. Daher ist neben dem Staubgehalt
auch die Luftfeuchtigkeit von Bedeutung: Je feuchter die Luft ist, desto
schlechter ist die Sicht. Vor allem bei einer Luftfeuchtigkeit von über 70 %
macht sich dies bemerkbar sowie dann, wenn die Partikel aus Salzkristal-
len bestehen.

In einem schottischen Ort war die Sicht um gut 6- bis 9mal besser,
wenn der Wind von den Bergen her wehte, als wenn er von einem dichtbevölkerten Landstrich her kam. Der Einfluß der Luftfeuchtigkeit ist daraus ersichtlich, daß die Sicht bei einem Psychrometerunterschied von 8°
ungefähr 4mal besser war als bei 2°. Anschaulicher wird die Vorstellung,
wenn man auf der Karte in der Richtung, aus der der Wind weht, Linien
einträgt und sie so lang zeichnet, daß sie proportional zur Sichtweite sind.
Dieses führt man bei verschiedenen Feuchtigkeitsgraden durch. So erhält
man eine Schar von Kurven, die die mittlere Durchsichtigkeit von Luft
verschiedenen Ursprungs darstellt. – Bei Streiks ist die Sicht plötzlich
besser!

Steht eine Luftmasse längere Zeit unbeweglich, sinken die Staubpartikel aus den höheren Schichten ab, d.h., bei stabilen Hochdruckgebieten
wird die Sicht zunehmend schlechter. Aufsteigende Luftströme, wie sie
bei windigem, sonnigem Wetter entstehen, transportieren die Staubteilchen nach oben und verbessern so die Sicht. Regen und Schneeschauer
nehmen die Partikel mit und reinigen auf diese Weise die Luft. Deshalb ist
die Sicht bei windigem Wetter besser, sie ist im Sommer (März bis Oktober) besser als im Winter und nachmittags besser als morgens. Nach einer
langen Regen- oder Schneefallperiode ist fast der gesamte Staub aus der
Luft entfernt und die Sicht ausgezeichnet.

Alle Tröpfchen, Eisnadeln, Staub- und Rauchpartikel sowie Salz-
körnchen, die in der Luft verteilt sind, werden unter dem Begriff «Aero-
sole» zusammengefaßt.

Analysieren Sie die Sicht auch unter Verwendung eines roten Glases bei der Beobachtung, vor allem dann, wenn blauer Dunst alles in der Ferne überzieht. Ist es richtig, daß Sie
so Einzelheiten entdecken können, die Sie im weißen Licht nicht sahen?[38] Vgl. § 200.

Ein und dieselbe Menge Wassers pro m³ Luft verursacht je nach
Tropfengröße eine völlig andere Undurchsichtigkeit.

V sei das Wasservolumen pro Einheit Luftvolumen und bestehe aus
Tropfen mit einem Durchmesser d, habe also ein Volumen von etwa d³.
Wir erhalten dann V/d^3 Tropfen; jeder Tropfen schirmt eine Fläche von
ca. d² ab, insgesamt

$$\frac{Vd^2}{d^3} = \frac{V}{d}.$$

38 Löhle: Met. Zs. 55, 54, 1938.

Je kleiner die Tropfen sind, desto geringer ist demnach die Durchsichtigkeit.[39]

In Wirklichkeit aber ist die Wassermenge pro m³ je nach Art des Regens sehr unterschiedlich, und in jedem Regen gibt es Tropfen verschiedener Größe.

Es gibt aber Fälle, in denen die Sicht während eines Platzregens beträchtlich schlechter wird, nämlich dann, wenn die Tropfen beim Auftreffen auf den Boden fein verteilt aufspritzen und wir uns in geringer Höhe über dem Boden befinden.

217. Das «Wasserziehen» der Sonne

Also gingen die Zwei entgegen der sinkenden Sonne,
Die in Wolken sich tief, gewitterdrohend, verhüllte,
Aus dem Schleier, bald hier, bald dort, mit glühenden Blicken
Strahlend über das Feld die ahnungsvolle Beleuchtung.

J.W.v. Goethe: *Hermann und Dorothea*, VIII. Gesang, Vers 1

An einem frischen, strahlend sonnigen Herbstmorgen dringt überall Licht durch das Laub der Bäume. Von weitem sehen wir, wie sich Lichtbündel wunderbar parallel in der nebligen Luft abzeichnen. Kommen wir aber näher, scheint es, als seien diese Lichtbündel nicht mehr parallel, sondern als strahlten sie von einem Punkt aus: von der Sonne.

Sonnenstrahlen zeichnen sich in diesiger Luft ab (Foto: Pekka Parviainen).

39 Dies gilt jedoch nicht mehr, wenn d kleiner als die Wellenlänge des Lichts ist, denn das Licht wird dann am Tropfen gebeugt.

Eine solche Erscheinung kommt auch in größerem Maßstab vor: wenn sich die Sonne hinter schweren, vereinzelten Wolken verbirgt und die Luft voll feinem Nebel hängt. Gruppen von Lichtbündeln, die von der Sonne ausgehen, dringen hier und dort durch die Wolkenlücken und zeichnen – aufgrund der Lichtstreuung an den feinen Nebeltröpfchen – ihre Spur in die Luft. All diese Strahlen verlaufen in Wirklichkeit *parallel* (ihre Verlängerungen gehen zwar durch die Sonne, doch diese ist so weit entfernt, daß man durchaus von «parallel» sprechen darf). Bedingt durch die Perspektive kommt es uns jedoch so vor, als gingen die Lichtbündel von einem Punkt aus, ihr «Fluchtpunkt» ist die Sonne, ähnlich wie Eisenbahnschienen in der Ferne zu konvergieren scheinen. Beachten Sie, daß die Lichtbündel bei den schattenwerfenden Wolken beginnen; zwischen Sonne und Wolken herrscht nur ein diffuses, strahlendes Licht.

Wenn die Wolken weiterziehen, werden die Lichtbündel einmal stärker, einmal schwächer, oder sie verschieben sich usw. Mitunter sind die Lichtbündel fast über der gesamten Landschaft zu sehen, andere Male ist es eine einzige Wolke, die die Sonne verbirgt und einen Schatten wirft.

Auch der Mond kann derartige Lichtbündel hervorbringen[40], aber bei seiner geringen Lichtstärke sind die Bündel nur zu sehen, wenn die Luft das Licht in erheblichem Maße streut. Diese Erscheinung ist selten und mutet unheimlich und düster an.

Woher kommt im deutschen Sprachgebrauch wohl die Bezeichnung «Wasserziehen»? Stellen wir uns vor, das Wasser würde entlang der Bahn dieser Lichtbündel aufgesogen? In den Niederlanden sagt man, «die Sonne steht auf Beinen», wenn sie hoch steht und die Lichtbündel steil sind. In England nennt man das Phänomen «Jakobs-» oder «Engelsleiter».

Weshalb sieht man die Strahlenbündel lediglich in geringen Winkelabständen von der Sonne, aber kaum einmal in 90° Winkelabstand? – (Vgl. § 208).

218. Die Sonne unter dem Horizont

Die folgende Tabelle soll als praktisches Hilfsmittel bei der Beobachtung von Dämmerungserscheinungen dienen. In der ersten Spalte ist die tatsächliche Sonnentiefe unter dem Horizont ohne Berücksichtigung der atmosphärischen Refraktion angegeben, und aus der jeweils dazugehörigen Zeile ist ersichtlich, nach wievielen Minuten nach Sonnenuntergang dieser Stand erreicht ist. Wählen Sie die Spalte, die am ehesten der Jahreszeit entspricht, zu der Sie beobachten. Strenggenommen gilt diese Tabelle nur für die Mittelniederlande.

40 Met. Zs. *7*, 1890.

Deklination δ	$-20°$ 21. Jan. 22. Nov.	$-10°$ 23. Feb. 20. Okt.	0 21. März 21. Sept.	$+10°$ 16. April 28. Aug.	$+16°$ 5. Mai 9. Aug.	$+20°$ 21. Mai 24. Juli	$+24°$ (21. Juni)
Untergang um	17^h07 16^h41	18^h09 17^h37	18^h54 18^h41	19^h38 19^h37	20^h08 20^h17	20^h35 20^h41	21^h03

Höhe unter dem Horizont	Zeit nach Sonnenuntergang in Minuten						
0°	0	0	0	0	0	0	0
2°	15	14	14	13	15	16	18
4°	28	28	26	28	30	33	37
6°	45	40	39	42	46	50	58
8°	59	53	52	56	62	69	80
10°	73	65	66	71	79	89	107
12°	87	79	87	98	113	113	137
14°	100	92	92	103	118	137	221
16°	114	105	106	119	139	171	–

219. Die Dämmerungsfarben[41]

Als die erste gelbe Morgenröte
Glänzte über Wies' und Wasser.

J. Reddingius: *Johanneskind*

Es gibt wohl kaum jemanden, der einen Sonnenuntergang nicht am liebsten mit goldenen Wolken ausgeschmückt sehen möchte, die tief aus ihrem Innern in warmer Farbe leuchten; mit kindlicher Befriedigung erkennt man einen Löwen oder ein Kamel, ein glühendes Schloß oder ein phantastisches Flammenmeer in diesen Wolken. Dem Physiker aber ist daran gelegen, seine Beobachtungen mit dem einfachsten Fall zu beginnen: einem vollkommen wolkenlosen, klaren Himmel. Er untersucht feine Farbnuancen, die zartesten Farbtöne, die Übergänge zwischen dem Blau des Tages und dem tiefen Dunkel der Nacht, die erst mit einiger Übung zu sehen sind, die aber immer in etwa derselben Reihenfolge wie-

41 Hierzu gibt es umfangreiche Literatur, u.a. zusammengefaßt in Pernter-Exner sowie in Gruner, P., und Kleinert, H.: *Die Dämmerungserscheinungen*. Hamburg 1927. – Gruner, P.: *Hdb. d. Geophysik*, Kap. 8, S. 432 bis 526, 1939. – Ein sehr persönlich gehaltenes, ausgezeichnetes Buch ist: Heim, A.: *Luftfarben*. Zürich 1912. – Eine klassische Beschreibung der Dämmerung in unseren Breiten findet sich in Bezold, v.: Ann. d. Phys. *123*, 240, 1864. – Rozenberg, G.V.: *Sumerki*. Moskau 1963; engl. Übers.: New York 1966.

derkehren und deren Entwicklung ein großartiges Naturschauspiel ist:
das Drama der scheidenden Sonne.

Weshalb nur erwecken diese Lichterscheinungen solch einen Eindruck abendlichen Friedens? Vergleichen Sie sie mit dem Regenbogen,
der aufheiternd wirkt und fröhlich stimmt. Die Stimmung, die Dämmerungserscheinungen verbreiten, hängt offenbar mit den weiten, ineinan-
derfließenden Farbbogen zusammen und mit ihrer nahezu horizontalen
Schichtung. Überall in der Architektur der Landschaft bewirkt die horizontale Linie Ruhe und Frieden.

Wenn wir die Dämmerungsfarben aufmerksam beobachten, bekommen wir eine Vorstellung vom Zustand der obersten Schichten der Atmosphäre, hoch über den Bereichen, in denen sich Wolken bilden, und über
die wir kaum mehr wissen als das, was die Lichtstreuung uns lehrt. – Am
besten beginnt man in den Monaten Oktober und November mit dieser
Untersuchung. Die Erscheinungen sind nicht jeden Tag gleich deutlich:
Staub, Dunst und vor allem die Abgase in unseren Städten nehmen ihnen
ihre Farbenpracht. Führen Sie daher die Beobachtungen häufig durch!
Um die feinen Dämmerungsfarben gut sehen zu können, muß das Auge
entspannt sein; blickt man – und sei es noch so flüchtig – in die schon fast
untergegangene Sonne, ist man für einige Zeit zu sehr geblendet, als daß
man die weitere Entwicklung der Dämmerung gut verfolgen könnte. Wer
die Ostseite des Himmels studieren will, sollte nicht zu lange die helle
Westseite ansehen. Wenn man den Augen eine Ruhepause gönnt, indem
man kurz ins Haus geht oder einen Blick in ein Buch wirft, wird man anschließend feststellen, daß die Dämmerungserscheinungen farbenprächtiger sind und weiter reichen, als man zunächst meinte. Mein Rat ist deshalb: Beginnen Sie ohne große Vorkehrungen den allgemeinen Ablauf
der Dämmerung zu untersuchen, und studieren Sie danach die besondere
Schönheit jedes einzelnen Bereichs des Himmels.

Vergleichen Sie des öfteren verschiedene Himmelsabschnitte mit
Hilfe eines Spiegels, den Sie auf eine Armlänge Abstand vor sich halten:
Auf den Himmelsbereich, den Sie ansehen, projizieren Sie so einen Him-
melsbereich aus einer ganz anderen Richtung.

Vielleicht erscheint es Ihnen schwierig, irgendwelche *Formen* in den
Farbphänomenen zu erkennen, die völlig fließend ineinander übergehen.
Es steckt kein großes Geheimnis dahinter: Ziehen Sie am Himmel in Gedanken *Linien um Bereiche gleicher Helligkeit oder gleichen Farbtons*; von
genau diesen ist in den Beschreibungen immer die Rede. So kommt man
beispielsweise dazu zu sagen, die Dämmerungserscheinungen bildeten
sich im allgemeinen als farbige Bogen heraus:

... glostet im Osten der Morgen empor,
Maßlos wachsendes Siegestor.
                    Cyriel Verschaeve: *Des Meeres Morgengesang an das Licht.*
          Meersinfonien I. 1. Wolfshagen-Scharbentz 1936. Übers. v. Georg v. Poppel

Im folgenden wollen wir einen typischen Sonnenuntergang in unseren Breiten bei klarem Himmel beschreiben (Abb. 169). «Sonnentiefe» bedeutet, daß die Sonne unter dem Horizont steht.

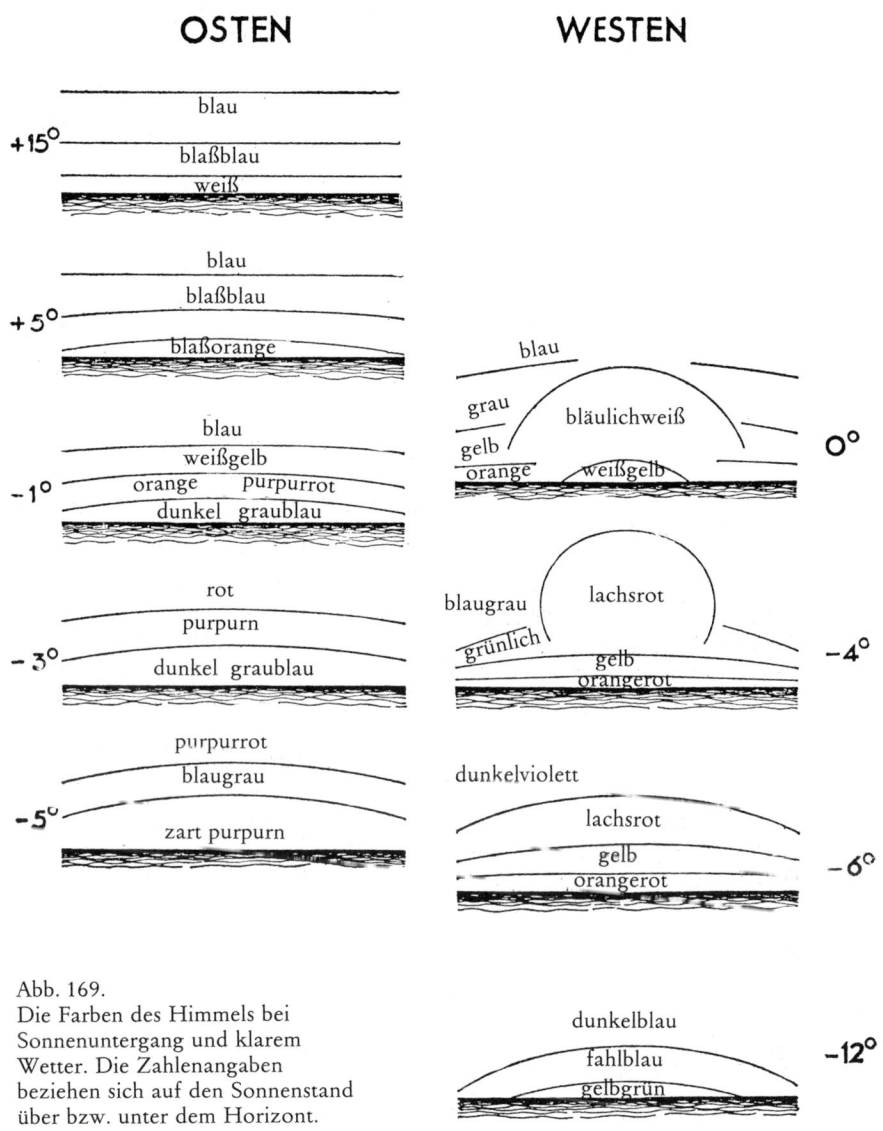

Abb. 169.
Die Farben des Himmels bei Sonnenuntergang und klarem Wetter. Die Zahlenangaben beziehen sich auf den Sonnenstand über bzw. unter dem Horizont.

Sonnenhöhe 5°; eine halbe Stunde vor Sonnenuntergang:
Der Himmel bekommt am Horizont einen warmgelben oder gelbroten Rand, also eine völlig andere Farbe als das weißliche Blau, das wir normalerweise tagsüber dort sehen. Am Horizont entlang werden die *Horizontalstreifen* («Streifen» bedeutet nur, daß die Banden gleichen Farbtons horizontal verlaufen und nicht etwa, daß es scharfe Grenzen gäbe) schwach sichtbar als langgestreckte, gelbliche Farbbanden. Darüber, konzentrisch um die Sonne, liegt ein großer, sehr heller, weißlicher Lichtfleck: der klare Schein, der von einem schwach angedeuteten *braunen Ring* umgeben sein kann.

Weiße Wolken am östlichen Horizont färben sich in zartroter Glut; darüber zeigt sich am Himmel die *obere Gegendämmerung*: ein farbiger Saum in 6 bis 12° Höhe, der in Orange, Gelb, Grün dann Blau übergeht.

Sonnenhöhe 0°; Sonnenuntergang:
Jetzt erst beginnen die eigentlichen Dämmerungserscheinungen!

Im Westen: Entlang des Horizonts liegt die Farbbank der Horizontalstreifen, von unten nach oben weißgelb, gelb und grünlich. Darüber prangt der klare Schein, durchscheinend weiß und von dem braunen Ring umgeben; er erreicht eine Höhe von gut 50°.

Im Osten: Fast zeitgleich mit dem Sonnenuntergang beginnt sich der *Erdschatten* zu erheben; er ist ein sehr auffallendes, blaugrünes Segment,

Nach Sonnenuntergang erhebt sich der Erdschatten als dunkles Band über dem östlichen Horizont. Die Schattengrenze ist vom Boden aus gesehen so scharf wie von der Luft aus (Foto: Marko Pekkola).

das sich allmählich über die purpurne Schicht schiebt und zumeist nur bis etwa 6° über den Horizont reicht. Sie sehen ihn als Bogen, der sich im Süden und Norden dem Horizont nähert und im Osten seine größte Höhe erreicht. Ab und zu glaubt man, lange vor Sonnenuntergang den Erdschatten zu sehen, doch das ist dann lediglich eine Staubschicht oder Nebel. Über dem Erdschatten liegt der Farbsaum der Gegendämmerung in seiner ganzen Pracht. Dies nun ist das berühmte *Alpenglühen* der Schweizer, das sich bei uns in den Niederlanden anstatt auf schneebedeckte Berghänge auf den Himmel projiziert (oder auf weiße Wolken). Noch weiter oben sieht man den *klaren Widerschein* des westlichen Lichts, eine ausgedehnte, diffuse Beleuchtung.

Sonnentiefe 1 bis 2°; 10 Minuten nach Sonnenuntergang:

Im Westen: Die Horizontalstreifen werden (von unten nach oben) braun, orange, gelb. Der klare Schein reicht noch bis in eine Höhe von 40°.

Im Osten: Der Erdschatten steigt schon höher; in ihm sind alle Gegenstände dumpf, einfarbig, mehr oder minder grünblau (zum Teil bedingt durch einen subjektiven Farbkontrast, vgl. § 114). Die Gegendämmerung entwickelt ihren Farbsaum: von unten nach oben Violett, Karminrot, Orange, Gelb, Grün, Blau. Darüber liegt der klare Widerschein.

Sonnentiefe 2 bis 3°; 15 bis 20 Minuten nach Sonnenuntergang:

Im Westen: Jetzt beginnt die interessanteste aller Dämmerungserscheinungen. An der Spitze des klaren Scheins, etwa 25° über dem Horizont, entsteht ein rosenroter Fleck, der rasch größer wird. Gleichzeitig sinkt sein imaginärer Mittelpunkt nach unten, so daß er sich zu einem immer flacher werdenden Segment entwickelt. Dieses *Hauptpurpurlicht*, auch *Purpurlicht* genannt, erstrahlt in wunderbar sanften, durchscheinenden Farben, eher rosa und lachsfarben als «purpurn». Die Horizontalstreifen sind inzwischen matter in ihren Farben geworden.

Im Osten: Der Erdschatten liegt nun höher, seine Kontur verschwimmt zunehmend. Die obere Gegendämmerung hat ihren Höhepunkt erreicht. Darüber ist der klare Widerschein zu sehen.

Sonnentiefe 3 bis 4°; 20 bis 30 Minuten nach Sonnenuntergang:

Im Westen: Der klare Schein ist noch 5 bis 10° hoch. Das Purpurlicht ist stärker entfaltet; Häuserfassaden nach Westen hin sind wie mit einem purpurnen Licht übergossen, der braune Erdboden bekommt einen warmen Farbton, ebenso Baumstämme (insbesondere Birken!). Mitten in der Stadt, in engen Gassen, wo man den westlichen Horizont nicht sieht, merkt man an der allgemeinen Beleuchtung der Häuser, daß gerade das Purpurlicht leuchtet. Gehen Sie nicht zu lange zum Beobachten ins Freie!

Im Osten: Gelegentlich kann im Erdschatten ein blasser, fleischrot gefärbter Saum aufsteigen: *die untere Gegendämmerung.* Sie entsteht dadurch, daß nun anstelle der Sonne das Purpurlicht den Himmel im Osten

erhellt. Dieses Phänomen ist in unseren Breiten nur selten zu beobachten.[42]

Sterne der 1. Größe sind jetzt sichtbar.

Sonnentiefe 5 bis 6°; 35 bis 40 Minuten nach Sonnenuntergang:

Im Westen: Der klare Schein ist verschwunden. Nun beginnt das
Purpurlicht abzusinken, und offenbar vermischt es sich mit den Horizontalstreifen, denn diese werden heller, orangefarben.

Im Osten: Die Grenze des Erdschattens ist völlig verwischt. Wenn es
eine untere Gegendämmerung gibt, sieht man darunter einen zweiten
schwachen Erdschatten in dem Moment emporsteigen, da das Purpurlicht verschwindet.

Sonnentiefe 6 bis 7°; 45 bis 60 Minuten nach Sonnenuntergang:

Im Westen: Das Purpurlicht verschwindet, es bleibt ein weißlich-
blaues Segment übrig: der *Dämmerungsschein*, der 15 bis 20° hoch reicht.
Die Horizontalstreifen färben sich orange, gelb, grünlich. Durch die Tatsache, daß das Purpurlicht verschwindet, haben wir den Eindruck, die Beleuchtung der Landschaft nehme rapide ab. Lesen wird schwierig, die
«bürgerliche Dämmerung» ist zu Ende. Neben der jungen Mondsichel
wird das aschgraue Licht sichtbar; mit Bleistift Geschriebenes ist jetzt
nicht mehr zu entziffern. Bei Sonnentiefen von 7,6° erscheint rotes Papier
schwarz, bei Sonnentiefen von 9,7° sind auch andere Farben nicht mehr
zu erkennen.

Sonnentiefe 9°:

Im Westen: Der Dämmerungsschein reicht noch 7 bis 10° hoch.

Im Osten: Die untere Gegendämmerung ist verschwunden, es ist nur
noch ein letzter, sehr schwacher Widerschein übrig.

Die dunkelste Stelle des Himmels befindet sich nun in der Nähe des
Zenits, und zwar etwas westlich davon.

Sonnentiefe 12°:

Im Westen: Die Horizontalstreifen sind stark abgeschwächt und blaß
grünlich. Der grünblaue Dämmerungsschein ist noch 6° hoch.

Sonnentiefe 15°:

Im Westen: Der Dämmerungsschein ist noch 3 bis 4° hoch.

Sonnentiefe 17°:

Im Westen: Der Dämmerungsschein ist verschwunden.

Sterne der 5. Größe werden bereits sichtbar. Dieser Zeitpunkt ist exakt bestimmbar, er ändert sich entsprechend der Jahreszeit und von Tag
zu Tag. Die «astronomische Dämmerung» ist zu Ende.

---

42 Die unlängst von französischen Meteorologen als «albe» beschriebene Erscheinung ist
  hiermit identisch. Fotografische Aufnahmen von Combier, Chr.: La Météorol. *16*,
  117, 1940.

Doch im Osten erhebt sich bereits ein azurblauer Dunst, ein Nebel opalener Streifen über den Hügeln ... Feenschleier streifen dort schon über den sich abkühlenden Arno ... Und es sind das sanft glühende Rosa und das kühle, bläuliche Opal gegeneinander ... Es ist das am westlichen Horizont sinkende blutrote Feuer durch das Samtschwarz der Zypressen.
(Vgl. dazu Sonnentiefe 1°.)

Louis Couperus: *Uit Blanke Steden onder Blauwe Lucht*

Wie die Schafe auf der Weide, laß
Durch das grüne Abendlicht ziehen ...
(Vgl. dazu Sonnentiefe 12°.)

Herman Gorter: *Mai (Mei)*

Anmerkung zum Purpurlicht:
Die Stärke des Purpurlichts variiert von Tag zu Tag, es kann aber auch gänzlich fehlen. Dünne, hohe Schleierwolken können es in beträchtlichem Maße verstärken. Es entfaltet sich oft auffallend schön bei hohem

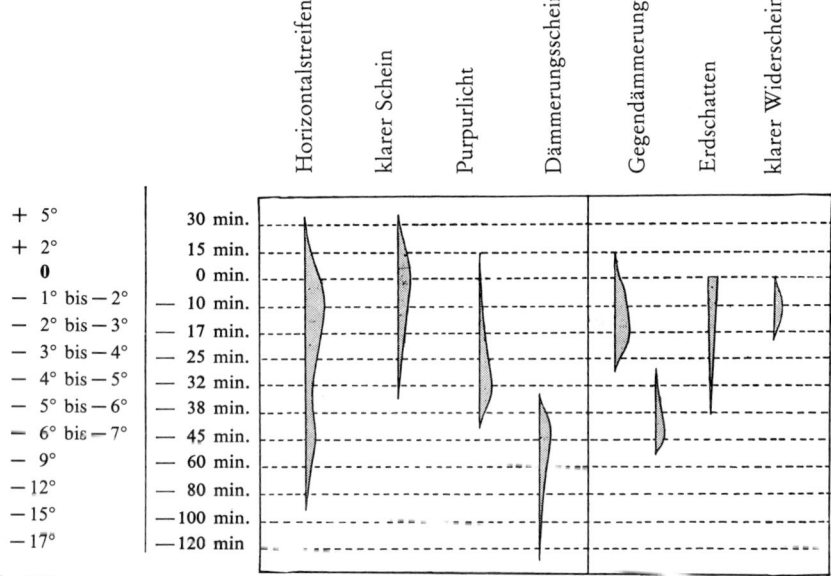

Abb. 170
Tabellarische Zusammenfassung der Entwicklung der verschiedenen Dämmerungserscheinungen.

Luftdruck oder wenn es nach mehreren Regentagen zum ersten Mal wieder aufklart. In der Regel ist es im Spätsommer und im Herbst intensiver als im Frühjahr. Das Purpurlicht selbst ist kaum, seine Umgebung hingegen stark polarisiert: Es genügt schon, die Haidingerschen Büschel zu suchen, um diesen Unterschied ohne Hilfsmittel nachzuweisen (§ 206).

Die Entwicklung, die das Purpurlicht im Verlauf der Dämmerung durchläuft, ist stets die oben beschriebene. Es kann aber auf verschiedene Weise entstehen[43]:

1. aus dem braunen Ring, der den klaren Schein umgibt;
2. aus dem klaren Schein selbst, der von Gelb in Rosa und Purpur übergeht;
3. aus der Gegendämmerung, die emporsteigt, mehr oder weniger unsichtbar über den Zenit wandert und schließlich im Westen sichtbar wird;
4. aus feinen Cirruswolken, die von der bereits untergegangenen Sonne angestrahlt werden;
5. aus dem Purpurfleck, der sich an der Oberseite des klaren Scheins bildet und ausdehnt. Letzterer ist der klassische, nicht allzu oft vorkommende Fall, wie er oben beschrieben wurde.

Ich möchte jeden Schüler, der seinen Farbsinn schult, bitten, jeden Morgen am gleichen Ort Posten zu beziehen und den Sonnenaufgang zu beobachten. Er wird merken, daß dadurch seine Gedanken für den Rest des Tages ruhiger und klarer werden.

Ruskin: *The Ruskin Art Collection*, XXI, S. 106

Wann immer möglich, sollte man sich unbedingt das Schauspiel des Sonnenuntergangs und der Morgendämmerung ansehen.

Ruskin: *The Laws of Fesole*, XV, S. 362

220. Messungen an den Dämmerungserscheinungen

Einfach zu messen ist die Höhe des Erdschattens (vgl. die Methoden auf S. 453 f.). Tragen Sie diese Höhe als Funktion der Zeit auf: Der Erdschatten steigt zunächst ungefähr genauso schnell, wie die Sonne sinkt, dann doppelt, sogar 3mal so schnell.[44] Die Höhe oberhalb des Horizonts, ab der der Erdschatten verschwindet, steht in direktem Zusammenhang mit der Luftreinheit; sie ist ein untrügliches Indiz für die geringste Trübung: Je mehr Staubteilchen in der Luft schweben, desto früher wird der Erdschatten unsichtbar.

Der Erdschatten läßt sich mit einem panchromatischem Film und einem Gelbfilter (Belichtungszeit etwa 1 s) ausgezeichnet fotografieren. Anhand solcher Aufnahmen sind vielerlei interessante Messungen und Beobachtungen möglich.[45]

Schwieriger sind Messungen am klaren Schein und am Purpurlicht, denn zum einen ermüden die Augen, zum anderen rufen alle dunklen Silhouetten vor dem Himmelshintergrund Kontrasteffekte hervor und sind

43 Gruner: Beitr. z. Phys. d. freien Atm. *8*, 1, 1919.
44 Zur theoretischen Erklärung der Geschwindigkeit, mit der der Erdschatten steigt, s. Pernter-Exner. Ferner: Fessenkov: Russ. Astr. Journ. *23*, 171, 1946 und *26*, 233, 1949. – Letfus, V.: Bull. Astr. Czechosl. *1*, 102, 1949.
45 Combier, Ch.: La Météorol. *16*, 117, 1940.

daher zu meiden; es ist erstaunlich, welchen Einfluß allein eine aufragende Latte oder ein Bleistift darauf haben, wo wir die Grenze des Purpurlichts ansetzen würden. Am besten mißt man sie, indem man Vergleiche zu der Höhe von Bäumen oder Türmen in der Landschaft anstellt.

Messungen verschiedener Farben ergaben, daß die allgemeine Beleuchtung kurz vor, während und nach Sonnenuntergang einige Minuten lang ein Blaumaximum aufweist. Danach erst färbt sich der Himmel rot. Ferner wurde nachgewiesen, daß das Purpurlicht keineswegs durch *eine Zunahme der Helligkeit* entsteht, sondern durch eine *langsamere Abnahme* der Helligkeit in einem bestimmten Himmelsabschnitt verglichen mit den umgebenden Bereichen. So entsteht ein Maximum *relativer* Helligkeit, und für uns sieht es so aus, als würde sich hier erneut eine Lichtstrahlung entwickeln. Die Farbänderung ist auf die langsamere Intensitätsabnahme für bestimmte Wellenlängenbereiche gegenüber anderen zurückzuführen.

Nachdem das Purpurlicht versunken ist, wird die Bewegung des Dämmerungsscheins interessant. Seine obere Grenze zeigt im Grunde das letzte Stadium des Erdschattens an, der über den Zenit gewandert ist und nun im Westen zu sehen ist. Er sinkt zuerst sehr schnell, dann immer langsamer.

221. Die Dämmerungsstrahlen[46]

Wenn die Tagbraut sich badet und vor das schüchterne Antlitz einen flammenden Fächer entfaltet.

Jacques Perk: *Iris*

Rosenfingrige Morgenröte.

Homer

Die Dämmerungserscheinungen sind besonders schön, wenn hinter dem westlichen Horizont einige Wolken verborgen sind, beispielsweise große Cumulonimbuswolken, deren Schattenstreifen sich wie ein riesiger Fächer über den Himmel breiten. Sie gehen von dem imaginären Punkt unter dem Horizont aus, an dem sich die Sonne befindet, ganz ähnlich wie beim «Wasserziehen» (§ 217). Hier jedoch ist der Himmel klar, und die dunklen Büschel zeichnen sich hauptsächlich im Bereich des Purpurlichts ab. Sie kommen dort durch ihre blaugrüne Farbe besonders gut zur Geltung, und das um so mehr, als das Auge noch einen subjektiven Farbkontrast hinzufügt. Die Dämmerungsstrahlen zeigen uns, wie der Himmel ohne die purpurne Streuung aussähe; jetzt erst bemerken wir, wie weit sich das Purpurlicht eigentlich erstreckt. Oftmals sind die Dämmerungsstrahlen nicht nur auf der Seite der untergehenden Sonne zu sehen, sondern kurz vor Sonnenuntergang auch *am östlichen Himmel*, und zwar auf dem purpurnen Hintergrund der Gegendämmerung, wo die Strahlen im Sonnengegenpunkt konvergieren. Wenn man Dämmerungsstrahlen sieht,

46 Manchmal auch «Buddhas Strahlen» genannt. – Smosarski: C. R. *219*, 491, 1944.

sollte man nicht versäumen, einen Blick auf den Himmel im Osten zu werfen. Genauere Beobachtungen ergaben, daß die Dämmerungsstrahlen an der Ost- und Westseite des Himmels einander genau entsprechen: Offenbar sind es ein und dieselben Strahlen, die ohne Unterbrechung über das gesamte Himmelsgewölbe laufen, an den Enden aber am besten zu sehen sind. Ab und zu ist es tatsächlich möglich, die Strahlen über ihre gesamte Länge als große Bogen, die an ihren Enden konvergieren, zu verfolgen. Wir kennen diese Linien und wissen, daß sie parallel zueinander verlaufen und nur aufgrund einer optischen Täuschung gewölbt zu sein scheinen (§ 128). Beachten Sie, daß die Dämmerungsstrahlen auf der Seite der Gegendämmerung nicht weiter reichen als bis zum Erdschatten, innerhalb dessen sie natürlich fehlen.

Lediglich dort, wo die Luft streuende Partikel enthält, werden die Dämmerungsstrahlen sichtbar. Beim «Wasserziehen» der Sonne zeichnen sie sich in lichtem Nebel ab, beim Purpurlicht in den wesentlich dünner verteilten Partikeln, welche dieses Phänomen hervorrufen. In Dämmerungen ohne Purpurlicht fehlen auch die Dämmerungsstrahlen, und sie zeigen sich nie auf den grünlichen Teilen des Himmelsgewölbes. Hingegen können sie noch lange, nachdem das Purpurlicht schon mit den Horizontalstreifen verschmolzen ist, zu sehen sein – wohl ein Beweis dafür, daß das erstere Lichtphänomen noch andauert und weiterhin einen beachtlichen Teil zur Beleuchtung des Westhimmels beiträgt.

Daß die Dämmerungsstrahlen in der Nähe ihrer Konvergenzpunkte besser zu sehen sind als senkrecht dazu, ist verständlich, da wir im ersteren Fall über eine größere Tiefe durch die helle oder dunkle Schicht blikken und so einen größeren Helligkeitskontrast wahrnehmen (vgl. § 208).

Anhand von Abb. 171 läßt sich schätzen, wie weit eine schattenwerfende Wolke von uns entfernt ist.[47] Läge die Wolke auf der Erde auf, entstünde der Dämmerungsstrahl in dem Moment, da die Sonnenstrahlen dort die Erdoberfläche berühren. Wenn der Dämmerungsstrahl sichtbar ist und die Sonne in diesem Moment in einem bestimmten Winkel α unter dem Horizont steht, wissen wir, daß die Entfernung der Wolke zu uns αR beträgt (R = Erdradius). Befindet sich die Wolke jedoch im Punkt W in einer Höhe h, dann könnte – wie aus Abb. 171 ersichtlich – ihre Entfernung zum Beobachter O alle Werte zwischen $R(\alpha-\beta)$ und $R(\alpha+\beta)$ annehmen, je nachdem, wo zwischen Z_1 und Z_2 die Sonne steht, wobei

$$\cos\beta = \frac{R}{R+h} \quad \text{oder näherungsweise} \quad \beta = \sqrt{\frac{2h}{R}}.$$

Angenommen, wir sehen einen Dämmerungsstrahl eine halbe Stunde nach Sonnenaufgang, also bei einer Sonnentiefe $\alpha = 4°$. Die Sorte von Wolken, die diese Erscheinung hervorbringt, kommt in Höhen von maximal 5 km vor, folglich ist β höchstens

$$\sqrt{\frac{2 \cdot 5}{6400}} = \frac{1}{25} \text{ rad oder } 2,3°.$$

Infolgedessen entsprechen $\alpha-\beta$ und $\alpha+\beta$ 1,7° = 0,03 bzw. 6,3° = 0,11; die Entfernung der Wolke beträgt also zwischen 190 und 700 km. So ist auch verständlich, weshalb solche Dämmerungsstrahlen manchmal zu sehen sind, wenn der Himmel scheinbar vollkommen wolkenlos ist.

47 Wetter 9, 1892.

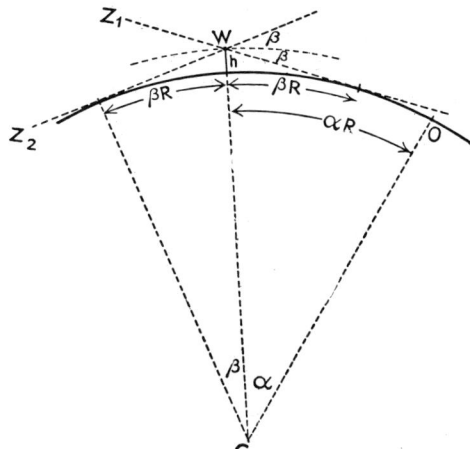

Abb. 171
Schätzung der Entfernung der Wolken,
die die Dämmerungsstrahlen erzeugen.

222. Die Erklärung der Dämmerungserscheinungen (Abb. 172)

Wir stellen uns Sonnenstrahlen bei tiefstehender Sonne vor. Sie legen einen weiten Weg durch die Atmosphäre zurück und färben sich immer intensiver rot, je mehr die violetten, blauen und grünen Lichtanteile von den Luftmolekülen gestreut werden. So erhält die untergehende Sonne ihre

Osten   Westen

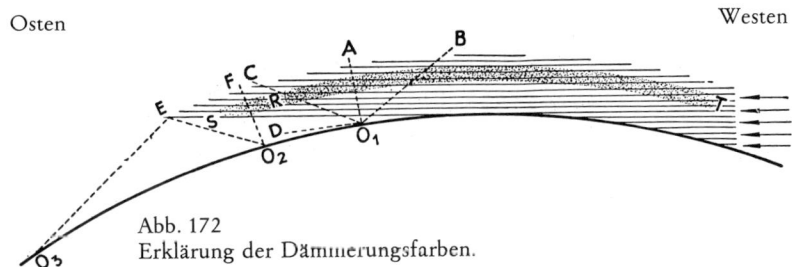

Abb. 172
Erklärung der Dämmerungsfarben.

kupferrote Farbe, und wenn sie hinter dem Horizont verborgen ist, beleuchten ihre Strahlen noch immer die Luftschichten über uns. Die untersten Schichten sind die dichtesten und streuen am stärksten, nach oben hin werden die Schichten dünner und streuen das Licht immer weniger. Befinden wir uns im Punkt O_1 und blicken nach oben in Richtung O_1A, so ist die Schicht nicht besonders dick; außerdem streuen die Luftmoleküle unter einem Winkel von 90° sehr wenig Licht: Der Zenit ist demzufolge dunkel. Dagegen sehen wir in den Richtungen O_1B und O_1C viel gestreutes Licht, weil unser Sehstrahl einen langen Weg dorthin durch die beleuchtete Schicht zurücklegt. Das Licht aus der Richtung B ist am intensivsten, weil zur Luftstreuung noch die Strahlen hinzukommen, die von größeren Staubpartikeln um kleinere Winkel abgelenkt werden. Somit haben wir die Erklärung für das Zustandekommen der *Horizontalstreifen*, deren Ausrichtung der Schichtung der größeren Teilchen entspricht. Ferner ist damit auch die *Gegendämmerung* in der Richtung O_1C erklärt, die von Blau über Grün und Gelb in Rot übergeht, je tiefer unser Blick wandert, bis er schließlich durch Schichten geht, die so dicht und mächtig sind, daß sie nur noch von roten Strahlen erhellt werden. Deshalb sind diese Farben noch schöner und satter, wenn sie auf Häuser in der Nähe des Beobachters O_1 fallen. Noch weiter unten, in der Richtung O_1D erstreckt sich der *Erdschatten*, und wir würden dort kein Licht sehen, wenn nicht die dort befindlichen Gegenstände von einem schwachen, diffusen Licht von allen Seiten des Himmels beleuchtet würden, bei dem alle Kontraste verlöschen. – Einige Zeit später befinden wir uns im Punkt O_2, und der rote Saum der Gegendämmerung verschwindet, da der Sehstrahl einen größeren Winkel zu den Sonnenstrahlen bildet und nicht mehr tangential entlang der Trennfläche zwischen beleuchtetem und unbeleuchtetem Himmelsbereich verlaufen kann: Der Lichtstrahl aus E ist nicht mehr stark genug, wogegen ein steiler verlaufender Strahl aus F genausoviel blaues wie gelbes oder rotes Licht beiträgt. Die Grenze des beleuchteten Teils der Atmosphäre nimmt so immer mehr an Schärfe und Farbigkeit ab.

Noch später sind die beleuchteten Schichten der Atmosphäre um so vieles steiler, daß wir am westlichen Teil des Himmels nicht einmal mehr eine Rotfärbung sehen. Wir müssen uns nun den Beobachter im Punkt O_3 vorstellen. Die Grenze E der beleuchteten Atmosphäre, die zunächst als Obergrenze des Erdschattens emporgestiegen war, ist immer höher gewandert, hat (unsichtbar) den Zenit passiert und taucht jetzt wieder vor uns an der Westseite auf. Der nach E gerichtete Blick bildet nämlich wiederum einen kleineren Winkel zu der Trennfläche zwischen beleuchtetem und unbeleuchtetem Bereich. Darüber hinaus spielt auch die Streuung unter kleinen Winkeln an großen Teilchen wieder eine Rolle; und schließlich ist die ganze Landschaft so viel dunkler geworden, daß bereits ein schwaches Licht auffällt. Daher ist nun erneut E die Obergrenze des Dämmerungsscheins.

Obwohl wir viele Dämmerungserscheinungen mit den elementaren Streuungsgesetzen erklären können, zeigt sich bei genauerem Hinsehen doch, daß komplizierende Faktoren hinzukommen. So wurde in den 40er Jahren eine erstaunliche Entdeckung gemacht[48]: Der Erdschatten verdankt seine violette Farbe hauptsächlich dem Ozon, einem Gas, das in großer Höhe in der Atmosphäre vorkommt und das im gelben und orangefarbenen Spektralbereich schwach absorbiert. In der Dämmerung durchlaufen die Strahlen so lange Strecken, daß das Lila des Ozons deutlich sichtbar wird.

Schließlich bleibt noch das Purpurlicht zu erklären.[49] Es kommt nach-

48 Dubois, J.: C. R. *222*, 671, 1946 und *226*, 1180, 1948.
49 Gruner, P.: Helv. Phys. Acta *5*, 351, 1932. – Beitr. z. Geoph. *51*, 174, 1937.

weislich durch Wolken ST (Abb. 172) aus sehr feinen Staubteilchen an der unteren Grenze der Stratosphäre, also in 10 bis 25 km Höhe, zustande.[50] Das Bündel Lichtstrahlen, das diese Schicht beleuchtet, stammt von der bereits unter den Horizont gesunkenen Sonne: Es ist in seinen untersten Abschnitten, wo es die längsten und dichtesten Luftschichten durchwandert hat, stark rot gefärbt. Der Bereich SR der Schicht trägt also den größten Teil zum Phänomen des Purpurlichts bei. Das Bemerkenswerte ist jedoch, daß die Lichtstreuung an SR nur vom Punkt O_3 aus gesehen werden kann, nicht aber von O_1 aus (von dort aus müßte man es im Osten sehen können). Hier haben wir einen Beweis dafür, daß die lichtstreuenden Staubpartikel beträchtlich größer sind als Luftmoleküle und daß sie das Licht hauptsächlich nach vorne streuen (vgl. § 194); sie sind zwischen 0,1 und 1,0 µm groß. Wenn am Abend das Purpurlicht entsteht, müssen wir uns vorstellen, daß wir uns im Streukegel befinden.

223. Gibt es einen Unterschied zwischen Morgen- und Abenddämmerung?

Der Unterschied zwischen Morgen- und Abenddämmerung ist so gering, daß man wirklich typische Merkmale nicht nennen kann. Eine Rolle spielt, daß die Augen morgens ausgeruht sind und die Lichtstärke immer mehr zunimmt, so daß man für Dämmerungserscheinungen empfindlicher ist als abends. Im allgemeinen sind die Erscheinungen abends farbenprächtiger, weil die Luft erstens mehr Feuchtigkeit, zweitens mehr Staubteilchen enthält und drittens turbulenter ist als morgens. – Manche Beobachter behaupten, abends seien es die Horizontalstreifen, die feuriger und roter sind, morgens vor allem die Gegendämmerung; die Erscheinungen am westlichen Himmel wiesen demzufolge wärmere Farben auf als jene am östlichen Himmel.[51]

224. «Die Stunde vor Tagesanbruch ist die dunkelste»[52]

Denning, der berühmte Beobachter von Sternschnuppen, glaubt, dieses englische Sprichwort träfe im wahrsten Sinne des Wortes zu. Kurz vor Tagesanbruch, so scheint es ihm, werden Dinge unsichtbar, die bis dahin gut zu erkennen waren: Nervosität beschleicht ihn.
Tatsächlich ergaben Messungen, daß der Nachthimmel in der Regel kurz nach Mitternacht am hellsten ist und danach allmählich dunkler wird; trotzdem besteht die Frage, ob wir diesen winzigen Unterschied überhaupt wahrnehmen können. Vermutlich beeinträchtigt der erste

50 Junge, Chr.E., et al.: Journ. of Meteor. *18*, 81, 1916.
51 Zs. angew. Meteor. *54*, 1937.
52 M. W. R. *42*, S. 503, 1914.

Morgenschimmer die Adaptation des Auges, ist dabei aber zu schwach und bleibt auf einen zu kleinen Ausschnitt des Himmels beschränkt, als daß er die Landschaft merklich erhellen könnte. Vgl. dazu auch § 85.

> *Eine leichte Brise kam auf. Bestimmt würde die Morgendämmerung nicht mehr lange auf sich warten lassen. Wie immer zu dieser Zeit vertiefte sich die Dunkelheit. Alle Sterne waren verschwunden. (!)*
>
> Pierre Benoit: *Notre-Dame de Tortose*

> *Gegen Morgen wurde es sehr dunkel, da die Sterne verlöschten und die Dämmerung diesen Verlust an Licht noch nicht ausreichend wettmachen konnte. (!!!)*
>
> Walter Scott: *Waverley*

225. Morgen- und Abendrot als Vorboten des Wetters[53]

> *Des Abends sprecht ihr: Es wird ein schöner Tag werden, denn der Himmel ist rot. Und des Morgens sprecht ihr: Es wird heute Ungewitter sein, denn der Himmel ist rot und trübe. Über des Himmels Aussehen könnt ihr urteilen; könnt ihr dann nicht auch über die Zeichen der Zeit urteilen?*
>
> Matthäus XVI, Vers 2 u. 3

Eine moderne statistische Analyse ergab tatsächlich, daß diese uralte und weit verbreitete Vorhersageregel in der Mehrzahl der Fälle zutrifft. Die Erklärung ist von Fall zu Fall verschieden. Die Horizontalstreifen sind nur dann deutlich rot, wenn Staub oder Wassertropfen in der Luft schweben; morgens enthält sie wenig Staub – das Morgenrot muß also auf Wasser zurückzuführen sein. Bei schönem Hochdruckwetter ist die Luft am Abend klar, und man sieht das Purpurlicht. Der rosa Schleier von Cirruswolken sollte damit nicht verwechselt werden, denn dieser weist auf ein herannahendes Tiefdruckgebiet hin.

Wenn bei Sonnenuntergang der westliche Himmel blaßgelb, fahl und trübe ist, gilt dies als Vorzeichen für Regen und Sturm; im Westen hängen dann schwere Wolken am Himmel.

> *Deine Sonne geht weinend im tiefen*
> *Westen unter und kündet von*
> *kommenden Stürmen, von Leid*
> *und Aufruhr.*
>
> Shakespeare: *Richard II*, 2. Akt, 4. Szene.
> Übers. v. Wilfried Braun

226. Störungen des normalen Dämmerungsverlaufs

Die Dämmerungserscheinungen sind äußerst empfindliche Indikatoren für die Reinheit der oberen Luftschichten. Die außergewöhnlich farben-

---

53 Borgesius, A.H.: Hemel en Dampkring *17*, 145, 1920. – Schove, D. J.: Weather *4*, 274, 1949.

prächtigen Sonnenauf- und -untergänge der Jahre 1883 bis 1886 waren die unmittelbare Folge des Ausbruchs des Vulkans Krakatau in Indonesien, bei dem vulkanische Asche hoch in die Atmosphäre geschleudert worden war. Im Laufe der darauffolgenden Monate verteilte sie sich fein um die ganze Erde. Doch schon vor dieser Zeit und auch danach gab es immer wieder kleinere optische Störungen, die meistens mit Vulkanausbrüchen in Zusammenhang standen: 1831 Pantelleria bei Sizilien; 1902 bis 1904 Mont Pelée; 1907 bis 1909 Schadutka auf Kamtschatka; 1912 bis 1914 Katmai in Alaska; 1963 Agung auf Bali.

Bei jedem größeren Ausbruch des Vesuv oder des Ätna sind auch in unseren Breiten abweichende Dämmerungserscheinungen zu erwarten, allerdings dauert es für gewöhnlich gut eine Woche, bis die fein verteilte Asche sich bis zu uns ausgebreitet hat.[54]

Man vermutet, daß eine starke Entwicklung von Sonnenflecken und Protuberanzen auf der Sonnenscheibe ebenfalls zu Störungen in den Dämmerungserscheinungen führt, weil Elektronen, Ionen und Atome, die die Sonne dann aussendet, wahrscheinlich eine Ionisation der Erdatmosphäre bewirken. Ein solches Sonnenfleckenmaximum wird für 1970 erwartet.[55]

Eine dritte Störungsperiode wurde beobachtet, als die Erde am 18. und 19. Mai 1910 vom Schweif des Kometen Halley gestreift wurde: Die prachtvollen Dämmerungserscheinungen schienen darauf hinzudeuten, daß Staubteilchen des Schweifs in die Erdatmosphäre eingedrungen waren (§ 194). Noch auffallender waren die Erscheinungen, als 1908 ein kleinerer Komet auf die Erde stürzte, welcher in den öden Steppen Nordsibiriens niederging und explodierte; über ganz Europa gab es damals wunderschöne Dämmerungsfarben.

Die wichtigsten optischen Erscheinungen, an denen man eine Störungsperiode erkennen kann, sind folgende:

1. Der «Ring von Bishop»: Die Sonne ist den ganzen Tag über von einer glänzenden, bläulichweißen Scheibe umgeben, die ihrerseits von einem rotbraunen Kranz umsäumt ist.[56] Der hellste Teil des Rings hat einen Radius von etwa 15°. Bei tief stehender Sonne verformt er sich zu einer Art Dreieck mit horizontaler Basis. Daß dieser Ring weit oben in der Atmosphäre entsteht, ist daraus zu ersehen, daß Cirruswolken darunter hinwegziehen.

2. Ein ähnlicher, kupferroter Ring ist ab und zu auch um den Gegenpunkt der Sonne zu beobachten. Sein Radius beträgt ca. 25°.[57]

---

54 A. N. *220*, 15, 1923. – In den Jahren 1964 und 1965 war in Mitteleuropa nach dem Ausbruch des Agung mehrmals ein ungewöhnliches, *goldenes Purpurlicht* zu sehen. S. Inst. Meteor. Geoph. Berlin, Meteor. Abt. *53*, Nr. 11, 1965.

55 Das letzte Maximum des Sonnenfleckenzyklus war 1990. Anm. d. Übers.

56 Dorno: Met. Zs. *34*, 246, 1917.

57 Hemel en Dampkring *10*, 156, 1913.

3. Das Himmelsblau ist trübe oder weißlich; wenn die Sonne tief steht, ist sie mattrot, denn sie scheint durch eine vermutlich in 80 bis 85 km Höhe liegende Dunstschicht. Sterne der 5. und 6. Größe sind nicht mehr zu sehen.[58]

4. Außergewöhnlich wenige Halos.[59]

5. Außergewöhnlich helle Nächte.

6. Außergewöhnlich intensives, feuriges Purpurlicht.

7. Nachpurpurlicht. Hierbei handelt es sich um eine Änderung des normalen Dämmerungsverlaufs. Wenn das Purpurlicht abgesunken ist und die Sonne schon 7 bis 8° unter dem Horizont steht, erscheint ein schwacher, rotvioletter Lichtschein genau an der Stelle, wo das Purpurlicht begonnen hatte. Das Nachpurpurlicht entwickelt sich auf die gleiche Weise wie das Purpurlicht und geht unter, wenn die Sonne 10 bis 11° unter dem Horizont steht.[60]

8. Leuchtende Nachtwolken.

9. Der Mond erscheint grünlich.[61]

Die intensivsten dieser Erscheinungen fallen auch Laien auf. Die feinen Unterschiede jedoch, die keine zwei Sonnenuntergänge gleich aussehen und schon geringste optische Störungen klar erkennen lassen, sind erst nach längerer Übung wahrnehmbar.[62]

227. Der Lichtschein um die Sonne

Wenn wir uns so postieren, daß der Rand eines Daches die Sonne vor uns verdeckt, sehen wir, daß um die Sonne ein Lichtschein liegt, der mit zunehmender Entfernung allmählich schwächer wird. Gut erkennbar ist er auch, wenn man aus einigen Metern Abstand in einen Kugelspiegel blickt und dabei das Bild der Sonne mit dem Kopf verdeckt. Wie bereits erwähnt (§ 201), sind zwei Arten der Lichtverteilung mit mehreren Übergängen zwischen ihnen zu unterscheiden. Manchmal ist von Aureolen und Lichtscheiben in verschiedenen, sich verändernden Größen die Rede.

Eine genaue fotometrische Bestimmung des Lichts um die Sonne wurde selten durchgeführt. Wahrscheinlich ist das, was man als den Rand der «Scheibe» ansieht, einfach nur eine Verringerung der kontinuierlichen Abnahme der Lichtstärke mit zunehmendem Abstand von der Sonne. Dieses Streulicht entsteht durch die Beugung des Sonnenlichts an Staubpartikeln, Wassertröpfchen oder Eiskristallen, welche das Licht hauptsächlich um kleine Winkel ablenken (§ 184). Durch deren unter-

58 Nat. *91*, 681, 1912.
59 Nat., ebd.
60 Nat. *178*, 688, 1956.
61 Ann. Soc. Mét. France *53*, 1903.
62 Eine ausführliche Analyse einer Reihe von Störungen mit Hilfe der Dämmerungserscheinungen findet sich in Dorno, C.: Abh. preuß. Met. Instit. *5*, 1917.

schiedliche Größe überlappen sich die Streuungsaureolen und Kränze gegenseitig, so daß Farben kaum vorhanden sind. Die variierende Helligkeit und Lichtverteilung in diesem Lichtschein sind ein Maßstab für die Reinheit der Luft, so daß es sich wirklich lohnt, sie über längere Zeit hinweg zu beobachten. Sie zeigen unmittelbar an, wenn optische Störungen in der Atmosphäre auftreten, und hängen eng mit den Dämmerungserscheinungen zusammen.

Enthält die Luft vulkanische Asche, erscheint ein undeutlicher, braunroter Ring als Umriß des hellen Lichtscheins: der Bishopsche Ring (§ 226).

228. Leuchtende Nachtwolken[63]

Leuchtende Nachtwolken sind dünne Wolken in wesentlich größerer Höhe als andere Wolkenarten. Am eindrucksvollsten sind sie während allgemeiner optischer Störungen, doch sie treten auch unter normalen Bedingungen auf. Seltsamerweise wurden sie immer zwischen 40 und 80° nördlicher und südlicher Breite beobachtet, und zwar vor allem von Mitte Mai bis Mitte August. Auch in unseren Breiten sind sie zu sehen und sogar häufiger, als man gemeinhin glaubt. So z.B. im Juli in einem Viertel aller klaren Nächte. Am 30. Juni 1966 waren sie so deutlich, daß man überall in den Niederlanden darauf aufmerksam wurde.

Solange die Sonne noch nicht untergegangen ist, ist der Himmel scheinbar vollkommen klar. Etwa 15 bis 35 Minuten nach Sonnenuntergang zeigen sich die ersten feinen Federn, Rippen oder Streifen, am deutlichsten aber werden sie 1 bis 2 Stunden nach Sonnenuntergang auf der Seite des Himmels, wo die Sonne unter dem Horizont steht. Die leuchtenden Nachtwolken zeichnen sich *hell* gegen den Hintergrund des Dämmerungsscheins (§ 219) ab, wohingegen normale Cirruswolken *dunkel* sind. Demnach sind sie noch ganz in Sonnenlicht getaucht, müssen also hoch oben in der Stratosphäre ziehen; von echtem «Leuchten» kann keine Rede sein. Noch stundenlang ist ihr bläulichweißes Licht zu sehen, aber je später es wird, desto kleiner wird ihre beleuchtete Fläche und desto stärker nähern sie sich dem Horizont; gegen Mitternacht ist ein Minimum erreicht, und es scheint, als würden sie nach Mitternacht wieder heller. Höher als 10° über dem Horizont sind sie kaum einmal zu sehen. Das Licht der leuchtenden Nachtwolken ist schwach, deshalb müssen die Augen an die Dunkelheit adaptiert sein.

Sehr auffallend ist ihr geheimnisvoller, silberweißer Glanz. Sie reflektieren das Sonnenlicht offenbar unverändert, und daß sie uns bläulich

63 Übersicht und Verweise auf die Literatur von Zwart, B.: Hemel en Dampkring 65, 195, 1967. – Scientific American 208, 128, 1963. – Fogle, B.: Geophys. Inst. Alaska, Mai 1966. – Fogle, B., und Haurwitz, B.: Space Science Rev. 6, 27, 1966.

Leuchtende Nachtwolken (Foto: Pekka Parviainen).

vorkommen, muß auf den Kontrast zu dem orangegelben Dämmerungs-
saum entlang des Horizonts zurückzuführen sein. Ihr Licht ist polarisiert,
die elektromagnetischen Schwingungen verlaufen senkrecht zur Ebene
Sonne–Wolke–Erde, also genauso wie beim blauen Himmel und bei vielerlei anderen Arten von Streuung. Die Polarisation verstärkt sich mit zunehmender Entfernung von der Sonne und kann bis zu 50 % erreichen.

Die Höhe ist anhand ihrer beleuchteten Fläche zu bestimmen, und
zwar am besten bei verschiedenen Sonnenständen. In einem bestimmten
Fall erreichte die oberste Grenze einen Winkel $\eta = 10°$, $5°$ und $3°$ über
dem Horizont, als die Sonnentiefe $\alpha = 12°$, $13°$ bzw. $14°$ betrug.

Der Erdradius sei R = 6370 km. Nach mehreren Rechenschritten erhält man als Höhe
der Nachtwolken

$$\frac{R}{2}\left[\frac{\cos \eta - \cos (\eta + \alpha)}{\sin (\eta + \alpha)}\right]^2 \approx 800\,\alpha^2 \left[\frac{2\eta + \alpha}{\eta + \alpha}\right]^2 \text{ km},$$

wenn η und α kleine Winkel (in Bogenmaß) sind. Sind sie in Winkelmaß ausgedrückt,
ändert sich der Faktor in 0,244.

Zu der so erhaltenen Höhe muß noch ein gewisser Betrag addiert
werden, da die Sonnenstrahlen in den untersten 15 bis 20 km der Atmospäre zu stark extingiert werden. – Eine genauere Methode besteht darin,
von zwei Wetterwarten aus Aufnahmen zu machen; es ergeben sich zu-

meist Höhen von 75 bis 90 km. Ist die Höhe bekannt, kann man auch die
tatsächliche Größe der Bänder, die sich in diesen Nachtwolken abzeichnen, herausbekommen; der Abstand der Wolkenbänder ist veränderlich,
er beträgt durchschnittlich 10 km.

Die leuchtenden Nachtwolken erhalten eine besondere Bedeutung,
da sie etwas über die Strömungen in den obersten Schichten der Atmosphäre aussagen. Wenn man keine Aufnahmen zur Verfügung hat, bestimmt man ihre Geschwindigkeit mit dem Wolkenspiegel: Meistens
kommen sie aus Nordosten mit einer Durchschnittsgeschwindigkeit von
40 m/s, es wurden aber auch schon Geschwindigkeiten bis zu 300 m/s
gemessen!

Welcher Art die streuenden Teilchen waren und woher sie stammten,
wurde erst aufgeklärt, als 1962 Raketen an «Ort und Stelle» Proben der
Wolkenpartikel nehmen konnten. Es zeigte sich, daß diese überwiegend
aus Eisen und Nickel bestehen: Sie müssen demnach von Meteoritenstaub
stammen, jenen Staubpartikeln, die von außerhalb der Erde kommen, in
der Erdatmosphäre verdampfen und dabei einen Lichtstreifen über den
nächtlichen Himmel ziehen («Sternschnuppen»). Die größten dieser Teilchen sind 0,2 bis 1,0 µm groß und von einem Eismantel umhüllt: Offenbar werden große Mengen Wasserdampfes durch Luftströmungen bis in
diese Höhe getragen, wo er sich bei Temperaturen von −95° C auf
Staubkörnchen absetzt, die als Kondensationskeime dienen. Im Sommer
ist der meiste Wasserdampf in der Stratosphäre enthalten, wo die Temperatur am niedrigsten ist.

Für das Fotografieren der leuchtenden Nachtwolken benötigt man
eine lichtstarke Kamera; bei einer Brennweite von f/3 waren in unserem
Fall die Belichtungszeiten 16 s, 35 s, 72 s und 122 s, als die Sonne jeweils
9°, 12°, 14° bzw. 15° unter dem Horizont stand.

229. Die Nachtdämmerung und die nächtlichen Dämmerungserscheinungen

Bei dem dunklen Licht, das von den Sternen niederfällt, ...

Pierre Corneille: *Le Cid*

Wenn wir die schwächsten Dämmerungserscheinungen untersuchen wollen, müssen wir mit der Beobachtung nachts beginnen und mit ausgeruh-
ten Augen das Einsetzen der Morgendämmerung verfolgen. In einer
mondlosen Nacht, bei völlig klarem Himmel im Mai oder August bzw.
September suchen wir *einen Beobachtungsort, der so abgelegen wie möglich
von menschlichen Siedlungen sein sollte.* Es kostet zwar Mühe, aus seinem
gewohnten Tagesablauf auszuscheren und ab Mitternacht mehrere Stunden im Freien zu verbringen – hat man sich aber erst einmal überwunden,

wird man einen einzigartigen Genuß in dem großartigen Schauspiel, das sich einem bietet, finden.

Städter haben keine Vorstellung von der Pracht des Sternenhimmels. Es ist verblüffend, wie sehr sich unsere Augen an die Dunkelheit anpassen können und wieviel mehr Sterne wir nach einer Stunde sehen als zu Beginn: Fast scheint es, als würde der gesamte Himmel leuchten! Es gibt eine Reihe sehr schwacher Lichterscheinungen, die je nach äußeren Bedingungen mehr oder minder deutlich zu sehen sind oder auch ganz fehlen können.

Zunächst sehen wir wahrscheinlich in mehreren Richtungen unmittelbar über dem Horizont einen Lichtschein; es ist der *Widerschein der Lichter ferner Städte und Dörfer*. An manchen Tagen ist er deutlicher als an anderen, je nachdem ob der Himmel bewölkt, trübe oder klar ist. Beobachtet man immer von ein und derselben Stelle aus, lernt man dies automatisch zu berücksichtigen.

Quer über den Himmel verläuft die *Milchstraße* wie ein Band, bestehend aus großen und kleinen Lichtwolken mit dunklen Zwischenräumen; manche Bereiche sind erstaunlich hell für jemanden, der noch nie eine Sternennacht beobachtet hat!

Gelegentlich sind breite *Leuchtstreifen*[64] zu sehen. Sie scheinen besonders oft im Dezember vorzukommen und dürften auf Schwärme kosmischer Staubpartikel zurückzuführen sein, die in die Erdatmosphäre eingedrungen sind. Sie schweben, wie man herausfand, in einer Höhe von 120 km. Mitunter sieht man Streifen, Banden oder ein ungleichmäßiges Leuchten, das sich binnen einer halben Stunde völlig verändern kann. Einmal war der gesamte Himmel von parallelen Streifen durchzogen. Sie wandern nur langsam, höchstens 1° pro Minute, was natürlich der großen Höhe zuzuschreiben ist, in der sich die Leuchtstreifen befinden. Andere Male bemerkt man lediglich, daß der Lichtsaum des Erdlichts stärker ist als sonst.

Polarlicht-Erscheinungen sind in den Niederlanden einige Male pro Jahr zu sehen, jedenfalls in Jahren mit vielen Sonnenflecken, z.B. 1970.[65] Sie erscheinen am nördlichen Himmel als Bogen, Strahlenbündel usw.; letztere bewegen sich oftmals recht schnell von der Stelle und werden dabei länger und kürzer. Verwechseln Sie diese Erscheinungen nicht mit denjenigen bei Suchscheinwerfern! Vgl. ferner II, § 247.

Das *Zodiakallicht* verleiht dem Himmel entlang des gesamten Tierkreises (Zodiakus) große Helligkeit, die in Sonnennähe auffallend stark ist und zum Sonnengegenpunkt hin rasch abnimmt. Es zeigt sich als schräge Lichtpyramide, deren Basis am Horizont liegt. Am besten sieht man das Zodiakallicht im Frühjahr nach Sonnenuntergang im Westen, im Herbst vor Sonnenaufgang im Osten (vgl. außerdem § 230).

64 Hoffmeister, C.: Ergebn. d. exakten Naturwissenschaften *24*, 1, 1951.
65 1979 und 1990 waren weitere Jahre mit Sonnenfleckenmaxima. Anm. d. Übers.

Abgesehen von diesen Erscheinungen besitzt der Nachthimmel noch eine merkliche Helligkeit. Eine hochgehaltene Hand, die Silhouette von Bäumen und Häusern heben sich dunkel vor dem Hintergrund des Himmels ab. Diese Helligkeit ist vermutlich zu 50 % der Summe von Millionen schwacher, unsichtbarer Sterne zuzuschreiben, zu 5 % der Streuung des Sternenlichts in der Erdatmosphäre und zum verbleibenden Teil dem *Erdlicht* (= Ionosphärenlicht). Der Himmelshintergrund wird zum Horizont hin heller, denn dort bildet das Erdlicht einen Saum um den gesamten Horizont, der in 15° Höhe am intensivsten ist. Bei dieser Erscheinung handelt es sich um eine Art beständigen, schwachen Leuchtens der obersten Luftschichten (Ionosphäre), welche tagsüber von der Sonne bestrahlt worden waren und nachts die aufgenommene Energie wieder langsam abstrahlen. Momentan untersucht man eifrig jene äußerst interessanten Spektrallinien, die in 85 bis 165 km Höhe abgestrahlt werden. Verschiedene Beobachter behaupten, dieses Licht sei leicht inhomogen und fleckig. Je schräger wir daraufblicken, desto länger ist der Weg, den unser Sehstrahl durch die leuchtende Schicht zurücklegt, und desto heller wird daher der Lichtschein. Daß er in Horizontnähe wieder schwächer wird, liegt an der Extinktion des Lichts durch die Luft.

Die Farbe des Nachthimmels ist Messungen mit Fotozellen zufolge eindeutig *rot*, doch da die Stäbchen unseres Auges diesen Farbton nicht wahrnehmen können, erscheint uns der nächtliche Himmel trotz allem blau.

Die Helligkeit des Nachthimmels ändert sich kaum, nur in manchen ungewöhnlich *klaren Nächten* steigt sie bis auf das Vierfache ihres normalen Wertes an, ohne daß der Mond scheinen würde: Man kann dann sogar die Uhr ablesen und große Buchstaben entziffern. Solche Fälle sind mit starken Strömen dünner Gase erklärbar, die die Sonne zur Erde schleudert.

Schließlich kommen wir zur Beobachtung der *nächtlichen Dämmerungserscheinungen.*[66] Untersuchen Sie den Saum des Erdlichts an der Nordseite des Himmels. Etwa 10° darüber erhebt sich der *Nachtschein* in einem flachen Bogen, ungefähr über der Stelle, wo die Sonne unter dem Horizont steht. Man erkennt ihn daran, daß er mit der Sonne nach Osten wandert. Er liegt ca. 40° über der Sonne, und unter günstigen Bedingungen, z.B. in Grönland, kann man ihn 55° über der Sonne sehen. Daher sind in unseren Breiten die Nächte im Sommer niemals vollkommen dunkel: Die Dämmerung dauert im Grunde die ganze Nacht über an. Erst im Winter ist der Himmel bei uns richtig dunkel. Der Hintergrund des tropischen Sternenhimmels ist also deshalb so tief dunkel, weil die Sonne in diesen Breiten so steil absinkt und tief unter den Horizont wandert. Der Nachtschein kann gelegentlich außergewöhnlich intensiv sein.[67]

66 Gruner und Kleinert: *Die Dämmerungserscheinungen.* Hamburg 1917, S. 6.
67 Wolf, M.: A. N. *203,* 387, 1915.

Zweieinhalb bis drei Stunden vor Sonnenaufgang wird der Dämmerungsschein asymmetrisch; er erhebt sich im Osten und fällt dort nach links hin steiler ab; bald verformt er sich zu einer steil aufragenden Lichtpyramide, dem *Zodiakallicht*, dessen Achse in etwa den Neigungswinkel der Ekliptik besitzt (§ 230).

Ungefähr zwei Stunden vor Sonnenaufgang, wenn die Sonne noch 20° unter dem Horizont steht, erscheint an der Basis des Zodiakallichts, etwas rechts von der Sonne, kaum wahrnehmbar ein sehr matter, bläulicher Lichtschein, der langsam nach oben wandert und sich dabei nach links, zur Sonne hin, ausdehnt (Abb. 173): der *Vordämmerungsschein*, der

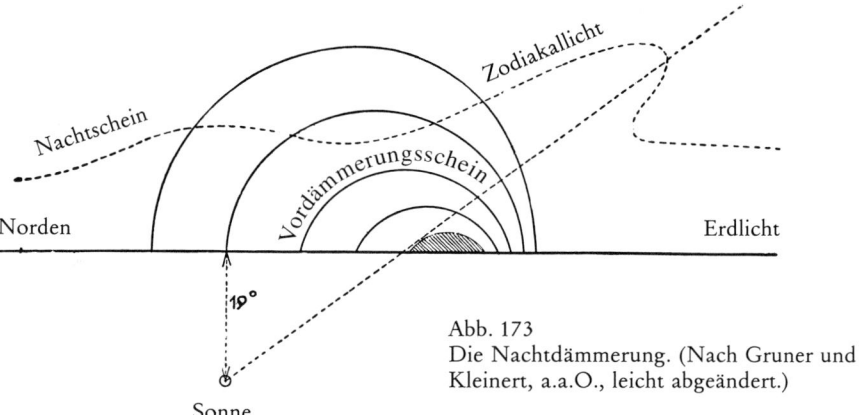

Abb. 173
Die Nachtdämmerung. (Nach Gruner und Kleinert, a.a.O., leicht abgeändert.)

im Laufe einer halben Stunde den Zenit erreicht. Die Dämmerungsbogen liegen normalerweise senkrecht über der Sonne. Wenn der Vordämmerungsschein nach rechts versetzt erscheint, so liegt das daran, daß sich seine Helligkeit zu der des rechts liegenden Zodiakallichts addiert; je stärker er allerdings wird, desto mehr gewinnt er die Oberhand und nimmt seinen normalen Platz über der Sonne ein. Weiterhin begleitet er die Sonne auch tagsüber, schiebt sich also mehr und mehr nach rechts.

Die schwächsten Sterne (5. Größe) sind nun verblaßt, die stärksten aber noch sichtbar, und man kann bereits die groben Konturen der Landschaft erahnen. Nun tritt der gelbe *Dämmerungsschein* auf, der an seiner Oberseite in ein Grünblau übergeht: Die eigentliche Dämmerung hat eingesetzt, die Sonne steht 17 bis 16° unter dem Horizont (s. ferner § 219).

Zu anderen Jahreszeiten vollziehen sich die Erscheinungen zwar noch auf die gleiche Art und Weise, doch die Sonne steht dann auf einer anderen Höhe: Mitte Juni etwa sinkt die Sonne nur noch 15° unter den Horizont, so daß verschiedene Erscheinungen nicht zu sehen sind, die erst bei einem tieferen Sonnenstand vorkommen.

230. Das Zodiakallicht[68]

Wenn die Abenddämmerung vorüber ist bzw. die Morgendämmerung noch nicht eingesetzt hat, sehen wir zu bestimmten Jahreszeiten das sanft leuchtende Zodiakallicht als eine Art abgerundete Lichtpyramide schräg aufragen. Je steiler es ansteigt, um so besser ist es zu sehen; die günstigsten Beobachtungszeiten sind im Januar, Februar und März abends am westlichen Himmel sowie im Oktober, November und Dezember morgens am östlichen Himmel (nicht ganz so günstig wie am Abendhimmel).

Im Juni und Juli ist in unseren Breiten kein Zodiakallicht zu sehen, weil die Sonne nicht tief genug unter den Horizont sinkt; es ist dann nicht von den letzten Dämmerungserscheinungen zu unterscheiden.

Um das Zodiakallicht am Himmel ausfindig zu machen, müssen wir ihn nach dem «Tierkreis» oder «Zodiakus» absuchen, d.h. dem großen Kreis, der durch die Sternbilder verläuft: *Widder, Stier, Zwillinge, Krebs, Löwe, Jungfrau, Waage, Skorpion, Schütze, Steinbock, Wassermann und Fische.* Auf ungefähr dieser Linie liegen der Mond und die Planeten. Es ist die Strecke, die die Sonne im Laufe eines Jahres durchwandert. Das Sternbild, in dem sie sich gerade befindet, können wir natürlich nicht sehen, aber sobald die Sonne untergegangen ist und die Dunkelheit hereinbricht, wird der restliche Teil des Tierkreises sichtbar. Entlang dieser Linie hängt eine Art leuchtender Nebel, der in der Nähe der Sonne am breitesten und hellsten ist und zu den Seiten hin schmaler ausläuft: Auf der einen Seite der Sonne befindet sich der Teil des Zodiakallichts, das wir morgens, auf der anderen Seite dasjenige, das wir abends sehen. Im Winter kann ein guter Beobachter das Zodiakallicht durchaus einmal über 6 Monate hinweg morgens als auch abends sehen.

Das Licht selbst ist schwach, von derselben Ordnung wie das der Milchstraße, nur nicht so «körnig» und verschwommener. Unter günstigen Bedingungen kann jeder es sehen. Der Mond darf natürlich nicht scheinen, aber auch schon eine einzelne ferne Laterne wirkt sich störend aus, ebenso wie lichtstarke Planeten, etwa Venus oder Jupiter. Die Nähe größerer Städte sollte man meiden, und am besten beobachtet man von einer Anhöhe mit freier Rundumsicht aus. Auf Nachtflügen in großer Höhe kann das Zodiakallicht wunderschön zu sehen sein.

Zeichnen Sie zunächst den Umriß des Zodiakallichts anhand gut sichtbarer Sterne in eine Sternkarte ein.[69] Versuchen Sie nun Linien gleicher Helligkeit zu ziehen. Direkt oberhalb des Horizonts liegt ein dunk-

---

68 Schmid, Fr.: *Das Zodiakallicht.* Hamburg 1928; eine hervorragende Sammlung von Beobachtungen, allerdings ist die Diskussion veraltet und nicht haltbar. – *Les particules solides dans les astres.* Intern. Colloquium, Luik 1954. – Blackwell, D.E., et al.: *Astronomy and Astrophysics.* 1967, Bd. 5.

69 Speziell dafür geeignete Karten wurden in Publ. Kwasan Obs. *1,* Nr. 3, 1931 veröffentlicht.

ler Saum, wo die Atmospäre sowohl das Licht der Sterne als auch das Zodiakallicht extingiert. Unmittelbar darüber schließt sich der hellste Bereich an; die Helligkeit fällt nach oben und zu den Rändern hin langsam
ab, nach Norden und Süden hin jedoch schneller: Die größte Helligkeit
ist also im Vergleich zur Symmetrieachse der schwächeren Bereiche nach
Süden verschoben. Mit Hilfe solcher Skizzen kann man schätzen, daß die
Breite der Lichterscheinung, wenn man sie quer zur Achse mißt, ungefähr
40°, 20° und 10° bei Entfernungen von 30°, 90° und 150° zur Sonne beträgt.

Es lohnt sich, einmal eine ganze Nacht zu opfern, um das Zodiakallicht zu beobachten und die sich ändernde Szenerie in ihrer Schönheit
und Mannigfaltigkeit zu bewundern. Etwa zwei Stunden nach Sonnenuntergang, wenn die Sonne 17° unter dem Horizont steht, wird im Westen
ein schwacher Lichtkegel sichtbar, der schräg in südwestlicher Richtung
aufragt. Bei einem Sonnenstand von 20° ist es schon so viel dunkler, daß
man eine gewaltige Lichtpyramide sieht: Im Laufe der Nacht richtet sich
dieses West-Zodiakallicht immer mehr auf und dehnt sich aus; im wesentlichen bleibt es in bezug auf die Sterne immer in derselben Position. Eine
geringe Verschiebung ist gerade noch merklich: Sterne, die zuerst leicht
südlich des Zodiakallichts standen, stehen später etwas nördlich davon.
Dieses bemerkenswerte Phänomen ist vor allem in der ersten Hälfte des
Winters zu beobachten. Allmählich geht das West-Zodiakallicht unter,
und das Ost-Zodiakallicht[70] taucht im Osten auf. Es ist fast Mitternacht,
der Moment, in dem man den berühmten *Gegenschein* suchen muß, eine
der am schwierigsten zu beobachtenden Erscheinungen. Man kann ihn
nur in sehr klaren Dezembernächten bei tiefdunklem Himmel sehen: Im
Sonnengegenpunkt, also im Süden, bemerkt man eine äußerst schwache
Lichtbrücke, die die Spitzen des Ost- und West-Zodiakallichts miteinander verbindet.[71] Im weiteren Verlauf der Nacht wandert das Ost-Zodiakallicht mit den Sternen, verschiebt sich dabei aber leicht: Die Sterne
scheinen sich von der Nord- zur Südseite der Lichtpyramide zu verschieben. Demzufolge macht das Zodiakallicht die tägliche Himmelsdrehung
mit, bleibt aber im Vergleich zu den Sternen scheinbar etwas zurück. Der
Morgen naht; bei einer Sonnentiefe von ca. 20 bis 19° scheint es, als
würde die Basis der Lichtpyramide des Ost-Zodiakallichts breiter und
heller. Bei 19° bis 17° taucht der Vordämmerungsschein auf (Abb. 173).

Das Zodiakallicht kommt durch eine riesige Linse aus kosmischem
Staub zustande, die die Sonne umgibt und ihr Licht streut (Abb. 174). Wie
dicht der Staub an den verschiedenen Stellen jener Linse ist und wie weit
er sich über die Erdbahn A hinaus erstreckt, ist nicht genau bekannt, wird
aber zur Zeit mit Hilfe von Raketen untersucht. Die unmittelbare Umgebung der Sonne ist leerer Raum, wo es aufgrund der großen Hitze keine

70 Auch Morgenzodiakallicht genannt. Anm. d. Übers.
71 Hemel en Dampkring *38*, 422, 1940; *41*, 239, 1943.

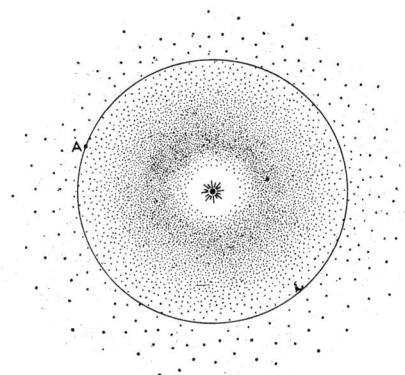

Abb. 174
Die Entstehung des Zodiakallichts.

Staubteilchen gibt. Diese Staubwolke wird immer heller, je mehr sich unser Blick der Sonne nähert. Die genaue Lichtverteilung ist allerdings nicht wahrnehmbar, da benachbarte Himmelsbereiche noch von der Nachtdämmerung beleuchtet sind (§ 229) – jenem schwachen Licht, das die obersten Schichten der Atmosphäre streuen und das das letzte Dämmerungsstadium darstellt. Die Helligkeit dieses Lichts nimmt in Sonnennähe ebenfalls zu, doch viel schneller als beim kosmischen Anteil. Linien konstanter Helligkeit wölben sich bogenförmig über die Sonne, wie bei allen echten Dämmerungserscheinungen; sie werden nicht vom Zodiakus beeinträchtigt (Abb. 173). Das Zusammenspiel dieser beiden Lichterscheinungen verzerrt die typische Lichtpyramide des Zodiakallichts, und durch die wechselnde Position des Horizonts und des Zodiakus erfahren diese Lichterscheinungen im Laufe der Nacht und des Jahres bestimmte kleinere Verschiebungen, die auch von der geographischen Lage des Beobachtungsstandortes abhängen. Hinzu kommt noch der Lichtschein des Erdlichts, der etwa 15° über dem Horizont am intensivsten ist. Und schließlich bewirkt die Extinktion des Lichts durch die Erdatmosphäre in Horizontnähe in zunehmendem Maße eine Abschwächung des Lichtscheins.

Es sind also die Dämmerungserscheinungen, die es uns verwehren, das Zodiakallicht in weniger als 30° Entfernung von der Sonne zu sehen. Je größer der Abstand von der Sonne, um so geringer ist die Beeinträchtigung durch die Dämmerung, doch auch um so schwächer wird das Zodiakallicht – erstens wegen der Winkelabhängigkeit der Streuung, zweitens, weil die Staubwolke immer dünner wird. Im Gegenlicht sehen wir das Zodiakallicht durch die äußeren Teile der Staubwolke bei unter 180° zurückgestreutem Licht.

Es wurde behauptet, das Zodiakallicht würde in Perioden von 2 bis 3 Minuten heller und schwächer und diese Wechsel würden den Störungen der Magnetnadel grob entsprechen. Das Licht sei vor allem während magnetischer Stürme stark. Bevor wir diesen Beobachtungen Glauben schenken, müßten wir überprüfen, ob es diese Schwankungen wirklich gibt: Mindestens zwei Personen sollten gleichzeitig und unabhängig voneinander Beobachtungen anstellen; auch müßte einwandfrei nachgewiesen werden, daß die Wechsel weder auf Wolken, Wolkenschatten noch auf das Polarlicht zurückzuführen sind.

Es scheint auch so etwas wie ein Zodiakallicht des Mondes zu geben, welches vor Mondaufgang und nach Monduntergang erscheint. Dieses ist jedoch zumindest ebenso schwer zu beobachten wie der Gegenschein.

231. Mondfinsternisse und Staub in der Atmosphäre[72]

Wenn sich der Schatten der Erde über den Mond schiebt, entsteht eine Mondfinsternis. Es müßte sich doch lohnen, einmal zu untersuchen, wie dieser Schatten aussieht! So gesehen ist eine Mondfinsternis im Grunde eine gute Gelegenheit, um unsere Erde besser kennenzulernen.

Keine Mondfinsternis gleicht der anderen. Nur selten ist der Mond so vollständig verdunkelt, daß man ihn am Nachthimmel überhaupt nicht mehr sieht. Im allgemeinen ist die Färbung in der Mitte des Schattens blaß kupferrot mit einem gräulichen Rand.

Diese kupferroten Farbtöne und ihre Veränderlichkeit lassen bereits vermuten, daß wir es hier nicht einfach mit einem normalen Schatten zu tun haben. Bei näherem Hinsehen zeigt sich tatsächlich, daß der Schatten der Erdkugel allein den Mond unmöglich verdunkeln kann, da ja durch die atmosphärische Refraktion Lichtstrahlen einwärts gebeugt werden. Aufgrund dieser Refraktion kommt es zur Extinktion des Lichts im grauen Randbereich. Der Kernschatten der Erde wird schwach von dem Strahlenbündel beleuchtet, das durch die untersten Schichten bis in ca. 8 km Höhe der Erdatmosphäre geht und das sich auf diesem Weg dunkelrot färbt. Dieser Vorgang ist der gleiche wie in der Dämmerung, wo Sonnenstrahlen eine mächtige Schicht der Atmosphäre durchlaufen. Hier ist allerdings die Farbe matter, weil die Lichtstrahlen einen *doppelt* so langen Weg durch die Atmosphäre zurücklegen. Die Farbe der zentralen Bereiche des Schattens zeigt daher eine mehr oder weniger starke Trübung der Erdatmosphäre an. Nicht von ungefähr erscheint der verfinsterte Mond sehr dunkel und nur äußerst schwach rot, wenn große Mengen an Staub von Vulkanausbrüchen her in der Atmosphäre schweben. In der Regel sind Mondfinsternisse auch dunkler, wenn der Mond weiter nördlich steht: Offenbar gibt es in der nördlichen Hemisphäre mehr Vulkan- und Wüstenstaub als in der südlichen. Im Winter sind Mondfinsternisse heller

72 Link, F.: *Die Mondfinsternisse.* Leipzig 1956. – Eine allgemeine Übersicht von Link, F., in Zd. Kopal: *Physics and Astronomy of the Moon.* New York/London 1961.

als im Frühjahr. Sie können aber auch dunkler und grauer oder aber heller und mehr orangefarben sein, je nach der Phase des Sonnenfleckenzyklus. Dies dürfte dann mit Veränderungen der ultravioletten Strahlung sowie den Strömen elektrisch geladener Teilchen zusammenhängen, die von der Sonnenkorona kommen. Während einer Mondfinsternis können sie ebenfalls zum Mond gelangen und seine Oberfläche fluoreszieren und leuchten lassen.

Die Helligkeit einer Mondfinsternis läßt sich folgendermaßen einteilen:

0. sehr dunkel, der Mond ist beinahe unsichtbar;
1. dunkel, grau, es sind fast keine Einzelheiten erkennbar;
2. dunkelrot, der äußere Saum ist relativ hell;
3. ziegelrot, es ist ein heller oder gelblicher Saum zu sehen;
4. orangerot, der Saum ist bläulich.

Durch einen systematischen Vergleich solcher Aufzeichnungen über mehrere Jahre hinweg sind allerlei Besonderheiten herzuleiten.

232. Das aschgraue Licht[73]

Kurz vor oder nach Neumond sehen wir neben der schmalen Sichel die übrige Mondoberfläche schwach erleuchtet (Abb. 92). Dieses «aschgraue Licht» kommt von der Erde, die wie eine große, helle Lichtquelle den Mond bescheint. Das aschgraue Licht ist jedoch keineswegs immer gleich stark. Manchmal ist es so gut wie nicht wahrnehmbar, andere Male milchigweiß und so hell, daß man die dunklen Stellen darin erkennen kann, die wir normalerweise auf der Mondoberfläche sehen. Die unterschiedliche Stärke des aschgrauen Lichts schreibt man der Tatsache zu, daß die Erdkugel dem Mond einmal viele Meere, dann wieder viel Festland zukehrt, daß der Himmel über der Erde einmal bewölkter, ein andermal klarer ist. So bietet uns ein Blick auf das aschgraue Licht sofort einen Überblick über den Zustand einer Erdhalbkugel!

Doch auch hier scheint sich der Einfluß der Sonnenaktivität bemerkbar zu machen. Tragen Sie an mehreren Tagen die geschätzte Stärke des aschgrauen Lichts in einer Skala von 1 bis 10 ein (1 = unsichtbar, 5 = recht gut sichtbar, 10 = auffallend hell). Sie werden bald feststellen, daß die Sichtbarkeit in starkem Maße von der Scheingestalt des Mondes abhängt, denn bei zunehmendem Mond wird er von einem kleineren Teil der Erde beleuchtet, und außerdem blendet uns die helle Sichel, sobald sie breiter wird. Ein Vergleich der Sichtbarkeit des aschgrauen Lichts an verschiedenen Tagen hat daher nur Sinn, wenn man ihn *bei gleicher Scheingestalt* anstellt. Dagegen hat die Höhe über dem Horizont nachweislich wenig Einfluß auf die Sichtbarkeit des aschgrauen Lichts.

73 A. N. *196*, 269, 1913. – Die Himmelswelt *34*, 95, 1924. – Link, F., 1961, S. 221; s. Anm. 72.

233. «Fliegende Untertassen»[74]

Im Jahr 1947 fielen einem amerikanischen Geschäftsmann bei einem Flug über die Rocky Mountains mehrere seltsame Flugobjekte auf, die sich mit unglaublich hoher Geschwindigkeit fortbewegten und die er mit «fliegenden Untertassen» verglich. Diese Geschichte versetzte die Öffentlichkeit in Aufruhr, und bald gab es jährlich mehrere hundert Berichte über ähnlich geheimnisvolle Objekte, zuerst aus den USA, später auch aus Europa. In der Mehrzahl der Fälle handelt es sich um Lichtflecken, die sich in ungeordneten Bahnen bewegen, manchmal eine Zeitlang stehenbleiben, um dann wieder mit großer Geschwindigkeit weiterzufliegen. Auch tagsüber wurden solche Beobachtungen gemacht. Vielfach ist die Rede von Raumschiffen, andere Male von einer neuen Waffe der Russen, und es soll sogar Menschen geben, die sich mit diesen Marsmenschen unterhalten haben.

Schon lange vor 1947 gab es solche Berichte: 1882 und 1897 waren Rekordjahre, aber auch in den Jahren 1863, 1894, 1896 und 1908 waren «fliegende Untertassen» zu verzeichnen. Man trifft auf sie in der Antike und im Mittelalter, ebenso in der Bibel. Mittlerweile ist das Interesse an diesen Geschichten schon fast erlahmt.

Nach eingehenden Analysen zeigt sich, daß auf die überwiegende Zahl der Berichte eine der folgenden einfachen Erklärungen zutrifft:

1. Der Planet Venus in einer Position großer Helligkeit oder ein tiefstehender heller Stern; die scheinbare Bewegung ist als «Sternschwingung» (§ 120) zu deuten.

2. Ein heller Meteorit oder ein Feuerball; die Spur kann nachleuchten oder sich unregelmäßig verformen. Ein Komet. Ein Trabant – jede Nacht sind welche zu sehen. Der Mond hinter einem Wolkenschleier.

3. Einer der Wetterballons, die täglich zu Tausenden von den Wetterwarten in der ganzen Welt aufsteigen.

4. Ein gewöhnliches Flugzeug, das bei ungewöhnlicher Beleuchtung gesehen wird.

5. Haloerscheinungen, insbesondere Nebensonnen und Untersonnen.

6. Luftspiegelungen.

7. Nebelbänke, Wolkengestalten bei ungewöhnlicher Beleuchtung.

8. Alle möglichen Zufälle: ein Luftballon, ein Fallschirm, ein Modellflugzeug, eine Spinnwebe, Nachbilder im Auge, das Spiel eines Suchscheinwerfers über den Wolken, Vögel, das Polarlicht, ein Kugelblitz.

9. Und nicht zuletzt eine absichtliche Täuschung oder ein Scherz.

Bezeichnend dürfte sein, daß es keinen einzigen Bericht von Sternwarten über Ufos gibt. In Utrecht bekamen wir Tausende von Briefen über Meteoriten und Lichterscheinungen, doch es war kein einziger dar-

---

74 Menzel, D.H.: *Flying Saucers.* Cambridge 1953. – Menzel, D.H., und Boyd, L.G.: *The World of Flying Saucers.* New York 1963.

Viele seltene atmosphärische Erscheinungen wurden für Ufos gehalten, so auch die sog. Mandelwolken (Foto: Kalervo Kuronen).

unter, der auch nur einigermaßen überzeugend die Existenz solcher Ufos belegen würde. Glauben Sie nur nicht, Fotos wären Beweise: Man kann die wunderlichsten Effekte erzeugen durch schlechte Fokussierung, Filter, Reflexe in der Linse, Bewegen der Kamera oder Entwicklungsfehler. Ebensowenig ist eine Radarbeobachtung ein bündiger Beweis dafür.

Lassen wir uns also nicht von Angst, Kriegspsychosen oder Mystizismus mitreißen, sondern erinnern wir uns vielmehr daran, wie viele Naturerscheinungen in diesem Buch beschrieben sind, für die es völlig natürliche Erklärungen gibt und auf die viele Menschen noch nie geachtet haben!

Einige Ratschläge für den Fall, daß Sie ein »Ufo« sehen sollten:
- Bitten Sie jemanden, Ihre Beobachtung nachzuprüfen;
- vermeiden Sie es, schräg durch Fensterscheiben oder Gardinen zu sehen;
- notieren Sie den genauen Zeitpunkt, und korrigieren Sie ihn gegebenenfalls hinterher durch einen Vergleich mit der Zeitansage im Radio;
- vermerken Sie alle hellen Lichtquellen in der Umgebung;
- schätzen Sie die Größe des Lichtflecks und die Entfernung zur Sonne in Winkelmaß;
- waren Geräusche zu hören?

Kapitel XII
Licht und Farbe von Wolken, Wasser und festen Stoffen

234. Die Farbe von Sonne, Mond und Sternen[1]

> *... Denn oft genug sehen*
> *wir ihr Antlitz bunt*
> *überflogen von mancherlei Farben:*
> *bläuliche kündet uns Regen an und feurige Ostwind.*

Vergil: *Georgica* I.
Hg. v. J. u. M. Götte. München 1970, S. 435

Es ist schwer, die Farbe der Sonne zu beurteilen, da sie so gleißend hell ist. Dennoch kommt es mir so vor, als sei sie ganz bestimmt *gelb*, und zusammen mit dem blauen Licht des Himmels entsteht dann die Mischfarbe, die wir «Weiß» nennen: die Farbe eines Blattes Papier bei Sonnenschein und klarem Himmel. Bei solchen Bewertungen tauchen Schwierigkeiten auf, da der Begriff «Weiß» vage ist. Im allgemeinen tendieren wir dazu, die in unserer Umgebung vorherrschende Farbe als weiß oder annähernd weiß zu bezeichnen (vgl. § 114).

An einem bewölkten oder nebligen Tag mischen sich die Sonnenstrahlen und das Licht des blauen Himmels allein schon durch die zahllosen Spiegelungen und Brechungen an Wassertropfen, so daß der Himmel sich uns in einer weißen Mischfarbe darbietet. Wenn wir bedenken, daß das blaue Licht des Himmels im Grunde gestreutes Licht ist, das zunächst ein Anteil des Sonnenlichts war, folgt daraus unweigerlich, daß die Sonne, von außerhalb der Atmosphäre gesehen, ebenfalls annähernd weiß sein müßte.

Wir wissen, daß das Orange oder Rot der untergehenden Sonne durch die schnell zunehmende Länge der Strecke, die ihre Strahlen bis zu uns zurücklegen, zustandekommt; allmählich werden die stärker gebrochenen Strahlen fast ganz herausgestreut, bis nur noch die tiefroten übrigbleiben (§§ 47 und 195).

In seltenen Fällen erscheint bei Nebel die hochstehende Sonne kupferrot, nämlich dann, wenn die Nebeltröpfchen sehr klein sind und daher vor allem Licht kürzerer Wellenlänge streuen (§ 208).

In anderen Fällen ist die Sonne *bläulich*: Es wird behauptet, dies trete hauptsächlich dann auf, wenn die Wolken einen orangefarbenen Rand bekommen. Möglicherweise spielen Farbkontraste eine Rolle, oder aber

---

1 Fournet: C. R. *47*, 189, 1858. – Osthoff: Mitt. Ver. Fr. d. Astron. *10*, 136, 1901. – Plassmann, J.: Met. Zs. *8*, 421, 1931.

ungeübte Beobachter verwechseln die Farbe der Wolken in unmittelbarer Nähe der Sonne mit der Farbe der Sonnenscheibe selbst. Etwas ganz anderes ist die Erscheinung der *blauen* Sonne, welche wir mitunter durch eine dichte Wolke aus sehr gleichmäßigen Tröpfchen sehen können (§ 187).

Der Mond ist tagsüber *rein weiß*, weil sich dann das intensive, vom Himmel gestreute Blau zu seinem gelblichen Weiß addiert; auch wenn er auf- oder untergeht, ist er fast farblos, matt und nur leicht gelblich. Bei Sonnenuntergang wird er zunehmend gelb, je mehr das blaue Licht des Himmels verschwindet; irgendwann ist er dann richtig *gelb*: Wahrscheinlich kommt uns die Farbe durch den Kontrast zu dem noch schwach blauen Hintergrund intensiver vor. Gegen Ende der Dämmerung geht die Farbe wieder ins *Gelbweiße* über, was wohl daher kommt, daß die Umgebung dunkler wird und uns das Mondlicht sehr hell vorkommt. Durch eine spezifische Eigenschaft unseres Auges erscheint es uns dann annähern weiß, wie alle grellen Lichtquellen (§ 93). Die Nacht über bleibt der Mond leicht gelblich, genau wie die Sonne am Tag. In sehr klaren Winternächten, wenn der Mond hoch steht, nähert er sich farblich am stärksten dem Weiß, aber in Horizontnähe zeigt er die gleichen orangefarbenen und roten Farbtöne wie die untergehende Sonne: Daß die Farben des Mondes einen etwas anderen Eindruck im Auge erzeugen, kommt durch dessen wesentlich geringere Lichtstärke.

Im blauen Erdschatten hat der Vollmond die dazu komplementäre, schöne, ausgesprochen *bronzegelbe* Farbe, die zweifellos durch den Kontrast zu seiner Umgebung entsteht. Wenn kräftig purpurrote Wolken um den Mond liegen, ist er eher *grüngelb*. Werden die Wolken lachsrot, wird er mitunter sogar leicht *blaugrün*. Diese Kontrastfarben sind bei der Mondsichel noch deutlicher ausgeprägt als beim Vollmond.

Auch der Planet Venus, in der purpurfarbenen Dämmerung gesehen, kann sich smaragdgrün zeigen.[2]

> *Dort war ein grüner Mond, hellgrün, halb zu sehen*
> *wie ein verschleiertes Gesicht, in ganz hellrosa gefärbtem*
> *weißem Nebel.*
>
>   L. van Deijssel: *Frank Rozelaar*

Nicht zu verwechseln mit der Farbe des Mondes ist die Farbe der Landschaft bei Mondschein, die im allgemeinen als blau oder blaugrün angesehen wird. Die Stäbchen unseres Auges, die nachts die Funktion des Sehens übernehmen, scheinen einen besonderen, graublauen Eindruck hervorzurufen, das «Stäbchenblau». Dieser Effekt wird jedoch in beträchtlichem Maße noch durch den Kontrast zu unserem orangefarbenen

2 Priroda, B.N.: Himmelfarben *8*, 80, 1964.

Kunstlicht verstärkt, so daß das Blau des vom Mond erhellten Himmels noch auffälliger wird.[3]

... Hüll nun muttersanft
Mich in deinen blausamt'nen Mantel, Nacht ...

Helen Swarth: Naturpoesie (Natuurpoësie), Sternennacht (Sterrennacht)

Um einen ersten Eindruck von den möglichen Farbunterschieden bei Sternen zu gewinnen[4], betrachten wir das große Viereck des Sternbilds Orion. Beteigeuze, der helle Stern α links oben, ist auffallend gelb, ja sogar orangefarben, verglichen mit den drei anderen (Abb. 72). In der Nähe dieses Sternbildes gibt es einen weiteren orangefarbenen Stern, Aldebaran im Stier.

Nun sollte man sich nicht mit diesem ersten, sehr leicht erkennbaren Farbunterschied zufriedengeben, sondern feinere Farbnuancen aufzuspüren versuchen. Eine Herausforderung an unseren Farbsinn! Doch mit etwas Übung kann man sehr gute Ergebnisse erzielen. Da die Farbe der Sterne von deren Temperatur abhängt, müßten sie eigentlich die gleichen Farbfolgen aufweisen wie ein glühender Körper, der allmählich abkühlt: von *Weiß* über *Gelb* und *Orange* zu *Rot*. Man ist sich noch nicht darüber einig, ob die Farbe der heißesten Sterne bereits ins Bläuliche geht oder ob sie rein weiß ist. Offenbar können sich die Beobachter nicht auf eine Definition von «Weiß» einigen. Manche Beobachter empfinden die Wirkung ,des schwach erleuchteten Himmelshintergrundes stärker, welcher uns bläulich erscheint und den wir dennoch als farblos betrachten, da die mittlere Farbe der nächtlichen Landschaft bläulich ist.

Aus der folgenden Skala sind die Farbunterschiede zwischen den einzelnen Sternen ersichtlich sowie die diesen üblicherweise zugeordneten Zahlenwerte mit einigen Beispielen. Es gibt individuelle Unterschiede in der Beurteilung: Geübte Beobachter stufen die Farben oftmals eine ganze Klasse über oder unter dem angegebenen Durchschnittswert ein, und die hier aufgeführten Einteilungen wurden von Beobachtern vorgenommen, die das Blau nicht als solches ansahen, also den Sternen auch keine negativen Werte zuordneten.

3 Hemel en Dampkring *31*, 209 und 271, 1933. Eine Diskussion findet sich in: Met. Mag. *67*, 1932 bis *69*, 1934.
4 Wirtz, C., in Hensling, R.: *Astronomisches Handbuch*. Stuttgart 1921. – Bottlinger und Schrödinger in: Naturwiss. *13*, 1925.

-2	blau	4	rein gelb
-1	bläulichweiß	5	tiefgelb
0	weiß	6	rötlichgelb
1	gelblichweiß	7	orange
2	weißgelb	8	gelblichrot
3	hellgelb	9	rot

α Großer Hund (Sirius)	0,8	β Kleiner Bär	5,8
α Leier (Wega)	0,8	α Bootes (Arcturus)	4,5
α Löwe (Regulus)	2,1	α Skorpion (Antares)	7,5
α Kleiner Hund (Prokyon)	2,4	Venus	3,5
α Adler (Altair)	2,6	Mars	7,6
α Großer Bär	4,9	Jupiter	3,6
β Großer Bär	2,3	Saturn	4,8
α Kleiner Bär	3,8		

Natürlich werden die Sterne auch rötlicher, wenn sie näher am Horizont stehen, aber durch das Funkeln ist dann meistens ein genaues Beurteilen der Farbe nicht mehr möglich. Es ist eigenartig, daß wir auf der Erde einen glühenden Körper von 300 °C als weißglühend bezeichnen, einen Stern derselben Temperatur dagegen als orangerot ansehen! Vermutlich ist dieses physiologische Phänomen auf die wesentlich geringere Helligkeit des Sterns zurückzuführen: Der Rotanteil ist noch wahrnehmbar, während der Grün- und Blauanteil unterhalb des Schwellenwerts für den Sinneseindruck bleiben. Eine andere Erklärung findet sich in § 93.

Ein geübter Beobachter berichtete mir, er könne die Farbe der Sterne bei Mondlicht besser beurteilen als in mondlosen Nächten. Wäre es möglich, daß die Zapfen unserer Netzhaut aufgrund der generellen Beleuchtung durch den Mond eine größere Rolle spielen als die Stäbchen?

235. Die Farbe von Wolken

Die schönen, sommerlichen Haufenwolken am Himmel entlangziehen zu sehen ist eine wahre Augenweide. Weshalb wohl sind bestimmte Bereiche heller, andere dunkler? Dort, wo die Sonne auf die Wolken scheint, sind sie leuchtend weiß, aber sie sind schmutziggrau oder dunkelgrau, wenn sie über uns hinwegziehen und wir die schattige Unterseite sehen. Die Wassertröpfchen liegen so dicht beieinander, daß das Licht, kaum daß es in die Wolke eingedrungen ist, auch schon wieder zu einem Großteil reflektiert wird: Die Wolke verhält sich beinahe wie ein undurchsichtiger weißer Körper. Liegen Haufenwolken vor der Sonne, erscheinen sie dunkel, sind aber von einem Lichtrand umgeben: «*Jede Wolke hat eine silbrige Umrandung.*» Licht- und Schattenverteilung liefern uns also äußerst aufschlußreiche Anhaltspunkte dafür, was vorne und hinten, oben und unten

liegt und welches die tatsächlichen räumlichen Formen der Wolkenunge-
tüme sind. – Es ist nicht immer leicht, sich die Verhältnisse vorzustellen
und die Position der Sonne richtig in Rechnung zu stellen. Wenn z.B. vor
mir Wolken sind und die Sonne ein Stück weit darüber steht, wundere ich
mich, daß ich fast nur Schatten sehe (Abb. 175 a). Ich kann mir die ungeheuer große Entfernung der Sonne einfach nicht vorstellen, sondern
meine immer, sie müßte näher da sein und Licht auf AB werfen (Abb. 175
b). Mein Fehler ist, daß ich nicht bedenke, daß die Sonnenstrahlen, die
die Wolke bescheinen, parallel zu der Geraden von der Sonne zu meinem
Auge sind (Abb. 175 c).

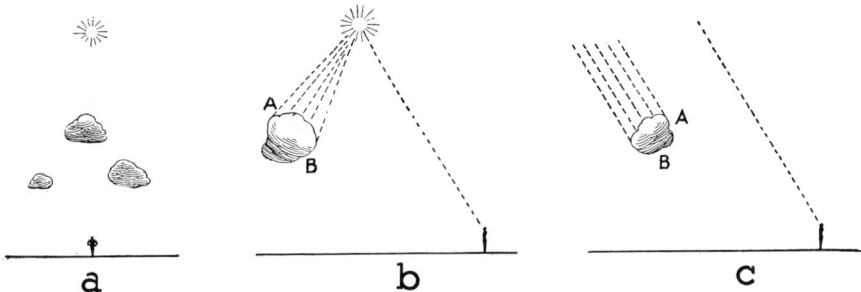

Abb. 175
Licht und Schatten auf Haufenwolken: a) Landschaft und Betrachter von Nord nach Süd
gesehen; b) falsche subjektive Vorstellung und Erwartung; c) tatsächliche Verhältnisse
(in b und c blickt man von Ost nach West).

So erstaunlich das Spiel von Licht und Dunkel auf den Wolkenmassen
auch ist, so kompliziert die Schatten, die sie aufeinander erzeugen, auch
sein mögen, es ist trotzdem unmöglich, damit alle Farbunterschiede der
Haufenwolken zu erklären.[5] Wenn es aufklart und nur noch einige wenige Haufenwolken übrigbleiben, die grell von der Sonne beschienen
werden und die unmöglich Schatten aufeinander erzeugen können, sieht
man oftmals, wie sie immer dunkler werden, bis sie schließlich blauschwarz sind, wenn sie verschwinden. Im allgemeinen hat es den Anschein, als zeigten dünne Teile von Haufenwolken vor dem blauen Himmel nicht einen Farbton aus Blau und Weiß (wie man erwarten würde),
sondern aus Blau und Schwarz!
        Zuweilen ist eine Haufenwolke auch grau, wenn wir sie vor einer
zweiten, leuchtend weißen sehen: In diesem Fall stimmt es dann gewiß
nicht, daß die Helligkeit einfach mit der Gesamtschichtdicke zunimmt.
Die optischen Eigenschaften dieser Erscheinungen, die tagtäglich um uns
herum zu beobachten sind, sind noch sehr unzulänglich erforscht. Sicherlich muß man sehr vorsichtig mit der Annahme sein, die Wolken könnten

5 C. R. *177*, 515, 1923.

das Licht tatsächlich *absorbieren*; zunächst sollte man auf jeden Fall versuchen, sie so zu erklären, als seien es feste weiße Körper, und erst danach in die Überlegung miteinbeziehen, daß es eigentlich streuende Nebel sind. Erst am Schluß soll man noch berücksichtigen, daß diese auch dunkle Partikel enthalten könnten.

Interessant ist ein Vergleich der Wolke mit dem weißen Dampf (nicht dem Rauch!) einer Dampflokomotive. In einem besonderen Fall sah der Dampf heller aus, wenn man ihn unter großem Winkel zum einfallenden Licht betrachtete, weniger hell aber, wenn man die Sonne im Rücken hatte und die Lichtstrahlen in ungefähr der Einfallsrichtung ins Auge reflektiert wurden. In anderen Fällen war der Dampf, gleichgültig aus welcher Richtung man ihn sah, wesentlich heller als die hellsten Bereiche der Haufenwolken, was wahrscheinlich mit der großen Entfernung dieser Wolken und der Extinktion des Lichts durch die Streuung der Luft zusammenhängt.

Dunkle Haufenwolken in großer Entfernung erscheinen oftmals bläulich. Dies ist nicht die Farbe der Wolken selbst, sondern die des Lichts, das durch die Luft zwischen Wolke und Betrachter gestreut wird. Je weiter entfernt solch eine dunkle Wolke von uns ist, desto stärker muß sich ihr Farbton dem des Himmelshintergrundes annähern. Helle Wolken, die knapp oberhalb des Horizonts liegen, nehmen dagegen eine gelbliche Farbe an (§ 196).

Wir müßten unsere Untersuchungen noch auf andere Wolkentypen ausdehnen und zu erklären versuchen, weshalb beispielsweise Regenwolken so grau sind oder warum in Gewitterwolken eigenartige Bleifarben neben einem fahlen Orange vorkommen können (Staub?). Über all dies weiß man noch so wenig, daß wir lieber den Leser dazu ermuntern möchten, eigene Untersuchungen darüber anzustellen.

Die Lichtverteilung am Himmelsgewölbe bei vollkommen gleichmäßig bedecktem Himmel ist etwas sehr Typisches und bildet ein Gegenstück zur Lichtverteilung bei klarblauem Himmel. Vergleichen Sie doch einmal mit Hilfe eines Spiegels Zenit und Horizont miteinander: Letzterer ist immer der hellere, das Verhältnis liegt zwischen 3 und gut 5.[6]

236. Die Farbe von Wolken bei Sonnenauf- und -untergang

> *Was würden wir wohl gedacht haben – wenn wir in einem Lande lebten, wo es keine Wolken, sondern nur niedrigen Dunst oder Nebel gäbe – wenn uns ein Fremder erzählt hätte, daß in seinem Land diese Dünste hoch in die Luft stiegen und purpurfarbig, karminrot, scharlach oder goldig gefärbt wären?*
>
> Ruskin: *Moderne Maler*, V.
> Ausgewählte Werke, Bd. XIV, Leipzig 1902, S. 161

6 Fritz: J. O. S. A. *45*, 820, 1955.

Bei unserer Beschreibung von Sonnenuntergängen sind wir zunächst von wolkenlosem Himmel ausgegangen. Nun wollen wir uns überlegen, wie die wunderbaren Wolkenszenerien mit ihrer unendlich üppigen Farbenpracht und Formenvielfalt, die jeder Regelmäßigkeit entbehren, zustande kommen. Eines sei vorausgeschickt: Es soll an dieser Stelle hauptsächlich das besprochen werden, was *vor* Sonnenuntergang zu sehen ist, die eigentlichen «Dämmerungserscheinungen» wurden in § 219 beschrieben. Ist die Sonne erst einmal untergegangen, ist die Wolkenpracht im Grunde vorüber.

Kurz vor Sonnenuntergang werden die Wolken zum einen von direktem Sonnenlicht angestrahlt, das nach und nach gelb, orange und rot wird, je tiefer die Sonne sinkt, zum anderen vom Licht des Himmels, das auf der Sonnenseite orangerot und ansonsten blau ist. Das orangerote Licht entsteht durch starke Streuung an großen Staubteilchen und Wassertröpfchen, welche die Strahlen nur geringfügig ablenken (§§ 208 und 222); das blaue Licht entsteht durch diffuse Reflexion an den Luftmolekülen.

Stellen Sie sich nun eine Wolke in der Nähe der Sonne vor, die zuerst sehr dünn ist, dann aber immer dichter wird. Ihre Tröpfchen streuen das Licht unter kleinen Winkeln – dünne Schleierwolken werden also viel Licht von der schräg dahinter stehenden Sonne zu uns schicken; je größer die Zahl der streuenden Teilchen, desto kräftiger ist das warme, orangerosa Licht. Irgendwann ist allerdings ein «Optimum» erreicht: Wenn die Wolkenschichten zu dicht oder zu dick werden, dringt weniger Licht hindurch: Schwere Wolken lassen fast kein Licht durch und reflektieren lediglich das Licht der wenigen noch blauen Teile des Himmels zu uns, durch das sie aus unserer Richtung beleuchtet werden (Abb. 176, C). Ein schöner Sonnenuntergang ist daher vor allem *bei dünnen Wolken oder wenn die Wolkendecke aufgerissen ist* zu erwarten.

In Richtung der untergehenden Sonne sehen wir dünne Wolken bei durchfallendem Licht, dichtere oder dickere Wolken bei auffallendem Licht; erstere sind hell orangerot, letztere zeigen ein dunkles Graublau. Dieser Farbkontrast, der oftmals mit Unterschieden in Form und Bau der Wolken einhergeht, macht jene Wolkenszenerien so hinreißend schön.

> *Die Wolken liegen in Lagen*
> *Von Balken auf Balken gestreut,*
> *Mit goldnem Belag beschlagen*
> *Und blauen Beschlägen belegt.*
>
> René de Clercq: *Morgenröte* (Dageraad)

Die Ränder schwerer, blaugrauer Wolken sind dieser Regel gemäß wunderschön golden umrandet. Beachten Sie, daß der Rand A zur Sonne hin stärkeres Licht abstrahlt als der Rand B, denn:

1. der Ablenkungswinkel der Lichtstrahlen ist dort am kleinsten;

2. wenn wir uns die Wolke als kugeliges Gebilde vorstellen, müßte es auf der Seite der Sonne einen Streifen geben, der noch direkt beleuchtet wird (Abb. 176, A).

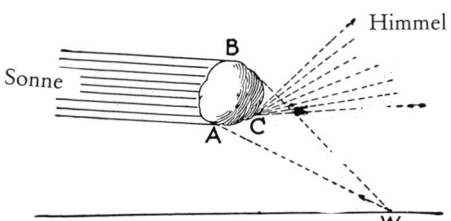

Abb. 176
Die Beleuchtung einer Wolke kurz vor
Sonnenuntergang.

Wolken, die weiter von der Sonne entfernt sind, zeigen diese schöne Streuung an den Rändern nicht; sie werden jedoch auf der einen Seite direkt und auf der anderen Seite von blauem Streulicht beleuchtet, so daß auch dort ein Farbenspiel in Orange und Blau entsteht. Sinkt die Sonne tiefer, werden die Farben immer wärmer, bis die ihr gegenüberliegenden Wolken im Osten das Purpur der Gegendämmerung annehmen.

Wenn nun die Sonne untergeht, zieht sich ihr Glühen allmählich aus den verschiedenen Himmelszonen zurück; die hohen Wolken bleiben am längsten beleuchtet. Auch daraus ergibt sich wieder ein hübscher Kontrast: Wir sehen Wolken, von denen die einen noch Sonnenlicht abbekommen, neben oder hinter anderen, die nur noch vom Licht des Himmels beleuchtet werden (vgl. § 115).

Das scheinbare Aufklaren des Himmels während der Dämmerung ist häufig nichts anderes als ein optischer Effekt.[7] Wenn die Wolken nicht mehr von der Sonne beleuchtet werden, sondern nur noch vom diffus gestreuten Himmelslicht, sind sowohl Helligkeitskontrast als auch Farbkontrast zwischen Wolke und Himmel stark herabgesetzt, und darüber hinaus sind die Kontraste schon aufgrund der schwächeren Beleuchtung nicht mehr so gut erkennbar.

237. Die Beleuchtung von Wolken durch irdische Lichtquellen[8]

Wenn wir abends durch das freie Feld spazierengehen und der Himmel gleichmäßig bewölkt ist, ist von weitem hier und da tief am Himmel ein Lichtschein zu sehen. Er stammt von einer Stadt oder einem größeren Dorf, welche wir aufgrund ihrer Lage identifizieren können. Schätzen Sie den Winkel α des Lichtscheins über dem Horizont in rad (§ 1), bestimmen Sie ihre Entfernung A zur Stadt mittels einer Wanderkarte, und berech-

---

7 Atkins: Nat. *155*, 110, 1945.
8 La Cour: Overs. Dansk Vidensk. Selsk. Forh. *75*, 1871. Eine weitere einfache Methode ist diejenige von Bravais: Pogg. Ann. *77*, 156, 1849.

nen Sie die Wolkenhöhe h = αA. Beispiel: Von Bilthoven aus sah ich den Lichtschein

- über Utrecht auf einer Höhe α = 8,5°; folglich war h = 790 m,
- über Zeist auf einer Höhe α = 6°; folglich war h = 780 m.

Im Jahre 1884 war das Licht über London noch in 60 km Entfernung zu sehen[9]; in welcher Höhe befanden sich in diesem Fall wohl die Wolken?

Es lohnt sich, den Lichtfleck über einer größeren Stadt eingehender zu studieren. Sein Aussehen variiert von Tag zu Tag beinahe genauso stark wie das des Polarlichts. Zwei Teile der Lichterscheinung sind zu unterscheiden: erstens ein verschwommener Lichtnebel, der durch die diffuse Beleuchtung der Luft mit all ihren Staubteilchen und Wassertropfen entsteht und der in Horizontnähe am stärksten ist; zweitens ein Lichtfleck auf der Wolkenschicht, der tatsächlich in etwa dem Umriß der Stadt entspricht (also annähernd rund ist), der aber aus der Entfernung verkürzt und daher mehr oder weniger elliptisch und scharf abgegrenzt gesehen wird, vor allem dann, wenn die Wolkenschicht ziemlich glatt ist. Bei klarem, wolkenlosem Himmel oder bei sehr nebligem Wetter sieht man kein Licht über der Stadt. Ist es dagegen dunstig, dann entwickelt sich der trübe Lichtnebel, und wenn der Himmel mit einer Wolkenschicht überzogen ist, sieht man den Lichtfleck. Es gibt alle möglichen Kombinationen, auch werfen gelegentlich einzelne niedrige Wolken einen Schatten, oder es lösen sich unregelmäßige Lichtmassen von der Hauptmasse. Die Bestimmung der Wolkenhöhe erfolgt natürlich anhand von Messungen am Lichtfleck, und zwar am genauesten, indem man die Höhe seiner Grenzen bestimmt. Werden die Messungen von einem guten Beobachter durchgeführt, ist die Methode so präzise, daß man beispielsweise untersuchen kann, ob die Wolkenschicht den Unebenheiten des Geländes folgt.

La Cour gelang es, solche Beobachtungen auch tagsüber durchzuführen. Er bemerkte einmal, als Neuschnee lag, daß die Wolkenschicht über dem Meer dunkler war als über dem verschneiten Land. Die Grenzlinie wurde erstaunlich scharf, wenn er sich so weit entfernte, daß sie sich auf weniger als 20° Höhe über dem Horizont erhob. Später fand er heraus, daß sich dunklere Bereiche in der Wolkenschicht auch über Wäldern abzeichneten; und auch die Stadt Kopenhagen, wo der Schnee auf den Häusern bereits weggetaut war, entsprach solch einem dunklen Bereich. Aus all diesen Lichtabstufungen konnte die Höhe der Wolkenschicht bestimmt werden, und es ergaben sich übereinstimmende Werte.

Von all den Erscheinungen ist der Unterschied zwischen verschneitem Land und Meer am einfachsten zu erkennen, und dies ist auch die erste Beobachtung, in der man sich üben sollte. Auch an unserer niederländischen Küste ist dies gut zu beobachten. Dieses Phänomen ist nichts an-

9 Nat. *29*, 104, 1884.

deres als der bekannte «ice-blink», an welchem Polarforscher die Nähe
von Packeis erkennen konnten, da er sich deutlich vom dunkleren «water
sky» abhebt.

Dort sah ich am Abend einen seltsamen Lichtschein über dem nördlichen Himmel, der am
stärksten am Horizont, doch noch sichtbar entlang seiner gesamten Wölbung bis in den Ze-
nit war – ein wunderliches, geheimnisvolles Halblicht, wie der Widerschein eines gewalti-
gen Brandes, sehr weit weg; aber doch in einer Märchenwelt, denn das Licht war gespen-
stisch weiß.

Fr. Nansen: Boken om Norge

Weniger bekannt ist, daß der ägyptische Wüstensand die Wolken mit
einer Glut färbt, die ebenso deutlich aus der Ferne zu erkennen ist.[10] Eine
seichte Stelle im Indischen Ozean, wo das Meerwasser ausgesprochen
grün war, warf einen hellgrünen Schein auf die 300 bis 400 m hohen Wolken.[11] Und selbst unsere blühende, von der Sonne beschienene Heide
kann die Unterseite lose treibender Wolken purpurn färben.[12] Die He-
ringsfischer bemerkten das Herannahen von Heringsschwärmen durch
den Widerschein auf den Wolken («herringblink»).

238. Faktoren, die die Farbe des Wassers bestimmen[13]

Unendlich mannigfaltig, marmoriert in flüchtigen Schattierungen, in je-
der Kräuselung anders – durch sein raffiniertes Gefüge ein immerwähren-
der Genuß für das Auge ...
Versuchen wir, es zu analysieren!
1. Ein Teil des Lichts, das vom Wasser zu uns dringt, wurde an der
Oberfläche reflektiert. Solange diese Oberfläche glatt ist, wirkt sie wie ein
Spiegel, und das Wasser ist blau, grau oder grün, abhängig davon, ob der
Himmel klar oder stark bewölkt ist und ob auf den sanft abfallenden
Uferböschungen Gras wächst. Kräuselt sich die Oberfläche, vermischen
sich die Farben des blauen Himmels und des Ufers, Funken des einen
sprühen über auf das andere. Bei kräftigen Wellen reflektiert das Wasser
eine Mischfarbe.

Was wir gemeinhin als eine einfarbige Wasserfläche ansehen, zeigt in Wirklichkeit eine
unendliche Vielfalt von Farbschattierungen, die oftmals Ausläufer andersfarbiger Flächen

---

10 Cornish Vaughan: Geogr. Journ. *67*, 518, 1926.
11 Tydemann, G.F.: Hemel en Dampkring *19*, 113, 1922.
12 Tydemann, G.F.: ebd.
13 Dazu gibt es umfangreiche Literatur! Eine Zusammenfassung älterer Werke wurde
   erstellt von Bancroft, W.D.: Chem. News *117*, 197, 1919 und Journ. Frankl. Instit.
   187 Nr. 3. – Pollock, M.: *Light and Water.* London 1903. – Aufsess, v.: Ann. d. Phys.
   13, 678, 1904. – Raman, C.V.: Proc. R. Soc. *101*, 64, 1922. – Raman: Nat. *110*, 280,
   1922. – Shoulejkin: Phys. Rev. *22*, 85, 1923. – Ramanathan, K.R.: Phil. Mag. *46*, 543,
   1925. – Hulburt: J. O. S. A. *35*, 698, 1945.

*in einiger Entfernung sind (wie man beispielsweise das Spiegelbild der Sonne zu einem gro-
ßen Lichtfleck gedehnt sieht). Bei der Wahrnehmung des Glanzes, der Reinheit und der
Oberfläche an sich spielt unser Gefühl für die Farbenvielfalt keine geringe Rolle, wobei die
permanente Bewegung jener Oberfläche es uns verwehrt, sie zu analysieren oder zu begrei-
fen, wie jene Farbenvielfalt eigentlich zustande kommt.*

Ruskin: *Modern Painters* III, S. 507

2. Ein weiterer Teil des Lichts ist ins Wasser eingedrungen und wird
dort an Staubpartikeln und Trübungen zurückgestreut. Meist sind diese
Partikel so groß, daß sie alle Strahlen gleich stark streuen und das aus
dem Wasser austretende Licht dieselbe Farbe besitzt wie das einfallende;
bestehen die Partikel aus Sand oder Lehm, kann das zurückkommende
Licht einen braunen Farbton haben.[14] In sehr tiefem und klarem Wasser
wird ein beträchtlicher Teil des Lichts von den *Wassermolekülen* selbst in
einem herrlichen Blau wie das des Himmels oder eines großen Gletschers
zurückgestreut.

3. Schließlich trifft in seichten Gewässern immer ein Teil des Lichts
auf den Grund und wird dort diffus reflektiert, wobei es die Farbe jenes
Grundes annimmt.

4. Auf ihrem Weg durch das Wasser ändern sich die Lichtstrahlen
ständig:

a) durch die *Streuung* büßen sie einen Teil ihrer Intensität ein; in klarem Wasser werden vor allem die violetten und blauen Strahlen extingiert
(§ 194);

b) durch die *echte Absorption* im Wasser, die sich bereits in einigen
Metern Tiefe sehr deutlich bemerkbar macht, werden die gelben, orangefarbenen und roten Strahlen herausgefiltert, genauso wie beim Licht, das
durch farbiges Glas dringt.

Streuung findet im Wasser immer statt, selbst im allerklarsten, denn
die Wassermoleküle sind unregelmäßig dicht verteilt, was eine Ungleich-
mäßigkeit, eine gewisse «Körnung» zur Folge hat; hinzu kommt, daß die
einzelnen Wassermoleküle nicht exakt kugelförmig sind. Diese Art der
Streuung ist durchaus mit der Streuung an Luft vergleichbar und nimmt
ebenfalls mit $1/\lambda^4$ zu: Sie ist also für blaue und violette Strahlen am stärksten. In weniger klarem Wasser gibt es Schwebstoffe; sind sie sehr klein,
addiert sich ihr Effekt zu dem der Moleküle und bewirkt eine blauviolette
Strahlung; sind sie größer als 0,001 mm, streuen sie alle Farben gleichmäßig, und zwar hauptsächlich nach vorn (§ 194). Ein schönes Beispiel für
Flüssigkeiten mit sehr kleinen streuenden Teilchen ist gewöhnliches Sei-
fenwasser; bei auffallendem Licht vor einem dunklen Hintergrund erscheint es bläulich, orange dagegen bei durchfallendem Licht.

Die Absorption des Wassers von Seen und Flüssen ist vor allem auf
Eisenverbindungen (Fe^{3+}-Ionen) sowie auf organische Humussäuren zu-

14 Shoulejkin: Phys. Rev. 22, 85, 1923.

rückzuführen. Bei natürlich vorkommenden Konzentrationen von 1 : 20 Millionen Teile Eisen und 1 : 10 Millionen Teile Humussäure müßte das Wasser eigentlich viel stärker gefärbt sein, als es der Fall ist; anscheinend oxidieren die Fe^{3+}-Verbindungen die Humussäure unter der Einwirkung des Lichts und werden dadurch zu Fe^{2+}-Verbindungen. Danach nimmt Fe^{2+} Sauerstoff auf und wird wiederum zu Fe^{3+} umgewandelt, etc.

Wir werden nun an einigen Beispielen aufzeigen, wie diese unterschiedlichen Faktoren zusammen die Farbe des Wassers bestimmen.

239. Die Farbe von Pfützen entlang des Weges

Als ein einfaches Beispiel hierfür betrachten wir Pfützen, die so oft nach einem Regenguß entlang des Weges zu sehen sind. Wenn wir unter großem Einfallswinkel daraufsehen, wird das Licht an der Oberfläche fast total reflektiert. Wir sehen die gespiegelten Gegenstände wunderbar kontrastreich, beispielsweise erscheinen schwarze Zweige sehr dunkel. Kommen wir näher heran, so daß unser Blick steiler auf die Pfütze fällt, wird die Reflexion schwächer (§ 63); es scheint, als hätte sich über alles ein gleichmäßiger Schleier gelegt: Alle Farben sind blasser, und es fällt auf, daß insbesondere die dunklen Partien nicht mehr richtig dunkel, sondern grau sind. Dieser Schleier entsteht durch das Licht, das von allen Seiten auf die Pfütze fällt, ins Wasser dringt und nach allen Richtungen gestreut wird. Ist das Wasser der Pfütze milchig trübe, sind darin enthaltene Staubteilchen für die Streuung verantwortlich; ist das Wasser dagegen trübe und z.B. von Waschblau verfärbt, ist das gestreute Licht blau, und diese Farbe addiert sich zum Spiegelbild; ist das Wasser klar und der Grund hell, wie es beispielsweise bei Meerwasserpfützen am Strand der Fall ist, nehmen alle Spiegelbilder eine Sandfarbe an. Unter steilen Winkeln sieht man dann fast nur den Grund mit einigen wenigen der deutlichsten Spiegelungen. Lediglich bei klarem Wasser und dunklem Grund bleiben die reflektierten Bilder selbst noch unter steilem Einfallswinkel rein und kontrastreich, wenn sie auch lichtschwächer sind. In solch dunklen, sehr ruhigen Pfützen können Wälder in einem überaus reinen Grün erscheinen, und die Umrisse des Spiegelbildes sind sehr scharf, schärfer als die des Gegenstandes an sich. Hierbei handelt es sich hauptsächlich um einen psychologischen Effekt, der vermutlich auf die geringe Blendung durch die Umgebung zurückzuführen ist (§ 9).

Bitten Sie jemanden, sich in verschiedenen Abständen von der Pfütze zu postieren, und beobachten Sie, wie sich dessen Spiegelbild verändert! Der Versuch ist vor allem am Strand sehr eindrucksvoll. – Bücken Sie sich dabei zuerst sehr tief, stellen Sie sich dann aufrecht hin.

Wir sehen hier gleichsam an einem verkleinerten Modell, wie Gegenstände unter dem Meeresspiegel (Klippen, U-Boote) vom Flugzeug aus besser zu sehen sein können als von einem Schiff aus.

Und doch ist kaum ein Teich an der Landstraße, der nicht soviel Landschaft in sich als über sich hätte. Die Pfütze ist nicht braun, sumpfig und öde; sie hat ein Herz wie wir, auf dessen Grund die Zweige der hohen Bäume, die Halme des wellenden Grases und alle Farbentöne wechselnden lieblichen Himmelslichts wohnen.

Ruskin: *Moderne Maler* I.
Ausgewählte Werke, Bd. I, Leipzig 1902

240. Die Farbe von Binnengewässern

Die Kräuselungen einer Wasseroberfläche bringen auf jedem Wassergraben, auf jeder Gracht einen ständigen Licht- und Farbwechsel hervor (§§ 20–24). Um zu überprüfen, ob ein bestimmter Abschnitt der Oberfläche gekräuselt ist, müssen wir ihn aus verschiedenen Richtungen betrachten. Schwache Wellen werden nur dort sichtbar, wo helle und dunkle Spiegelbilder aneinanderstoßen. Das Spiegelbild des gleichmäßig blauen Himmels läßt die Kräuselungen nicht sichtbar werden, ebensowenig die massige, dunkle Fläche dicht stehender Bäume. Starke Kräuselungen erzeugen sogar in ziemlich großen, glatten Bereichen eine Hell-Dunkel-Schraffierung, entweder weil die Lichtstrahlen so stark abgelenkt werden, daß sie aus ganz verschiedenen Richtungen kommen, oder weil der Reflexionskoeffizient an Vorder- und Rückseite der Wellen so unterschiedlich ist (S. 402 f.). Meistens sind die stark gekräuselten Bereiche dunkler, weil wir dort hauptsächlich die Vorderseiten der Wellen sehen: Diese reflektieren die höherliegenden, tiefblauen Bereiche des Himmelsgewölbes, und zwar mit kleinerem Reflexionskoeffizienten. Ab und zu jedoch hängt eine schwere Wolkenbank am Horizont, so daß die gekräuselten Flächen den klaren Himmel darüber reflektieren und dadurch heller als ihre Umgebung werden.

Ich stand vor einem Ried, rauschend wogten die Stengel im Wind; die Pfütze trug eine dunklere Farbe als der Himmel, sengender, unendlich tiefer Saphir.

Aart van der Leeuw: *Joost, der Wanderer* (Joost de Wandelaar)

Fast immer sind gekräuselte und glatte Bereiche einer Wasseroberfläche erstaunlich scharf gegeneinander abgegrenzt. Und dies hat nichts mit der ungleichmäßigen Verteilung der Windströmungen zu tun: Gerade bei Regen, wenn die gesamte Wasserfläche gleichmäßig zum Schwingen gebracht wird, kommen diese Grenzen überaus deutlich zum Vorschein. Der Grund dafür ist nichts anderes als eine *extrem dünne Ölschicht*, die nicht einmal einen Millionstel Millimeter dick ist (dies entspricht 2 Ölmolekülen), aber dennoch ausreicht, um die von Wind und Regen verursachten Kräuselungen zu dämpfen (vgl. S. 289). Diese Ölschicht stammt von tierischen und pflanzlichen Überresten, oder es sind Spuren von Altöl im Kielwasser von Schiffen oder von Rückständen im Abwasser. Der Wind

Die Kräuselungen einer
Wasseroberfläche treten
nur dort zutage, wo helle
und dunkle Spiegelbilder
aneinanderstoßen
(Foto: Marcel Minnaert).

treibt diese Schicht vor sich her auf das Ufer der Gracht zu. Sie werden immer feststellen können, daß das Wasser auf der Seite gekräuselt ist, von der der Wind kommt, und daß es am gegenüberliegenden Ufer glatt ist. Im glatten Bereich treiben Zweige, Blätter usw., die sich aber nicht gegeneinander verschieben, weil sie fest in dem Ölfilm eingeschlossen sind!

Wir erhalten so eine ganz einleuchtende Erklärung für den frappanten Unterschied zwischen der hüpfenden und sprudelnden Wasseroberfläche eines Baches im Wald und den bleifarbenen, sirupartigen Gewässern in den ärmeren Vierteln einer Großstadt (vgl. ferner § 104).

Nachdem wir die Lichterscheinungen an der Oberfläche betrachtet haben, wollen wir nun untersuchen, in welcher Wechselwirkung diese Reflexionen mit dem Licht, das aus der Tiefe kommt, stehen und welche Faktoren das Verhältnis der beiden zueinander beeinflussen. – Wir stehen am Ufer unter Bäumen. Hier und dort spiegeln sich die dunklen Baumkronen und dazwischen die helleren Abschnitte des blauen Himmels. Dort, wo sich der klare Himmel spiegelt, sehen wir den Grund nicht, denn das Licht, das aus der Tiefe kommt, ist im Verhältnis dazu zu schwach. Dort, wo sich die dunklen Bäume spiegeln, entsteht eine Mischfarbe aus der Farbe der Blätter, der Farbe des Grundes und dem diffusen Licht, das von den Staubteilchen im Wasser zurückgestreut wird. Der dunkle Kiel eines Bootes wird in einer grünlichen Wasserfarbe reflektiert, aber das weiße Band am Schiffsrumpf entlang bleibt ganz normal weiß.

Bemerken Sie, daß wir nur nahe am Ufer den Grund sehen können? Aus größerer Entfernung geht dies nicht mehr, selbst dann nicht, wenn das Gewässer nur langsam tiefer wird, denn reflektiertes Licht ist bei großen Einfallswinkeln bedeutend stärker und überwiegt dann gegenüber dem Licht, das von unten kommt.

Je höher die Sonne steht, desto weniger Licht wird an der Wasseroberfläche reflektiert und desto mehr dringt in die Tiefe, so daß auch das zurückgestreute Licht zunimmt. Häufig fällt auf, daß ein Teich bei hochstehender, greller Sonne in seiner Gesamtheit wie von innen heraus leuchtet.

Im Sonnenlicht ist die Lokalfarbe des Wassers meistens intensiver und sehr wirksam. Sie beeinflußt (wie wir gesehen haben) alle dunklen Spiegelungen und verringert deren Dunkelheit. Im Schatten jedoch nimmt das Reflexionsvermögen des Wassers beträchtlich zu[15], und zumeist zeigt sich, daß die Form der Schatten nicht von der eigentlichen Beschattung der Oberfläche bestimmt wird, sondern davon, daß an jenen Stellen die Gegenstände klarer gespiegelt werden.

Ruskin: *Modern Painters* Bd. III, S. 505

Ein so morastiger Fluß wie der Arno bei Florenz erscheint in der Sonne in seiner besonderen gelben Farbe und wirft alle Spiegelungen farblos und schwach zurück. In der Dämmerung ist seine reflektive Fähigkeit am stärksten, und die Berge von Carrara spiegeln sich so klar in ihm wider, als wäre er ein kristallner See.[16]

Ruskin: *Moderne Maler* I.
Ausgewählte Werke, Bd. XI, Leipzig 1902

Es gibt einige einfache Mittel, um die Reflexion an der Oberfläche auszuschalten:

a) Halten Sie einen schwarzen Schirm über sich.

b) Suchen Sie eine Stelle, wo Sie sich unter eine Brücke stellen können. Bei Sonnenschein sehen Sie das schöne Gelbgrün, das vom Wasser

15 «Ich behaupte dies einfach als Tatsache, ich kann dies nicht mit den Gesetzen der Optik begründen.» – Der Physiker erklärt es folgendermaßen: Das Reflexionsvermögen ist im Schatten *genau dasselbe* wie im Licht, nur ist das Verhältnis von reflektiertem zu diffus gestreutem Licht in der Sonne kleiner, im Schatten größer.

16 Dies ist mit der stark einseitigen Beleuchtung in der Dämmerung zu begründen, wodurch jenes allgemeine, diffuse Licht fast verschwindet, das tagsüber von allen Seiten einfällt, gestreut wird und sämtliche Spiegelbilder überlagert; außerdem kann wegen des großen Einfallswinkels fast kein Licht ins Wasser dringen.

gestreut wird. Die Kräuselungen der Oberfläche sind jetzt nur deshalb zu
sehen, weil sie das Licht brechen: Die Gegenstände unter der Wasseroberfläche scheinen etwas hin- und herzuwandern, gerade so, als sei das
Wasser eine gallertartige Masse.

   c) Tauchen Sie einen Spiegel ins Wasser (Abb. 177). Halten Sie ihn in
verschiedenen Neigungswinkeln, und beurteilen Sie so die Farbe des von

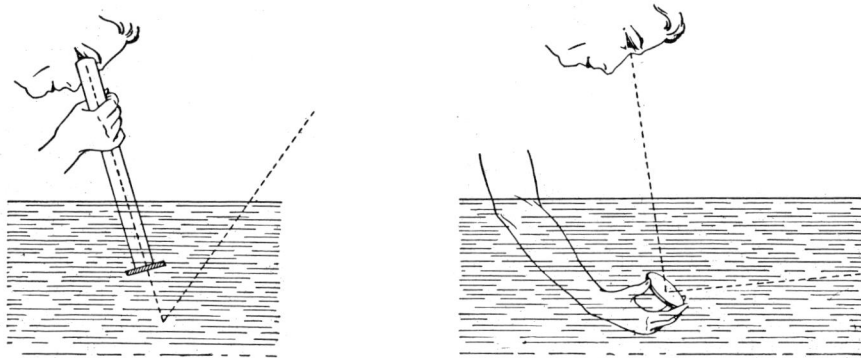

Abb. 177
Das Betrachten der Farbe des Wassers ohne störende Spiegelungen an der Oberfläche.

außen ins Wasser fallenden Lichts, welches eine bestimmte Strecke durch
das Wasser zurückgelegt hat.[17] Wenn Sie den Versuch in einem beliebigen Kanal durchführen, sehen Sie die gelbliche Farbe des Lichts, die
durch echte Absorption zustande kommt. In sehr seichtem Wasser genügt
es bereits, eine weiße Scherbe hineinzuwerfen oder ein Blatt weißes Papier einzutauchen. – Auf See benutzt man für ähnliche Zwecke eine weiße
Scheibe, die bis in eine gewisse Tiefe hinuntergelassen wird; doch das ist
schon nicht mehr zu den *einfachen* Versuchen zu zählen.

   d) Benutzen Sie ein Unterwassersehrohr: eine schlichte Röhre aus
Blech, wenn möglich mit einem aufgeklebten Stück Glas (Abb. 177). Da-
mit beurteilen Sie die Farbe des Lichts, das von unten durch Streuung am
Grund oder an Schwebstoffen zurückkommt. Solche Sehrohre wurden in
Südfrankreich an Badegäste zum Beobachten von Meerestieren verliehen.
Auf altmodischen Schiffen gibt es durchaus noch Gelegenheit, einen Blick
unter Wasser zu werfen: Wenn ein Bullauge senkrecht zur Oberfläche ins
Wasser taucht, haben wir ein echtes Unterwassersehrohr in großem Maß-
stab!

   e) Sehen Sie durch ein Polarisationsfilter (Sonnenbrille), das so ausgerichtet ist, daß das reflektierte Licht extingiert wird (§ 245).

   Im Mai 1962 wies das Rheinwasser einige Stunden lang eine besondere, rotbraune Verfärbung auf, die, wie sich später herausstellte, durch

17 Wittstein: Ann. d. Phys. *45*, 474, 1858.

rötlichen Sand aus der Sahara verursacht wurde. Kräftige Winde hatten den Sand über die Alpen getragen und mit dem Schnee abgesetzt.

241. Die Farbe des Meeres

Reflexion ist im allgemeinen der Faktor, der die Farbe des Meeres bestimmt. Aber diese Reflexion ist unendlich vielfältig, da die Meeresoberfläche etwas sich Bewegendes, Lebendiges ist, etwas, das sich kräuselt und wellt, je nach Wind und Beschaffenheit des Strandes. Generell gilt: Alle Spiegelbilder in der Ferne sind zum Horizont hin verschoben, da wir auf die Schrägen der fernen Wellen blicken (§ 23). Die Farbe des Meeres in der Ferne entspricht also in etwa der des Himmels in 20 bis 30° Höhe, es ist also dunkler als der Himmel direkt über dem Horizont (§ 200), und dies um so mehr, als nur ein Teil des Lichts reflektiert wird.

Daneben hat das Meer jedoch noch eine «Eigenfarbe»: die Farbe des Lichts, das aus der Tiefe zurückgestreut wird. Unter optischen Gesichtspunkten ist es kennzeichnend für das Meer, daß es im allgemeinen *tief* ist, und zwar so tief, daß praktisch kein Licht vom Grund wieder nach oben dringt. *Die Eigenfarbe des Meeres kommt demnach durch das Zusammenwirken von Streuung und Absorption von Licht in der Wassermasse zustande.* Ein Meer, das nur streuen würde, sähe, wenn man die Reflexion außer acht läßt, milchigweiß aus, denn alle Strahlen, die eindringen, müßten auch wieder zurückkommen. Ein Meer, das nur absorbieren würde, wäre schwarz wie Tinte, denn dann kämen die Strahlen nur zurück, wenn sie den Grund erreicht hätten. Doch auf diesem langen Weg würde bereits die geringste Absorption ausreichen, um die Lichtstrahlen auszulöschen. Beim Zusammenwirken von Streuung und Absorption jedoch entsteht die Farbe des Meeres: Die Lichtanteile, die wenig gestreut werden, dringen am tiefsten ins Wasser ein, bevor sie zurückgestreut werden, und auf diesem längeren Weg werden sie am stärksten durch Absorption abgeschwächt. Grob gesagt ist die Lichtmenge, die aus der Tiefe zurückkommt, um so größer, je größer das Verhältnis des Streuungskoeffizienten zum Absorptionskoeffizienten wird. Die Theorie in ihren Einzelheiten ist allerdings kompliziert.

Durch einen einfachen Versuch können wir uns ein Bild davon machen, wie die Farbe des Meeres zustandekommt. Eine blau gefärbte Flüssigkeit in einem Behälter aus schwarzem Pappmaché stellt klares Meerwasser dar, das so tief ist, daß der Grund nicht mehr zu sehen ist und pechschwarz erscheint. Gießen Sie eine trübe Flüssigkeit, beispielsweise verdünnte Milch, hinein, und sofort erscheint die hellblaue Farbe. – Genausogut könnten wir blaues Glas a) auf schwarzes Papier, b) auf weißes Papier legen.

Die Schwebstoffe, die die Streuung im Meerwasser bewirken, wurden

u.a. im Ärmelkanal näher untersucht.[18] Mit zunehmender Tiefe werden
die Schwebstoffe immer weniger. In einem Kubikmeter der obersten
Schichten sind durchschnittlich 0,3 cm³ pflanzliche und tierische Mikroorganismen vorhanden und nahezu genausoviele mineralische Teilchen, vor allem Lehm, Holz- und Taufasern, Muschelstückchen und
Rußkörnchen. Teilchen, die kleiner als 0,1 µm sind, kommen nicht vor.
Die Partikel konnten sogar direkt unter dem Ultramikroskop ausgezählt
werden.

   Ein unmittelbarer Einfluß des Grundes auf die Farbe der Wasserfläche ist in unseren Seen nicht feststellbar, zumindest nicht, wenn sie tiefer
als 1 m sind. Ruskin behauptet[19], der Grund in 100 m Tiefe würde noch
merklich zur Farbe des Meeres beitragen, und solche Behauptungen hört
man auch von vielen Seeleuten. Tatsache ist, daß eine lokale Erhebung
des Meeresbodens den Wellenschlag und die Kräuselung des Wassers an
dieser Stelle ändert, so daß dort selbstverständlich auch mehr feste Teilchen aufgewirbelt werden als in der Tiefsee und die Streuung dementsprechend zunimmt. Der Grund eines Gewässers hat zwar sehr wohl einen Einfluß auf die Farbe, doch keinen unmittelbaren. – An Küsten, wo
das Meer wunderbar grün ist, sieht man dunkle Felsen und Seegrasbe-
wuchs oftmals unter dem Wasserspiegel durchschimmern; solche Küsten
weisen dann stets eine erstaunlich *purpurne* Farbe auf, die zweifellos
durch den Kontrast zum umgebenden Grün entsteht. Das Auge wird besonders empfindlich für diesen Kontrast durch den verschwommenen
Schleier, den die lichtstreuende Wasserschicht rings umher ausbreitet
(vgl. § 250).

242. Licht und Farbe am Nordseestrand

I. Windstille, blauer Himmel:
   Spiegelglatte See in morgendlicher Ruhe. Der Himmel ist blau,
durchweg blau, aber neblig. Nur unmittelbar vor uns am Strand kräuselt
sich hin und wieder eine kleine Welle, und eine Schaumlinie zischelt kurz
auf dem Sand und vergeht. Alles ist still ...
   Wir stehen auf dem Deich. Die Meeresoberfläche liegt wie eine Land-
karte vor uns. Ein Bereich ist so glatt, daß sich auf ihm der blaugraue
Himmel darüber spiegelt, ohne Verschiebung, wie auf einem See. Andere
Bereiche sind ebenfalls blaugrau, aber dunkler im Farbton; sie sind deutlich begrenzt und so übersichtlich verteilt, daß man sie in Gedanken unwillkürlich nachzeichnet. Doch schon nach relativ kurzer Zeit stellen wir
fest, daß diese Bereiche gewandert sind. Die helleren Bereiche können

---

18 Atkins, Jenkins, Warren: Journ. Marine Biol. U. K. *33*, 497, 1954. – Atkins und
   Poole: Proc. R. Soc. Dublin *26*, 313, 1954. – Bull. Amer. Meteor. Soc. *28*, 125, 1947.
19 Modern Painters III, S. 304.

demnach keine «Sandbänke» sein, wie Badegäste für gewöhnlich zu berichten wissen, sondern sie entstehen durch eine unsichtbare, äußerst dünne Ölschicht auf der Meeresoberfläche, wie wir sie schon auf Gräben und Grachten bemerkten (§ 240). Diese reicht aus, um die Kräuselungen zu dämpfen.[20] Derartige Ölfilme stammen hier vermutlich vom Kielwasser von Schiffen oder von Heizöl, das sie verklappten. Wo der Ölfilm fehlt, entstehen leichte Kräuselungen auf dem Wasser – was sich auch zu einer späteren Tageszeit zeigen wird, wenn die Sonne über dem Meer steht und die gekräuselten Bereiche funkeln und glitzern läßt.

Nun haben diese Bereiche eine dunklere Farbe, weil erstens die Vorderfläche jeder kleinen Welle einen höher gelegenen, also intensiver blau gefärbten Teil des Himmels reflektiert, und zweitens, weil das Licht weniger tangential reflektiert wird, es also weniger stark ist. Mit einem Polarisationsfilter, das nur Licht mit einer vertikalen Schwingungsrichtung durchläßt, sieht man die dunkleren Bereiche wesentlich dunkler, und der Kontrast zu den hellen Bereichen tritt deutlicher hervor. Daß die Grenzen zwischen den einzelnen Bereichen fast überall parallel zur Küste zu verlaufen scheinen, ist eine Folge der perspektivischen Verkürzung; in

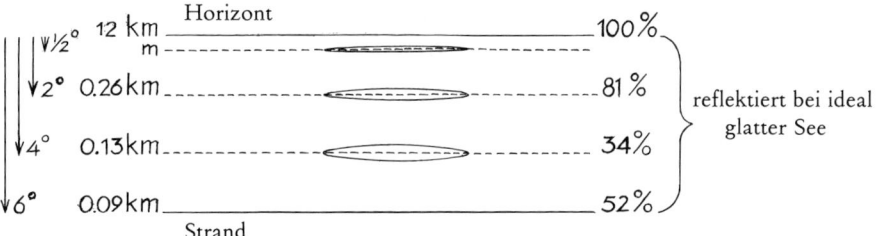

Abb. 178
Das Meer, von einem 9 m hohen Deich aus gesehen. Die Ellipsen stellen einen perspektivisch verkürzt gesehenen Kreis an verschiedenen Stellen der Meeresoberfläche dar.

Wirklichkeit können die mit der Ölschicht bedeckten Bereiche alle möglichen Formen haben (Abb. 178). Echte Sandbänke sind an einer gelblicheren Farbe zu erkennen, allerdings nur, wenn das Meer seicht, etwa zwischen 10 und 20 cm tief ist.

Beim Schwimmen am Nachmittag bemerkt man, wie ungewöhnlich klar das Wasser bei so ruhigem Meer ist: Bis zu einem Meter Tiefe ist der Meeresboden bis ins kleinste Detail zu erkennen, selbst sehr kleine Tiere sind im Wasser zu sehen. Im Wasser schwebt wenig oder gar kein Sand; nur dort, wo sich gerade eine Welle bricht, wirbeln hinter ihr kleine Sandwolken auf. Wenn wir direkt vor uns ins Wasser hinabsehen, stört die

20 Direkte Messungen ergaben, daß in diesen Bereichen die Oberflächenspannung des Meerwassers außergewöhnlich gering ist (Shoulejkin: C. R. Leningrad *1*, 494, 1935).

Spiegelung des Himmels so gut wie überhaupt nicht, und wir sehen in einer Tiefe von 20 cm den gelblichen Sand des Grundes. Wo die Wassertiefe 1 oder 1,5 m beträgt, geht die Farbe in ein herrliches Grün über. Um ins Wasser blicken zu können, formen wir die Hände zu einem Rohr, so daß wir die Spiegelung des Himmels abschirmen (§ 240). Dieses Grün ist die Farbe des ins Wasser eingedrungenen und zurückgestreuten Lichts. Sobald wir jedoch den Blick etwas weiter weg auf die Meeresoberfläche richten, gewinnt die Reflexion die Oberhand, und es wird überall der blaue Himmel gespiegelt. Ein Farbenspiel von Meergrün und Azurblau!

Am Abend geht die Sonne hinter einer blaugrauen Wolkenbank unter, die mehrere Grad hoch reicht. Darüber strahlen die orangefarbenen und gelben Dämmerungsfarben, die weiter oben allmählich ins dunklere Nachtblau des Himmels übergehen. Die See ist noch immer ruhig und reflektiert ohne Verschiebungen die gesamte Szenerie – doch dadurch, daß wir westwärts blicken, kommen die kleinsten Kräuselungen zum Vorschein (§ 24): In dem am weitesten von uns entfernten Teil des Meeres, wo sich die blaugraue Wolkenbank spiegelt, zeichnet jede kleine Kräuselung eine orangegelbe Linie (die Wellenschräge reflektiert einen höher gelegenen Himmelsausschnitt). Und näher bei uns, wo das Meer orangegelb ist, zieht sich eine dunkle Schraffierung durch das Spiegelbild noch höherer, blauerer Himmelsbereiche. Im Nordwesten und Südwesten, wo die Dämmerungsfarben verschwinden und wir nicht mehr senkrecht auf die Wellen blicken, spiegelt sich eine gleichförmige Wolkenbank sauber im Meer, unverändert in Farbton und Helligkeit, so daß die Kimm verschwindet, Wasser und Himmel miteinander verschmelzen und Segelboote in der Ferne in blaugrauer Unendlichkeit zu schweben scheinen. – An einem anderen Abend, bei ungefähr gleicher Wetterlage und möglicherweise noch weniger Wind, waren selbst zu dieser Tageszeit die Bereiche sichtbar, auf denen ein Ölfilm lag: In ihnen spiegelte sich die blaugraue Wolkenbank, während die gekräuselten Bereiche aufgrund der Verschiebung den orangegelben Himmel reflektierten.

2. Schwacher Wind, klarblauer Himmel mit vereinzelten Wolken, morgens:

Ich bin noch nicht oben auf dem Deich angelangt, da fällt mir schon der scharfe Kontrast zwischen dem schwarzblauen Meer und dem hellen Himmel am Horizont auf. Die Sicht ist außergewöhnlich gut, messerscharf sind die Konturen von Horizont und fernen Objekten, und dies bleibt den ganzen Tag über so. Es herrscht Westwind, die Wellen der Brandung säumen die Küste mit zwei oder drei Reihen Gischt, doch draußen auf dem Meer ist keine Gischt zu sehen. Wir beziehen Posten auf dem Deich.

Betrachten Sie die einzelnen Brandungswellen, die sich am Strand bilden (Abb. 179). Die Vorderseite ist dunkelgelb-grün-grau, denn unser Blick dringt steil in die vordere Schräge der Welle ein: Wir sehen also we-

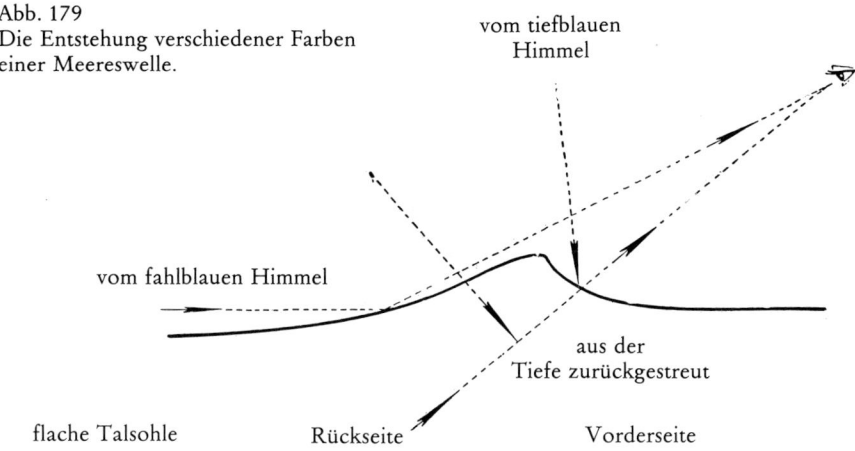

Abb. 179
Die Entstehung verschiedener Farben
einer Meereswelle.

vom tiefblauen
Himmel

vom fahlblauen Himmel

aus der
Tiefe zurückgestreut

flache Talsohle   Rückseite   Vorderseite

nig reflektiertes Licht, und das auch noch von einem dunklen Teil des
Himmels; gut sehen wir das gelbgrüne Licht, das aus der Tiefe des Meeres zurückgestreut wird oder das durch die Rückfläche der Welle eingedrungen ist und nun an der Vorderseite austritt – aber dieses ist im Grunde
sehr schwach, und die Vorderflächen der Wellen sind dunkel. Dagegen
reflektiert die Rückfläche den blaßblauen Himmel am Horizont. So zeigt
jede Welle einen schönen Kontrast zwischen dunkler, gelbgrüner Vorderfläche und hellblauer Rückfläche. Diese Rückflächen setzen sich zwischen den Wellen der Brandung in breiten, wenig gekräuselten und schön
spiegelnden, glatten Tälern fort, die ebenfalls hellblau sind. Die zwei bis
drei Reihen Sandbänke, die sich entlang unserer Küste erstrecken, sind an
ihren Brandungswellen zu erkennen, wogegen die Zwischenräume glatter
und ruhiger sind.

Weiter vom Strand entfernt wird die Schraffierung der Wellen immer
feiner. Es sind zwar keine Brandungswellen mehr, aber der Farbunterschied zwischen Vorder- und Rückfläche bleibt dennoch bestehen. Dadurch, daß wir eher tangential auf das Wasser blicken, sehen wir keine
Täler mehr zwischen den Wellen, und schließlich verschwinden die
Rückflächen ganz; die Vorderflächen werden flacher und reflektieren
nun hauptsächlich den Himmel in ca. 25° Höhe. Durch diese «Verschiebung der Spiegelbilder» (§ 23) entsteht die dunkelblaue Farbe des Meeres
sowie der Kontrast zwischen dem Meer und dem Himmel am Horizont.
Dieser Kontrast ist an diesem Tag so stark, weil der Himmel am Horizont
hell und schon knapp darüber tiefblau ist. Überprüfen Sie dies, indem Sie
mit einem Spiegel das Bild der höheren Himmelsabschnitte in die Nähe
des Horizonts werfen: Sie werden überrascht sein! Beobachten Sie zugleich auch, daß das Meer in der Ferne noch um einiges dunkler ist als die

dunkelsten Himmelszonen. Das Reflexionsvermögen der Wasseroberfläche beträgt nicht einmal annähernd 100 %. Der Kontrast zwischen Meer und Himmel, der im Westen am ausgeprägtesten ist, nimmt nach Norden und Süden hin ab, und zwar dadurch, daß die meisten Wellen von Westen her kommen: Nach Norden und Süden blicken wir eher parallel zu den Wellenkämmen, wodurch sie einen geringeren Einfluß haben (§ 24).

Möglicherweise kommen uns Zweifel darüber in den Sinn, ob der starke Kontrast zwischen Meer und Himmel an diesem Tag nicht noch eine andere Ursache hat als nur die schnelle Helligkeitszunahme des blauen Himmels zum Horizont hin. Die Natur wird uns überzeugen: Gerade überzieht sich ein Teil des Himmels im Westen mit Cirrusschleiern, so daß der Himmel bis in 30° Höhe fast gleichmäßig weißlich ist: Sofort verschwindet in dieser Richtung der starke Kontrast zwischen Meer und Himmel, und das Meer ist nun viel grauer und heller. Wenn die Cirruswolken schließlich wegziehen, stellt sich der Kontrast wieder ein.

Der große Einfluß der Reflexion auf die Farbe des Meeres darf nicht dazu verleiten, die übrigen Faktoren gänzlich außer acht zu lassen. Da und dort sieht man den Schatten einer einzelnen Wolke. An diesen Stellen ist das Meer dunkler, in den sonnigen Bereichen erscheint es eher sandfarben. Letzteres beruht zum Teil auf einem Farbkontrast, denn wenn man durch die hohle Hand oder durch ein Nigrometer sieht (§ 197), stellt man fest, daß es dort eigentlich auch blau ist – wenn das Blau auch weniger intensiv erscheint als in den Schattenbereichen.[21] Jedenfalls sind diese Schatten deutliche Beweise dafür, daß die Farbe des Meeres nicht gänzlich von der Reflexion bestimmt wird, sondern auch von dem Teil des Lichts, der aus der Tiefe zurückgestreut wird. Der Schatten wird sichtbar, weil dort weniger Licht reflektiert wird als anderswo und das reflektierte Licht nicht abgeschwächt wird (§ 241).

Schimmert der Sand des Grundes nicht direkt durch das Wasser, und kann man so die Sandbänke nicht schon von weitem erkennen? Meiner Erfahrung nach nicht, jedenfalls nicht, wenn man auf einem Deich oder am Strand steht. Man sieht den Sand lediglich dort, wo das Wasser äußerst seicht, etwa zwischen 10 und 20 cm tief ist. Zu erkennen sind Sandbänke aber daran, daß sich dort die Wellen brechen und die Zwischenräume glatter sind.

Bemerkenswert ist, *daß das Meer an der Kimm oft einen von Grau nach Blau (oder von Blau in ein dunkleres Blau) übergehenden Saum hat*; dieser Saum ist nur etwa einen halben Grad breit, und er schrumpft auf ein Minimum, wenn wir vom Deich hinunter an den Strand gehen. Ganz verschwunden ist er, wenn wir uns, unten angekommen, bücken. Es kann sich daher nicht um einen Kontrastsaum handeln (§ 110). Wahrscheinlich

---

21 Die Nordsee weist das schönste Blau auf, wenn sie vollkommen glatt ist, der Himmel im Westen klarblau und die Sonne von Wolken verdeckt ist, so daß das Meer im Schatten liegt.

entsteht er dadurch, daß das Meer relativ dunkel ist und so in der Ferne *durch die atmosphärische Streuung des Lichts* bläulich wirkt.[22] Denkbar wäre auch, daß das Meer in dieser großen Entfernung von der Küste weniger trübe ist und wir deshalb direkt das klare Wasser in der Ferne sehen, vorausgesetzt, wir stehen hoch genug, um so weit sehen zu können.

Rossmann[23] bemerkte ein ähnliches Phänomen an der Küste Floridas und erklärte es mit der Spiegelung des blauen Himmels im Zenit auf den Schrägen der Wogen. Aufgrund der Refraktion wird der Saum gelegentlich breiter. Fragen: Ist der blaue Saum stark polarisiert? Ist seine Breite senkrecht zur Küste am größten?

Im Lauf des Tages wandert die Sonne über den Himmel, und nachmittags sehen wir in Richtung Sonne ein tausendfaches Funkeln auf dem Wasser. Ihr eigentliches Spiegelbild sehen wir nicht, denn dazu blicken wir viel zu flach über das Wasser. Wir sehen lediglich ein Stück der ungeheuer großen Lichtbahn, die sie auf das ungleichmäßig wogende Wasser wirft. Die See wird in dieser Richtung hellgrau, fast weiß.

Nach Sonnenuntergang spiegeln sich auf dem Meer im Westen der klare Schein und die goldenen Cirrusschleier; durch den Wellengang und die Verschiebung der Spiegelbilder zeigt uns das Meer den mittleren Farbton des westlichen Himmelsabschnitts. Nach Norden und Süden hin ist der Himmel weniger farbenprächtig, und die Farbtöne des Meeres sind matter. Die Farbenpracht im Westen zieht unseren Blick immer wieder an. Hier und dort ist zwischen den goldgelben Wolken ein Stück blauen Himmels zu sehen, und dieses Blau wirkt durch den Kontrast unglaublich schön satt. Nach und nach wird der Himmel orange, und das Meer folgt diesem Farbton. Im Kontrast dazu erscheint der Schaum der Brandung violett. Ganz im Vordergrund gibt es einen Streifen nassen Sandes, der gerade von den Wellen benetzt wird und der glatt und sauber bestimmte Teile des Himmels reflektiert (ohne Verschiebung!): zuerst ein herrliches Hellblau, später ein zartes Grün. Schließlich werden die Cirruswolken im Westen nicht mehr angestrahlt, sie nehmen einen dunkelvioletten Farbton an, und auch die Farbe des Meeres wird gedämpfter. Doch bei diesen ruhigen, abendlichen Farben zieht der vorderste Streifen nassen Sandes noch eine warm orangefarbene Linie.

3. Aufkommender kräftiger Wind, grauer Himmel:

So weit das Auge reicht, tragen die herantosenden Wellen Schaumkronen, und vier oder fünf Gischtstreifen umsäumen die Küste. Der Wind weht aus Südwesten und jagt die Wellen vor sich her. Das Meer ist grau wie die Wolken, mit einem leichten Grünstich. Nahe der Küste sind einzelne Wellen voneinander zu unterscheiden, und wir können erkennen, daß der grünliche Anteil der Farbe von den vorderen Schrägen jener Wel-

---

22 Auch an Tagen mit völlig gleichmäßig grauem Himmel, mäßigem Wind und ziemlich dunklem Meer ist dieser Saum deutlich zu sehen.

23 Meteorol. Rundschau *13,* 1, 1960.

len stammen muß, die wenig Licht reflektieren, dafür aber graugrün gestreutes Licht aus ihrem Innern nach außen treten lassen. Das Wasser erscheint sehr trübe, es ist unruhig, und es muß wohl viel Sand im Wasser
schweben. Im Südwesten, von wo der Wind kommt, ist das Meer am dunkelsten; nach Süden und vor allem nach Norden hin wird es heller und
paßt sich farblich dem grauen Himmel an, wenn es auch noch etwas
dunkler ist als dieses (hier blicken wir parallel zur Wellenrichtung). Nahe
der Kimm ist das Meer bläulicher: Dies ist die Farbe der dunklen, tief
hängenden Wolken, die auf so große Entfernung aufgrund der atmosphärischen Lichtstreuung bläulich erscheinen, während sie direkt über uns
einfach hell- oder dunkelgrau sind; hinzu kommt außerdem das Phänomen des blauen Kimmrandes (S. 404). Wo eine einzelne, düstere Wolke
mitten am grauen Himmel hängt, ist auf der Meeresoberfläche undeutlich
und verschoben ihr dunkel graublaues Spiegelbild zu erkennen. Nirgends
ist die Kimmlinie scharf; vor allem im Süden und Norden wirbelt der
Schaum der Brandung einen Nebel von Wassertröpfchen in die Luft, der
schon in wenigen Kilometern Entfernung die Sicht deutlich verschlechtert und in der Ferne Meer und Himmel miteinander verschmelzen läßt.

Bei aufklarendem Wetter mit Nordwestwind ist das Bild ähnlich dem
hier skizzierten, nur daß der Himmel ein einziges Durcheinander von
blauen Abschnitten, grell von der Sonne beschienenen weißen Wolken
(hellgelb getönt durch die Opaleszenz der Luft, § 196) und dunklen, bläulichen Massen ist. Nach allen Himmelsrichtungen reflektiert das Meer einen mittleren Ton der Himmelsfarbe in 20 bis 30° Höhe. Nur die größeren Partien sind im Spiegelbild wiederzuerkennen, und am meisten fallen
wohl die sonnenbeschienenen Wolken auf, die einen Lichtschimmer über
das unruhige, dunkle Meer werfen.

4. Sturm:
Noch befinde ich mich hinter dem Deich und den Häusern, doch
schon jetzt kann ich das Meer tosen hören. Von der Strandpromenade
aus sehe ich den gesamten Saum der Brandung, gut zwei Drittel der Mee-
resszenerie sind mit zischender Gischt überzogen, weiß auf den Wellenkämmen, schmutzigweiß und netzartig zerfasert in den Wellentälern.
Wie sonst auch ist die Vorderfläche der Wellen im Westen dunkler als
nach Süden oder Norden hin, und dadurch erscheint die Szenerie im Westen kontrastreicher und wilder. Auf hoher See ragen ringsum einzelne
Schaumkronen aus dem Wasser. Ein sonnenbeschienener Streifen weit
draußen im Süden zeichnet sich scharf und grellweiß strahlend auf dem
schäumenden Wasser ab, ist zuerst schmal und lang, kommt näher und
schwillt zu einem größeren Gebiet an. Stark kommt die Sandfarbe des
Wassers dort zum Vorschein, wo kein Schaum vorhanden ist und sich
viele dunkle Wolken auf dem Meer spiegeln; bei dieser Beleuchtung ist
das zurückgestreute Licht am stärksten, um so mehr, als die herantosenden Wellen ständig große Mengen Sandes aufwirbeln und verhindern,

daß er sich wieder absetzt. Der Himmel ist an einigen Stellen sehr dunkel, an anderen heller, und es gibt mehrere blaue Zonen; die verschobenen Spiegelbilder sind nur mit Mühe in dem allgemeinen Farbton des Meeres auszumachen. Der alles beherrschende Eindruck ist die Gischt.

Untersuchen Sie Licht und Farbe der Nordsee bei unterschiedlichen Zuständen von Meer und Himmel!

Beurteilen Sie die Farbverteilung von einem Deich, danach vom Strand aus, um von dort die einzelnen Wellen zu studieren. Bestimmen Sie die Farbe des Meeres auch beim Schwimmen; betrachten Sie die Wellen auch einmal vom Meer in Richtung Strand; suchen Sie den Schatten anderer Schwimmer im Wasser sowie Ihren eigenen! Benutzen Sie ein Unterwassersehrohr. – Gehen Sie auf der südlichen Hafenmole von IJmuiden spazieren, und vergleichen Sie das Meer zwischen den Molen mit dem Meer weiter draußen: Der Himmel ist überall gleich, Unterschiede ergeben sich aus dem unterschiedlichen Wellengang oder der unterschiedlichen Trübung des Wassers.

Bestimmen Sie täglich die Schärfe der Kimmlinie, und überlegen Sie, wovon diese abhängig ist; vergleichen Sie damit stets den Horizont in den anderen Himmelsrichtungen. Zumeist ist das Meer dunkler als der Himmel, aber wenn die Wolkendecke bis in gut 40° Höhe gleichmäßig grau ist, ist die Kimm fast unsichtbar.

Untersuchen Sie die generelle Helligkeit der Meeresoberfläche am späten Abend und nachts. Sie ist nur deshalb so gut zu beurteilen, weil es keine Farbkontraste gibt, die sich störend auswirken könnten, und man nicht von Details abgelenkt wird.

Hüten Sie sich vor Kontrasterscheinungen! Um verschiedene Abschnitte des Meeres und des Himmels zu vergleichen, verwenden Sie am besten einen Taschenspiegel. Halten Sie die Hand oder irgendeinen dunklen Gegenstand zwischen die beiden zu vergleichenden Felder A und B, so daß sie auf beiden Seiten an dieselbe Fläche grenzen. Benutzen Sie ein Nigrometer.

Verwechseln Sie *Schatten* und *Spiegelbilder* der Wolken nicht miteinander, sie fallen auf ganz unterschiedliche Stellen! Bei vereinzelten Wolken am Himmel wird die gesamte Lichtverteilung auf dem Meer vom Zusammenspiel von Spiegelbildern und Wolken beherrscht.

243. Die Farbe des Meeres vom Schiff aus gesehen

Verglichen mit dem Bild, das sich uns vom Strand aus bietet, gibt es einen großen Unterschied: Die Brandung fehlt. Dadurch erscheint alles um den Betrachter herum symmetrisch. Doch die Symmetrie ist nicht ganz perfekt, denn zum einen bewirkt der Wind eine Vorzugsrichtung der Wellen, zum anderen schäumt das Kielwasser, und schließlich macht sich der Einfluß der Sonne geltend.

Neben und hinter dem Schiff, wo ständig ganze Wolken von Luftblasen durch das Wasser gejagt werden und langsam nach oben steigen, sieht man deutlich eine schöne, grunblaue Farbe. Derselbe Farbton wird von den weißen Bauchseiten der Braunfische reflektiert, die rings um das Schiff spielen, oder er kommt von einem weißen Kiesel, den man ins Wasser fallen läßt. Diese Farbe sieht man in allen Ozeanen, sowohl dort, wo die See als Ganzes indigoblau ist, als auch dort, wo sie grün ist, und zwar jedesmal dann, wenn wir etwas Weißes durch eine dünne Wasserschicht sehen: Wir wollen diese grünblaue Farbe als «Wasserfarbe» bezeichnen.

Sie entsteht dadurch, daß das Licht auf seinem Weg durch das Wasser aufgrund der Absorption vor allem seine gelben, orangefarbenen und roten Anteile verliert; der grünliche Farbton ist möglicherweise darauf zurückzuführen, daß die violetten Strahlen am stärksten herausgestreut werden.

Die Bereiche mit wenig Gischt zwischen den schäumenden, grünen Massen zeigen in der Regel eine purpurne Farbe, die Komplementärfarbe zu dem Grün, und ist daher als Kontrastfarbe aufzufassen (§§ 114, 241 und 250).

An seichten Stellen, in Hafennähe oder an der Mündung großer Flüsse ist das Meerwasser sehr trübe. Dadurch wird relativ viel Licht von unten zurückgestreut, und man findet fast die gleichen Bedingungen vor wie beim Betrachten der Luftblasenwolken im Kielwasser des Schiffes. Die grüne Farbe dominiert hier, vielleicht auch, weil das Flußwasser Humussäuren und Eisen (III)-Verbindungen mit sich führt (§ 238), deren gelbliche Absorptionsfarbe sich der blaugrünen Wasserfarbe überlagert. – Gerade auf solch seichten, grünen Gewässern zeichnen sich Wolkenschatten an windstillen Tagen herrlich purpurn-violett ab (§ 247).

Die «Wasserfarbe», die durch weiße Gegenstände in geringer Tiefe zum Vorschein kommt, ist jedoch im allgemeinen nicht dieselbe wie die «Eigenfarbe des Meeres» in seiner Gesamttiefe. Während die Wasserfarbe grün ist, kann beispielsweise die Eigenfarbe des Meeres blau oder indigo sein, wenn die streuenden Teilchen sehr fein sind und vorzugsweise die blauvioletten Strahlen zurückwerfen.

Zur Analyse der Eigenfarbe des Meeres muß reflektiertes Licht gemieden werden, etwa indem man auf die Vorderfläche einer Welle blickt oder auf eines der in § 240 genannten Hilfsmittel zurückgreift. Diese Eigenfarbe der Tiefsee unterscheidet sich von Meer zu Meer; auf einer Fahrt von den Niederlanden nach Indonesien z.B. ist dies hervorragend zu beobachten. Im wesentlichen gilt folgende Einteilung[24]:

olivgrün	über 40° n. Br.
indigo	zwischen 40 und 30° n. Br.
ultramarin	unter 30° n. Br.

Das schöne Türkisblau der tropischen Meere ist eine Folge der größeren Reinheit des Wassers. Bekanntermaßen befinden sich um so mehr tierische und pflanzliche Mikroorganismen im Meerwasser, je weiter nördlich man kommt, und es ist nicht auszuschließen, daß die Streuung des Lichts an diesen Mikroorganismen sowie deren bräunliche und grünliche Farben den Farbton des Meeres beeinflussen.

Gelegentlich kommt es vor, daß olivgrüne Gebiete als Teppiche bis in tiefere Breiten wandern. Es müßte sich lohnen, einmal zu untersuchen, ob

24 Nat. *84*, 87, 1910. – Hulburt: J. O. S. A. *35*, 698, 1945.

sich dieses Grün an ein und derselben Stelle nicht mit der Jahreszeit verändert. Jedenfalls gibt es Hinweise in dieser Richtung.[25]

Woher das Grün einer bestimmten Tiefsee kommt, ist noch nicht vollständig aufgeklärt. Beobachtungen ergaben, daß das Wasser dort viele Schwebstoffe enthält – dennoch ist rechnerisch nachweisbar, daß die Absorption von Wasser zusammen mit der Streuung, selbst an großen Partikeln, zwar alle möglichen Farbstufen zwischen Dunkelblau und Blaßblau oder Grau hervorruft, jedoch nie eine Erklärung für das Grün sein kann. Man brachte die Farbe in Zusammenhang mit Kieselalgen oder dem Kot von Vögeln, die sich von Kieselalgen ernähren, dann wiederum mit der gelben Eigenfarbe der streuenden Teilchen, beispielsweise der gelben Sandes.

In seltenen Fällen sieht das Meerwasser milchigweiß aus: Offenbar befinden sich dann so viele Schwebstoffe dicht an der Oberfläche, daß die Streuung gegenüber der Absorption überwiegt und das Licht bereits in den obersten Wasserschichten zurückgestreut wird.

244. Die Farbe von Seen[26]

Die Farbe von Seewasser in einer Berglandschaft ist ein Quell großer Schönheit. Bergseen sind zumeist so tief, daß sich die Farbe des Grundes kaum bemerkbar macht – in dieser Hinsicht ähneln sie also dem Meer. Ein wesentlicher Unterschied besteht allerdings darin, daß Bergseen viel glatter sind, was von der kleineren Wasseroberfläche sowie den meist gebirgigen Ufern, die den Wind abhalten, herrührt. Die gerichtete Reflexion an der Oberfläche spielt daher eine größere Rolle als auf dem Meer. Nirgendwo sonst spiegeln sich die Farben des Sonnenuntergangs so herrlich wie auf einem See, und die große Farbenvielfalt der Gebirgsseen ist sicherlich teilweise auf die Spiegelung der Ufer zurückzuführen. Wenn diese Ufer jedoch hoch und dunkel sind, kommt die Reflexion an der Oberfläche nicht zum Tragen, und man sieht auf weiten Bereichen des Sees die Farbe jenes Lichts, das unter steilen Winkeln ins Wasser fiel und wieder nach außen gestreut wurde. Mit den weiter oben angeführten Hilfsmitteln (§ 240) verschafft man sich einen Eindruck von den «Eigenfarben». Sie sind von See zu See verschieden und können folgendermaßen eingeteilt werden: reines Blau; Grün; Gelbgrün; Gelbbraun.

Eingehendere Analysen im Labor ergaben, daß das Wasser blauer Seen fast vollkommen rein ist und daß die Farbe des Wassers durch Absorption im orangefarbenen und roten Spektralbereich zustandekommt. Bei grünen, gelbgrünen und gelbbraunen Seen kommt in zunehmendem Maße Absorption im blauen und violetten Spektralbereich hinzu, und

25 Ann. Hydr. *30*, 429, 1902.
26 Arch. sc. phys. nat. *17*, 186, 1904; *20*, 101, 1905.

zwar aufgrund des größer werdenden Gehalts an Eisensalzen und Humussäuren bzw. durch Streuung an braunen Partikeln (§ 238).

Die grüne Farbe kleinerer Teiche ist meist auf unzählige, mikroskopisch kleine Grünalgen zurückzuführen. So entsteht vermutlich auch die Farbe der «Plasmolen» in Mook. Sie ist selbst im Winter grün, wenn die Blätter gefallen sind und alles schneebedeckt ist. Das «Strandbad» an der «Unteren Mühle» bei Venlo war den ganzen Sommer über zartgrün durch die Grünalgen Stichococcus und Synedra Ulvella gefärbt. Eine Rotfärbung kann durch andere Mikroorganismen verursacht werden: Beggiatoa, Oscillaria rubescens, Stentor igneus, Daphnia pulex, Euglena sanguinea oder Peridineen. Ein Tümpel bei Tegelen war einmal feuerrot durch Sphaerella pluvialis. Zur Polarisation vgl. § 245.

245. Beobachtungen der Farbe von Wasser mit einem Polarisationsfilter[27]

Rufen wir uns ins Gedächtnis zurück, daß ein Polarisationsfilter nur für diejenigen Lichtstrahlen durchlässig ist, die parallel zum «Merkstrich» schwingen (§ 204). Da das vom Wasser reflektierte Licht hauptsächlich waagerecht schwingt, können wir es abschwächen, indem wir das Polarisationsfilter mit seinem Merkstrich vertikal halten. Das Licht wird sogar total extingiert, wenn wir unter einem Einfallswinkel von 53° zur Senkrechten blicken («Polarisationswinkel»). Führen Sie den Versuch an Wasserpfützen nach einem Regenschauer durch. Bleiben Sie in 5 m Entfernung von der Pfütze stehen, und halten Sie den Merkstrich senkrecht. Der Effekt ist verblüffend: Sie sehen den Boden jetzt so gut, als wäre die Pfütze überhaupt nicht vorhanden! Drehen Sie das Filter abwechselnd horizontal und vertikal: Es scheint, als würde die Pfütze größer und kleiner.

Im allgemeinen läßt ein Polarisationsfilter in dieser Ausrichtung die Farbe nasser Strände, von Seetang, Granitblöcken, nassen Wegen, Tabakfeldern und lackierten Flächen, kurzum von allen glänzenden Dingen in der Landschaft kräftiger erscheinen. Es reduziert nämlich stets die Reflexion an der Oberfläche, durch die ein neutrales Weiß zur Eigenfarbe gemischt wird.

Bei ruhigem Meer verstärkt ein Polarisationsfilter mit vertikaler Schwingungsrichtung die Kontraste zwischen sonnigen Bereichen und den Wolkenschatten: Die an der Oberfläche reflektierten Strahlen werden extingiert, und die Kontraste im Streulicht treten deutlicher zutage.

Ebenso verstärkt ein Polarisationsfilter den Kontrast zwischen den Bereichen des Meeres, die mit einer Ölschicht überzogen sind, und den übrigen Bereichen (§ 242). Der Grund könnte sein, daß an den Kräuse-

---

27 C. R. *108*, 242 und 337; *109*, 412, 1889. – Hulbert, E. O.: J. O. S. A. *24*, 35, 1934.

lungen das Licht unter einem anderen Winkel reflektiert wird als in den glatten Bereichen. Möglicherweise wird aber auch die Polarisation bei der Reflexion von der Ölschicht gestört. – Die Wirkung des Polarisationsfilters macht sich bei Wind besonders deutlich bemerkbar. Beachten Sie die herantosenden Wellen bei vertikaler Schwingungsrichtung des Lichts: Die See erscheint jetzt bedeutend rauher als im Licht mit horizontaler Schwingungsrichtung. Im ersteren Fall löscht das Polarisationsfilter nämlich das reflektierte Licht aus, läßt die Wasseroberfläche also dunkler erscheinen, während die Gischt ihre Helligkeit behält und deutlicher zum Vorschein kommt.

Oftmals wird die Kimm deutlicher, wenn man das Filter entsprechend einstellt. So war eines Abends der Effekt in Zandvoort in Richtung Süden recht deutlich: Bei vertikaler Schwingungsrichtung wurden das Meer dunkler und der blaue Himmel (vergleichsweise) heller (§ 242). Zu diesem Zweck werden heute Nicolsche Prismen in Sextanten eingebaut.

Die folgenden Versuche beziehen sich auf die Polarisation des Streulichts in tiefen, klaren, tropischen Meeren.[28]

Unsere Ausgangssituation bei der Beobachtung sei, daß die Sonne hoch steht und die Wasseroberfläche glatt ist. Wir stehen mit dem Rücken zur Sonne und blicken unter einem Winkel, der in etwa dem Polarisationswinkel entspricht, auf das Wasser. Dabei halten wir den Merkstrich senkrecht: Das reflektierte Licht wird extingiert, und Sie sehen das herrlich blau strahlende Licht, das, nachdem es in der Tiefe gestreut wurde, zurückgeworfen wird. Drehen Sie das Filter, bis der Merkstrich waagerecht steht: Das Meer sieht jetzt weniger blau aus als ohne Filter. – Führen Sie den Versuch auch durch, wenn die Sonne auf halber Höhe steht: Halten Sie den Merkstrich wiederum senkrecht, und wechseln Sie nun den Azimut. Hier ist insbesondere ein Farbvergleich in Richtung Sonne und in Gegenrichtung interessant: Im ersteren Fall sehen Sie ein dunkles Indigo, weil Sie, da Sie in etwa senkrecht zu den Sonnenstrahlen blicken, nicht nur das reflektierte Licht, sondern auch das aus der Tiefe zurückgestreute Licht ausgelöscht haben; im zweiten Fall ist die Farbe hellblau, da Sie ungefähr in Richtung der Sonnenstrahlen blicken, die ins Wasser eindringen und unpolarisiert zurückgestreut werden. Beide Versuche sind Beweise dafür, daß das gestreute Licht in solchen Meeren wie das Licht des Himmels größtenteils polarisiert ist und daher an sehr kleinen Teilchen, vermutlich den Wassermolekülen selbst, gestreut wird.

Mit Hilfe eines Polarisationsfilters wurde auch ein typischer Unterschied zwischen der zurückgestreuten Strahlung in blauen Seen und derjenigen in dunklen, braunen Seen aufgedeckt. Dazu blickt man in Richtung Sonne und schirmt reflektiertes Licht mittels eines Unterwassersehrohrs (§ 240) ab. Das Filter zeigt nun, daß das Licht bei blauen Seen hori-

28 Raman, C.V.: Proc. R. Soc. *101 A,* 64, 1922.

zontal schwingt, was bei sehr kleinen streuenden Teilchen zu erwarten ist – größere Partikel in braunen Seen hingegen ergeben beinahe unpolarisiertes Licht, bei dem die vertikale Komponente aufgrund der Lichtbrechung beim Austritt aus dem Wasser leicht überwiegt (sofern das Unterwassersehrohr nicht mit einer Glasscheibe am Ende versehen ist).

246. Skalen zur farblichen Klassifikation von Gewässern[29]

Die Skala von Forel ist eine der gebräuchlichsten. Stellen Sie zunächst eine blaue sowie eine gelbe Lösung aus Kupfersulfat- und Kaliumchromatkristallen her; durch Hinzufügen von ein wenig Ammoniak bekommt die blaue Lösung eine tiefere Indigofarbe (Kupferammonium):

0,5 g $CuSO_4 \cdot H_2O + 5$ cm³ Ammoniak + Wasser auf 100 cm³;
0,5 g K_2CrO_4 + Wasser auf 100 cm³.

Stellen Sie nun folgende Mischungen her:

(1) 100 Anteile blau + 0 Anteile gelb	(4) 91 Anteile blau + 9 Anteile gelb	
(2) 98 Anteile blau + 2 Anteile gelb	(5) 86 Anteile blau + 14 Anteile gelb	
(3) 95 Anteile blau + 5 Anteile gelb	(6) 80 Anteile blau + 20 Anteile gelb	

Oftmals erweisen sich bräunlichere Farbtöne als notwendig, vor allem bei der Klassifikation der Farbe von Seen. Stellen Sie dazu eine braune Lösung her:

0,5 g Kobaltsulfat + 5 cm³ Ammoniak + Wasser auf 100 cm³.

Mischen Sie diese Lösung mit der grünen Lösung von Forel (Stufe 11):

(11–1) 100 Anteile grün + 0 Anteile braun	(11–6) 80 Anteile grün + 20 Anteile braun
(11–2) 98 Anteile grün + 2 Anteile braun	(11–7) 73 Anteile grün + 27 Anteile braun
(11–3) 95 Anteile grün + 5 Anteile braun	(11–8) 65 Anteile grün + 35 Anteile braun
(11–4) 91 Anteile grün + 9 Anteile braun	(11–9) 56 Anteile grün + 44 Anteile braun
(11–5) 86 Anteile grün + 14 Anteile braun	(11–10) 46 Anteile grün + 54 Anteile braun
	(11–11) 35 Anteile grün + 65 Anteile braun

Diese unterschiedlichen Mischungen bewahrt man in Reagenzgläsern von ca. 1 cm Durchmesser auf.

Die Schwierigkeit bei der Anwendung der Skala besteht hauptsächlich darin, daß man wissen muß, welchen Punkt der Wasseroberfläche man als maßgeblich zu betrachten hat. Meistens versucht man, die Eigenfarbe des Wassers zu beurteilen.

29 Ule, W.: Peterm. Mitt. *38*, 70, 1892.

Keine der Skalen ist vollkommen hinlänglich. Man kann probieren, diese Farben aufzumalen und sie so zum Zwecke späteren Vergleichens aufzubewahren, und dies möglichst an einem dunklen Ort.

247. Schatten auf dem Wasser

«Wo aber Schatten auf klarem Wasser liegt und in gewissem Maße selbst auf schmutzigem Wasser, ist es nicht wie auf dem Lande ein dunkler Schatten, der die sonnige allgemeine Farbe im Ton herabstimmt, sondern ein Raum von völlig anderer Farbe, der durch seine Fähigkeit widerzuspiegeln unendlichen Möglichkeiten der Tiefe und Tönung unterliegt und gelegentlich gänzlich verschwindet.»[30]

Das von einer Wasseroberfläche zurückgeworfene Licht stammt zum Teil von der Oberfläche, zum Teil aus der Tiefe. Fangen wir die einfallenden Sonnenstrahlen ab, so können sich also beide Anteile ändern.

a) Wirkung des Schattens auf das reflektierte Licht:

«Ist die Oberfläche gekräuselt, dann spiegelt jedes Gekräusel bis auf eine gewisse Entfernung hin und innerhalb eines bestimmten Winkels zwischen ihm und der Sonne, der sich mit der Größe und Gestaltung des Gekräusels verändert, ein kleines Abbild der Sonne wider. Daher diese blendenden Strecken ausgedehnten Lichtes, die man so oft auf dem Meere sieht. Jedes Objekt, das zwischen die Sonne und dieses Gekräusel tritt, empfängt von ihm die Macht, die Sonne widerzuspiegeln und konsequenterweise ihr volles Licht. Daher erscheinen alle Dinge, die auf solche Flächen fallen, als Schatten von intensiver Kraft und von der genauen Form, an der genauen Stelle wirklicher Schatten, ohne doch wirkliche Schatten zu sein.»[31]

Daß es stimmt, was Ruskin hier beschreibt, kann man am besten überprüfen, wenn abends bei Wind das Wasser in einem Kanal stark gekräuselt ist. Im Gehen betrachten wir das Spiegelbild einer Straßenlaterne, das zu einem unregelmäßig funkelnden Lichtfleck gedehnt ist. Immer wieder schieben sich Schatten über diesen Lichtfleck, beispielsweise die Schatten von Bäumen, die zwischen der Laterne und dem Wasser stehen. Man muß an einer günstigen Stelle stehen, um diese Schatten auf dem Wasser bemerken zu können, denn sie tauchen nur innerhalb eines kleinen Raumwinkels auf. Ruskin führte lange Diskussionen mit Kritikern und Interessierten darüber, ob man hier überhaupt von «Schatten» sprechen dürfe.[32] Dies ist natürlich Wortklauberei!

Ein etwas anderer Effekt ist, wenn sich der Mond in einer langen Lichtbahn spiegelt und ein Segelboot auftaucht, das sich als tiefschwarze

30 Ruskin: *Moderne Maler I.* Ausgewählte Werke, Bd. I, Leipzig 1902, S. 123f.
31 Ruskin: *Moderne Maler I,* ebd.
32 Ruskin: *Modern Painters,* Appendix; III, 655.

Silhouette vor diesen glänzenden Lichtstreifen schiebt. Wir sehen hier das Boot selbst als dunklen *Gegenstand* vor einem Hintergrund von Licht, doch es wirft auch einen dunklen Schatten über das gekräuselte Wasser in unsere Richtung, und darauf treffen dann wieder die obigen Beobachtungen zu.

b) Einfluß von Schatten auf das zurückgestreute Licht:

Auf trübem Wasser zeichnen sich Schatten ab; die Deutlichkeit des Schattens läßt sofort auf den Trübungsgrad des Wassers schließen. Achten Sie auf die Schatten von Brücken und Bäumen auf Binnengewässern! Wenn Sie mit dem Schiff auf hoher See sind, halten Sie Ausschau nach Ihrem Schatten auf dem Wasser: Sie finden ihn nur auf der Seite, wo das Schiff das Wasser aufgewühlt hat, nicht aber dort, wo das Wasser klar und tiefblau ist. Beobachten Sie die Wolkenschatten auf der Meeresoberfläche!

Der Schatten wird sichtbar, weil die Menge des Lichts, das ins Wasser eindringt, gestreut und absorbiert wird, geringer ist als anderswo. Das an der Oberfläche reflektierte Licht dagegen wird nicht abgeschwächt und erhält so relativ großes Gewicht. Daher ist bei blauem Himmel ein Wolkenschatten auf dem Meer oftmals bläulich; der Kontrast zum umgebenden Grün kann diese Farbe zusätzlich leicht ins Purpurne verschieben.

Neben der Klarheit des Wassers spielt außerdem die Wahrnehmungsrichtung eine Rolle. Beim Schwimmen in sehr klarem Wasser sieht man keine Schatten, in leicht trübem Wasser nur den eigenen Schatten, nicht aber den von anderen, in sehr trübem Wasser sieht man den Schatten aller Schwimmer.

Achten Sie darauf, daß der Schatten eines Pfahls auf leicht trübem Flußwasser nur dann gut zu sehen ist, wenn Sie in der Ebene Sonne–Pfahl stehen, also annähernd in Richtung Sonne schauen: Plötzlich können Sie den Schatten im Wasser sehen. Es ist das gleiche Phänomen wie dasjenige, das wir schon bei Nebel beschrieben haben: Wir müssen über eine große Strecke, entweder durch das beschattete oder das beleuchtete Wasser blicken.

Halten Sie einen Spiegel tief unter Wasser: Sie erkennen das reflektierte Bündel Sonnenlicht nur, wenn es ungefähr in Blickrichtung verläuft.

Bei Schatten auf leicht getrübtem Wasser ist noch etwas anderes zu beobachten: *Die Ränder der Schatten sind farbig,* der uns zugewandte Rand ist bläulich, der uns abgewandte orange. Dieses Phänomen ist am Schatten eines jeden Pfahls, jeder Brücke, jedes Schiffes zu sehen. Es ist eine Folge der Streuung an unzähligen Partikeln, die im Wasser schweben; darunter sind auch viele so klein, daß hauptsächlich blaue Strahlen gestreut werden.

In Abb. 180 haben wir uns vorzustellen, daß das Sonnenlicht von hinten durch die Buchseite kommt, der Schatten eines Pfahls über das Was-

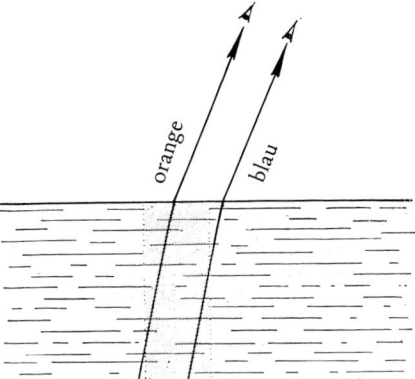

Abb. 180
Die Entstehung der farbigen Ränder
an den Schatten in trübem Wasser.

ser fällt und wir von rechts beobachten. Die Partikel sehen wir auf der uns zugewandten Seite des Schattens hell vor einem dunklen Hintergrund, so daß sie ein bläuliches Licht zu uns senden. Auf der uns abgewandten Seite des Schattens dagegen sehen wir das Licht des Grundes (oder des streuenden Wassers ringsum), dem die blauen Strahlen fehlen und das durch die nicht beleuchteten Partikel im Schatten orange ist. Das Phänomen ist also das gleiche wie das des blauen Himmels und der gelb untergehenden Sonne (§ 195). Der Kontrast zwischen den beiden komplementären Randfarben macht unser Auge besonders empfindlich dafür.

Die *Farbzerlegung oder Dispersion*, die mit der Brechung einhergeht,

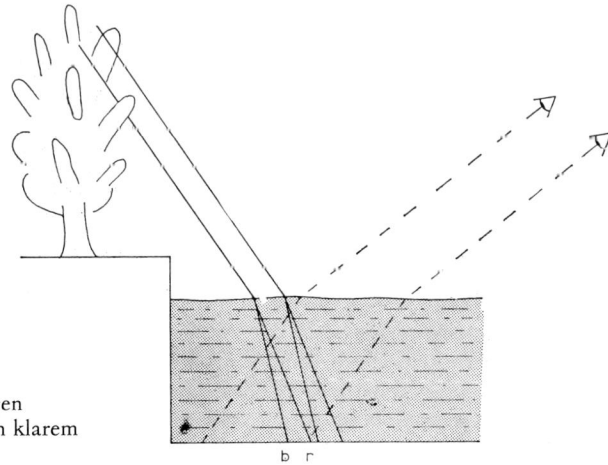

Abb. 181
Die Entstehung der farbigen
Ränder an den Schatten in klarem
Wasser.

verursacht ebenfalls Schattenränder, die zufällig genau *dieselbe Farbe* haben wie die Streuungsränder. Die relative Bedeutung der beiden Faktoren hängt vom Gehalt an Schwebstoffen ab.

Untersuchen Sie die Farbe der Ränder von verschiedenen Richtungen aus, bei unterschiedlichen Bedingungen des Lichteinfalls und des Schattens. Sehr deutlich ist auch die bläuliche Farbe schmaler Lichtbündel, die durch das Laubwerk dringen, auf das Wasser eines klaren Bachs im Wald treffen und einen orangefarbenen Lichtfleck auf den Grund zeichnen (Abb. 181). In diesem Fall ist die Dispersion unerheblich, da der Beobachter so steht, daß er die Summe der verschiedenfarbigen Strahlen sieht, welche durch die Dispersion aufgefächert sind.

248. Lichtaureole um unseren Schatten im Wasser[33]

> *Schaute hinab auf die feinen, strahlenden Lichtspeichen*
> *um die Form meines Kopfes im sonnigen Wasser, …*
> *Strahlt, feine Lichtspeichen, um das Spiegelbild meines*
> *Kopfes, oder des Kopfes irgendeines anderen, in dem*
> *sonnigen Wasser …*
>
> Walt Whitman: *Auf der Brooklyn-Fähre.*
> Nachdichtung v. Hans Reisiger: *Grashalme.* Zürich, S. 225, 230

Diese prächtige Erscheinung sieht man am besten, wenn man von einer Brücke oder einem Schiffsdeck eines im Hafen liegenden Schiffes aus seinen Schatten betrachtet, der irgendwo auf das ruhelos schwappende Wasser fällt. Tausende heller und dunkler Streifen strahlen vom Schatten unseres Kopfes nach allen Richtungen aus. Jeder sieht die Aureole nur um den eigenen Kopf (vgl. §§ 188 und 191)! Die Strahlen konvergieren zwar nicht *genau* auf einen Punkt, aber doch zumindest ungefähr.

Auf ruhigem Wasser ist nichts dergleichen zu sehen, auch nicht auf Wasser mit regelmäßigem Wellengang. Wirklich gut zu sehen ist die Erscheinung nur, wenn überall ungleichmäßige Wasserhügel emporragen. Je höher die Sonne steht, um so besser. Der Grund darf nicht zu sehen sein, und das Wasser muß leicht getrübt sein: Je weiter man sich von der Küste entfernt und auf das offene Meer hinausfährt, desto schwächer wird die Aureole.[34] Auffallend ist auch, daß die generelle Helligkeit rings um den Schatten am größten ist und nach außen hin immer mehr abnimmt.

Erklärung: Jede Unebenheit in der Wasseroberfläche wirft einen Licht- oder Schattenstreifen hinter sich. All diese Streifen sind parallel zur Linie Sonne–Auge. Wir sehen sie also perspektivisch im Sonnengegenpunkt konvergieren, d.h. im Schattenbild unseres Kopfes (§ 221).

Mitunter sind die Streifen so deutlich, daß man sie selbst bei ziemlich großem Winkelabstand vom Sonnengegenpunkt noch beobachten kann.

---

33 Kalle, K.: Ann. Hydr. *67*, 22, 1939. – Forel: Bull. Soc. Vaudoise des Sc. Natur. *13*, 73.
34 Raman, C.V.: Proc. R. Soc. *101 A*, 64, 1922.

Die Aufnahme des
Schattens auf der
Wasseroberfläche:
Licht scheint vom Kopf
auszustrahlen
(Foto: Hannu Karttunen).

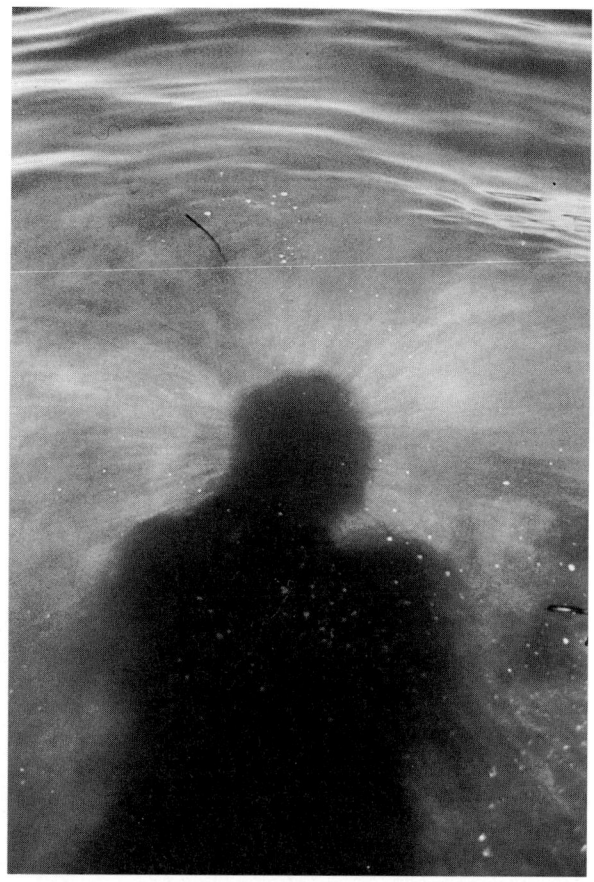

Meistens jedoch sind sie in der Nähe des Gegenpunktes am deutlichsten, weil unser Sehstrahl bis dorthin eine große Strecke zurücklegt, sei es nun über hell erleuchtetes Wasser oder über beschattetes Wasser. Die Zunahme der allgemeinen Lichtstärke in der Nähe des Sonnengegenpunktes ist möglicherweise darauf zurückzuführen, daß die Rückwärtsstreuung der Staubteilchen stärker ist als die Streuung senkrecht dazu (§ 194).

Ein ähnlicher Strahlenkranz ist auch zu beobachten, wenn wir uns im Schatten eines lichten Baumes befinden, der Licht- und Schattenflecken auf eine glatte Wasseroberfläche wirft. Die Lichtbündel, die ins Wasser eindringen, haben denselben optischen Effekt, wie wenn Lichtbündel durch eine unruhige Wasseroberfläche eindringen.

Eine interessante Überlegung ist, daß die Lichtbündel im Wasser in Wirklichkeit ganz und gar nicht parallel zur Verbindungslinie Sonne–Auge sind, denn sie werden durch die Brechung um einen bestimmten Winkel abgelenkt. Dem steht nun gegenüber, daß unser Auge die Spuren jener Bündel im Wasser ebenfalls aufgrund der Lichtbrechung verzerrt sieht und so trotzdem den Teil des Bündels im Wasser als Verlängerung des Teils außerhalb des Wassers wahrnimmt.[35]

249. Die Wasserlinie um den Rumpf von Schiffen

«Drei Umstände tragen dazu bei, die Wasserlinie auf dem hölzernen Schiffsrumpf zu verbergen: Wo eine Welle *dünn* ist, schimmert die Farbe des Holzes ein wenig hindurch; wo eine Welle *glatt* ist, spiegelt sie leicht die Farbe des Holzes; und wo sich eine Welle *bricht*, bedeckt ihr Schaum mehr oder weniger die Wasserlinie.»[36]

Man könnte jedoch genausogut behaupten, die Wasserlinie würde durch genau dieselben Faktoren sichtbar! Beobachten Sie an ruhenden und fahrenden Schiffen, aufgrund welcher optischer Eindrücke wir beurteilen, wo das Wasser beginnt, wo also die Wasserlinie liegt.

250. Die Farbe von Wasserfällen[37]

Wasserfälle weisen bei guter Beleuchtung oftmals sehr schön die grüne Farbe des Wassers auf, das über die Felsen gleitet. Eigenartig ist nun, daß die Felsen, die hier und dort herausragen und eigentlich schwarz oder grau sind, scheinbar einen rötlichen Farbton haben. Es liegt auf der Hand, dies als Kontrastfarbe zu deuten (§ 114).

Das Phänomen ist am deutlichsten, wo das Wasser schäumt und spritzt. Nun weiß man aus Laborversuchen, daß Kontrastfarben immer dann stärker hervortreten, wenn die Grenzen zwischen den Bereichen unscharf sind. Unseren Fall kann man nachstellen, indem man beispielsweise einen Streifen graues Papier auf einen grünen Hintergrund legt und darüber grünes Seidenpapier breitet. Man sieht dann die Kontrastfarbe, die das Grau annimmt, sehr schön durchschimmern («Schleierkontrast»). Es scheint nicht unmöglich, daß in der freien Natur der leichte Wassernebel eine ähnliche Rolle spielt. Vgl. §§ 241 und 243.

251. Die Farbe fester Stoffe und die Veränderlichkeit von Schatten

An Pfützen, Flüssen und Meeren konnten wir hervorragend studieren, wie das Licht vom Wasser reflektiert wird, sei es nun direkt an der Was-

35 Physica *11*, 368, 1931.
36 Ruskin: *Modern Painters* III, 526.
37 Richard: *Wetter 34*, 69, 1917.

seroberfläche oder aber, nachdem es in die Tiefe drang und an den im Wasser gelösten Schwebstoffen gestreut wurde. Gleichzeitig haben wir damit ein Modell dafür, wie ein fester Stoff beleuchtet wird und das Licht wieder zurückwirft. Bei Felsen und Gestein, Erde und Baumstämmen, die als «undurchsichtig» gelten, spielt sich auf einer Oberflächenschicht von nicht einmal 1 mm Dicke alles das ab, was im Wasser in einer mehrere Meter dicken Schicht vor sich geht. Streuung und Absorption an festen Stoffen sind sehr viel stärker, doch die optischen Erscheinungen sind im wesentlichen dieselben. Der typische Charakter des festen Stoffes besteht darin, daß die Oberfläche verschiedene Grade von Glätte, Rauhigkeit oder Mattheit aufweisen kann: Wir sprechen von gerichteter Reflexion, diffuser Reflexion oder Streuung.

Gerichtet reflektierende Gegenstände kommen in der Landschaft nur selten vor. Natürlich fällt uns zuerst die glatte Oberfläche von Eis, Gewächshäusern, metallenen Gegenständen und glänzenden Zweigen ein. Bei Dächern mit glasierten Ziegeln und in Landstrichen, in denen Schieferdächer gang und gäbe sind, kann man beobachten, wie grell die Dächer eines Städtchens mitunter das Sonnenlicht reflektieren. Achten Sie einmal darauf, wie das Schieferdach einer Dorfkirche in der Ferne glänzt, wenn die Ausrichtung und Neigung zufällig stimmen! Und wenn wir von einem Hügel aus auf ein Dorf in den Ardennen oder ein altes deutsches Städtchen beim ruhigen Licht des Vollmondes hinunterblicken, verspüren Sie dann nicht auch eine ganz eigentümliche Behaglichkeit und ein Gefühl der Zusammengehörigkeit, ausgelöst durch den Wechsel von beleuchteten und unbeleuchteten Dächern? – Die Fensterscheiben der fernen Häuser, welche die rot untergehende Sonne widerspiegeln, glänzen in der warmen Glut. – Im frisch gefallenen Schnee funkeln Kristallplättchen auf bizarrste und erstaunlichste Weise, wenn wir uns zufällig dort befinden, wohin sie das Sonnenlicht reflektieren.

Beispiele für *diffus reflektierende Flächen* sind Pflastersteine, die vom Regen naß sind. An ihnen entstehen Lichtbahnen, ähnlich wie auf wogendem Wasser und insbesondere dann, wenn man schräg über die Oberfläche blickt. – Ein besonderes Merkmal von Gegenständen, die an der Oberfläche reflektieren und im Innern streuen, ist, daß sie gleichzeitig ein *Spiegelbild* und einen *Schatten* der Gegenstände erzeugen. Wir bemerken dies bereits bei Wolken über dem Meer (S. 387); in kleinerem Maßstab ist es an Vögeln schön zu sehen, die bei Sonnenschein über feuchten Sand trippeln.

Doch die weitaus meisten Dinge in der Natur sind matt, sie sind mit winzigsten Unebenheiten überzogen, so daß sie das Licht nicht mehr spiegeln, sondern vielmehr *streuen*. Ein Bündel Sonnenlicht, das auf Ackerboden, auf eine Sandfläche oder auf Schnee fällt, beleuchtet jene Bereiche so, daß sie von allen Richtungen aus fast gleich gut zu sehen sind. Bei genauerem Hinsehen jedoch bemerken wir, daß die Lichtstreuung eines festen Körpers unter verschiedenen Richtungen dennoch unterschiedlich ist. – Achten Sie beispielsweise am Abend darauf, wie der Boden vor jeder Laterne gut beleuchtet ist, aber alles neben der Laterne pechschwarz erscheint. Bestimmen Sie aus einiger Entfernung so genau wie möglich, wo sich der hellste Punkt des Lichtflecks, den die Laterne auf den Asphalt wirft, befindet. Im Näherkommen werden Sie feststellen, daß Sie nicht den Punkt unter der Laterne für den hellsten hielten, sondern einen *näher bei Ihnen* gelegenen Punkt. Das Licht wird also nicht gleichmäßig nach allen Richtungen gestreut. Die Wirkung des Asphalts ist zwischen der gerichteten Reflexion und der Streuung nach allen Seiten einzuordnen. – Eine andere Methode, die Asymmetrie der Lichtstreuung zu studieren, besteht darin, die Landschaft in Richtung Sonne und in Gegenrichtung miteinander zu vergleichen (§ 257).

Schatten auf dem Asphalt können je nach Beobachtungsrichtung auftauchen oder verschwinden! Am Abend betrachte ich die Schatten, die die von einer Straßenlaterne beleuchteten Pfähle und Baumstämme auf die Straße werfen. Blicke ich quer zum Lichteinfall, so ist der Schatten fast unsichtbar; blicke ich annähernd in Richtung des Lichteinfalls, dann ist der Schatten sehr deutlich. Erklärung: Es ist nicht der Schatten, der sich ändert, es ist die Helligkeit des umgebenden Bereichs. Der Asphalt streut das Licht hauptsächlich nach vorn; von der Seite gesehen ist er beinahe genauso dunkel wie der Schatten selbst. Noch deutlicher ist das Auftauchen und Verschwinden von Schatten, wenn dort zwei Laternen stehen (vgl. auch § 257).

Die Vielfalt der streuenden Flächen bewirkt in der Landschaft die sanften Übergänge von Hell nach Dunkel, von der einen in die andere Farbe. Die Spiegelungen des Wassers und einiger anderer glatter Flächen werfen hier und dort helle Lichtakzente dazwischen, die Leben und Glanz hineinbringen.

252. Lichtstreuung an einer mit Reif überzogenen Fläche

Wenn nach einer Frostperiode plötzlich Tauwetter einsetzt, überziehen sich Bäume und Mauern mit einer Reifschicht aus Tausenden feiner Eiskristalle. Diese nun streut das Licht auf ganz besondere, man könnte fast sagen einzigartige Weise: Blickt man senkrecht zu der Schicht, sieht man kaum etwas von dem Belag, je schräger aber die Blickrichtung ist, desto heller wird die Mauerfläche, bis die Schicht schließlich bei tangentialer Blickrichtung silbrigweiß wirkt.

Offenbar streut jeder Kristall wie eine strahlende, winzige Lampe das Licht nach allen Richtungen. Je schräger unser Blick daraufällt, desto mehr dieser Lichtquellen sehen wir innerhalb eines bestimmten Raumwinkels; die unter einem Winkel Θ zur Normalen gesehene Flächenhelligkeit nimmt also proportional mit sec Θ zu, bis wir so tangential darauf-schauen, daß die Kristalle sich gegenseitig verdecken. Das Merkwürdige an dieser Streuung sehe ich in der Tatsache, daß die einzelnen Kristalle recht weit auseinanderliegen, so daß die Helligkeitsschwelle erst bei sehr schrägen Winkeln erreicht wird. Eine analoge Erscheinung ist manchmal an einer reinweißen Fläche zu beobachten, die mit einzelnen Wassertrop-fen besprenkelt ist.

253. Die Farbe grüner Blätter

Bäume, Wiesen, Felder und auch einzelne Blätter zeigen eine Fülle grü-ner Farbtöne in endloser Mannigfaltigkeit. Um eine Ordnung in dieser Vielfalt erkennen zu können, untersuchen wir zunächst ein einzelnes Blatt eines «durchschnittlichen» Baumes (Eiche, Ulme, Buche) und füh-ren uns so vor Augen, wie die Farbpartien in der Landschaft entstehen.

Das Blatt einer Baumkrone ist meistens auf einer Seite stärker be-leuchtet; von wesentlicher Bedeutung ist, *ob wir die direkt beleuchtete Seite betrachten oder die Unterseite*. Im ersteren Fall wird das Licht, das das Blatt in unser Auge sendet, teilweise an der Oberfläche reflektiert, so daß der Farbton heller, aber auch grauer wirkt. Darüber hinaus mischt sich bei auffallendem Licht etwas Bläuliches, bei durchfallendem Licht etwas Gelbliches zum Grün. Das erinnert an unsere Beobachtungen bei der Lichtstreuung (§ 196)! In der Tat spielen sich bei einem Blatt, selbst wenn es noch nicht einmal einem Millimeter dick ist, alle Prozesse der Refle-xion, Absorption und der Streuung ab, deren Zusammenwirken wir be-reits beim Wasser kennenlernten. Absorbiert wird das Licht hier vom Blattgrün, gestreut an den zahllosen Körnchen verschiedenster Art im Zellinnern oder auch an den Rauheiten der Blattoberfläche. Unter opti-schen Gesichtspunkten ist ein Blatt aber noch sehr viel komplizierter als ein See oder ein Meer, ja, ein komplizierteres Objekt kann man sich kaum vorstellen! *Es wird nämlich nicht nur auf einer, sondern auf zwei Seiten be-leuchtet*; und obendrein ist die eine Oberfläche meistens matt, die andere hingegen glänzend, wobei in der Regel auch noch die Stärke des einfal-lenden Lichts auf den beiden Seiten unterschiedlich ist. Die Kombina-tionsmöglichkeiten der optischen Erscheinungen werden so fast unüber-schaubar.

Besonders bezaubernd ist das Smaragdgrün gut beleuchteten Grases, wenn man selbst im Schatten steht und es vor einem dunklen Hintergrund sieht (Abb. 182 a). Es ist, als würde buchstäblich jeder Halm von innen heraus leuchten. Das überreichlich seitlich einfallende Licht wird an den Millionen Körnchen gestreut, so daß das Blatt eine Flut indirekten Lichts zu uns wirft.

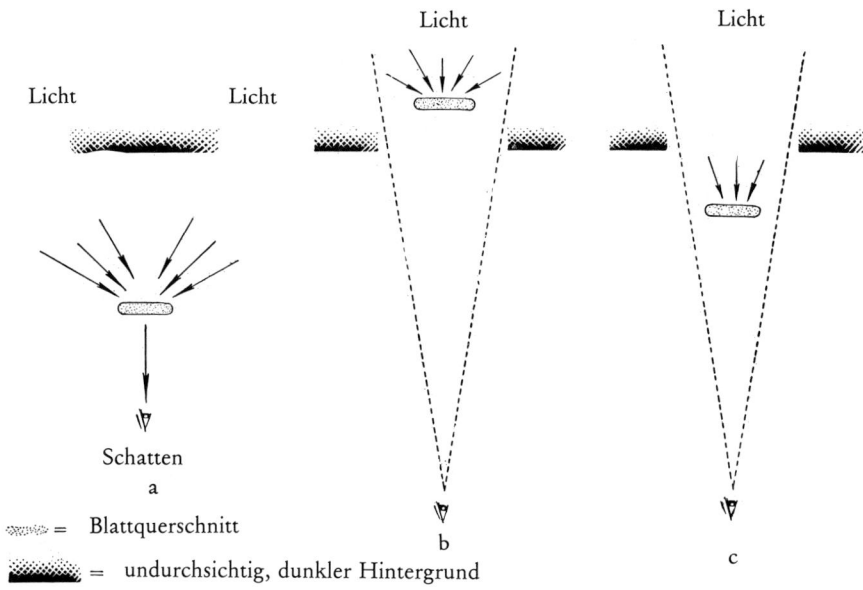

Abb. 182
Grüne Blätter unter verschiedenen Beleuchtungsbedingungen.

Der Farbunterschied zwischen einer Wiese bei durchfallendem und auffallendem Licht ist unmittelbar zu beobachten, wenn man abwechselnd in Richtung Sonne und in Gegenrichtung schaut. Diesem Unterschied entspricht der Malern wohlbekannte Unterschied zwischen dem Grün Willem Maris' in seinen Gegenlichtlandschaften und dem Grün von Mauve, der sich am liebsten von der Sonne abwendet.
Die Beleuchtung durch die Sonne und jene durch den blauen Himmel unterscheiden sich darin, daß das Licht der Sonne stärker ist, daß es aber eher lokal reflektiert wird, wodurch das Blatt fleckig erscheint. Reflektiert das Blatt die Sonnenstrahlen in etwa unter dem Einfallswinkel, dann nähert sich die Farbe immer mehr einem Hellgrau oder Weiß. Wenn die Sonne tief steht und die gesamte Landschaft mit tiefrotem Licht überströmt, verliert das Laub der Bäume seine frische, grüne Farbe und wird fahl: Das Licht enthält dann fast keine grünen Strahlen mehr, die von den Blättern gestreut werden könnten.
Die Unter- und Oberseiten von Blättern unterscheiden sich im Farbton, auch wenn die Beleuchtung dieselbe ist. Die Oberseite ist glatter, spiegelt also besser und ist fleckiger. Die Unterseite ist stumpfer und blasser, weist mehr Spaltöffnungen auf, der Zellverband ist lockerer, und mit Luft gefüllte Zwischenräume reflektieren das Licht, bevor es in das Blatt eindringen kann (§ 258). Zumeist ist die Oberseite auch die beleuchtete

Seite. Prüfen Sie, welche Farbunterschiede auftreten, wenn wir das Blatt eines Baumes um 180° drehen, wobei die Beleuchtung usw. gleich bleibt! – Sobald der Wind etwas stärker wird, erscheinen alle Bäume auf der Lichtseite fleckig und werden insgesamt in ihrem Farbton blasser als sonst: Die Blätter werden nach allen Richtungen gewendet, wir sehen gleich viele Oberseiten wie Unterseiten.

Junge Blätter sind frischer und heller in der Farbe als alte; dieser Unterschied schwindet allmählich im Laufe des Sommers.

Die Blätter an der Außenseite einer Baumkrone sehen anders aus als die im Innern; wir sprechen von «Lichtblättern» und «Schattenblättern». In Größe, Dicke und Behaarung, aber auch in der Farbe unterscheiden sie sich. Die «Schößlinge» am Fuß des Baumes und da und dort entlang des Stammes sind meistens sehr hell in der Farbe.

Schließlich spielt der *Hintergrund* eine wichtige Rolle! Stellen Sie sich unter einen Baum, und betrachten Sie die Krone: Dieselben Blätter, die man vor dem Hintergrund anderer Bäume saftig grün sieht, werden zu schwarzen Silhouetten, wenn man ein paar Schritte zur Seite geht und sie gegen den Himmel betrachtet (§ 109). Der Effekt hängt von dem Verhältnis der Helligkeit des Blattes zur Helligkeit des Himmelshintergrundes ab. Er ist schwach, wenn das Blatt indirekt von der Sonne beleuchtet wird (Abb. 182 b), und am deutlichsten, wenn das Blatt lediglich Himmelsstrahlung, und zwar nur aus einem begrenzten Raumwinkel, empfängt. Dies ist meistens der Fall, wenn ein Baum von anderen Bäumen umgeben ist (Abb. 182 c) oder bei der einseitigen Beleuchtung in der Dämmerung. Der Unterschied zwischen dem normalen Grün und der schwarzen Silhouette ist dann so kraß, daß kaum an eine optische Täuschung zu denken ist. Und dennoch ist dies nichts anderes als ein Kontrast: Der helle Himmel ist so unglaublich viel heller als die Gegenstände auf der Erde!

Noch kaum ist das Grün
der Bäume grün, und schon
sind nur noch wipfelwärts
die Zweige grün geblieben;
alles andre schwärzer wird
und schwärzer: Bäume wie
von schwarzer Seide sind
auf blauen Satin gesetzt.

In dem herrlichen Sonnenfeld,
das nach oben dunkler wird,
und langsam dunkler
und tiefer, stehen und tun kund,
geschrieben schwarz auf Gold,
von einem Wirrwarr riesengroß:
das wunderschöne Volk von Bäumen
im wunderschönen Abendrot.

Guido Gezelle. *Abendrot* (Avondrood),
Reimschnur (Rijmsnoer) *X*

254. Der direkte Einfluß von Licht auf die Farbe grüner Blätter

Außer den im vorhergehenden Paragraphen beschriebenen Effekten, die rein optischer Natur sind, verursacht Licht auch direkte Veränderungen bei Pflanzen, durch die sich deren Farbe binnen weniger Minuten ändert.

Im Schatten ordnen sich die Chloroplasten des Blattes an der Ober- und Unterseite der Zellen an, und die Pflanzen zeigen ein frisches Grün. Bei Sonnenschein dagegen verschieben sich die Chloroplasten zur Seite der Zelle, und die Blätter sehen gelblich aus. Der Unterschied ist beispielsweise an Wasserlinsen, auch «Entengrütze» genannt, gut zu erkennen.

Ferner kann man feststellen, daß eine Reihe von Pflanzen unter dem Einfluß von Sonnenschein und Wind plötzlich glänzen, als seien sie lakkiert, so z.B. der Eisenhut. Dies ist auf das Anschwellen der obersten Zellschicht zurückzuführen, wodurch sich die Blattoberfläche glättet und spannt: Die Oberfläche streut das Licht dann weniger und reflektiert es besser.

255. Licht und Schatten in einer Baumkrone

«... Das Laub am Umriß der Baumkrone verteilt sich zu feinem Staub, einem einzigen Gewimmel von Punkten und Strichen zwischen dir und dem Himmel. Dringt dein Blick tiefer in die Baumkrone ein, wird dieses Gewimmel immer dichter, aber niemals undurchsichtig; es ist stets transparent, hat lichte Ritzen, die den Blick auf den Himmel freigeben. Dann zeigen sich, schwerer und schwerer, die Massen beleuchteten Laubs, blendend und unentwirrbar, nur hier und dort nicht, wo ein einzelnes Blatt am Ende hervortritt. Dann, unter diesen Massen, tiefe Schimmer gebrochener, ungleichmäßiger Düsternis, übergehend in durchsichtige, grün erleuchtete, undeutliche Hohlräume. Die ineinandergeflochtenen Zweige in ihrer Mannigfaltigkeit. Und die Bündel Sonnenstrahlen, die von oben herab niederregnen, einen Moment die glänzenden Blätter entlanglaufen; sich dann verlieren, dann von neuem aufgefangen auf einem smaragdenen Rasenstück oder auf knorrigen Wurzeln, um erneut nach oben zerstreut zu werden auf die weißen Unterseiten undeutlicher Ballen Laubes; die Schatten der höheren Zweige als ein graues Netz über den samtenen Stamm laufend und in Karos auf der glänzenden Erde ruhend. Alles durchdringbar und durchsichtig, aber auch unentwirrbar und unbegreiflich; außer, wo in unserer Nähe, quer durch den Irrgarten und das Geheimnis blendenden Lichts und traumgleichen Schattens, zwei oder drei ruhende große Blätter sich abzeichnen, Urbild und Verkörperung alles dessen, was wir ansonsten fühlen und uns vorstellen, aber niemals in seinen Einzelheiten erfassen können.»[38]

38 Ruskin: *Modern Painters*.

Die Bäume waren breit und voll, und das Licht, das um die Stämme hing, war grün wie Mondschein.

Felix Timmermans: *Pallieter*

256. Der Pflanzenwuchs in der Landschaft[39]

Die einzelnen Bäume: In einer Landschaft sind es fast ausschließlich die Bäume, die bei indirekter Beleuchtung einen wunderschönen Kontrast zwischen der beleuchteten und der Schattenseite zeigen. Dadurch erscheinen sie uns körperhaft und «führen uns immer wieder vor Augen, daß der dreidimensionale Raum Wirklichkeit ist». Dieser Kontrast wird durch die Rundung der Baumkronen gemildert, doch auch wieder verstärkt durch den Kontrast der Farbtöne.

Bäume im Gegenlicht heben sich vor der Weite des Hintergrundes dunkel ab, und diese Ferne, so kommt es uns vor, wird durch die Bäume erst richtig deutlich. Dies ist sowohl auf den stereoskopischen Effekt als auch auf den Unterschied im Farbton zurückzuführen. Daher ist in so manchem Stereoskop, auf so manchem Landschaftsgemälde ein Baum im Vordergrund zu sehen. Es ist ein Effekt ähnlich dem einer Landschaft, die man durch ein offenes Fenster oder durch einen Torbogen sieht. Von einer Allee aus erscheinen die Gebäude einer Stadt größer und imposanter.

Der Kontrast zum Hintergrund wird am schärfsten, wenn man einen Baum vor dem orangeglühenden Abendhimmel sieht. Ein bizarr gewachsener Wacholderbusch auf einem einsamen Sandhügel oder eine majestätische Tanne haben solch dichte Nadeln, daß ihre Silhouette schwarz und scharf begrenzt ist. Andere Bäume sind lichter; am dünnsten sind die grazilen Arabesken einer Birke, die gerade bei Gegenlicht einen entzückenden Farbkontrast zum Himmel bilden.

Ende nächsten Februars werde ich euch, wenn die Sonne scheint, die Farbe der Birken auf dem Winterblau zeigen. Alle die winzigen Zweige scheinen in purpurnem Feuer zu flammen, und durch die zarte Glut hindurch betrachtet euch der Himmel mit wunderbarer Zärtlichkeit. Man muß warten, wohl prüfen und erst fortgehen, wenn man verstanden hat. Man speichert genug Glück auf, daß es bis zum nächsten Winter vorhält, bis dieses Lichtwunder wieder erscheint.

Georges Duhamel: *Besitz der Welt.*
Zürich 1922, S. 102. Übers. v. N. Collin

Der Wald: Von nahem und bei Gegenlicht betrachtet hat der Wald eine sehr unregelmäßige Kontur, und doch ist er zu durchsichtig und seine Beleuchtung zu wechselhaft, als daß er mächtig und massiv wirken könnte. In etwas größerer Entfernung bildet er schon eher ein Ganzes, wenn die Baumkronen im vollen Sonnenlicht grün und golden vor dem Hintergrund blauender Hügel glänzen, oder auch dann, wenn Gruppen

39 Der erste Teil dieses Kapitels gibt in groben Zügen den Inhalt einer Abhandlung Vaughan Cornishs wieder: Geogr. Journ. *67*, 506, 1629.

von sonnenbeschienenen Laubbäumen sich vor hohen, dunklen Tannen abzeichnen. In der Ferne schließlich ist ein Wald in unseren flachen Niederlanden mit einer welligen Hügelkette zu vergleichen: Er ist mindestens genauso dunkel im Farbton, nimmt durch die Streuwirkung der Atmosphäre eine ebenso verschwommene blaue Farbe an und ist in vielen Reihen hintereinander aufgebaut, die sich durch die Opaleszenz der Luft voneinander abheben (§ 110).

Die Landschaft im Waldesinnern ist einzigartig, da sie weder eine Horizontlinie noch eine Kontur besitzt. Im Frühjahr sehen wir auf allen Seiten über uns grüne Blättchen, glänzend in gelbgrün durchfallendem Licht. Im Sommer erholt sich hier das Auge von einem anstrengenden, sengend weißen Himmel, von dem man möglichst den Blick abwendet, doch nun kann man sich wieder frei nach allen Richtungen umsehen. Mittags strömt das meiste Licht in den Wald, weil die hoch am Himmel stehende Sonne zwischen den Baumkronen hindurchscheint. Das Spiel von Licht und Schatten ist auf jeder Fläche anders; sein Reiz verschwindet, sobald wir den Blick in einem bestimmten Abstand fixieren, er kehrt genau dann wieder, wenn wir nicht bewußt danach suchen, sondern unsere Umgebung ungezwungen und spontan auf uns wirken lassen. An Herbstmorgenden dringen die Lichtstrahlen hier und da zwischen den Stämmen hindurch und zeichnen ihren Weg in die feuchte Luft, vor allem, wenn man ungefähr in Richtung Sonne blickt (§ 217): So rückt der Zauber der Opaleszenz der Luft in unsere unmittelbare Nähe.

Die Blumen: Das Heidekraut ist bei uns fast die einzige Blume, die ausgedehnte Flächen bedeckt. Während der Blüte im August entsteht ein sonderbarer Farbakkord der purpurnen Erde mit dem tiefblauen Himmel. Manche Menschen mögen ihn nicht, andere aber finden, daß er in das viele Licht der freien Natur eine ganz besondere Stimmung bringt. Eine graue Wolkendecke dämpft die Farbharmonie, läßt aber auch Gegensätze von Licht und Schatten verlorengehen.

Blühende Obstbäume sind vor allem deshalb so prächtig, weil sich die Blätter zu dieser Jahreszeit noch kaum entfaltet haben. Vor dem blauen Himmel kommen das Weiß und das zarte Rosa nur zur Geltung, wenn die Sonne grell daraufscheint; anders müßte man sie von einem hohen Deich aus, vor dem Hintergrund von Wiesen sehen.

Einzigartig ist die kräftige Farbe der Blumenzwiebelfelder im Frühjahr. Mit ihren schnurgeraden Begrenzungen bringen sie etwas ganz Besonderes in die Landschaft.

Die Wiese: Eine ebene, einfarbige Fläche, die den Eindruck von Ausgeglichenheit und Weite weckt und dabei in Einzelheiten uneben genug ist, um etwas Federndes, Weiches an sich zu haben. Was sonst sollte für uns den typischen Unterschied zu einer Sandfläche ausmachen? In der Ferne geht das Grün in Blaugrün über, noch weiter weg nähert sich die Farbe immer stärker dem atmosphärischen Blau des Himmels.

257. Die Beleuchtung einer Landschaft in Richtung Sonne und in Gegenrichtung

Fast in jeder Landschaft sind Unterschiede in Farbton und Aufbau zu beobachten, je nachdem, ob man in Richtung Sonne oder in Gegenrichtung blickt. Das Erscheinungsbild der Natur ändert sich in seiner Gesamtheit! Nehmen Sie einen Spiegel zu Hilfe, um die Landschaft aus zwei verschiedenen Blickrichtungen gleichzeitig sehen zu können.

1. Ein junges Kornfeld, eine Wiese, ein Lupinenfeld oder Kohlpflanzen sind zur Sonne hin gelbgrün, in entgegengesetzter Richtung bläulich. Was ist der Grund hierfür? Betrachten Sie ein einzelnes Blatt, betrachten Sie es «mikroskopisch»! Pflücken Sie es, und halten Sie es in beide Richtungen. Zur Sonne hin sehen Sie vor allem Licht, das durch das Blatt hindurchdringt. Stehen Sie mit dem Rücken zur Sonne, sehen Sie Licht, das von der Oberfläche zurückgeworfen wird (§ 253). Manchmal ändert sich die Farbe und der Glanz in Abhängigkeit von der Windrichtung.

2. Die Wogen auf einem reifen Kornfeld entstehen hauptsächlich durch das wechselnde Aussehen der *Ähren*. Nehmen wir an, der Wind weht in Richtung Sonne:

Wenn wir zur Sonne blicken, sehen wir, abgesehen von einigen wenigen hellen, mehr dunkle Wogen. Letztere entstehen, weil sich die Ähren so biegen, daß sie auf sich selbst Schatten werfen.

Bei anderen Windrichtungen, Blickrichtungen und Sonnenhöhen sind die Erscheinungen wieder andere.

3. Eine Wiese, die mit einem Rasenmäher gemäht wird, ist farblich bedeutend heller, wenn der Rasenmäher von uns weg, als wenn er auf uns zu bewegt wird.[40] Im ersteren Fall sehen wir mehr reflektiertes Licht. Sehr deutlich ist der Kontrast auf einem Stoppelfeld, wo eine Bahn hell, die nächste dunkel erscheint, da der Mähdrescher einmal aufwärts, einmal abwärts darüberfuhr. Drehen Sie sich um, so sehen Sie die Farbtöne genau umgekehrt. Ein frisch gepflügter Acker glänzt, wenn man senkrecht zur Richtung der noch feuchten Spuren blickt.

4. Die Blätter der Wasserlinsen auf einem Kanal zeigen genau die entgegengesetzte Wirkung wie Gras: Hat man die Sonne im Rücken, sind sie gelbgrün, in Richtung Sonne fahl graugrün. «Mikroskopisch» betrachtet ist im letzteren Fall die diffuse Reflexion an der Oberfläche stärker. Die Blätter dieser Pflanze sind nämlich nicht durchscheinend.

5. Die verblühte Heide ist zur Sonne hin ausgesprochen dunkel, in Gegenrichtung glänzender, seidig und leicht graubraun, offenbar aufgrund von Spiegelungen

6. Blühende Obstbäume sieht man nur dann in ihrer Schönheit, wenn man mit dem Rücken zur Sonne steht. In Richtung Sonne zeichnen sich die Blüten schwarz gegen den Himmel ab.

40 Nat. *90*, 621, 1913.

Eine Wiese mit den Spuren eines Rasenmähers. Die hellen und dunklen Streifen
verschwinden, wenn der Blick senkrecht darauffällt (Foto: Marcel Minnaert).

7. Ebenso sind die Äste und Zweige von Bäumen grau oder braun,
wenn man die Sonne im Rücken hat, schwarz und strukturlos aber in der
anderen Richtung.

8. Ein Klinkerweg ist braunrot zur Sonne hin, weißgrau in Gegenrichtung.

9. Ein Schotterweg ist weißgrau in Richtung Sonne, braungrau, wenn
man sich von der Sonne abwendet. Poröser Mörtel auf Wegen zeigt den
Effekt mitunter überaus deutlich.

10. Die Gischt auf dem Meer ist reinweiß gegenüber der Sonne. Zur
Sonne hin jedoch ist sie inmitten der unzähligen Reflexe und des Gefun-
kels des tanzenden Wassers eher dunkler als ihre Umgebung.

11. In Richtung Sonne erscheint ein unebener, verschneiter Weg in
seiner Gesamtheit dunkler als der Schnee daneben, in der anderen Richtung ist es umgekehrt.[41]

12. Wenn sich die Wasseroberfläche der Loosdrechter Tümpel leicht
kräuselt und der Wind in Richtung Sonne weht, sieht man mit dem Rük-
ken zur Sonne stehend ein düsteres Blau, und hier und da strahlen
schwarzblaue Streifen von unserem Beobachtungsort aus, entsprechend
den blauen Himmelsbereichen; die unzähligen Wellen zeichnen sich einzeln ab. Sieht man in Richtung Sonne, ist alles strahlend blau, und die
Wellen sieht man nur in der Ferne in zahllosen Scharen (§ 242).

41 Russell, Dugan, Stewart: Astronomy *1*, 173.

13. Beachten Sie, wenn Sie in Richtung Sonne blicken, daß die Gegenstände, die uns ihre Schattenseite zukehren, dunkel, jedoch mit schönen hellen Rändern erscheinen. Dies macht den Reiz von Gegenlichtaufnahmen aus!

Die Beispiele könnten beliebig fortgesetzt werden. Vgl. ferner §§ 213 und 259.

Es gibt unerschöpflich viele Möglichkeiten der Beobachtung! Suchen Sie immer nach einer Erklärung, indem Sie abwechselnd pauschale und detaillierte Beobachtungen anstellen!

258. Der Einfluß von Feuchtigkeit auf Farben

«Es stimmt, daß die neblige Atmosphäre alle Gegenstände verdunkelt, es stimmt aber auch, daß die Natur, die unseren Augen keinen Genuß vorenthalten will, eine reiche Entschädigung für diese Beschattung der Farbtöne bereithält: bei feuchter Luft werden sie lebhafter. Jede Farbe glänzt in feuchtem Zustand doppelt so sehr wie in trockenem; und wenn die klaren Fernen von dichtem Nebel verdüstert werden, wenn die klaren Farben des Himmels verschwinden und die Glanzlichter des Sonnenscheins von der Erde, dann nimmt der Vordergrund seine lieblichsten Farben an, das Gras und das Laub leben in ihrem satten Grün wieder auf, und jeder sonnenverbrannte Fels glimmt auf wie ein Achat.»[42]

Erklärung: Die Feuchtigkeit an sich kann die Farben nicht lebhafter erscheinen lassen; wenn jedoch eine dünne Wasserschicht die Gegenstände überzieht, ist deren Oberfläche glatter. Sie streuen das weiße Licht nicht mehr nach allen Seiten, die Eigenfarbe dominiert nun und wirkt satter.

Regen ändert die Farbe des Erdbodens völlig. Die Pflastersteine spiegeln plötzlich, und das um so stärker, je weiter entfernt sie sind, weil unser Blick dann weniger steil daraufällt. Erstaunlich ist, daß nicht nur Asphalt, sondern auch ein rauher Klinkerweg unter großen Winkeln hervorragend reflektiert. Sand, Erde, Schotterwege bekommen eine dunklere und wärmere Farbe[43]; bereits die ersten Regentropfen zeichnen sich einzeln als dunkle Flecken ab. Wie kommt es dazu? Das Wasser dringt überall in die Ritzen zwischen den Sandkörnchen. An der Grenze zwischen einem Sandkörnchen und der Wasserschicht wird also das Licht weniger stark reflektiert als an der Grenze zwischen Sandkorn und Luft. Ein Lichtstrahl, der sonst schon in den obersten Schichten zurückgestreut würde, kann nun tiefer eindringen, bevor er in unser Auge reflektiert wird; auf diesem Weg wird er größtenteils absorbiert.

42 Ruskin: *Modern Painters.*
43 Trockene Erde reflektiert ungefähr 14 % des Lichts, nasse Erde 8 bis 9 % (Ångström: Geogr. Ann. 1925), trockener Dünensand 37 %, nasser Dünensand 24 %.

Auf einer Wasserpfütze sehen wir schöne Farbschattierungen:
1. die Wasseroberfläche, in der sich der blaue Himmel spiegelt;
2. einen schwarzen Saum, wo der Boden noch feucht ist;
3. die graue Umgebung.
Grünalgen in einem Wassergraben bilden eine dunkelgrüne, faserige
Masse. Der Teil, der aus dem Wasser ragt, zeigt ein blasseres Grün, weil
sich zwischen den Fasern Luft befindet. Drücken Sie aber diese blasseren
Teile unter Wasser, rütteln Sie daran oder pressen Sie sie: Es steigen Luftblasen auf, und zugleich werden sie dunkler.

259. Lichtakzente in der Landschaft nach Regen

Nach einem Regenschauer sieht die Landschaft völlig verändert aus.
Wenn man ein gutes Auge dafür hat, erkennt man überall die Spuren des
Regens. Nicht nur die schweren, wegziehenden Wolken und der aufkla-
rende Himmel mit seinen scharfen Kontrasten tragen zu der außergewöhnlichen Stimmung bei, sondern auch die Glanzlichter, die überall
über der Landschaft liegen.

Insbesondere sind es die nassen Blätter, auf denen dann grelle Licht-
flecken zu sehen sind: Rübenblätter, die Baumkronen von Eichen,
Schwertlilien entlang der Wassergräben. Doch dieses Glänzen ist nur in
Richtung Sonne, unter ziemlich kleinen Winkeln zu den einfallenden
Strahlen zu beobachten. Mit dem Rücken zur Sonne sieht man nur hier
und dort einen einzelnen funkelnden Tropfen.

Bei dieser Beleuchtung fällt das grelle Aufleuchten nasser, dürrer
Blätter, die über das Gras verstreut liegen, besonders auf, wenn man in
Richtung Sonne blickt. Dieser Effekt überzeugt uns sofort von der Wirk-
samkeit der Methode, die Archäologen anwandten, um Waffen aus
Feuerstein in den Sandverwehungen von Limburg und der Veluwe aufzuspüren: Man geht in Richtung Sonne, die tief am Himmel stehen muß,
und sucht nach Scherben, die man aus der Ferne herrlich glänzen sieht.
Hierbei macht man sich die spiegelnden Eigenschaften der Feuerstein-
oberfläche zunutze; sie lenkt die Lichtstrahlen nur wenig ab, im Gegensatz zu dem stark streuenden Sand.

260. Der Mensch in der Landschaft

*Ich sehe aus meinem Fenster einen Mann am Fußboden der Galerie arbeiten,
nackt bis zur Taille. Wenn ich seine Farbe mit der der Außenmauer vergleiche,
merke ich, wie farbig die Halbtöne des Fleisches sind verglichen mit denen lebloser
Materie. Das gleiche bemerkte ich gestern auf der Place St. Sulpice, wo ein
Bengel auf eines der in der Sonne liegenden Brunnenstandbilder geklettert war.
Matt Orange für das Fleisch, das kräftigste Violett für die Schattenübergänge und
goldene Reflexe in den Schatten, die dem Boden zugewandt sind. Orange und*

Violett dominierten abwechselnd oder vermischten sich. Der goldene Farbton hatte einen Stich ins Grün. Das Fleisch hat seine wahre Farbe lediglich an der Sonne und unter freiem Himmel. Lassen Sie jemanden den Kopf zum Fenster hinausstrecken: die Farbe ist ganz anders als im Innern des Hauses. Daher die Torheit der Atelierstudien, wo man sein Bestes tut, um jene verfälschte Farbe wiederzugeben.

Eugène Delacroix: *Journal*

Du also, Maler, zeige auf deinen Porträts, wie der Widerschein der Farbe der Gewänder das Fleisch daneben färbt.

Leonardo da Vinci: *Trattato della Pittura*

Wenn du eine Frau siehst in einem weißen Gewand, in einer weiten Landschaft, dann wird sie auf der sonnenbeschienenen Seite so hell aussehen, daß sie ebenso wie die Sonne selbst die Augen blendet. Die Seite der Frau jedoch, auf die der Himmel scheint, vermischt mit den Lichtstrahlen, die hineingewoben sind, wird bläulich erscheinen. Wenn sich daneben eine Wiese erstreckt und die Frau zwischen dem sonnenbeschienenen Gras und der Sonne selbst steht, so werden die Falten ihres Gewandes, auf die das Licht der Wiese fällt, durch die zurückgeworfenen Strahlen die Farbe der Wiese annehmen.

Leonardo da Vinci: *Trattato*

261. Schatten und dunkle Partien

Blicken Sie um sich, und suchen Sie nach dunklen Partien in der Landschaft!

1. Bei Wäldern und Sträuchern sind die Öffnungen im Laub und zwischen den Stämmen dunkel.

2. Offene Fenster und Toreinfahrten einer fernen Stadt sind dunkel.

Dies sind zwei vortreffliche Beispiele für «schwarze Körper», wie Physiker sie beschreiben. Es handelt sich um Räume, in die wir nur durch eine enge Öffnung sehen. Die eindringenden Lichtstrahlen kommen erst nach mehrmaliger Reflexion wieder zurück, wobei sie bei jeder Reflexion abgeschwächt wurden. Solch ein Körper absorbiert fast alle Strahlen: Dunkle Wälder reflektieren nicht mehr als 4 % des Lichts, dunkle Toreinfahrten mitunter weniger als 0,1 %. Andererseits muß bedacht werden, daß die Dunkelheit des Waldes nur relativ ist: Kommen wir näher und hat sich das Auge erst einmal an das gedämpfte Licht gewöhnt, dann ist alles hell und farbig. Ebenso kann man, wenn man sich in einem Zimmer befindet, alle Einzelheiten darin unterscheiden, wogegen dasselbe Zimmer von außen, durch ein offenes Fenster betrachtet, pechschwarz erscheint.

3. Fein verteilte Objekte, die sich gegen den hellen Himmel abzeichnen, erscheinen zumeist schwarz, jedoch nur aufgrund des Kontrasts. Dies trifft beispielsweise auf das Laubwerk von Bäumen zu (§ 253).

In einer offenen Landschaft sind die Schatten niemals tiefschwarz, weil sie vom Himmel beleuchtet werden. Ihre Helligkeit beträgt mindestens noch 20 % der Helligkeit der sonnenbeschienenen Umgebung.

Analysieren Sie systematisch die Farbe von Schatten!

«Alle normalen Schatten müssen irgendeine Farbe haben, niemals sind sie schwarz, nicht einmal annähernd schwarz. Sie sind augenscheinlich stets leuchtender Art ... Es ist eine Tatsache, daß Schatten ebenso farbig sind wie die hellen Partien» (Ruskin).

Wo die Sonne scheint, dominieren ihre grellen, gelblichen Strahlen gegenüber der Himmelsstrahlung. Doch dort, wo Schatten herrscht, fällt nur Licht des blauen oder grauen Himmels hin. Die Schatten sind also im allgemeinen bläulicher als die Umgebung, und dieser Unterschied erscheint noch stärker durch den Kontrast.

«Ich sehe aus meinem Fenster die Schatten von Menschen, die am Meeresstrand entlang in der Sonne spazierengehen; der Sand ist an sich violett, doch wird er von der Sonne vergoldet; der Schatten jener Menschen ist so violett, daß der Boden gelb erscheint» (Delacroix).

262. Silhouetten

Wir sprechen von Silhouetten, wenn Gegenstände sich vor einem hellen Hintergrund als plane Figuren abzeichnen. Ein solcher Effekt kann auf unterschiedliche Art und Weise zustandekommen, und einige Beispiele wurden bereits weiter oben beschrieben.

1. Bäume und Häuser sieht man als Silhouetten, wenn sie sich gegen die strahlend goldene Dämmerung abheben und auf der uns zugewandten Seite nur schwach vom bereits dunkel gewordenen Abendhimmel beleuchtet werden.

Die Einseitigkeit der Beleuchtung zu dieser Tageszeit ist hier die wesentliche Ursache für das Phänomen (§ 253). Auch mitten am Tag entstehen Silhouetten, wenn der Himmel bis auf einen Streifen am Horizont stark bewölkt ist und dieser Streifen in einem warmen Orangegelb glüht (§ 202).

2. Silhouetten sieht man nachts, wenn der Weg von einer Laterne hell beschienen wird und ein Passant sich zwischen uns und diesen hellen Fleck schiebt. Desgleichen, wenn Sonne oder Mond das Meer mit Licht überfluten und sich ein Segelboot pechschwarz davor abzeichnet (§ 247).

3. Wenn Nebel oder Regen einen Schleier ausbreiten, der alle kleineren Helligkeitsunterschiede verwischt, die größeren Partien jedoch erkennbar und die Konturen hinreichend scharf bleiben, entstehen Silhouetten. Türme, Häuser und Bäume sind in einem dunkleren Grau vor dem hellgrauen Hintergrund zu sehen.

4. Nachts heben sich dunkle Massen als Silhouetten gegen den Sternenhimmel ab.

In dem zaudernden Licht, das länger
Als die Sonne verweilt
Am stillen Wasser,
Wo unser Boot dahintreibt,
Schieben schwarz und schwerelos,
Fein umrissen und straff,
Radfahrer sich über die Klarheit
Der Himmelsfläche,
Ihre feinen Silhouetten,

Schatten gleich,
Sehr gemächlich und schön
Entlang des Amsteldeichs.

Wenn sich zwei begegnen,
Gleiten sie sogleich
Geräuschlos und ohne Gruß,
Durch einander hin.

Jacqueline van der Waals:
Neue Verse (Nieuwe Verzen), *Silhouetten*

263. Gerichtete und diffuse Beleuchtung

Der Eindruck, den wir von einer Landschaft haben, hängt in hohem Maße von der Beleuchtung ab, unter der wir sie sehen. Sie bestimmt, wie eine Landschaft auf uns wirkt, sie erzeugt z.B. eine romantische Stimmung. Ausgehend von einer völlig einseitigen Beleuchtung wollen wir zu einer eher allseitigen und schließlich einer ganz diffusen Beleuchtung übergehen und dabei stets die dadurch hervorgerufenen Effekte auf die Landschaft verfolgen.

Scharfe, dunkle Schlagschatten erhält man abends beim Lichtschein einer grellen Bogenlampe, die fast punktförmig ist und über alle anderen Lichtquellen in ihrer Umgebung dominiert. Gesichter sehen ältlich aus, weil Falten übermäßig deutlich hervortreten.

Bei Sonnenschein und wolkenlosem Himmel sind die Schatten noch scharf und dunkel, wenn sie auch durch das diffuse Licht des blauen Himmels bereits ein klein wenig abgemildert sind. Ist die Sonne zur Hälfte hinter Wolken verborgen, werden die Schatten unschärfer; ist sie ganz verschwunden, sind zwar keine Schlagschatten mehr zu sehen, doch es kann immer noch hellere und dunklere Partien geben. Es können aber auch andere Übergänge vorkommen: Eine Lichtung im Wald wird von einem begrenzten Ausschnitt des Himmels beleuchtet, der größer oder kleiner sein kann und dementsprechend unterschiedliche Effekte bewirkt.

Bei hochstehender Sonne spielen Schatten in der Landschaft keine große Rolle, alles ist blendend hell. Erst bei tiefer stehender Sonne treten Licht und Schatten abwechslungsreich hervor.

Auf flachem oder sanft hügeligem Gelände lassen Schatten das Relief der Landschaft überdeutlich zum Vorschein kommen, wenn die Sonne tief steht; die Sonnenstrahlen fallen dann beinahe tangential über das Terrain und erzeugen ganz besondere Übergänge von Licht und Schatten. In kleinem Maßstab kann man dies an einer Sandfläche bei Sonnenuntergang sehen: Jeder Kiesel, jede Unebenheit wirft einen langen Schatten, das Gelände sieht wie eine Mondlandschaft aus und macht einen ganz und gar unwirklichen Eindruck. – Einen ähnlichen Effekt kann man auch bei hochstehender Sonne bemerken, wenn die Sonnenstrahlen entlang einer weiß gekalkten Mauer eines Bauernhofes einfallen: Jede rauhe Stelle der Oberfläche tritt nun auffällig hervor.

Ein weiteres sehr frappantes Bild bekommen wir bei tiefstehender Sonne und *Gegenlicht*: Wir sehen dann die dunklen Silhouetten der Gegenstände vor dem blendend hellen Himmel in der Nähe der Sonne. Jeder Gegenstand ist überall dort von einem goldenen Lichtsaum umgeben, wo wir die sonnenbeschienene Seite erahnen können.

Schließlich müssen wir versuchen, etwas von der Ruhe und Harmonie wiederzugeben, die sich über die Landschaft ausbreiten, wenn nach mehreren Tagen Sonnenschein und strahlendblauem Himmel eine gleichmäßige Wolkendecke den Himmel überzieht. Die Helligkeit insgesamt ist geringer, und die Helligkeitsverhältnisse werden einheitlicher, die Schatten fallen fort, und lokale Reflexe verschwinden. Ohne geblendet zu werden, kann man sich wieder frei nach allen Seiten umsehen. Achten Sie auf den Straßen in der Abenddämmerung und bei wolkenverhangenem Himmel auf das Gesicht von Männern und Frauen, wieviel Anmut und Sanftheit darauf liegt. Dieses Wissen tröstete mich mehr als einmal über einen trostlosen, grauen Tag hinweg!

Ein bemerkenswerter Effekt entsteht bei gleichmäßig bewölktem Himmel über einer frisch verschneiten Landschaft. Daß das typische «polar whiteout» auch in einer niederländischen Dünenlandschaft vorkommen kann, beweist das folgende Zitat:

«Die verschneite Ebene ist in dem bereits stark abgeschwächten Licht so überaus gleichmäßig, daß es absolut unmöglich ist zu erkennen, wo einer der sanften Hügel beginnt oder endet. Allein unser Gleichgewichtssinn kann uns darüber Auskunft geben und tut es auch prompt, was sich zeigt, wenn wir einander erstaunt anblicken, weil wir gleichzeitig das Gefühl haben, auf völlig ebener Erde abwärts zu gehen.»[44]

Vergleichen Sie die Strukturlosigkeit solch einer Schneelandschaft mit den messerscharfen bläulichen Schatten von Skispuren im Sonnenschein! Vergleichen Sie griechische Säulen bei diffuser und seitlicher Beleuchtung! Verfolgen Sie, wie das Glitzern einer sich kräuselnden Wasseroberfläche bei bewölktem Himmel verlorengeht! In all diesen Fällen gewinnen Sie einen Eindruck darüber, was Sonne und Schatten sowohl für das räumliche Sehen als auch für das Entstehen von Helligkeitsunterschieden in der Landschaft bedeuten.

Die Bewegung, das Wogen und Flimmern des abgeschnellten Sonnenstrahls; nicht das stumpfe, allgemeine Tageslicht, das auf eine leblose Landschaft fällt ohne Direktive, ohne Überlegung, überall gleich und überall tot. Sondern das atmende, beseelte, frohlockende Licht, das fühlt und empfängt, sich freut und handelt; ein Ding festhält und ein anderes verwirft; jenes sucht, findet und wieder verliert – von Fels zu Fels eilt, von Blatt zu Blatt, von

44 *De Kampioen*. Februar 1940, S. 43.

Woge zu Woge – glühend, aufblitzend, zündend, je nach dem Objekt, das es streift. Oder als Stimmung alles mit beseligender Ruhe erfüllend; dann wieder sich verlierend im Irrtum, Zweifel und Unfaßbarkeit; – vergehend, dahinschwindend, in wogenden Nebel verflochten, zerschmelzend in schwermütiger Luft. Aber stets entflammend oder erlöschend, funkelnd oder feierlich: immer lebendiges Licht, das in tiefster, verzücktester Stille noch atmet, das wohl schläft, aber nie erstirbt.

Ruskin: *Moderne Maler*, I.
Ausgewählte Werke, Bde. XI und XII, Leipzig 1902

Kapitel XIII
Leuchtende Pflanzen, Tiere und Steine[1]

264. Glühwürmchen

> *Erzähle B., daß ich über die Alpen und Apenninen gezogen bin; daß ich den «Jardin des Plantes» besucht habe, das Museum, das Buffon einrichtete, den Louvre mit seinen Meisterwerken der Bildhauerei und Malkunst, das Luxembourg mit den Werken Rubens', daß ich ein Glühwürmchen gesehen habe!!!*
>
> Brief Faradays an seine Mutter. *Life and Letters*, 1814, S. 116

Glühwürmchen sind eigentlich keine Würmer, sondern Käfer. Die Weibchen sind im Gegensatz zu den Männchen flugunfähig und können nur kriechen. Bei uns kommen zwei Arten vor: der Kleine Leuchtkäfer (Lampyris splendidula; Männchen 8 mm, Weibchen 9 mm lang) und der Große Leuchtkäfer (Lampyris nocticula; Männchen 11 mm, Weibchen 16 mm lang). Die Leuchtorgane befinden sich an den beiden hintersten Segmenten des Hinterleibs. Sie enthalten eine Substanz, die durch Oxidation zum Leuchten gebracht wird (Chemiluminiszenz). Das abgestrahlte Licht hat genau die Farbe, für die unser Auge am empfindlichsten ist, und es enthält kein Infrarot, so daß man diese Käfer wirklich als ideale Lichtquelle bezeichnen könnte ... wenn sie nur etwas heller leuchten wollten!

Das Weibchen strahlt das meiste Licht ab, es sitzt still, während das Männchen leise surrend umherfliegt. Selbst die Eier und die Puppe leuchten. Manchmal stößt man auf ein scheinbar leuchtendes Schneckenhaus: Nicht die Schnecke leuchtet, sondern das Glühwürmchen, das sich, nachdem es die Schnecke gefressen hat, im Schneckenhaus eingenistet hat.

Es geht ein seltsamer Zauber von solch einem zart strahlenden, gelbgrünen Pünktchen im Gras aus, es ist fast wie ein kleiner Stern. Und schon kommt uns die Idee, zu versuchen, seine Lichtstärke zu schätzen, indem wir es mit einem richtigen Stern vergleichen, beispielsweise mit dem Stern Wega, der an diesem Sommerabend hoch am Himmel strahlt. Der Vergleich ist nicht einfach, doch indem ich mich dem Insekt etwas nähere, dann wieder entferne, gelange ich zu dem Ergebnis, daß mir das Glühwürmchen in 13 m Entfernung sogar heller erscheint als Wega. Nun ist bekannt, daß dieser Stern ebensoviel Licht aussendet wie 1,4 Kerzen in 1000 m Entfernung. Daraus ergibt sich die Lichtstärke i des Glühwürmchens:

$$\frac{i}{13^2} = \frac{1,4}{1000 \cdot 1000}, \text{ folglich ist } i = 0,0002 \text{ Kerzenstärken.}$$

1 Molisch, H.: *Leuchtende Pflanzen.* Jena 1904.

265. Das Meeresleuchten

> *Die Wellen brechen, und tosend glüht*
> *Der glänzende Schein ... und verebbt,*
> *Und, wo die flache Flut, ermüdet,*
> *Bis vor meine Füße fließt,*
> *Liegt sterbend das Funkengold.*
>
> *Und wohin ich trete, und wo mein Fuß*
> *Im Gehen den feuchten Grund*
> *Berührt oder das Wasser bewegt,*
> *Da sprüht das Feuer in einer fremden Glut*
> *Die mir die Tiefe sandte.*

Jacqueline E. van der Waals:
Das Leuchten der See (Het Lichten der Zee), Iris

Das Meeresleuchten wird in unseren Breiten hauptsächlich von Millionen winziger Meerestiere der Gattung Nocticula miliaris (Meerleuchte) verursacht, die normalerweise über das gesamte Meer verteilt sind, sich aber unter bestimmten Wetterbedingungen an der Wasseroberfläche sammeln. Es handelt sich hierbei um Protozoen der Familie der Geißeltierchen von etwa 0,2 mm Größe, die also mit bloßem Auge gerade noch als einzelne Pünktchen zu erkennen sind. Sie leuchten nur, wenn im Wasser Sauerstoff gelöst ist, was durch das Aufwirbeln des Wassers mit der Hand, die Brandung etc. begünstigt wird. Ein bestimmter Stoff oxidiert dabei, erwärmt sich jedoch kaum merklich; auch zeigt das Licht nicht die gleiche Zusammensetzung wie das eines glühenden Körpers, es ist keine «Temperaturstrahlung», sondern «Chemiluminiszenz»[2]: Es enthält weder ultraviolettes noch infrarotes Licht, sondern nur Farben, die in unserem Auge einen starken Lichteindruck hervorrufen, wie vor allem Gelb und Grün.

Sind viele dieser leuchtenden Organismen vorhanden, spürt man ein leichtes Prickeln, wenn man die Hand ins Wasser hält. Oftmals kann man schon tagsüber vorhersagen, ob am Abend das Meeresleuchten zu sehen sein wird.

Sehr schön kann das Meeresleuchten an gewittrigen Sommerabenden nach einem heißen Tag sein. Beim Lichtschein von Laternen, der vom Deich oder von Hotels ausgeht, ist man nie ganz sicher, ob man nun das eigentliche Meeresleuchten oder aber die weißen Schaumkronen der Wellen sieht (§ 81). Wirklich gut zu sehen ist das Phänomen nur in stockdunklen Nächten. Unter weniger günstigen Bedingungen watet man barfuß ein Stückchen ins Wasser und wühlt mit der Hand das Wasser auf: Es entstehen Lichtwolken, obwohl man sich sicher ist, keine Luftblasen erzeugt zu haben. Noch schöner ist das Leuchten um die Beine, denn so

---

2 Das Wort «Phosphoreszenz» bedeutet etwas völlig anderes und dürfte im Grunde nicht für das Meeresleuchten verwendet werden!

sieht man tangential an der leuchtenden Schicht entlang. Schütten Sie eine Handvoll Sand ins Wasser, werfen Sie einen Stein hinein, oder schlagen Sie mit einem Stock auf die Wellen.

Auch wenn das Leuchten kaum sichtbar ist, entsteht beim Aufwirbeln des Wassers oftmals doch hier und da noch ein einzelnes Fünkchen, das ungefähr eine Sekunde lang leuchtet und dann verlischt. Wie gut der Name «Meerleuchte» doch paßt! Schöpfen Sie einen Eimer voll Meerwasser, und stellen Sie ihn ins Dunkle. Auch an weniger günstigen Tagen können Sie das Leuchten sehen, wenn Sie das Wasser dann in eine Schale gießen oder wenn Sie einige Tropfen Alkohol, Formalin oder Säure hinzugeben und so die Mikroorganismen chemisch reizen. Geben Sie das leuchtende Wasser in ein Glas: Die Tierchen sammeln sich an der Oberfläche. Stoßen Sie das Glas an: Sie beginnen aufgrund der mechanischen Schwingungen zu leuchten. Wenn Sie den Versuch wiederholen, flaut das Leuchten allmählich ab.

Seltener kommt es vor, daß das Meerwasser leuchtet, ohne daß Meerleuchten darin nachzuweisen wären. Als Ursache kommen dann Bakterien (Mikrococcus phosphoreus) in Frage.

Entwerfen Sie eine Skala für das Meeresleuchten. Üben Sie an kalten Abenden, wenn garantiert kein Leuchten zu sehen ist, und analysieren Sie das Aussehen der Schaumkronen der Wellen. An bestimmten günstigen Abenden ist der Unterschied feststellbar.

Auf Seereisen, vor allem in den Tropen, sollten Sie in der Dunkelheit auf die Vorder- oder Achtersteven des Schiffs gehen, wo die brennenden Lampen sich nicht mehr störend auswirken. Sie sehen dann fast ständig Lichtfunken vorbeifliegen: alle möglichen Meerestiere, die ein wenig Licht abstrahlen.

Im Indischen Ozean, im Mittelmeer und in anderen südlichen Gewässern leuchtet mitunter das ganze Meer, und ein Muster riesiger Lichtbänder dreht sich wie die Speiche eines Rades über die Wasseroberfläche hinweg: Es sind die vom Wind und dem Schiffsbug erzeugten Wellen, die vorüberziehen, überall das Meer aufwallen lassen und so das Leuchten hervorbringen.[3]

266. Leuchtende Fische, leuchtende Kartoffeln

Leuchtenden Bakterien, nicht Protozoen ist es zuzuschreiben, daß man nachts hin und wieder die dunkle Auslage eines Fischgeschäfts schwach in grünlich-bleichem Licht leuchten sieht. Auch zu Hause kann man mitun-

3 Vgl. die Beschreibungen in: De Zee 1910 bis 1912 und 1920 bis 1926. – Marine Observer 1954 und 1955.

ter im Keller oder in einem dunklen Vorratsschrank das Leuchten von Kartoffeln oder Fisch bemerken, insbesondere bei feuchtwarmem Wetter.

267. Leuchtendes Holz, leuchtende Blätter, leuchtende Vögel

Gelegentlich sieht man in einer warmen Sommernacht im feuchten Wald moderndes Holz schwach leuchten. Ursache dafür ist das Myzel des Honigschwamms (Armillaria mellea), der sich dort festgesetzt hat.

Teile solchen Myzels können sich auch in dem Gefieder von Eulen, die in hohlen Bäumen nisten, festsetzen, wodurch die Eulen leuchten![4]

Suchen Sie im Winter oder im Frühjahr nach Baumstümpfen, an denen sich die Rinde leicht ablösen läßt und auf denen dunkles, verzweigtes Myzel sitzt. Packen Sie einige Stücke eines solchen Baumstumpfes in feuchtes Moos, und nehmen Sie es mit nach Hause. Bewahren Sie es an einem schattigen Ort unter einer Haube auf: Am Abend oder spätestens nach ein paar Tagen beginnt das Pilzmyzel, das das Holz überzieht, zu leuchten. Ab und zu können auch Bakterien vermodernde Zweige zum Leuchten bringen.

Dicke Schichten dürrer, halbverfaulter Blätter von Buchen und Eichen leuchten deutlich in einem bestimmten Stadium des Zersetzungsprozesses. Nehmen Sie Blätter von einem 10 bis 30 cm hohen Haufen, und zwar nicht die obenauf liegenden, sondern die tiefer liegenden, fest aneinandergepreßten mit gelblichweißen Flecken, und bringen Sie diese in ein vollkommen dunkles Zimmer. Das Leuchten ist auf ein Pilzmyzel zurückzuführen, das man bislang noch nicht zuordnen kann.

268. Katzenaugen bei Nacht[5]

Jedermann weiß, welch helles Licht Katzenaugen auszustrahlen scheinen. Doch in Wirklichkeit handelt es sich lediglich um reflektiertes Licht, so wie wir es vom Fahrradreflektor oder dem Heiligenschein auf taubenetztem Gras kennen (§ 191). Die Lichtstrahlen, die durch die Hornhaut des Auges dringen, erzeugen ein sehr helles Bild auf dem Augenhintergrund, und dieser wirft nun seinerseits die Strahlen durch die Hornhaut wieder zurück. Das Lichtbündel tritt ungefähr unter dem Einfallswinkel wieder aus. Soll das Phänomen deutlich sein, muß dafür gesorgt werden, daß die Lampe, das Auge der Katze und das des Betrachters auf einer Linie liegen. Dies bewerkstelligt man dadurch, daß man eine Taschenlampe auf Augenhöhe hält: Das Funkeln der Katzenaugen ist so selbst noch in 80 m Entfernung zu sehen. Sie werden verwundert feststellen, wie viele Katzen den Blick auf Sie geheftet haben!

4 Menzel, D.H., und Boyd, L.G.: The World of Flying Saucers. New York 1963, S. 118.
5 Nat. 88, 377, 1912.

Die Augen von Hunden leuchten rötlich, auch Schafe, Kaninchen und Pferde weisen dieses Leuchten der Augen auf, Menschen hingegen nicht. Die genannten Tiere besitzen nämlich direkt hinter der Netzhaut, zwischen Netzhaut und Aderhaut eine stark reflektierende Gewebeschicht, das *Tapetum*. Dieses soll das nächtliche Sehen verbessern, denn das Licht passiert die Netzhaut zweimal.

269. Die Reflexion von Licht durch Moose[6]

An einem schönen, klaren Morgen liegt überall Tau auf dem Gras. In einem dunklen Graben wachsen üppige Moospolster der Art *Mnium*, deren zarte Stengel zweireihig Blätter tragen und die nun wie mit Lichtsternchen übersät sind. Jedes dieser Sternchen strahlt ein goldgrünes Licht ab, ein Licht, das wesentlich ruhiger ist als das eines glitzernden Tautropfens. Bei näherem Hinsehen zeigt sich, daß überall unter den Moosblättchen kleine Tropfen hängen. Daraus können wir schließen, daß das Sonnenlicht durch die Blattränder dringt, im Tropfen total reflektiert wird, wieder durch das Blatt zurückfällt und dabei die goldgrüne Farbe annimmt.

Schöner noch sind die Lichtreflexe an Schigostea osmundacea, dem bekannten «Leuchtmoos» der Höhlen und Grotten des Fichtelgebirges. Hier sind es die kugelförmigen Zellen selbst, die wie reflektierende Tropfen wirken.

270. Fluoreszenz von Pflanzensäften

Geben Sie einige Stückchen von Rinde oder Zweigen der vielgezüchteten Mannaesche (Fraxinus ornus) in ein Glas Wasser.[7] Der Pflanzensaft vermischt sich mit dem Wasser und zeigt nun einen eigenartigen blauen Widerschein, der am schönsten ist, wenn Sie mittels einer konvexen Linse (einem Brillenglas oder einer Lupe) einen Sonnenstrahlenkegel durch die Flüssigkeit werfen. Sorgen Sie dafür, daß der Hintergrund dunkel ist. Das Phänomen kommt dadurch zustande, daß die Flüssigkeit den violetten und den (für uns unsichtbaren) ultravioletten Anteil des Sonnenlichts absorbiert und anstelle dessen blaue Strahlen aussendet. Solch eine Umsetzung des Lichts wird als «Fluoreszenz» bezeichnet.

Auch die Rinde der Roßkastanie zeigt das Phänomen, allerdings nur im Frühjahr. An den jungen Trieben der Hibernakeln[8] kann man es das ganze Jahr über sehen.

---

6 Garjeanne, A.J.: De Levende Natuur *14*, 163, 1909.
7 Dufour: C. R. *51*, 31, 1860.
8 Überwinterungsknospen bei Wasserpflanzen. Anm. d. Übers.

271. Das Phosphoreszieren von Eis und Schnee

Angeblich sollen Eisflächen, die lange von der Sonne beschienen worden sind, nachts schwach leuchten. Desgleichen soll Schnee, der bei einigen °C unter Null von Sonnenlicht bestrahlt wurde, leuchten, wenn man ihn in einen dunklen Raum bringt. Hagelkörnern, vor allem den ersten eines Schauers, sagt man nach, sie würden eine Art elektrische Phosphoreszenz aufweisen.

Sehr wahrscheinlich sind hier Sinnestäuschungen im Spiel (§ 81). Versuche mit entsprechenden Vorkehrungen dürften aufschlußreich sein.

272. Leuchtende Steine

Gelegentlich sieht man, wie die Hufe eines Pferdes mit solcher Wucht auf das Pflaster schlagen, daß Funken sprühen.

Suchen Sie in der Heide nach Feuersteinen. Es sind bräunliche Kiesel, die an den Rändern schwach durchsichtig, meistens leicht abgerundet sind und eine kristalline Struktur haben. Schlagen Sie an einer möglichst dunklen Stelle zwei dieser Feuersteine gegeneinander: Es entstehen Funken, und es riecht eigenartig. Die gleiche Beobachtung kann man auch an anderen Steinen machen, vor allem an Quarzit. Die Funken entstehen dadurch, daß bei dem Aufeinanderprall winzige Teilchen weggeschleudert werden, welche durch den Stoß so erhitzt sind, daß sie glühen. Dabei werden Gase freigesetzt, die man riechen kann.

273. Irrlichter[9]

> «Und – so möchte ich fragen – wie viele «Naturforscher» gibt es denn heute noch, die in finsteren, nebligen Herbstnächten draußen im Wald und Sumpf herumlaufen? Am Schreibtisch oder im Museumsschrank lassen sich natürlich keine Irrlichter beobachten ...»
>
> Kurt Floericke: *Nächtliche Waldbeleuchtung.*
> Kosmos *5*, S. 270–271, 1908

Im Volksmund wird von Irrlichtern berichtet, von kleinen Flämmchen, die über den Friedhof tanzen oder Reisende in die Sümpfe locken... Daß es sie gibt, ist jedoch kein Märchen! Der berühmte Astronom Bessel und andere hervorragende Beobachter sahen und beschrieben sie. Die Schwierigkeit dabei ist, daß das Phänomen in vielen verschiedenen Erscheinungsformen auftreten kann.

---

9 Ann. d. Phys. *89*, 620, 1853. – Müller, W., Erzbach: Artikel über Samen in: Abh. naturw. Ver. Bremen *14*, 217, 1857. – Album der Natuur, 1857. – Met. Zs. *17*, 505, 1900. – Kosmos *5*, 270, 1908. – Wetter *20*, 46, 1903 und *33*, 18 und 71, 1916.

Man findet Irrlichter auf Sümpfen oder an Stellen, wo Torf gestochen wird, ferner entlang von Deichen und auf Friedhöfen. Einige Male sah man sie auf der feuchten, frisch gedüngten Erde einer Gemüsegärtnerei, wenn man auf den Boden stampfte, und auch auf schlammigen Gräben und Abwasserkanälen, wenn man das Wasser aufwühlte. Irrlichter kommen häufiger im Sommer und in regnerischen, milden Herbstnächten vor, seltener in der kalten Jahreszeit. Es sind kleine Flämmchen, die 1 bis 11 cm hoch und maximal 4 cm im Durchmesser sind. Sie können direkt auf dem Boden stehen, aber auch 10 cm oder mehr darüber schweben. Daß sie hin- und herspringen, scheint nicht zu stimmen, doch sie verlöschen mitunter schnell. Wenn gleichzeitig ein anderes Flämmchen in der Nähe entsteht, kann man den Eindruck bekommen, als bewegten sie sich schnell hin und her. Es kommt auch vor, daß die Flämmchen mehrere Dezimeter weit vom Wind durch die Luft getragen werden, bevor sie verlöschen. In vielen anderen Fällen wurde beobachtet, daß ein Irrlicht stundenlang, manchmal die ganze Nacht über und sogar bis in den Tag hinein brannte. Ab und zu ist ein Knall zu hören, wenn sich ein neues Flämmchen entzündet. Die Farbe der Flämmchen wurde unterschiedlich beschrieben, nämlich als Gelb, Rot oder Blau. In vielen Fällen war keine merkliche Hitze zu spüren, wenn man die Hand in die Flamme hielt; ein kupferbeschlagener Spazierstock wurde eine Viertelstunde lang in die Flamme gehalten und fühlte sich kaum lauwarm an; dürres Schilfrohr brannte nicht. In anderen Fällen jedoch konnte man Papier an einem Irrlicht anzünden. Meistens konnte kein Geruch, manchmal jedoch leichter Schwefelgeruch festgestellt werden.

Woraus bestehen diese geheimnisvollen Flämmchen? Noch niemandem gelang es, das Gas aufzufangen, das sich hier entzündet. Man meinte, die Flämmchen auf Phosphorwasserstoff zurückführen zu können, der sich an der Luft von allein entzündet. Ein Gemisch aus PH_3 und H_2S, das rauch- und geruchlos verbrennt, scheint dem Phänomen, wie es in der freien Natur vorkommt, recht genau zu entsprechen. Derartige Gase können durchaus bei der Zersetzung organischer Stoffe entstehen. Die beobachtete Flamme stellt eine Art von Chemilumineszenz dar, und ihre niedrige Temperatur ist eine Besonderheit, die bei mehreren solcher chemischen Reaktionen vorkommt.

Es wäre zu begrüßen, wenn in den sumpfigen Niederungen unseres Landes häufigere Beobachtungen über Irrlichter angestellt würden! Um das Jahr 1910 beobachtete Dr. A. Garjeanne im Nijkerker Moor zwischen Hoevelaken und Nijkerk zahlreiche Irrlichter, die die Größe von Rüben hatten und überall zwischen Heide und Wollgras blinkten. Einige Nächte später, nachdem es geregnet hatte, war alles verschwunden; inzwischen wurde dieser Landstrich urbar gemacht. – J. Daams beschrieb Irrlichter, die er im Vragender Moor bei Winterswijk gesehen hatte. Als jemand an ihm vorüberging, bemerkte er kleine Flämmchen, die aus dem

Boden kamen und offenbar dadurch entstanden, daß die Gase aus dem schwammigen Boden gepreßt wurden; die Flämmchen waren ca. 5 cm hoch, brannten bläulich unmittelbar über dem Boden und verlöschten sogleich wieder.

Die «Commissie voor Onderzoek van het Nederlandse Volkseigen» (Forschungskommission über niederländisches Volkstum) der Königlichen Akademie erhält noch regelmäßig Berichte von Personen, die sich daran erinnern, Irrlichter gesehen zu haben.

Anhang

A. Das Fotografieren von Naturerscheinungen

Die meisten Licht- und Farbphänomene am Himmel können mit jedem beliebigen Kameratyp, sei es mit Belichtungsmesser oder eingebauter Belichtungsautomatik, fotografiert werden. Allerdings ist die Systemkamera durch die Vielzahl verwendbarer Linsen eindeutig am besten geeignet, um alle Arten von Naturerscheinungen zu fotografieren. Im folgenden werden die Benutzer solcher Systemkameras einige Anregungen finden.

Die Standardausrüstung könnte aus 28-, 50- und 135-mm-Objektiven, einem Telekonverter, der die Brennweite verdoppelt, einem Stativ sowie einem Drahtauslöser bestehen. Ein Zoomobjektiv, das den entsprechenden Bereich von Brennweiten abdeckt, genügt in der Regel vollkommen. Die Verschlußgeschwindigkeit ist bei Zoomlinsen für gewöhnlich um 1 bis 2 Aperturgrößen geringer als bei entsprechenden Linsen mit fester Brennweite, und dies begrenzt die Möglichkeiten beim Fotografieren von Dämmerungserscheinungen und leuchtenden Nachtwolken sowie das Fotografieren bei Mondlicht. Für das Fotografieren von Sternen sind Objektive mit fester Brennweite das einzig vernünftige Mittel. Bei Winter- und Sternaufnahmen ist es auch von wesentlicher Bedeutung, daß die Zeitautomatik der Kamera mechanisch arbeiten kann und ohne Strom aus der Batterie funktioniert. (Dies ist leicht nachprüfbar, indem man die Batterien aus der Kamera entfernt und nachsieht, ob die Belichtung trotzdem stimmt.)

Wenn man es sich leisten kann, sollte man für das Aufnehmen von Licht- und Farbphänomenen die Auswahl an Brennweiten vergrößern und sich ein 18- oder 22-mm-Superweitwinkelobjektiv besorgen. Eine andere gut geeignete Zusammenstellung von Linsen wäre folgende: 18, 24, 35, 85 und 200 mm, ferner ein Telekonverter zur Verdoppelung der Brennweite. Die Auswahl an Objektiven sollte möglichst gut sein, vorausgesetzt das Gewicht und der Preis lassen es zu.

Licht- und Farberscheinungen am Himmel sind oftmals recht schwach ausgeprägt. Daher sollte man einen hochempfindlichen Diafilm verwenden. Unterschiedliche Objekte erfordern Filme unterschiedlicher Empfindlichkeit. Farbnegativfilme eignen sich nicht, es sei denn, man entwickelt die Abzüge selbst. Verwendet man Schwarzweißfilme, geht viel von der Schönheit der Erscheinungen verloren, doch man kann in der Dunkelkammer besondere Effekte erzielen, indem man Fotopapier mit hohem Auflösungsvermögen verwendet und bei der Vergrößerung entsprechend belichtet.

Unter den Bedingungen des finnischen Winters zu fotografieren, stellt hohe Anforderungen an die Kamera und die Batterien. Selbst eine neue Knopfzelle friert bei 15 °C unter Null schnell ein. Um dem entge-

Pekka Parviainen wartet mit seiner Kamera auf den Sonnenaufgang.

genzuwirken, schließt man die Kamera an eine externe Batterie an, die man in der Hosentasche trägt. Durchweg mechanische Kameras funktionieren auch bei Frost. In außergewöhnlichen und schnell sich ändernden Situationen lohnt es sich, verschwenderisch mit Filmmaterial umzugehen. Die Belichtung sollte stets so gewählt werden, daß nur ein gewisser Helligkeitsbereich abgedeckt wird, denn die fraglichen Naturerscheinungen sind fotografisch ohne geringfügige Über- oder Unterbelichtung nur sehr schwer festzuhalten. Auch wenn man es eilig hat, ins Freie zu kommen, sollte man genügend Filme einstecken. Für Nachtaufnahmen braucht man unbedingt eine Taschenlampe. Das Wichtigste jedoch ist, daß der Fotograf bereit ist, es auf sich zu nehmen, nachts die warme Stube zu verlassen, hinauszugehen, zu warten und den Himmel zu beobachten.

Normale Wolken können nach der Anzeige des Belichtungsmessers fotografiert werden. Mit einem Zoomobjektiv kann der Bildausschnitt geprüft werden, wodurch es einem Objektiv mit fester Brennweite bei weitem überlegen ist. Die Wirkung der Bilder wird wesentlich verbessert, wenn man bei klarer Luft ein Polarisationsfilter verwendet, weil sich so Cumulus- und Cirruswolken am blauen Himmel besser abheben. Bei Sonnenschein erhält man durch dieses Filter auch bei normalen Landschaftsaufnahmen sattere Farben. Mit einem Teleobjektiv können interessante Details von Wolken sichtbar gemacht werden.

Haloerscheinungen erfordern einen möglichst großen Bildausschnitt, um sie in ihrer Gesamtheit auf einem einzigen Bild festzuhalten. Man benötigt ein Weitwinkelobjektiv von mindestens 28 mm Brennweite (der kleine Ring von 22° paßt dann genau auf ein Bild). Sollen Haloaufnahmen gelingen, benötigt man hochempfindliche Filme. In der Regel ist bei Haloaufnahmen die Sonne mit auf dem Bild. Daher muß man zusehen, daß sie von einem Baum, einer Straßenlaterne oder einem Haus verdeckt ist. Ist dies nicht möglich, sollte man die Sonne ungefähr in die Mitte des Bildes bringen, um innere Reflexe in der Linse zu minimieren. Diese störenden Spiegelungen sind auch im Sucher zu sehen. Am besten sind sie zu vermeiden, indem man mittels des Suchers eine günstige Position zur Sonne herausfindet. Wenn beim Fotografieren von Halos die Sonne mit im Bild ist, sollte man sicherstellen, daß bei der richtigen Belichtung die größten Verschlußgeschwindigkeiten ausreichen. Die Belichtungszeit sollte fast bis zur Überbelichtung gedehnt werden, insbesondere, wenn die nicht verdeckte Sonne mit im Bild ist. Haloerscheinungen dauern üblicherweise ca. 10 Minuten bis zu mehreren Stunden an, so daß genügend Zeit bleibt, die Aufnahme zu planen und einen geeigneten Hintergrund zu suchen. (Das gleiche gilt für Mondhalos.)

Irisierende Wolken und Kränze sind in der Regel in kleinen Wolkenabschnitten nahe der Sonne zu sehen. Daher sollte man ein kurzes Teleobjektiv benutzen. Die Sonne darf nicht auf das Bild kommen, und man sollte es vermeiden, mit dem Bildausschnitt zu nahe an sie heranzugehen, damit keine innere Spiegelung in der Linse entsteht. (Alle Bildarten gelingen besser, wenn kein direktes Sonnenlicht, auch nicht von weit außerhalb des Bildes in die Linse fällt.) Fotografiert man Halos nahe der Sonne, sollte die Sonne selbst immer von einer Baumkrone verdeckt sein. Für das Fotografieren irisierender Wolken eigenen sich alle Diafilme, und die Belichtungszeit kann entsprechend dem Belichtungsmesser eingestellt oder der Belichtungsautomatik überlassen werden.

Regenbogen erscheinen größer, wenn die Sonne tief steht. Der Hauptregenbogen ist mit einem 18-mm-Superweitwinkelobjektiv ganz (180°) auf das Bild zu bekommen. Allerdings werden die Bildränder durch die Linse verzerrt, so daß das Foto leicht unnatürlich wirkt. Regenbogen bei einem nachmittäglichen Sommerregen sind oftmals so klein, daß sie mit einem normalen Weitwinkelobjektiv aufgenommen werden können. Wunderschöne Bilder vom Fuß eines Regenbogens oder von Interferenzbogen erzielt man ebenfalls mit 35-mm- bis 135-mm-Objektiven. Die Belichtungsdauer kann nach der Anzeige des Belichtungsmessers eingestellt werden, doch es empfiehlt sich eine leichte Korrektur in Richtung Unterbelichtung. Der Regenbogen ist nur einen kurzen Moment lang in seiner vollen Pracht zu sehen, daher hat man keine Zeit, die Aufnahme genau zu planen. Dennoch bleibt immer genügend Zeit, einen Bildausschnitt ohne Strom- und Telegrafenleitungen zu suchen. Ein Regenbogen kann anhand des Ziehens der Wolken vorhergesagt werden, und so kann man Zeit gewinnen, um sich auf die Momente, in denen es schnell gehen muß, vorzubereiten.

Luftspiegelungen haben zumeist eine geringe räumliche Ausdehnung, daher benötigt man ein Teleobjektiv mit ziemlich großer Brennweite (mindestens 300 mm). Die Wahrscheinlichkeit des Auftretens einer Luftspiegelung ist u.a. durch die Beobachtung von Dichteschwankungen der Luft und der Wassertemperaturen vorherzusagen. Luftspiegelungen dauern i.d.R. lange an, man hat also genügend Zeit, die Einstellung zu planen. Am offenen Meer ist zu bedenken, daß auch ferne Wolken als Trugbilder zu sehen sein können.

Blitze sind lediglich nachts bei heftigen Gewittern gut zu fotografieren. Man wählt eine geeignete Blende und Belichtungszeit und macht mehrere Aufnahmen in Richtung des Gewitters. Dabei wird stets eine große Menge Filmmaterial verbraucht, und die Resultate können trotz allem enttäuschend sein. Da es unmöglich ist, den genauen Ort des nächsten Blitzes zu erahnen, bietet sich ein 28-mm-Weitwinkelobjektiv für derartige Versuche an. Bleibt ein fernes Gewitter längere Zeit an einer Stelle, sollte man unbedingt ein 50-mm- oder 85-mm-Objektiv nehmen, um schöne Aufnahmen zu erhalten. Für das Fotografieren von Blitzen bei Nacht können Zeitautomatiken benutzt werden. Eine passende Blende für Blitze ist f = 5,6 bis 8 bei einer Filmempfindlichkeit von 400 ASA. Bei dieser Zusammenstellung sind Belichtungszeiten von ca. 20 Sekunden möglich, selbst wenn Straßenlampen oder Leuchtreklameschilder mit auf dem Bild sind. (Sie sollten dann jedoch über 100 m entfernt sein.) In einer dunkleren Umgebung kann man die Belichtungszeit auf über 10 Minuten ausdehnen. Wärmegewitter und Gewitter über den Wolken sind mit einem Film von 400 ASA und Blenden von f = 2,8 bzw. 2 aufzunehmen. Natürlich sind auf den Bildern dann nur die Wolkenkonturen und möglicherweise flüchtige Eindrücke der Landschaft ringsum zu erkennen.

Wie bereits erwähnt, verbraucht man beim Fotografieren von Blitzen sehr viel Filmmaterial. Deshalb sollte man für diese Zwecke ruhig billige Filme, die sich noch in der Erprobung befinden, mitnehmen. Die Intervalle zwischen den einzelnen Blitzen können ziemlich konstant bleiben. Beobachtet man die Gewittertätigkeit, so sind diese Intervalle abschätzbar und die Belichtung auf den erwarteten Zeitpunkt einzustellen. Auch so kann man Filmmaterial sparen. Unmittelbar nach einer Blitzentladung sollte die Belichtung sofort beendet werden. Beim Versuch, mehrere Blitze auf ein und demselben Foto festzuhalten, entstehen leicht überbelichtete Bilder. Das größte Problem beim Fotografieren ist hier jedoch der Gewitterregen, durch den die Ausrüstung naß wird. Man kann zwar die Kamera in einer Plastikhülle verpacken, doch die vorderste Linse wird trotzdem fast immer naß dabei. Am besten stellt man sich mit dem Rücken zum Wind. Bei leichtem Regen hilft die Schutzkappe der Linse etwas.

Tagsüber Blitze zu fotografieren, ist schwierig. Die einzige Möglichkeit besteht darin, die Gewitterfront zu beobachten und die Kamera jedesmal bei einem Blitz auszulösen. Der zugrundeliegende Gedanke ist, daß Blitze oftmals paarweise, zeitlich und räumlich nahe beieinander, auftreten.

Das Polarlicht kann in seiner Intensität von Fall zu Fall stark variieren. Will man helle Aufnahmen erhalten, so kann man sich auf die Belichtungsautomatik verlassen, die man leicht für Unterbelichtung einstellen kann. Erweist sich die Belichtung nach der Automatik als falsch (verglichen mit den nachfolgenden richtigen Belichtungszeiten), dann gilt die Faustregel, daß man für helles Polarlicht in Süd-Finnland eine Blende von f = 2 und eine Belichtungszeit von 10 s bei einem 400-ASA-Film benutzen sollte. Ein schwächeres Polarlicht erfordert eine doppelt so lange Belichtungszeit, ein helles im Norden dagegen gelingt oft schon mit einer Belichtung von 5 s. Aufgrund der Ausdehnung des Polarlichts sollte man ein 28-mm-Weitwinkelobjektiv verwenden. Bei manchen Stürmen, die sich über den gesamten Himmel erstrecken, benötigt man ein Superweitwinkelobjektiv.

Das Polarlicht entfaltet sich zumeist sehr langsam. Daher hat man Zeit, sich vorzubereiten und einen geeigneten Ort in der näheren Umgebung zu suchen. Bald schon erreicht das Polarlicht sein Maximum, welches nur wenige Minuten andauert. Bis dahin sollte man seine Vorbereitungen abgeschlossen, die Kamera auf dem Stativ befestigt und den Drahtauslöser an den Apparat angeschlossen haben. Starke Polarlichtausbrüche können mehrmals pro Nacht auftreten. Wenn nach solch einem Ausbruch eine längere Phase ruhigerer Polarlichtaktivität eintritt, lohnt es sich, sich die Zeit zu nehmen und auf erneute Ausbrüche zu hoffen.

Leuchtende Nachtwolken, die im Süden Finnlands Anfang Juli zu sehen sein können, sind sehr dünn und blaß. Sie erstrecken sich aber über einen weiten Bereich und sind daher am besten mit einem Weitwinkel- oder Superweitwinkelobjektiv zu fotografieren. Die Bilder kommen oftmals sehr schwach heraus, und es empfiehlt sich, mit den Beobachtungen und den Aufnahmen bis Ende Juli oder Anfang August zu warten. Die Wolken sind dann sehr viel heller im Vergleich zum Himmel und ziehen auch zum nördlichen Himmel, wo man sie mit einem normalen Weitwinkelobjektiv fotografieren kann. Die besten Ergebnisse erzielt man wahrscheinlich mit einem 35-mm-Objektiv. Als Film sollte man einen hochempfindlichen Stehbilddiapositivfilm verwenden (50 ASA genügen bereits, selbst bei dem dunkleren nördlichen Himmel Anfang August). Wenn die leuchtenden Nachtwolken im Bildsucher auftauchen, kann man die Belichtung nach der Automatik oder nach der Anzeige des Belichtungsmessers einstellen. Unter ästhetischen Gesichtspunkten gelingen Bilder, die mit einer leichten Unterbelichtung aufgenommen wurden, besser.

Fotos von leuchtenden Nachtwolken erwecken nicht immer den Eindruck von Nachtaufnahmen, da die Sterne zumeist nur schwach sichtbar sind. Um die Bilder aussagekräftiger zu gestalten, kann man beispielsweise Straßenlaternen im Vordergrund oder Häuser mit hell erleuchteten Fenstern mit aufnehmen. Die Silhouette normaler dunkler Wolken vor leuchtenden Nachtwolken schafft ebenfalls eine nächtlich wirkende Atmosphäre. In gewissem Maße ist die Wahrscheinlichkeit des Auftretens leuchtender Nachtwolken im Juli und August schon tagsüber vorherzusagen. Auch dann bleibt genügend Zeit, die Aufnahme vorzubereiten, da die Erscheinung über Stunden hinweg anhält.

Das Fotografieren bei Mondlicht ist nur bei Vollmond in Schneelandschaften oder in der Nähe von Gewässern möglich. Ein Film mit schneller Entwicklungszeit und eine High-speed-Linse sind erforderlich. Licht und Schatten ergeben ein Bild mit scharfen Kontrasten. Die Belichtung kann der Automatik überlassen oder auch von Hand nach dem Belichtungsmesser eingestellt werden. Die Belichtungsdauer ist in etwa die gleiche wie bei den Polarlichterscheinungen. Die kurze Entwicklungszeit von Filmen für lange Belichtungszeiten (der sog. reziproke Effekt) berücksichtigt eine geeignete Unterbelichtung und schafft eine romantische Atmosphäre.

Pekka Parviainen

B. Das Messen von Winkeln in der Landschaft

a) Schätzen Sie die Höhe von Sternen ohne jegliches Hilfsmittel.[1] Bestimmen Sie hierzu zunächst den *Zenit*; drehen Sie sich um, und prüfen Sie, ob Sie noch dieselbe Stelle als Zenit angeben würden. Bestimmen Sie anschließend Höhen von 45°, 22,5°, 67,5° usw. In der Regel beugt man den Kopf nicht weit genug nach hinten (vgl. § 129). Die Fehlerspanne liegt bei einem *guten* Beobachter bei maximal 3°.

b) Stechen Sie drei Nadeln A, B und C in ein Brettchen oder eine Postkarte, so daß die Sehlinien BA und BC den zu messenden Winkel eingrenzen. Das Brett muß fest stehen, auf einem Tisch liegen oder an einen Baum genagelt sein. Ziehen Sie danach die Strecken BA und BC, und messen Sie den Winkel mit einem Winkelmesser.

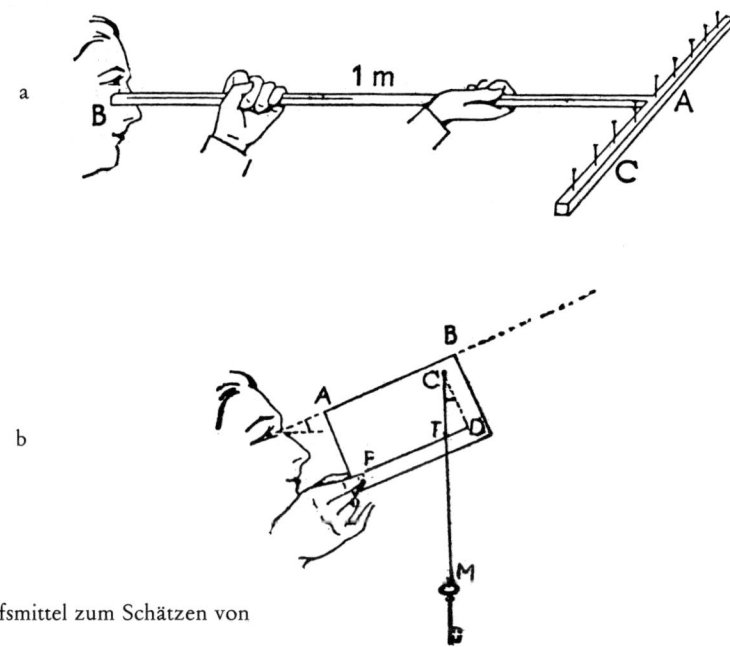

Abb. 183
Einfache Hilfsmittel zum Schätzen von Winkeln.

c) Befestigen Sie zwei Latten, von denen eine 1 m lang ist, so aneinander, daß sie einen rechten Winkel bilden; in die Querlatte hämmern Sie Nägel oder stechen Stecknadeln in festen Abständen voneinander (Abb. 183a). Halten Sie diesen «Rechen» mit der Latte B fest gegen Ihr Joch-

1 Nijland, A.A.: A. N. *160*, 258, 1902.

bein; wenn nun die Nägel A und C mit den beiden betrachteten Punkten zusammenzufallen scheinen, ist

$$\frac{AC}{BA}$$

der fragliche Winkel in «rad». Ein Radiant (rad) entspricht 57°. Wenn beispielsweise

$$\frac{AC}{AB} = 7 \text{ cm ist, dann ist AC} = 0,07 \text{ rad} = 4°.$$

d) Wir strecken den Arm gerade vor uns aus und spreizen die Finger so weit als möglich; der Winkel zwischen den Fingerspitzen von Daumen und Zeigefinger beträgt ca. 20°. Halten Sie mit gestrecktem Arm eine kleine Latte senkrecht zu Ihrer Blickrichtung, und messen Sie (in cm) den scheinbaren Abstand a zwischen den beiden fixierten Punkten: Der Winkel ist dann in etwa a° groß. Eine genauere Bestimmung läßt sich durchführen, indem man den Abstand zwischen Latte und Auge mißt.

e) Für das Messen von Winkeln über dem Horizont gibt es ein einfaches Hilfsmittel, das bis auf 0,5° genau mißt.[2] Stechen Sie in ein rechtwinkliges Stück Pappe ein kleines Loch, und ziehen Sie einen Faden hindurch, an den Sie irgendein Gewicht hängen und den Sie so als Senkblei benutzen können (Abb. 183b). Der Beobachter visiert über die Kante AB genau den Baumgipfel an, dessen Höhe gemessen werden soll, kippt die Pappe kurz, so daß der Faden zuerst frei hängt und dann leicht gegen die Pappe drückt. Auf der Pappe sind die Linien CD ⊥ AB sowie D // AB eingezeichnet, wobei die erstere am besten 10 cm lang sein sollte. Der Winkel DCM ist nun gleich dem Winkel AB zur horizontalen Fläche, er ist mit einem Winkelmesser auszumessen oder aus seinem Tangens

$$\frac{TD}{CD}$$

zu berechnen; für kleine Winkel ist

$$\frac{TD \text{ (in cm)}}{10}$$

gleich dem Winkel in rad. Vgl. dazu §§ 1 und 141.

---

2 Science *66*, 507, 1927. Die Sternwarte von Harvard stellte ihren freiwilligen Beobachtern ein solches Gerät zur Verfügung.

C. Abkürzungen

Die im folgenden aufgeführten Abkürzungen wurden beim Zitieren von Zeitschriften verwendet:

Abh. = Abhandlungen.
Ann. soc. mét. France = Annuaire de la Société météorologique de France.
Ann. = Annalen, Annales.
Arch. = Archives.
A. N. = Astronomische Nachrichten.
Beitr. = Beiträge.
Bull. = Bulletin.
C. R. = Comptes Rendus de l'Académie des Sciences de Paris.
Eder's Jahrb. = Eder's Jahrbuch für Photographie und Reproduktionstechnik.
Geogr. = Geographical.
Geogr. Ann. = Geografiska Annaler.
H. en D. = Hemel en Dampkring.
Helv. Phys. Acta = Helvetica Physica Acta.
J. R. A. S. Can. = Journal of the Royal Astronomical Society of Canada.
J. O. S. A. = Journal of the Optical Society of America.
Journ. Frankl. Inst. = Journal of the Franklin Institute.
Mem. spett. it. = Memorie degli spettroscopisti italiani.
Met. = Meteorological, Meteorologische, Meteorologie.
Mag. = Magazine.
Mitt. Ver. Fr. d. Astron. = Mitteilungen des Vereins der Freunde der Astronomie usw.
M. W. R. = Monthly Weather Review.
Nat. = Nature.

Naturwiss. = die Naturwissenschaften.
Nov. Act. Leop. = Nova Acta Academiae Leopoldinae.
Onweders, usw. = Onweders en Optische Verschijnselen in Nederland.
P. A. S. P. = Publications of the Astronomical Society of the Pacific.
Peterm. Mitt. = Petermann's geographische Mitteilungen.
Phil. Mag. = Philosophical Magazine.
Philos. = Philosophical, Philosophie.
Phys. = Physikalische, Physik, Physical.
Pogg. Ann. = Annalen der Physik, Poggendorff'sche Reihe.
Proc. Ind. Ass. = Proceedings of the Indian Association for the Advancement of Science.
Proc. R. Soc. = Proceedings of the Royal Society of London.
Quart. Journ. = Quarterly Journal of Theoretical and Applied Meteorology.
Rep. Brit. Ass. = Report of the British Association.
Rev. = Review.
Smiths. Misc. Coll. = Smithsonian Miscellaneous Collection.
Trans. = Transactions.
Verh. = Verhandelingen, Verhandlungen.
Versl. usw., Verslagen der Kon. Akademie van Wetenschappen te Amsterdam.
Vid. Selsk. Forh. = Videnskabs Selskabets Forhandlinger.
Zs. = Zeitschrift.

Die Zeitschrift «Das Wetter» wurde in «Zeitschrift für angewandte Meteorologie» umbenannt.

Die Zitate aus dem Werk Ruskins sind (wo nicht die «Ausgewählten Werke in vollständiger Übersetzung, Leipzig 1902», angeführt sind, Anm. d. Übers.) der Library Edition, London 1903–1912, entnommen, die römischen Ziffern beziehen sich auf die Bandnummern. Verweise auf den zweiten und dritten Band der Reihe «De Natuurkunde van 't Vrije Veld» wurden mit den Ziffern II bzw. III kenntlich gemacht.

D. Index

Die Zahlen beziehen sich auf die Seitenzahl.
Mit Hilfe dieser Auflistung sind zu einem bestimmten Naturobjekt (Gras, Meer, Nebel etc.)
die dazugehörigen Beobachtungen schnell nachzuschlagen. Jedes physikalische Phänomen
wird so beschrieben, wie es sich in der Natur offenbart.